高等学校计算机应用规划教材

中文版 Pro/ENGINEER Wildfire 5.0 基础教程

岳荣刚　宋凌珺　王永皎　编著

清华大学出版社

北　京

内 容 简 介

Pro/ENGINEER 是美国 PTC 公司推出的一套非常优秀的三维设计软件，由于其操作简单、功能强大，深受用户的喜爱，在国内外应用范围越来越广。

本书采用图文并茂的方式，遵循由浅入深、循序渐进的原则，对各章知识点及模型的创建过程进行了详细介绍。全书共 11 章，分别讲解了 Pro/ENGINEER Wildfire 5.0 的基本操作、绘制草图、基准特征、基础特征、工程特征、特征编辑、高级特征、复杂高级特征、零件装配、工程图设计、模具设计等内容，涵盖了 Pro/ENGINEER 的常用功能和操作方法。

本书在写作方式上紧贴 Pro/ENGINEER Wildfire 5.0(中文版)的实际操作界面，采用软件中真实的对话框、操控板、按钮和图标进行讲解，使读者能够准确、直观地学习该软件。

本书可作为高等院校CAD/CAM等课程的教材，也可作为机械专业人员学习 Pro/ENGINEER的参考用书。

本书习题答案、课件、实例素材可通过 http://www.tupwk.com.cn 下载。

图书在版编目(CIP)数据

中文版 Pro/ENGINEER Wildfire 5.0 基础教程 / 岳荣刚，宋凌珺，王永皎 编著. —北京：清华大学出版社，2016（2023. 9重印）

(高等学校计算机应用规划教材)

ISBN 978-7-302-43925-7

Ⅰ. ①中… Ⅱ. ①岳… ②宋… ③王… Ⅲ. ①机械设计—计算机辅助设计—应用软件—高等学校—教材 Ⅳ. ①TH122

中国版本图书馆 CIP 数据核字(2016)第 111163 号

责任编辑： 王 定 程 琪
封面设计： 孔祥峰
版式设计： 思创景点
责任校对： 曹 阳
责任印制： 宋 林

出版发行： 清华大学出版社

网 址： http://www.tup.com.cn，http://www.wqbook.com
地 址： 北京清华大学学研大厦 A 座 **邮 编：** 100084
社 总 机： 010- 83470000 **邮 购：** 010-62786544
投稿与读者服务： 010-62776969，c-service@tup.tsinghua.edu.cn
质 量 反 馈： 010-62772015，zhiliang@tup.tsinghua.edu.cn
课 件 下 载： http://www.tup.com.cn，010-62781730

印 装 者： 三河市君旺印务有限公司
经 销： 全国新华书店
开 本： 185mm×260mm **印 张：** 27.5 **字 数：** 651 千字
版 次： 2016 年 6 月第 1 版 **印 次：** 2023年 9 月第 7 次印刷
定 价： 98.00 元

产品编号：067882-04

前　言

Pro/ENGINEER 是美国参数技术公司(简称 PTC)的产品。PTC 公司推出的单一数据库、参数化、基于特征以及全相关的概念改变了机械 CAD/CAE/CAM 的传统观念，这种全新的观念已经成为当今世界机械 CAD/CAE/CAM 领域的主要标准。Pro/ENGINEER 能将从设计到生产的全过程集成在一起，使所有的用户能够同时进行同一产品的设计制造工作，即实现并行工程。

Pro/ENGINEER Wildfire 5.0 中文版与之前的版本相比，增加了很多新功能，如快速草绘工具、快速装配、快速制图、快速钣金设计以及快速 CAM 等，可以帮助用户更快、更轻松地完成工作。

本书共 11 章，各章之间具有一定的递推关系，读者可以按照章节顺序系统地进行学习。具体内容如下。

第 1 章介绍 Pro/ENGINEER Wildfire 的发展历程及特色、 Pro/ENGINEER Wildfire 5.0 的界面、主要模块、基本功能以及基本的操作步骤，通过简单的实例使用户能够快速入门。

第 2 章介绍绘制草图的知识，重点介绍草图绘制的概念、方法和过程。

第 3 章介绍基准特征，包括基准点、基准轴、基准曲线、基准平面以及基准坐标系的创建，可以更加方便用户建模。

第 4 章介绍基础特征，重点介绍最基础的拉伸、旋转、扫描以及混合等特征，本章是 Pro/ENGINEER 实体建模中最基础的特征，读者需要进行仔细的学习。

第 5 章介绍工程特征，重点介绍孔、壳、筋、拔模、倒角以及倒圆角工具的使用方法，这些都是常用的三维建模方法。

第 6 章介绍特征的编辑，重点介绍特征复制、特征阵列和特征操作。

第 7 章介绍高级特征，该特征可以创建基础特征较为难以实现的曲面或者实体，重点介绍扫描混合、螺旋扫描、边界混合以及可变剖面扫描，掌握这些方法可以创建外形复杂的三维模型。

第 8 章介绍复杂高级特征，此特征建模是一组特殊的建模工具，是建模特征的扩展，应重点学习实体修改类建模、折弯与展平类建模以及特殊形状类建模。

第 9 章介绍零件装配，利用“组件”模块可实现模型的组装。在 Pro/ENGINEER 中，模型装配的过程就是按照一定的约束条件或连接方式，将各零件组装成一个整体并能满足设计功能的过程。本章重点介绍装配的方法、装配约束以及装配的流程。

第 10 章介绍工程图设计，重点介绍建立视图、编辑视图以及工程图标注等功能，掌握这些知识可以生成三维模型的工程图，便于工程技术人员进行设计交流。

第 11 章介绍模具设计，重点介绍模具设计的基础、创建浇铸系统、创建模具型腔等，对工程实际应用有很大帮助。

本书内容丰富，结构安排合理，实例均来自工程实践。此外，还包含了大量的示例和思考练习，使读者在学习完一章内容后能够及时自检。

本书由岳荣刚、宋凌珺、王永皎执笔编写，此外，参加本书编写工作的还有程凤娟、赵新娟、尹辉、尹霞、孙红丽等人。

由于作者水平有限，加之时间仓促，书中难免有疏漏之处，敬请广大读者批评指正。

作　者

2016 年 4 月

目　　录

第1章　Pro/ENGINEER Wildfire 5.0简介

Pro/ENGINEER 是美国参数技术公司(Parametric Technology Corporation，PTC)推出的CAD/CAE/CAM 设计软件，它包含许多先进的设计理念，是一套从设计、分析到生产的机械自动化软件包，是一个参数化、基于特征的实体造型系统。Pro/ENGINEER Wildfire 5.0 功能强大，可用于机械设计、功能仿真、加工制造和数据管理等领域，为用户提供了功能全面、集成紧密的产品开发环境。

本章重点内容如下：

- Pro/ENGINEER 简介
- Pro/ENGINEER Wildfire 5.0 的用户界面
- 文件操作
- 视图操作
- 设置工作环境
- 鼠标操作

1.1　Pro/ENGINEER 概述

20 世纪 90 年代以后，参数化造型理论成为 CAD 技术的重要基础理论。美国 PTC 公司率先使用参数化设计思想开发出 CAD 软件，其主流产品就是 Pro/ENGINEER。

1.1.1　Pro/ENGINEER 的发展历程

Pro/ENGINEER 是世界上最成功的 CAD/CAM 软件之一。PTC 公司于 1985 年成立于波士顿，1988 年发布了 Pro/ENGINEER 软件的第一个版本，现在已经发展成为全球CAD/CAM/CAE/PDM 领域具有代表性的软件公司，其软件产品的总设计思想体现了机械设计自动化(Mechanical Design Automation，MDA)软件的新发展。Pro/ENGINEER 自面世后以其优异的使用性能获得了众多 CAD 用户的认可。

Pro/ENGINEER 经历 20 余年的发展后，技术上逐步成熟，已经成为当前三维建模软件的领军者。在 Pro/ENGINEER 的 Wildfire 系列推出前，最近的几个版本是 Pro/ENGINEER R20、Pro/ENGINEER 2000i、Pro/ENGINEER 2000i^2 和 Pro/ENGINEER 2001。每个版本都有代表性的先进设计思想，例如，R20 版本中的窗口程序界面和智能草绘模式，2000i 版本中的行为建模和大型装配功能，2000i^2 版本中的可视化检索和目的管理器，2001 版本中的直接建模和同步工程等。

2003 年，PTC 推出了 Wildfire 版，全面改进了软件的用户界面，对各设计模块重新进行功能组合，进一步完善了部分设计功能，使软件的界面更友好，使用更方便，设计能力更强大。两年后 PTC 推出 Pro/ENGINEER Wildfire 2.0。2006 年 4 月，Pro/ENGINEER Wildfire 3.0 正式推出。2007 年 7 月，Pro/ENGINEER Wildfire 4.0 面世。2009 年 4 月，推出了 Pro/ENGINEER Wildfire 5.0。

Pro/ENGINEER Wildfire 是并行工程(Concurrent Engineering)观念的产物，为现今的 CAD/CAM 应用提供了优良的软件工作环境。并行工程是对产品及其相关过程(包括制造过程和支持过程)进行并行、集成化处理的系统方法和综合技术。它要求产品开发人员从一开始就考虑到产品全生命周期(从概念形成到产品报废)内各阶段的因素(如功能、制造、装配、作业调度、质量、成本、维护与用户需求等)，并强调各部门的协同工作，通过建立各决策者之间的有效信息交流与通信机制，综合考虑各相关因素的影响，使后续环节中可能出现的问题在设计早期阶段就被发现，并得到解决，从而使产品在设计阶段具有良好的可制造性、可装配性、可维护性及回收再生等方面的特性，最大限度地减少设计反复，缩短设计、生产准备和制造时间。

PTC 公司提出了单一数据库、参数化、基于特征和全相关的三维设计概念，这种概念改变了机械 CAD/CAE/CAM 的传统观念，逐渐成为当今世界机械 CAD/CAE/CAM 领域的新标准。Pro/ENGINEER 是采用参数化设计思想开发出来的第三代 CAD/CAE/CAM 产品，该软件提供了目前所能达到的最全面、集成最紧密的产品开发环境，将产品涉及生产的整个过程集成到一起，让更多用户能同时参与到某一产品的设计制造任务中，实现了所谓的并行工程。

1.1.2　Pro/ENGINEER 的主要模块及应用领域

Pro/ENGINEER 广泛应用于机械、模具、工业设计、汽车、航空航天、电子、家电、玩具等行业，是一个全方位的三维产品开发软件。它集三维实体造型、模具设计、钣金设计、铸造件设计、装配模拟、加工仿真、NC 自动编程、有限元分析、电路布线、装配管路设计、产品数据库管理等功能于一体。

1. 机械设计(CAD)模块

机械设计模块是一个高效的三维机械设计工具，可用来绘制任意复杂形状的零件。在实际中存在大量形状不规则的物体表面，随着人们生活水平的提高，对曲面产品的需求将会大大增加。用 Pro/ENGINEER 生成曲面仅需两三步。Pro/ENGINEER 生成曲面的方法有：拉伸、旋转、放样、扫掠、网格、点阵等。由于生成曲面的方法较多，因此，Pro/ENGINEER 可以迅速建立任意复杂曲面。它既能作为高性能系统独立使用，又能与其他实体建模模块结合起来使用，它支持 GB、ANSI、ISO 和 JIS 等标准。

机械设计模块包括 PRO/ASSEMBLY(实体装配)、PRO/CABLING(电路设计)、PRO/PIPING(弯管铺设)、PRO/REPORT(应用数据图形显示)、PRO/SCAN-TOOLS(物理模型数字化)、PRO/SURFACE(曲面设计)和 PRO/WELDING(焊接设计)。

2. 功能仿真(CAE)模块

功能仿真模块主要用于有限元分析。机械零件的内部变化情况是难以知晓的。有限元仿真使用户有了一双慧眼，能“看到”零件内部的受力状态。利用该功能，在满足零件受力要求的基础上，便可充分优化零件的设计。

功能仿真模块包括 PRO/FEMPOST(有限元分析)、PRO/MECHANICA CUSTOMLOADS(自定义载荷输入)、PRO/MECHANICA EQUATIONS(第三方仿真程序连接)、PRO/MECHANICA MOTION(指定环境下的装配体运动分析)、PRO/MECHANICA TIRE MODEL(车轮动力仿真)、PRO/MECHANICA THERMAL(热分析)、PRO/MECHANICA VIBRATION(震动分析)、PRO/MESH (有限元网格划分)。

3. 制造(CAM)模块

在机械行业中用到的制造模块中的功能是 NC Machining(数控加工)。

制造模块包括 PRO/CASTING(铸造模具设计)、PRO/MFG(电加工)、PRO/MOLDESIGN (塑料模具设计)、PRO/SHEETMETAL(钣金设计)、PRO/NC-CHECK(NC 仿真)、PRO/NCPOST (CNC 程序生成)。

4. 工业设计(CAID)模块

工业设计模块主要用于产品的几何设计。以前，在零件未制造出时，是无法观看零件形状的，只能通过二维平面图进行想象。现在，用 3DS 可以生成实体模型，但用 3DS 生成的模型在工程实际中是“中看不中用”。用 Pro/ENGINEER 生成的实体建模，中看又实用。事实上，Pro/ENGINEER 后阶段的各个工作数据的产生都要依赖于实体建模所生成的数据。

工业设计模块包括 PRO/3D PAINT(3D 建模)、PRO/ANIMATE(动画模拟)、PRO/PERSPECTA-SKETCH(图片转三维模型)、PRO/NETWORKANIMATOR(网络动画合成)、PRO/DESIGNER(概念设计)、PRO/PHOTORENDER(图片渲染)。

5. 数据管理(PDM)模块

数据管理模块在计算机上对产品性能进行测试仿真，找出造成产品各种缺陷的原因，排除产品产生的，改进产品设计。数据管理模块自动跟踪创建的数据，这些数据包括存储在模型文件或库中零件的数据。数据管理模块通过一定的机制，保证了所有数据的安全及存取方便。

数据管理模块包括 PRO/PDM(数据管理)、PRO/REVIEW(模型图纸评估)。

6. 数据交换(Geometry Translator)模块

目前有许多 CAD 系统，如 EUCLID、Cimatron、MDT、CATIA、SolidWorks、Inventor、UG 等，由于它们门户有别，所以自己的数据都难以被对方所识别。但在实际工作中，往往需要接受别的 CAD 数据。这时数据交换模块就会发挥作用。

数据交换模块包括 PRO/CAT(Pro/E 和 CATIA 的数据交换)、PRO/CDT(二维工程图接口)、PRO/DATA FOR PDGS(Pro/E 和福特汽车设计软件的接口)、PRO/DEVELOP(Pro/E 软件开发)、PRO/DRAW(二维数据库数据输入)、PRO/INTERFACE FOR STEP(STEP/ISO 10303 数据和 Pro/E 交换)、PRO/INTERFACE(工业标准数据交换格式扩充)、PRO/LEGACY(线架/曲面维护)、PRO/LIBRARYACCESS(Pro/ENGINEER 模型数据库导入)、PRO/POLT(HPGL/ POSTSCRIPTA 数据输出)。

1.1.3　Pro/ENGINEER 核心设计思想

在众多 CAD 软件中，Pro/ENGINEER 以其强大的三维处理功能和先进的设计理念吸引了众多专业设计者，并在逐步扩大市场份额。与其他 CAD 软件相比，Pro/ENGINEER 具有鲜明的特点。作为软件用户，在使用之前必须深刻领会该软件的典型设计思想。下面将重点介绍 Pro/ENGINEER 的核心设计思想。

1. 基于特征

“特征”是对具有相同属性的具体事物的抽象。特征是 Pro/ENGINEER 中最基本的概念。在 Pro/ENGINEER 中，特征是指组成图形的一组具有特定含义的图元，是设计者在一个设计阶段完成的全部图元的总和。

(1) 特征分类

在 Pro/ENGINEER 中，特征种类丰富，不同的特征具有不同的特点和用途，创建方法也有较大差异。设计中常常用到以下几类特征。

① 实体特征

使用 Pro/ENGINEER 创建的三维实体模型、零件或装配部件的实际形状和外观一目了然。实体特征是构建实体模型的基本组成单元，具有特定的形状，又有质量、厚度以及体积等物理属性。一般来说，对实体特征的描述相对简单，只需要一组有限数量的尺寸参数即可确定特征的形状。实体特征在 CAD 建模中占有重要的地位，是主要的设计对象。

对实体模型进行质量分析将获得详细的质量属性参数，如图 1-1 所示。当实体模型的参数发生改变时，其质量属性会自动更新。

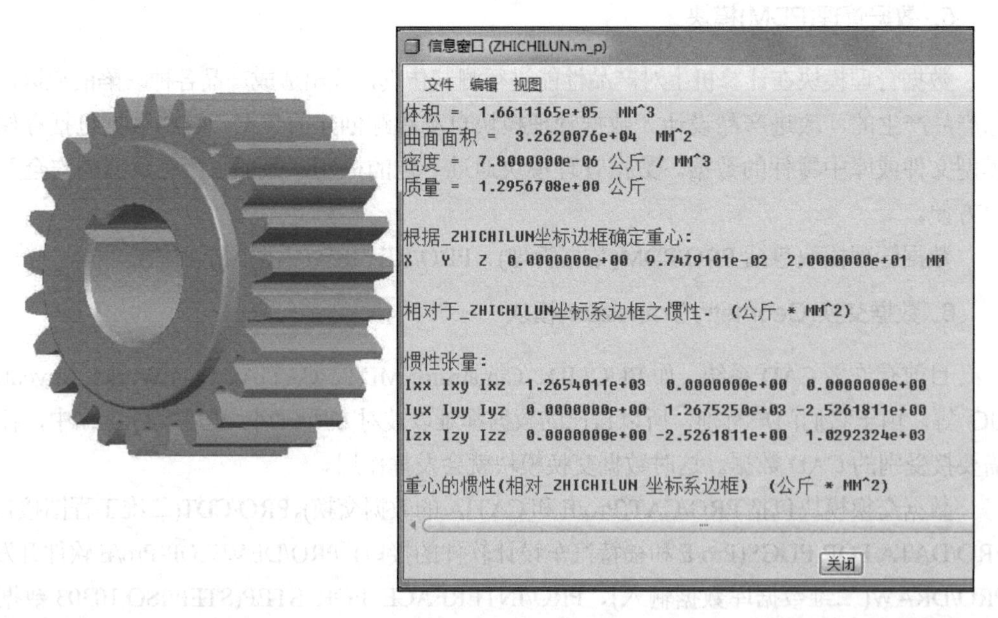

图 1-1　实体模型质量分析

此外，通过实体模型可以检查装配部件中零件与零件之间的公差、间隙和干涉等情况。

根据建模方法和原理的差异，把实体特征进一步划分为以下两种类型。

- 基础实体特征：基础实体特征在设计中具有基础地位，是模型设计的起点，包括拉伸特征、旋转特征、扫描特征、混合特征和造型特征等。
- 工程特征：工程特征是放置在基础实体特征之上的特征，包括孔特征、壳特征、筋特征、拔模特征、圆角特征和倒角特征等。工程特征的创建必须依赖已经存在的基础实体特征，且具有相对固定的形状和用途。

② 曲面特征

与实体模型相比，曲面是一种没有质量、厚度和体积的几何特征，而且精确描述曲面也比较复杂。目前，Coons 曲面、张量积曲面、Bezier 曲面、B 样条曲面以及非均匀有理 B 样条(NUBRS)曲面等参数曲面为曲面造型提供了强大的技术支持。

③ 基准特征

基准特征是指模型设计的基准点、基准轴、基准曲线、基准平面以及基准坐标系等。基准特征主要用来辅助三维模型的创建，如图 1-2 所示。在模型创建过程中，可以通过基准工具显示控制按钮控制基准特征的显示与隐藏。

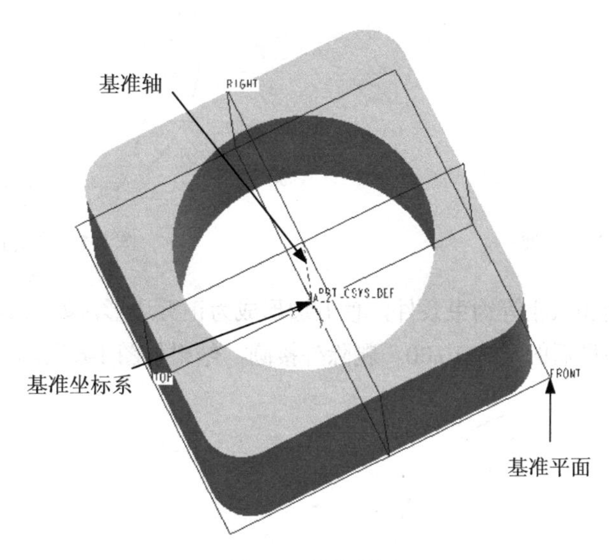

图 1-2　基准特征

(2) 特征建模原理

在 Pro/ENGINEER 中，一个三维实体模型就是由数量众多的特征以“搭积木”的方式组织起来的，因此特征是模型结构和操作的基本单位，创建模型的过程也是按照一定顺序一次向模型中添加各类特征的过程。为了管理这些特征，系统设置了“模型树”来实现对特征的管理。在模型树中，按照特征创建的先后顺序，系统列出了组成模型的各个特征的详细列表，并为每个特征分配了一个标识。模型树记录了模型创建轨迹，方便设计者修改和完善设计意图。

用户在使用 Pro/ENGINEER 进行三维实体建模时，一般应该在满足设计要求的前提下，尽量减少特征的数量。

2. 参数化设计

在早期 CAD 软件中，为了得到准确的几何图形，设计者必须依次定位组成图形的各个图元的大小和准确位置。系统根据输入信息生成图形后，如果要对图形进行形状改变则比较困难，因而设计灵活性差。

Pro/ENGINEER 引入了参数化设计思想，创建模型以尺寸数值为设计依据。设计者可以在绘图时暂时舍弃大多数烦琐的设计限制，只需抓住图形的某些典型特征绘制图形，然后通过向图形添加适当的约束条件规范其形状，最后修改图形的尺寸数值，经过再生后即可获得理想的图形，这就是重要的“尺寸驱动”理论。

例如，在参数化的设计环境下绘制一个边长为 10.00 的正五边形，可按照以下操作完成。

(1) 绘制任意直径的圆，如图 1-3 所示。

(2) 在圆内部绘制该圆的一个内接五边形，如图 1-4 所示。

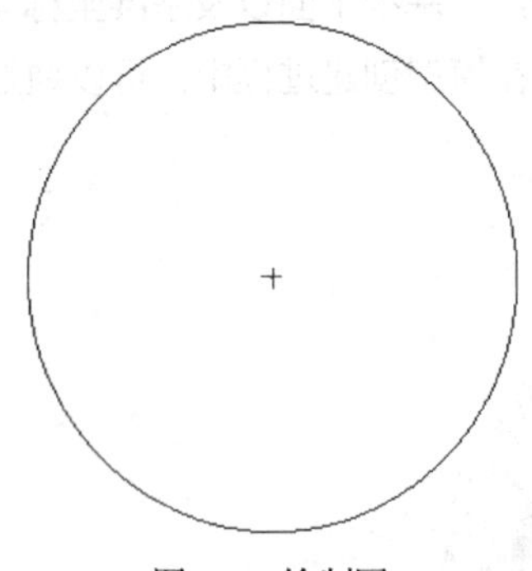

图 1-3　绘制圆

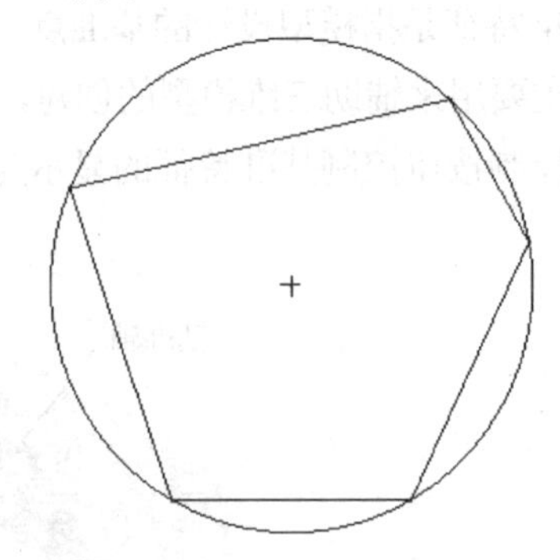

图 1-4　绘制五边形

(3) 在各边之间加入相等约束条件，使五边形成为正五边形，如图 1-5 所示。

(4) 修改边长为最后的尺寸 10.00，删除外接圆，结果如图 1-6 所示。

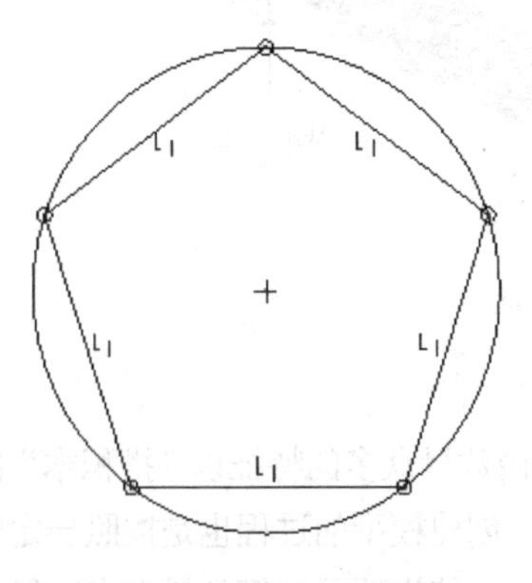

图 1-5　绘制正五边形

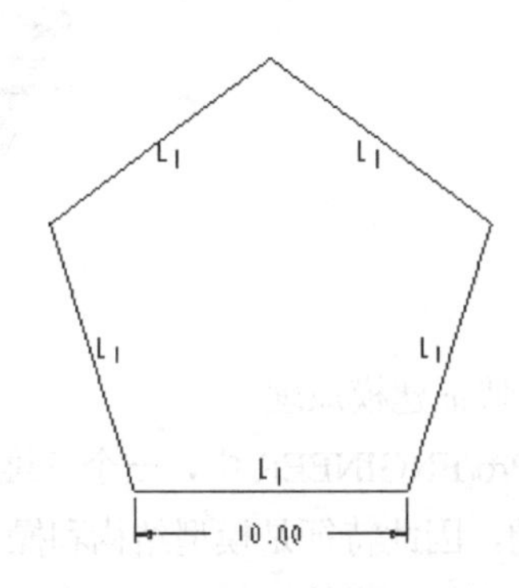

图 1-6　最后的结果

在整个绘图过程中，设计者基本上不用关心线段的尺寸和位置的准确与否，绘制过程快速轻松，真正体现了设计的人性化。

参数化设计的最重要体现就是模型的修改功能。Pro/ENGINEER 提供了完善的修改工具和编辑定义工具，通过这些工具，可以轻松地修改模型的参数，变更设计意图，从而变更模型形状。

在图 1-7 所示的模型上使用特征阵列的方法创建一组圆孔，选取圆孔特征作为修改对象，系统显示该特征的所有参数，各参数的含义已在图形上标出。下面简单介绍一下这些参数。

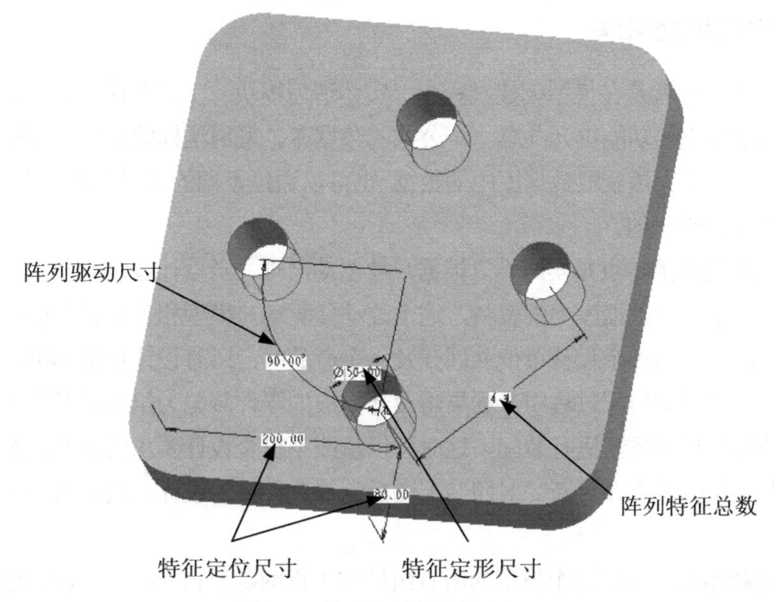

图 1-7　模型特征参数修改入口

- 特征定形参数：确定特征大小和形状的一组尺寸参数。
- 特征定位参数：确定特征在基础实体特征上的位置的一组参数，这些参数包括尺寸参数。由于模型上通过阵列方法创建了一组具有相同形状的孔结构，阵列驱动尺寸决定了这些孔的具体分布位置。
- 特征数量参数：阵列特征总数决定模型上孔的数量。

修改以上任何一个参数都可以重新调整特征的设计意图。如修改阵列驱动尺寸及阵列特征总数，实际上是修改了圆孔的总数以及它在基础实体特征上的分布情况，结果如图 1-8 所示。此外，可以重新定义圆孔截面修改圆孔形状，结果如图 1-9 所示。

图 1-8　改变阵列特征

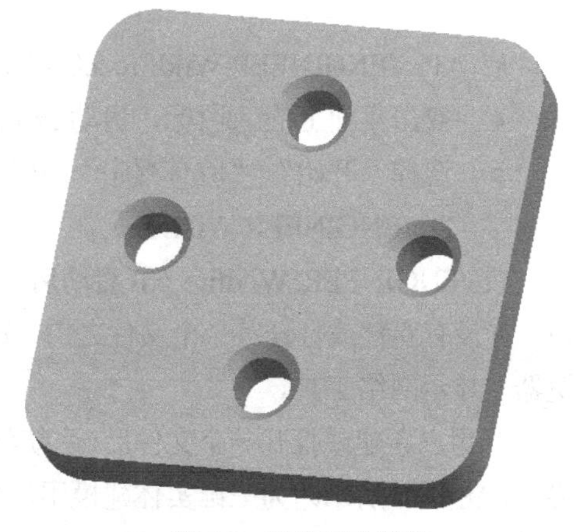

图 1-9　改变圆孔特征

除了通过模型上的尺寸作为模型编辑入口外，还可以通过参数和关系式创建参数化模型，修改各个参数后再生模型即可获得新的设计结果。这样创建的模型就可以快速变换形状和大小，从而提高了模型的利用率。

3. 单一数据库与全相关

所谓单一数据库就是在模型创建过程中，实体造型模块、工程图模块、模型装配模块以及数控加工模块等重要功能单元共享一个公共的数据库。采用这样的数据库有很大优势，设计者可以通过不同的渠道获取数据库中的数据，也可以通过不同的渠道修改数据库中的数据，系统中的数据库是唯一的。

单一数据库最大的特点是实时性。根据尺寸驱动原理，当设计者修改了模型中的设计参数时，也就修改了单一数据库中的资料，这个改动使驱动与模型相关的各个设计环节自动更新设计结果。因此，当多个设计单位共同开发一个产品时，所有设计单位都可以随时获取最新的设计数据。在模型装配过程中，如果将设计完成的零件装配为组件后发现效果不理想，并不需要更改零件后再重新进行装配，这时可以修改不符合设计要求的零件，参与装配的零件被修改，其装配结果立即更新。对照装配图反复修改零件的设计，最后就能获得满意的装配结果。

变更零件模型后，应用这个模型的所有组件或工程图都会自动随之更新，这种特性就是全相关。

4. 父子关系

父子关系是随着建模过程在各个特征之间自然产生的。在建立新特征时，所参照的现有特征会成为新特征的父特征，相应的新特征会成为其子特征。如果更新了父特征，子特征会随之自动更新。父子关系提供了一种强大的捕捉方式，可以为模型加入特定的约束关系和设计意图。在设计过程中，各特征之间引入父子关系是参数化设计的一个重要特点。

1.2　Pro/ENGINEER Wildfire 5.0 的用户界面

启动 Pro/ENGINEER Wildfire 5.0 有以下两种方法。

- 双击桌面上的图标，启动 Pro/ENGINEER Wildfire 5.0。
- 选择“开始” | “所有程序” | PTC | Pro ENGINEER | Pro ENGINEER 命令，启动 Pro/ENGINEER Wildfire。

Pro/ENGINEER Wildfire 5.0 启动后，系统打开 Pro/ENGINEER Wildfire 5.0 用户界面窗口。在没有新建或打开某一个文件之前，Pro/ENGINEER Wildfire 5.0 将自动打开内嵌网络浏览器，显示网络工具。

当用户新建或打开一个文件后，系统将打开相应的 Pro/ENGINEER Wildfire 5.0 的工作主界面，图 1-10 所示即为三维实体建模用户界面。主界面由 8 个部分组成，即标题栏、菜单栏、工具栏、导航选项卡、主工作区、特征工具栏、信息提示区和命令帮助区。

标题栏
工具栏
命令帮助区
导航选项卡
菜单栏
信息提示区
特征工具栏
主工作区

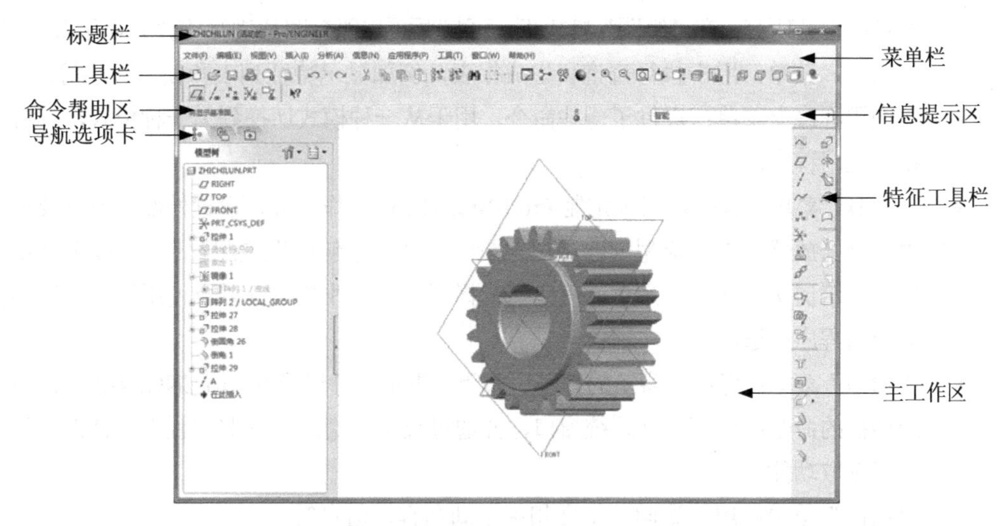

图 1-10　主工作窗口

1.2.1　标题栏

标题栏位于用户界面的最上面，显示当前正在运行程序的程序名及文件名等信息，单击标题栏右端的 按钮，可以最小化、最大化或关闭窗口。

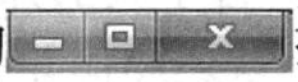

1.2.2　菜单栏

菜单栏位于标题栏的下面，系统将控制命令按性质分类放置于各个菜单中，如图 1-11 所示。

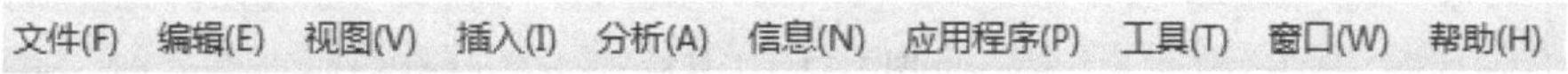

文件(F)　编辑(E)　视图(V)　插入(I)　分析(A)　信息(N)　应用程序(P)　工具(T)　窗口(W)　帮助(H)

图 1-11　菜单栏

各个菜单以下拉菜单的形式显示，其基本功能如下。

- "文件"菜单：提供处理文件的各项命令，例如新建、打开、保存、重命名、备份、拭除、删除以及打印等。
- "编辑"菜单：用来再生模型、编辑特征(包括隐含、恢复、编辑和删除特征)，还包括用于执行搜索的"查找"选项，也可设置选取操作的优先选项，开启或关闭预选加亮功能等。
- "视图"菜单：提供控制模型显示与执行显示的命令，可以控制 Pro/ENGINEER 当前的显示、模型的放大与缩小、模型视角的显示等。
- "插入"菜单：提供创建各种基准特征类型的命令，如基准、点、轴和平面；提供创建其他特征的选项，如孔、壳、筋、拔模、倒角、切口和修饰特征等；提供创建高级特征的选项，如管道、环形折弯和曲面片；提供将数据从外部文件添加到当前模型的选项以及处理共享数据和高级混合的选项。
- "分析"菜单：包含用于分析模型参数的命令。使用命令，可创建有关模型信息的显示，还包括具有下列用途的选项：比较零件间特征或几何差异，执行模型、曲线、曲面、机械、Excel 和用户定义分析，执行敏感度分析，进行可行性/优化研究和创建多目标设计研究。在“绘图”模式下，可将页面与现有图片进行比较并显示其结果。

- “信息”菜单：用于执行查询和生成报表，例如显示特征列表和模型大小等。
- “应用程序”菜单：提供了一些命令，用于从一种模式切换到另一种模式，并启动相关应用程序。
- “工具”菜单：包括可用来定制 Pro/ENGINEER 工作环境、设置外部参照以及使用“模型播放器”查看模型创建历史记录的命令，也包括设置配置选项(config.pro)、轨迹或培训文件回放的命令，还包括选择创建和修改映射键以及使用浮动模块和辅助应用程序的选项。
- “窗口”菜单：可用于窗口的打开、关闭、重定尺寸以及在 Pro/ENGINEER 窗口之间切换的命令；还可打开系统窗口，并通过显示或隐藏“选取位置”对话框打开或关闭选取功能。
- “帮助”菜单：用于访问上下文相关帮助和客户信息等。

1.2.3　工具栏

工具栏在菜单栏的下方或窗口的左右两侧(Pro/ENGINEER Wildfire 5.0 的默认布局是将工具栏放置在界面的上侧和右侧)。工具栏由一组快捷按钮组成，包含了大部分常用控制功能的工具按钮，如图 1-12 所示。根据当前工作的模块(如零件模块、草绘模块和装配模块等)及工作状态的不同，在该栏内还会出现一些其他按钮，并且各按钮的状态及意义也有所不同。在工具栏的空白处右击，可以从弹出的快捷菜单中选择相应的命令显示或隐藏工具栏。

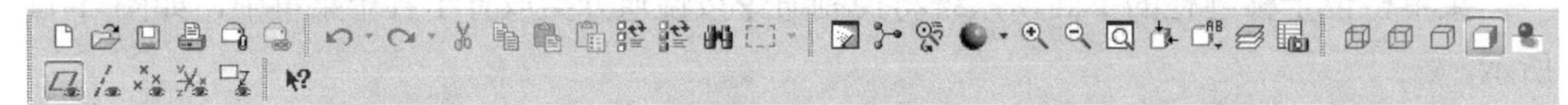

图 1-12　工具栏

单击工具栏中的工具按钮可以执行相应的功能。若将光标停留在工具按钮的上方，系统会自动显示该工具的功能提示，如图 1-13 所示。表 1-1 列出了工具栏中一些主要按钮的功能。

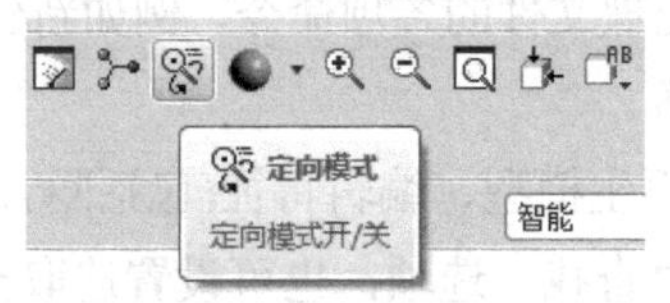

图 1-13　将光标停留在工具按钮上时显示的工具提示信息

表 1-1　工具栏中主要按钮的功能

按钮图标	功能说明
	新建文件
	打开文件
	保存当前操作的文件
	打印当前活动对象
	发送带有活动窗口中对象的电子邮件

(续表)

按钮图标	功能说明
	发送带有活动窗口中对象链接的电子邮件
	撤销所做的工作
	取消撤销
	剪切对象到剪贴板
	复制对象到剪贴板
	粘贴剪贴板中的对象到当前的模型中
	选择性粘贴
	再生模型
	再生管理器，指定要再生的修改特征或元件的列表
	查找，在模型树中按规则搜索、过滤以及选取项目
	罩框样式，用户可以选中选取框内部的项目，共有 5 种罩框样式
	重画当前视图
	旋转中心开/关
	定向模式开/关
	外观库
	放大视图
	缩小视图
	重新调整活动窗口中的模型使其完全显示在屏幕上
	调整模型的视图
	选择已保存的视图
	设置层、层项目和显示状态
	启动视图管理器
	上下文相关帮助
	模型将以线框的方式显示
	模型将隐藏线显示为灰色
	模型将不显示隐藏线
	模型将以着色的真实感显示
	增强真实感
	显示基准平面
	显示基准轴
	显示基准点
	显示基准坐标系
	显示注视

1.3　文 件 操 作

Pro/ENGINEER Wildfire 5.0 中常用的文件操作包括新建文件、打开文件、保存文件、文件另存为、拭除文件和删除文件等。

1.3.1　新建文件

新建文件的步骤如下。

(1) 选择“文件”|“新建”命令，或单击工具栏中的“新建”按钮，或按 Ctrl+N 组合键，弹出“新建”对话框，如图 1-14 所示。

(2) 在“类型”选项区域中，系统默认选中“零件”单选按钮，可以根据需要建立相应的文件类型，如“草绘”“组件”“制造”“绘图”“格式”“报告”“图表”“布局”以及“标记”等类型。选中某一种类型后，右侧的“子类型”选项区域会出现不同的选项，可以根据需要选中相应的子类型。

(3) 在“名称”文本框中输入新建文件的名称。

(4) Pro/ENGINEER Wildfire 5.0 在新建文件时，可以选用英制和公制两种单位。在安装 Pro/ENGINEER Wildfire 5.0 时，可以设置系统默认的单位为英制或公制，我国习惯使用公制单位，因此在安装系统时设置系统默认单位为公制，如果用户要选用英制单位，则在“新建”对话框中取消选择“使用缺省模板”复选框，然后单击“确定”按钮，系统弹出如图 1-15 所示的“新文件选项”对话框。

图 1-14　“新建”对话框

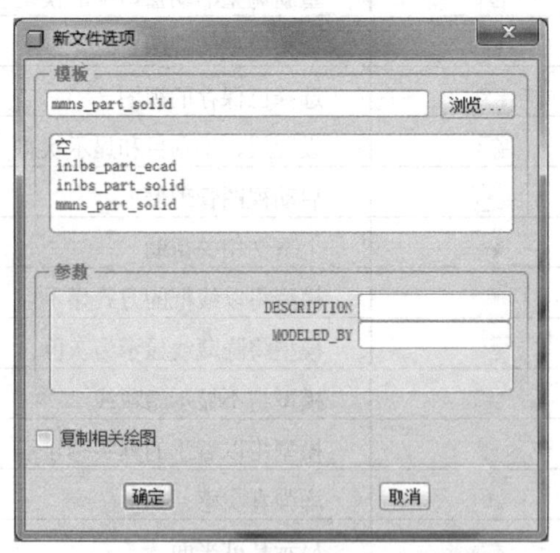

图 1-15　“新文件选项”对话框

(5) 在“模板”选项区域的列表框中选择相关选项，以 inlbs 开头的单位制标准代表英制，以 mmns 开头的单位制标准代表公制。在“参数”选项区域中可以指定参数值或更改参数值。DESCRIPTION 和 MODELED_BY 是所有标准零件和组件模板都包括的参数，这些参数是与 Pro/INTRALINK 产品数据库和 Pro/PDM 数据库自动链接的。

(6) 单击“确定”按钮，新建一个文件。

在新建文件时会涉及要建立的文件类型，Pro/ENGINEER Wildfire 5.0 提供了 10 种类型的文件。

- 草绘：建立 2D 草图文件，其后缀名为.sec。
- 零件：建立 3D 零件模型文件，其后缀名为.prt。
- 组件：建立 3D 模型安装文件，其后缀名为.asm。
- 制造：NC 加工程序制作和模具设计，其后缀名为.mfg。
- 绘图：建立 2D 工程图，其后缀名为.drw。
- 格式：建立 2D 工程图图纸格式，其后缀名为.frm。
- 报告：建立模型报告，其后缀名为.rep。
- 图表：建立电路和管路流程图，其后缀名为.dgm。
- 布局：建立产品组装布局，其后缀名为.lay。
- 标记：注解，其后缀名为.mrk。

1.3.2　打开文件

Pro/ENGINEER Wildfire 5.0 打开文件的方式有两种：传统方法和使用自带的浏览器。

1. 使用传统方法打开文件

(1) 选择“文件”|“打开”命令，或单击工具栏中的“打开”按钮，系统弹出“文件打开”对话框，如图 1-16 所示。

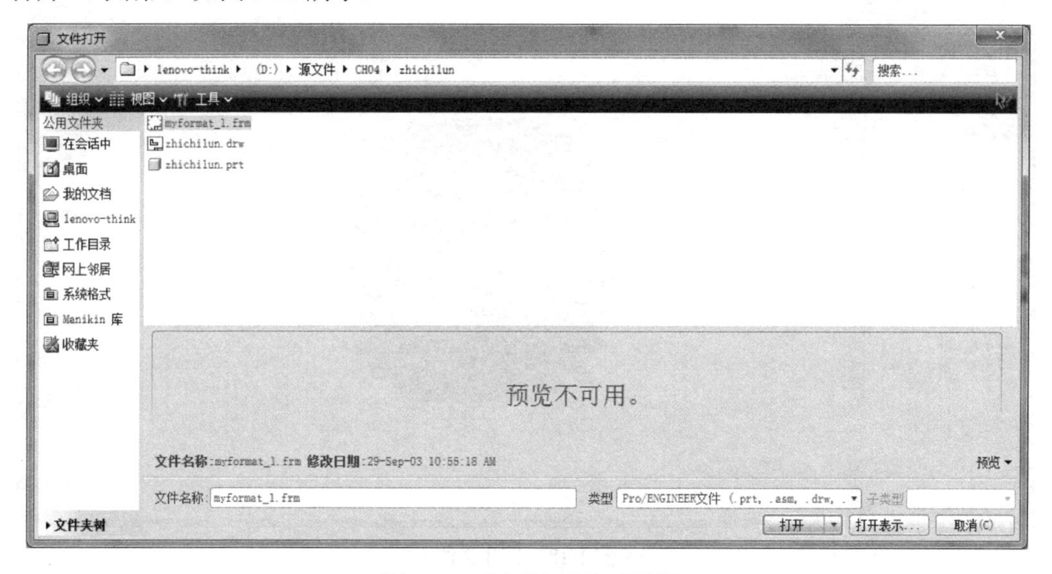

图 1-16　“文件打开”对话框

(2) 在“类型”下拉列表框中可以选择需要打开的文件类型，如图 1-17 所示。选中需要打开的文件，单击“打开”按钮，即可打开相应的文件。

(3) 双击选择所需文件，就可以打开选中的文件，如图 1-18 所示。

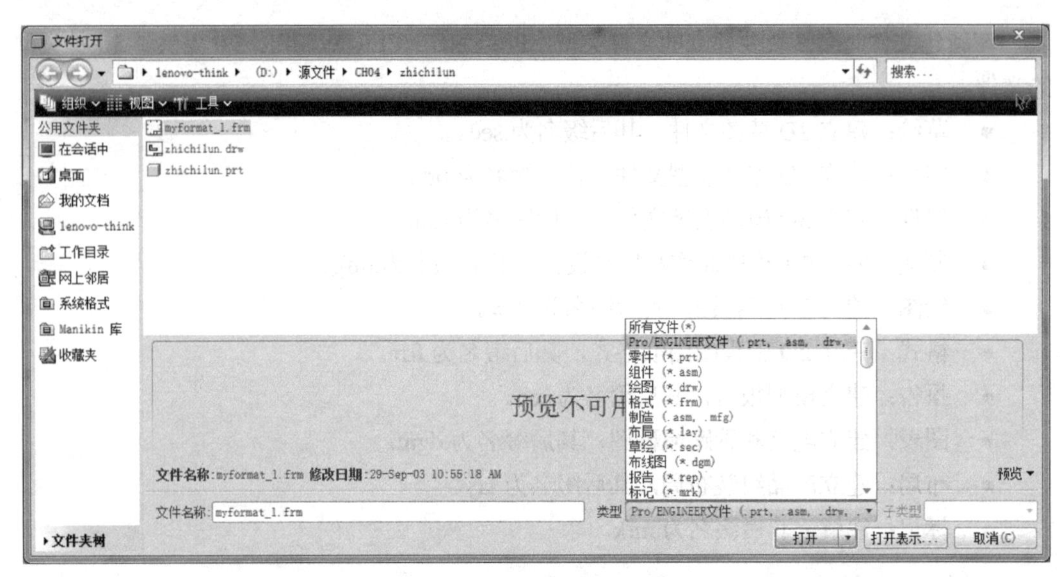

图 1-17　选择打开文件的类型

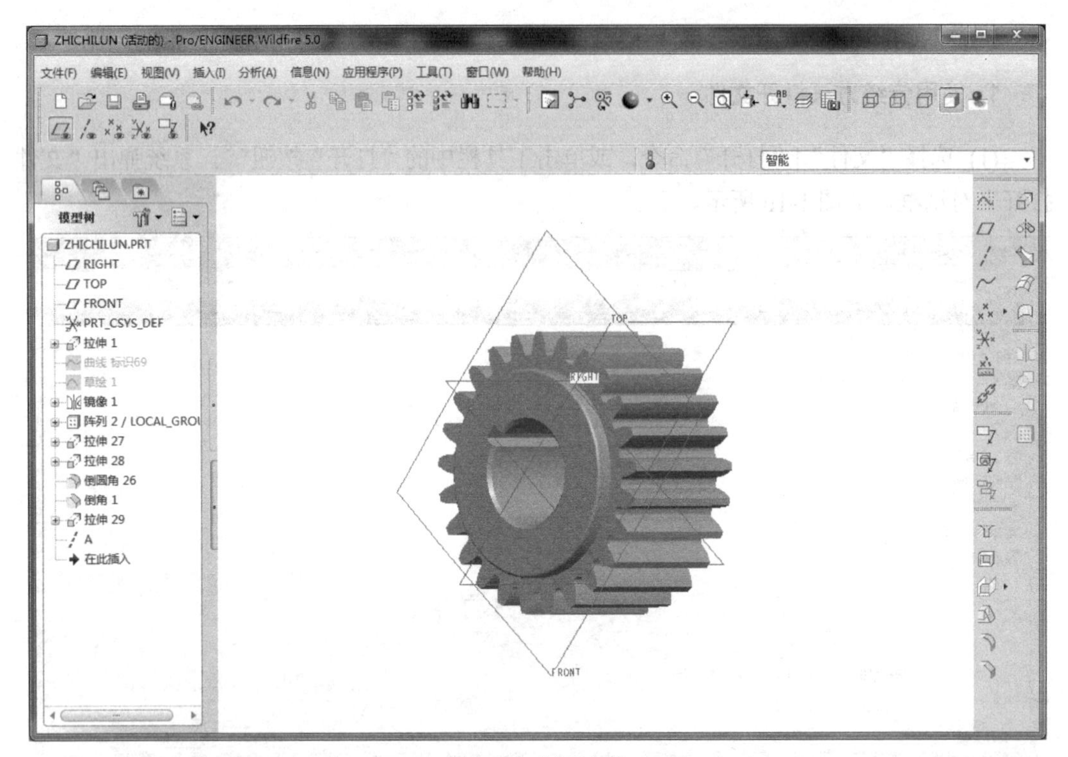

图 1-18　打开文件

2. 使用 Pro/ENGINEER Wildfire 5.0 自带浏览器打开文件

(1) 选择“文件夹浏览器”选项卡，在导航栏的文件夹浏览器中选择所需文件夹，就可以在右侧主工作区中看到文件及其信息的详细列表，如图 1-19 所示。

(2) 选择所需文件，显示区如图 1-20 所示。双击就可以打开选中的文件。

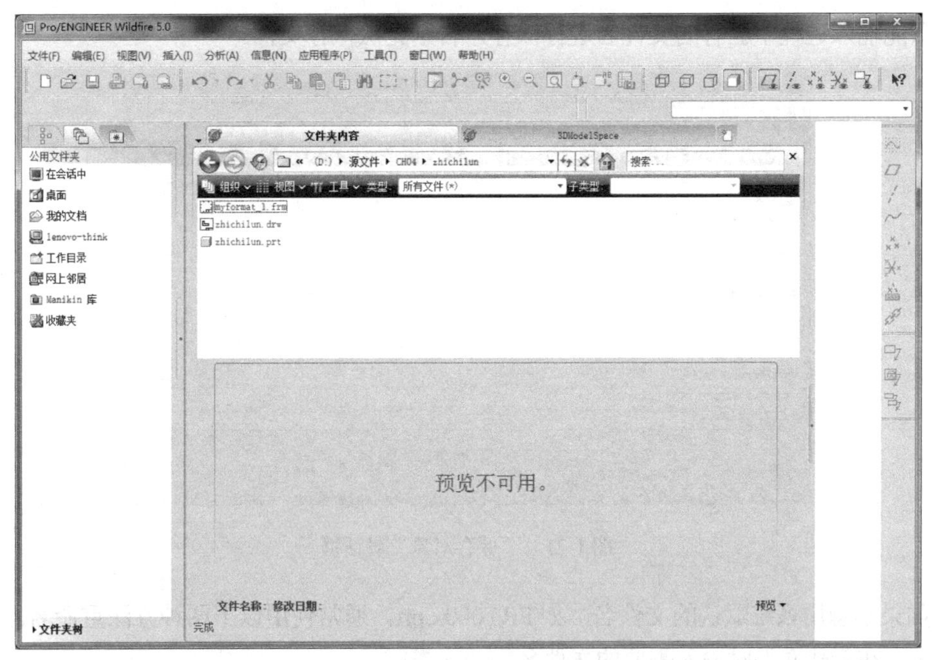

图 1-19 打开文件列表

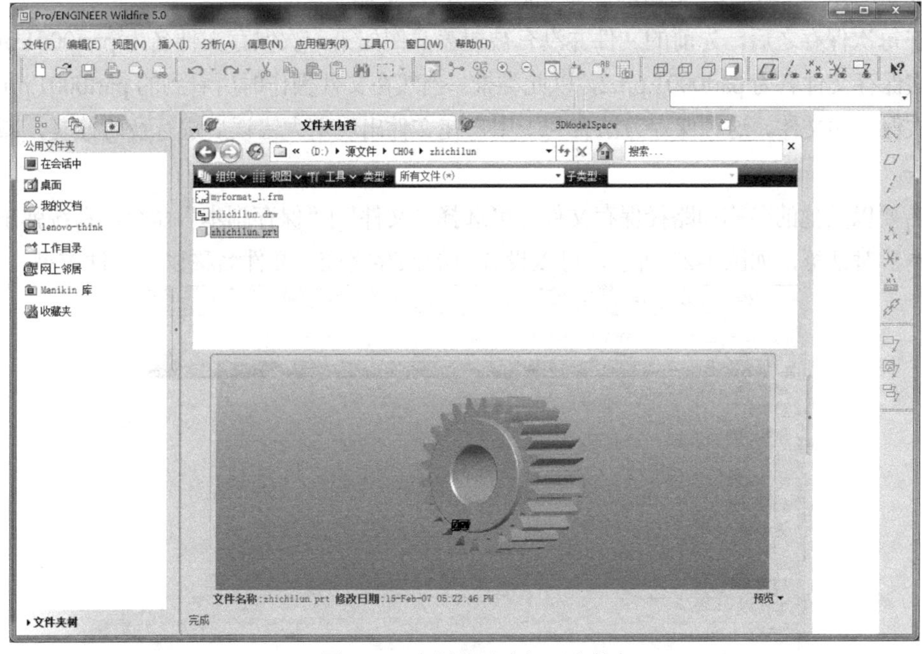

图 1-20 在浏览器中打开文件

1.3.3 保存和备份文件

1. 保存文件

保存文件有两种方式，以当前的名称、路径保存或以其他的名称、路径保存。

要以当前的名称和路径保存文件，可选择“文件”|“保存”命令，系统弹出“保存对象”对话框，如图 1-21 所示，单击对话框中的“确定”按钮保存文件。此时文件名是不可以更改

的，只能输入进程中已有的文件名进行保存，否则无法保存文件。

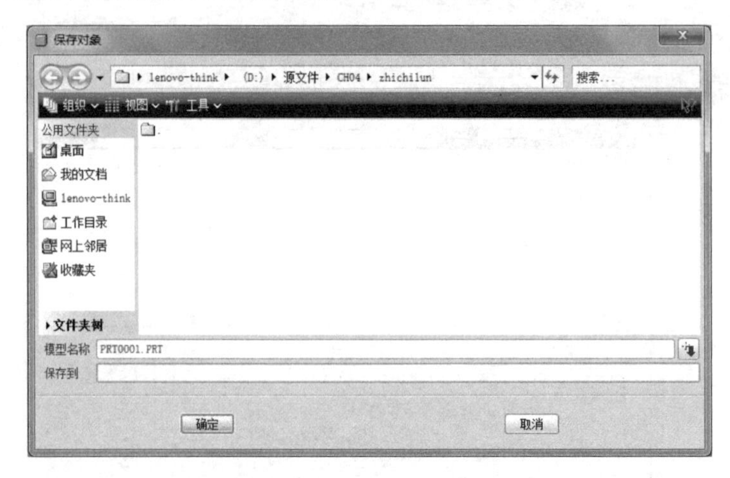

图 1-21　“保存对象”对话框

如果不想用系统默认的文件名，如 PRT000x.prt，通常使用以下两种方法重命名。

- 在新建文件时输入需要的文件名。
- 选择“文件”|“重命名”命令对文件进行重命名。

在每次保存之后，先前的文件并没有被覆盖，例如第一次保存文件名为 part0001.prt.1；第二次保存文件名为 part0001.prt.2，以此类推。当然在文件操作时所看到的 part0001.prt 为最后一次保存的文件。这种保存方法有利于用户在文件出现重大错误后进行及时修复，减少用户损失。

若要以其他的名称和路径保存文件，可选择“文件”|“保存副本”命令，系统弹出“保存副本”对话框，如图 1-22 所示，可以设置新的保存路径、文件名称以及文件类型。

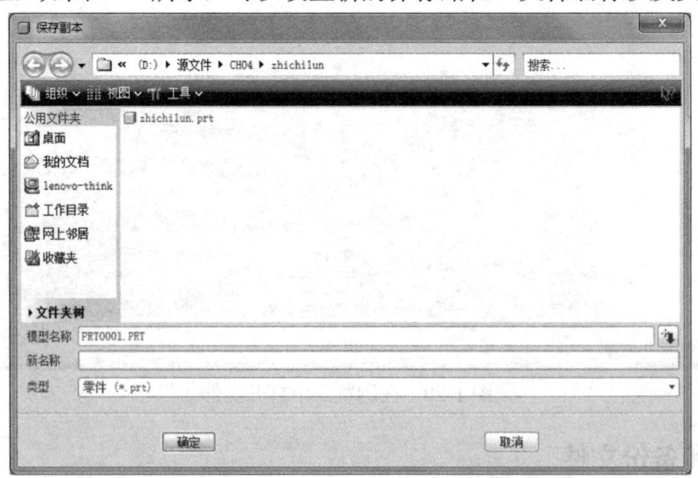

图 1-22　“保存副本”对话框

2. 备份文件

选择“文件”|“备份”命令，系统弹出“备份”对话框，在“备份到”下拉列表框中选择要备份的路径，如图 1-23 所示。

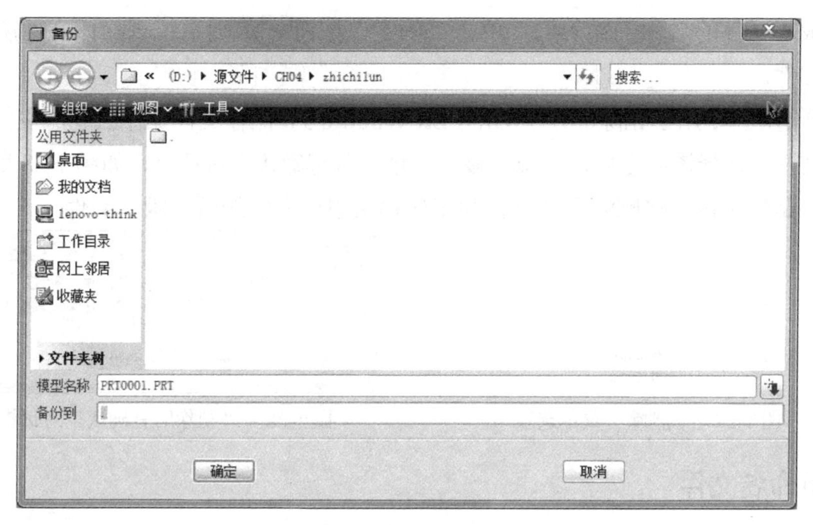

图 1-23　“备份”对话框

1.3.4　拭除和删除文件

1. 拭除文件

关闭 Pro/ENGINEER Wildfire 5.0 之前打开的所有文件，系统都要自动记录在内存中，如果打开文件过多，就会导致系统性能下降，因此可以用“拭除”命令将某个不需要的文件在内存中清除。

选择“文件”|“拭除”命令，出现如图 1-24 所示的菜单选项。选择“当前”命令，系统弹出“拭除确认”对话框，如图 1-25 所示，单击“是”按钮，将当前文件从内存中清除。选择“不显示”命令，系统弹出“拭除未显示的”对话框，如图 1-26 所示，选择不需要显示的文件，然后单击“确定”按钮，关闭对话框，未选中的文件仍然保留在内存中。

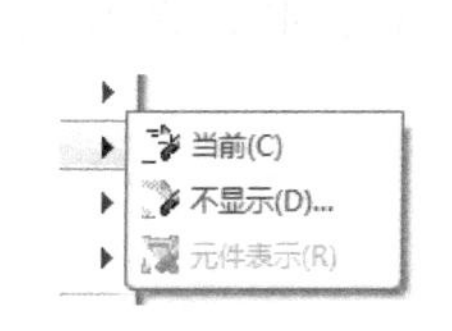

图 1-24　“拭除”菜单选项

图 1-25　“拭除确认”对话框

图 1-26　“拭除未显示的”对话框

2. 删除文件

对某个文件多次执行“保存”命令后，系统并不会覆盖源文件。使用“删除”命令可以将磁盘中系统产生的不同序列文件删除，以减少文件占用磁盘的容量。

选择“文件”|“删除”命令，出现如图 1-27 所示的菜单选项。

- 旧版本：用于删除 Pro/ENGINEER Wildfire 5.0 保存文件操作自动产生的旧版本文件。选择该命令后，系统会在信息提示区显示一个文本框，提示用户输入想删除旧版本文件的名称，输入后，单击“确定”按钮，则系统删除该文件所有旧版本文件。

- 所有版本：用于删除 Pro/ENGINEER Wildfire 5.0 保存文件操作自动产生的所有版本文件。选择该命令后，系统将显示“删除所有确认”对话框，如图 1-28 所示，单击“是”按钮，将删除系统进程和工作目录中该文件的所有版本文件。

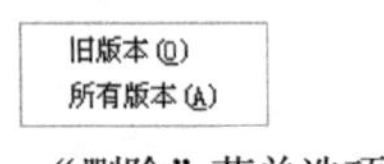

图 1-27　“删除”菜单选项

图 1-28　“删除所有确认”对话框

1.3.5　重命名文件

选择“文件”|“重命名”命令，系统弹出“重命名”对话框，如图 1-29 所示。在“新名称”文本框中输入新名称，还可以在磁盘上和会话中重命名或只在会话中重命名。

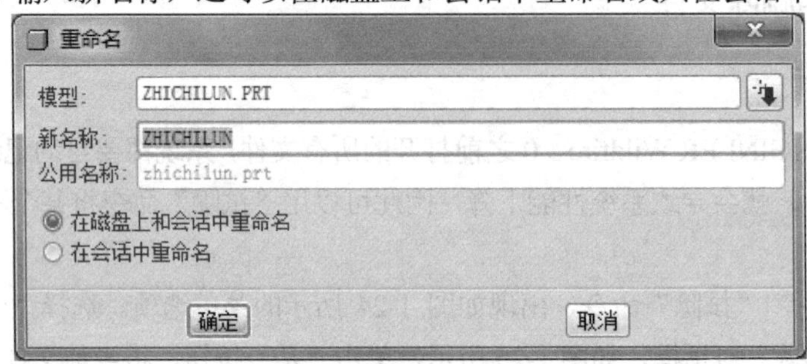

图 1-29　“重命名”对话框

1.4　视 图 操 作

在使用 Pro/ENGINEER 时，多数时间用户面对的是具有一定角度和方向的三维模型。熟练地利用视角进行控制，能够有效地提高设计效率和质量。

1.4.1　模型显示

Pro/ENGINEER 中显示模型的方式有 5 种，从左到右分别是“线框”“隐藏线”“消隐”“着色”和“增强的真实感”显示模式，图 1-30 所示的工具栏中按钮分别代表上述 5 种模式。

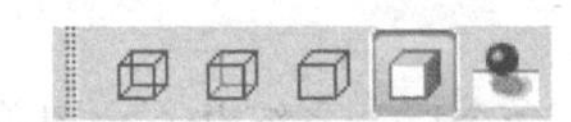

图 1-30　5 种显示方式按钮

- “线框”显示模式：单击图 1-30 中“线框”按钮，模型显示效果如图 1-31 所示。
- “隐藏线”显示模式：单击图 1-30 中“隐藏线”按钮，模型显示效果如图 1-32 所示。

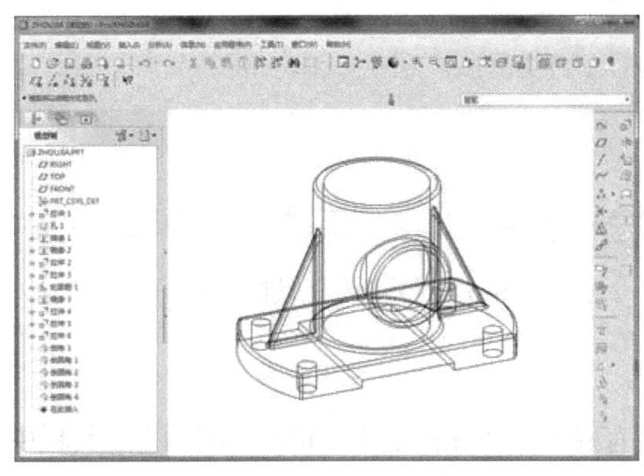

图 1-31　“线框”显示模式

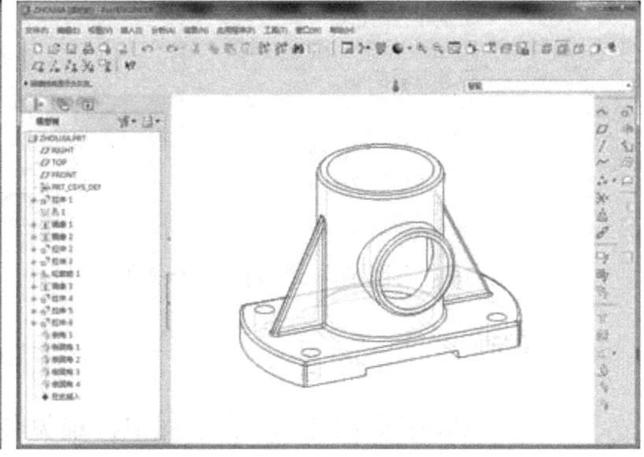

图 1-32　“隐藏线”显示模式

- “消隐”显示模式：单击图 1-30 中“消隐”按钮，模型显示效果如图 1-33 所示。
- “着色”显示模式：单击图 1-30 中“着色”按钮，模型显示效果如图 1-34 所示。

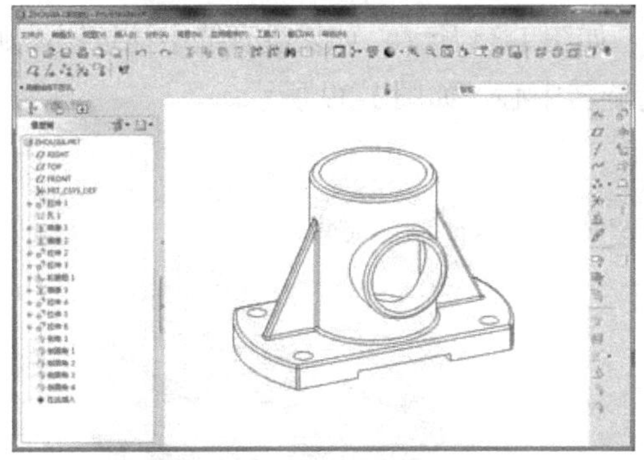

图 1-33　“消隐”显示模式

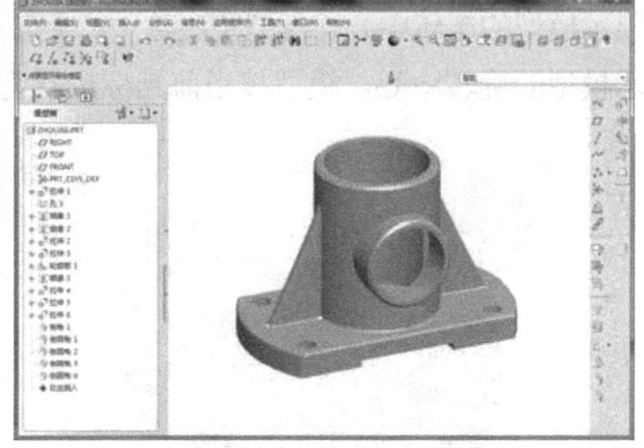

图 1-34　“着色”显示模式

- “增强的真实感”显示模式：单击图 1-30 中“增强的真实感”按钮，模型显示效果如图 1-35 所示。

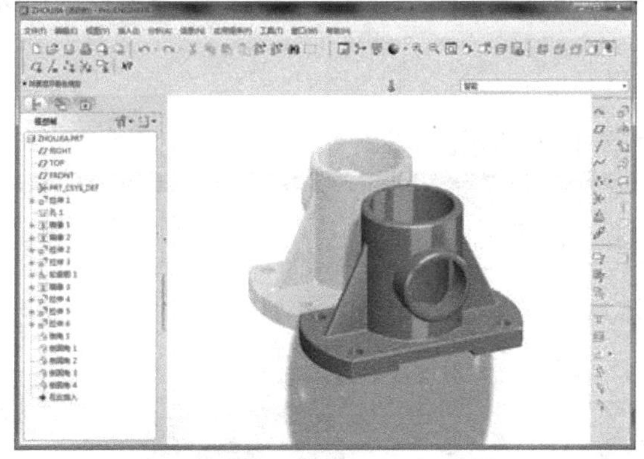

图 1-35　“增强真实感”显示模式

1.4.2　视图控制

“视图”|“方向”子菜单及“视图”工具栏提供了用于视图操作的命令，如图 1-36 和图 1-37 所示。

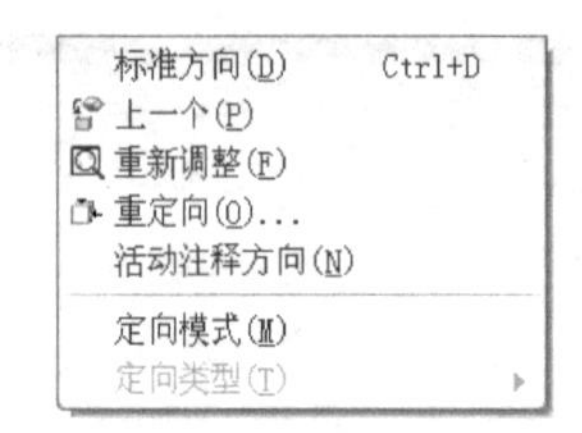

图 1-36　“视图”|“方向”子菜单

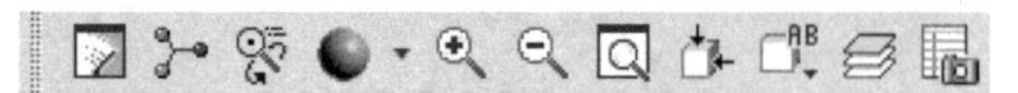

图 1-37　“视图”工具栏

1. 重画

在使用 Pro/ENGINEER 的过程中，难免会有残影停留在画面中，单击“视图”工具栏中的“重画”按钮，系统将对主工作区中点、线以及面等对象进行刷新。

2. 旋转

单击鼠标中键并拖动鼠标，如果“视图”工具栏中的“旋转中心”按钮处于按下状态，则显示模型的旋转中心，模型绕旋转中心旋转，如图 1-38 所示；如果没有选中该按钮，则不显示模型的旋转中心，模型按当前光标位置为旋转中心，如图 1-39 所示。

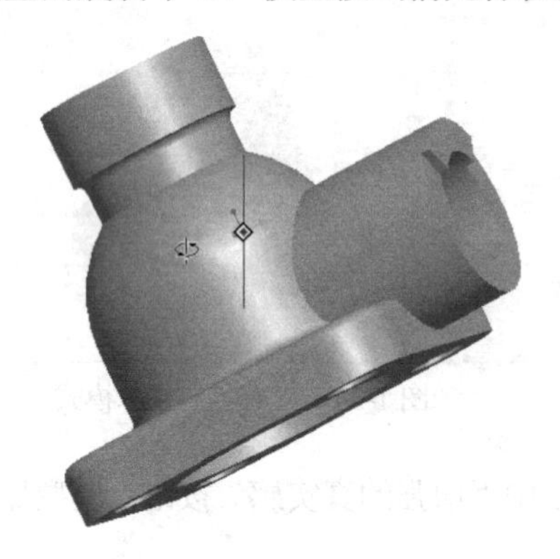

图 1-38　显示模型的旋转状态

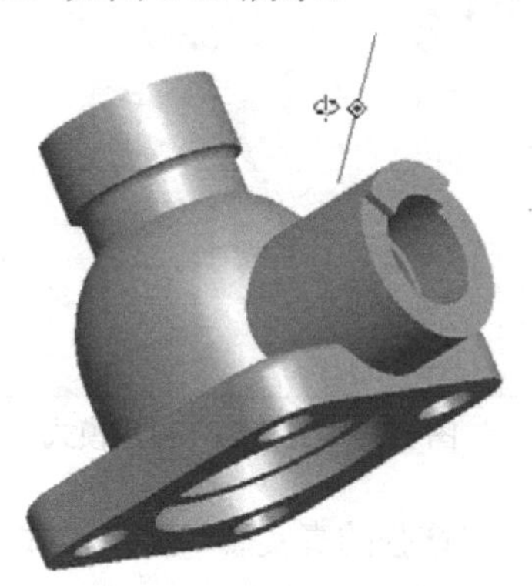

图 1-39　不显示模型的旋转状态

3. 缩放

模型原始大小，如图 1-40 所示。

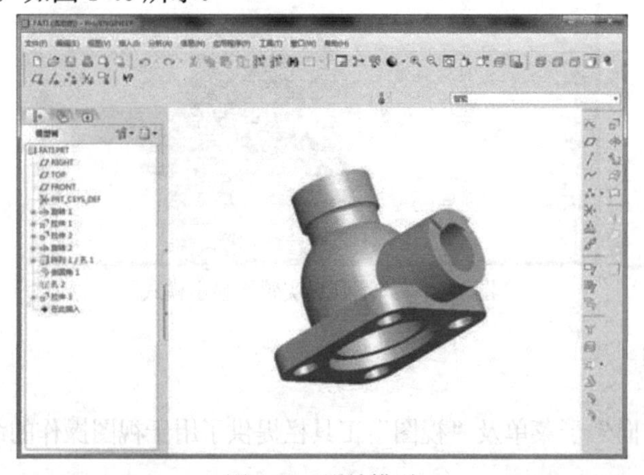

图 1-40　原始模型

Pro/ENGINEER Wildfire 5.0 提供了 3 种缩放方法。

(1) 向上滚动鼠标滚轮可以缩小模型，如图 1-41 所示；向下滚动鼠标滚轮则可以放大模型，如图 1-42 所示。

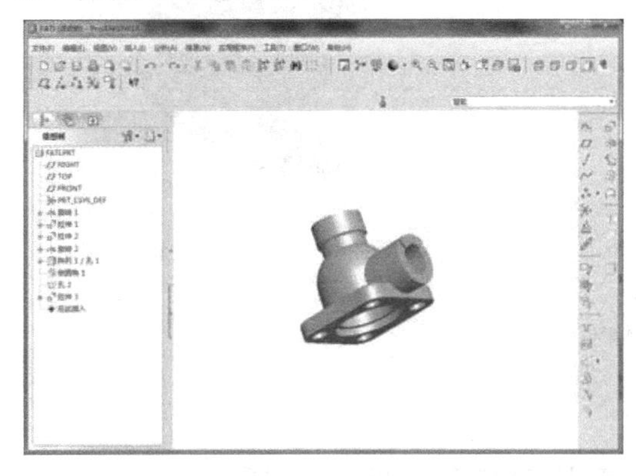

图 1-41　缩小模型

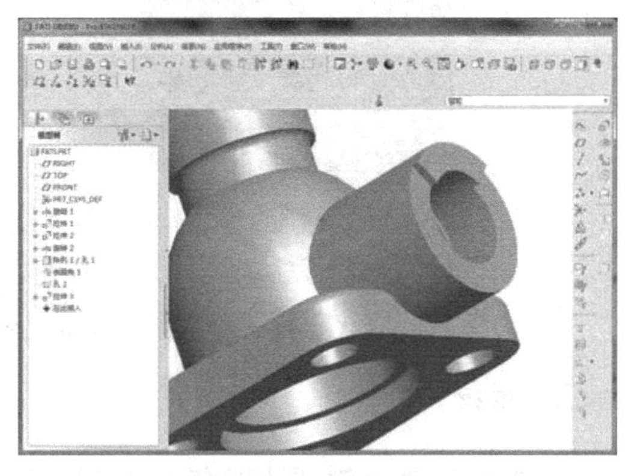

图 1-42　放大模型

(2) 同时按住 Ctrl 键+鼠标中键，向上拖动鼠标可以缩小模型，如图 1-43 所示；向下拖动鼠标则可以放大模型，如图 1-44 所示。

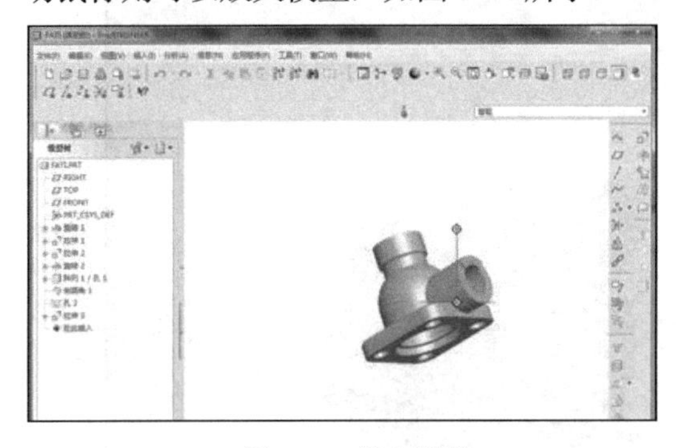

图 1-43　缩小模型

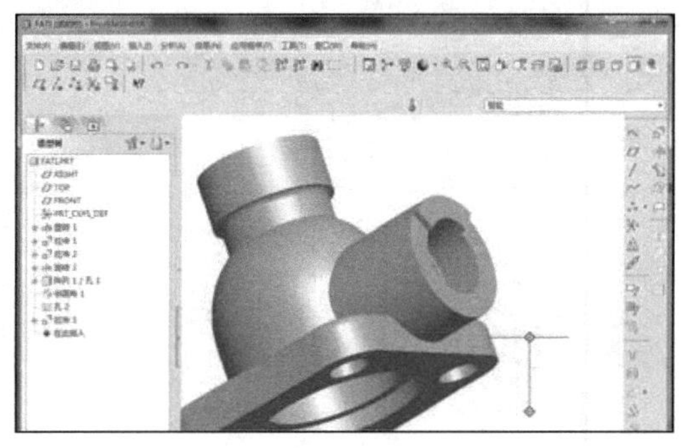

图 1-44　放大模型

(3) 在“视图”工具栏中单击“放大”按钮，在适当的位置拖拉出矩形框，矩形框内的图形将被放大至整个主工作区，如图 1-45 所示。

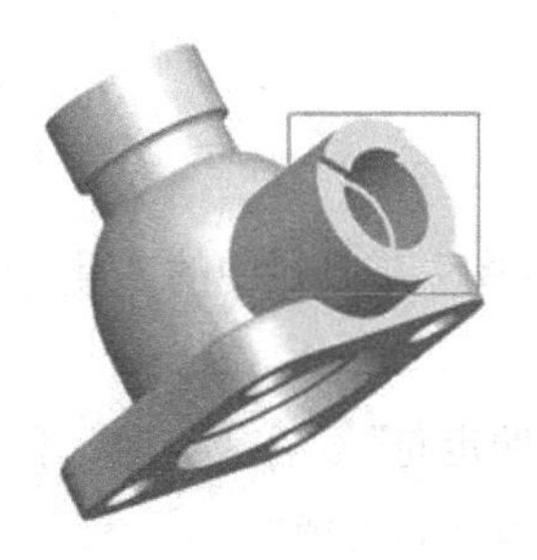

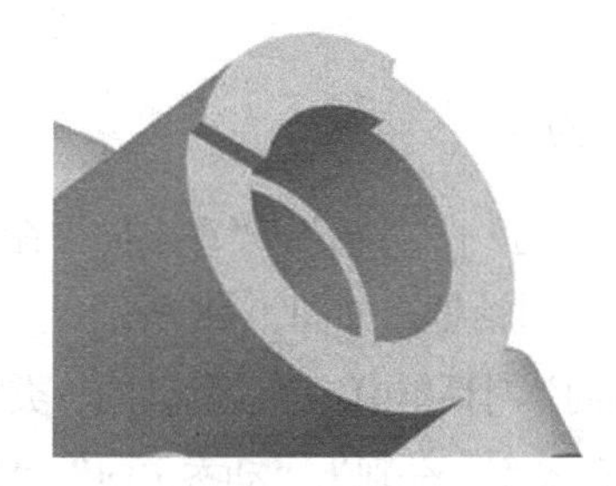

图 1-45　局部放大

“视图”工具栏中的“缩小”按钮用于整体缩小视图，模型根据预设的倍数缩小，如图 1-46 所示。

图 1-46　整体缩小模型

4. 平移

同时按下 Shift 键+鼠标中键并拖动鼠标，可以平移模型，如图 1-47 所示。

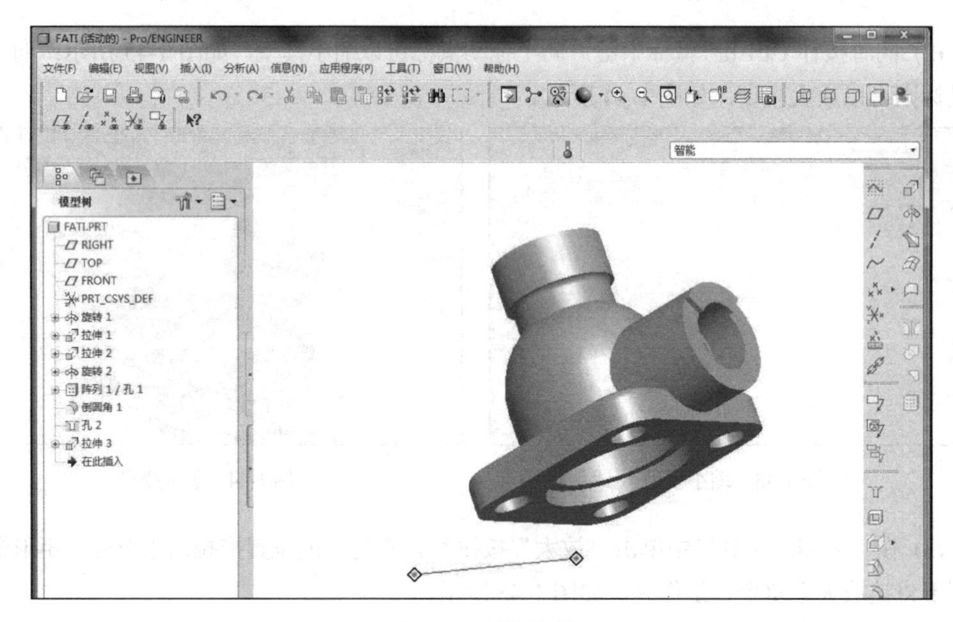

图 1-47　平移模型

5. 重定向

选择“视图”|“方向”|“重定向”命令或单击“视图”工具栏中的“重定向”按钮，弹出“方向”对话框，如图 1-48 所示。

在“方向”对话框中，系统默认的“类型”是“按参照定向”。在“类型”下拉列表框中选择视图控制的类型，分别为“动态定向”“按参照定向”和“首选项”。

(1) 动态定向。在“类型”下拉列表框中选择“动态定向”选项，“方向”对话框如图 1-49 所示。在“选项”选项区域中可以设置平移、缩放和旋转的参数。

图 1-48　“方向”对话框

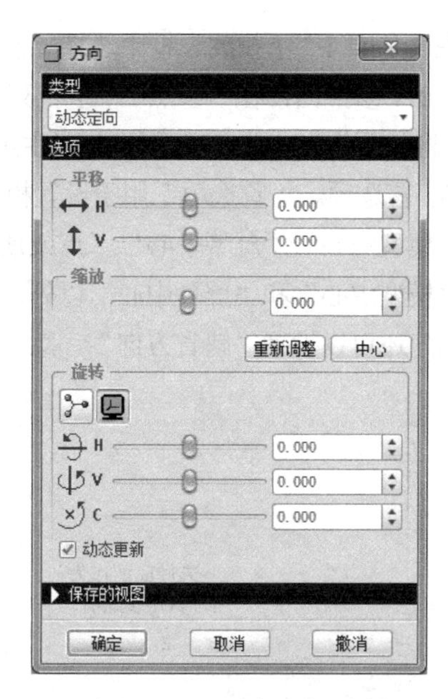

图 1-49　“动态定向”设置

- 设置水平和垂直的“平移”值，从而设置显示位置。
- 指定“缩放”值，即设置显示的放大百分比。输入正值，模型放大；输入负值，模型缩小。输入值后，单击“重新调整”按钮使模型适合屏幕，再单击“中心”按钮以拾取新的屏幕中心。
- 在“旋转”选项区域中，设置绕空间坐标轴旋转的角度重新定位模型。单击“旋转中心轴”按钮，按照旋转中心旋转；单击“屏幕中心轴”按钮，按照屏幕中心旋转。选择“动态更新”复选框，模型随设置更改自动调整显示。

(2) 按参照定向。“按参照定向”是系统默认类型，是指定两个参考方向，将模型旋转至投影视角，该类型最重要也最常用。在“参照 1”和“参照 2”下拉列表框中选取平面或轴作为方向参照，如图 1-50 所示。

- 使用轴作为参照：只需设置“参照 1”。从“参照 1”下拉列表框中选取“水平轴”或“垂直轴”选项，从屏幕中或对话框中选择一根轴，模型就会在视图中定向。
- 使用平面作为参照：需要同时设置“参照 1”和“参照 2”。从“参照 1”下拉列表框中选取一个平面，然后在视图中选取曲面(此操作会沿所定义的平面定向选定曲面)。如果沿平面定向曲面，可以从“参照 2”下拉列表框中选取另一个平面，然后在视图中选择要沿第二参照平面定向的曲面，模型就会在视图中定向。

图 1-50　“按参照定向”设置

在“参照 1”下拉列表框中选择“前”选项，选择如图 1-51(a)所示的曲面 1，将此面作为 FRONT 参照面；在“参照 2”下拉列表框中选择“上”选项，选择如图 1-51(a)所示的曲面 2，将此面作为 TOP 参照面。此时主工作区的视图模型，如图 1-51(b)所示。

(3) 首选项。“首选项”用于设置模型的“旋转中心”和“缺省方向”。模型旋转中心包括“模型中心”“屏幕中心”“点或顶点”“边或轴”以及“坐标系”，如图 1-52 所示。除了“模型中心”和“屏幕中心”以外，其他旋转中心的指定，需要单击绘图区域的相应对象。用户还可以设置“缺省方向”，默认选项包括“斜轴测”“等轴测”和“用户定义”。

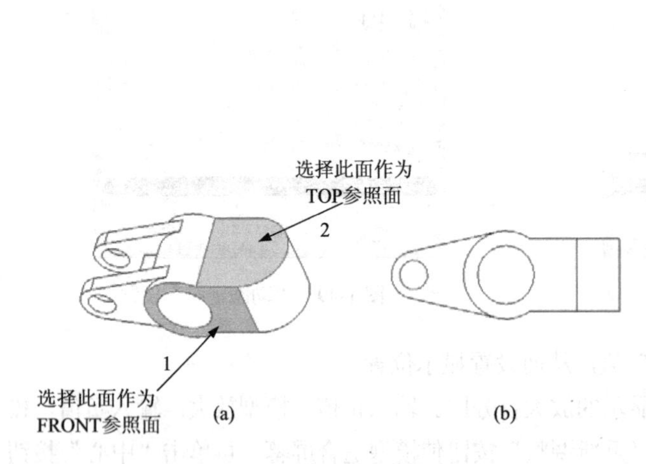

图 1-51　使用平面作为参照

图 1-52　“首选项”设置

- 斜轴测：以不等角视图模式作为默认的显示方式。
- 等轴测：以等角视图模式作为默认的显示方式。
- 用户定义：用户自定义旋转角度，输入 X 轴和 Y 轴的旋转角度即可。

1.4.3　视图方向

单击“视图”工具栏中的“已命名的视图列表”按钮，系统展开下拉列表框。在列表框中列出了保存的视图列表，默认情况下包括 8 个预设视图，如图 1-53 所示。

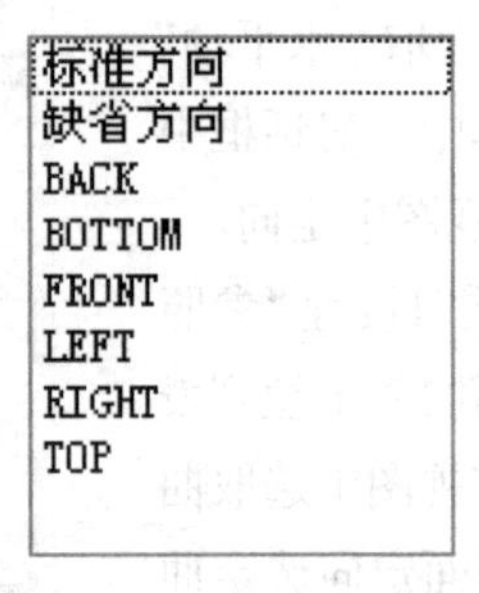

图 1-53　视图方向列表

在默认情况下，“标准方向”与“缺省方向”两种视图是相同的，但“标准方向”视图是不允许修改的，而“缺省方向”视图是可以重新定义的。图 1-54 给出了 8 个预设视图。

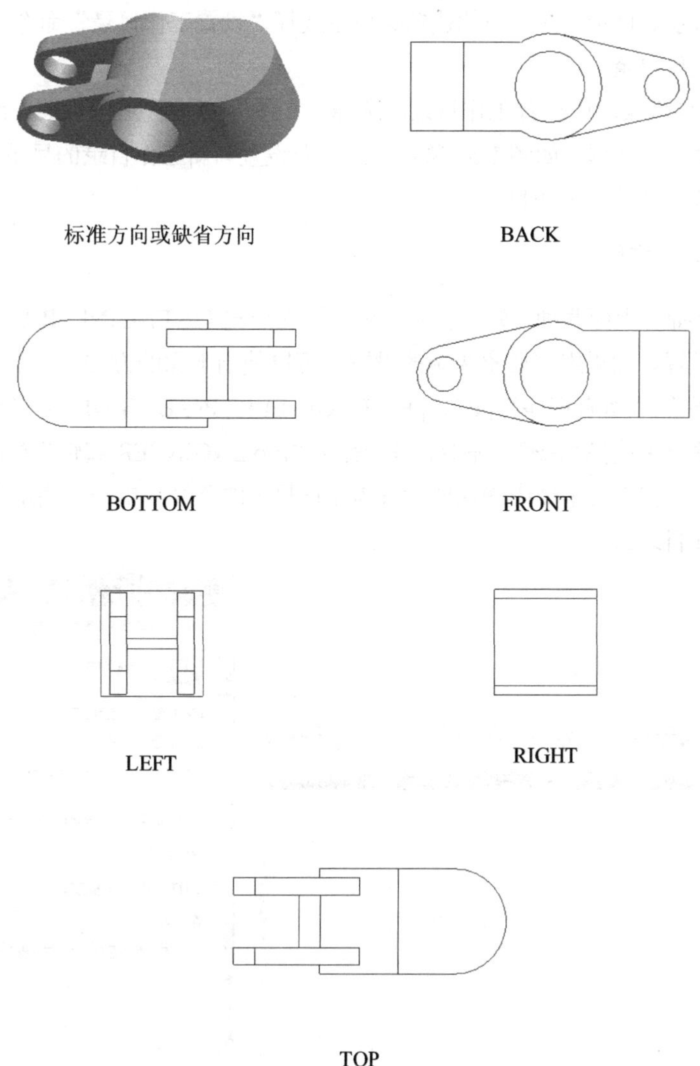

图 1-54　8 个预设视图

1.5　设置工作环境

Pro/ENGINEER Wildfire 5.0 和其他大型软件一样，都有自己的基本工作环境设置选项，合理设置工作环境，可以有效地提高操作效率。

1.5.1　设置工作目录

系统默认的工作目录是启动 Pro/ENGINEER 的目录，为了便于文件管理，建议用户更改工作目录。

1. 临时更改工作目录

(1) 从文件来导航器中选取工作目录：在导航栏中选择“文件夹浏览器”选项卡，右击要设置为工作目录的目录，在弹出的快捷菜单中选择“设置工作目录”命令，选中的目录就被设置为当前工作目录。

(2) 从“文件”菜单中设置工作目录：选择“文件”|“设置工作目录”命令，系统弹出“选取工作目录”对话框，如图 1-55 所示。选择要设置为新工作目录的目录，单击“确定”按钮，将其设置为当前的工作目录。

2. 永久更改工作目录

值得指出的是，上面两种设置工作目录的方法在退出 Pro/ENGINEER 后，系统不会保存新工作目录的设置。如果用户要永久更改设置，可以使用下面的方法。

找到“开始”|“所有程序”| PTC | Pro ENGINEER | Pro ENGINEER 菜单命令并右击，在弹出的快捷菜单中选择“属性”命令，系统弹出“Pro ENGINEER 属性”对话框，如图 1-56 所示。在“起始位置”文本框中输入要设置为工作目录的路径，单击“确定”按钮，将其设置为当前的工作目录。

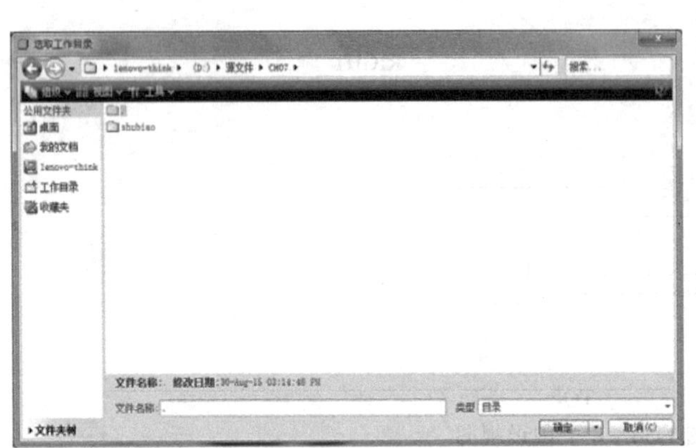

图 1-55　“选取工作目录”对话框

图 1-56　“Pro ENGINEER 属性”对话框

1.5.2　自定义工具栏

Pro/ENGINEER Wildfire 5.0 提供了定制工具栏功能，用户可以添加或删除工具栏并放置在适合操作的位置。

在 Pro/ENGINEER Wildfire 5.0 工具栏区域右击，系统弹出如图 1-57 所示的快捷菜单。选择“工具栏”命令，系统弹出如图 1-58 所示的“定制”对话框。用户可以在“工具栏”选项卡中选择需要添加或删除的工具，而且可以设置在工具栏中的放置位置，一般有顶、左或右 3 种位置。

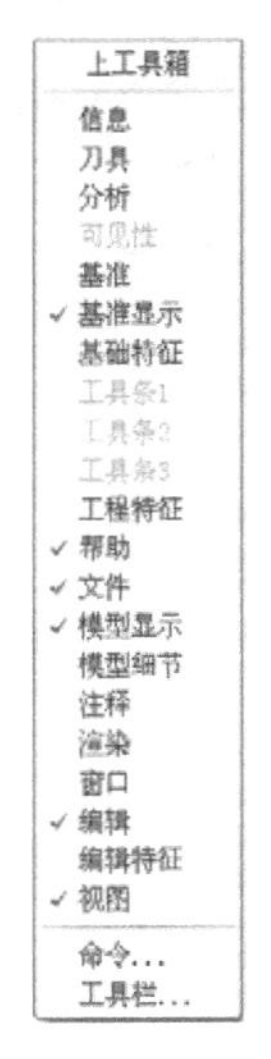

图 1-57　“工具栏”菜单选项

图 1-58　“定制”对话框

选择“工具”|“定制屏幕”命令，也会弹出如图 1-58 所示的对话框。

1.5.3　显示设置

在创建三维模型时，需要设置工具来设置模型、基准特征等显示情况。Pro/ENGINEER 提供的显示设置工具在“视图”菜单的“显示设置”子菜单中，包含多个设置选项，如图 1-59 所示。

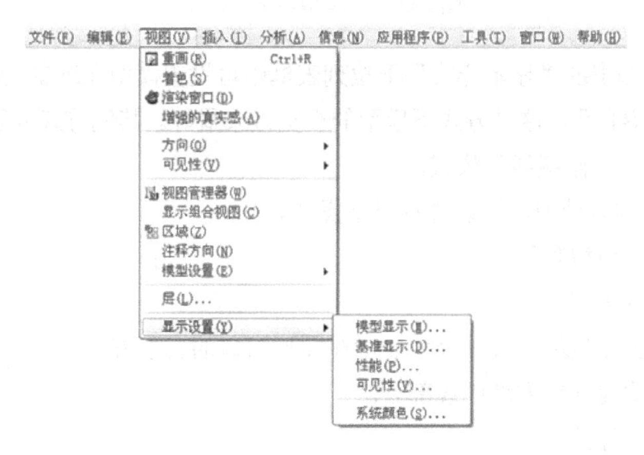

图 1-59　“显示设置”子菜单

下面分别介绍“显示设置”子菜单中 5 个菜单命令的主要功能。

1. “模型显示”命令

“模型显示”命令用来设置物体在画面上显示的形式，用户通过设置可以容易地实现模型的可视化。选择“视图”|“显示设置”|“模型显示”命令，系统弹出“模型显示”对话框，如图 1-60 所示。

图 1-60　“模型显示”设置

在“一般”选项卡的“显示样式”下拉列表框中可设置模型在屏幕上的显示方式。系统默认显示方式为“着色”，这种方式下模型的视觉效果最好。其他方式分别为“线框”模式、“隐藏线”模式和“无隐藏线”模式。

在“显示”选项区域中，可以进行以下操作。

(1) 显示或隐藏模型颜色。

(2) 显示或隐藏跟踪草绘。

(3) 更改尺寸公差显示，尺寸公差显示在图形窗口的右下方。

(4) 显示或隐藏元件中内部电缆部分。

(5) 显示或隐藏焊接。

“重定向时显示”选项区域用来在重定向或动画显示过程中显示或隐藏基准、曲面网格、侧面影像边或方向中心。

“重定向时的动画”选项区域用来在重定向过程中按时间和帧数启用动画。

在“边/线”选项卡中可以更改边和线的显示质量和细节。在“着色”选项卡中可以更改着色区的质量和细节。

2. “基准显示”命令

选择“视图”|“显示设置”|“基准显示”命令，系统弹出“基准显示”对话框，如图 1-61 所示。

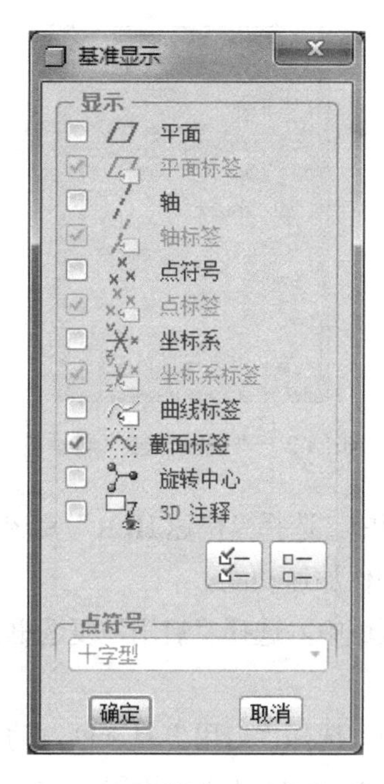

图 1-61　“基准显示”对话框

在“基准显示”对话框中包含以下几种基准显示选项。

- 平面：显示基准平面及其名称，也可使用配置文件选项 display_planes 进行设置。
- 平面标签：显示基准平面名称，也可使用配置选项 display_plane_tags 进行设置。
- 轴：显示基准轴及其名称，也可使用配置文件选项 display_axis 进行设置。
- 轴标签：显示基准轴名称，也可使用配置选项 display_axis_tags 进行设置。
- 点符号：显示基准点及其名称，也可使用配置文件选项 display_points 进行设置。
- 点标签：显示基准点名称，也可使用配置选项 display_points_tags 进行设置。
- 坐标系：显示坐标系及其名称，也可使用配置文件选项 display_coord_sys 进行设置。
- 坐标系标签：显示坐标系名称，也可使用配置选项 display_coord_sys_tags 进行设置。
- 曲线标签：显示曲面名称，也可使用配置选项 display_coord_sys_tags 进行设置。
- 截面标签：显示截面名称。
- 旋转中心：显示旋转中心符号，也可使用配置文件选项 spin_center_display 进行设置。
- 3D 注释：显示 3D 注释及注释元素。

使用“全选”按钮或“取消全选”按钮，可一次显示或隐藏全部基准图元。在“点符号”下拉列表框中，可指定想要用于指定点的符号类型，选项有十字形、点、圆、三角形和正方形。

3. “性能”命令

“性能”命令可以改进动态显示质量，使模型运动轨迹显得更加光滑；控制曲面显示细节的级别；着色模型动态定向时，可以减少系统的计算量。

选择“视图”|“显示设置”|“性能”命令，系统弹出“视图性能”对话框，如图 1-62 所示。

图 1-62　“视图性能”对话框

在“隐藏线移除”选项区域中，选择“快速 HLR”复选框，在动态旋转模型时，对隐藏线、基准和轴的动态旋转启动硬件加速功能。

在“旋转时的帧频”选项区域中，选择“启用”复选框，可设置旋转时每秒显示的最小帧数。

在“细节级别”选项区域中，选择“启用”复选框，动态定向时在着色模型中使用细节级别，也可利用配置文件选项 lods_enabled 进行设置。

4. “可见性”命令

选择“视图”|“显示设置”|“可见性”命令，系统弹出“可见性”对话框，如图 1-63 所示。通过调整滑块或输入数值进行调整，可以更改修剪或深度提示百分比。

图 1-63　“可见性”对话框

- 修剪%：更改修剪平面放置(一个平面穿过一个着色模型，只能显示出此平面后面的模型部分)。允许范围为 0%～100%，0%表示无修剪。
- 深度提示%：更改线框线的粗细，当线框的线延伸进屏幕(背离用户)时，线显得很深；当线框延伸出屏幕(朝向用户)时，线显得很浅。允许范围为 0%～100%，设置值为 0%时，线条最亮；设置值为 100%时，线框线条被取消。

5. “系统颜色”命令

Pro/ENGINEER 提供系统颜色设置，利用它用户可以标识模型几何、基准和其他重要的显示元素。选择“视图”|“显示设置”|“系统颜色”命令，系统弹出“系统颜色”对话框，如图 1-64 所示。

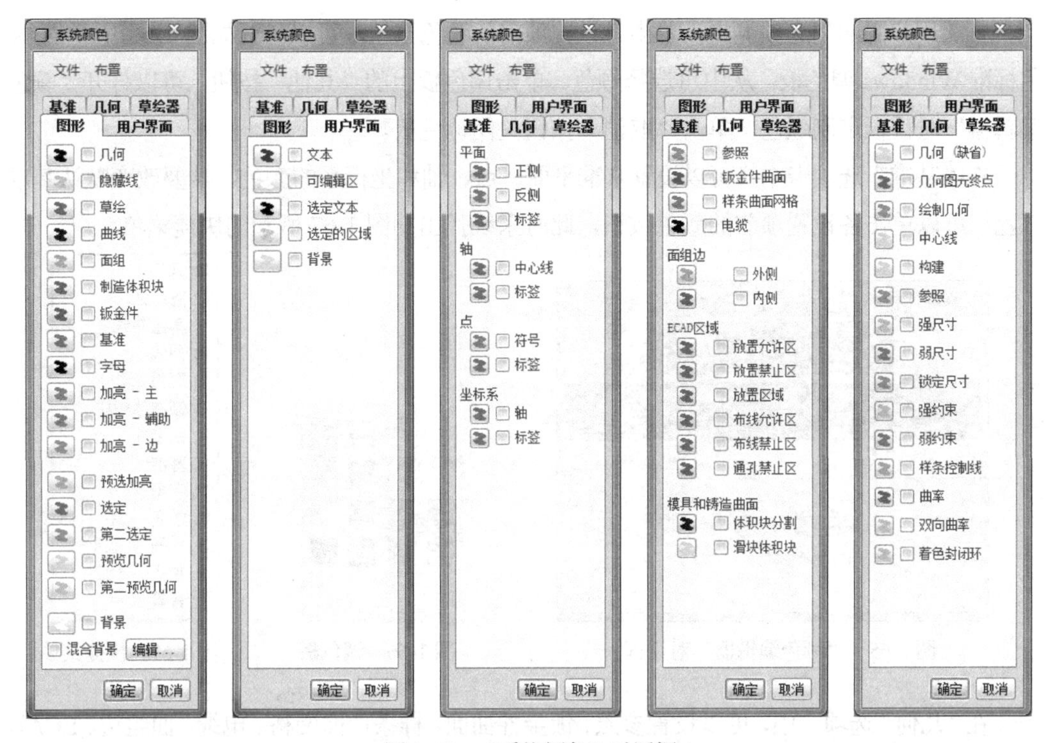

图 1-64　“系统颜色”对话框

在“系统颜色”对话框中选择“文件”菜单，可以打开现有的颜色配置或保存当前配置。颜色配置会对系统颜色产生影响。默认颜色配置为灰度级由浅变深的背景。

使用“布置”菜单可以更改颜色配置，Pro/ENGINEER 提供以下颜色设置。

- 初始：将颜色配置重置为配置文件所定义的颜色。
- 缺省：将颜色配置重置为默认的 Pro/ENGINEER Wildfire 颜色配置(背景的灰度级由浅变深)。
- 深色背景：将颜色配置重置为深灰色。
- 中色背景：将颜色配置重置为中灰色。
- Wildfire 1.0-4.0：将颜色配置重置为 Wildfire 1.0-4.0 默认设置。
- 白底黑色：在白色背景上显示黑色图元。
- 黑底白色：在黑色背景上显示白色图元。
- 绿底白色：在深绿色背景上显示白色图元。
- 使用 Pre-Wildfire 方案：将颜色配置重置为 Pro/ENGINEER 2001 版本(蓝黑色背景)中的默认设置。

默认的系统颜色显示在“系统颜色”对话框的“图形”选项卡中，而利用“用户界面”选项卡、“基准”选项卡和“几何”选项卡可以进一步分配系统颜色。

在“图形”选项卡中，单击各个颜色设置项前的颜色按钮，系统弹出“颜色编辑器”对话框，如图 1-65 所示，在该对话框中可以设置混合颜色。

在“用户界面”选项卡中，单击各设置项前的颜色按钮，可以打开如图 1-66 所示的 16 色标准 Windows 调色板，从中可选择颜色。单击调色板上的“其他”按钮，可以打开“颜色编辑器”对话框定制颜色。单击“取消”按钮关闭调色板。

在“基准”选项卡中，可以设置基准平面、点、轴和坐标系的颜色。若要改变默认基准颜色，可以单击各设置项前的颜色按钮，此时系统弹出如图 1-67 所示的快捷菜单。

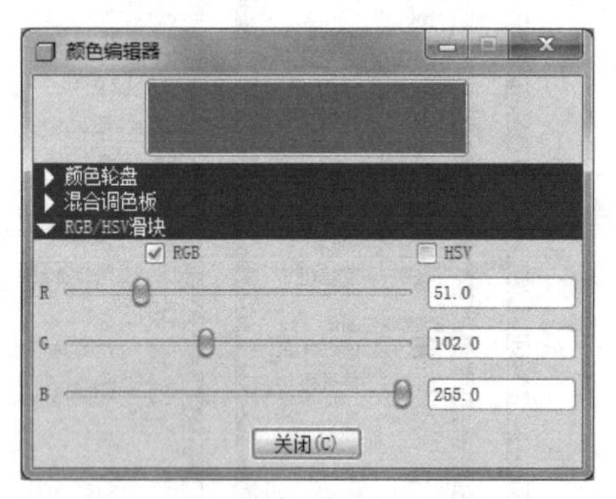

图 1-65　“颜色编辑器”对话框

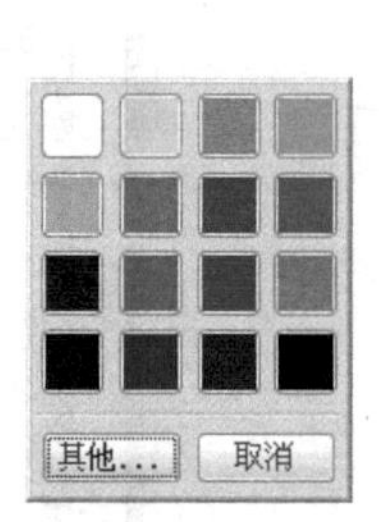

图 1-66　调色板

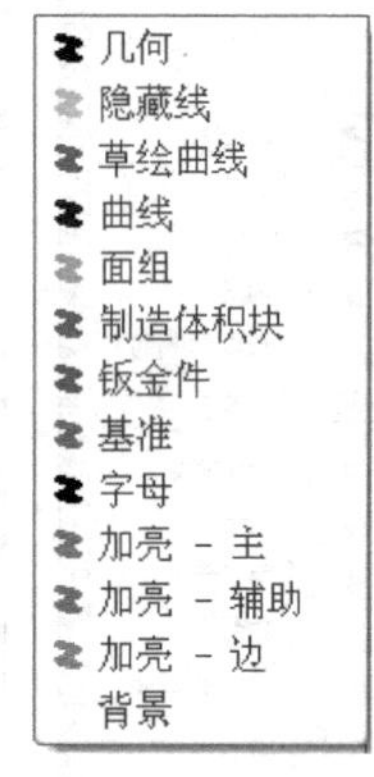

图 1-67　快捷菜单

在“几何”选项卡中，可以设置参照、钣金件曲面、样条曲面网格、电缆、面组边、ECAD 区域以及模具和铸造曲面的颜色，设置方法同基准颜色设置相同。

1.5.4　单位设置

在 CAD 绘图中，首先要进行单位的设置。根据不同的设计要求将零件的单位设置为英制或公制。Pro/ENGINEER Wildfire 5.0 中有下面几种方法来设置单位。

1. 通过选择模板确定零件的单位

如果模型使用 Pro/ENGINEER 提供的模板或自定义模板建立新文件，则新建文件的单位由所选择的模板决定。Pro/ENGINEER 提供了一些自定义单位模板，其中一个是默认单位模板，如果使用系统默认的缺省模板，如图 1-68 所示，则新建文件的单位由默认模板决定。

在安装 Pro/ENGINEER Wildfire 5.0 时，可以选择系统默认的单位是英制或公制。这是 5.0 版本的一个特点，一般设置默认单位为公制，如果要选用英制单位，则在“新建”对话框中取消选择“使用缺省模板”复选框，然后单击“确定”按钮，系统弹出如图 1-69 所示的“新文件选项”对话框。

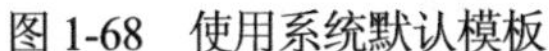
图 1-68　使用系统默认模板

图 1-69　“新文件选项”对话框

在“新文件选项”对话框的“模板”列表框中选择相关选项，以 inlbs 开头的单位制标准代表英制，以 mmns 开头的单位制标准代表公制。

2. 更改零件单位设置

文件建立后也可以重新设置单位，选择“文件”|“属性”命令，打开“模型属性”对话框，如图 1-70 所示。单击“单位”右侧的“更改”选项，系统弹出“单位管理器”对话框，如图 1-71 所示，在该对话框中可以设置、新建、复制、编辑或删除模型的单位。在列表框中列出了预定义的单位制和已定义的单位制，在列表框中红色箭头所指的就是当前的单位制。选择一个单位制，在“说明”提示区域中会出现该单位制的简要说明。单击“信息”按钮，系统弹出“信息窗口”对话框，详细列出单位制的相关信息。

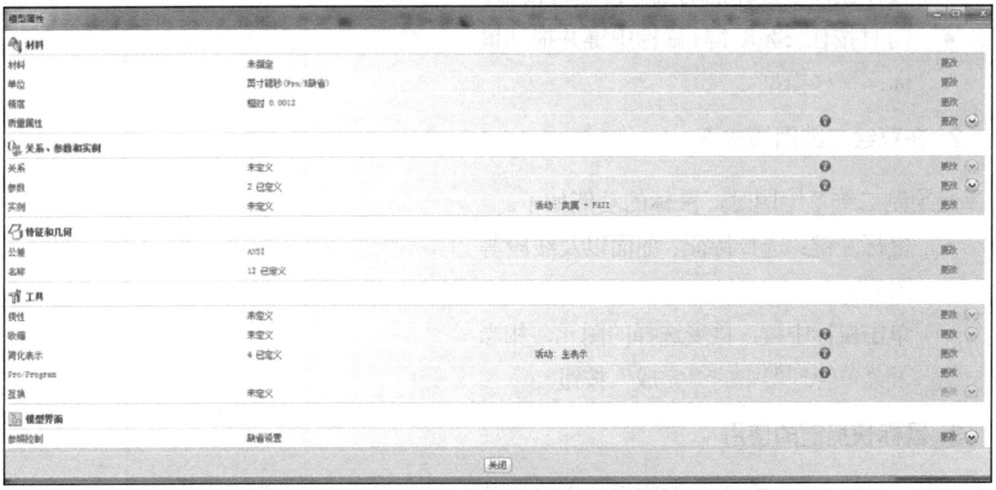

图 1-70　“模型属性”对话框

选择要设置的单位制，单击“设置”按钮，系统弹出“改变模型单位”对话框，如图 1-72 所示。选择“转换尺寸”单选按钮，则保留模型现有大小而改变尺寸的数值；选择“解释尺寸”单选按钮，则保持尺寸数值不变而改变模型大小。单击“确定”按钮，完成单位设置。

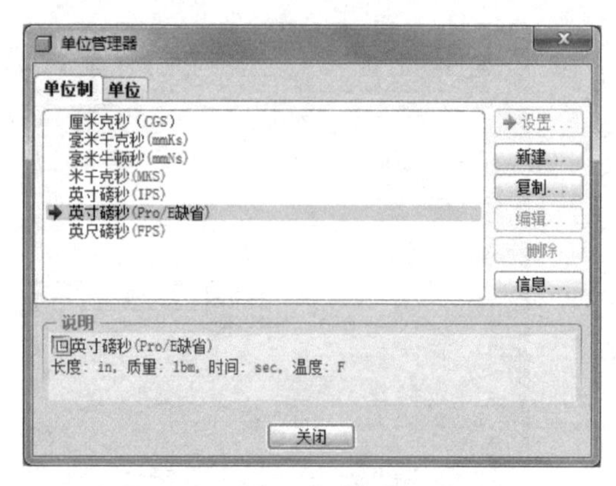

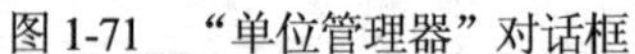

图 1-71　“单位管理器”对话框

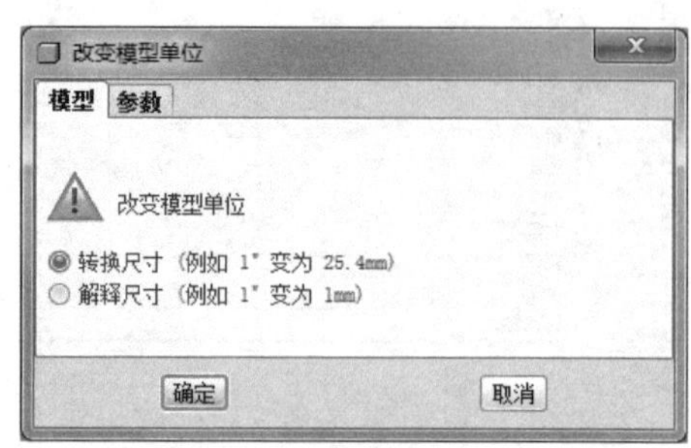

图 1-72　“改变模型单位”对话框

1.6　鼠 标 操 作

在 Pro/ENGINEER 中，鼠标有多种用途，而且，受到系统设置的影响，在不同状态下鼠标功能也不尽相同，熟练使用鼠标可以大大提高建模速度。本节将介绍鼠标常用的操作方法。

1. 在任何状态下

在 Pro/ENGINEER 中，无论当前在进行什么操作以及正处在什么工作模式下，均可以进行如下操作。

- 同时按住 Ctrl 键+鼠标中键并上下拖动鼠标或直接上下滚动滚轮：缩放模型。
- 按住鼠标中键并拖动鼠标：旋转模型。
- 同时按住 Shift 键+鼠标中键并拖动鼠标：平移模型。

2. 在草绘二维图模式下

当绘制二维草绘图时，鼠标的功能如下。

- 鼠标左键：选择特征、曲面以及线段等图元。
- 单击鼠标中键：接受选择的图元，相当于菜单管理器中的“完成”按钮。

3. 鼠标快捷键的使用

在 Pro/ENGINEER 中，有许多地方可以使用鼠标的快捷键。根据当前模式的不同，单击鼠标右键弹出的快捷菜单命令也不同。如图 1-73 所示为二维草绘模式中在草绘工具栏中右击弹出的快捷菜单，移动光标可以快捷地选择菜单中的各命令选项。通过使用这些快捷菜单，可以减

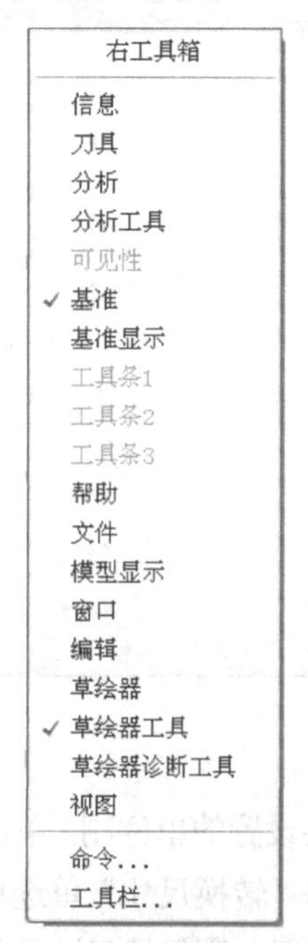

图 1-73　在工具栏中右击弹出的快捷菜单

少光标的移动距离，提高建模效率。

另外，当移动光标到菜单管理器某一选项上时，单击鼠标右键可启动在线帮助说明窗口，显示该指令的详细说明。

1.7 入门实例

本章学到这里，相信读者已经对 Pro/ENGINEER 有了基本的了解，下面将通过一个入门示例，介绍用 Pro/ENGINEER Wildfire 5.0 创建三维模型的一般过程。本例完成的模型如图 1-74 所示。

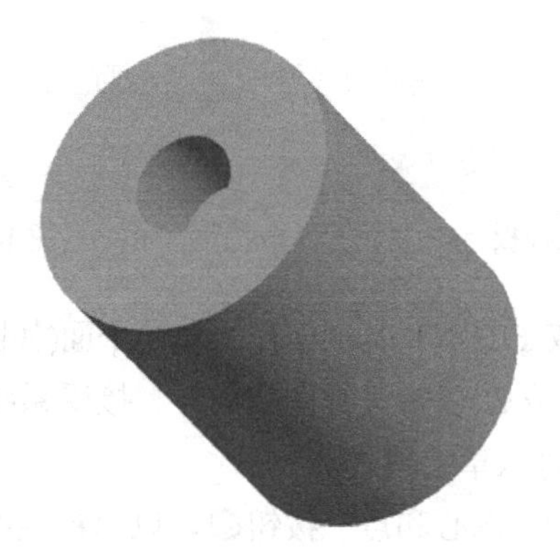

图 1-74　入门示例模型

1. 建立新文件

单击工具栏中的“新建”按钮，系统弹出“新建”对话框。在“类型”选项区域中选择“零件”单选按钮，在“子类型”选项区域中选择“实体”单选按钮，输入文件名称为 rumen(如图 1-75 所示)，单击“确定”按钮，进入零件设计模式。

图 1-75　“新建”对话框

2. 创建“圆柱”特征

(1) 单击特征工具栏中的“拉伸”按钮，系统界面左上角弹出如图 1-76 所示的拉伸特征操控板。单击“放置”按钮，在弹出的下滑面板中单击定义...按钮，又弹出如图 1-77 所示的“草绘”对话框，同时提示“选取一个平面或曲面以定义草绘平面”。

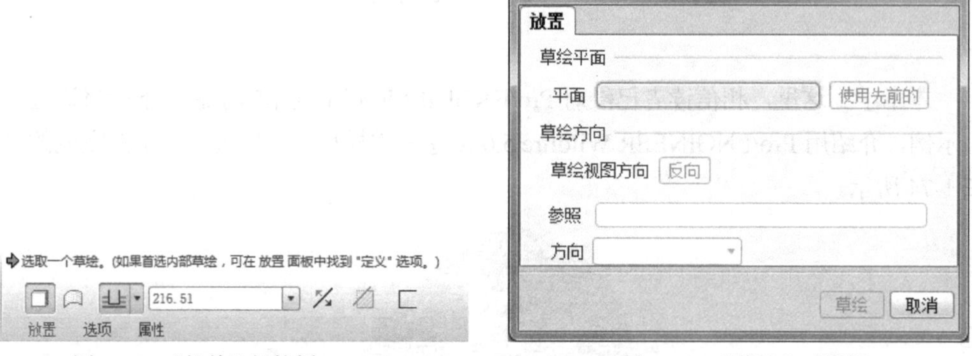

图 1-76　“拉伸”操控板　　图 1-77　“草绘”对话框

(2) 在主界面中单击选取 FRONT 基准面作为草绘平面(如图 1-78 所示)，系统提示“选取一个参照(例如曲面、平面或边)以定义视图方向”。接受系统的默认设置，直接单击“草绘”对话框中的草绘按钮，进入草绘模式。

(3) 单击草绘工具栏中的“圆心和点”按钮，以坐标系的原点为圆心绘制一个圆。具体方法是：将鼠标指针移到坐标原点处并单击鼠标，再向任意方向拖动鼠标，这时出现一个圆随鼠标的移动而改变直径，到达合适的直径后再次单击鼠标，然后单击鼠标中键确认，一个圆就绘制完成。结果如图 1-79 所示，图中左上角的数字为圆的直径值。

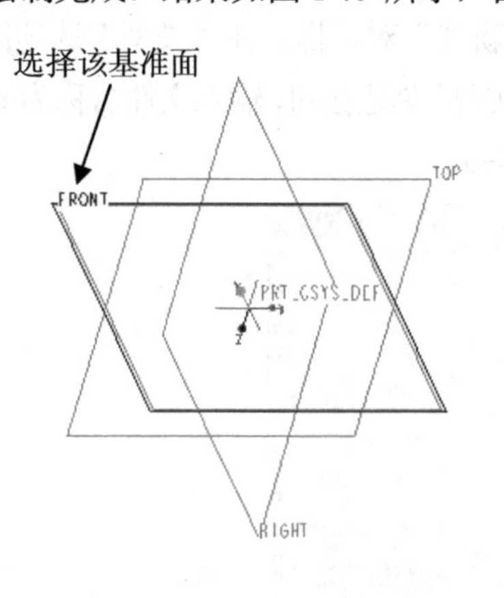

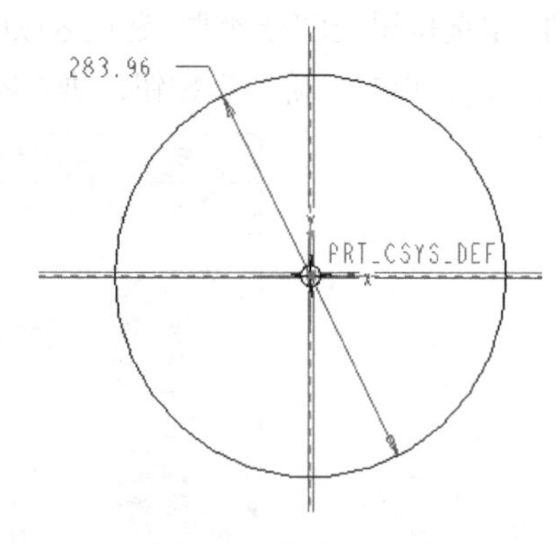

图 1-78　选择绘图基准面　　图 1-79　绘制一个圆

(4) 双击圆的直径值后，圆的直径变为一个文本框283.964807621，在这个文本框中输入 30 并按 Enter 键，则该圆的直径变为 30，如图 1-80 所示。

(5) 单击草绘工具栏中的“确定”按钮，系统又回到拉伸特征操控板，将模型的拉伸深度值40.00改为 40 并按 Enter 键。单击“预览”按钮，可预览创建的模型是否符合要求。单击“确定”按钮，完成“圆柱”特征的创建，结果如图 1-81 所示。

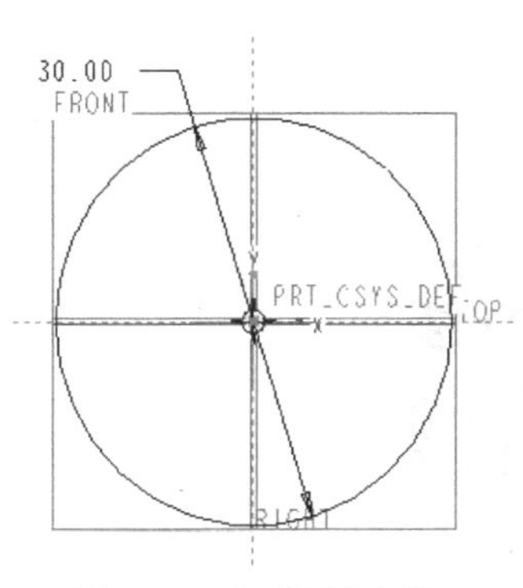

图 1-80　修改圆的直径

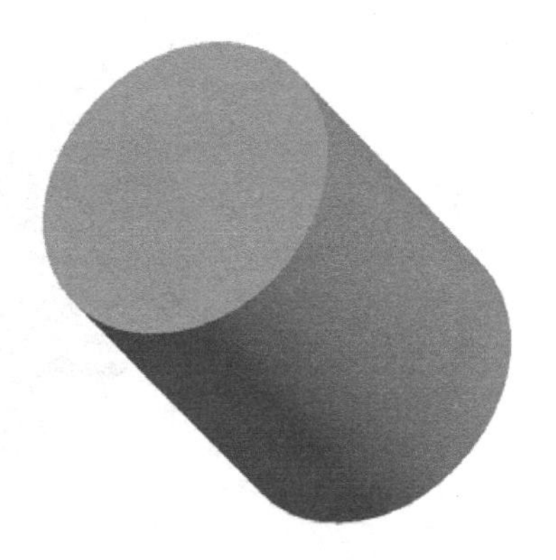

图 1-81　创建“圆柱”特征

3. 创建“圆孔”特征

(1) 单击特征工具栏中的“拉伸”按钮，系统弹出如图 1-76 所示的拉伸特征操控板。单击“放置”按钮，在弹出的下滑面板中单击定义...按钮，又弹出如图 1-77 所示的“草绘”对话框，同时提示“选取一个平面或曲面以定义草绘平面”。

(2) 在主界面中单击选取“圆柱”特征的上端面作为草绘平面(如图 1-82 所示)，系统提示“选取一个参照(例如曲面、平面或边)以定义视图方向”。接受系统的默认设置，直接单击“草绘”对话框中的草绘按钮，进入草绘模式。

(3) 单击草绘工具栏中的“创建圆”按钮，以坐标系的原点为圆心绘制一个圆，并双击直径值将其改为 10，结果如图 1-83 所示。

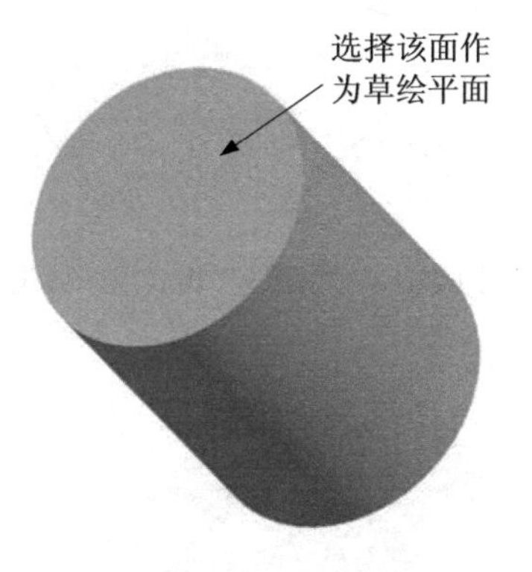

图 1-82　选择草绘平面

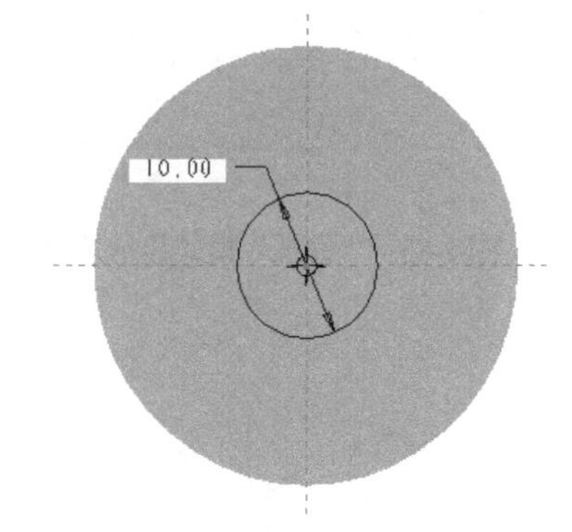

图 1-83　绘制一个圆

(4) 单击草绘工具栏中的“确定”按钮，系统又回到拉伸特征操控板，将模型的拉伸深度值改为 10 并按 Enter 键，再分别单击“更改拉伸方向”按钮和“去除材料”按钮。

(5) 单击“预览”按钮，可预览创建的模型是否符合要求。单击“确定”按钮，完成“圆孔”特征的创建，结果如图 1-84 所示。至此，模型的创建过程结束。

图 1-84　完成模型的创建

4. 视图操作

分别单击按钮，对模型应用“线框”“隐藏线”“消隐”“着色”和“增强的真实感”模式，模型显示分别如图 1-85～图 1-89 所示。

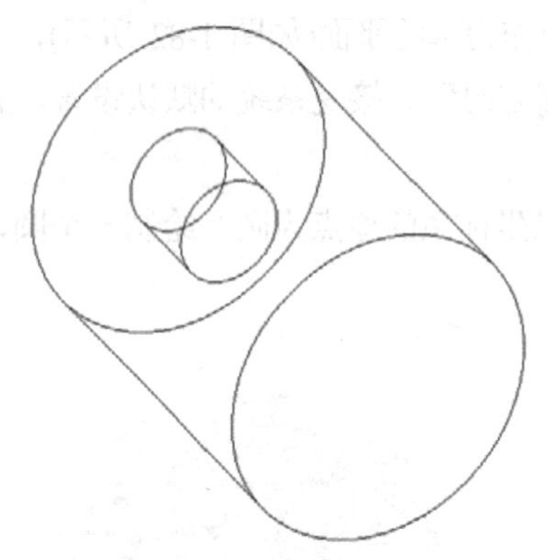

图 1-85　“线框”模式显示效果

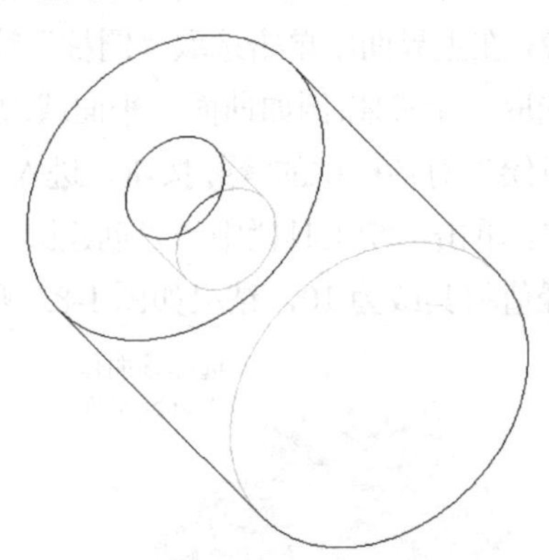

图 1-86　“隐藏线”模式显示效果

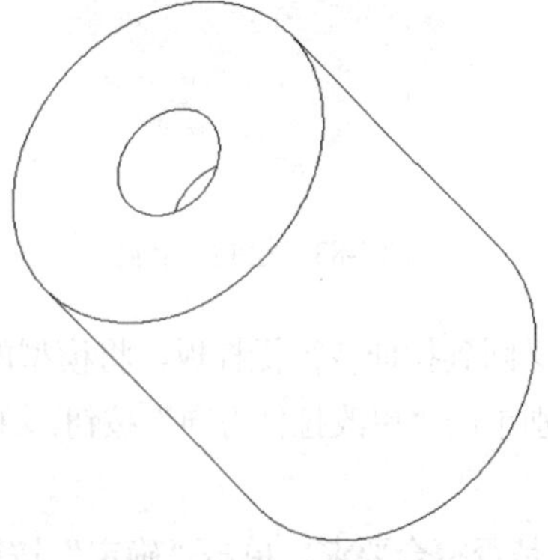

图 1-87　“消隐”模式显示效果

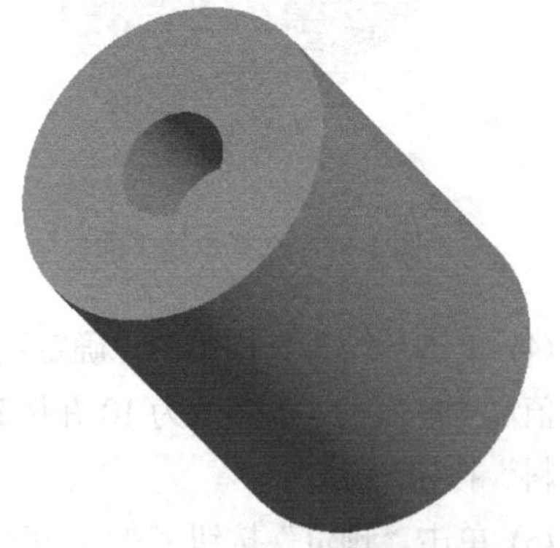

图 1-88　“着色”模式显示效果

图 1-89　“增强的真实感”模式显示效果

5. 保存文件

选择“文件”|“保存”命令，或单击工具栏中的“保存”按钮，或按 Ctrl+S 组合键，系统弹出“保存对象”对话框，如图 1-90 所示，单击“确定”按钮保存文件。

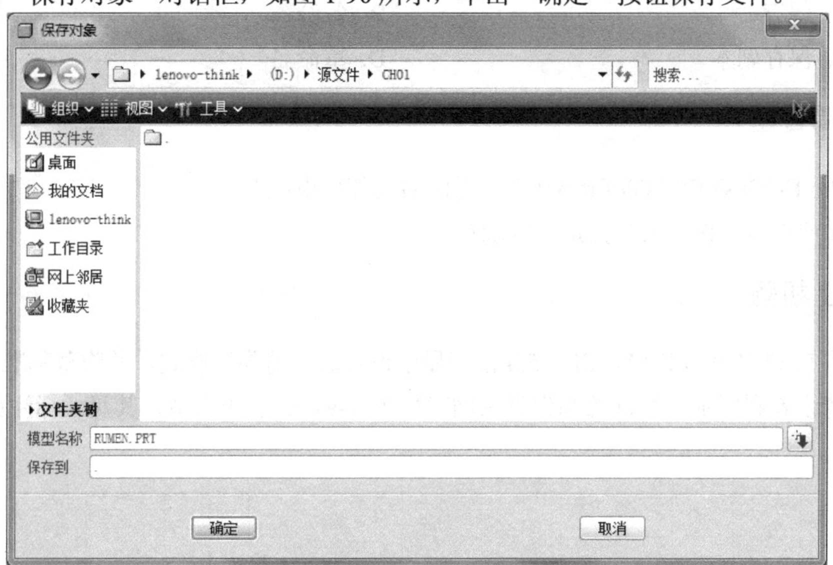

图 1-90　“保存对象”对话框

1.8　本 章 练 习

1.8.1　填空题

1. Pro/ENGINEER 常用功能的模块主要包括__________、__________、__________、__________等。

2. Pro/ENGINEER 中的模型由__________驱动。

3. Pro/ENGINEER 是基于__________的实体化模型系统。

4. 可以利用“文件”菜单中的__________命令从磁盘及内存中删除模型的所有版本。

1.8.2　选择题

1. 在 Pro/ENGINEER Wildfire 5.0 中，对鼠标的使用不正确的是(　　)。
   A. 单击鼠标中键后拖动鼠标，能够旋转模型
   B. 滚动鼠标滚轮，可以缩放模型
   C. 同时按下 Shift 键+鼠标中键后拖动鼠标，可以平移模型
   D. 同时按下 Ctrl 键+鼠标中键后拖动鼠标，可以旋转模型
2. 在 Pro/ENGINEER Wildfire 5.0 中，下列对工作环境的描述不正确的是(　　)。
   A. 用户可以根据需要设置新的工作目录
   B. Pro/ENGINEER Wildfire 5.0 提供定制工具栏功能
   C. 用户可以更改模型元素的颜色
   D. 用户创建文件后，不能更改单位
3. 下面(　　)命令可将当前文件以不同的名字存放在与当前路径不同的目录中。
   A. 保存　　　　B. 备份
   C. 保存副本　　D. 重命名

1.8.3　简答题

1. Pro/ENGINEER Wildfire 5.0 用户界面由几部分组成?
2. 如何设定工作目录为指定的目录?

1.8.4　上机题

1. 将 Pro/ENGINEER Wildfire 5.0 模型显示设置成“消隐”模式，并隐藏基准平面。

2. 请读者利用本章学过的知识尝试创建如图 1-91 所示的模型，其尺寸标注如图 1-92 所示。

图 1-91　创建该模型

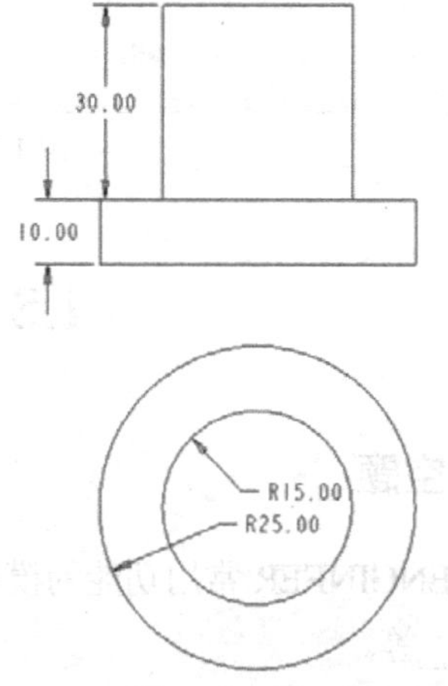

图 1-92　模型尺寸

第2章 绘制草图

在学习 Pro/ENGINEER Wildfire 5.0 时，首先掌握绘制草图的基本知识是十分重要的，这将为以后的实体建模打下良好的基础。本章将介绍草图绘制模式的基本功能，以及在绘制草图时应该遵循的规律。

本章重点内容如下：

- 草绘环境的设置
- 基本图形的绘制方法
- 图形的编辑方法
- 图形尺寸的标注和约束

2.1 草绘环境概述

草绘是 Pro/ENGINEER Wildfire 5.0 设计过程的一项基本技巧。草绘截面可以作为单独对象创建，也可以在特征建模过程中创建。下面列出草绘中经常用到的一些术语。

- 图元：是指草绘环境中的任何元素，包括直线、圆弧、圆、样条线、点和坐标系等。当草绘、分割或求交截面几何，或参照截面外的几何时，可以创建图元。
- 约束：定义图元几何或图元间关系的条件。约束符号出现在应用约束的图元旁边。例如，可以约束两条直线平行，这时会出现一个平行的约束符号。
- 参数：草绘中的辅助元素，用来定义草绘的形状和尺寸。
- 参照图元：是指创建特征截面或轨迹时所参照的图元。
- 弱尺寸或弱约束：是由系统自动创建的尺寸或约束，在没有确定的情况下系统可以自动删除它们。当需要强尺寸时，系统可以在没有任何确认的情况下删除多余的弱尺寸或弱约束。弱尺寸或弱约束以灰色出现。
- 强尺寸或强约束：是指系统不能自动删除的尺寸或约束。由用户创建的尺寸和约束是强尺寸或强约束。如果几个强尺寸或强约束发生冲突时，系统会要求删除其中一个。强尺寸或强约束以较深的颜色出现。

2.1.1 进入草绘环境

在 Pro/ENGINEER Wildfire 5.0 中，所有的草绘工作都是在草绘环境下完成的。Pro/ENGINEER Wildfire 5.0 提供了 3 种进入草绘环境的方法。

- 选择“文件” | “新建”命令，打开“新建”对话框，在“类型”选项区域中选择“草绘”单选按钮，在“名称”文本框中输入草绘名称，如图 2-1 所示，单击“确定”按钮，即可进入草绘绘制环境。

- 在特征建立过程当中，单击操控板中的“放置”按钮，弹出如图 2-2 所示的对话框，单击“定义”按钮，即可进入草绘环境。
- 在零件或装配环境中，单击特征工具栏中的“草绘”按钮，即可进入草绘环境。

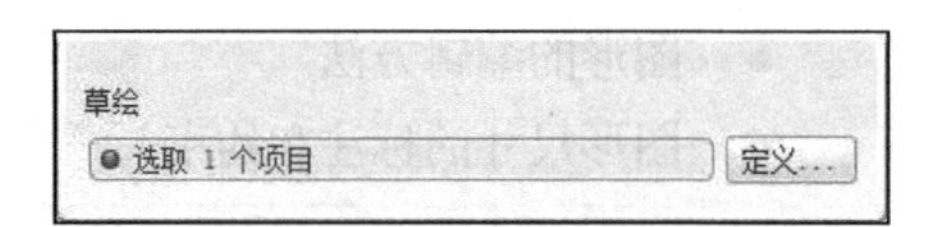

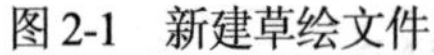

图 2-1　新建草绘文件　　　　图 2-2　“草绘”对话框

草绘环境下的绘图工作界面如图 2-3 所示。此时在菜单栏中多了“草绘”菜单，在右侧多了草绘工具栏，分别如图 2-4 和图 2-5 所示。它们用于绘制几何图形，标注与编辑图元尺寸。各按钮功能如表 2-1 所示。

图 2-3　草图绘制工作界面　　　　图 2-4　草绘菜单管理器

图 2-5　草绘工具栏

表 2-1 草绘工具栏中各按钮的功能

按 钮	功 能 介 绍	按 钮	功 能 介 绍
	单击该按钮，可选取图元。一般来说，一次只能选取一个；当按住 Ctrl 键时，则可以选择多个图元		绘制直线
	绘制几何中心线		绘制一条与另外两个图元(圆弧、圆或样条曲线等)相切的直线
	绘制中心线		绘制矩形
	绘制斜矩形		绘制平行四边形
	绘制圆		绘制同心圆
	选取位于圆上的 3 个点来绘制一个圆		绘制一个与另外 3 个图元(圆弧、圆或样条曲线等)相切的圆
	根据椭圆的长轴端点绘制椭圆		根据椭圆的中心和长轴端点绘制椭圆
	通过确定 3 点或相切端的方式来绘制圆弧		绘制一个与其他圆弧同心的圆弧
	通过确定圆心和端点来绘制圆弧		绘制一个与另外 3 个图元(圆弧、圆或样条曲线等)相切的圆弧
	绘制圆锥线		绘制圆形圆角
	绘制椭圆形圆角		绘制倒角，并绘制构造线延伸线
	绘制倒角		绘制样条曲线
	绘制点		绘制几何点
	创建坐标系		创建几何坐标系
	实体边界创建图元		通过偏移实体边界的方式创建图元
	通过在两侧偏移边或草绘图元的方式创建图元		标注图形尺寸
	标注图形周长		标注参照尺寸
	标注纵坐标尺寸基准线		修改尺寸值、样条曲线或文本等
	使线或两顶点垂直		使线或两顶点水平
	使两图元正交		使两图元相切
	绘制中点		创建相同点、图元上的点或共线约束
	使两点或顶点关于中心线对称		创建等长、等半径、等尺寸或相同曲率的约束
	平行约束		创建文本
	调色板		动态修剪图元
	将图元裁剪为其他图元或几何图元		分割图元
	镜像图元		移动和调整大小

2.1.2　设置草绘环境

选择“草绘”|“选项”命令，系统弹出如图 2-6 所示的“草绘器首选项”对话框，系统默认为“其他”选项卡。

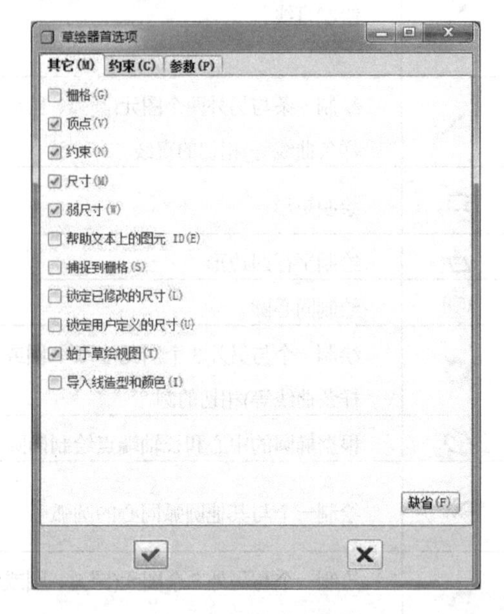

(a) “其他”选项卡

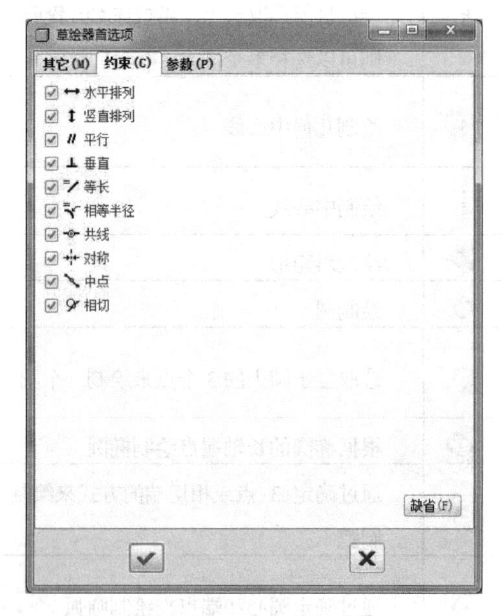

(b) “约束”选项卡

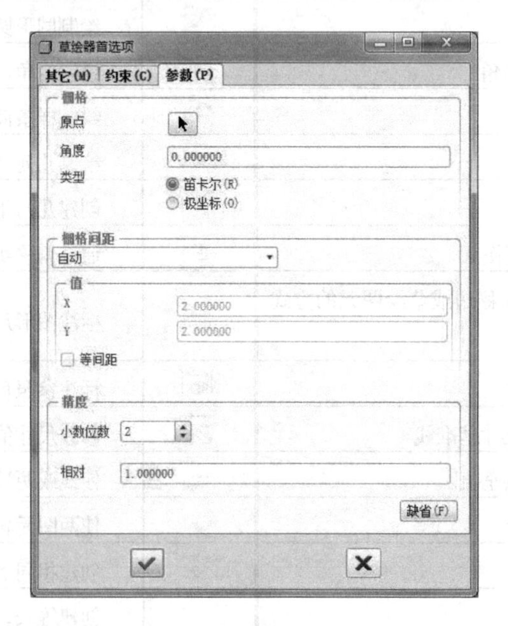

(c) “参数”选项卡

图 2-6　设置草绘首选项

1.“其他”选项卡

“其他”选项卡用于控制草绘环境中的各种显示，如图 2-6(a)所示。选择各个选项前的复选框，与之对应的功能就会显示；反之隐藏。各选项功能如下。

- 栅格：控制草绘工作区中栅格的显示。
- 顶点：控制主工作区中图元端点的显示。
- 约束：控制图元中约束符号的显示。
- 尺寸：控制图中尺寸标注的显示。
- 弱尺寸：控制系统自动生成的弱尺寸标注的显示。
- 帮助文本上的图元 ID：控制帮助文本上图元 ID 的显示。
- 捕捉到栅格：控制是否捕捉栅格。
- 锁定已修改的尺寸：控制是否锁定已修改的尺寸。
- 锁定用户定义的尺寸：控制是否锁定用户定义的尺寸。
- 始于草绘视图：控制是否开始于草绘视图。
- 导入线造型和颜色：控制是否导入线造型和颜色。

2. “约束”选项卡

“约束”选项卡用于控制草绘器假定的约束，如图 2-6(b)所示。其具体内容将在后面的章节中介绍。

3. “参数”选项卡

“参数”选项卡用于设置草绘环境中的一些重要参数，如图 2-6(c)所示。

在“栅格”选项区域中可以对草绘中的栅格进行控制和设置，其中各项功能如下。

- 原点：由于绘图平面是无限延伸的，所以对于笛卡儿坐标栅格，设置栅格起点就是将栅格上一个交点移动到指定点上；而对于极坐标栅格，指定的起点就是栅格的坐标原点，栅格起点可以设置在草绘图元的端点或弧/圆的中心点、草绘点、基准点、边或曲线顶点等位置。如图 2-7 所示显示了不同坐标系下的栅格。

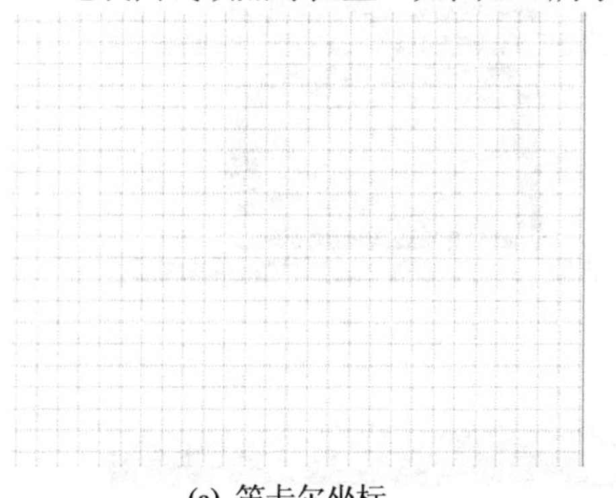

(a) 笛卡尔坐标　　(b) 极坐标

图 2-7　不同坐标系下的栅格

- 角度：用于设置坐标与水平面之间的角度。
- 类型：用于设置栅格的形式。栅格有笛卡儿坐标和极坐标两种形式，系统默认显示为笛卡儿坐标栅格。在“参数”选项卡中选择“极坐标”单选按钮，再在“杂项”选项卡中选择“栅格”复选框，绘图区即出现如图 2-7(b)所示的极坐标系。

栅格间距用于设置栅格每格间的距离。笛卡儿坐标默认的栅格间距为 1.00 的正方形栅格；极坐标栅格则是 12 条射线将平面均分，径向栅格间距为 1.00。

精度用于设置草绘模式中系统的精度。其中，“小数位数”微调框设置显示时的尺寸精度，最高精度为小数点后 14 位。

也可以使用选项卡中的“缺省”按钮，即使用系统中默认的设置。设置完毕后，单击“确定”按钮✔或单击“取消”按钮✖设置。

2.1.3　设置草绘器颜色

选择“视图”|“显示设置”|“系统颜色”命令，打开如图 2-8 所示的“系统颜色”对话框，通过该对话框可以修改各种颜色。与草图绘制有关的颜色设置有“背景”和“草绘”两个选项。

截面几何的默认颜色是青色，单击“草绘”左侧的颜色按钮，弹出如图 2-9 所示的“颜色编辑器”对话框，在该对话框中可以设置草绘的颜色。另外，Pro/ENGINEER 还有几种默认的背景颜色，在“系统颜色”对话框中选择“布置”菜单，可以看到有白底黑色、黑底白色、绿底白色、初始以及缺省等选项，用户可以根据需要，选择不同的背景颜色。

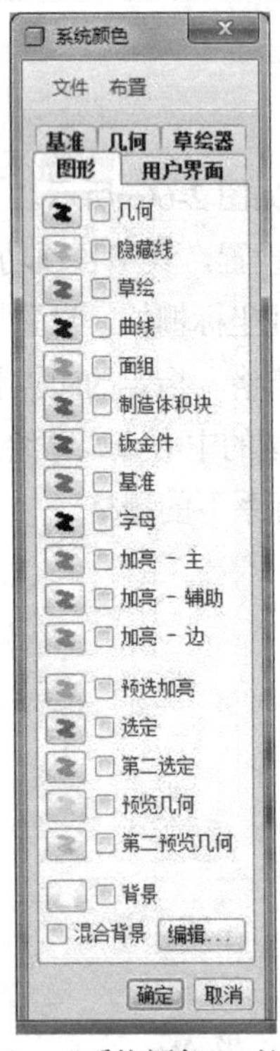

图 2-8　“系统颜色”对话框

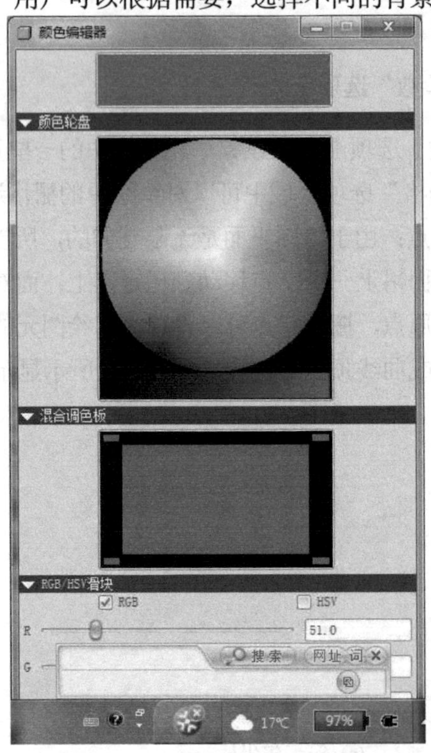

图 2-9　“颜色编辑器”对话框

2.2　绘制基本图元

本节将介绍直线、矩形、圆、圆弧、圆角和文本等基本几何图元的绘制方法和技巧。掌握了这些基本图形绘制的方法和技巧，并能够灵活运用，就可以绘制出复杂的截面图。

2.2.1 直线

在Pro/ENGINEER Wildfire 5.0中，用户可以绘制各种几何线，以及对齐中心、指示对称与协助尺寸布置用的草绘中心线等。

1. 绘制直线

单击草绘工具栏中的“线”按钮后的三角按钮，系统将弹出级联按钮菜单；或选择“草绘”|“线”命令，系统将弹出如图2-10所示的菜单，利用各个按钮或命令可以绘制各种直线或中心线。

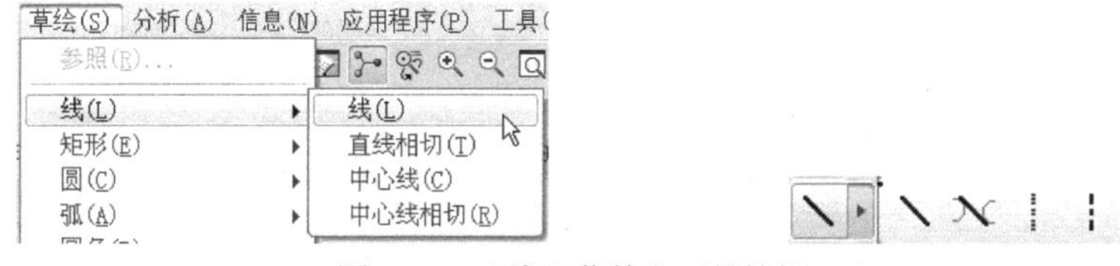

图2-10 “线”菜单和工具按钮

“线”按钮与“线”命令用于绘制特征的各种几何线条，通常都用实线显示。直接单击“线”按钮，或选择“草绘”|“线”|“线”命令，系统将在信息提示区提示用户依次选取直线的起点与终点。此时可在绘制窗口单击，确定该直线的起始位置，然后将光标移动至合适的位置并单击确定直线的终点，最后单击鼠标中键，即可完成直线的绘制。在绘图区3个位置分别单击(对应三角形的3个顶点)，然后单击两次鼠标中键结束，即可绘制出如图2-11所示的三角形。

2. 绘制中心线

中心线是草绘辅助，无法在“草绘器”以外参照，不用来创建几何。而几何中心线会将特征与信息传达到“草绘器”之外，用来定义旋转特征的旋转轴，或定义剖面内的对称直线，或用来创建构造直线。中心线和几何中心线都是无限延伸的直线。

在草绘工具栏中单击“线”按钮后的三角按钮，从弹出的级联按钮菜单中单击“几何中心线”按钮，即可调用“几何中心线”命令，如图2-12所示。

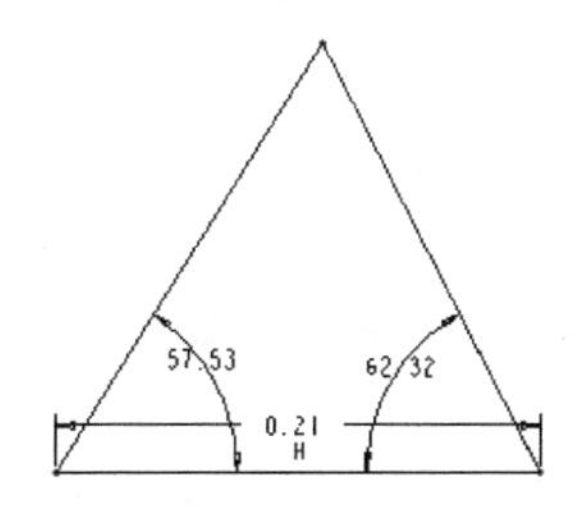

图2-11 绘制三角形

图2-12 绘制几何中心线

几何中心线可以是水平的或垂直的，也可以倾斜任意角度。当用光标拖着中心线变为水平或垂直时，会在线旁边出现一个H或V，表示水平或垂直状态，这时单击就可以绘制出水平或垂直的几何中心线。

3. 绘制切线

通过“直线相切”命令可以绘制一条与已存在的两个图元相切的直线。

在草绘工具栏中单击“线”按钮后的三角按钮▸，从弹出的级联按钮菜单中单击“直线相切”按钮，或选择“草绘”|“线”|“直线相切”命令，即可调用“直线相切”命令。

在已经存在的弧或圆上选择一个起始位置，如图 2-13 所示，在另外的弧或圆上选择一个结束位置，定义两个点后，可预览所绘制的切线。单击鼠标中键结束该命令，即可绘制出与两图元相切的直线段，如图 2-14 所示。

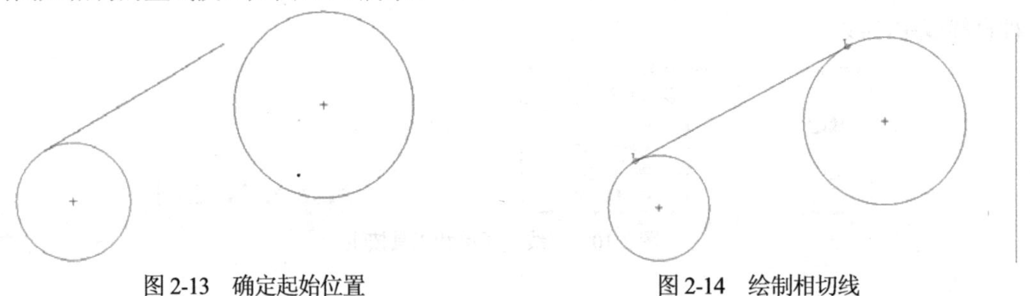

图 2-13　确定起始位置　　　　图 2-14　绘制相切线

选择“草绘”|“线”|“中心线相切”命令，可以绘制与存在的两个图元相切的中心线，具体过程与直线相切类似。调用该命令后在已存在的弧或圆上选择一个起始位置，然后在另外的弧或圆上选择一个结束位置，即可绘制一条与所选择的两个图元相切的中心线。单击鼠标中键，即可结束命令。

2.2.2　矩形

在 Pro/ENGINEER Wildfire 5.0 中，可以通过指定矩形对角线的起点与终点绘制一个具有垂直与水平边界的矩形。

单击草绘工具栏中的“矩形”按钮，或选择“草绘”|“矩形”|“矩形”命令，在绘制窗口中依次单击以确定矩形对角线的起点与终点，最后单击鼠标中键完成矩形的绘制操作，如图 2-15 所示。

图 2-15　绘制矩形

2.2.3 圆

圆是另一种常见的基本图元，可以用来表示柱、轴、轮以及孔等截面。在 Pro/ENGINEER Wildfire 5.0 中，提供了多种绘制圆的方法，通过这些方法可以很方便地绘制出用户所需要的圆。

1. 绘制圆

使用“圆心和点”命令，可以绘制一个由圆心和点确定的圆。

单击“圆”按钮，或选择“草绘”|“圆”|“圆心和点”命令，并在绘图窗口中选中一点以确定圆的中心，然后移动光标到合适的位置，选取一点，即可绘制出一个圆，如图 2-16 所示，单击鼠标中键完成操作。

2. 绘制同心圆

同心圆是通过选择一个参照圆或一段圆弧的圆心为中心点所创建的圆。

在草绘工具栏中单击“圆”按钮后的三角按钮，从弹出的级联按钮菜单中单击“同心圆”按钮，或选择“草绘”|“圆”|“同心”命令，即可创建同心圆，如图 2-17 所示。

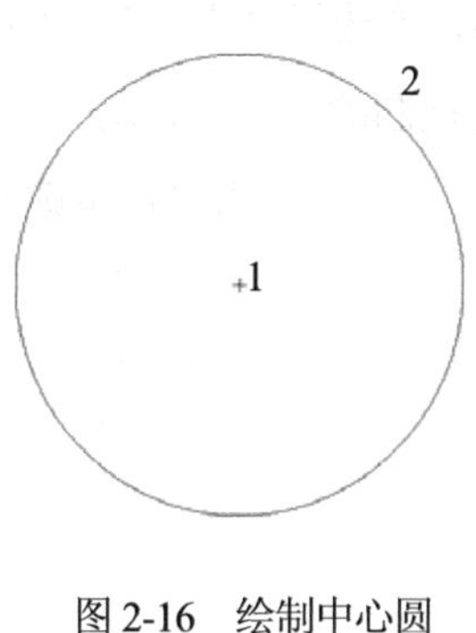

图 2-16 绘制中心圆

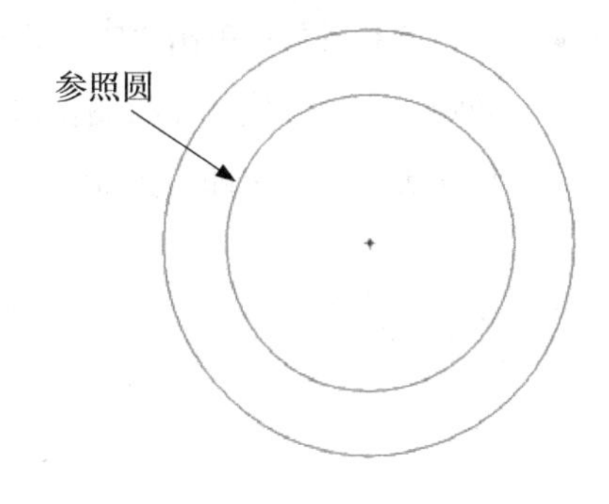

图 2-17 绘制同心圆

3. 绘制与 3 个图元相切的圆

使用“3 相切”命令可以绘制一个与另外 3 个图元(如圆弧、圆以及样条曲线)相切的圆。

单击“3 相切圆”按钮，或选择“草绘”|“圆”|“3 相切”命令，然后依次选择 3 个图元即可绘制一个与之相切的圆，如图 2-18 所示，最后单击鼠标中键完成操作。

4. 通过 3 点绘制圆

使用“3 点”命令可以通过选取位于圆上的 3 点来绘制一个圆。

单击“3 点绘制圆”按钮，或选择“草绘”|“圆”|“3 点”命令，然后在绘图窗口中依次选取 3 个点，即可绘制一个圆，如图 2-19 所示，单击鼠标中键完成操作。

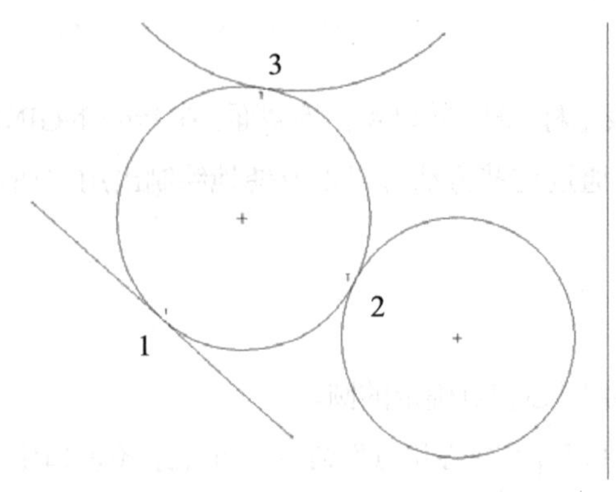

图 2-18　绘制与 3 个图元相切的圆

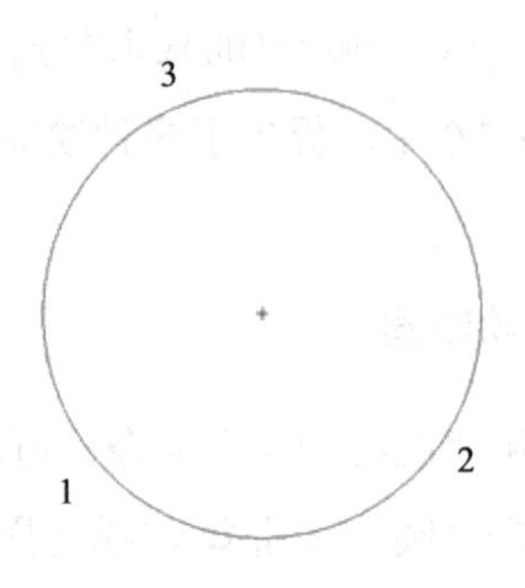

图 2-19　通过 3 点绘制圆

5. 绘制椭圆

在 Pro/ENGINEER Wildfire 5.0 中，绘制椭圆的方法有“轴端点”和“中心和轴”两种。

- “轴端点”：单击“轴端点”按钮，或选择“草绘”|“圆”|“轴端点”命令，然后在绘图窗口中单击一点作为轴的一端，再单击另一点作为轴的另一端，移动光标调整椭圆的形状和大小，单击即可绘制一个椭圆，单击鼠标中键完成操作。
- “中心和轴”：单击“中心和轴椭圆”按钮，或选择“草绘”|“圆”|“中心和轴椭圆”命令，然后在绘图窗口中单击一点作为椭圆的中心，移动光标调整椭圆的形状和大小，单击即可绘制一个椭圆，如图 2-20 所示，单击鼠标中键完成操作。

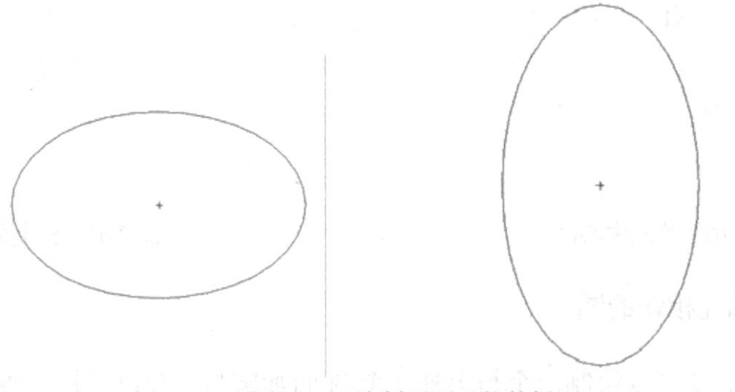

图 2-20　绘制不同形状的椭圆

2.2.4　圆弧

圆弧是常见的图形之一。圆弧的绘制可以由起点、中点和切点等控制点确定。绘制圆弧有多种方法。

1. 通过 3 点绘制圆弧

单击“圆弧”按钮或选择“草绘”|“弧”|“3 点/相切端”命令，在草图绘制区选取一点作为圆弧的起点，选取第二点作为圆弧的终点，此时会出现一个随光标移动的圆弧，然后再选取一点，即可绘制一条圆弧，如图 2-21 所示，最后单击鼠标中键完成操作。

2. 绘制同心圆弧

绘制同心圆弧可以绘制出与参照圆或圆弧同心的圆弧，在绘制过程中要指定参照圆或圆弧，还要指定圆弧的起点和终点才能确定圆弧。

在草绘工具栏中单击“圆弧”按钮后的三角按钮，从弹出的级联按钮菜单中单击“同心圆弧”按钮，或选择“草绘”|“弧”|“同心”命令，在草图绘制区选择参照圆或圆弧，即可出现一个虚线圆，将其移动至合适位置处，选取一点作为圆弧起始点开始绘制圆弧，以逆时针或顺时针方向再选取一点作为圆弧终止点，即可绘制圆弧，如图 2-22 所示，单击鼠标中键完成操作。

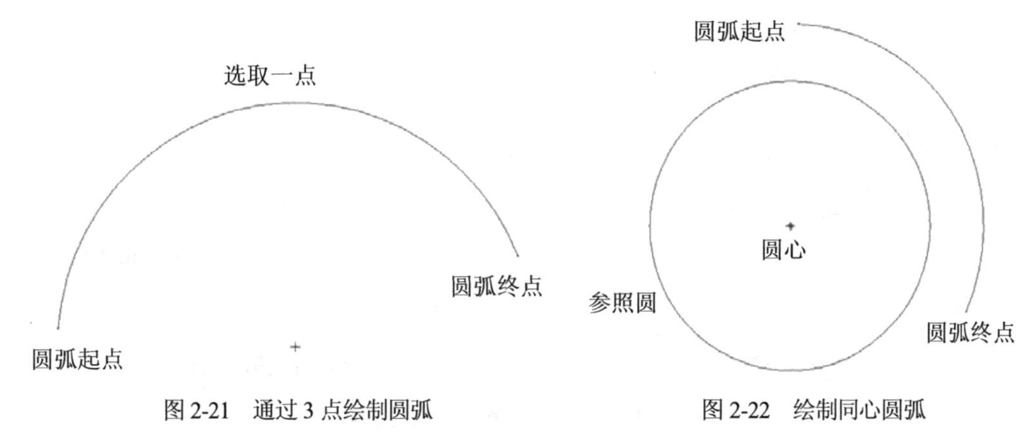

图 2-21　通过 3 点绘制圆弧　　　图 2-22　绘制同心圆弧

3. 通过圆心和端点绘制圆弧

使用“圆心和端点”命令可以通过确定圆心和端点的方式来绘制一条圆弧。

单击“圆心和端点”按钮，或选择“草绘”|“弧”|“圆点和端点”命令，并在草绘区域单击指定圆弧的中心点，此时在绘图区域会出现一个随光标移动的虚线圆，如图 2-23(a)所示；然后单击确定圆弧的起始点，移动光标到合适的位置再单击确定终点，即可绘制出一条圆弧，如图 2-23(b)所示；最后单击鼠标中键，即可完成操作。

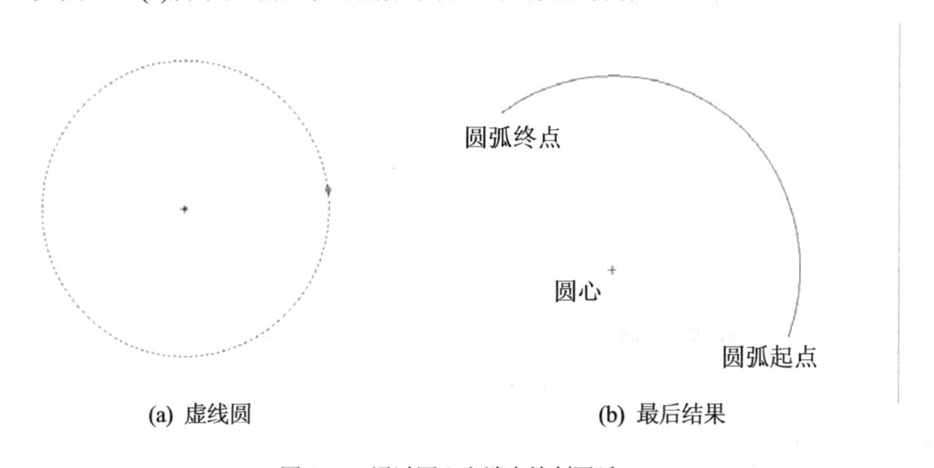

(a) 虚线圆　　　(b) 最后结果

图 2-23　通过圆心和端点绘制圆弧

4. 绘制与 3 个图元相切的圆弧

使用“3 相切”命令可以绘制一个与另外 3 个图元(如直线、圆、弧、样条曲线等)相切的圆弧。

单击“3 相切”按钮，或选择“草绘”|“弧”|“3 相切”命令，然后依次选取 3 个图元(如直线、圆、弧以及样条曲线)，即可绘制一条与之相切的圆弧。在选择了两个相切点之后，会出现一个与所选的两个图元相切并随光标移动的圆弧，如图 2-24(a)所示。当光标移至第三相切图元时，系统会自动捕捉相切点，单击即可，如图 2-24(b)所示。最后，单击鼠标中键完成操作。

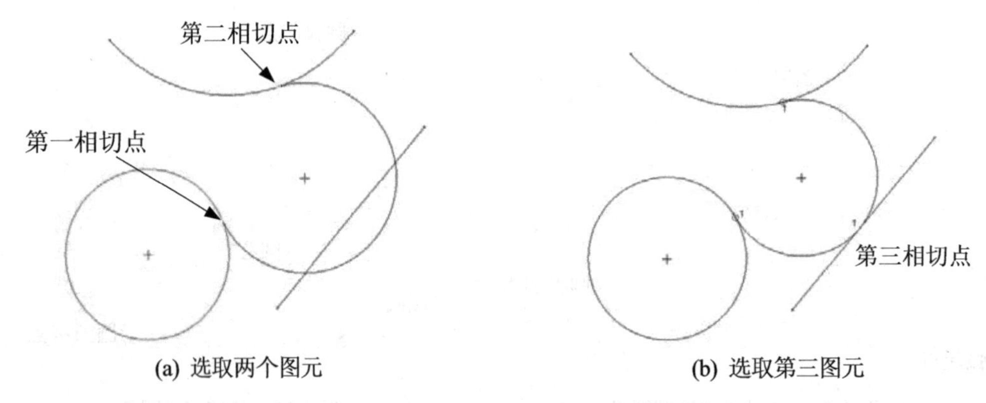

(a) 选取两个图元　　(b) 选取第三图元

图 2-24　绘制与 3 个图元相切的圆弧

5. 绘制圆锥线

使用“圆锥”命令可以在二维剖面上绘制一条圆锥线。

单击“圆锥线”按钮，或选择“草绘”|“弧”|“圆锥”命令，并在草绘区域单击选取圆锥线的第一个端点，接着在合适的位置选择圆锥的第二个端点，这时会出现一条连接两端点的参考线和一段虚线圆锥曲线，如图 2-25(a)所示，当移动光标时，曲线随之移动；单击拾取轴肩位置即可绘制圆锥弧，如图 2-25(b)所示；单击鼠标中键完成操作。

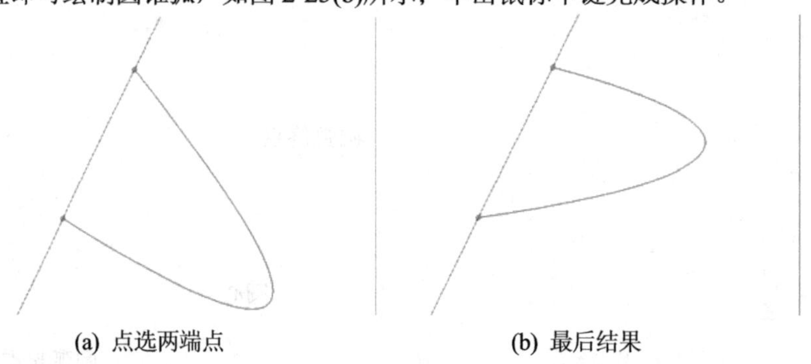

(a) 点选两端点　　(b) 最后结果

图 2-25　绘制圆锥线

2.2.5　样条曲线

使用“样条”命令可以绘制平滑的通过任意多个点的曲线。

单击“样条曲线”按钮，或选择“草绘”|“样条”命令，并在草绘区域单击，向该

样条添加点，再在窗口中选择一点，就会出现一条样条曲线，并随光标的移动而变化。重复以上步骤添加其他的样条点，直到添加完所有的点，如图 2-26 所示，单击鼠标中键完成操作。

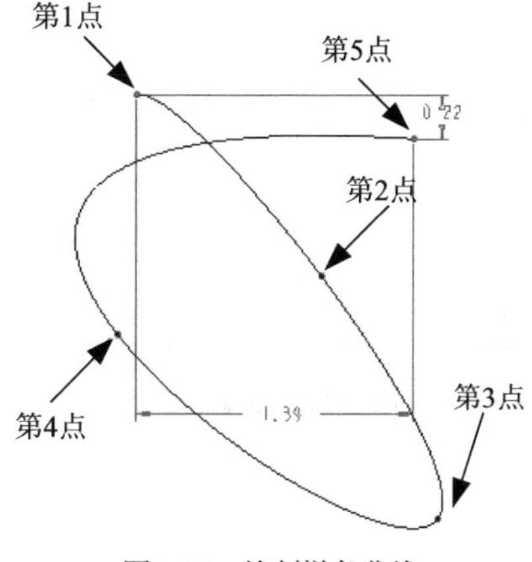

图 2-26　绘制样条曲线

2.2.6　圆角

在草绘工具栏中单击“圆角”按钮后的三角按钮，或选择“草绘”|“圆角”命令的子命令，都可以绘制圆形或椭圆形圆角。

1. 绘制圆形圆角

使用“圆形”命令可以绘制一条与任意两个相互不平行的草图图元相切的圆弧。

单击“圆角”按钮，或选择“草绘”|“圆角”|“圆形”命令，然后选择要倒圆角的两个图元(如直线、圆、弧以及样条曲线等)，即可绘制出圆角。圆角半径的大小与选择边时的点的位置有关，如图 2-27 所示有两个不同的圆角。

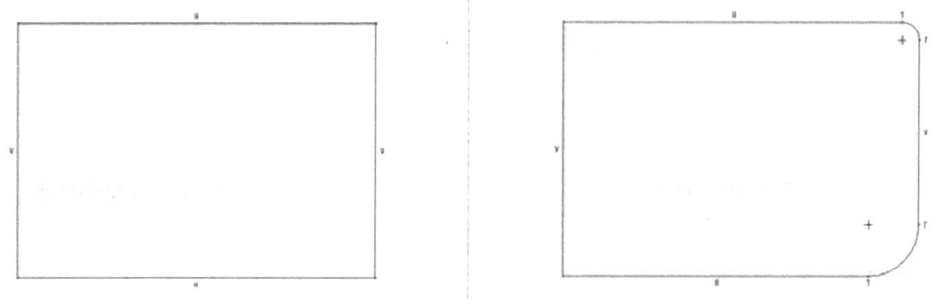

图 2-27　绘制圆角

2. 绘制椭圆形圆角

使用“椭圆形”命令可以在两图元之间绘制一个椭圆形圆角。

单击“椭圆形圆角”按钮，或选择“草绘”|“圆角”|“椭圆形”命令，然后选择要倒椭圆角的两个图元(如直线、圆、弧以及样条曲线等)，即可绘制出椭圆角。椭圆角半径的大小与选择边时的点的位置有关，如图 2-28 所示有两个不同的椭圆角。

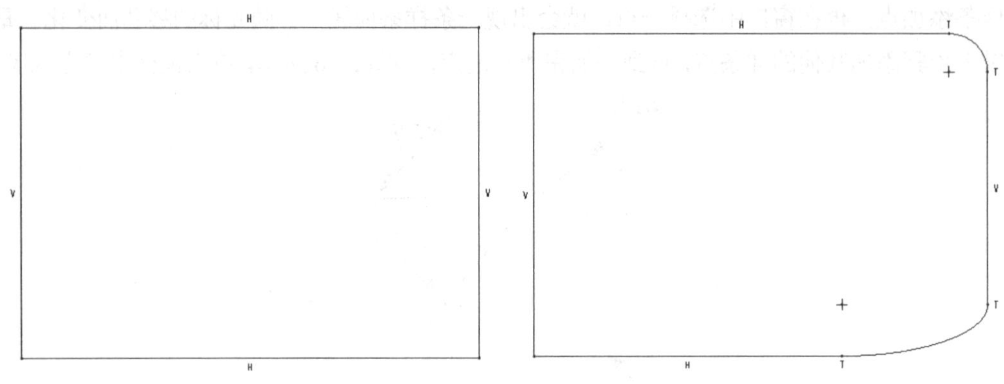

图 2-28　椭圆形圆角

2.2.7　点和坐标系

点用来辅助其他图元的绘制，单击草绘工具栏中的“点”按钮 × 或选择“草绘” | “点”命令，然后在绘图区域单击即可定义一个点，继续此操作可以定义一系列的点，如图 2-29 所示。

坐标系用来标注样条线以及某些特征的生成，单击草绘工具栏中的“坐标系”按钮 ，或选择“草绘” | “坐标系”命令，然后在绘图区合适的区域单击可以定义一个坐标系，如图 2-30 所示。

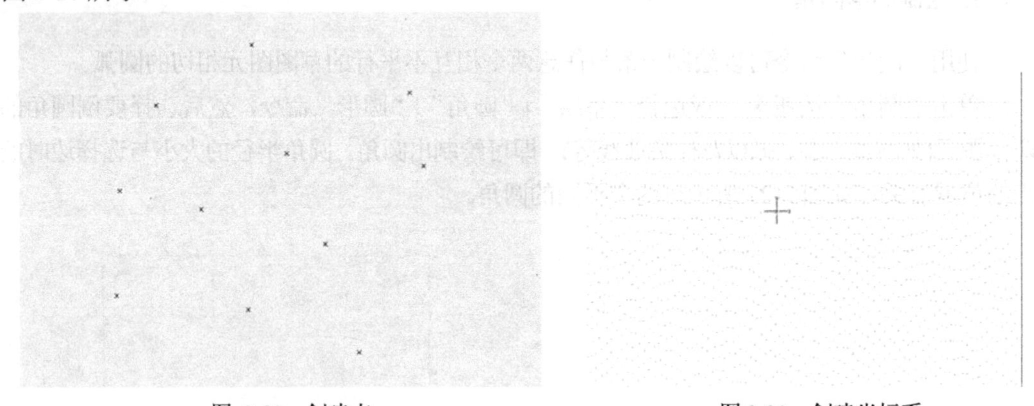

图 2-29　创建点　　　　图 2-30　创建坐标系

2.2.8　文本

文本用于在指定的位置产生文字。

单击草绘工具栏中的“文本”按钮 ，或选择“草绘” | “文本”命令，系统将在信息提示区内提示用户选择文本行的起点，确定文本的高度和方向。此时在绘图区须选取两点，其中，第一点确定文本底边的位置，第二点确定文本顶边的位置，两点之间的长度就是文本的高度。在选取第二个点之后，系统会弹出“文本”对话框，在“文本行”文本框中输入要显示的文字，例如“欢迎使用 Pro/ENGINEER Wildfire”，然后单击“确定”按钮即可创建文字，如图 2-31 所示。

图 2-31 “文本”对话框以及创建的文字

“文本行”用于输入文本内容；“字体”下拉列表框用于选择文本的字体；“长宽比”文本框用于设置文本的长宽比，其取值范围为 0.10～10，默认值为 1.00，用户可以直接在文本框中输入长宽比的数值，也可以拖动其右侧的滑块，动态调整文本的长宽比；“斜角”文本框用于设置文本的倾斜角度，其数值范围为－60～60，默认值为 0.00，用户可以直接在文本框中输入倾斜角度的数值，也可以拖动其右侧的滑块调整倾斜角度值，如图 2-32 所示。如果选择“沿曲线放置”复选框，则需要选择一条已有曲线，文字将随曲线的走向变化，如图 2-33 所示。

图 2-32 改变长宽比和斜角后的文本

图 2-33 沿曲线创建文本

2.2.9　使用调色板

调色板工具提供了常用的图形，能够提高用户的操作效率。

单击草绘工具栏中的“调色板”按钮，或选择“草绘”|“数据来自文件”|“调色板”命令，系统弹出如图 2-34 所示的“草绘器调色板”对话框。

“草绘器调色板”对话框中具有表示截面类型的选项卡。每个选项卡都具有唯一的名称，且至少包含某一类别的一种截面。4 种含有预定义形状的选项卡如下所示。

- 多边形：包括常规多边形。
- 轮廓：包括常规轮廓。
- 形状：包括其他常见形状。
- 星形：包括常规星形。

选择相应的选项卡，双击需要的图形，该图形会显示在其上方的预览框中，如图 2-35 所示。

图 2-34　“草绘器调色板”对话框

图 2-35　截面预览

在草绘区域中选择一点，系统会弹出“移动和调整大小”对话框，如图 2-36 所示。在“平行/水平”文本框中可以设置水平移动的距离，在“正交/垂直”文本框中可以设置垂直移动的距离，在“旋转”文本框中可以设置角度，在“缩放”文本框中可以设置缩放比例。在编辑时图形会实时变化，用户可以更加直观地根据需要缩放旋转图形，如图 2-37 所示。

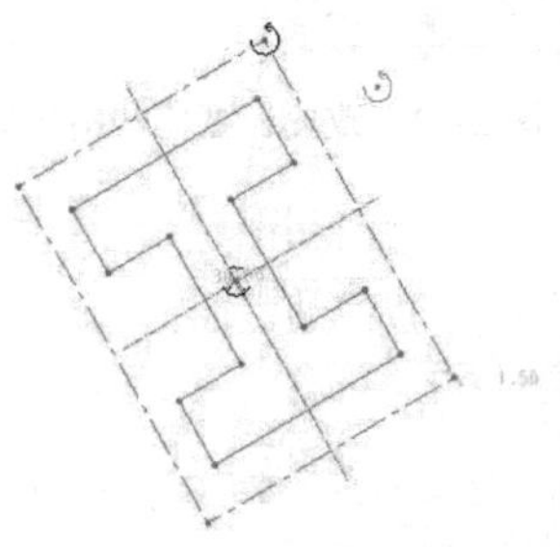

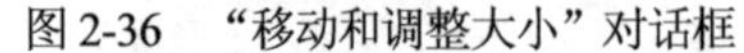

图 2-36　“移动和调整大小”对话框　　　　图 2-37　编辑图形

调整好图形的位置和大小后，单击鼠标中键或单击“移动和调整大小”对话框中的“确定”按钮，即可输入图形的位置、形状以及尺寸。

另外，当选定放置图形的位置后，在图形上将会出现“缩放”“旋转”和“移动”圆柄，将光标移动到圆柄上面并拖动鼠标，也可以实现图形位置、形状以及尺寸的改变，如图 2-38 所示。

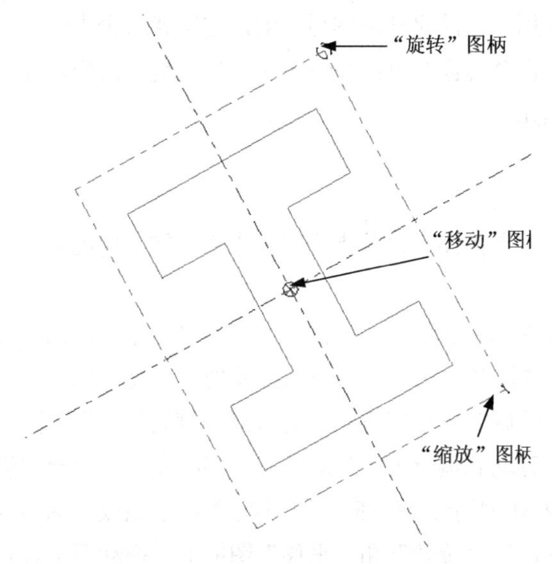

图2-38　通过拖动鼠标改变形状大小

2.3　草 图 编 辑

前面所介绍的绘制图元的命令只能绘制一些简单的基本图形，要想获得更复杂的截面图形，就要借助草图编辑命令对基本图元对象进行位置和形状的调整。

2.3.1　镜像

镜像是以某一中心线为基准产生对称图形，它专门用于镜像一个已经存在的图形。

首先选取需要镜像的图形，如图2-39所示，然后单击草绘工具栏中的“镜像”按钮，或选择“编辑”|“镜像”命令，接着选择中心线，即可镜像出选中的图形，同时显示对称标志，如图2-40所示。

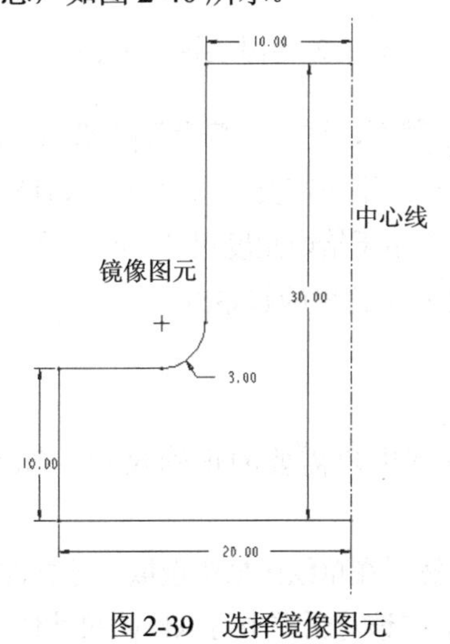

图2-39　选择镜像图元

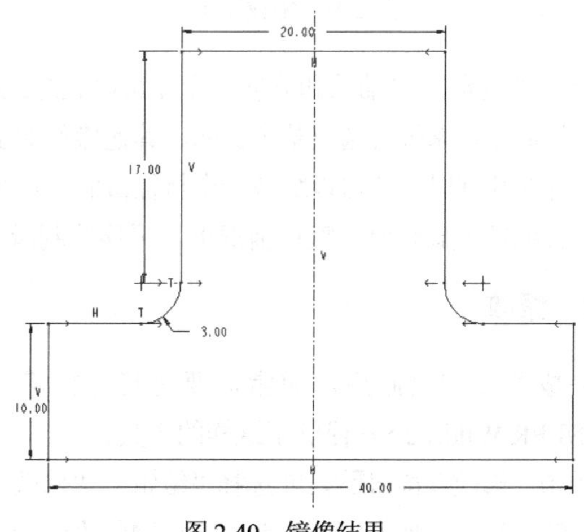

图2-40　镜像结果

Pro/ENGINEER 使用一侧的尺寸求解另一侧，这样就减少求解截面所必需的尺寸数。镜像几何时，“草绘器”也会镜像约束：在镜像时，只能镜像几何图元，无法镜像尺寸、文本图元、中心线和参照图元。

2.3.2　缩放和旋转

“旋转”就是将所绘制的图形以某点为旋转中心旋转一定的角度，“缩放”是对所选取的图元进行比例缩放。

在进行操作前首先选择进行缩放旋转的图元，可以是整个截面也可以是单个图元。按住 Ctrl 键并单击可以同时选择多个图元，选中的图元处于高亮状态。

单击“镜像”按钮后的三角按钮，从弹出的级联按钮菜单中单击“移动和调整大小”按钮，系统会弹出“移动和调整大小”对话框，同时在图元上会出现“缩放”“旋转”和“平移”图柄，如图 2-41 所示。修改时，可以在“旋转/缩放”选项区域中设置比例因子，也可以将光标移至“缩放”“旋转”和“平移”图柄上，拖动至符合要求的位置，缩放旋转后的结果如图 2-42 所示。

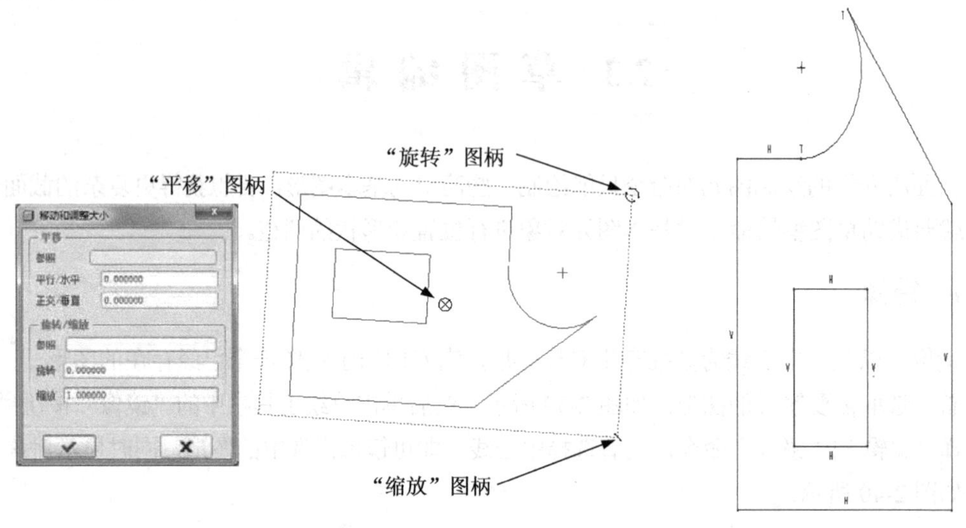

图 2-41　缩放图元　　　　图 2-42　缩放旋转后的结果

选择“编辑”|“缩放和旋转”命令可以收缩或扩展整个截面，选择“编辑”|“选取”|“全部”命令，系统会选取整个截面，其他操作如上所示。在此用户需要注意的是，只有模型中不存在几何时，才可以缩放一个特征截面。该命令不适合用于拾取角度尺寸。在对文本图元进行缩放或旋转时，默认情况下，平移控制滑块位于文本字符串的起始点。

2.3.3　修改

完成草图的绘制后，通常需要对其进行修改，以得到用户需要的正确尺寸，Pro/ENGINEER Wildfire 5.0 提供了这样的工具。

单击“修改”按钮，或选择“编辑”|“修改”命令，然后在草绘区域中选取尺寸标注的尺寸值，系统会弹出“修改尺寸”对话框，如图 2-43 所示，在该对话框中可以修改尺寸值。

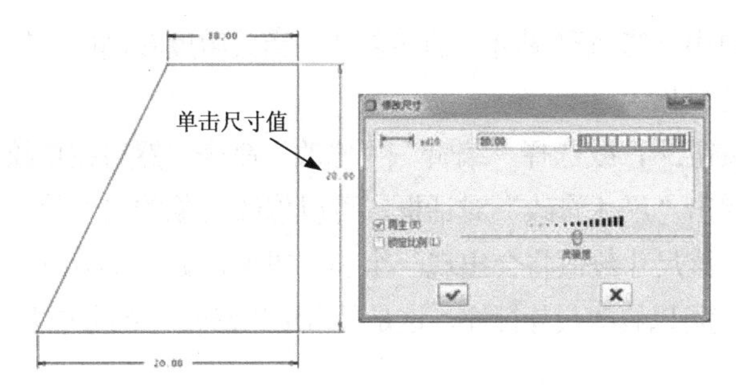

图 2-43　修改单个尺寸

在“修改尺寸”对话框中，用户可以直接在文本框中输入尺寸的数值，或按住鼠标左键拖动滑块调整尺寸的数值，达到合适的数值时释放鼠标左键即可。

“再生”复选框用于尺寸修改后再生草图。选择该复选框，系统将根据调整的数值在草绘区域再生草图(草图随尺寸数值同步变化)。取消选择“再生”复选框或选择“锁定比例”复选框，草图将不会实时根据调整的数值变化。如图 2-44 所示，框选所有已标注尺寸，然后单击“修改”按钮，系统会弹出“修改尺寸”对话框，修改所有选择的标注尺寸。为防止图形尺寸变化过大，取消选择“再生”复选框。修改完成后单击“确定”按钮，如图 2-45 所示。

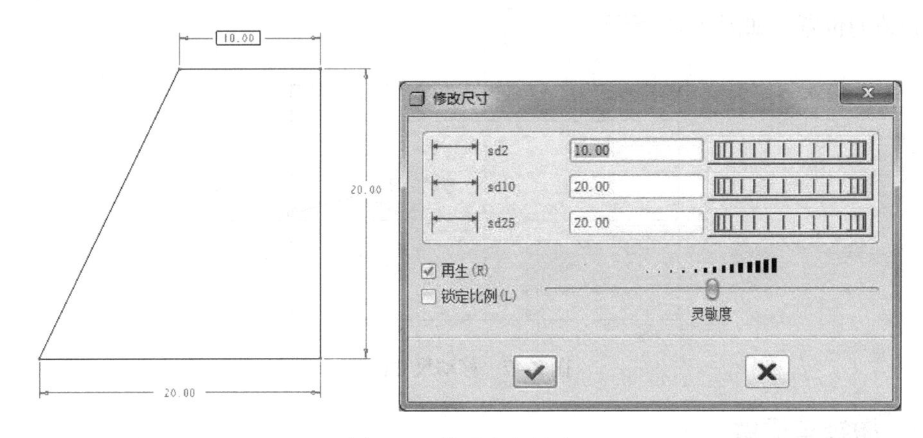

图 2-44　修改多个尺寸

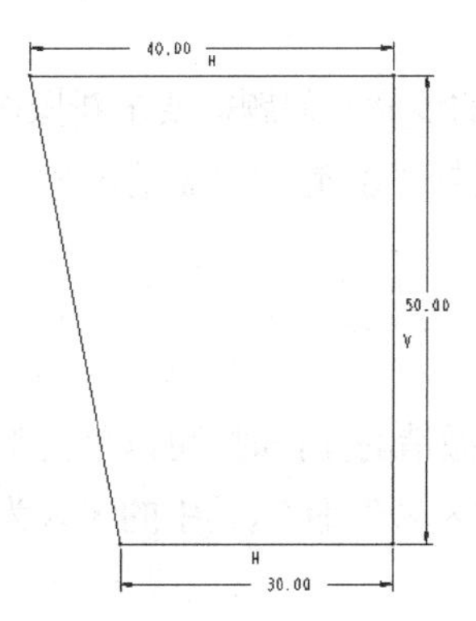

图 2-45　修改后的尺寸

“灵敏度”滑块用于修改草图再生的显著性。当灵敏度较高时，较小的尺寸数值修改将会导致草图有很大的变化。

单击“修改”按钮，或选择“编辑”|“修改”命令，然后在草绘区域选择需要标注的尺寸值，系统将会弹出“尺寸修改”对话框，可以修改对象的尺寸值。另外，用户还可以双击尺寸标注的数值，该尺寸数值将会出现一个小编辑框，如图 2-46 所示，输入用户需要的数值并按下 Enter 键，就可以修改尺寸标注，这是最常用的修改尺寸的方法。

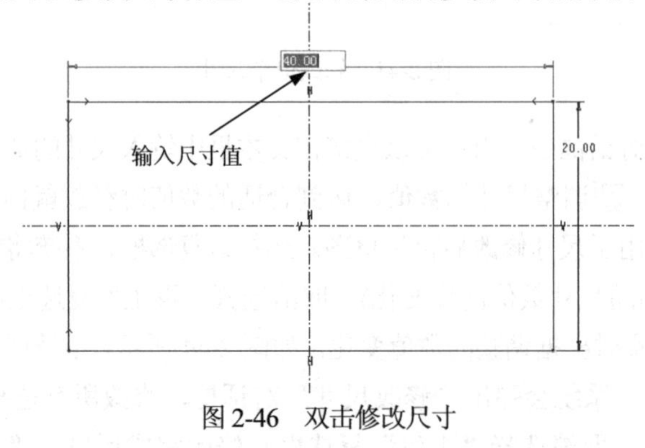

图 2-46　双击修改尺寸

单击尺寸标注的数值，并按住鼠标左键不释放，接着移动光标，即可将数值和尺寸线移动到合适的位置，如图 2-47 所示。

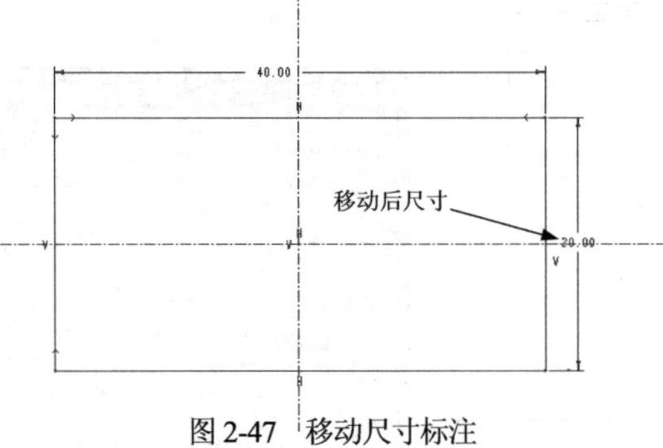

图 2-47　移动尺寸标注

2.3.4　撤销与重做

1. 撤销

在绘制草图时，当发现之前的步骤有问题需要重新操作时，可以单击工具栏中的“撤销”按钮或按 Ctrl+Z 组合键，或者选择“编辑”|“撤销××”命令(其中的××为上一步操作的具体名称)。

2. 重做

在绘制草图需要恢复上一步撤销的操作时，可以单击工具栏中的“重做”按钮或按 Ctrl+Y 组合键，或选择“编辑”|“重做××”命令(其中的××为上一步操作的具体名称)。

2.3.5　修剪和分割

单击草绘工具栏中的“删除段”按钮后的三角按钮，或选择“编辑”|“修剪”命令

的子命令，可以对图元进行修剪操作。

1. 删除段

单击“删除段”按钮，然后依次在草绘区域选择要删除的图元，就可以将图元删除，如图2-48所示。

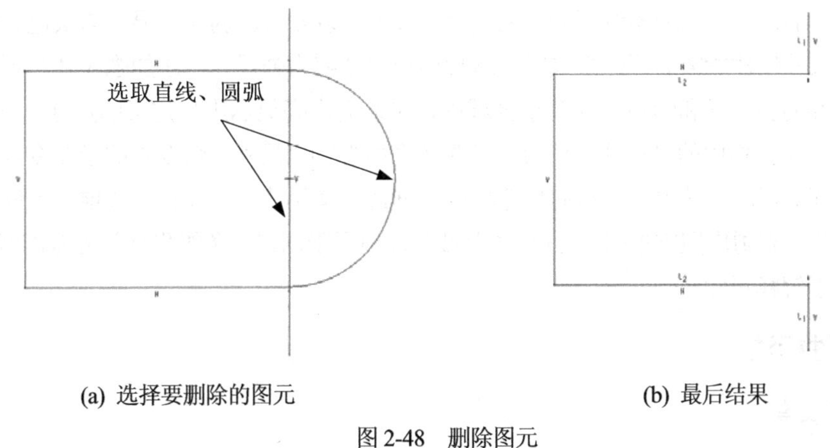

(a) 选择要删除的图元　　(b) 最后结果

图2-48　删除图元

2. 拐角

单击“拐角”按钮，然后依次选取要剪切或延伸的图元，就可以剪切或延伸图元，如图2-49所示。

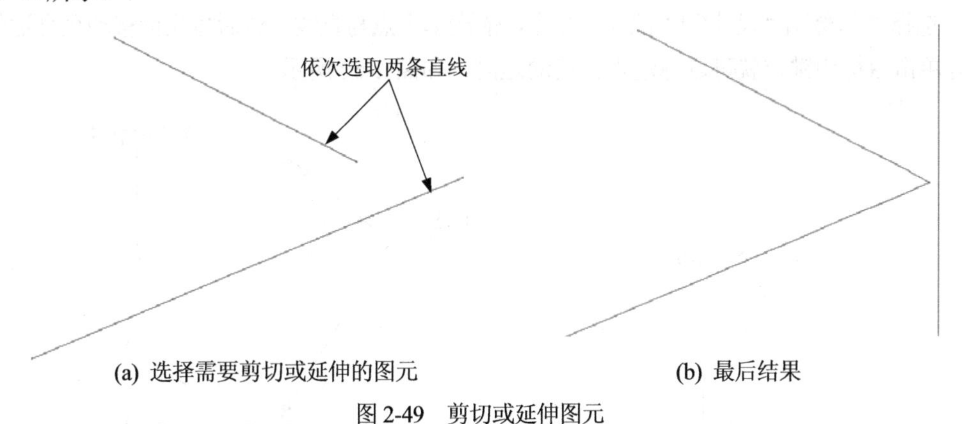

(a) 选择需要剪切或延伸的图元　　(b) 最后结果

图2-49　剪切或延伸图元

3. 分割

单击“分割”按钮，此时光标位置出现点符号，将该点放置于要进行分割的图元上，系统即可在放置的位置上分割图元，如图2-50所示。

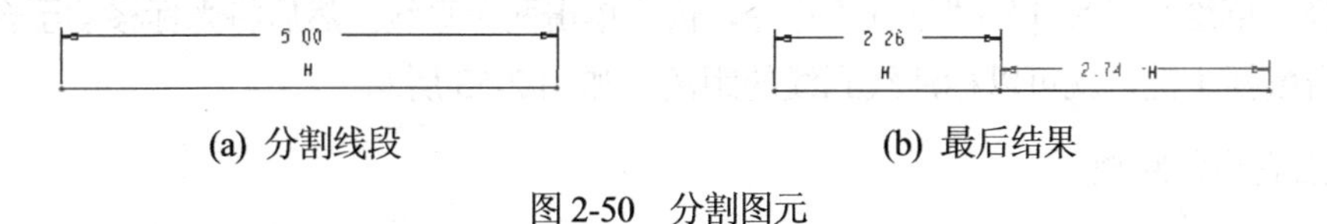

(a) 分割线段　　(b) 最后结果

图2-50　分割图元

2.4 草图标注

在 Pro/ENGINEER Wildfire 5.0 中，草图尺寸有弱尺寸与强尺寸两种。草绘器确保在截面创建的任何阶段都已充分约束与标注该截面。当草绘某个截面时，系统会自动标注几何尺寸，这些尺寸称为弱尺寸，因为系统再创建或删除时并不予以警告。弱尺寸显示为灰色。当用户添加自己的尺寸创建所需的标注形式时，这种用户尺寸称为强尺寸。添加强尺寸时系统会自动删除不必要的弱尺寸和约束。在草绘区域中，系统会高亮显示用户定义的尺寸。

单击草绘工具栏中的“尺寸”按钮，或选择“草绘”|“尺寸”命令中的子命令，即可对尺寸进行不同的标注。其中，“法向”选项用于创建定义尺寸，“周长”选项用于创建周长尺寸，“参照”选项用于创建参照尺寸，“基线”选项用于创建一条纵坐标尺寸基准线，“解释”选项用于解释尺寸。

2.4.1 线性标注

1. 线段长度

选择“草绘”|“尺寸”|“法向”命令，单击直线，或分别单击线段的两个端点，然后将光标移动至合适的位置并单击鼠标中键，就可以标注线段的长度，如图 2-51 所示。

2. 点到线的距离

选择“草绘”|“尺寸”|“法向”命令，依次单击点与直线，然后将光标移动至合适的位置并单击鼠标中键，就可以标注点到线的距离，如图 2-52 所示。

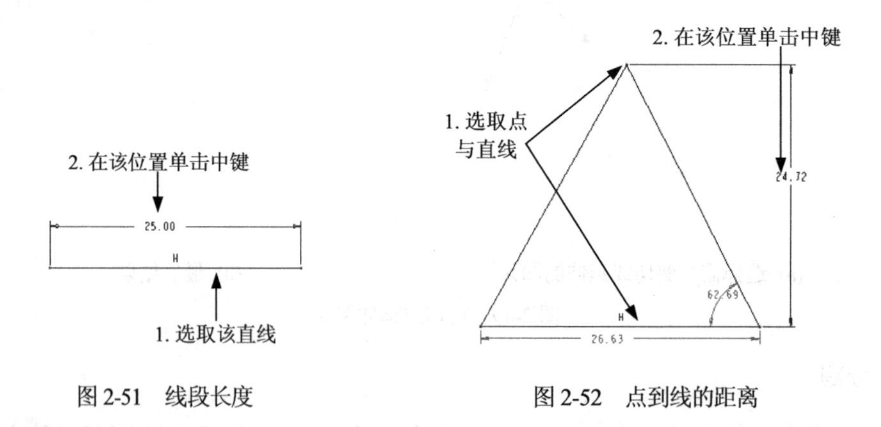

图 2-51　线段长度　　　　图 2-52　点到线的距离

3. 线到线的距离

选择“草绘”|“尺寸”|“法向”命令，依次单击两条直线，然后将光标移动至合适的位置并单击鼠标中键，就可以标注线到线的距离，如图 2-53 所示。

4. 点到点的距离

选择“草绘”|“尺寸”|“法向”命令，依次选择两点，然后将光标移动至合适的位置并

单击鼠标中键就可以标注点到点的距离，如图2-54所示。

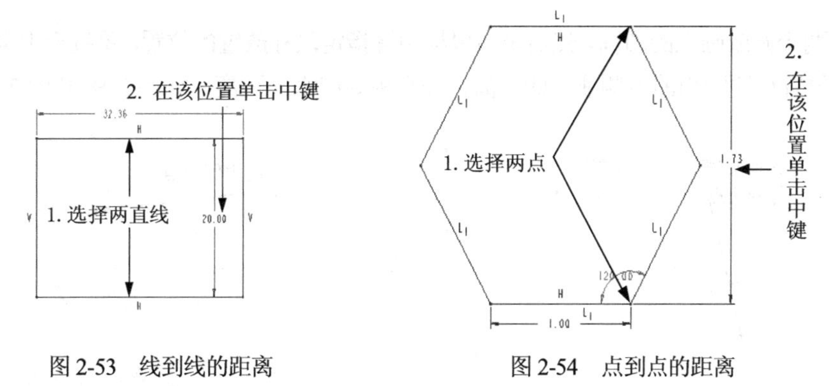

图2-53　线到线的距离　　图2-54　点到点的距离

2.4.2　圆和圆弧尺寸标注

1. 半径

选取圆或圆弧，然后单击鼠标中键指定尺寸参数的放置位置，即可标注半径，如图2-55所示。

2. 直径

双击圆周，然后单击鼠标中键指定尺寸参数的放置位置，即可标注直径，如图2-56所示。

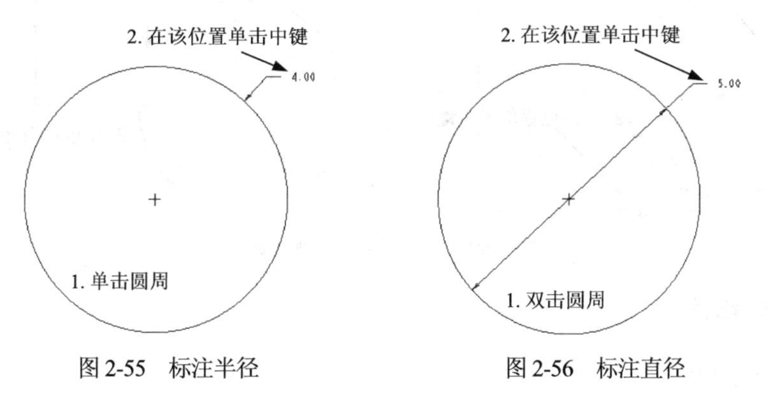

图2-55　标注半径　　图2-56　标注直径

3. 旋转剖面的直径

单击旋转剖面的圆柱边线，接着单击中心线，再单击旋转剖面的圆柱边线，最后单击鼠标中键指定尺寸参数的放置位置，即可标注旋转剖面的直径，如图2-57所示。

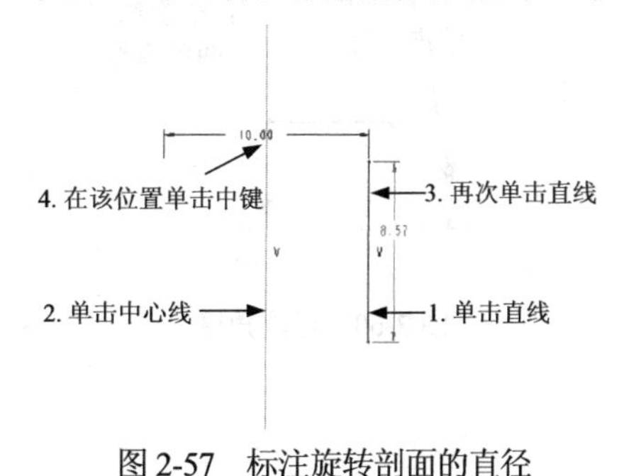

图2-57　标注旋转剖面的直径

4. 圆到圆周

单击两个圆或圆弧的圆周，然后单击鼠标中键指定尺寸放置的位置，系统会根据用户所选择圆周的位置标注圆周的内侧或外侧距离、竖直距离或水平距离，如图 2-58 和图 2-59 所示。

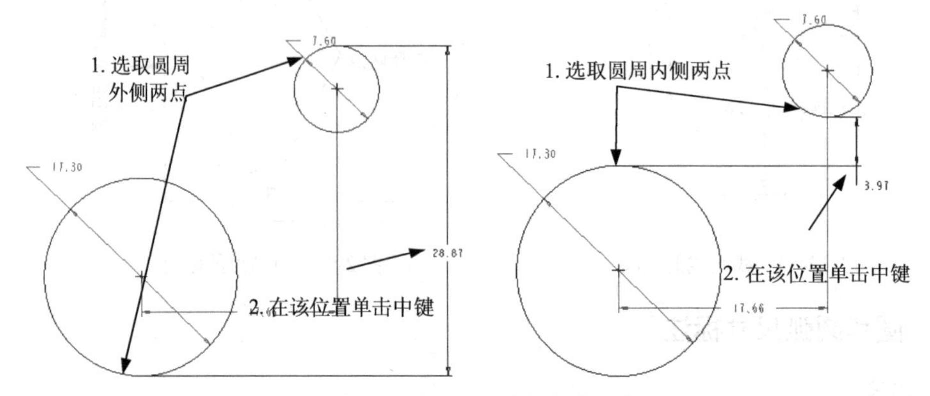

图 2-58　标注圆周之间竖直距离

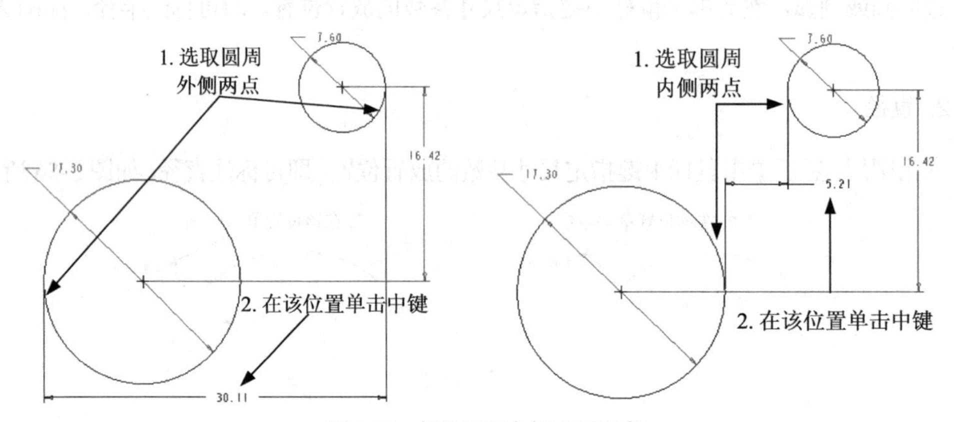

图 2-59　标注圆周之间水平距离

2.4.3　角度标注

1. 两直线夹角

依次选取夹角的两条直线，然后单击鼠标中键指定尺寸参数的放置位置，即可标注其夹角，如图 2-60 所示。

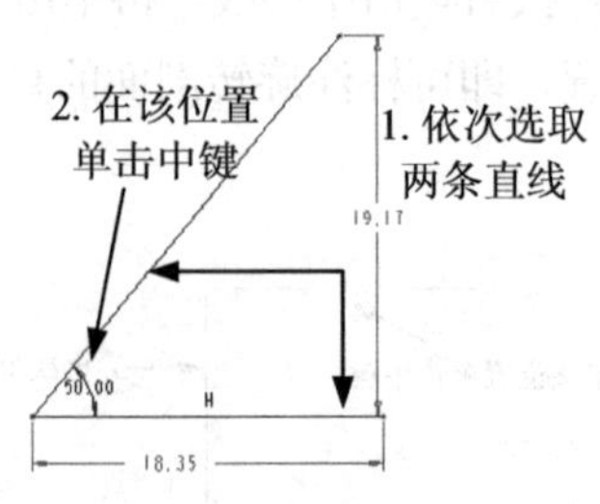

图 2-60　标注角度

2. 圆弧夹角

选取圆弧两端点，再在圆弧上任意选取一点，然后单击鼠标中键指定尺寸参数的放置位置，即可标注其角度，如图 2-61 所示。

若指定的参数或尺寸过多，就会收到警告提示，系统会弹出“解决草绘”对话框，如图 2-62 所示，用户可以根据自己的需要删除多余的尺寸参数。

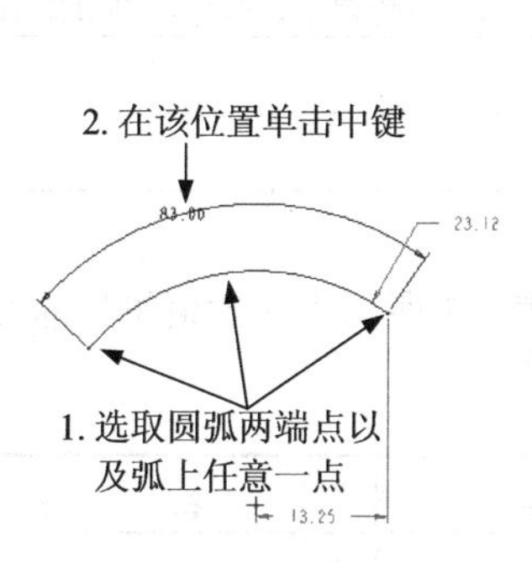

图 2-61　标注弧度

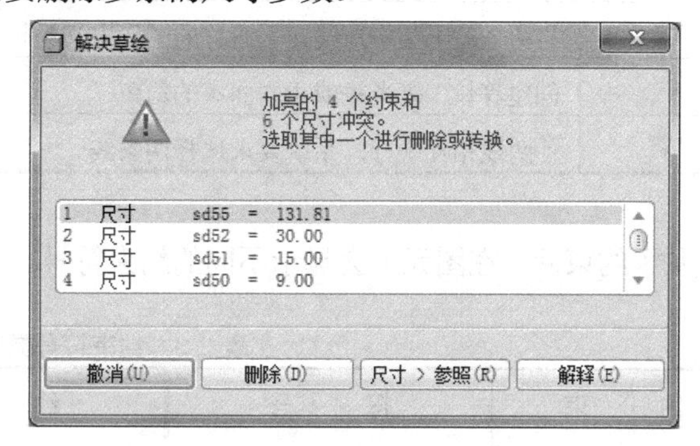

图 2-62　“解决草绘”对话框

2.5 几何约束

几何约束是指草绘对象之间的平行、垂直、共线和对称等几何关系，几何约束可以替代某些尺寸的标注，能够反映出设计过程中各草图之间的几何关系。在 Pro/ENGINEER Wildfire 5.0 中可以智能设置几何约束，也可以人工设置几何约束。

在 Pro/ENGINEER Wildfire 5.0 中，约束按钮都在工具栏中，单击草绘工具栏中的“垂直”按钮 后的三角按钮 ，打开“约束”级联按钮菜单，如图 2-63 所示，单击其中的按钮即可对图元进行约束设置。

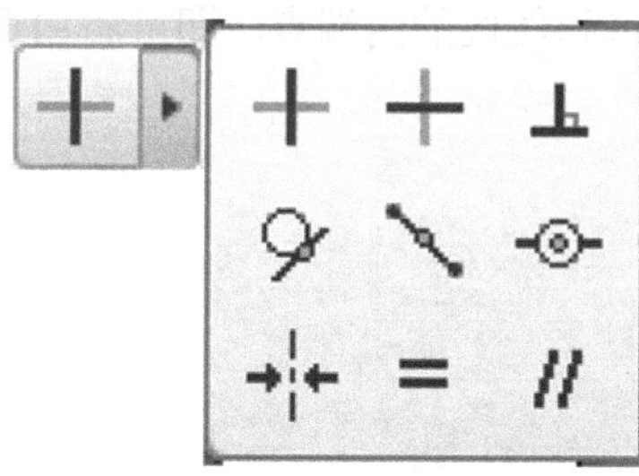

图 2-63　“约束”级联按钮菜单

“约束”级联按钮菜单中的每个按钮代表一种约束，如表 2-2 所示。

表 2-2　约束类型

按　钮	功 能 介 绍
	将一条直线或两顶点设置为垂直
	将一条直线或两顶点设置为水平
	使两图元正交，系统要求选择两图元

(续表)

按　钮	功 能 介 绍
	使线段与圆弧相切，系统要求选择线段与圆弧
	在线或弧的中间放置点，系统要求选择图元和点
	将两个点定义为同一点，系统要求选择两顶点或端点
	将两个关于某中点线几乎对称的图元定义为相互对称，系统要求选择中心线和对称图元
	创建等长、等半径或相同曲率的约束
	使两线相互平行，系统要求选择两条线

加了约束后，在图元上会显示不同的约束符号。如表 2-3 所示为各约束符号的类型。

表 2-3　约束符号类型

约　束	符　号	约　束	符　号
中点	M	相同点	O
水平图元	H	垂直约束	V
图元上的点	-O- - -	相切图元	T
垂直图元	⊥₁	平行线	//1
相等直径	带有一个下标索引 R	具有相同长度的线段	带有一个下标索引的 L
对称	——→←——	图元水平或垂直排列	--|
共线	═══	对齐	用于适当对齐类型的符号
边/偏距线	∿		

垂直约束：单击“垂直”按钮，系统会在信息提示区提示用户选择一条直线或两点，此时在绘图区域选取一条直线或该线段的两端点，即可添加垂直约束，如图 2-64 所示。

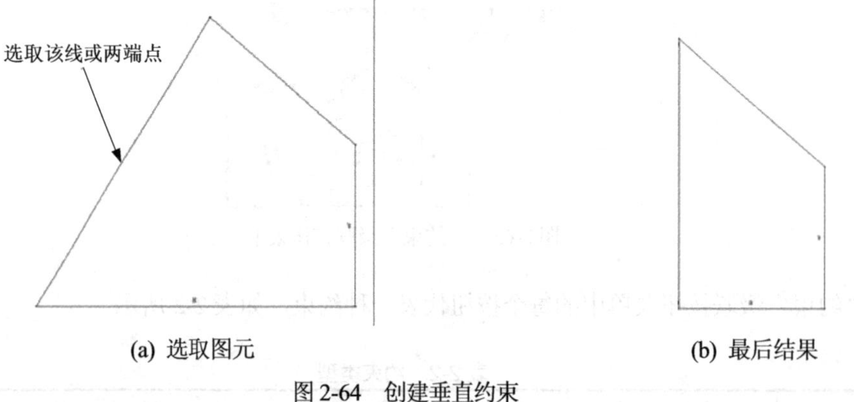

(a) 选取图元　　(b) 最后结果

图 2-64　创建垂直约束

水平约束：单击“水平”按钮，系统会在信息提示区提示用户选择一条直线或两点，此时在绘图区域选取一条直线或该线段的两端点，即可添加水平约束，如图 2-65 所示。

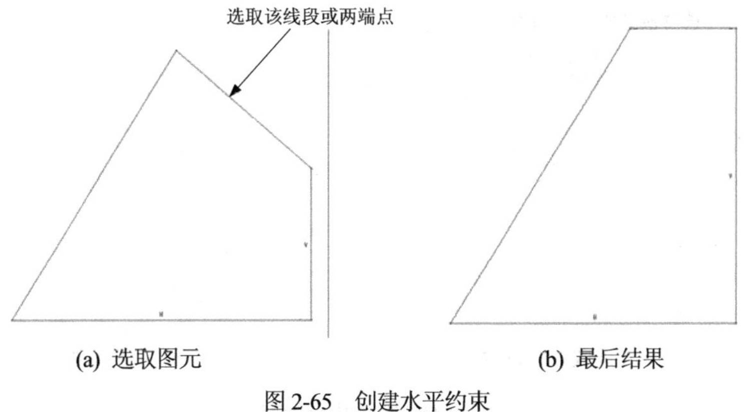

(a) 选取图元　　　　(b) 最后结果

图 2-65　创建水平约束

正交约束：单击“正交”按钮⊥，在绘图区域依次选取两个图元，如图 2-66 所示，完成后即可将所选图元变为正交状态。

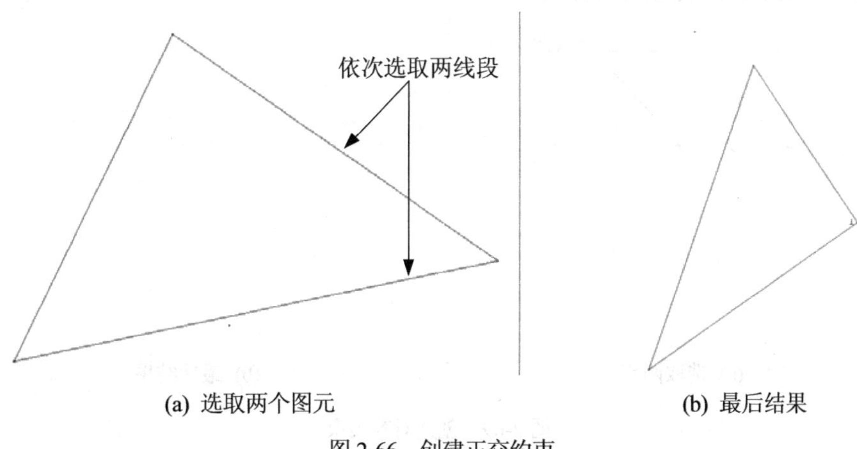

(a) 选取两个图元　　　　(b) 最后结果

图 2-66　创建正交约束

相切约束：单击“相切”按钮，在绘图区域依次选取两个图元，如图 2-67 所示，完成后选取的图元将变为相切状态。

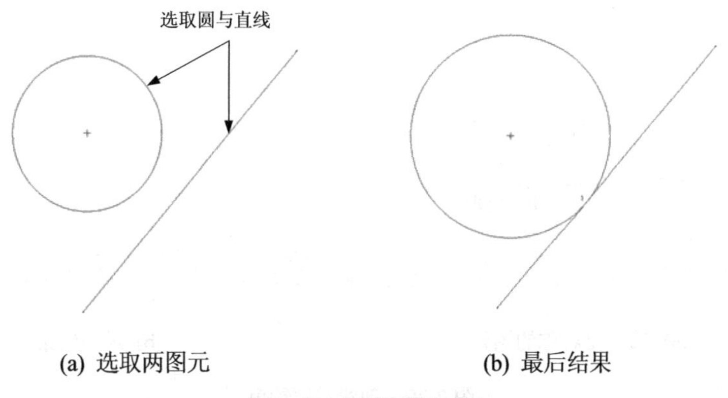

(a) 选取两图元　　　　(b) 最后结果

图 2-67　创建相切约束

中点约束：单击“中点”按钮，在绘图区域选择圆弧的端点和一条直线，如图 2-68 所示，完成后所选的点将会变为直线的中点。

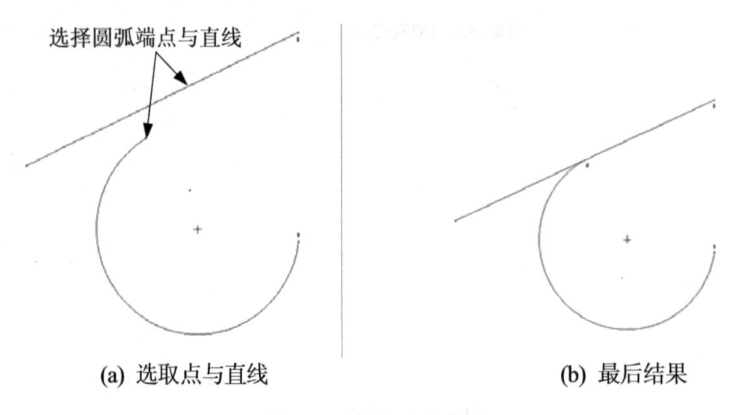

(a) 选取点与直线　　(b) 最后结果

图 2-68　创建中点约束

对齐约束：单击“对齐”按钮，在绘图区域依次选取两个图元或端点，如图 2-69 所示，完成后所选的图元将变为对齐状态。

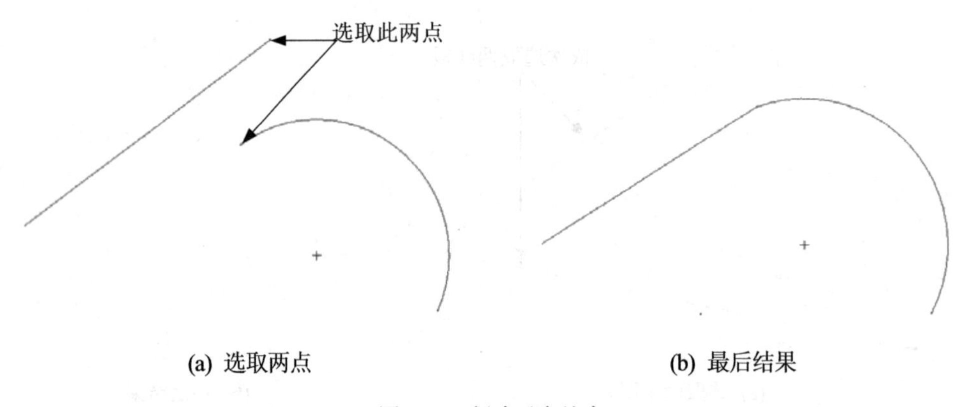

(a) 选取两点　　(b) 最后结果

图 2-69　创建对齐约束

对称约束：单击“对称”按钮，在绘图区域选择一条中心线，然后依次单击两圆的圆心，如图 2-70 所示，完成后所选的圆心将变为对称状态。

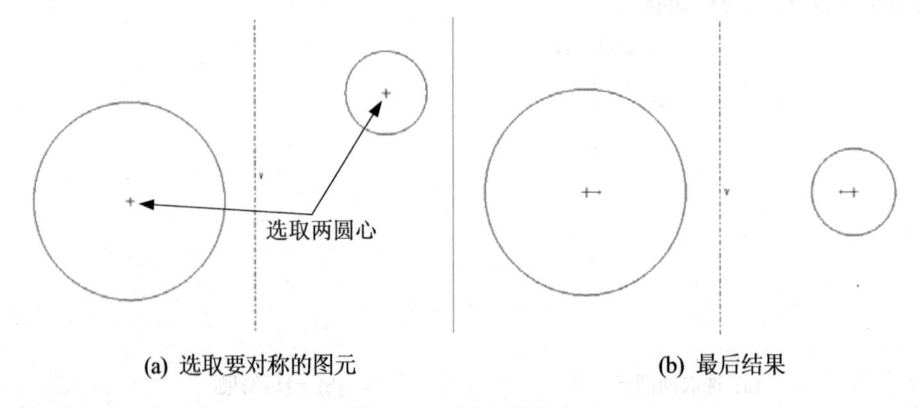

(a) 选取要对称的图元　　(b) 最后结果

图 2-70　创建对称约束

相等约束：单击“相等”按钮＝，在绘图区域选择两个图元，如图 2-71 所示，完成后所选的两个图元将变为相等状态。

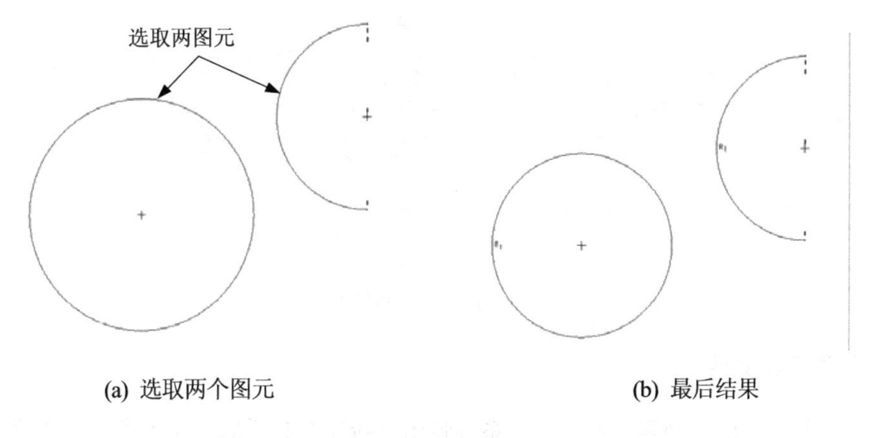

(a) 选取两个图元　　(b) 最后结果

图 2-71　创建相等约束

平行约束：单击“平行”按钮//，在绘图区域选择两条直线，如图 2-72 所示，完成后所选的两条直线将变为平行状态。

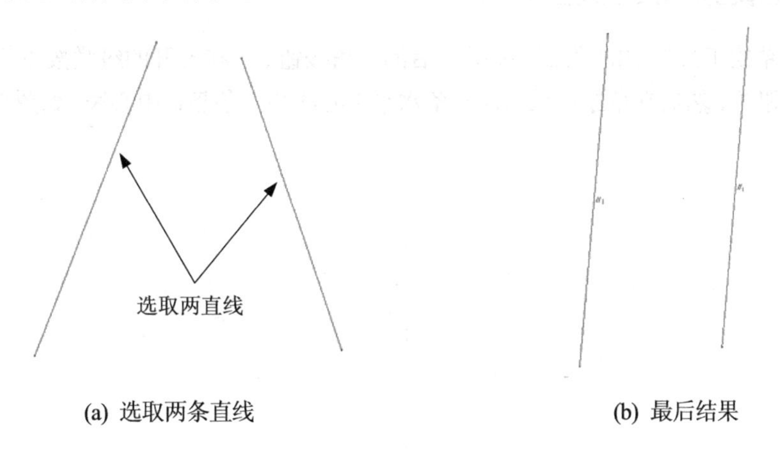

(a) 选取两条直线　　(b) 最后结果

图 2-72　创建平行约束

以上列举了不同约束的创建方法，用户可以参照上面的例子了解并掌握这一方面的知识。对于不需要的几何约束可以将其删除，选择要删除的约束，选择“编辑”|“删除”命令即可；也可以在选定要删除的约束后，通过按下 Delete 键删除约束。删除约束时，系统会自动添加一个尺寸使截面保持可求解状态。

2.6 本 章 实 例

下面的实例将综合使用各种绘图工具绘制二维图形，所创建图形的最终效果如图 2-73 所示。

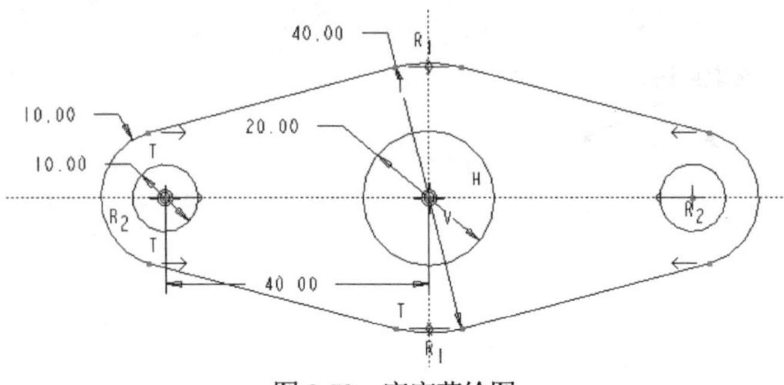

图 2-73　底座草绘图

1. 新建草绘文件

单击工具栏中的“新建”按钮，系统弹出“新建”对话框，在“类型”选项区域中选择“草绘”单选按钮，在“名称”文本框中输入草绘名称 dizuo，最后单击“确定”按钮进入二维草绘模式。

2. 绘制基本图元与尺寸标注

(1) 单击草绘工具栏中的“线”按钮后的三角按钮，在打开的级联按钮菜单中单击“中心线”按钮，然后在草绘区域绘制一条水平中心线和一条竖直中心线，如图 2-74 所示。

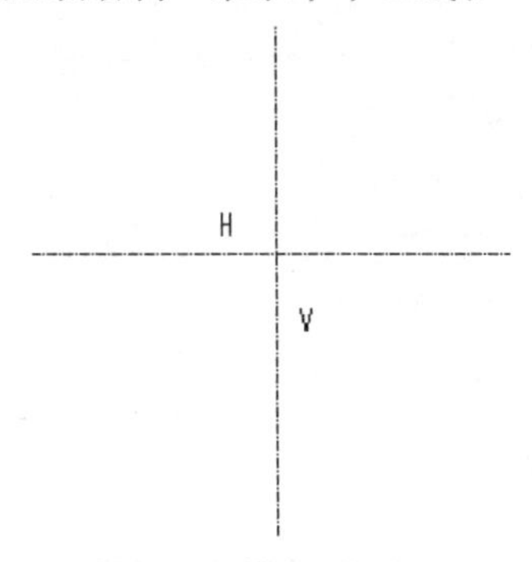

图 2-74　绘制中心线

(2) 单击草绘工具栏中的“圆”按钮，以中心线的交点为圆心，绘制两个同心圆，如图 2-75 所示。然后分别双击两个圆的直径，将其修改为 20 和 40，如图 2-76 所示。

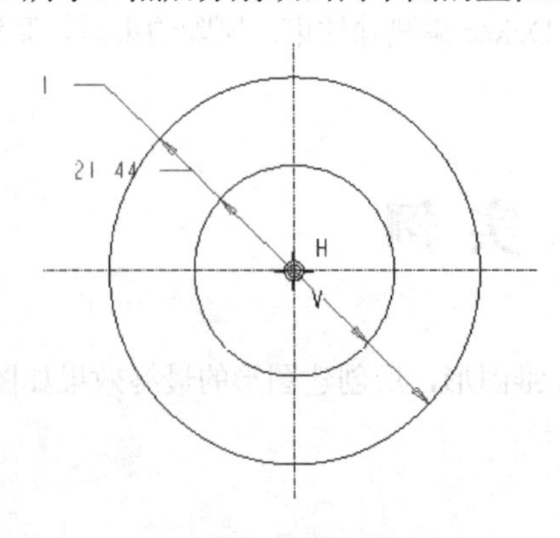

图 2-75　绘制两个同心圆

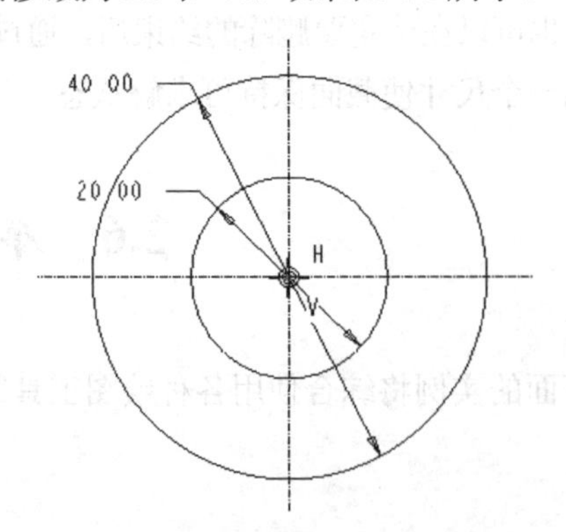

图 2-76　修改圆的直径

(3) 单击草绘工具栏中的“圆”按钮，以水平中心线上一点为圆心，绘制一个直径为10的圆，该圆的圆心与两同心圆圆心距离为40，如图2-77所示。

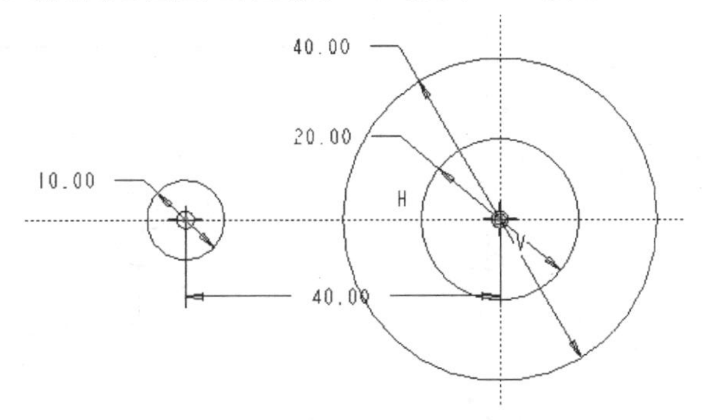

图2-77　绘制圆示意图

(4) 单击草绘工具栏中的“圆弧”按钮后的三角按钮，在打开的级联按钮菜单中单击“圆心和端点”按钮，然后在草绘区域绘制一个与步骤(3)同心的半圆弧，圆弧半径为10，如图2-78所示。

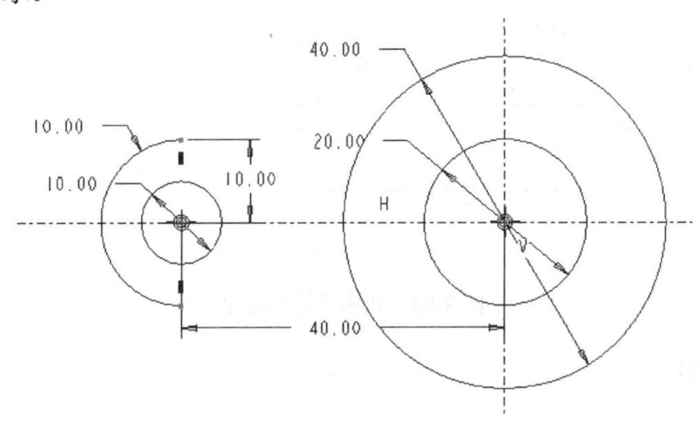

图2-78　绘制半圆弧

(5) 单击草绘工具栏中的“线”按钮后的三角按钮，在打开的级联按钮菜单中单击“直线相切”按钮，然后分别单击半径为10的圆弧和直径为40的大圆，绘制圆弧和大圆的切线，如图2-79所示。同样的方法绘制第2条切线，结果如图2-80所示。

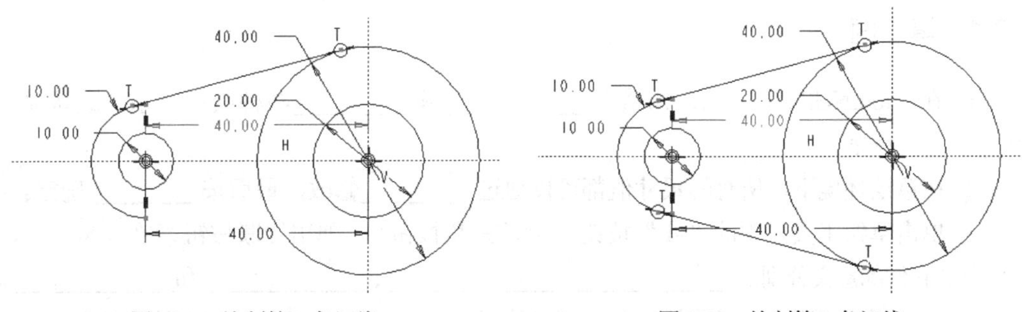

图2-79　绘制第1条切线　　图2-80　绘制第2条切线

(6) 单击草绘工具栏中的“删除段”按钮，将图2-80中多余的圆弧修剪掉，修剪后的图形如图2-81所示。

(7) 用鼠标框选图 2-82 所示的图元，单击草绘工具栏中的“镜像”按钮，然后选取竖直中心线为镜像参照，镜像结果如图 2-83 所示，这时底座的绘制全部完成。

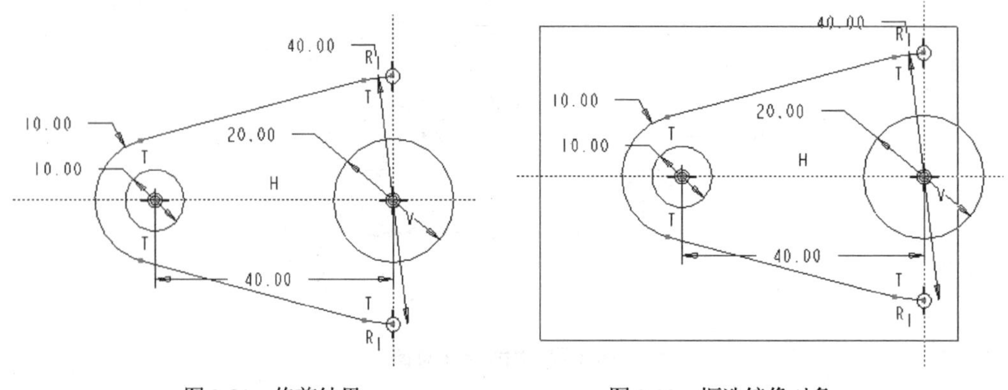

图 2-81　修剪结果　　　　图 2-82　框选镜像对象

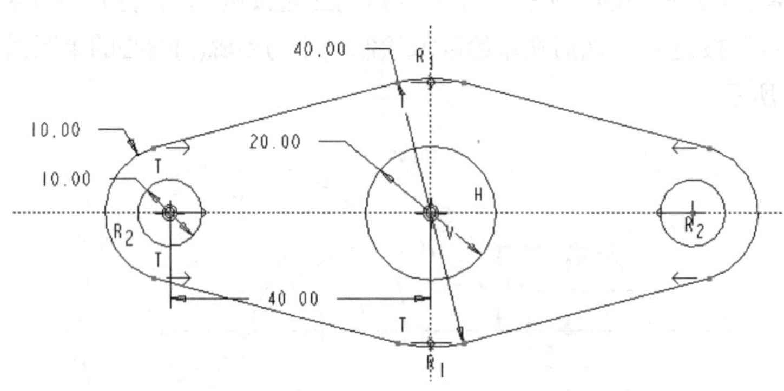

图 2-83　底座草绘图结果

3. 保存草绘图

单击“保存”按钮保存草绘模型。

2.7 本 章 练 习

2.7.1 填空题

1. 在 Pro/ENGINEER 中，栅格有＿＿＿＿＿＿和＿＿＿＿＿两种类型，系统默认显示为＿＿＿＿＿栅格。

2. 在草绘环境下，所有的尺寸值都可以通过＿＿＿＿＿修改，最后按＿＿＿＿＿确定。

3. 单击草绘工具栏中的“线”按钮后的三角按钮，弹出级联按钮菜单，从左到右它们的意义分别是＿＿＿＿＿＿、＿＿＿＿＿＿、＿＿＿＿＿＿和＿＿＿＿＿＿。

4. 当绘制的草图中有对称特征时，可以使用＿＿＿＿＿＿功能以提高绘图效率。

2.7.2　选择题

1. “修剪”命令中不包括(　　)。

   A. 删除段　　　　B. 拐角

   C. 相切　　　　D. 分割

2. 在绘制草图时，撤销上一步操作的快捷键是(　　)。

   A. Ctrl+A　　　　B. Ctrl+T

   C. Ctrl+Z　　　　D. Ctrl+C

3. 创建圆或圆弧的半径尺寸标注的正确方法是(　　)。

   A. 单击对象图元后，再单击鼠标中键放置尺寸

   B. 双击对象图元后，再单击鼠标中键放置尺寸

   C. 单击对象图元后，按住 Ctrl 键并单击鼠标中键指定尺寸位置

   D. 双击对象图元后，按住 Ctrl 键并单击鼠标中键指定尺寸位置

2.7.3　简答题

1. 进入草绘模式的方法共有几种？分别是什么？
2. 什么是弱尺寸？什么是强尺寸？二者有何区别？
3. 对于小角度或很短的线段，在绘图区不方便显示，这时应采取何种技巧来绘制？

2.7.4　上机题

1. 请读者绘制如图 2-84 所示的“螺母”状草绘图。

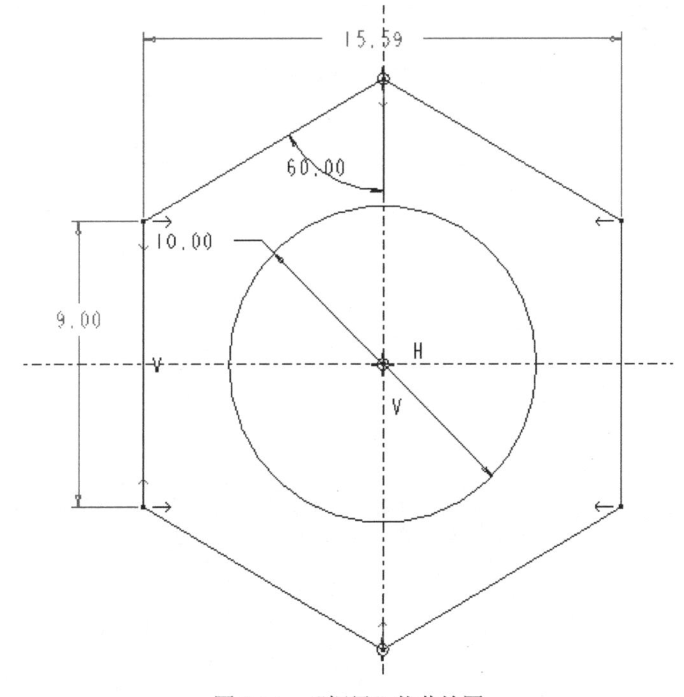

图 2-84　“螺母”状草绘图

2. 请读者绘制如图 2-85 所示的“挂钩”状草绘图。

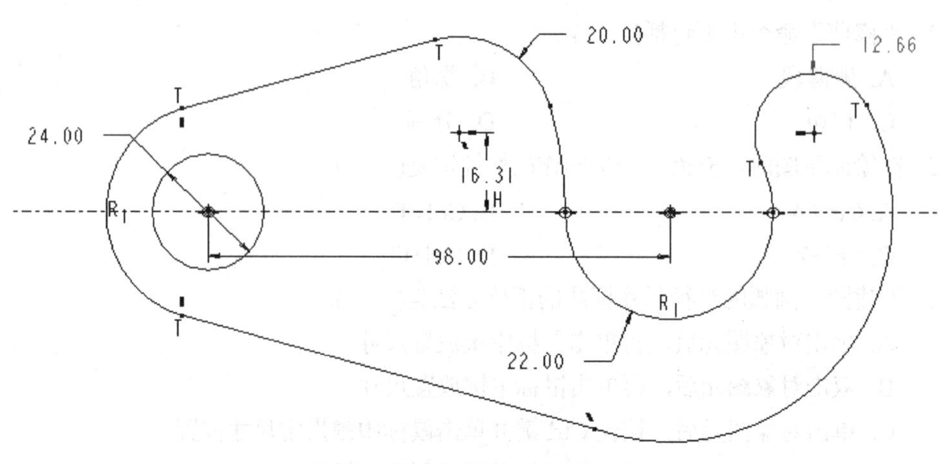

图 2-85　“挂钩”状草绘图

第3章　基 准 特 征

基准是 Pro/ENGINEER 建模时的重要参考，无论是草绘、实体建模还是曲面建模，都需要一个或多个基准来确定它们在空间的具体位置。基准特征在设计时主要起辅助作用，在打印图纸时并不显示。本章将详细介绍各种基准特征的作用和建立方法。

本章重点内容如下：

- 创建基准点
- 创建基准轴
- 创建基准曲线
- 创建基准平面
- 创建基准坐标系

3.1　常用的基准特征

基准特征分为基准点、基准轴、基准曲线、基准平面以及基准坐标系。单击特征工具栏中的基准特征创建按钮，如图 3-1 所示，即可创建不同的基准；或选择“插入”|“模型基准”命令，打开如图 3-2 所示的子菜单，然后选取“平面”“轴”“坐标系”以及“曲线”等不同命令，亦可以创建相应的基准特征。

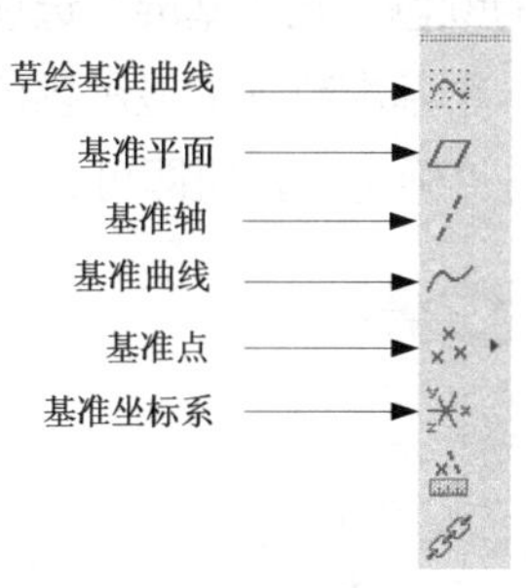

图 3-1　基准特征创建按钮

图 3-2　模型基准菜单

- 基准平面：作为参照，用在没有基准平面的零件中，也可以将其作为参照，设置基准标签注释。
- 基准轴：同基准平面一样，基准轴也可以用作特征创建的参照，或者将基准轴作为参照，设置基准标签注释。
- 基准点：在创建模型时可将基准点用作构造元素，或进行计算和模型分析的已知点。
- 基准曲线：基准曲线允许创建 2D 截面。该截面可用于创建许多其他特征，比如拉伸或旋转。此外，基准曲线还可以用于创建扫描特征的轨迹。

- 基准坐标系：基准坐标系是可以添加到零件和组件的参照特征。

3.2　基准特征的显示设置

在 Pro/ENGINEER Wildfire 5.0 中，基准是一个很重要的概念，它在模型设计过程中经常会用到。所谓基准，是建立模型时的参考，也是一种特征，但与实体或曲面特征不同，基准在模型的建立过程中主要起辅助设计作用。

1. 标准工具栏的设置

在工具栏中有几种常见的基准工具显示控制按钮，依次为控制基准平面、基准轴、基准点以及基准坐标系的显示。单击即可在基准的显示与隐藏之间进行切换，如图 3-3 所示。

2. 视图显示的设置

选择“视图”|“显示设置”|“基准显示”命令，弹出如图 3-4 所示的“基准显示”对话框，选择复选框，系统会显示相应的基准；反之，则隐藏该基准。其中，“平面标签”“轴标签”“点标签”“坐标系标签”和“曲线标签”选项用于指定是否显示基准特征的名称。一般情况下，不显示其基准特征的名称。另外，在“基准显示”对话框下部有两个按钮，单击“全选”按钮，可以选取“显示”选项组中所有的选项；单击“取消全选”按钮，则取消选择所有选项。

3. 基准特征显示颜色的设置

选择“视图”|“显示设置”|“系统颜色”命令，弹出“系统颜色”对话框，如图 3-5 所示。单击该对话框中“基准”选项卡设置基准特征的颜色。在“基准”选项卡中分为几组选项，分别是平面、轴、点和坐标系。如果要修改某一个基准特征的显示颜色，可以单击“颜色”按钮，从所弹出的对话框中选择颜色后单击“确定”按钮即可。

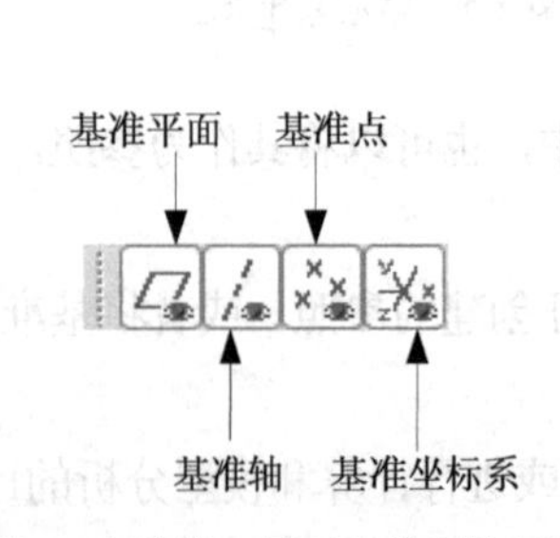

图 3-3　基准工具显示控制按钮

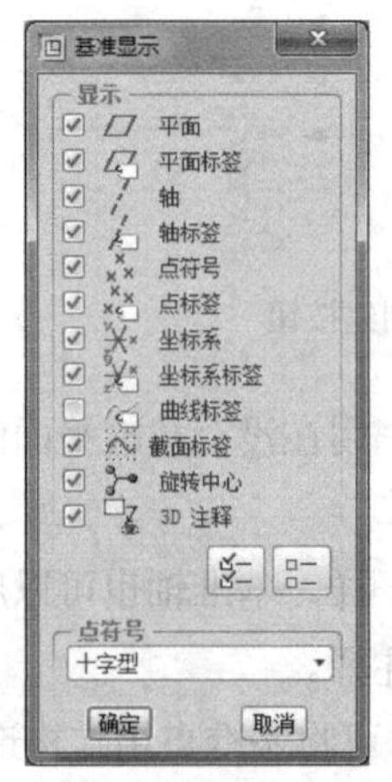

图 3-4　“基准显示”对话框

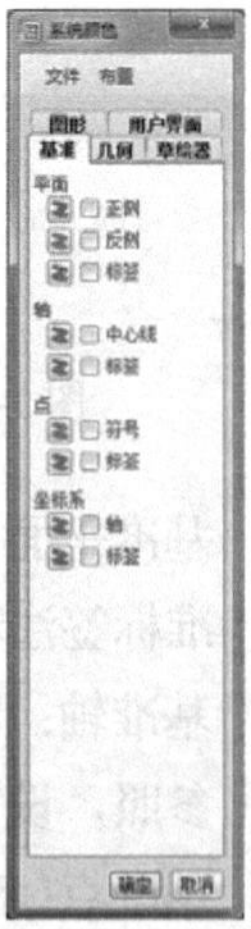

图 3-5　“系统颜色”对话框

3.3 基 准 点

本节将介绍基准点的相关知识，包括其产生的约束方式和操作步骤，再辅以实例讲解，可以让读者系统掌握基准点的使用方法。

3.3.1 基准点概述

在几何建模时可以将基准点作为构建元素或进行计算和建模分析的已知点。用户可以随时甚至是在创建另一个特征的过程中向模型中添加点。当需要向模型中添加基准点时，可以使用“基准点”特征。“基准点”特征可包含同一操作过程中所创建的多个基准点。具有相同特征的基准点有如下特点。

- 在“模型树”中，所有的基准点均显示在一个特征节点下。
- “基准点”特征中的所有基准点相当于一个组，删除一个特征将会删除该特征中的所有点。
- 当需要删除“基准点”特征中的个别点时，必须对该点的定义进行编辑。

在 Pro/ENGINEER Wildfire 5.0 中，系统提供了 3 种类型的基准点，分别为一般基准点、偏移坐标系基准点和域基准点。

- 一般基准点：在图元的交点或偏移某图元处建立的基准点。
- 偏移坐标系基准点：利用坐标系，输入坐标偏移值产生的基准点。
- 域基准点：直接在曲线、边或者曲面上创建一个基准点，该基准点用于行为建模。

3.3.2 基准点的创建

单击“基准特征”工具栏中“基准点”按钮后的三角按钮，弹出“点”级联按钮菜单，如图 3-6 所示，单击其中的工具按钮可以创建各类基准点；或者选择“插入”|“模型基准”|“点”命令，系统将会弹出“点”子菜单，如图 3-7 所示，从中选取命令选项也可以创建相应类型的基准点。

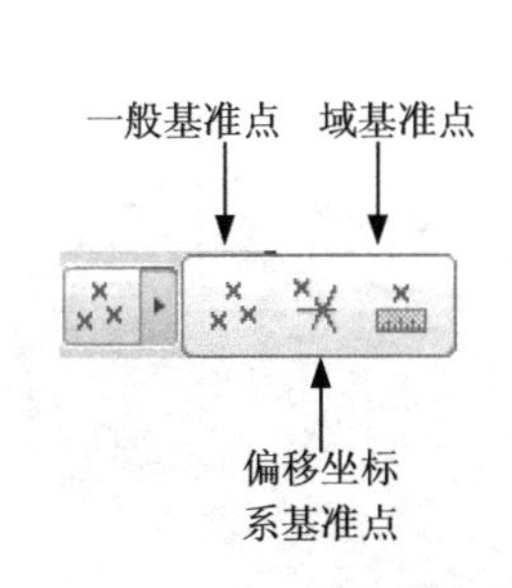

图 3-6 “点”级联按钮菜单

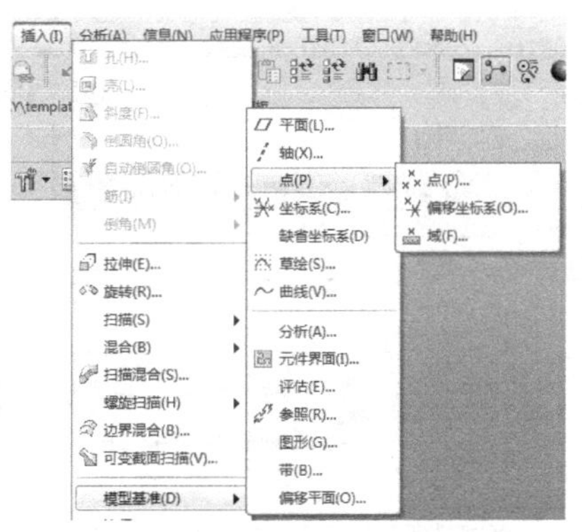

图 3-7 “点”子菜单

1. 一般基准点

单击特征工具栏中的“基准点”按钮，或选择“插入”|“模型基准”|“点”|“点”

命令，打开“基准点”对话框，如图 3-8 所示。选取基准点的参照，并且设置其相应的约束条件，即可创建基准点。

2. 平面偏移基准点

选择“文件”|“打开”命令，在弹出的“文件打开”对话框中打开 Button.prt 文件，进入零件设计模式，如图 3-9 所示。

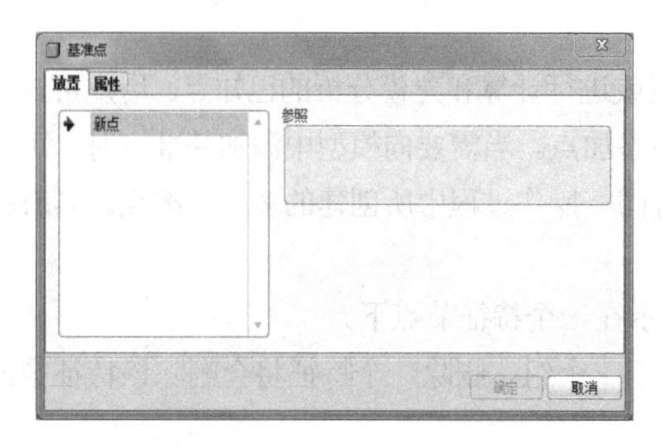

图 3-8　“基准点”对话框

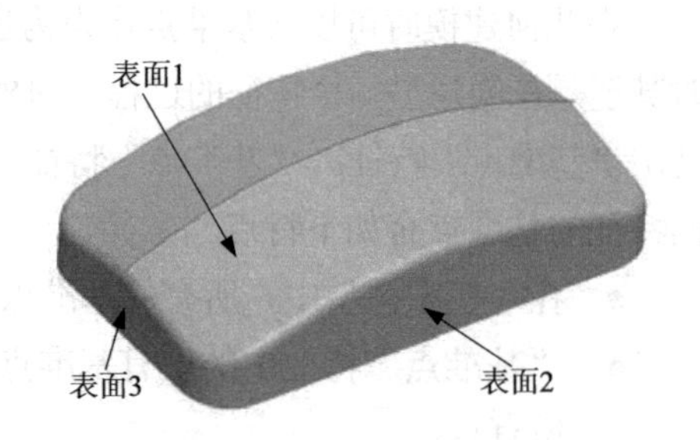

图 3-9　打开的几何模型

所创建的基准点 PNT0 将在表面 1 上，且相对表面 2 和表面 3 偏移一定距离。

(1) 单击特征工具栏中的“基准点”按钮，弹出“基准点”对话框。选取表面 1，将其约束条件设置为“在…上”，如图 3-10(a)所示。

(2) 在“偏移参照”文本框中单击，并选取表面 2，输入偏移值 1，如图 3-10(b)所示。

(3) 按下 Ctrl 键并选取表面 3，设置偏移值为 3，如图 3-10(c)所示。

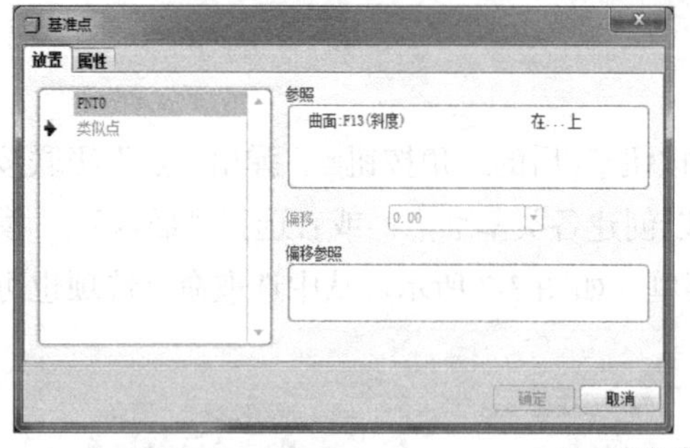

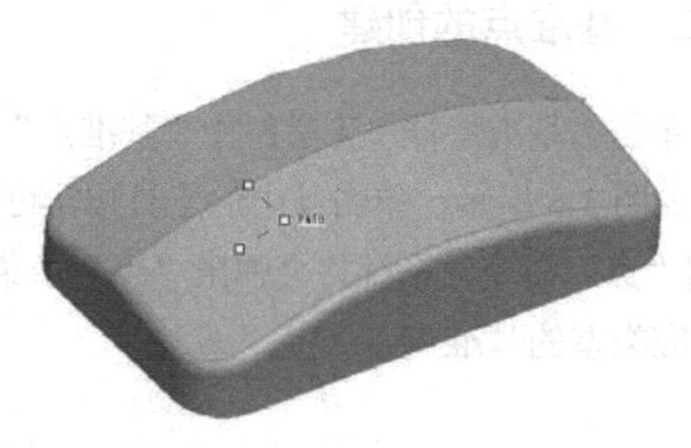

(a) 选取表面 1

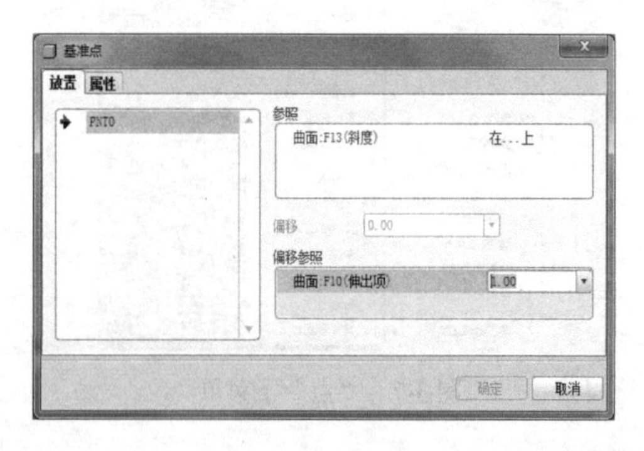

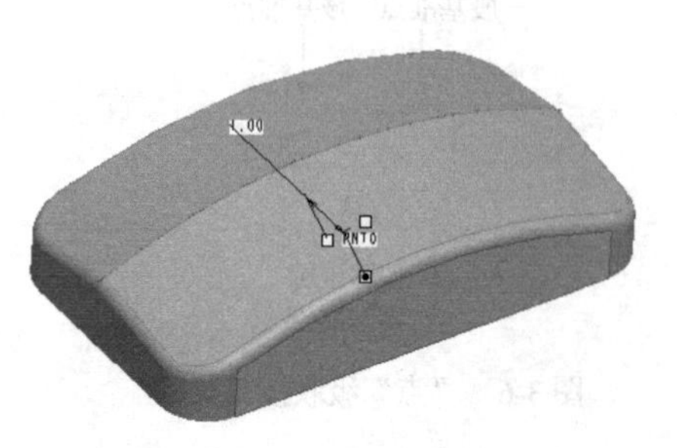

(b) 选取表面 2

图 3-10　偏移基准点

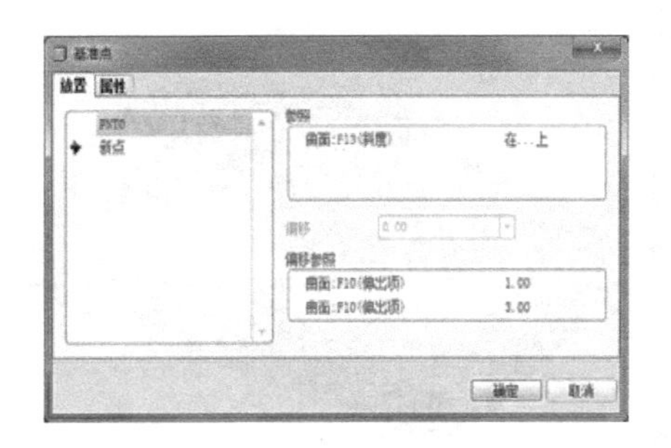

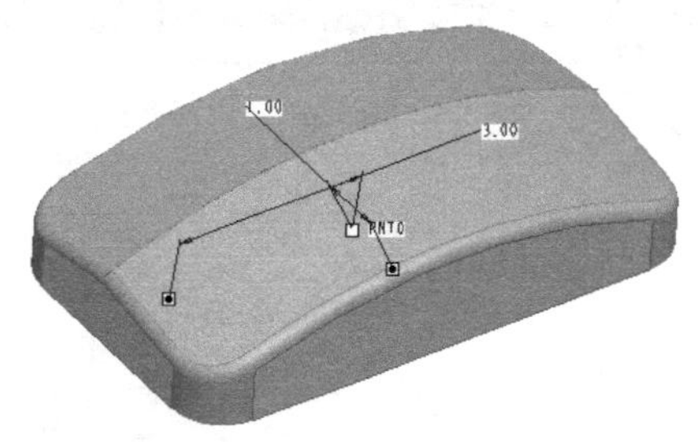

(c) 选取表面 3

图 3-10 偏移基准点(续)

(4) 单击“基准点”对话框中的“确定”按钮，系统将会生成基准点 PNT0，结果如图 3-11 所示。

3. 在曲线、边或基准轴上创建基准点

(1) 单击特征工具栏中的“基准点”按钮，系统弹出“基准点”对话框。选取图 3-12 所示的曲线 1，在“偏移”选项区域的右侧下拉列表框中选择“比率”选项，会在左侧下拉列表框中显示一个分数，表示所生成的基准点到选定端点之间的距离相对于曲线总长度的比例，一般为 0 到 1 之间的一个数值。比如输入 0.3，系统会在曲线长度 30%的位置放置基准点，如图 3-13 所示。

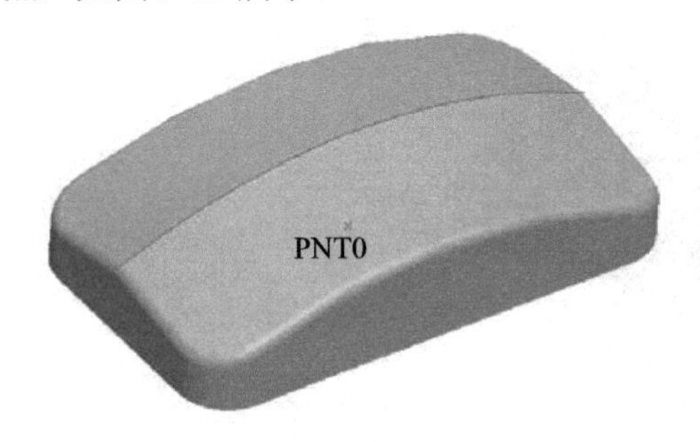

图 3-11 创建的基准点 PNT0

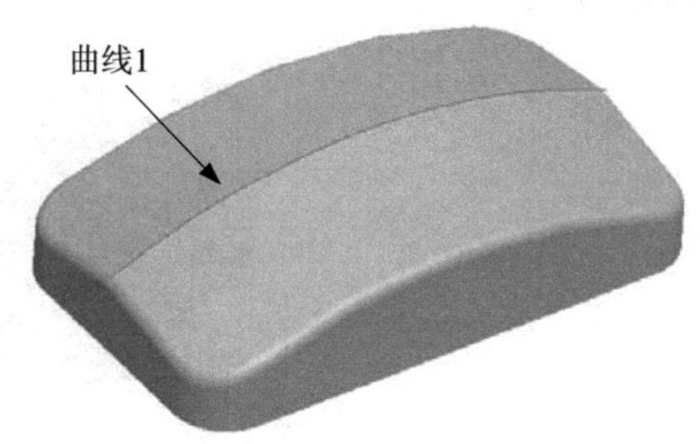

图 3-12 参照曲线

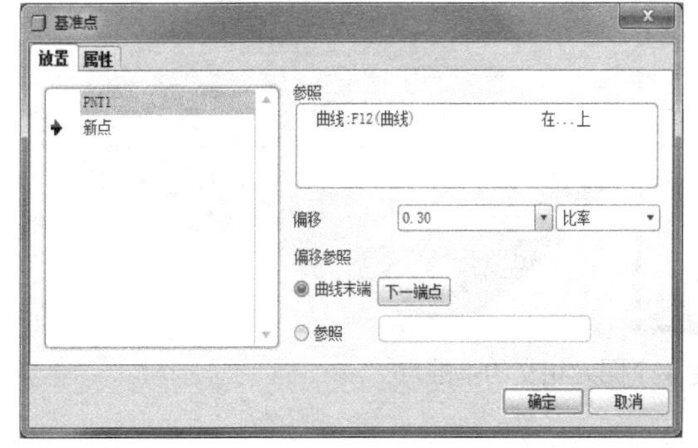

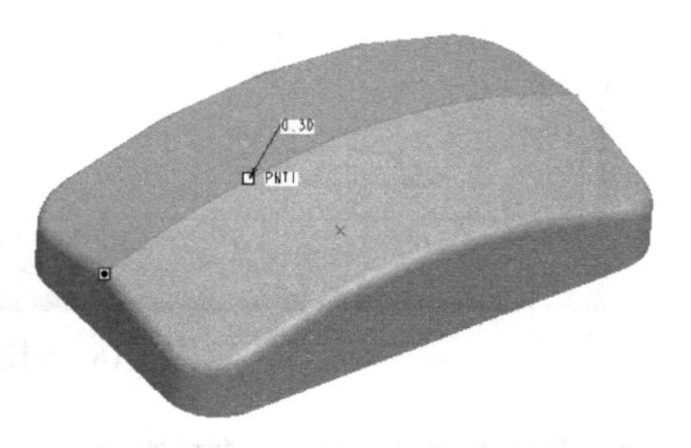

图 3-13 指定偏移比率

(2) 将“偏移”选项区域的右侧下拉列表框中的“比率”更改为“实数”，可在左侧下拉列表框中输入从基准点到端点或参照的实际曲线长度，如图 3-14 所示。

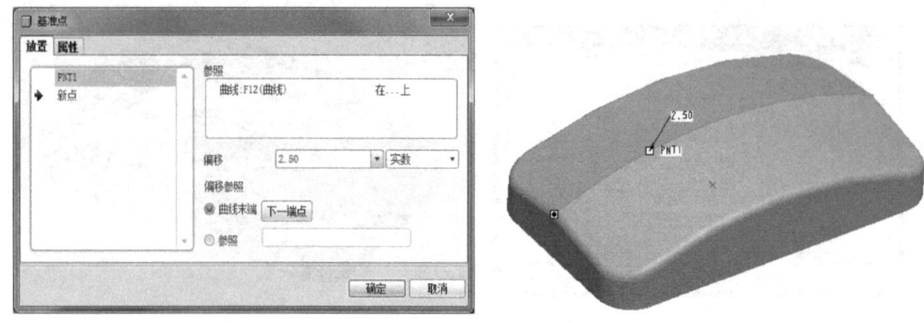

图 3-14　指定实际长度

(3) “偏移参照”选项区域中的“曲线末端”选项表示从曲线或边的选定端点测量距离。若要使用另一端点，可单击“下一端点”按钮，对于曲线或边会默认选择“曲线末端”单选按钮；“参照”选项表示从选定图元测量距离，比如选取一个平面，系统会计算出所创建的基准点到该平面的距离值。

4. 在图元相交处创建基准点

(1) 3 个图元相交创建基准点

单击特征工具栏中的“基准点”按钮，系统弹出“基准点”对话框。按住 Ctrl 键依次选取图 3-15 中的表面 1、表面 2 和表面 3。系统会在三者相交的地方创建基准点 PNT2，如图 3-16 所示。

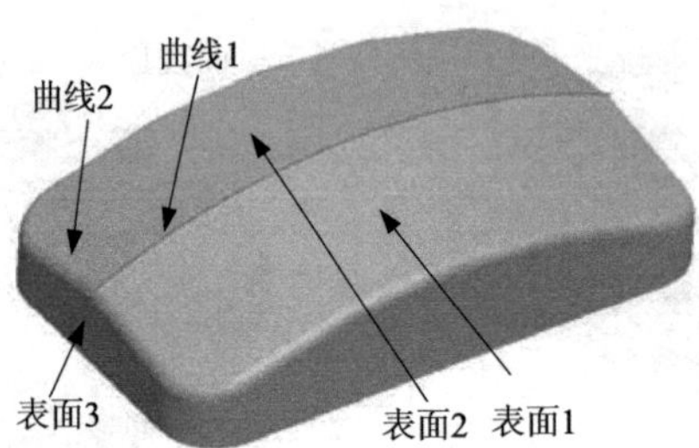

图 3-15　参照图元

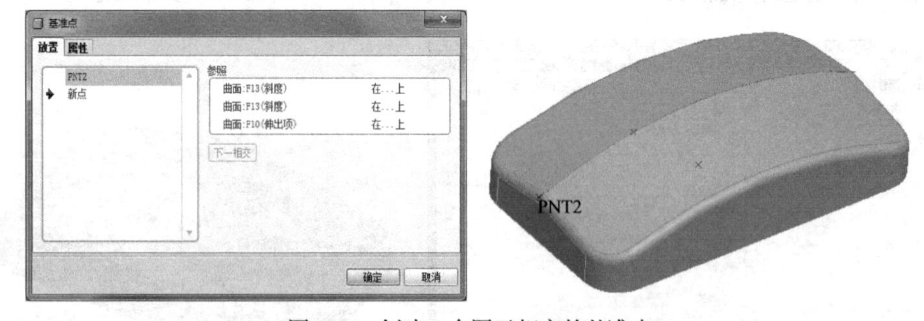

图 3-16　创建 3 个图元相交的基准点

(2) 曲线与曲面相交创建基准点

单击特征工具栏中的“基准点”按钮，系统弹出“基准点”对话框。按住 Ctrl 键依次选取图 3-15 中的曲线 1 和表面 3，系统会在两者相交处创建基准点 PNT3，如图 3-17 所示。

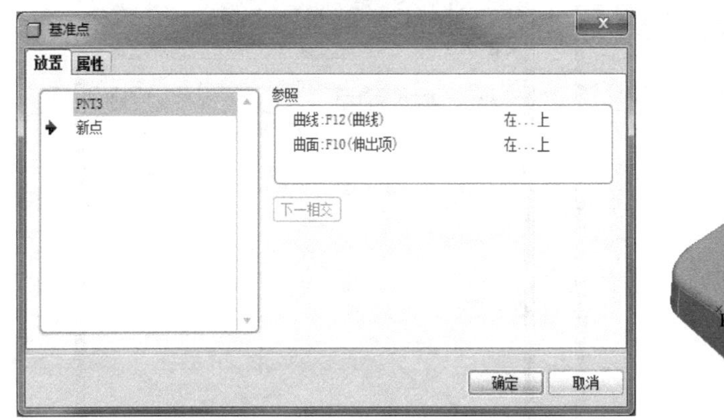

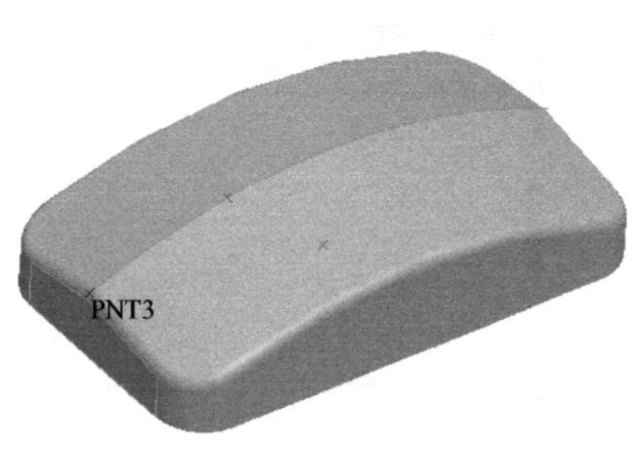

图 3-17　线面相交创建基准点

(3) 两条曲线相交创建基准点

单击特征工具栏中的“基准点”按钮，系统弹出“基准点”对话框。按住 Ctrl 键依次选取图 3-15 中的曲线 1 和曲线 2，系统在两者相交处创建基准点 PNT4，如图 3-18 所示。

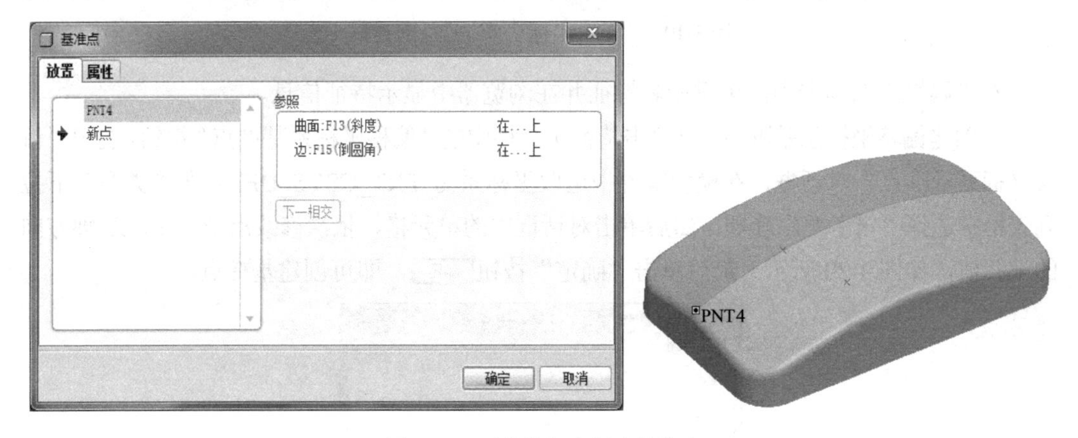

图 3-18　两曲线相交创建基准点

完成点的设置后，如果还需要创建更多的基准点，可以选择“新点”选项。单击“确定”按钮，即可退出创建基准点命令。

5. 偏移坐标系基准点

单击特征工具栏中的“基准点”按钮后的三角按钮，在打开的级联按钮菜单中单击“偏移坐标系”按钮，或选择“插入”|“模型基准”|“点”|“偏移坐标系”命令，打开“偏移坐标系基准点”对话框，其中包括“放置”和“属性”选项卡，如图 3-19 所示。在“放置”选项卡中可以通过指定参照坐标系，放置点的偏移方法的类型以及沿选定坐标系的点的坐标等选项来定义点的位置。

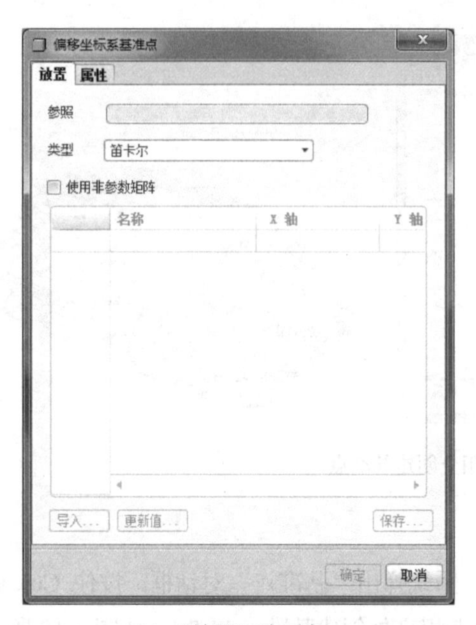

(a) “放置”选项卡

(b) “属性”选项卡

图 3-19　“偏移坐标系基准点”对话框

在“属性”选项卡中，可重命名特征并在浏览器中显示特征信息。

要创建偏移坐标系基准点，可单击特征工具栏中的“偏移坐标系基准点”按钮，打开“偏移坐标系基准点”对话框，在模型零件中选取坐标系为 PRT_CSYS_DEF，在“类型”下拉列表框中选择“笛卡儿”选项；然后单击对话框中的单元格，依次修改沿 X、Y、Z 轴方向的偏移值，如图 3-20 所示；最后单击“确定”按钮确定，即可创建基准点。

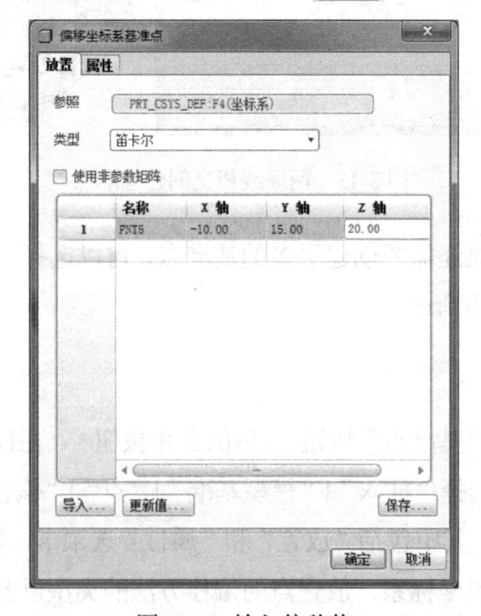

图 3-20　输入偏移值

6. 域基准点

单击特征工具栏中的“基准点”按钮后的三角按钮，在打开的级联按钮菜单中单击

“域基准点”按钮，或选择“插入”|“模型基准”|“点”|“域”命令，打开“域基准点”对话框，如图3-21所示。可以在设计窗口的图元(如曲线、边或者曲面等)上选取基准点的位置，即可创建一个域基准点。

图3-21 “域基准点”对话框

3.4 基 准 轴

本节将介绍基准轴的相关知识，包括产生的约束方式和操作步骤，并辅以实例讲解，可以让读者系统掌握基准轴的使用方法。

3.4.1 基准轴概述

与基准平面相同，基准轴也可以作为特征创建的参照。基准轴对于创建基准平面同轴放置项目以及创建径向阵列非常有用，它是单独的特征，可以被定义、隐含、遮蔽或者删除。在创建基准轴时可以对其进行预览，指定轴的长度，或调整轴长度使其在视觉上与选定参照的边、曲面、基准轴、“零件”模式中的特征或“组件”模式中的零件相拟合。参照的轮廓用于确定基准轴的长度。每个基准轴都有唯一的名称，它们的文字名称是A_#，其中#是已创建的基准轴的号码。

在特征工具栏中单击“基准轴”按钮，或者选择“插入”|“模型基准”|“轴”命令，打开“基准轴”对话框。在该对话框中通过设置相应的参照和约束条件产生基准轴。该对话框包括“放置”“显示”和“属性”选项卡，如图3-22所示。

(a) “放置”选项卡

(b) “显示”选项卡

(c) “属性”选项卡

图3-22 “基准轴”对话框

1. “放置”选项卡

“放置”选项卡用于在“参照”列表框中放置新的基准轴。使用该列表框选取要在其上放置新基准轴的参照，然后选取参照类型。在选取其他参照时，需要按住 Ctrl 键，约束类型如表 3-1 所示。

表 3-1　约束类型

参 照 类 型	说　　明
通过	表示基准轴延伸或通过选定参照
垂直	放置垂直于选定参照的基准轴。该类参照要求用户在“偏移参照”列表框中定义参照，或添加附加点或顶点来完全约束该轴
相切	放置与选定参照相切的基准轴。该类参照要求用户添加附加点或顶点作为参照，创建位于该点或顶点处平行于切向量的轴
中心	通过选定平面圆边或曲线的中心，且垂直于选定曲线或边所在平面的方向放置基准轴

当在“参照”列表框中选择“法向”作为参照类型时，会激活“偏移参照”列表框，可在其中选取偏移参照。

2. “显示”选项卡

“显示”选项卡中包含“调整轮廓”复选框，可以用来调整基准轴轮廓的长度，从而使基准轴轮廓与指定的尺寸或选定参照相拟合。选中该选项卡时，可以使用以下两个选项对基准轴的长度进行修改。

- 大小：允许将基准轴调整到指定的长度。可使用控制滑块将基准轴长度调整至所需长度，或者在“长度”数值框中输入指定值。
- 参照：允许调整基准轴轮廓的长度，从而使其与选定参照(如边、曲面以及基准轴零件等)相拟合。“参照”会显示所选定的参照类型。

3. “属性”选项卡

在“属性”选项卡中单击“名称”文本框后面的按钮，就可以在浏览器中查看当前创建的基准轴特征的信息，如图 3-23 所示。

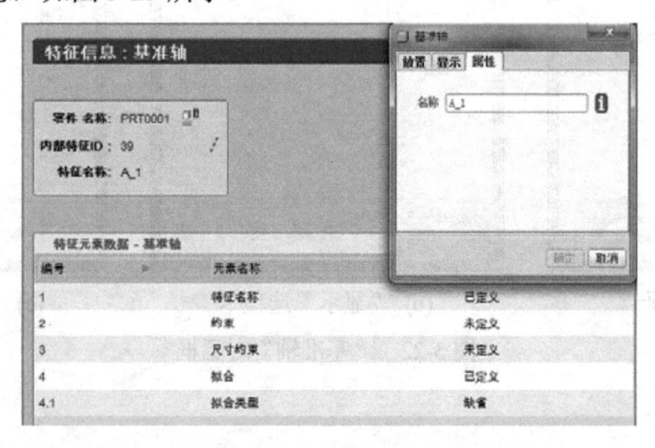

图 3-23　在浏览器中查看基准平面信息

3.4.2 基准轴的创建

在 Pro/ENGINEER Wildfire 5.0 中有多种创建基准轴的方法，下面以实例的方式介绍常用的创建方法。

选择“文件”|“打开”命令，从弹出的“文件打开”对话框中打开 Jietou.prt 文件，进入零件设计模式。打开的几何模型如图 3-24 所示。

1. 以平面创建基准轴

所创建的基准轴 A_3 垂直于如图 3-25 所示的平面 1，且相对于平面 2 和平面 3 有一定的偏移量。

图 3-24 几何模型

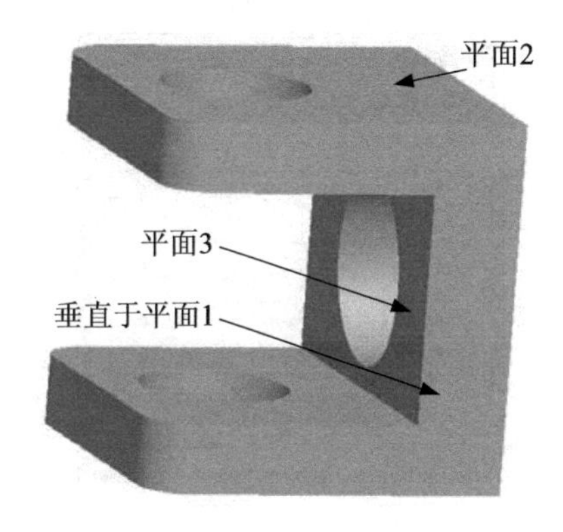

图 3-25 约束条件

(1) 单击特征工具栏中的“基准轴”按钮，打开“基准轴”对话框，选取如图 3-25 所示的平面 1，将其约束条件设置为“法向”，如图 3-26(a)所示。

(2) 在“偏移参照”列表框中单击，选取平面 2，在模型上双击偏移值将其修改为 3，如图 3-26(b)所示。

(3) 按下 Ctrl 键选取平面 3，将其偏移值设置为 1，如图 3-26(c)所示。

(4) 单击“确定”按钮，系统将会生成基准轴 A_3，如图 3-27 所示。之所以此处的基准轴为 A_3，是因为之前在绘制图形的孔时，系统已经自动添加了两条基准轴线。

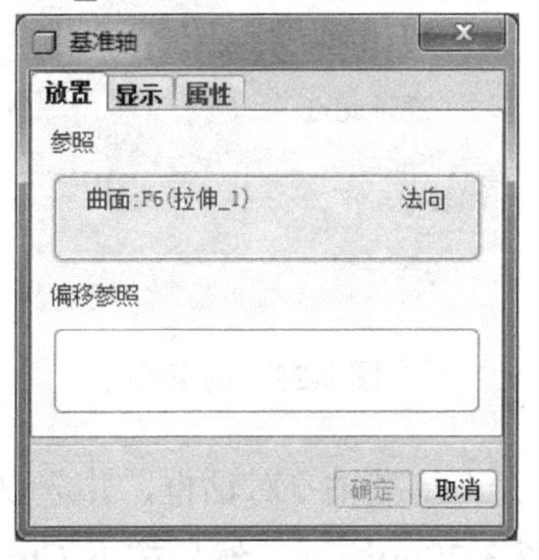

(a) 选取平面 1

图 3-26 选取 3 个平面

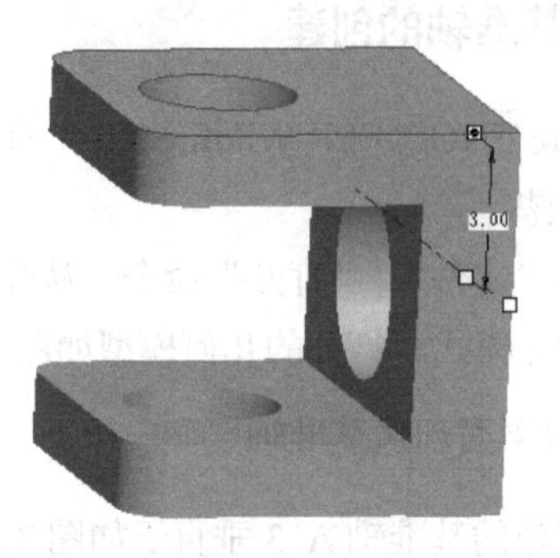

(b) 选取平面 2

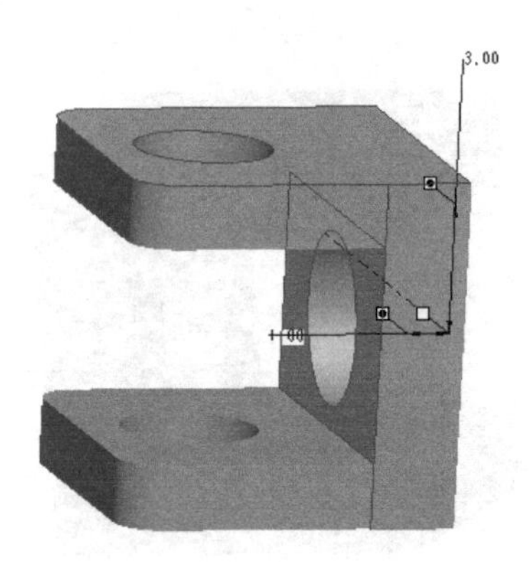

(c) 选取平面 3

图 3-26　选取 3 个平面(续)

2. 以点与平面创建基准轴

创建的基准轴 A_4 通过图 3-28 所示的点，并且垂直于平面 2。

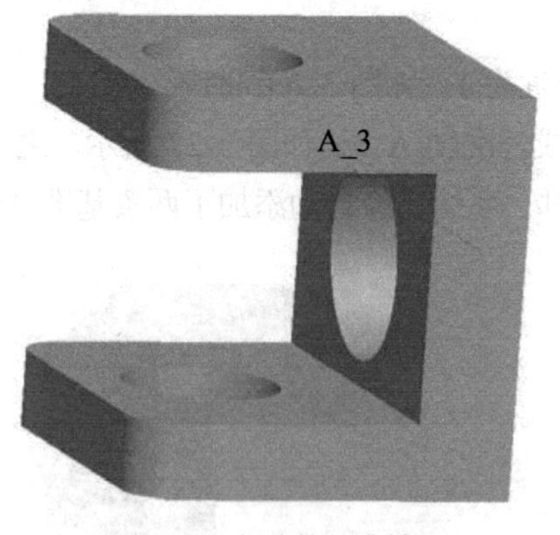

图 3-27　创建的基准轴 A_3

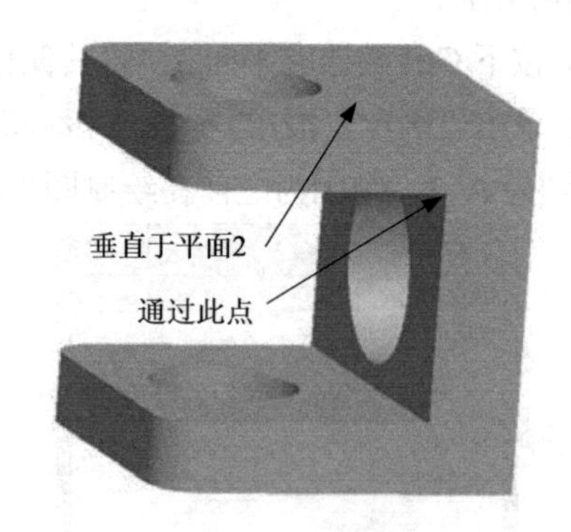

图 3-28　约束条件

(1) 单击特征工具栏中的“基准轴”按钮 ，打开“基准轴”对话框，并选取如图 3-28 所示的平面 2，将其约束条件设置为“法向”，如图 3-29(a)所示。然后按下 Ctrl 键选取如图 3-28 所示的点，如图 3-29(b)所示。

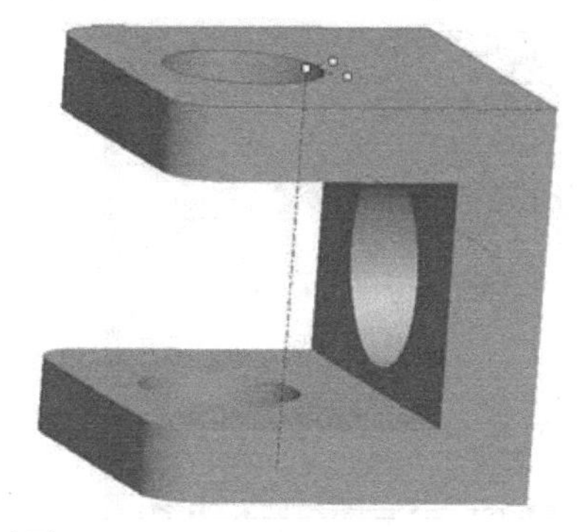

(a) 选取平面

基准轴
放置 显示 属性
参照
曲面:F6(拉伸_1) 法向
顶点:边:F8(拉伸_2) 穿过
偏移参照
确定 取消

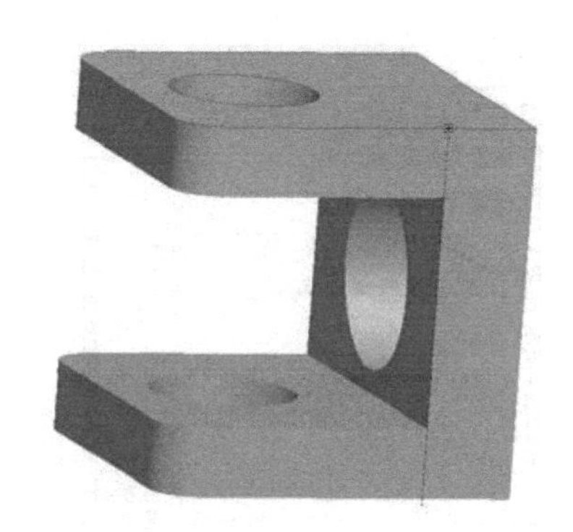

(b) 选取点

图 3-29 选取平面与点

(2) 单击“确定”按钮确定，系统将会生成基准轴 A_4，如图 3-30 所示。

3. 以点与曲线创建基准轴

创建的基准轴 A_5 与如图 3-31 所示的曲线相切，并且通过图中所示的点。

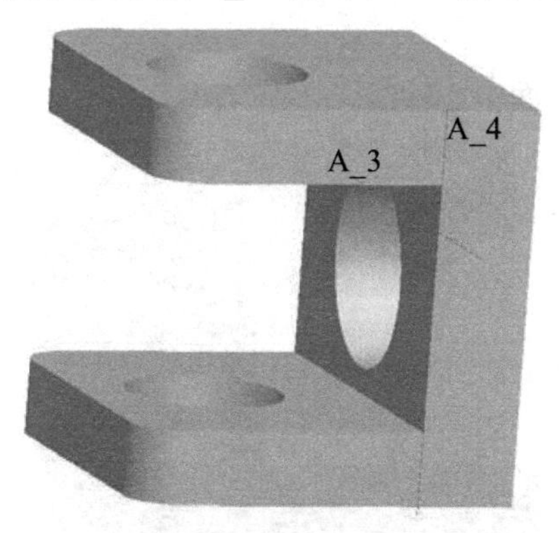

图 3-30 创建的基准轴 A_4

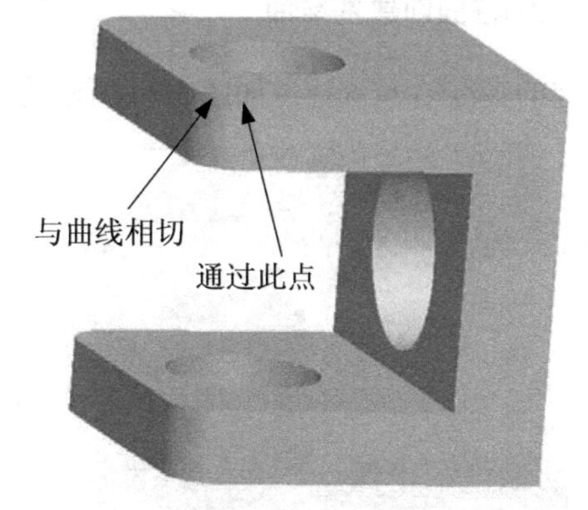

图 3-31 约束条件

(1) 单击特征工具栏中的“基准轴”按钮，打开“基准轴”对话框，并选取如图 3-31 所示的曲线，将其约束条件设置为“相切”，如图 3-32(a)所示。然后按住 Ctrl 键，选取如图 3-31 所示的点，如图 3-32(b)所示。

(a) 选取曲线

(b) 选取点

图 3-32　选取曲线和点

(2) 完成以上操作后，单击“基准轴”对话框中的“确定”按钮 确定 ，系统将会生成基准轴 A_5，如图 3-33 所示。

4. 以圆柱面创建基准轴

创建的基准轴 A_6 通过如图 3-34 所示的圆柱面中心轴线。

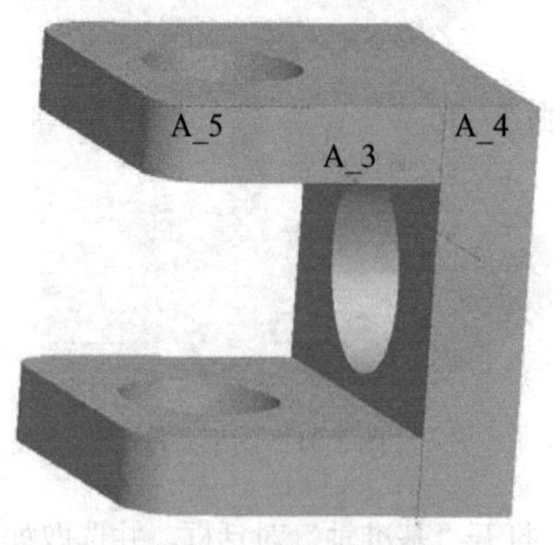

图 3-33　创建的轴线 A_5

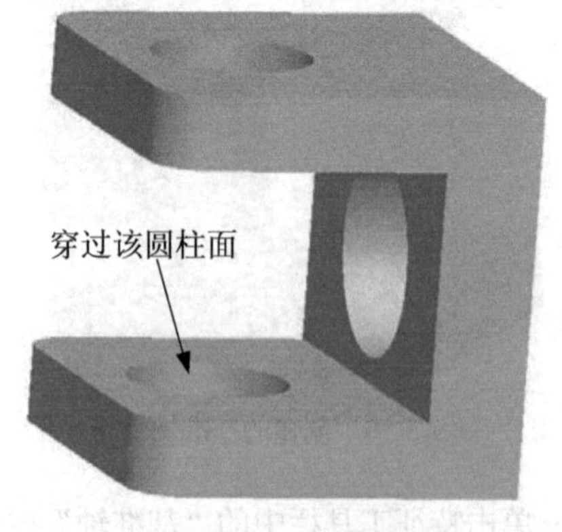

图 3-34　约束条件

(1) 单击特征工具栏中的“基准轴”按钮 ，打开“基准轴”对话框，并选取如图 3-34 所示的圆柱面，将其约束条件设置为“穿过”，如图 3-35 所示。

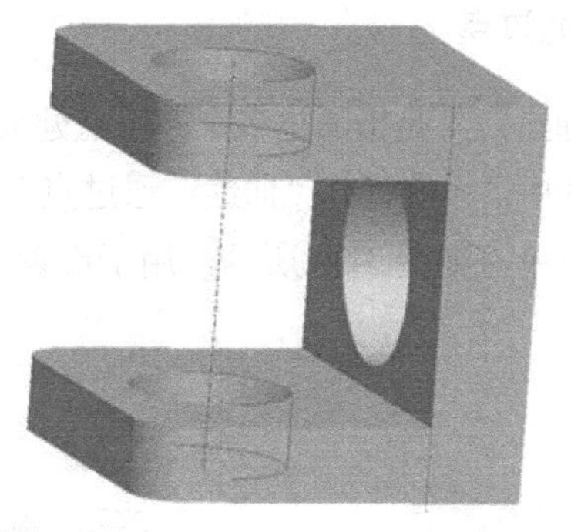

图 3-35　选取圆柱面

(2) 单击“确定”按钮确定，系统将会生成基准轴 A_6，如图 3-36 所示。

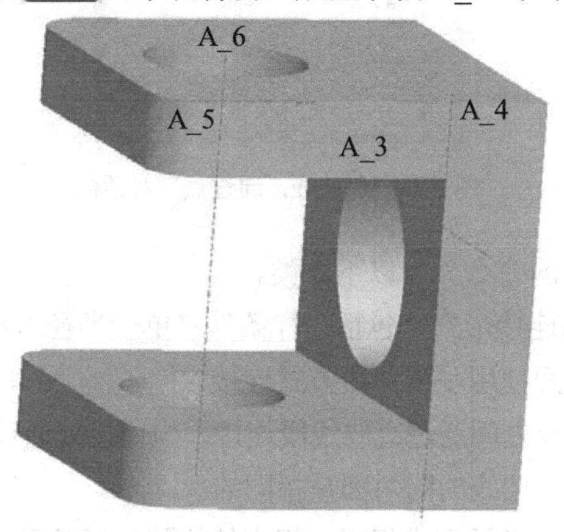

图 3-36　所创建的基准轴 A_6

3.5　基 准 曲 线

本节将介绍基准曲线的相关知识，包括产生的约束方式和操作步骤，并辅以实例讲解，可以让读者系统掌握基准曲线的使用方法。

3.5.1　基准曲线概述

在 Pro/ENGINEER Wildfire 5.0 中，通过基准曲线可以快速、准确地完成曲面特征的创建。基准曲线可以作为创建扫描、混合扫描特征的辅助线或参照线。产生基准曲线的命令很多，操作也较复杂，有一些是专门用于建立高级曲面特征的构造命令。本节将介绍常用基准曲线的绘制方法。

3.5.2　基准曲线的创建

单击特征工具栏中的“基准曲线”按钮，或者选择“插入”|“模型基准”|“曲线”命令，系统弹出如图 3-37 所示的“曲线选项”菜单，通过该菜单中的命令就可以创建基准曲线。“曲线选项”菜单中有 4 个命令，每个选项都是一种构造方式。

1. 通过点

“通过点”是指通过多个基准点建立一条基准曲线。当选取“通过点”命令并单击“完成”命令后，系统打开“曲线：通过点”对话框，如图 3-38 所示。同时，系统会弹出“连接类型”菜单，如图 3-39 所示，用于设置连接点的类型。

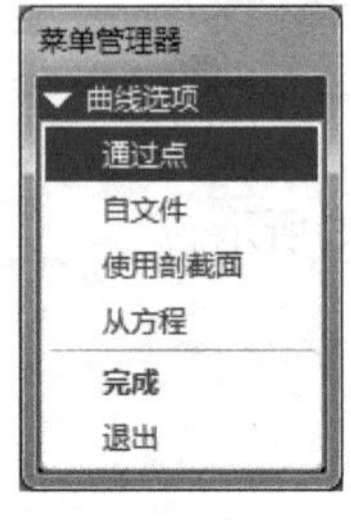

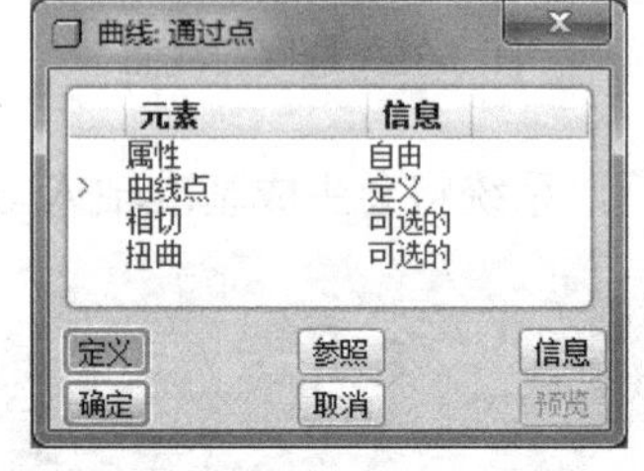

图 3-37　“曲线选项”菜单　　图 3-38　“曲线：通过点”对话框　　图 3-39　“连接类型”菜单

“连接类型”菜单中的命令分为以下 3 类。

第 1 类是定义曲线的连接形式，包括“样条”“单一半径”和“多重半径”命令。

- 样条：点与点之间使用平滑曲线方式连接。
- 单一半径：点与点之间通过直线线段连接，但连接处通过圆角方式连接，圆角半径由用户指定，整个曲线的圆角都是相同的。
- 多重半径：与单一半径方式相同，相交处的圆角可以不同。

第 2 类指定基准点的选取方式，包括“单个点”和“整个阵列”命令。

- 单个点：在窗口中依次选取曲线所要经过的基准点。
- 整个阵列：一次选取整个点阵列中的所有基准点。

第 3 类是用于编辑基准点的命令，包括“添加点”“删除点”和“插入点”。

- 添加点：用于增加点。
- 删除点：用于删除已知点。
- 插入点：用于在已知点中插入点。

下面介绍以通过点的方式创建基准曲线的方法。

(1) 选择“文件”|“打开”命令，在弹出的“文件打开”对话框中打开 lingjian.prt 文件，进入零件设计模式。打开的几何模型如图 3-40 所示。

(2) 单击特征工具栏中的“基准曲线”按钮～，或选择“插入”|“模型基准”|“曲线”命令，系统弹出“曲线选项”菜单，选择“通过点”命令，并选择“完成”命令。

(3) 在弹出的“连接类型”菜单中分别选择“样条”“整个阵列”和“添加点”命令，表示以平滑曲线连接各点，选择“完成”命令。按住 Ctrl 键依次选取如图 3-40 所示的 3 个点，系统将动态地显示所形成的曲线形状，然后选择“完成”命令即可。

(4) 单击“曲线：通过点”对话框中的“确定”按钮 确定 ，完成对基准曲线的创建，生成的基准曲线如图 3-41 所示。

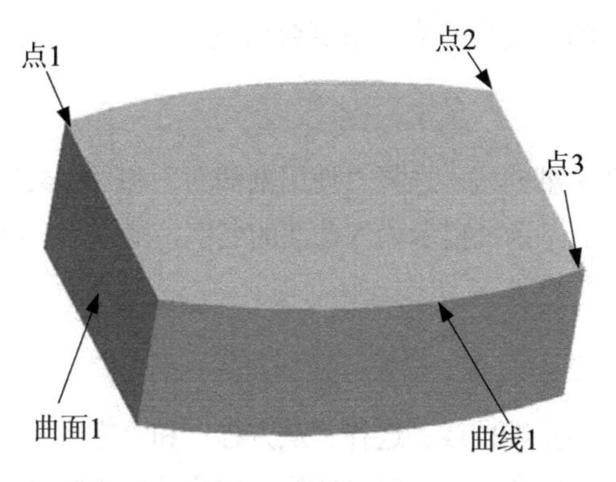

图3-40 打开的几何模型

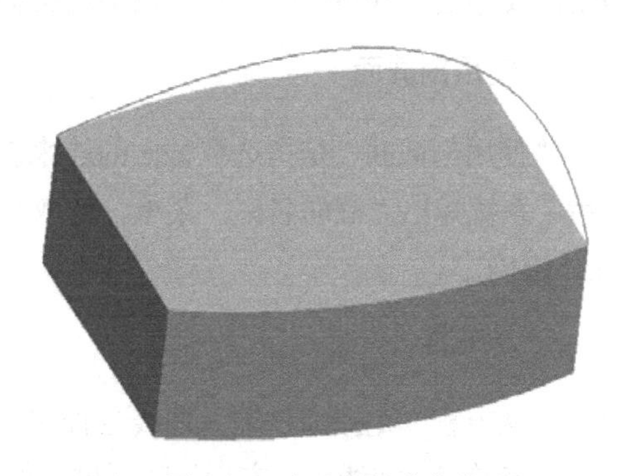
图3-41 生成的基准曲线

(5) 用户还可以定义所生成曲线的起点与终点的相切属性。在左侧“模型树”中，右击上一步所创建的基准曲线，在打开的快捷菜单中选择“编辑定义”命令，打开“曲线：通过点”对话框，并选中“相切”选项，然后单击“定义”按钮定义，系统会弹出“定义相切”菜单，如图3-42所示。

(6) 依次选择“起始”“曲面”和“法向”命令，再选取曲面1，在弹出的方向菜单中选择“反向”命令，最后按下Enter键，完成对起始点属性的设置。

(7) 依次选择“终止”“曲线/边/轴”和“相切”命令，再选取曲线1，在弹出的方向菜单中选择“反向”命令，最后按下Enter键，完成对终止点属性的设置。

(8) 选择“完成/返回”命令，最后单击“曲线：通过点”对话框中的“确定”按钮，结束对起点到终点的定义，所生成的基准曲线如图3-43所示。

图3-42 “定义相切”菜单

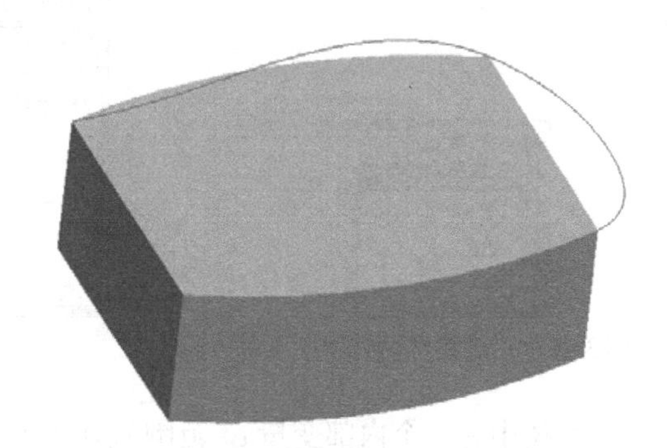
图3-43 修改后的基准曲线

2. 自文件

使用“自文件”方法可以由IGS、IBL文件或VDA文件输入基准曲线。选择“自文件”和“完成”命令后，系统会提示用户选择坐标系，如图3-44所示。在选择了坐标系后，系统会弹出“打开”对话框，用于选取文件。

Pro/ENGINEER读取所有来自IGES文件的曲线，并将其转化为样条曲线。对输入的VDA文件，系统则只读取VDA样条图元。可以一次输入一条或多条曲线，这些曲线不必相连，即使曲线相连，Pro/ENGINEER 也不会将输入的曲线合并为一条复合曲线。

3. 使用剖截面

“使用剖截面”是指选取截面的边来创建基准曲线。选择“使用剖截面”和“完成”命令后，系统弹出“截面名称”菜单，选取名称后，系统提示输入截面的名字，输入后，按下 Enter 键确定。

4. 从方程

“从方程”是指通过输入曲线方程建立新的基准曲线。选择“从方程”和“完成”命令后，系统弹出“曲线：从方程”对话框，如图 3-45 所示。此时系统提示用户选取“得到坐标系”，选取后，系统弹出“设置坐标类型”菜单，如图 3-46 所示。其中有 3 个命令——笛卡儿、圆柱和球，分别表示不同的坐标系，选取其中一个即可。在选取了坐标系类型后，系统将自动启动“记事本”程序，系统要求用户输入基准曲线的方程，图 3-47 所示为选取了“笛卡儿”坐标系后的“记事本”窗口。

图 3-44　“得到坐标系”菜单

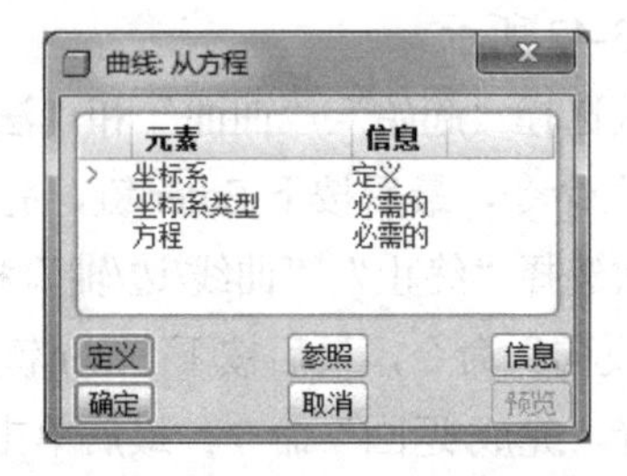

图 3-45　“曲线：从方程”对话框

图 3-46　“设置坐标类型”菜单

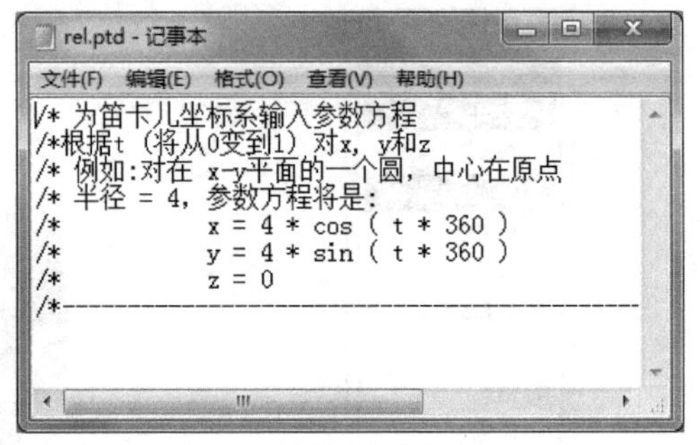

图 3-47　编辑基准曲线方程

在系统中有一个内部变量 t，范围从 0 到 1，用于控制曲线的变化。“记事本”窗口中的 /*为解释语句标志。

表 3-2 列出了一些可用于 Pro/ENGINEER 建模的曲线方程。

表 3-2　常用曲线方程

名　称	方　程	坐 标 系	线　型
正弦曲线	x=t*3600 y=*sin(t*360) z=0	笛卡儿坐标	

(续表)

名称	方程	坐标系	线型
螺旋线	x=4*cos(t*(5*360)) y=4*sin(t*(5*360)) z=10*t	笛卡儿坐标	
螺旋线	R=t theta=10+t*(20*360) z=t*3	圆柱面坐标	
螺旋线	rho=4 theta=t*180 phi=t*360*20	球面坐标系	
蝴蝶曲线	rho=8*t theta=360*t* 4 phi=−360*t*8	球面坐标系	
渐开线	r=1 ang=360*t s=2*pi*r*t x0=s*cos(ang) y0=s*sin(ang) x=x0+s*sin(ang) y=y0−s*cos(ang) z=0	笛卡儿坐标	
对数曲线	z=0 x=10*t y=log(10*t+0.0001)	笛卡儿坐标	
双弧外摆线	l=2.5 b=2.5 x=3*b*cos(t*360)+l*cos(3*t*360) y=3*b*sin(t*360)+l*sin(3*t*360)	笛卡儿坐标	
星形线	a=5 x=a*(cos(t*360))^3 y=a*(sin(t*360))^3	笛卡儿坐标	
心形线	a=10 r=a*(1+cos(theta)) theta=t*360	圆柱面坐标系	

(续表)

名　称	方　程	坐 标 系	线　型
抛物线	x=(4*t) y=(3* t)+(5*t^2) z=0	笛卡儿坐标	
蝶形线	r=5 theta=t*3600 z=(sin(3.5*theta-90))+24	圆柱面坐标系	
玫瑰线	theta=t*360 r=10+10*sin(8*theta) z=4*sin(8*theta)	圆柱面坐标系	

3.6 基 准 平 面

本节将介绍基准平面的相关知识，包括产生的约束方式和操作步骤，并辅以实例讲解，让读者系统掌握基准平面的使用方法。

3.6.1 基准平面概述

基准平面是基准特征中一种很重要的特征，无论是单个零件的设计还是整体零件的装配过程中，都会用到基准平面。基准平面实际是一个用于新建特征参考的平面，它可以作为特征的尺寸标注参照、剖面草图的绘制平面、剖面绘制平面的定向参照面、视角方向的参考、装配零件相互配合的参照面、产生剖视图的参考面以及镜像特征时的参照面，等等。

在创建基准平面时，系统会按顺序(DTM1、DTM2)分配基准名称。如果读者需要自己定义基准平面的名称，可以在创建过程中使用“基准平面”对话框中的“属性”选项卡为基准平面设置一个初始名称，如图 3-48 所示。如果需要修改现有基准平面的名称，可以在“模型树”中右击相应的基准特征，然后从打开的快捷菜单中选择“重命名”命令；或在“模型树”中双击该基准平面的名称，然后进行修改，如图 3-49 所示。

图 3-48　设置基准平面名称

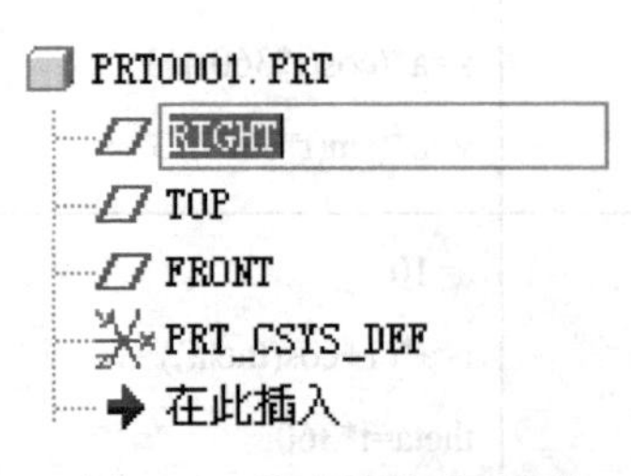

图 3-49　修改基准平面名称

新建一个零件文件或装配文件，选取默认模板进入3D草绘界面时，系统会提供3个默认的基准平面，分别是FRONT、RIGHT和TOP基准平面，如图3-50所示。

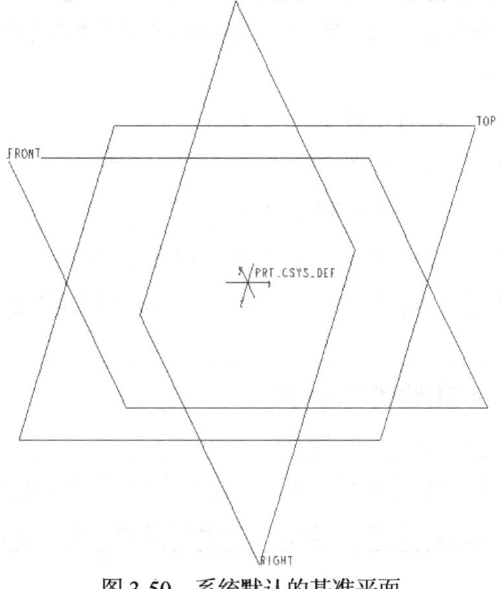

图3-50 系统默认的基准平面

在创建基准特征的过程中，通过单击特征工具栏中的“基准平面”按钮，或选择“插入”|“模型基准”|“平面”命令来创建基准平面，此时系统弹出“基准平面”对话框，其中包括“放置”“显示”和“属性”选项卡，如图3-51所示。

(a) “放置”选项卡

(b) “显示”选项卡

(c) “属性”选项卡

图3-51 “基准平面”对话框

1. “放置”选项卡

在“参照”列表框中，可以通过参照现有平面、曲面、边、坐标系、轴、顶点、基于草绘的特征、平面小平面、边小平面、曲线、草绘基准曲线和导槽来放置新的基准平面，也可以选取基准坐标系或非圆柱曲面作为创建基准平面的放置参照，还可以为每一个选定的参照设置一个约束。各类约束类型如表3-3所示。

表 3-3　约束类型

约 束 类 型	说　　明
穿过	通过选定参照放置新的基准平面。当选取基准坐标系作为放置参照时，会显示如下选项的平面菜单。 ● XY：通过 XY 平面放置基准平面。 ● YZ：通过 YZ 平面放置基准平面，为默认选项。 ● ZX：通过 ZX 平面放置基准平面
偏移	按自选定参照的偏移放置新基准平面。它是选取基准坐标系作为放置参照时的默认约束类型。依据选取的参照，可在“约束”列表框中输入新基准平面的平移偏移值或旋转偏移值
平行	平行于选定参照放置新基准平面
垂直	垂直于选定参照放置新基准平面
相切	相切于选定参照放置新基准平面。当基准平面与非圆柱曲面相切并通过选定为参照的基准点顶点或边的端点时，系统会将“相切”约束添加到新创建的基准平面中

2. “显示”选项卡

单击“基准平面”对话框中的“显示”选项卡，在选项卡中包含以下选项。

- 法向：反转基准平面的法向。
- 调整轮廓：调整基准平面轮廓的大小。选择该复选框，可使用“轮廓类型选项”菜单中的命令，表 3-4 列出了各选项的含义。在对使用半径作为轮廓尺寸的继承基准平面进行重定义时，系统会将半径值更改为继承基准平面显示轮廓的高度和宽度。当选中“调整轮廓”复选框和“大小”时，这些值会显示在“高度”和“宽度”文本框中，如图 3-51(b)所示。

表 3-4　“轮廓类型选项”菜单中的选项及含义

选　　项	说　　明
参照	根据选定参照(比如零件、特征、边、轴及曲面等)调整基准平面的大小
大小	调整基准平面的大小，或将其轮廓显示尺寸调整到指定宽度和高度值的大小，此为默认值选中该选项后，可以使用高度和宽度选项
宽度	指定一个值作为基准平面轮廓显示的宽度，仅在选择“调整轮廓”复选框和“大小”选项时可用
高度	指定一个值作为基准平面轮廓显示的高度，仅在选择“调整轮廓”复选框和“大小”选项时可用

- 锁定长宽比：保持基准平面轮廓显示的高度和宽度比例，仅在选取“调整轮廓”复选框和“大小”选项时可用。

3. “属性”选项卡

单击“基准平面”对话框中的“属性”选项卡，再单击“名称”文本框后的“显示特征信息”按钮，可以在 Pro/ENGINEER Wildfire 5.0 浏览器中查看当前创建的基准平面特征的信息，如图 3-52 所示。

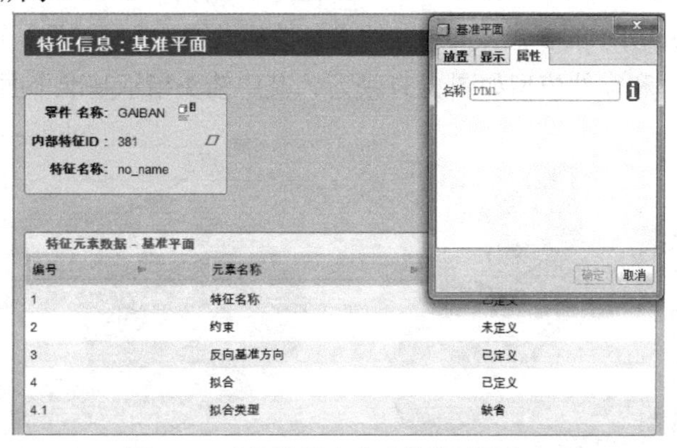

图 3-52 在浏览器中查看基准平面信息

3.6.2 基准平面的创建

在 Pro/ENGINEER Wildfire 5.0 中，系统会根据用户的选择来判断选取哪种方式生成基准平面。

1. 产生偏移基准平面

(1) 选择“文件”|“新建”命令，打开“新建”对话框。在“类型”选项区域中选择“零件”单选按钮，在“子类型”选项区域中选择“实体”单选按钮，然后在“名称”文本框中输入零件名称 excursion.prt，最后单击“确定”按钮，就会进入零件设计模式。此时系统会自动产生 3 个默认基准坐标系(FRONT、TOP 和 RIGHT)及一个默认的坐标系 PRT_CSYS_DEF，如图 3-50 所示。默认基准平面可以作为模型设计的基本特征。

(2) 选择“插入”|“模型基准”|“偏移平面”命令，系统会提示输入沿 X、Y、Z 轴方向的偏移数值。在 X 方向输入偏移值为 20，如图 3-53 所示，然后依次输入 Y 和 Z 的偏移数值，最后按下 Enter 键或直接单击“确定”按钮，即可完成沿 3 个轴向的平面偏移，如图 3-54 所示，同时系统还会产生一个默认的坐标系 DEFAULT_DEF。

图 3-53 输入沿 X 轴方向偏移数值　　图 3-54 产生偏移基准

2. 以 3 点创建基准平面

(1) 选择“文件”|“打开”命令，从弹出的“文件打开”对话框中打开 Gaiban.prt 文件，

进入零件设计模式。打开的几何模型如图 3-55 所示。

(2) 单击特征工具栏中的“基准平面”按钮，打开“基准平面”对话框。按住 Ctrl 键依次选取如图 3-56 所示的 3 点，并将其约束条件都设置为“穿过”。分别选择 3 个点后的“基准平面”对话框和零件模型如图 3-57 所示，其中箭头指示基准平面正侧的方向。

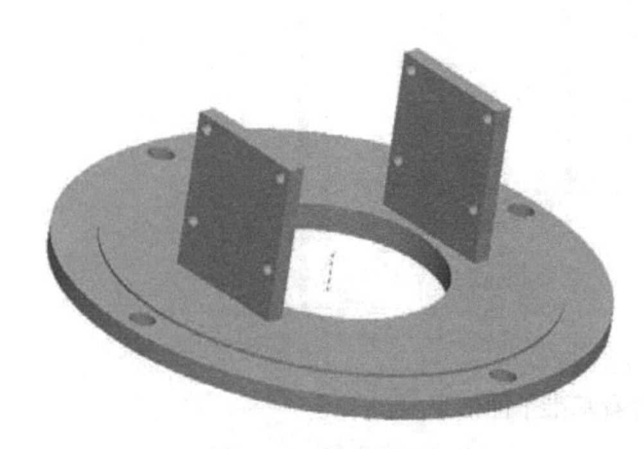

图 3-55　几何模型

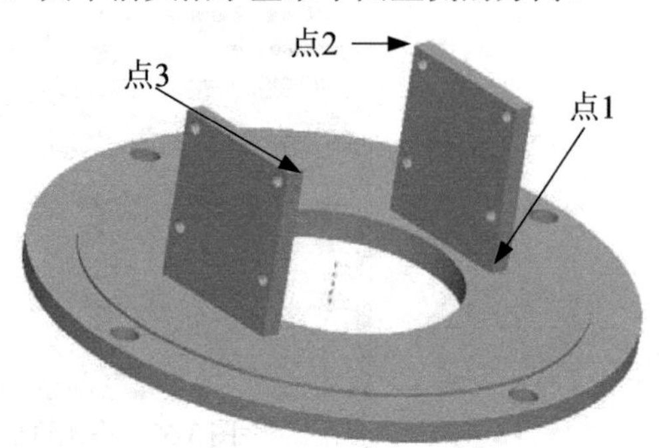

图 3-56　平面过 3 点

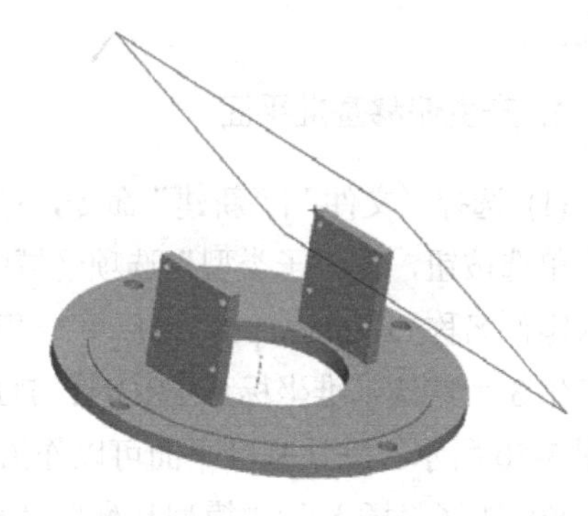

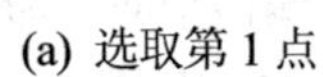

(a) 选取第 1 点

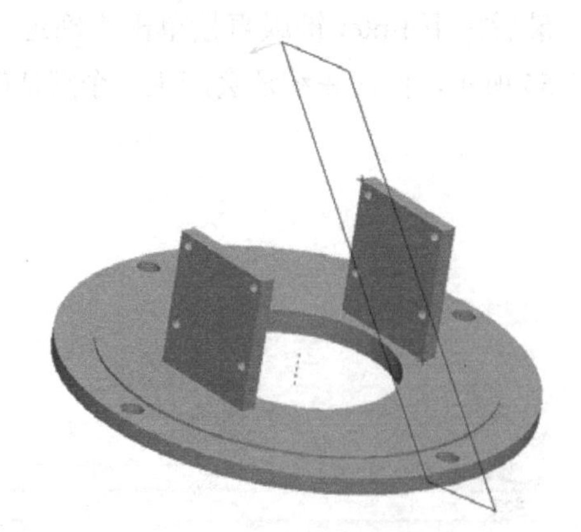

(b) 选取第 2 点

图 3-57　选取 3 个点

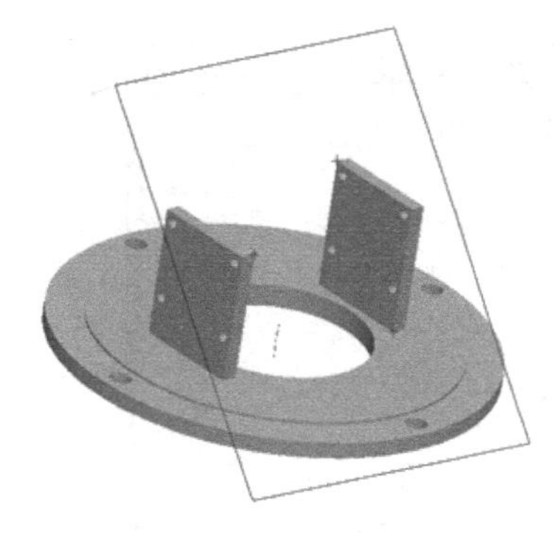

(c) 选取第3点

图 3-57 选取3个点(续)

(3) 单击“确定”按钮 确定 结束操作，建立的基准平面DTM1如图3-58所示。

3. 以1点和1条直线创建基准平面

创建的基准平面DTM2将通过如图3-59所示的轴线A_2和模型上的1点。

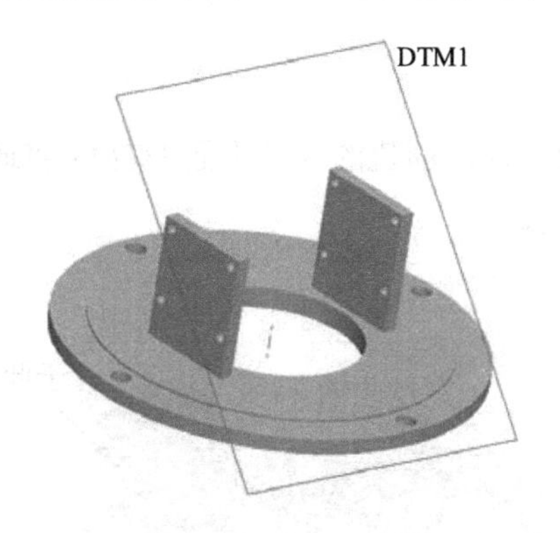

图 3-58 创建的基准平面DTM1

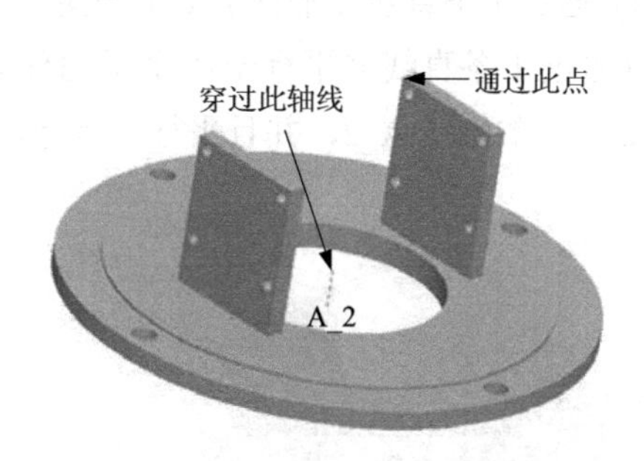

图 3-59 约束条件

(1) 单击特征工具栏中的“基准平面”按钮，打开“基准平面”对话框。选取如图3-59所示的轴线A_2，并将其约束条件设置为“穿过”，如图3-60(a)所示。

(2) 按住Ctrl键选取如图3-59所示的所要穿过的点，并将其约束条件设置为“穿过”，如图3-60(b)所示。

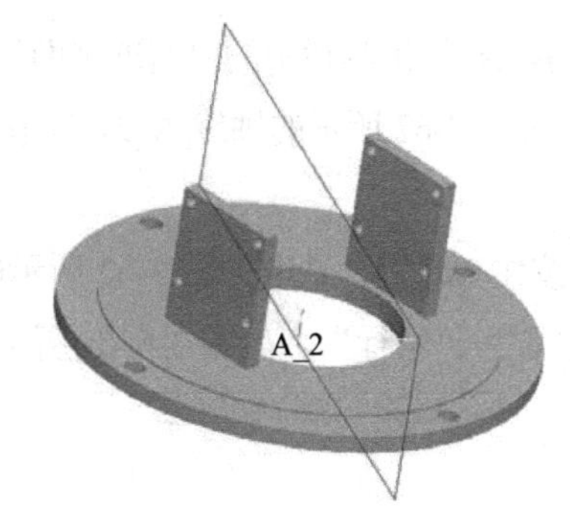

(a) 选择轴线

图 3-60 选取直线与点

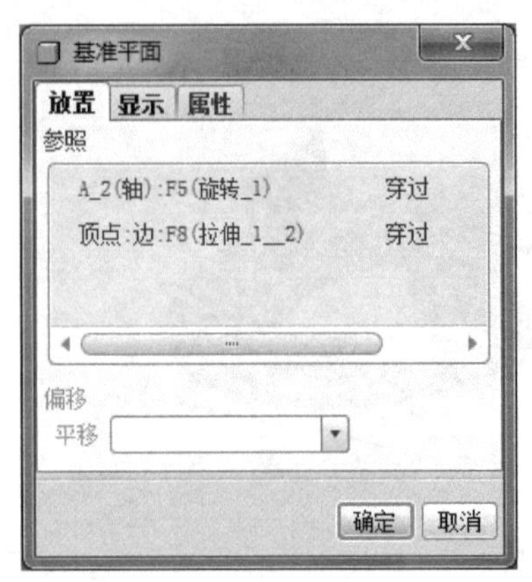

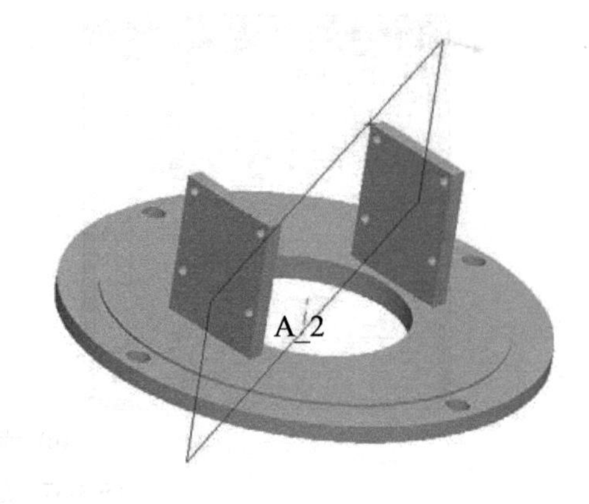

(b) 选取点

图 3-60　选取直线与点(续)

(3) 单击“确定”按钮 确定 结束操作，建立的基准平面 DTM2 如图 3-61 所示。

4. 以直线和面创建基准平面

(1) 通过 1 条直线并平行于 1 个平面

以通过 1 条直线并平行于 1 个平面作为约束条件，创建的基准平面 DTM3 将通过如图 3-62 所示的轴线 A_2，并且平行于所标识的平面。

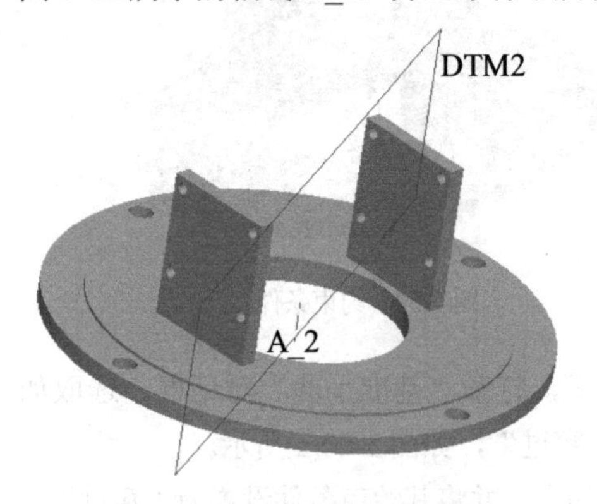

图 3-61　创建的基准平面 DTM2

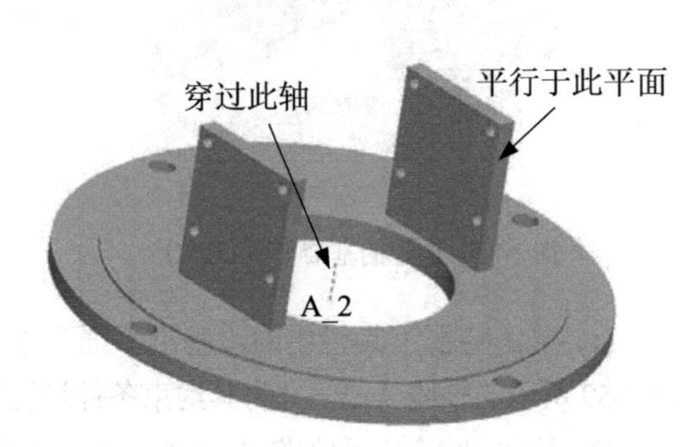

图 3-62　约束条件

① 单击特征工具栏中的“基准平面”按钮，系统弹出“基准平面”对话框。在参照窗口选取如图 3-62 所示的轴线 A_2，选取后的“基准平面”对话框以及零件模型如图 3-63(a)所示。

② 按住 Ctrl 键，选取如图 3-62 所示的平面，并在“基准平面”对话框中将“偏移”约束条件设置为“平行”，如图 3-63(b)所示。

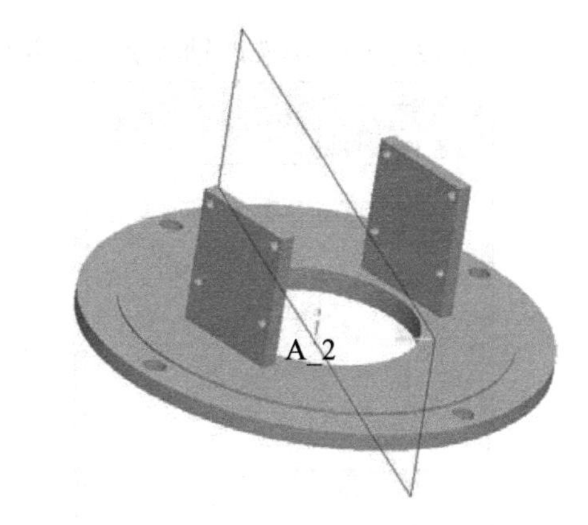

(a) 选取轴线

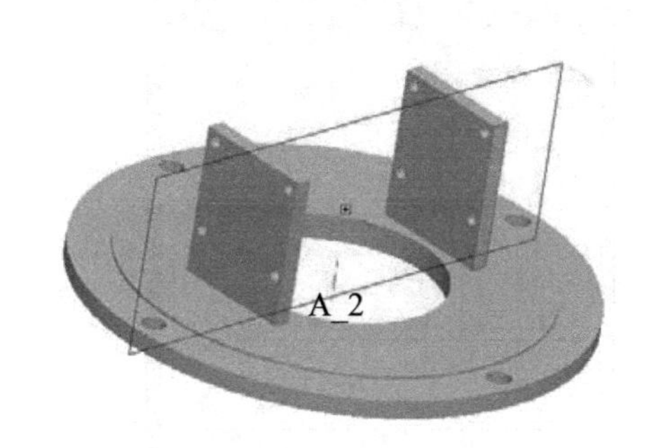

(b) 选取平面

图 3-63 选取轴线和平面

③ 单击“确定”按钮 确定 结束操作，建立的基准平面 DTM3 如图 3-64 所示。

(2) 通过 1 条直线并垂直于 1 个平面

以通过 1 条直线并垂直于 1 个平面作为约束条件，创建的基准平面 DTM4 将通过如图 3-65 所示的轴线 A_2，并且垂直于平面 DTM3。

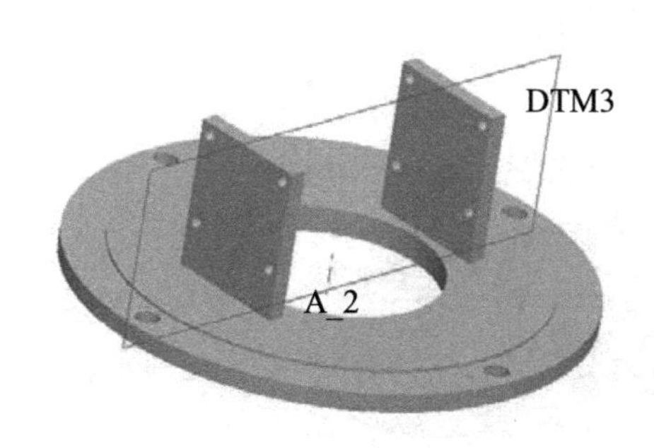

图 3-64 创建的基准平面 DTM3

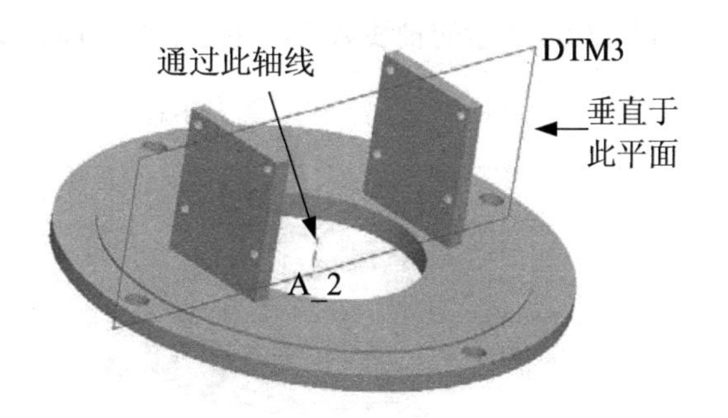

图 3-65 约束条件

① 单击特征工具栏中的“基准平面”按钮，打开“基准平面”对话框。选取如图 3-65 所示的平面 DTM3，并将其约束条件设置为“法向”，更改后的“基准平面”对话框以及零件模型如图 3-66(a)所示。

② 按住 Ctrl 键选取轴线 A_2，并将其约束条件设置为“穿过”，如图 3-66(b)所示。

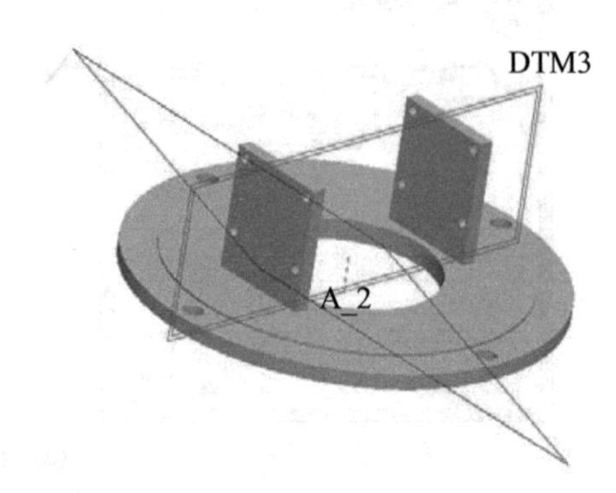

(a) 选取平面

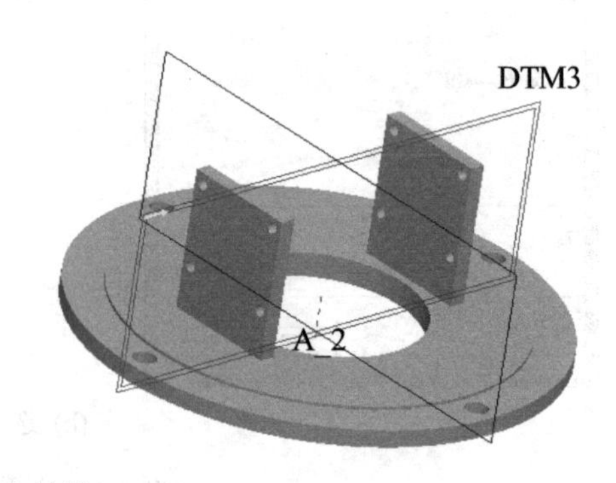

(b) 选取轴线

图 3-66　选取平面与线

③ 单击“确定” 确定 按钮结束操作，创建的基准平面 DTM4 如图 3-67 所示。

(3) 通过 1 条直线并与 1 个平面成一定角度

以通过 1 条直线并与 1 个平面成一定的角度作为约束条件，创建的基准平面 DTM5 将通过如图 3-68 所示的轴线 A_2，并与平面 DTM3 成 30°夹角。

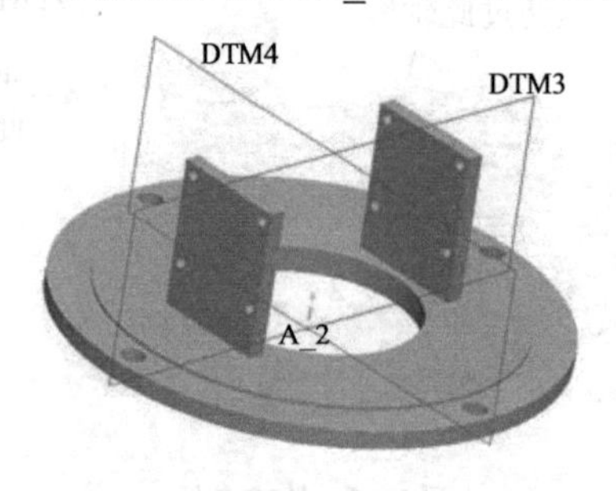

图 3-67　创建的基准平面 DTM4

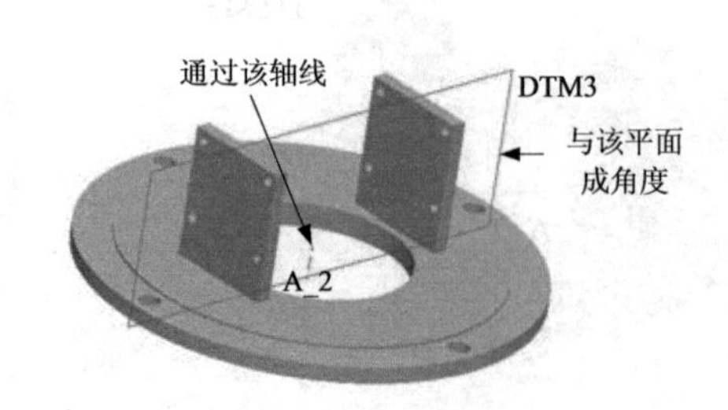

图 3-68　约束条件

① 单击特征工具栏中的“基准平面”按钮，打开“基准平面”对话框。选取如图 3-68 所示的轴线 A_2，并将其约束条件设置为“穿过”，如图 3-69(a)所示。

② 按住 Ctrl 键选取平面 DTM3，并将其约束条件设置为“偏移”，同时设置偏移旋转值为 - 30(按下 Enter 键后数值将恢复为正值)，如图 3-69(b)所示。在此处需要注意的是，当用户将约束条件设置为“偏移”后，系统会显示一个圆周方向的箭头，该箭头指示旋转角度的正方向。当需要偏转的角度与指示方向相同时，输入正值；反之，则输入负值。

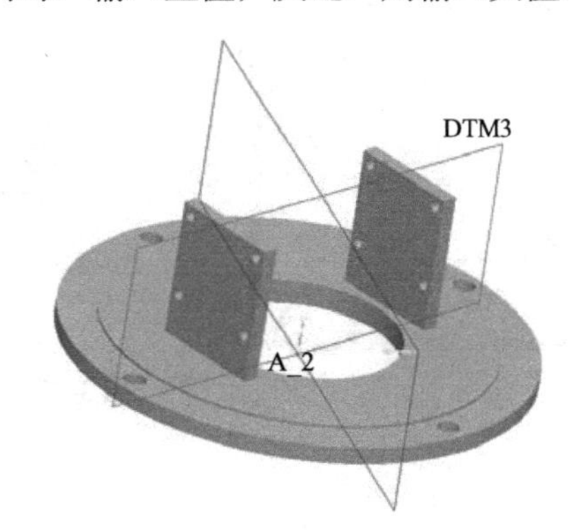

(a) 选取轴线

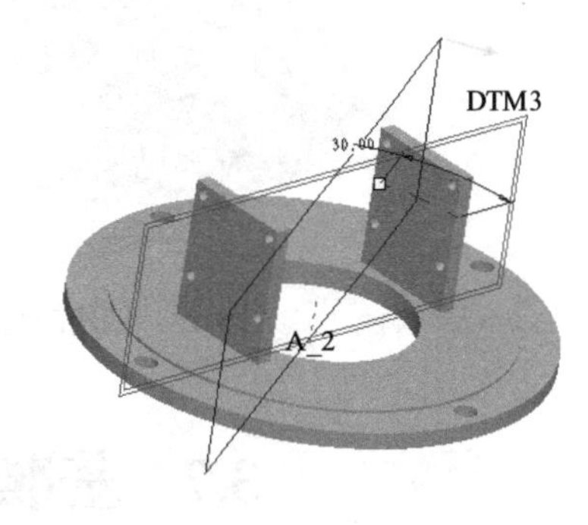

(b) 偏转平面

图 3-69 选择轴线与平面

③ 单击“确定”按钮 确定 结束操作，建立的基准平面 DTM5 如图 3-70 所示。

5. 以平面创建基准平面

创建的基准平面 DTM6 将通过偏移图 3-71 所示的平面 DTM3 而创建。

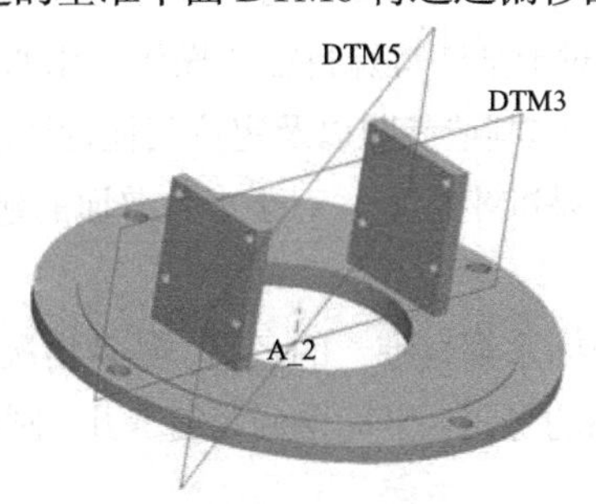

图 3-70 创建的基准平面 DTM5

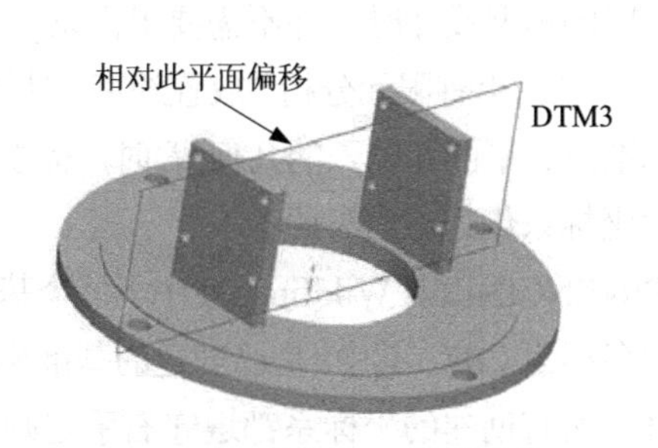

图 3-71 约束条件

(1) 单击特征工具栏中的“基准平面”按钮，打开“基准平面”对话框。选取如图 3-71 所示的平面 DTM3，并将其约束条件设置为“偏移”，同时设置偏移值为 50，如

图 3-72 所示。

(2) 单击“确定”按钮[确定]结束操作，建立的基准平面 DTM6 如图 3-73 所示。

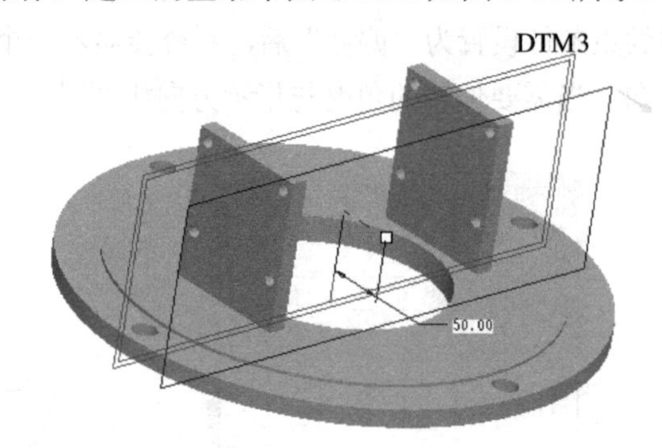

图 3-72　偏移平面

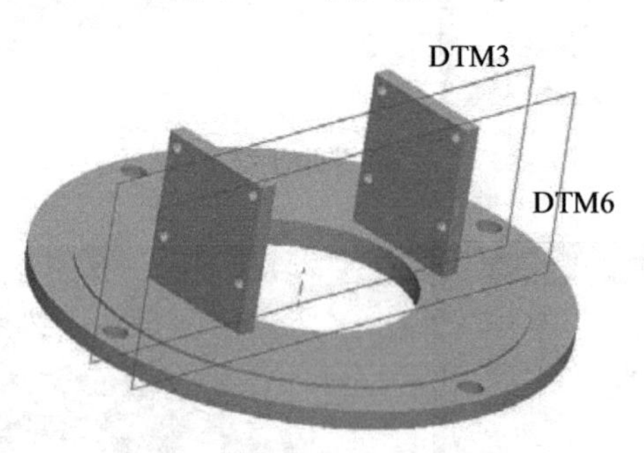

图 3-73　创建的基准平面 DTM6

3.7　基准坐标系

本节将介绍基准坐标系的相关知识，包括产生的约束方式和操作步骤，并辅以实例讲解，可以让读者系统掌握基准坐标系的使用方法。

3.7.1　基准坐标系概述

在 Pro/ENGINEER Wildfire 5.0 中，通常情况下使用相对位置尺寸对特征进行定位，因此在进行一般的模型设计时，并不需要坐标系，但是对于某些特殊特征的操作，比如计算质量属性、组装元件、“有限元分析”放置约束、具轨迹操作制造参照以及定位其他特征的参照(坐标系、基准点、平面和输入的几何等)时，需要建立基准坐标系。对于多数普通的建模操作，可以使用坐标系作为方向参照。

在 Pro/ENGINEER Wildfire 5.0 中，每个基准坐标系都有唯一的名称，默认情况下，基准坐标系的名称为 CS#，其中#是已创建的基准坐标系的号码。坐标系分为笛卡儿、圆柱和球坐标系 3 种。所有创建的坐标系都遵守右手定则。

单击特征工具栏中的“基准坐标系”按钮，或选择“插入”|“模型基准”|“坐标系”命令，系统弹出“坐标系”对话框，其中包括“原点”“方向”和“属性”选项卡，如图 3-74 所示。

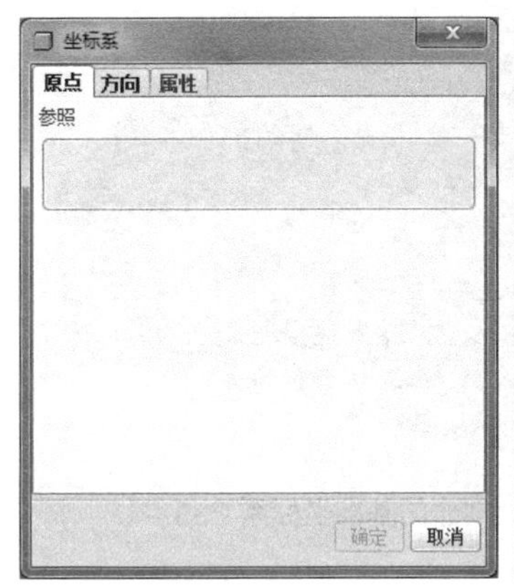

(a) “原点”选项卡

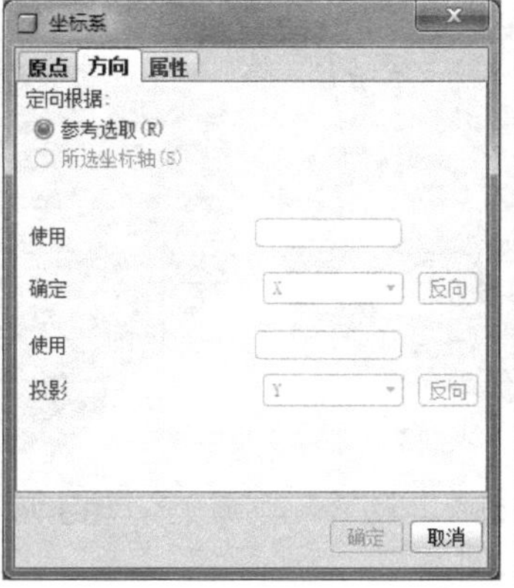

(b) “方向”选项卡

(c) “属性”选项卡

图 3-74 “坐标系”对话框

1.“原点”选项卡

“参照”列表框用于选取或重定义坐标系的放置参照。如果选择不同类型的参照，设置也不一样。如果选择坐标系为参照，“偏移类型”下拉列表框用于选择偏移坐标系，它包括以下几种。

- 笛卡儿坐标：允许通过设置 X、Y 和 Z 值偏移坐标系。
- 圆柱坐标：允许通过设置半径、方位角 θ 和 Z 值偏移坐标系。
- 球坐标：允许通过设置半径、θ 和 φ 值偏移坐标系。
- 自文件：允许从转换文件输入坐标系的位置。

2.“方向”选项卡

“参考选取”单选按钮允许通过选取坐标轴中任意两个轴的方向参照定向坐标系。“所选坐标轴”单选按钮允许定向坐标系，方法是绕着作为放置参照使用的坐标系的轴旋转该坐标系。

3.“属性”选项卡

“属性”选项卡用于重命名基准坐标系特征并在浏览器中显示其特征信息。

3.7.2 基准坐标系的创建

选择“文件”|“打开”命令，在弹出的“文件打开”对话框中打开 box.prt 文件，进入零件设计模式。打开的几何模型如图 3-75 所示。

1. 以系统默认方式创建基准坐标系

选择“插入”|“模型基准”|“缺省坐标系”命令，系统会在模型上生成一个基准坐标系 CS0，如图 3-76 所示。

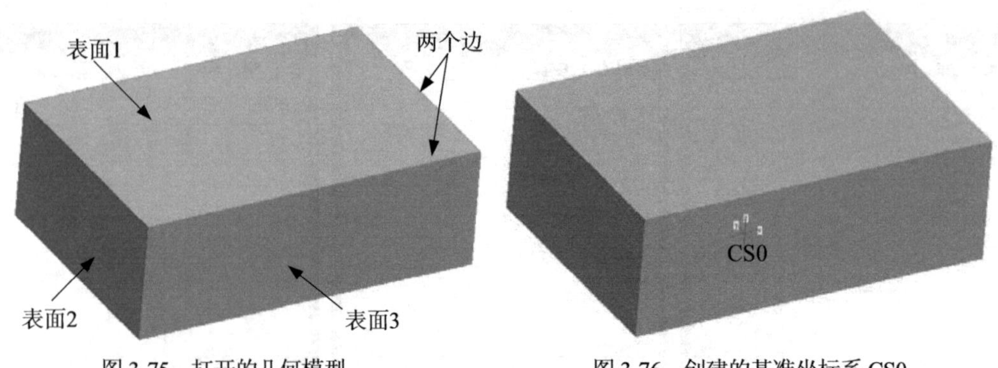

图 3-75　打开的几何模型　　　图 3-76　创建的基准坐标系 CS0

2. 以 3 个平面创建基准坐标系

(1) 单击特征工具栏中的“基准坐标系”按钮，系统弹出“坐标系”对话框。选取如图 3-75 所示的表面 1，然后按住 Ctrl 键选择图中所示的表面 2 和表面 3，如图 3-77 所示。

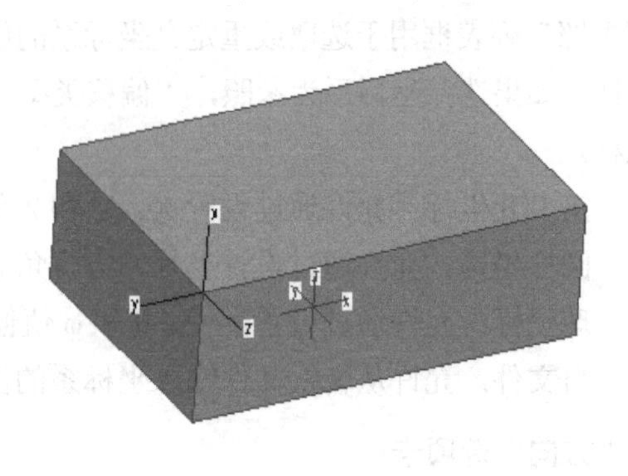

图 3-77　选取 3 个面

(2) 单击“确定”按钮确定，即可创建基准坐标系 CS1，如图 3-78 所示。若需要修改坐标系的方向，可以单击“方向”选项卡中的两个“反向”按钮，即可调整坐标系的方向。

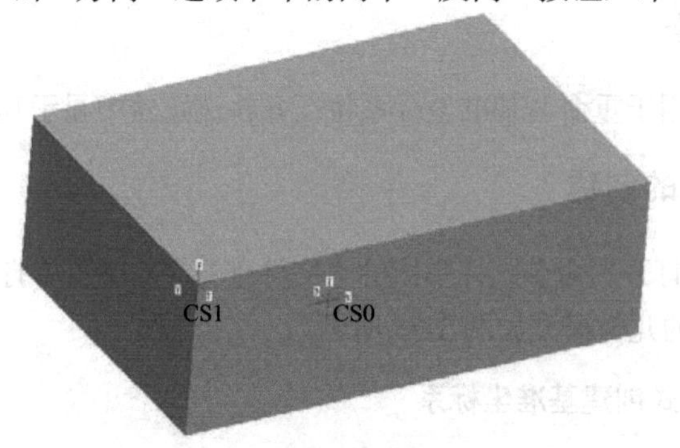

图 3-78　创建基准坐标系 CS1

3. 以两个边创建基准坐标系

(1) 单击特征工具栏中的“基准坐标系”按钮，打开“坐标系”对话框。依次选取如

图 3-75 所示的两个边，在选取第二条边时要按住 Ctrl 键，如图 3-79 所示。

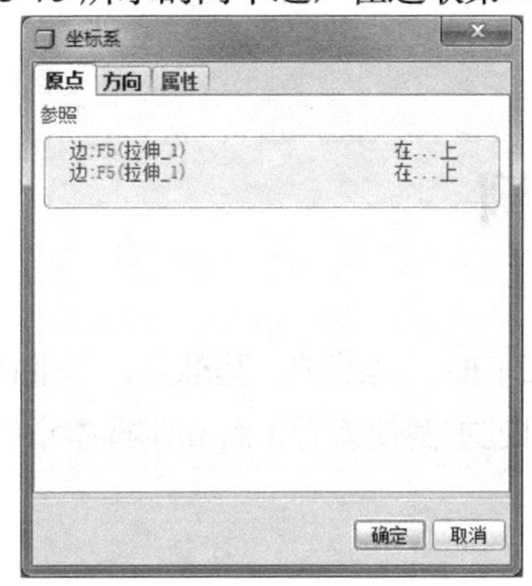

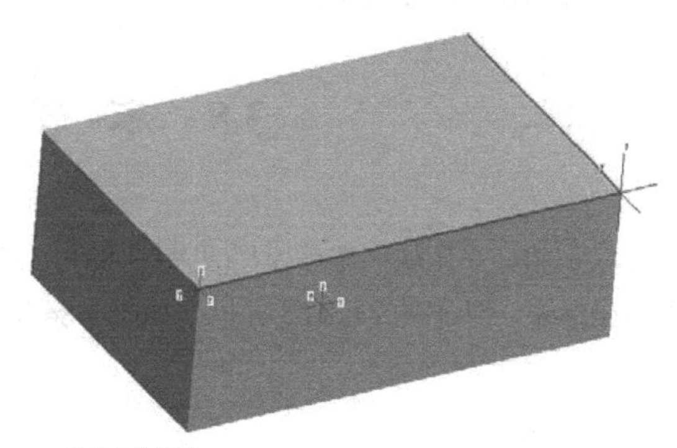

图 3-79　选取两条边

(2) 单击“确定”按钮，即可创建基准坐标系 CS2，如图 3-80 所示。根据同样的方法，创建基准坐标系 CS3，如图 3-81 所示。

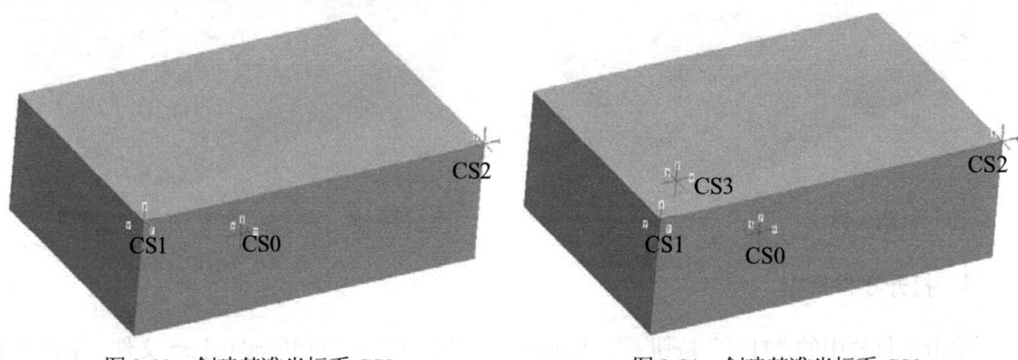

图 3-80　创建基准坐标系 CS2　　　　图 3-81　创建基准坐标系 CS3

4. 以偏移创建基准坐标系

(1) 单击特征工具栏中的“基准坐标系”按钮，打开“坐标系”对话框。选取前面所创建的坐标系 CS1，在“坐标系”对话框中将偏移类型设置为“笛卡儿”坐标，在 X、Y 以及 Z 数值框中依次输入 10、5 和 10 并按下 Enter 键，如图 3-82 所示。

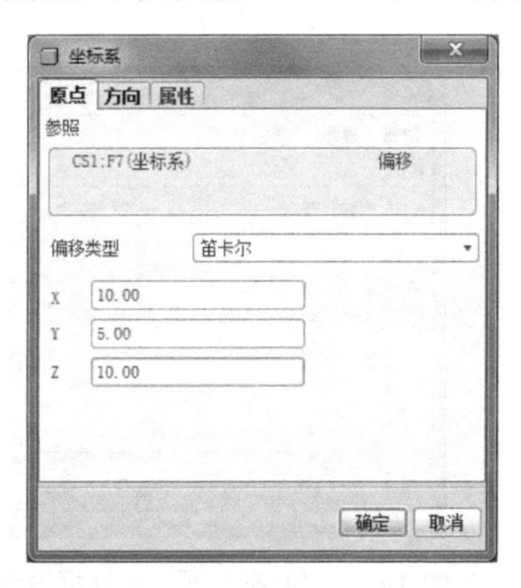

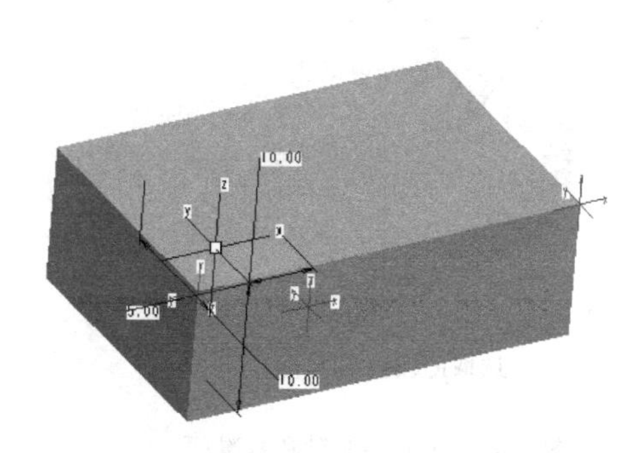

图 3-82　偏移坐标系

(2) 单击“确定”按钮确定，即可创建基准坐标系 CS3。偏移数值可以是负值，表示偏移方向与坐标轴的方向相反。

3.8 本章实例

本实例将在“压块”零件模型(见图 3-83)上创建基准平面、基准轴、基准点、基准曲线和基准坐标系，创建完成后的零件模型如图 3-84 所示。通过本例使读者了解和掌握本章所学知识。

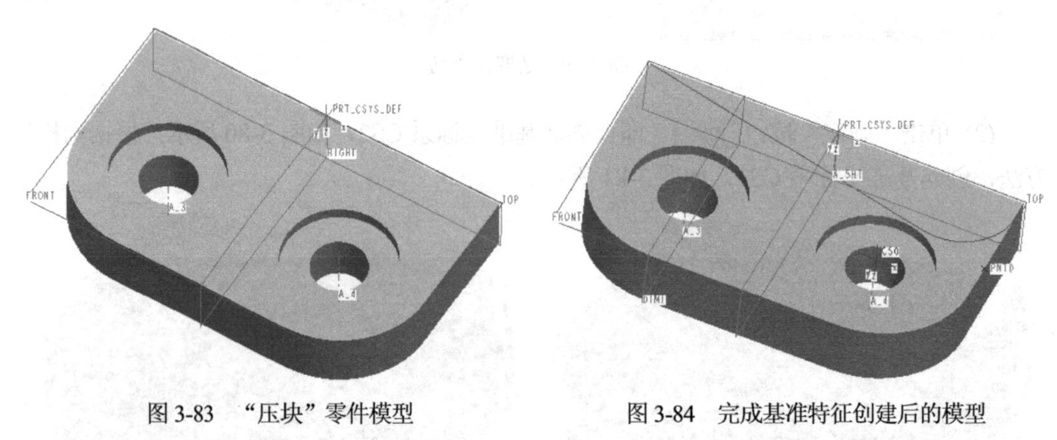

图 3-83　“压块”零件模型　　　　图 3-84　完成基准特征创建后的模型

1. 打开零件模型

单击工具栏中的“打开”按钮，找到第 3 章源文件夹并打开 yakuai.prt 文件，单击“文件打开”对话框中的“打开”按钮，打开“压块”零件模型，如图 3-83 所示。

2. 创建基准平面

(1) 单击特征工具栏中的“基准平面”按钮，系统弹出“基准平面”对话框。按住 Ctrl 键，分别选择图 3-85 中箭头所指的轴和基准面，并将轴的约束条件设置为“穿过”，将基准平面的约束条件设置为“平行”，如图 3-86 所示。

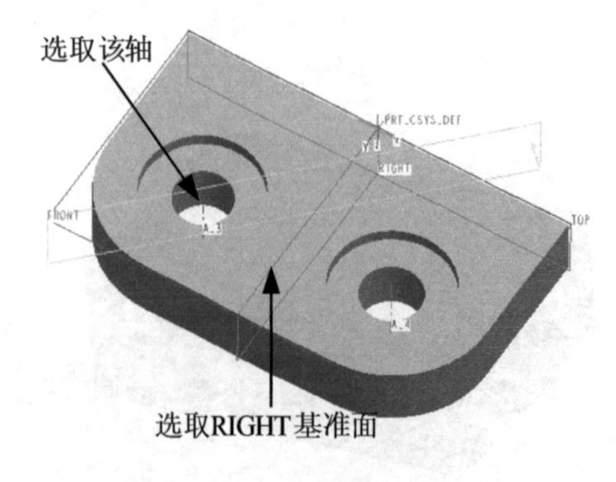

图 3-85　选取参照轴和基准面

图 3-86　“基准平面”对话框设置

(2) 单击“基准平面”对话框中的“确定”按钮，完成基准平面DTM1的创建，如图3-87所示。

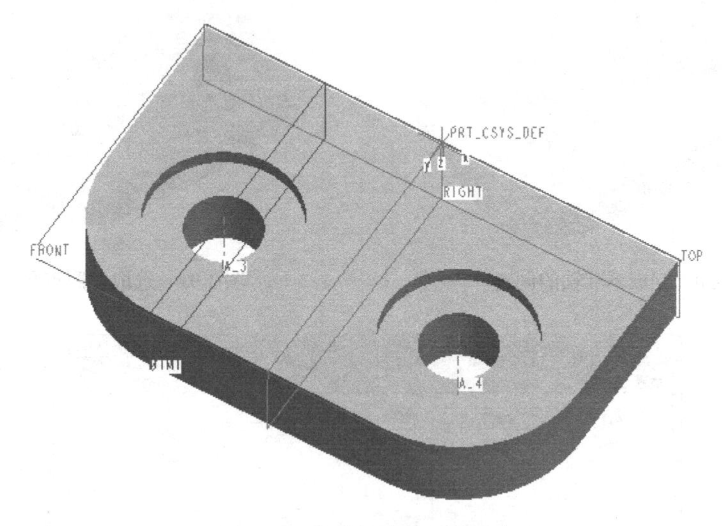

图3-87 完成基准平面的创建

3．创建基准轴

(1) 单击特征工具栏中的“基准轴”按钮，系统弹出“基准轴”对话框。按住Ctrl键，在模型上选取图3-88中箭头所指的TOP和RIGHT基准面作为参照，并将约束条件均设置为“穿过”，如图3-89所示。

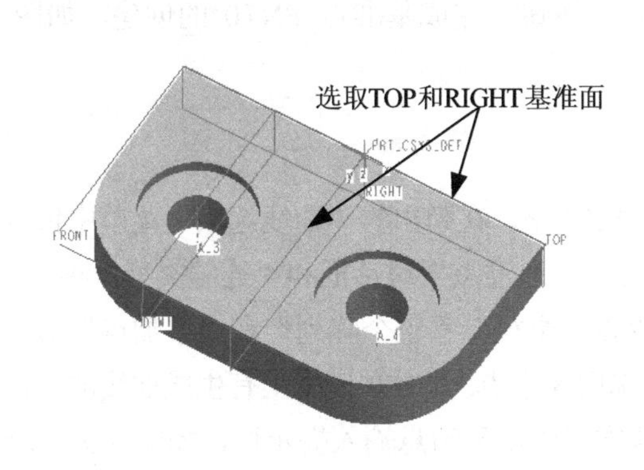

图3-88 选取边线示意图

图3-89 “基准轴”对话框设置

(2) 单击“基准轴”对话框中的“确定”按钮，完成基准轴A_5的创建，如图3-90所示。

4．创建基准点

(1) 单击特征工具栏中的“基准点”按钮，系统弹出“基准点”对话框。单击图3-91中箭头所指的点作为参照，并将约束条件设置为“偏移”；按住Ctrl键，选择图3-91中箭头所指的边作为参照，并在“基准点”对话框的“偏移”文本框中输入偏距25，如图3-92所示。

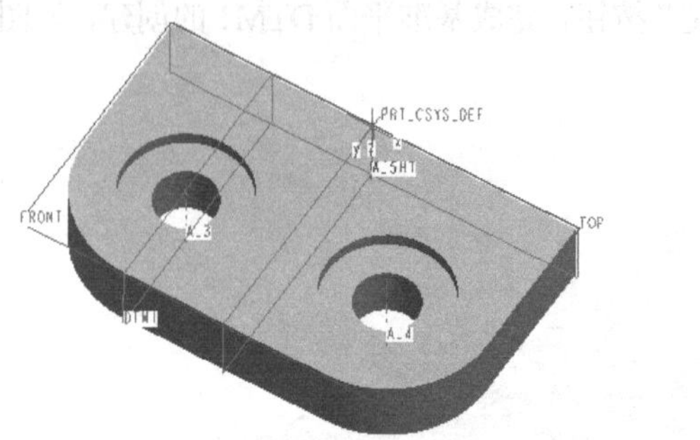

图 3-90　完成基准轴的创建

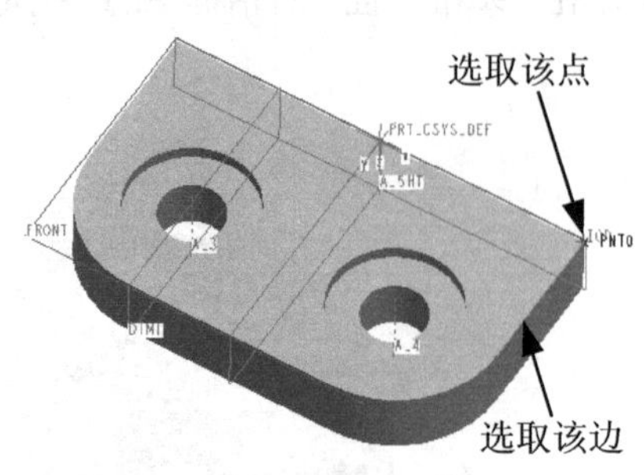

图 3-91　选取参照点和边

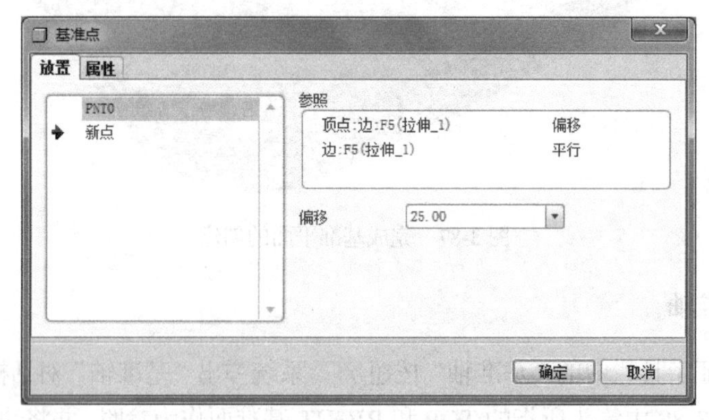

图 3-92　“基准点”对话框设置

(2) 单击“基准点”对话框中的“确定”按钮，完成基准点 PNT0 的创建，如图 3-93 所示。

5. 创建基准曲线

(1) 单击特征工具栏中的“基准曲线”按钮～，在弹出的“曲线选项”菜单中依次选择“通过点”和“完成”命令，系统打开“曲线：通过点”对话框和“连结类型”菜单。

(2) 在“连结类型”菜单中依次选择“单一半径”“整个阵列”和“添加点”命令，按住 Ctrl 键在模型上按如图 3-94 所示的顺序选取 3 个点。此时在模型上有生成曲线的方向箭头(根据选取顶点的顺序不同而不同)，并在状态栏中出现消息输入提示框，如图 3-95 所示。

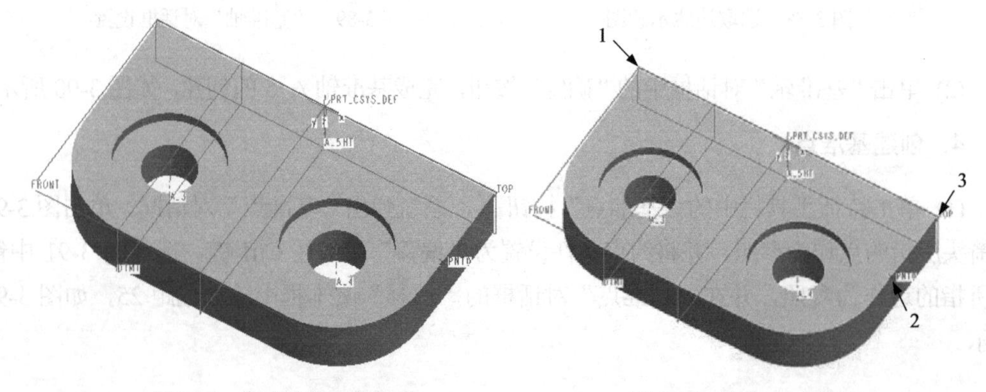

图 3-93　完成基准点的创建　　　　图 3-94　选取点示意图

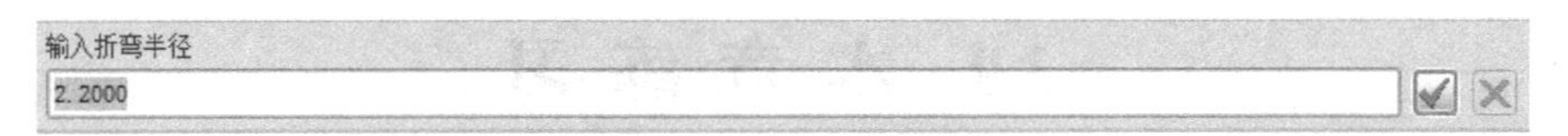

图 3-95　消息输入提示框

(3) 在消息输入提示框中输入折弯半径 15，然后单击“接受值”按钮，或直接按 Enter 键。选择“连结类型”菜单中的“完成”命令，再单击“曲线：通过点”对话框中的“确定”按钮，完成生成曲线，如图 3-96 所示。

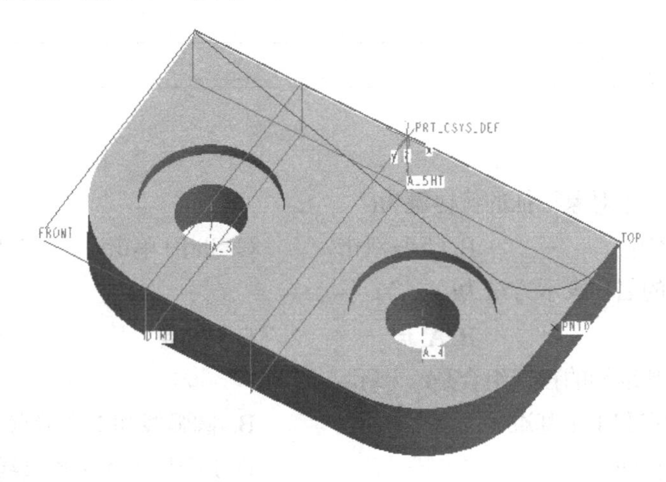

图 3-96　完成曲线的创建

6．创建基准坐标系

(1) 单击特征工具栏中的“基准坐标系”按钮，系统弹出“坐标系”对话框。选取模型上的原坐标系 PRT_CSYS_DEF 作为参照。

(2) 在“坐标系”对话框的“偏移类型”下拉列表框中选择“笛卡儿”选项，并在 X 文本框中输入 25，在 Y 文本框中输入 35，在 Z 文本框中输入 0，如图 3-97 所示。

(3) 单击“坐标系”对话框中的“确定”按钮，完成创建坐标系 CS0，如图 3-98 所示。至此，基准特征全部绘制完成，保存模型。

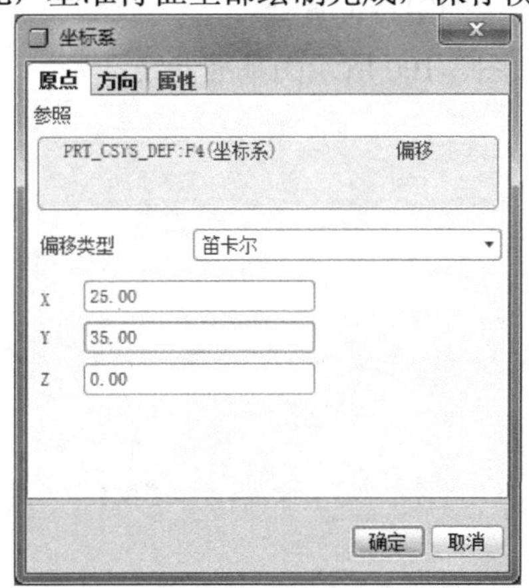

图 3-97　“坐标系”对话框的设置

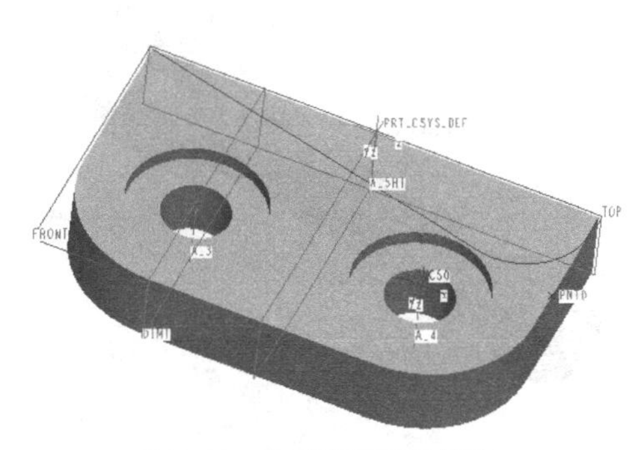

图 3-98　完成坐标系的创建

3.9 本 章 练 习

3.9.1 填空题

1. 基准特征包括__________、__________、__________、__________、__________。
2. 系统默认的基准平面为__________、__________、__________3 个面。
3. 基准点有__________、__________、__________、__________4 种创建方法。
4. 基准曲线有__________、__________、__________、__________4 种创建方式。

3.9.2 选择题

1. 需要选取多个对象特征的快捷键为(　　)。

   A. Ctrl+单击　　B. Ctrl+双击　　C. Shift+单击　　D. Shift+双击

2. 基准平面的名称表示方法为(　　)。

   A. DTM#　　B. A_#　　C. PNT#　　D. CSYS#

3. 不能创建基准轴的预选组合是(　　)。

   A. 1 个顶点和 1 个基准平面　　B. 圆弧线和 1 个端点

   C. 1 个圆柱面　　D. 1 个顶点和 1 条直线

3.9.3 简答题

1. 系统默认的基准平面有哪些特性?
2. 笛卡儿坐标系、圆柱坐标系和球坐标系分别用什么表示坐标值?

3.9.4 上机题

1. 在如图 3-99 所示的机械手的摆臂上，分别创建基准平面、基准轴以及基准点。其中，基准轴 A_1 为基准平面 TOP 和 FRONT 的交线，基准平面 DTM1 相对于基准平面 FRONT 沿基准轴 A_1 旋转 45°，而基准点 PNT0 则位于图示边的中点位置处。

2. 结合本章学习的创建基准曲线的方法，创建如图 3-100 所示的基准曲线。

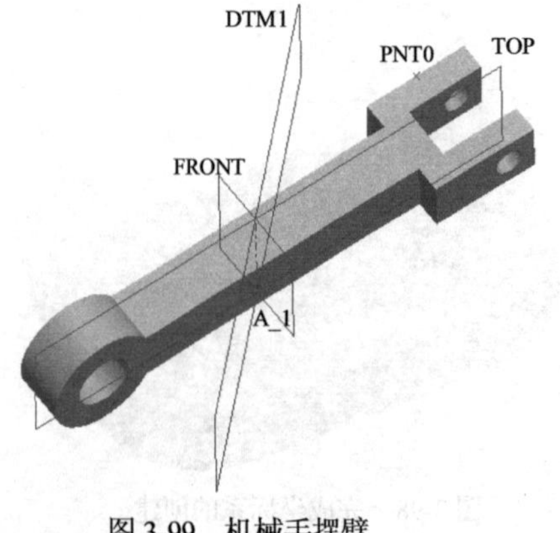

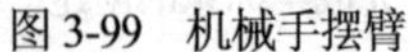
图 3-99　机械手摆臂

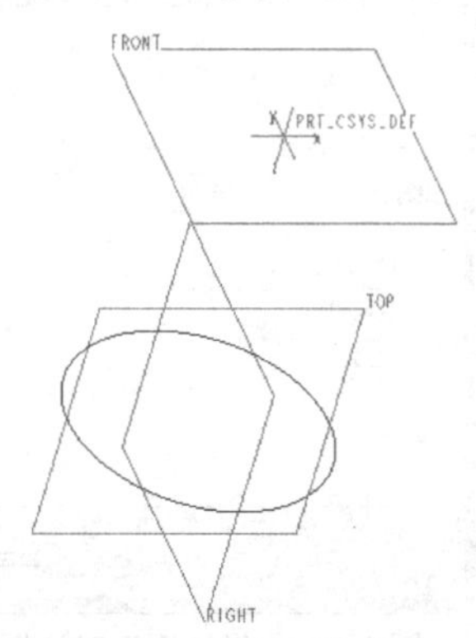

图 3-100　基准曲线

第4章　基础特征

学习了草绘和基准特征的创建后，本章将介绍基础特征的创建。基础特征是 Pro/ENGINEER Wildfire 5.0 建模过程中最主要的特征。零件的基础特征是指二维截面经过拉伸、旋转、扫描和混合等方式形成的一类实体特征。在创建基础特征时，必须选取合适的草绘和参照平面，其中参照平面必须垂直于草绘平面。通常选取基准平面或零件表面作为草绘平面和参考平面。

本章重点内容如下：

- 拉伸特征
- 旋转特征
- 扫描特征
- 混合特征

4.1　基础特征概述

零件建模的基础特征在 Pro/ENGINEER Wildfire 5.0 中很重要，它不仅是放置基准特征产生的基础，而且创建基础特征的基本方法对于创建其他特征有很好的指导作用。特征是设计与操作的基本单元，因此全面掌握三维实体特征的创建方法是熟悉使用 Pro/ENGINEER Wildfire 5.0 进行工程设计的最基本要求。实体的基础特征包括拉伸、旋转、混合和扫描特征。

启动 Pro/ENGINEER Wildfire 5.0，单击“新建”按钮，弹出如图 4-1 所示的“新建”对话框，系统默认的类型为“零件”，子类型为“实体”。用户可以接受系统自动编号 prt0001，也可以输入新的零件名称，单击“确定”按钮，系统进入如图 4-2 所示的实体建模界面。

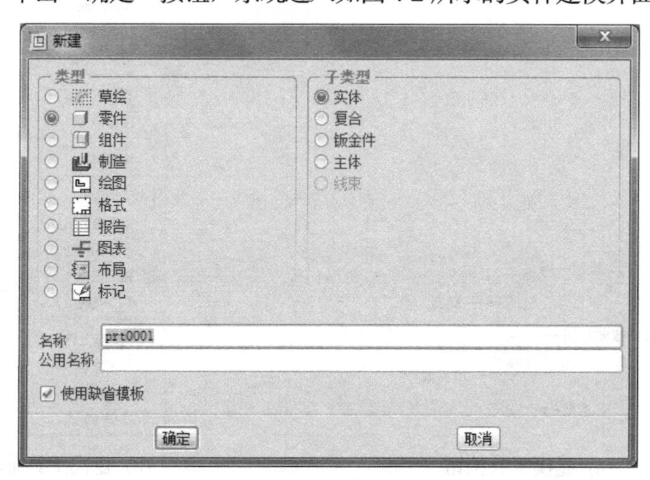

图 4-1　“新建”对话框

图 4-2　实体建模界面

在 Pro/ENGINEER Wildfire 5.0 实体建模界面的特征工具栏中列出了一些常用的实体建模按钮，如图 4-3(a)所示，用户可以单击特征工具栏中的按钮选择相应的命令。此外，所有的实体建模命令都存放于“插入”菜单中，特征工具栏中没有的实体建模命令，可以通过“插入”菜单中的命令来调用，如图 4-3(b)所示。

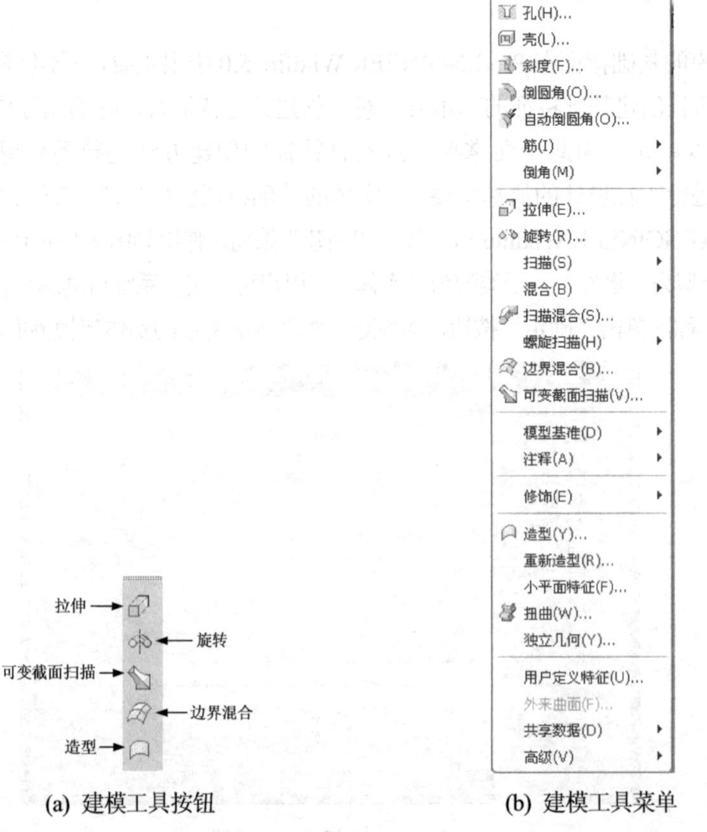

(a) 建模工具按钮　　(b) 建模工具菜单

图 4-3　建模工具

4.2　拉　　伸

拉伸是创建三维模型的一种基本方法，也是最基本的特征之一，它将二维截面延伸到垂直于草绘平面的指定距离处来形成实体，通常适合创建较规则的实体。

4.2.1　拉伸特征的界面

进入零件模式后，单击“拉伸”按钮，或在主菜单中依次选择“插入”|“拉伸”命令，此时在系统主工作区上方会出现拉伸特征操控板，如图 4-4 所示。

图 4-4　拉伸特征操控板

拉伸特征操控板界面分为上、下两排，上面一排是特征图标框；下面一排包含 3 个下滑面板按钮，分别为“放置”“选项”和“属性”按钮。

1. 特征图标框

拉伸特征图标框中各按钮的功能如下。

- 实体：创建实体特征。
- 曲面：创建曲面特征。
- 盲孔：以指定深度值拉伸截面，当输入负值时会使拉伸方向相反。
- 对称：在草绘平面两侧以指定深度值的一半拉伸截面。
- 到下一个：拉伸截面直至下一曲面。
- 穿透：拉伸截面，使之与所有曲面相交。
- 穿至：截面拉伸，使其与选定曲面或平面相交。
- 到选定项：将截面拉伸至一个选定点、曲线、平面或曲面。
- 216.51：输入拉伸特征的高度。
- 反转：反转拉伸方向。
- 移除材料：去除材料。
- 薄板：创建薄壁特征。
- 暂停：暂停操作。
- 特征预览：预览拉伸特征。
- 确定和取消：确定或取消操作。

2. 下滑面板按钮

下滑面板按钮包括“放置”“选项”和“属性”3 个。单击这 3 个按钮后，系统会弹出相应的下滑面板，可以定义相应的特征参数。

- 放置：用于定义特征截面。单击“定义”按钮，系统会弹出“草绘”对话框，用于选取草绘的基准平面，并且确定草绘的方向，如图 4-5 所示。
- 选项：用于进行双向深度设置，也可以进行复位草绘平面每一侧特征的深度，还可以通过选择“封闭端”复选框创建封闭的曲面特征，如图 4-6 所示。
- 属性：使用该面板编辑特征名称，并在浏览器中打开特征信息。

图 4-5　选取拉伸截面　　　　图 4-6　“选项”下滑面板

4.2.2　拉伸特征的类型

单击拉伸特征操控板中相应的类型按钮，包括有实体、曲面和薄板，将显示相应的操控板，进行创建。如果模型中已经有创建好的基体类型，那么拉伸特征用于创建剪切材料，即从已有的模型中挖去一部分材料。不同的拉伸特征类型，如图 4-7 所示。

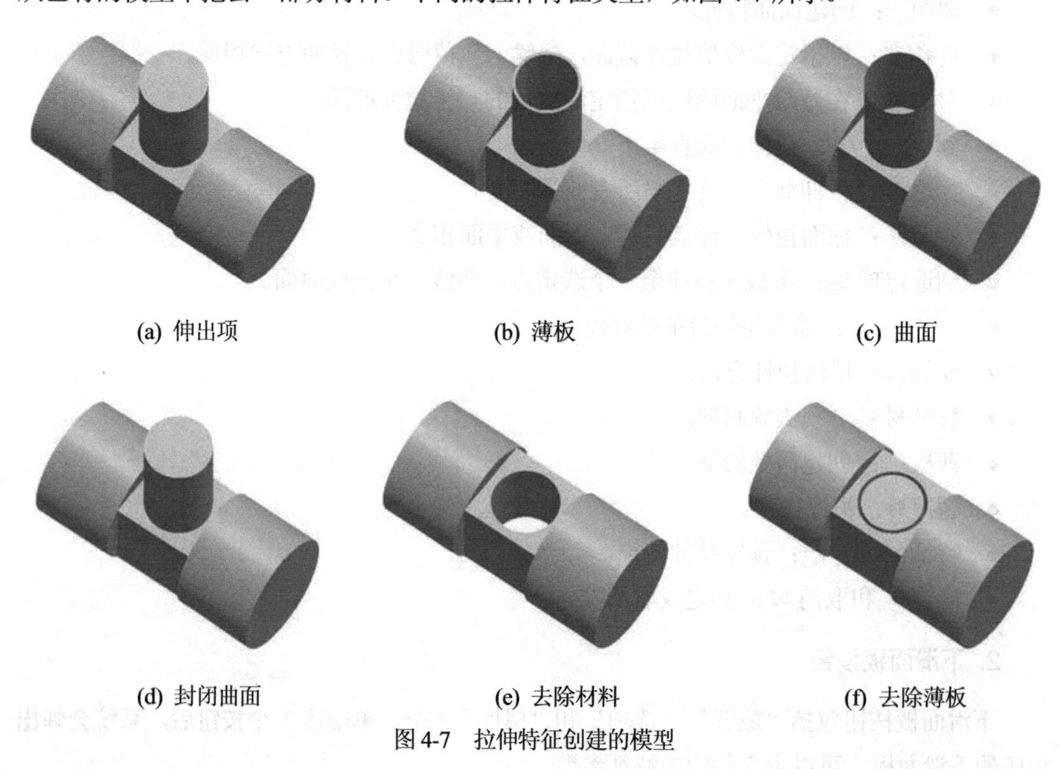

(a) 伸出项　(b) 薄板　(c) 曲面

(d) 封闭曲面　(e) 去除材料　(f) 去除薄板

图 4-7　拉伸特征创建的模型

4.2.3　拉伸特征的深度

单击拉伸特征操控板中按钮后的下拉按钮，系统显示 6 种形式的深度定义，分别为“盲孔”、“对称”、“到下一个”、“穿透”、“穿至”以及“到选定项”。

下面结合图 4-8 进行介绍，该图中的拉伸截面均从基准面 DTM1 开始，即草绘平面在基准面 DTM1 上。

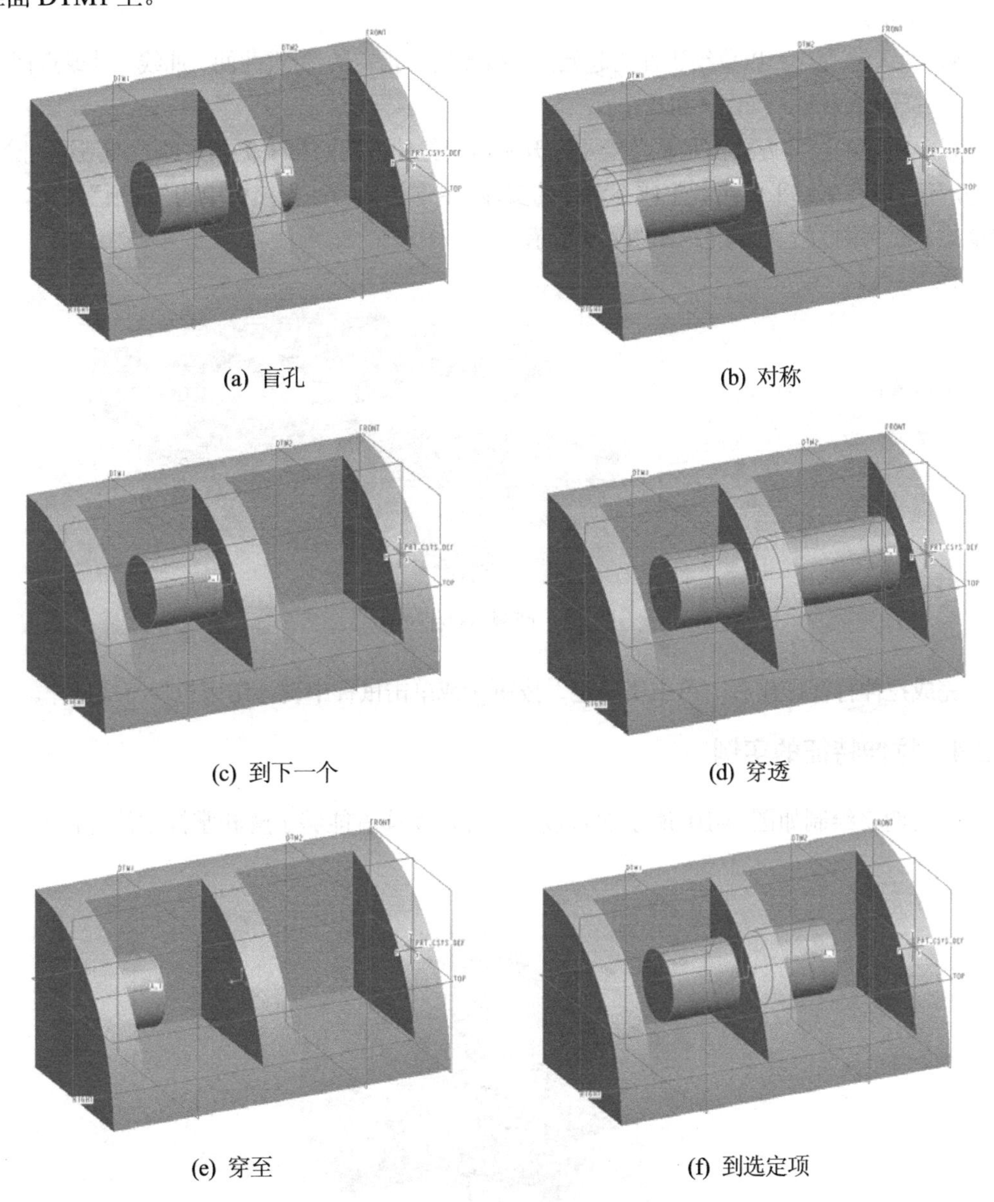

(a) 盲孔　(b) 对称

(c) 到下一个　(d) 穿透

(e) 穿至　(f) 到选定项

图 4-8　拉伸深度类型(草绘平面均为 DTM1)

- 盲孔：以数值方式指定特征的深度，它需要输入特征的深度，如图 4-8(a)所示。
- 对称：在草绘平面每一侧上以指定深度值的一半拉伸截面。对称产生的特征关于草绘平面对称，两端面之间的距离为拉伸距离，如图 4-8(b)所示。

- 到下一个：以草绘平面为特征起始面，沿箭头指示的方向，以与草绘平面相邻的下一个基体的上(下)表面为特征的结束面，如图 4-8(c)所示。
- 穿透：以草绘平面为起始面，沿箭头指示的方向，穿过模型的所有表面而建立的拉伸特征，如图 4-8(d)所示。
- 穿至：以草绘平面为起始面，以用户所指定的一个曲面为特征的结束面，如图 4-8(e)所示。
- 到选定项：以草绘平面为起始面，按照用户指定的参照(曲面、曲线、轴或点)为特征的结束面，如图 4-8(f)所示。

以上所述的拉伸方式都是从草绘平面开始沿着拉伸方向的第 1 侧指定的拉伸造型，除此以外，还可以在草绘平面两侧生成不对称的实体。单击拉伸特征操控板中的“选项”按钮，设置草绘平面两侧的拉伸深度，如图 4-9 所示。

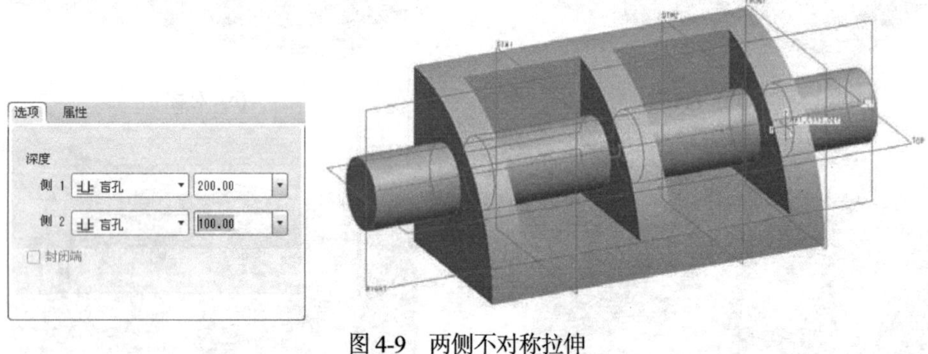

图 4-9　两侧不对称拉伸

完成拉伸特征操作后，单击“确定”按钮或单击鼠标中键，结束拉伸特征操作。

4.2.4　拉伸特征的实例

本实例将绘制如图 4-10 所示的管接头零件，使读者能够了解和掌握拉伸特征的使用方法。

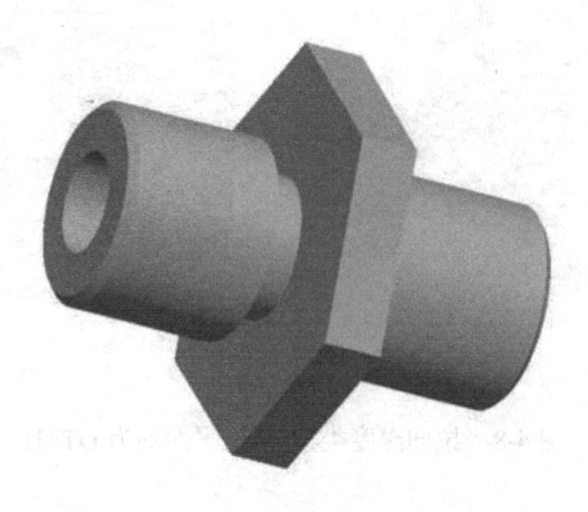

图 4-10　管接头零件

1. 建立新文件

在工具栏中单击“新建”按钮，或选择“文件”|“新建”命令，弹出 “新建”对话

框，在“类型”选项区域中选择“零件”单选按钮，在“子类型”选项区域中选择“实体”单选按钮，并输入零件名称 guanjietou，选择“使用缺省模板”复选框，最后单击“确定”按钮确定，进入零件设计界面。

2. 创建六角体

(1) 在特征工具栏中单击“拉伸”按钮，在拉伸特征操控板中单击“实体”按钮，然后单击“放置”按钮，打开下滑面板。单击下滑面板中的“定义”按钮定义...，系统弹出“草绘”对话框并提示用户选择草绘平面。选取 FRONT 基准平面作为草绘平面，接受系统默认的参照方向，单击对话框中的“草绘”按钮草绘，进入草绘界面。

(2) 在草绘工具栏中，单击“圆心和点”按钮，绘制一个直径为 100 的辅助圆；单击“线”按钮，绘制圆的内接正六边形，尺寸如图 4-11 所示，删除辅助圆后得到如图 4-12 所示的正六边形。单击草绘工具栏中的“确定”按钮，退出草绘模式。在拉伸特征操控板的“深度”下拉列表框中设置拉伸高度为 15，并单击“确定”按钮或单击鼠标中键完成拉伸特征的创建，如图 4-13 所示。

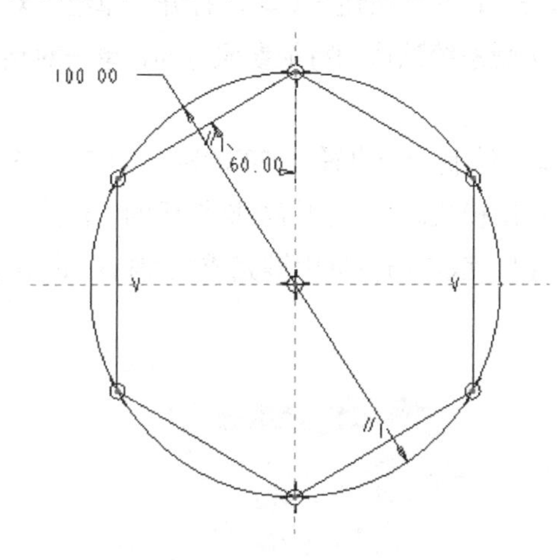

图 4-11　草绘圆和正六边形

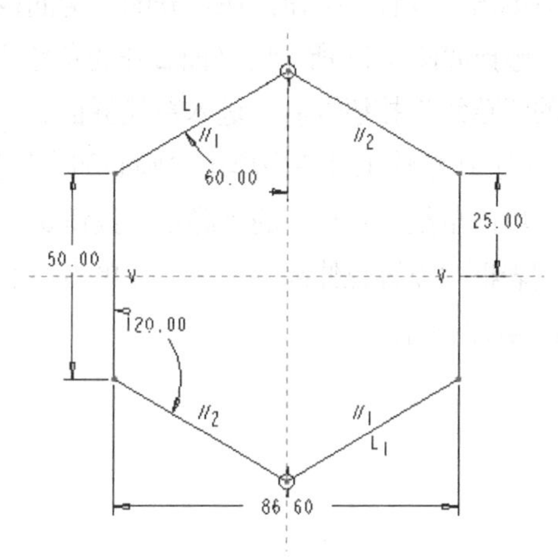

图 4-12　草绘正六边形

3. 创建圆柱特征

(1) 单击特征工具栏中的“拉伸”按钮，在拉伸特征操控板中单击“实体”按钮，然后单击“放置”按钮，在打开的下滑面板中单击“定义”按钮定义...，打开“草绘”对话框。选择如图 4-13 所示的平面 1 作为草绘平面，接受系统默认的参照方向，单击对话框中的“草绘”按钮草绘，进入草绘界面。

(2) 在草绘工具栏中单击“圆心和点”按钮，绘制一个直径为 35 的圆，如图 4-14 所示。单击草绘工具栏中的“确定”按钮，退出草绘模式。在拉伸特征操控板的“深度”下拉列表框中设置拉伸高度为 10，单击“确定”按钮或单击鼠标中键完成拉伸特征的创建，如图 4-15 所示。

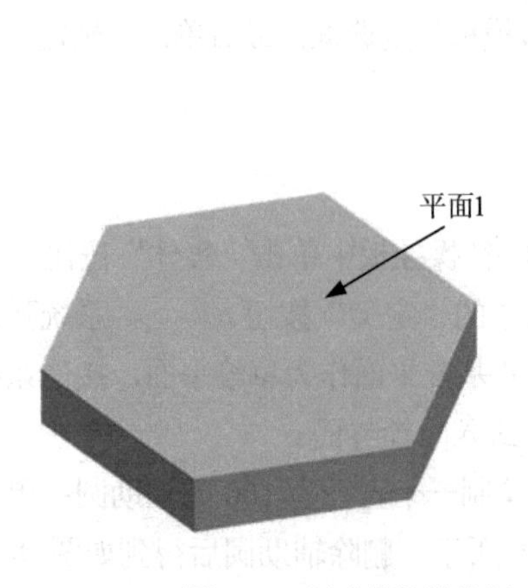

图 4-13　创建的拉伸特征

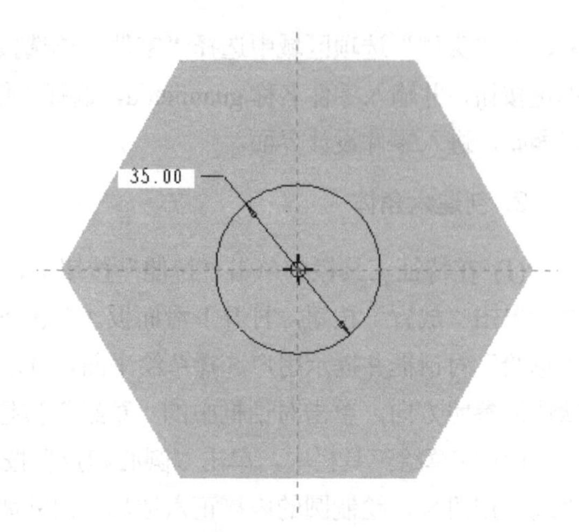

图 4-14　草绘圆

(3) 单击特征工具栏中的“拉伸”按钮，在拉伸特征操控板中单击“实体”按钮，然后单击“放置”按钮，在打开的下滑面板中单击“定义”按钮定义...，打开“草绘”对话框。选择如图 4-15 所示的平面 2 作为草绘平面，接受系统默认的特征参照方向，单击对话框中的“草绘”按钮草绘，进入草绘界面。

(4) 在草绘工具栏中单击“圆心和点”按钮，绘制一个直径为 50 的圆，如图 4-16 所示。单击草绘工具栏中的“确定”按钮，退出草绘模式。在拉伸特征操控板的“深度”下拉列表框中设置拉伸高度为 40，并单击“确定”按钮或单击鼠标中键完成拉伸特征的创建，如图 4-17 所示。

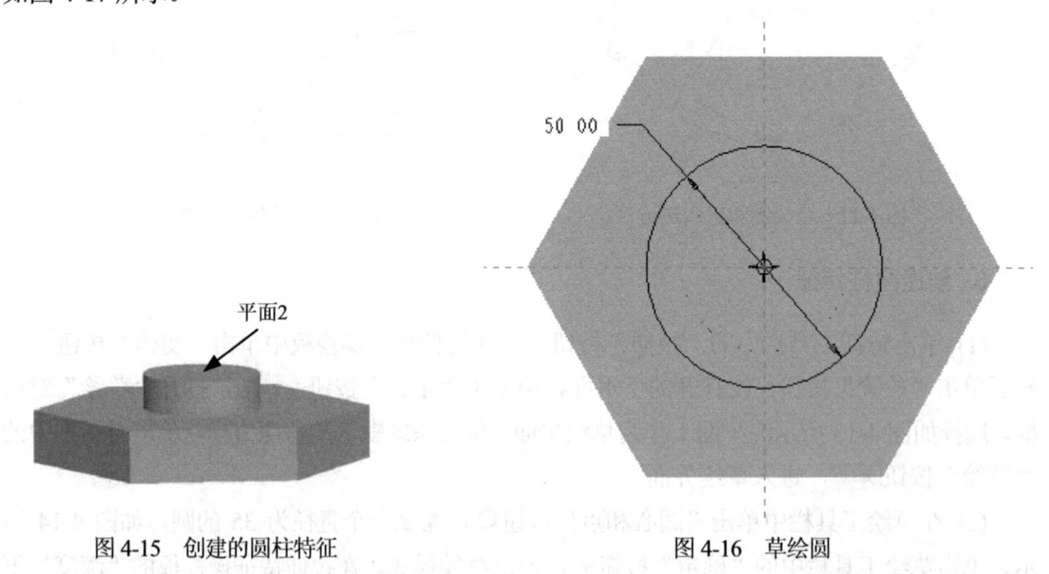

图 4-15　创建的圆柱特征　　　　图 4-16　草绘圆

(5) 用相同的方法，在六边体的另一侧绘制一个直径为 50、高为 50 的圆柱，如图 4-18 所示。

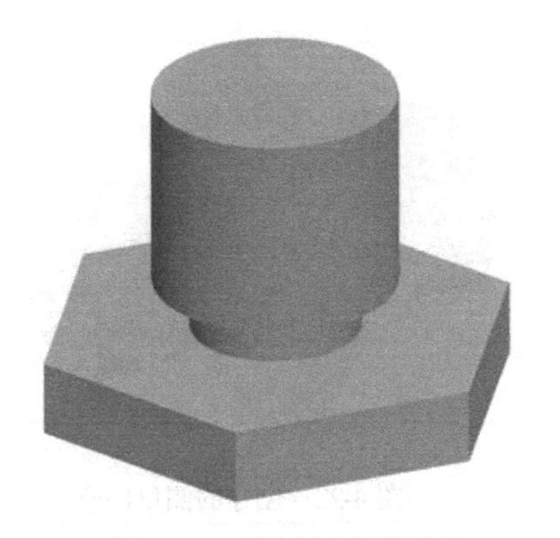

图4-17 再次创建圆柱特征

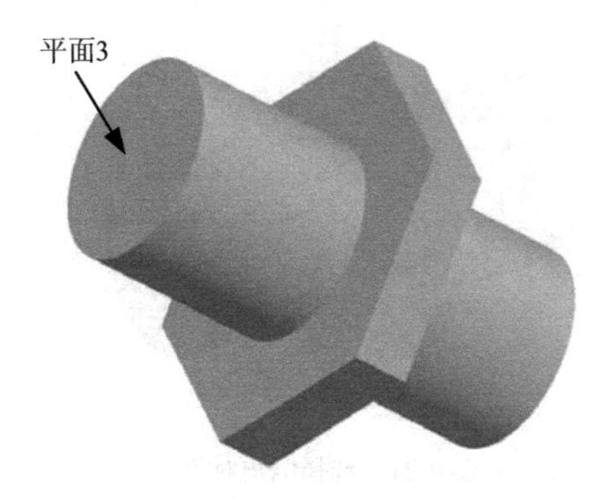

图4-18 创建的圆柱特征

4. 创建孔特征

(1) 单击特征工具栏中的“拉伸”按钮，在拉伸特征操控板中单击“实体”按钮，单击“去除材料”按钮，以剪切材料的方法来创建拉伸特征。单击“放置”按钮，在打开的下滑面板中单击“定义”按钮定义...，打开“草绘”对话框。选择如图4-18所示的平面3作为草绘平面，接受系统默认的参照方向，单击对话框中的“草绘”按钮草绘，进入草绘界面。按照图4-19所示绘制直径为25的圆，完成后单击草绘工具栏中的“确定”按钮✔，退出草绘模式。

(2) 在拉伸特征操控板的“深度”级联按钮菜单中单击“穿透”按钮，指定剪切特征穿过平面，并单击“确定”按钮✔或单击鼠标中键完成拉伸剪切特征的创建。创建的孔如图4-20所示。

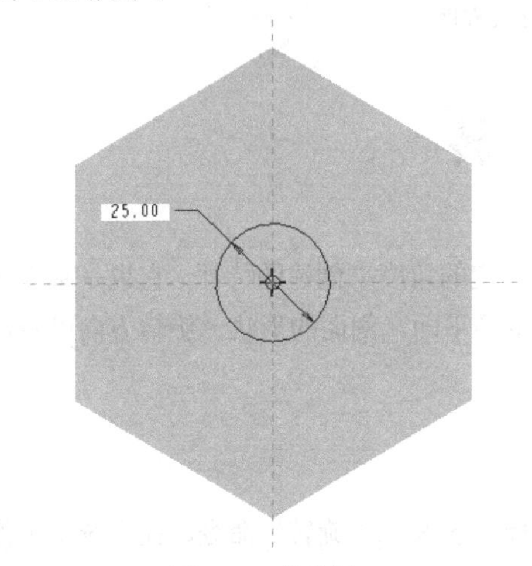

图4-19 草绘圆

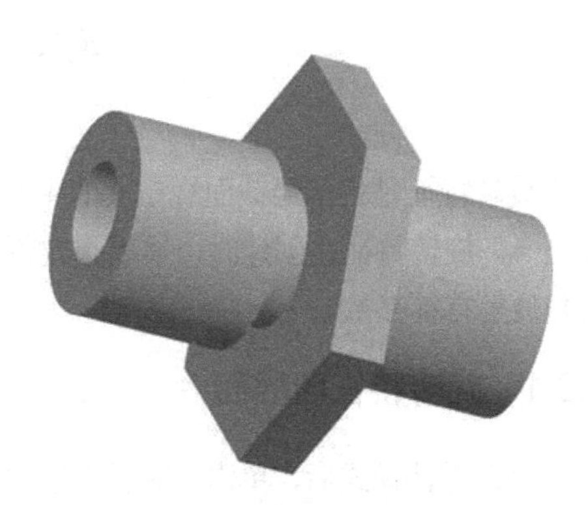

图4-20 创建的孔特征

5. 倒角

单击特征工具栏中的“边倒角”按钮，选择如图4-21所示的两条边作为倒角对象，在左下角D 2.00中指定D为2。单击“确定”按钮✔，完成“倒角”特征的创建，结果如图4-22所示。

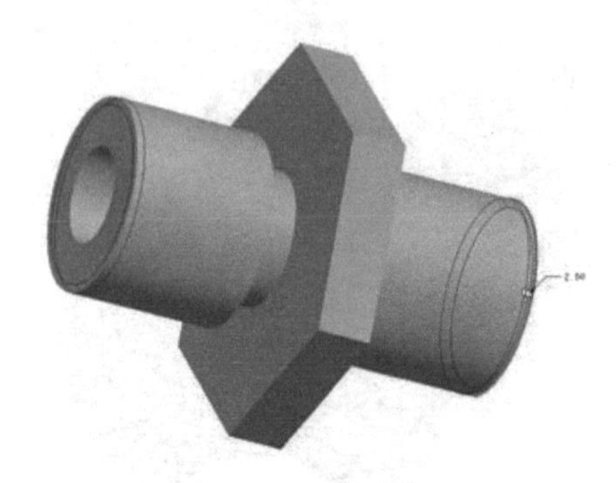

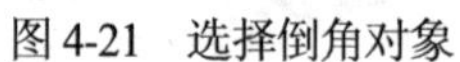

图 4-21　选择倒角对象

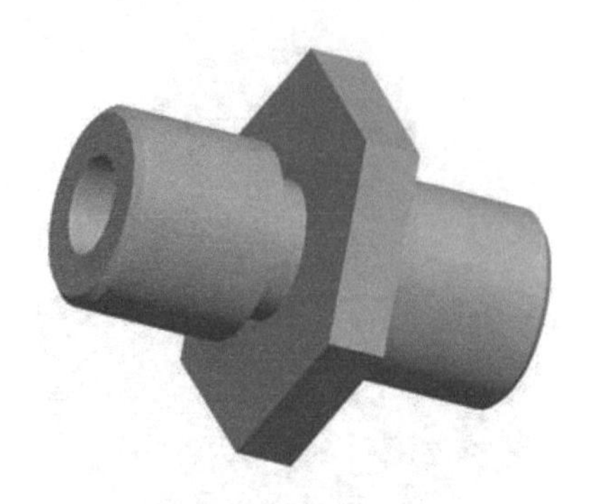

图 4-22　创建的倒角特征

6. 保存文件

创建的管接头零件如图 4-23 所示。在工具栏中单击“保存”按钮，将文件保存到指定的目录并关闭窗口。

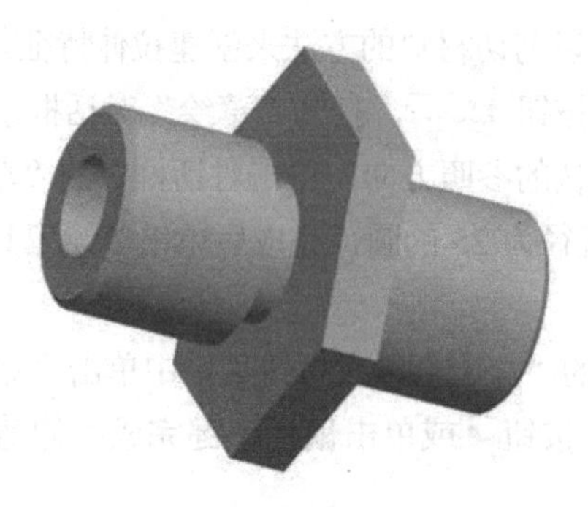

图 4-23　绘制的管接头零件

4.3　旋　　转

旋转特征是将草绘截面绕定义的中心轴线旋转一定的角度来创建的特征，它也是基本特征之一。旋转特征在创建时，需要指定剖面所在的草绘平面、剖面的形状、旋转方向以及旋转角度等特征参数。

4.3.1　旋转特征的界面

进入零件模式后，单击“旋转”按钮，或选择“插入”|“旋转”命令，在系统主工作区上方会出现旋转特征操控板，如图 4-24 所示。

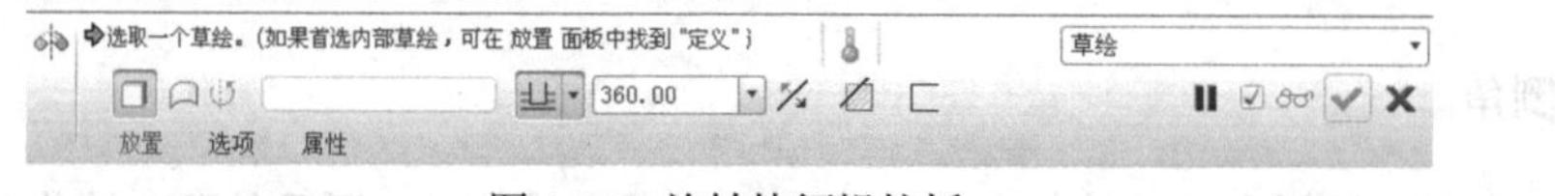

图 4-24　旋转特征操控板

旋转特征操控板分为上下两排：上面一排是特征图标框；下面一排包含 3 个下滑面板按钮，分别为“放置”“选项”和“属性”按钮。

1. 特征图标框

旋转特征图标框中各按钮的功能如下。

- 实体：创建实体特征。
- 曲面：创建曲面特征。
- 变量：自草绘平面以指定角度值旋转截面。预先设定的角度值包括90、180、270以及360，用户也可以自己输入需要的角度值。
- 对称：在草绘平面的两侧以指定角度值的一半旋转截面。
- 到选定项：将剖面旋转至选定的基准点、顶点、平面或曲面。在此需要注意的是，终止平面或曲面必须包含旋转轴。
- 360.00：指定旋转特征的角度值。
- 反转：相对草绘平面反转特征创建方向。
- 移除：去除材料特征。
- 薄板：创建薄板特征。
- 暂停：暂停操作。
- 预览：预览旋转特征。
- 确定和取消：确定或取消操作。

2. 下滑面板按钮

下滑面板按钮包括“放置”“选项”和“属性”3个按钮。单击这3个按钮后，系统会弹出相应的下滑面板，可以定义相应的特征参数。

- 放置：定义特征截面。单击“定义”按钮，系统会弹出“草绘”对话框，用于选取草绘的基准平面，并且确定草绘的方向，如图4-25所示。
- 选项：设置旋转的角度，输入一个从0到360的任意数值。还可创建双侧旋转特征，可先使用一侧的定义角度选项创建旋转特征，然后在“选项”下滑面板中定义第二侧的旋转角度，如图4-26所示。通过选取“封闭端”选项可以创建封闭的曲面特征。
- 属性：使用该面板编辑特征名称，并在浏览器中打开特征信息。

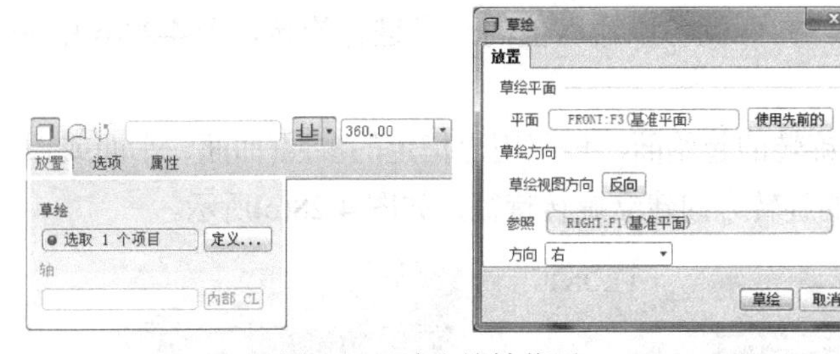

图4-25 选取旋转截面

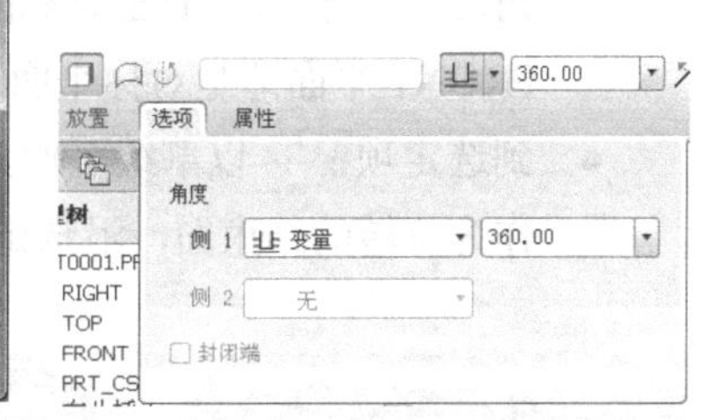

图4-26 “选项”下滑面板

4.3.2 旋转特征的类型

与拉伸特征相同，在一个空的模型空间中，旋转特征可以用来创建实体、曲面以及薄板等类型。若模型空间中已经有创建的基体类型，那么旋转特征还可以用来剪切材料，即从已有的模型中去除部分材料。不同的旋转特征类型如图4-27所示。

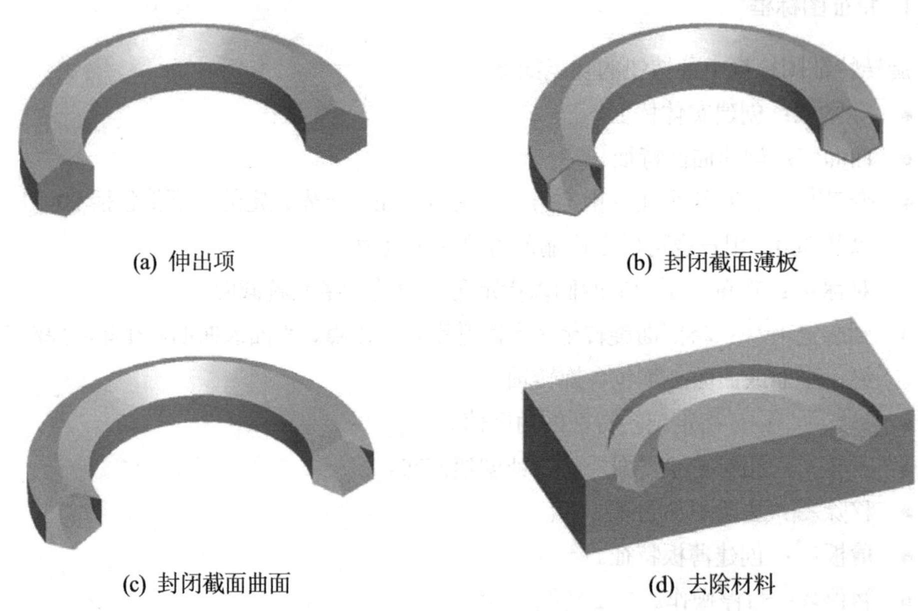

(a) 伸出项　(b) 封闭截面薄板　(c) 封闭截面曲面　(d) 去除材料

图 4-27　旋转特征创建的模型

4.3.3　旋转特征的方向与角度

旋转特征的方向分为两种情况：一种是单侧方向，另一种是双侧方向。每种都能单独定义深度选项。系统默认方向为逆时针，若需要顺时针旋转，则将角度值改为负值即可。

要创建双侧角度特征，在定义了第 1 侧的旋转角度后，在“选项”下滑面板中定义第 2 侧的旋转角度即可。

设置特征的旋转角度，可以通过单击旋转特征操控板中“变量”按钮后的下拉按钮，有 3 种定义角度的形式，包括“变量”、“对称”以及“到选定项”。

- 变量：以数值的方式指定旋转角度，需要输入特征旋转的角度，系统默认值为 360°。如果将角度设置为 180°，则会出现如图 4-28(a)所示的结果。
- 对称：以数值的方式指定旋转角度，与“变量”旋转有所不同，“对称”旋转的角度是关于草绘平面对称的，向两侧各以输入值的一半进行旋转，图 4-28(b)中的 FRONT 平面即是对称平面。
- 到选定项：以草绘平面为旋转的起始面，按照用户指定的参照(曲面、平面或点)作为旋转的结束面，沿选定的旋转方向建立旋转特征，如图 4-28(c)所示。

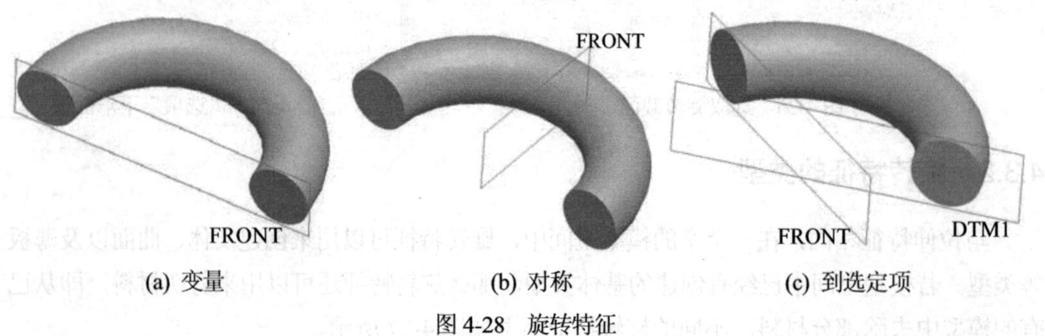

(a) 变量　(b) 对称　(c) 到选定项

图 4-28　旋转特征

4.3.4 旋转特征的实例

本实例将绘制如图4-29所示的车轮轮毂，使读者能够了解和掌握旋转特征的使用方法。

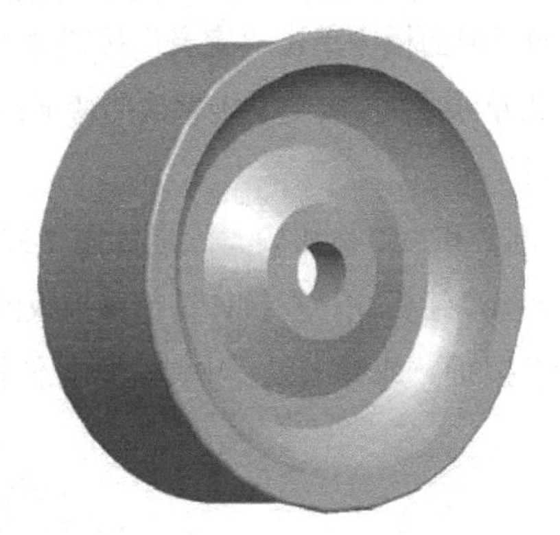

图4-29 车轮轮毂模型

1. 建立新文件

在工具栏中单击“新建”按钮，或选择“文件”|“新建”命令，弹出“新建”对话框，在“类型”选项区域中选择“零件”单选按钮，在“子类型”选项区域中选择“实体”单选按钮。输入零件名称为lungu，选择“使用缺省模板”复选框，单击“确定”按钮确定，进入零件设计界面。

2. 创建圆环

(1) 单击特征工具栏中的“旋转”按钮，在旋转特征操控板中单击“实体”按钮，单击“放置”按钮，打开下滑面板，再单击下滑面板中的“定义” 按钮定义...，系统弹出“草绘”对话框并提示用户选择草绘平面。选取FRONT基准平面作为草绘平面，接受系统默认的参照方向，最后单击对话框中的“草绘”按钮草绘，进入草绘界面。

(2) 单击草绘工具栏中的“几何中心线”按钮，绘制一条竖直中心线，然后按照如图4-30所示的尺寸绘制截面，最后单击草绘工具栏中的“确定”按钮，退出草绘模式。

(3) 接受系统默认的360°旋转角度值，在旋转特征操控板中单击“确定”按钮或单击鼠标中键完成圆环特征的创建，如图4-31所示。

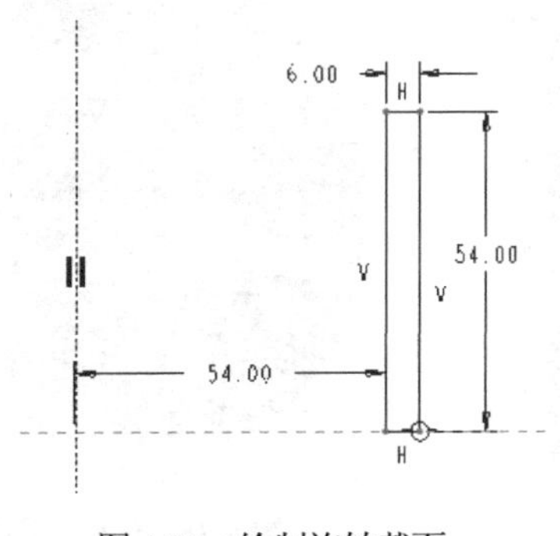

图4-30 绘制旋转截面

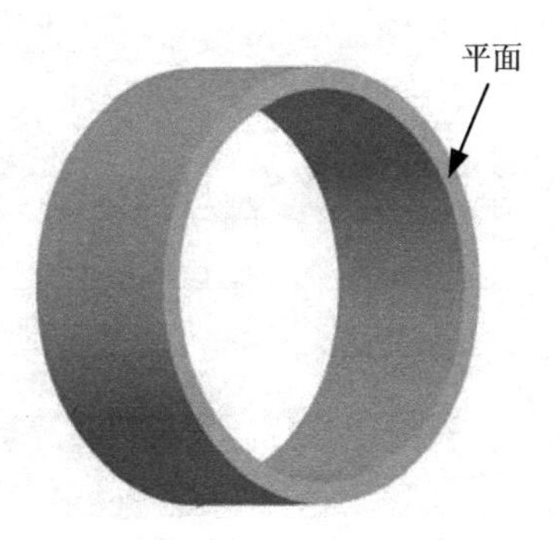

图4-31 创建圆环特征

3. 创建轮毂边缘

(1) 单击特征工具栏中的“拉伸”按钮，在拉伸特征操控板中单击“实体”按钮，单击“放置”按钮，在打开的下滑面板中单击“定义”按钮定义...，打开“草绘”对话框。选择如图 4-31 所示的平面作为草绘平面，接受系统默认的特征参照方向，单击对话框中的“草绘”按钮草绘，进入草绘界面。

(2) 单击草绘工具栏中“圆心和点”按钮，绘制如图 4-32 所示的两个圆。单击草绘工具栏中的“确定”按钮，退出草绘模式。在拉伸特征操控板的“深度”下拉列表框中设置拉伸高度为 3，并单击“确定”按钮或单击鼠标中键完成拉伸特征的创建，如图 4-33 所示。

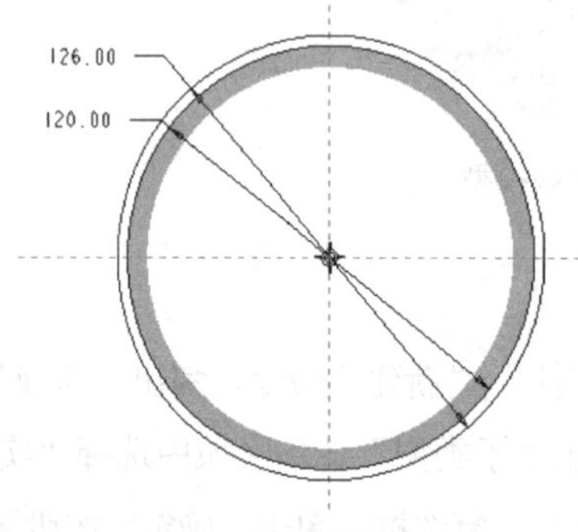

图 4-32　绘制两个圆

图 4-33　绘制轮毂边缘

4. 创建内圈

(1) 单击特征工具栏中的“旋转”按钮，在旋转特征操控板中单击“实体”按钮，单击“放置”按钮，打开下滑面板，再单击下滑面板中的“定义”按钮定义...，系统弹出“草绘”对话框并提示用户选择草绘平面。选取 FRONT 基准平面作为草绘平面，接受系统默认的参照方向，单击对话框中的“草绘”按钮草绘，进入草绘界面。

(2) 单击草绘工具栏中的“几何中心线”按钮，绘制一条竖直中心线，然后绘制如图 4-34 所示的旋转截面，单击草绘工具栏中的“确定”按钮，退出草绘模式。

(3) 接受系统默认的旋转角度值为 360°，并单击“确定”按钮或单击鼠标中键完成内圈特征的创建，如图 4-35 所示。

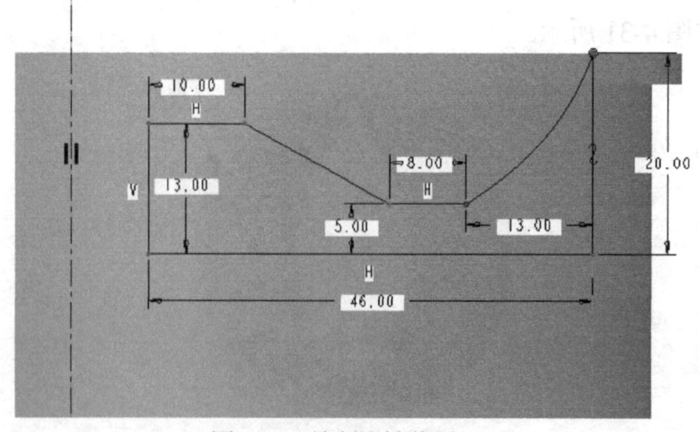

图 4-34　绘制旋转截面

图 4-35　创建内圈特征

5. 倒圆角

单击特征工具栏中的“倒圆角”按钮，选择如图 4-36 所示的 4 条边，在倒圆角对话框中输入倒角值为 1.5，单击“确定”按钮或单击鼠标中键完成圆角特征的创建。

6. 保存文件

最后创建的轮毂零件如图 4-37 所示。单击“保存”按钮，将文件保存到指定的目录并关闭窗口。

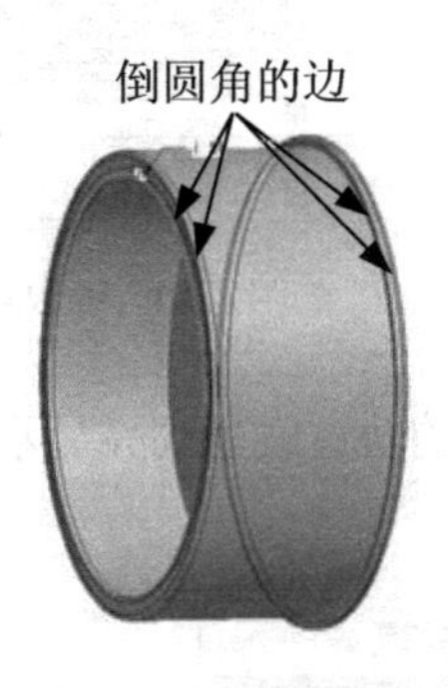

图 4-36　倒圆角的边

图 4-37　绘制的轮毂

4.4 扫　描

扫描特征是通过草绘或选取轨迹线，并沿该轨迹线对草绘截面进行扫描来创建实体、薄板或者曲面的。常规的截面扫描可以使用特征创建时的草绘轨迹，也可以使用选定的基准曲线或边组成的轨迹。扫描特征的应用比较灵活，能够创建形状复杂的零件，按照零件生成的复杂性可将扫描特征分为初级扫描与高级扫描。本节将介绍初级扫描特征的创建方法与步骤。

4.4.1 扫描特征的界面

选择“插入”|“扫描”命令，系统弹出“扫描”子菜单，如图 4-38 所示。选择不同的命令，即可创建实体、薄板或曲面等特征。需要注意的是，该子菜单下的所有选项在沿轨迹扫描的过程中，截面形状始终保持不变，而只是截面所在的框架的方向发生改变。

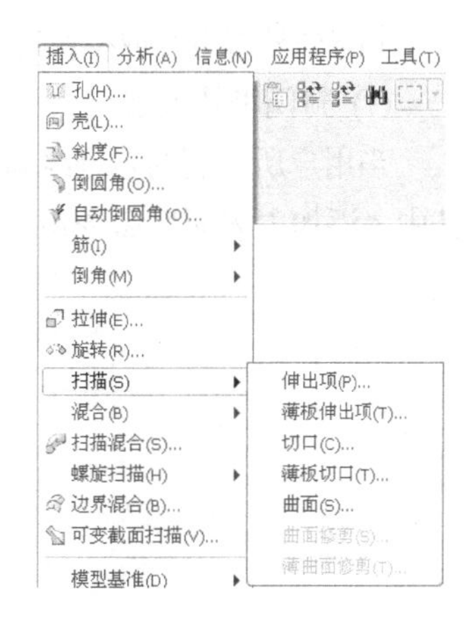

图 4-38　“扫描”子菜单

1. 扫描轨迹线

选择“插入”|“扫描”|“伸出项”命令，系统弹出如图 4-39 所示的“伸出项：扫描”对话框和“扫描轨迹”菜单。其中：“草绘轨迹”命令表示需要在草绘模式下绘制一条曲线作为扫描特征的轨迹线；“选取轨迹”命令表示选取图形中现有的一条曲线或者基准线作为扫描特征的轨迹线。

选择“草绘轨迹”命令，系统弹出如图 4-40 所示的“设置草绘平面”菜单和“选取”对话框，要求用户选取草绘的平面。选取基准平面后并单击“确定”按钮，系统先后弹出如图 4-41 所示的方向及参照菜单，用于查看草绘平面的方向以及为草绘选取一个水平或垂直的参照。选取完成后，即可进入草绘界面绘制扫描轨迹。

图 4-39　“伸出项：扫描”对话框

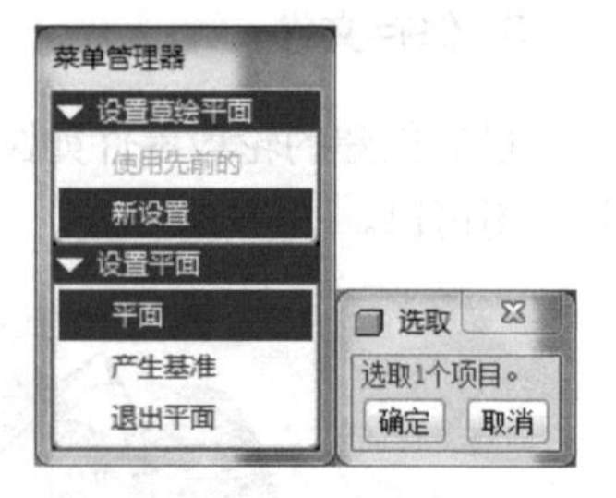

图 4-40　选取草绘平面提示

若选择“选取轨迹”命令，则需要选取轨迹线，选中的轨迹线呈高亮显示，选择“完成”命令即可进入草绘界面绘制图形的截面，如图 4-42 所示。

图 4-41　方向及参照菜单

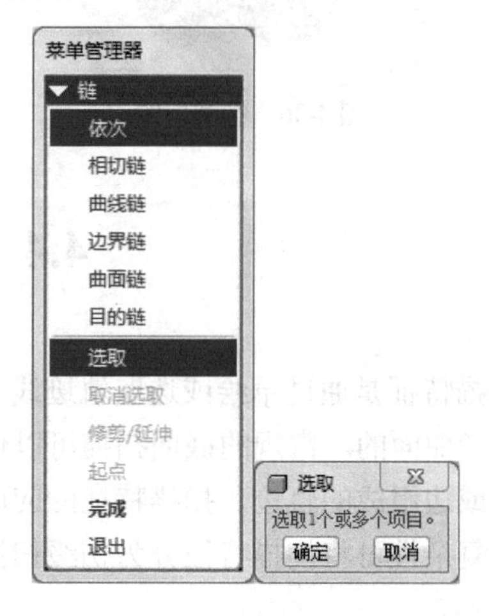

图 4-42　选取轨迹提示

2. 选择扫描方式

扫描轨迹线有开放型和封闭型，系统根据这两种轨迹线的差异分别提供了不同的属性选项。

(1) 封闭型轨迹线

当用户所绘制的轨迹线为封闭型时，系统会弹出如图 4-43 所示的封闭轨迹线属性菜单，其中“添加内表面”命令和“无内表面”命令之间的差别主要是在扫描截面的形状上。

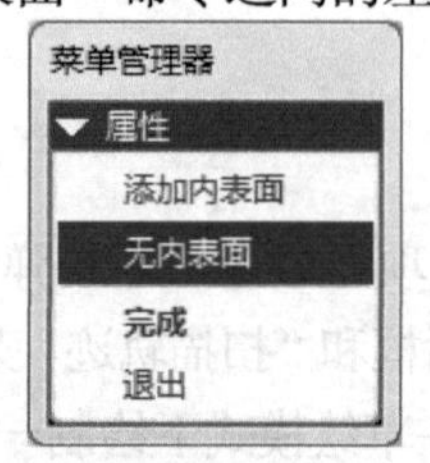

图 4-43　封闭轨迹线属性菜单

- 添加内表面：表示轨迹线是封闭的，而剖面是开放的。将一个没有封闭的截面沿着封闭的轨迹线进行扫描，系统会在开口处自动补足上、下表面以形成实体，且开口方向向着封闭轨迹的内部，如图 4-44 所示。
- 无内表面：表示轨迹线和剖面都是封闭的。将一个封闭的截面沿着轨迹线扫描出实体，系统不会自动补足上、下表面，如图 4-45 所示。在此需要注意的是零件的截面可以与轨迹线相接，也可以不相接。

图 4-44　添加内表面

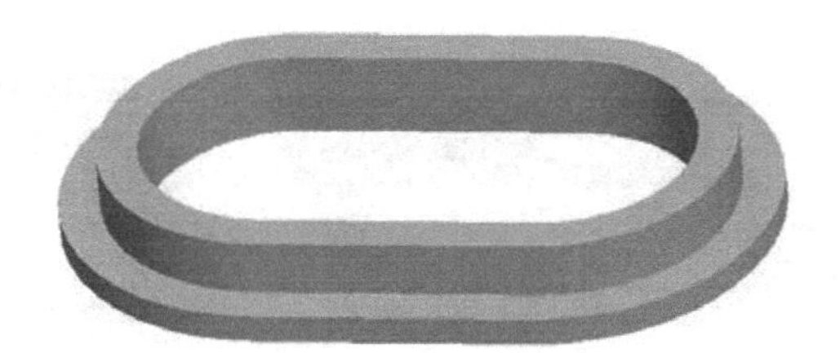

图 4-45　无内表面

(2) 开放型轨迹线

如果扫描轨迹线是开放的，则扫描特征的开口端附近往往会有模型与它相连，系统根据情况也提供了“合并端点”和“自由端点”两种属性。

- 合并端点：表示让特征自动地延伸到已存在的实体，如图 4-46 所示。
- 自由端点：表示保持原先的扫描特征，如图 4-47 所示。

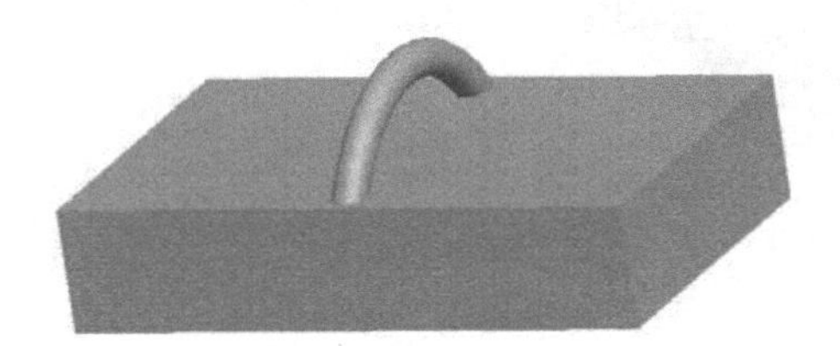

图 4-46　合并端点

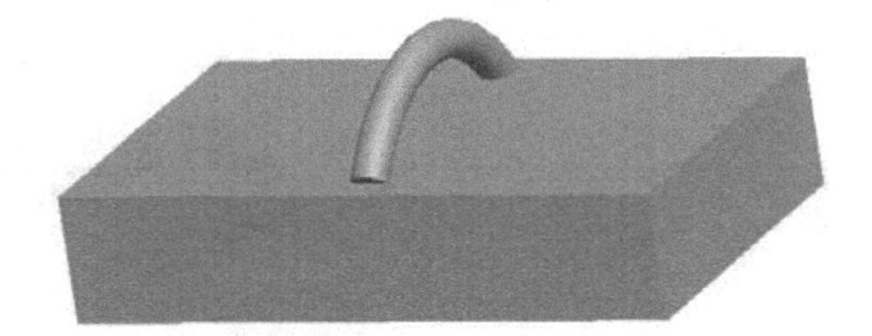

图 4-47　自由端点

4.4.2　扫描特征的类型

根据扫描的属性，扫描特征所形成的基体类型包括 3 种情况，分别为：闭合轨迹线，开放端面；闭合轨迹线，闭合端面；开放轨迹线，闭合端面。不同的扫描类型如图 4-48、图 4-49 和图 4-50 所示。

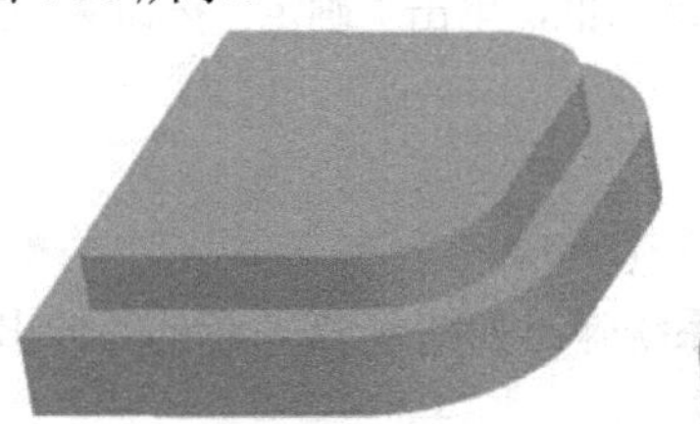

(a) 闭合轨迹线，开放端面

(b) 闭合轨迹线，闭合端面

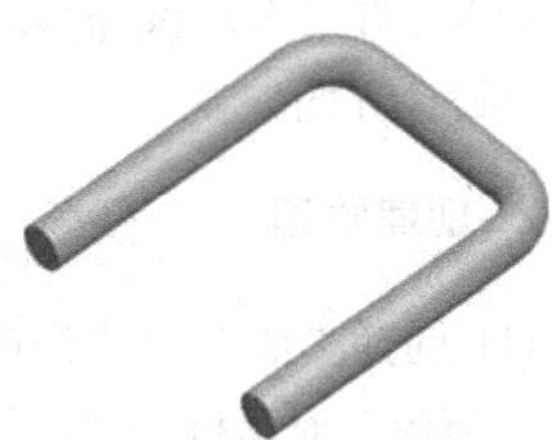

(c) 开放轨迹线，闭合端面

图 4-48　伸出项

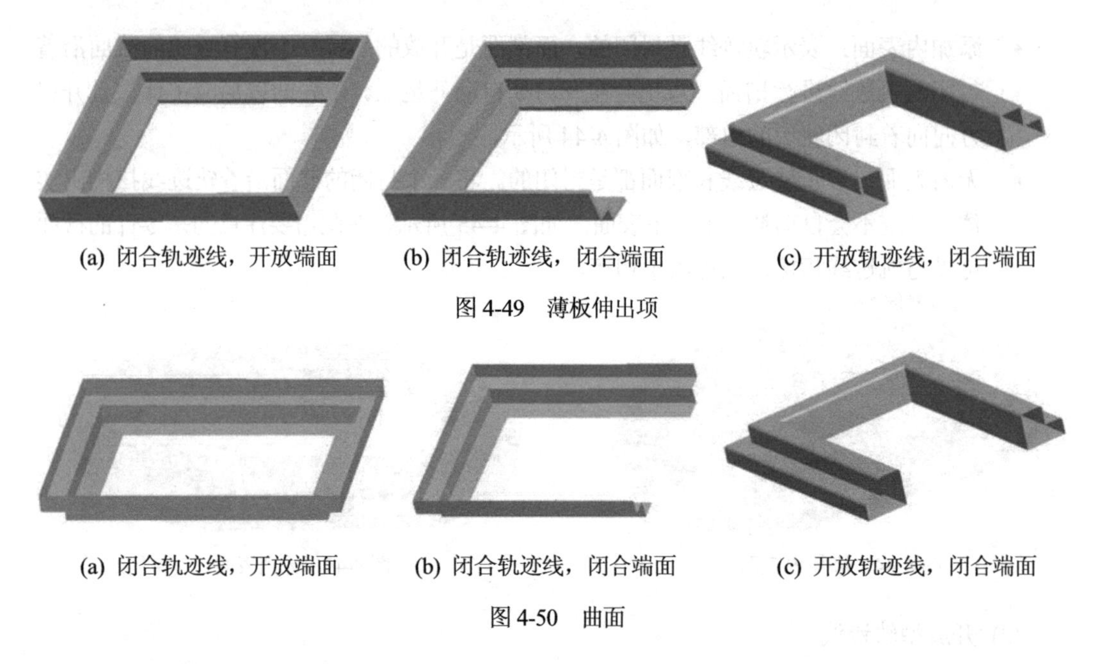

(a) 闭合轨迹线，开放端面　(b) 闭合轨迹线，闭合端面　(c) 开放轨迹线，闭合端面

图 4-49　薄板伸出项

(a) 闭合轨迹线，开放端面　(b) 闭合轨迹线，闭合端面　(c) 开放轨迹线，闭合端面

图 4-50　曲面

4.4.3　扫描特征的实例

本实例将绘制如图 4-51 所示的排气管零件，通过学习本实例使读者了解和掌握扫描特征的使用方法。

图 4-51　排气管零件

1. 建立新文件

在工具栏中单击“新建”按钮，或选择“文件”|“新建”命令，弹出“新建”对话框，在“类型”选项区域中选择“零件”单选按钮，在“子类型”选项区域中选择“实体”单选按钮，输入零件名称为 paiqiguan，并选择“使用缺省模板”复选框，单击“确定”按钮确定，进入零件设计界面。

2. 创建管道

(1) 选择“插入”|“扫描”|“薄板伸出项”命令，系统弹出如图 4-52 所示的“伸出项：扫描，薄板”对话框和“扫描轨迹”菜单。

(2) 选择“草绘轨迹”命令，系统会弹出如图 4-53 所示的“设置草绘平面”菜单和“选取”对话框，要求用户选取草绘的平面。选取 FRONT 基准平面作为草绘平面，从弹出的“方向”菜单中选择“确定”命令，在“草绘视图”菜单中选择“缺省”命令，进入草绘模式。

图 4-52 “伸出项：扫描，薄板” 对话框

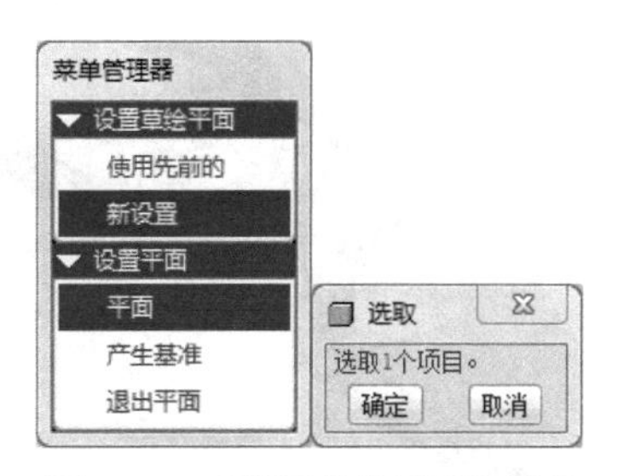

图 4-53 “设置草绘平面”菜单

(3) 绘制如图 4-54 所示的草绘轨迹线，并按照图中尺寸进行修改，单击草绘工具栏中的“确定”按钮✔，退出草绘模式。

(4) 系统进入扫描截面绘制模式，绘制一个直径为 8 的圆，如图 4-55 所示。完成后，单击草绘工具栏中的“确定”按钮✔，退出草绘模式。

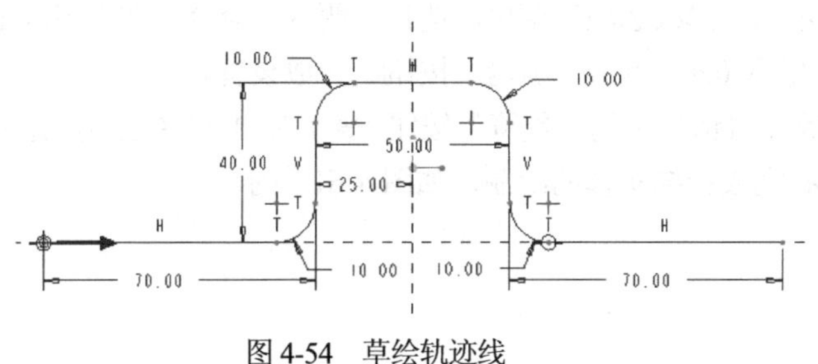

图 4-54 草绘轨迹线

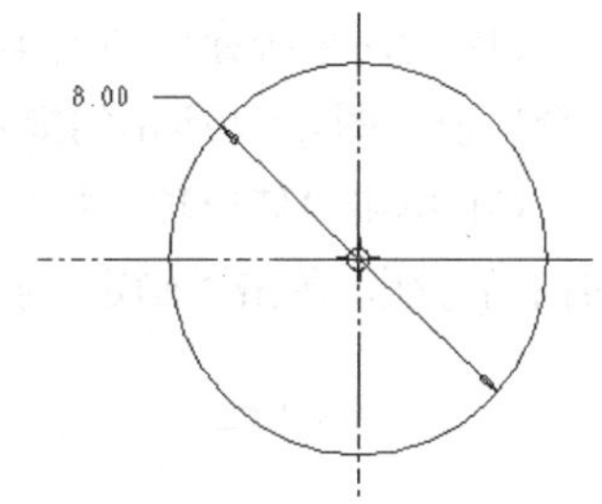

图 4-55 扫描特征截面

(5) 此时系统弹出如图 4-56 所示的“薄板选项”菜单，选择“两者”命令，表示所生成的薄板是以特征截面为中心沿两侧延伸所生成。

(6) 在主视区上方会出现如图 4-57 所示的提示框，提示用户输入薄板特征的厚度，输入 0.4，单击“确定”按钮✔完成设置。

图 4-56 “薄板选项”菜单

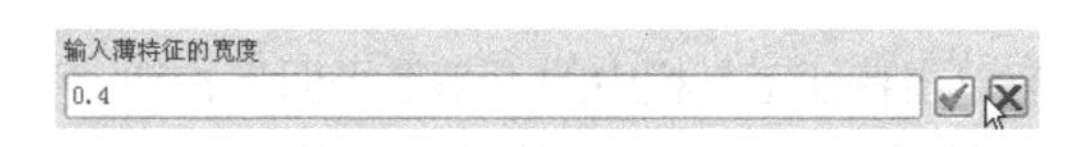

图 4-57 输入管道厚度提示框

(7) 单击“伸出项：扫描，薄板”对话框中的“预览”按钮[预览]，在主视区显示所绘制的扫描特征，单击“确定”按钮[确定]完成管道的绘制，如图 4-58 所示。

3. 绘制消声器

(1) 选择“插入”|“扫描”|“伸出项”命令，从弹出的“扫描轨迹”菜单中选择“草绘轨迹”命令，选取 TOP 基准平面作为草绘平面，从弹出的“方向”菜单中选择“反向”命令，再选择“确定”命令，在“草绘视图”菜单中选择“缺省”命令，进入草绘模式。

(2) 绘制如图 4-59 所示的草绘轨迹线，并单击草绘工具栏中的“确定”按钮✔，退出草绘模式。

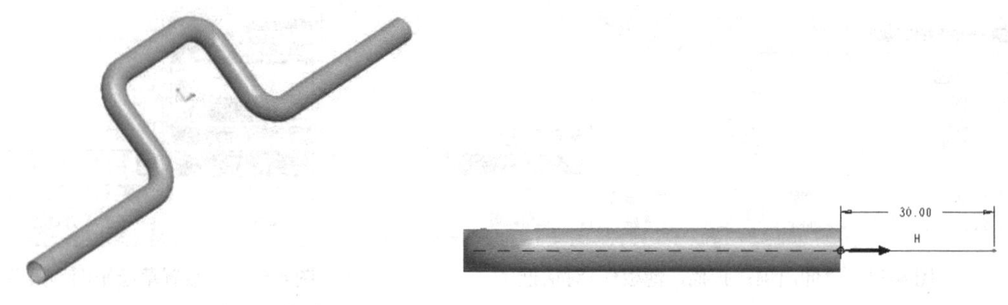

图 4-58　生成的薄壁管道　　　　图 4-59　草绘轨迹线

(3) 从弹出的“属性”菜单中选择“自由端”命令，表示所生成的扫描实体保持原有的特征。选择“完成”命令，进入扫描截面草绘界面，按照如图 4-60 所示的草绘剖面绘制扫描截面。完成后，单击草绘工具栏中的“确定”按钮✔，退出草绘模式。

(4) 此时系统弹出如图 4-56 所示的“薄板选项”菜单，选择“两者”命令，在主视区上方会出现如图 4-57 所示的提示框，输入 0.4，单击“确定”按钮☑完成设置。

(5) 单击“伸出项：扫描，薄板”对话框中的“预览”按钮[预览]，在主视区显示所绘制的扫描特征，单击“确定”按钮[确定]完成扫描实体的绘制，如图 4-61 所示。

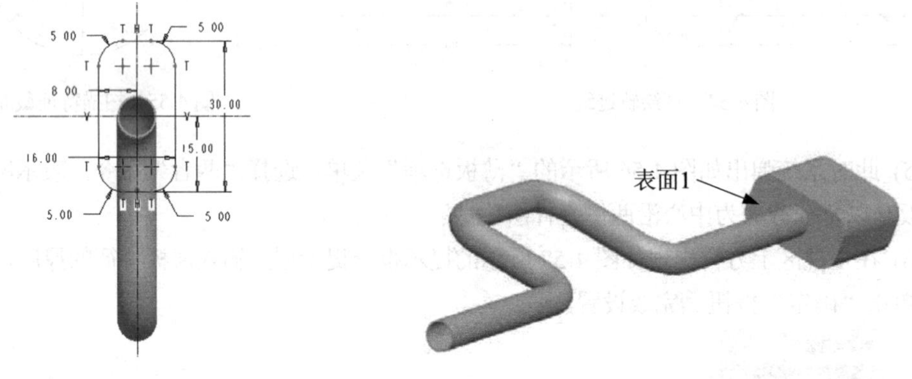

图 4-60　草绘剖面　　　　图 4-61　创建的扫描实体

(6) 单击特征工具栏中的“基准平面”按钮▱，系统弹出“基准平面”对话框，选择如图 4-61 所示的表面 1 作为参照平面，将偏距值设置为-1，单击“确定”按钮[确定]，即可创建新的基准平面 DTM1，如图 4-62 所示。

(7) 单击特征工具栏中的“拉伸”按钮，在拉伸特征操控板中单击“实体”按钮□，单击“去除材料”按钮◺，指定以剪切材料的方法创建拉伸特征。单击“放置”按钮，然后在打开的下滑面板中单击“定义”按钮[定义...]，打开“草绘”对话框，选择步骤(6)所创建的基准平面 DTM1 作为草绘平面，接受系统默认的特征生成方向，单击对话框中的“草绘”按钮[草绘]，进入草绘界面。

(8) 在草绘工具栏中单击“偏移”按钮，选择偏距边为“环”，选取步骤(7)所创建的扫描实体的外表面，接受系统所选择的环形链，在系统弹出的偏距值框中输入-1，表示向内侧绘制，如图 4-63 所示。完成后，单击草绘工具栏中的“确定”按钮✔，退出草绘模式。

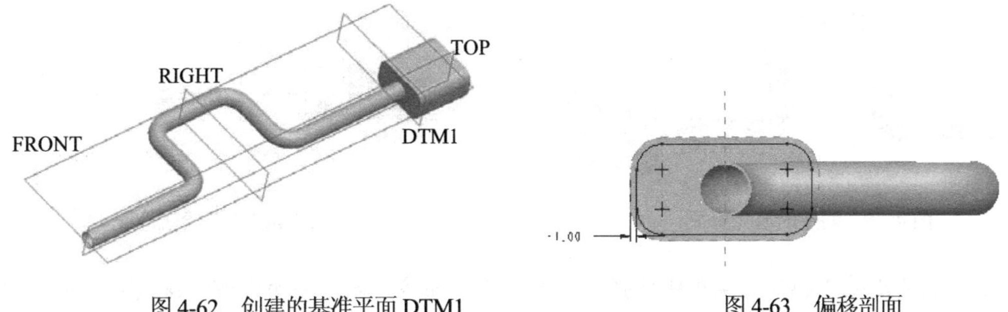

图4-62 创建的基准平面DTM1　　图4-63 偏移剖面

(9) 在拉伸特征操控板中，在“深度”级联按钮菜单中单击“可变”按钮，输入剪切的深度为28，单击“翻转”按钮，改变剪切材料的方向。

(10) 单击“确定”按钮或单击鼠标中键完成拉伸剪切特征的创建。创建的壳体如图4-64所示。

4. 绘制排气管

(1) 单击特征工具栏中的“拉伸”按钮，在拉伸特征操控板中单击“实体”按钮，以指定生成拉伸实体；单击“去除材料”按钮，指定以剪切材料的方法创建拉伸特征；单击“放置”按钮，在打开的下滑面板中单击“定义”按钮定义...，打开“草绘”对话框。选择如图4-64所示的表面2作为草绘平面，选取FRONT和TOP基准平面作为草绘的参考平面，单击对话框中的“草绘”按钮草绘，进入草绘界面。

(2) 绘制如图4-65所示的草绘剖面，单击草绘工具栏中的“确定”按钮，退出草绘模式。

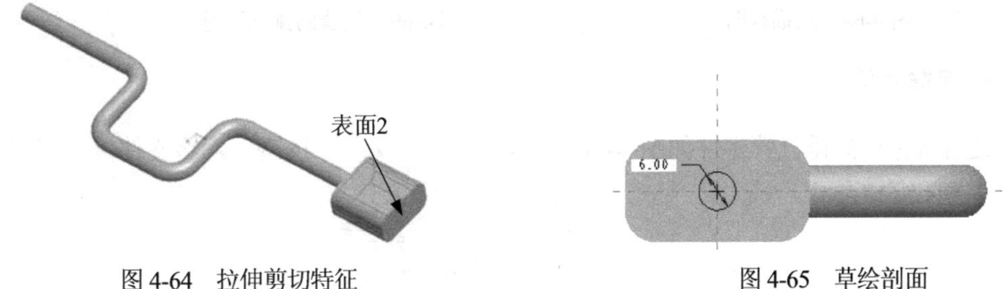

图4-64 拉伸剪切特征　　图4-65 草绘剖面

(3) 在拉伸特征操控板中，在“深度”级联按钮菜单中单击“可变”按钮，输入剪切的深度为30，单击“反转”按钮，改变剪切材料的方向。

(4) 单击“确定”按钮或单击鼠标中键完成拉伸剪切特征的创建。创建的通孔特征如图4-66所示。

(5) 选择“插入”|“扫描”|“薄板伸出项”命令，从弹出的“扫描轨迹”菜单中选择“草绘轨迹”命令。选取TOP基准平面作为草绘平面，从弹出的“方向”菜单中选择“反向”命令，然后在“草绘视图”菜单中选择“缺省”命令，进入草绘模式。

(6) 按照如图4-67所示的尺寸绘制扫描特征的轨迹线，并单击草绘工具栏中的“确定”按钮，退出草绘模式。

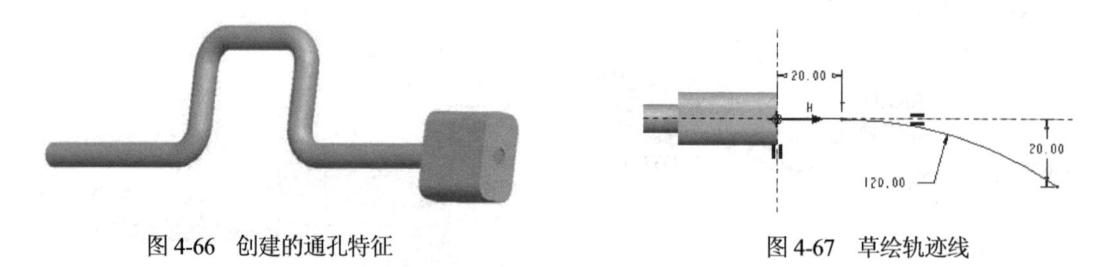

图 4-66　创建的通孔特征　　　　图 4-67　草绘轨迹线

(7) 从弹出的“属性”菜单中选择“合并终点”命令，表示将所生成的排气管道延伸到消声器的特征实体上。选择“完成”命令，进入扫描截面草绘界面，按照如图 4-68 所示的草绘剖面绘制扫描截面。单击草绘工具栏中的“确定”按钮，退出草绘模式。

(8) 此时系统弹出如图 4-56 所示的“薄板选项”菜单，选择“两者”命令，表示所生成的薄板是以特征截面为中心沿两侧延伸所生成的。在主视区上方会出现如图 4-57 所示的提示框，提示用户输入薄板特征的厚度，输入 0.4，单击提示框中的“确定”按钮完成设置。

(9) 单击“伸出项：扫描，薄板”对话框中的“预览”按钮，则会在主视区显示所绘制的扫描特征，单击“确定”按钮完成排气管道的绘制，如图 4-69 所示。

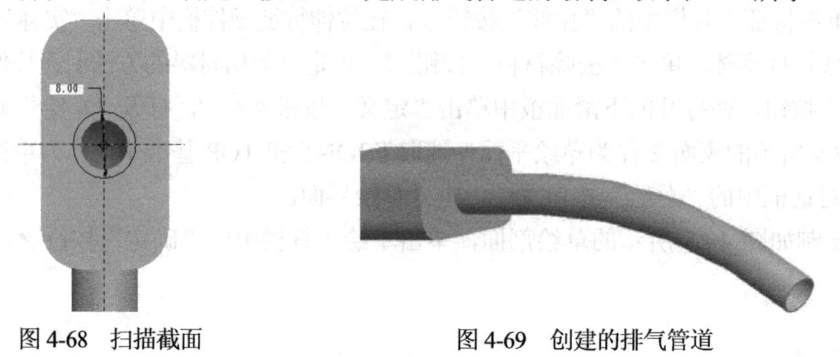

图 4-68　扫描截面　　　　图 4-69　创建的排气管道

5. 保存文件

最后所生成的排气管零件如图 4-70 所示，单击“保存”按钮，将文件保存到指定的目录并关闭窗口。

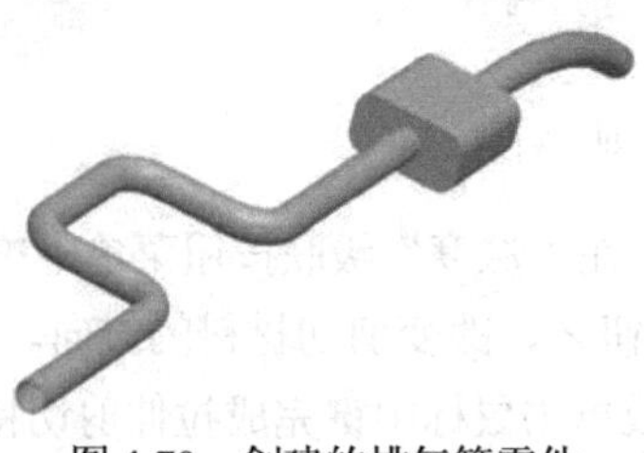

图 4-70　创建的排气管零件

4.5　混　合

混合特征是将多个截面通过一定的方式连在一起而产生的特征。因此，产生一个混合特征必须绘制多个截面，截面的形状以及连接方式决定了混合特征最后的基本形状，用于实现一个实体中含有多个不同截面的要求。

4.5.1 混合特征的界面

选择“插入”|“混合”命令，系统弹出“混合”子菜单，如图 4-71 所示。选择不同的命令，即可创建实体、薄板或曲面等混合特征。

选择“插入”|“混合”|“伸出项”命令，系统会弹出如图 4-72 所示的“混合选项”菜单，通过该菜单用户可以定义设置混合的类型、剖面的类型以及剖面的获取方式。各命令的意义如下。

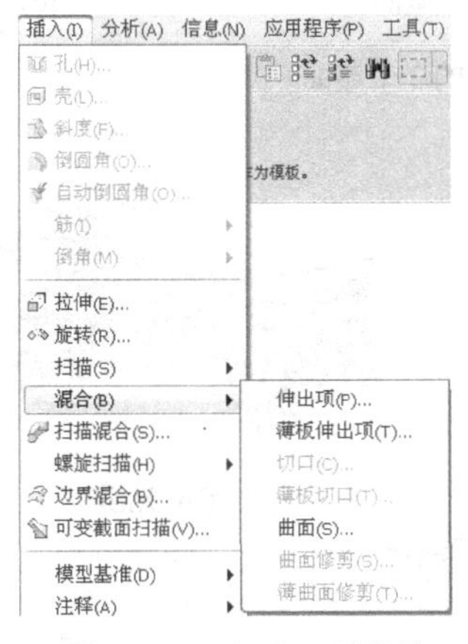

图 4-71 “混合”子菜单

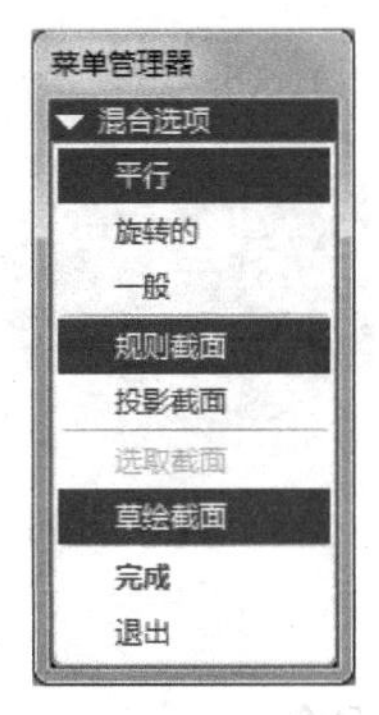

图 4-72 “混合选项”菜单

- 平行：所有混合截面都位于截面草绘中的多个平行平面上。
- 旋转的：混合截面绕 Y 轴旋转，最大旋转角度可达 120°，每个截面都单独草绘并与截面坐标系对齐。
- 一般：可以绕 X 轴、Y 轴和 Z 轴旋转，也可以沿这 3 个轴平移。每个截面都单独草绘，并与截面坐标系对齐。
- 规则截面：使用规则截面。
- 投影截面：使用选定曲面上的截面投影。该命令只用于平行混合，并且只适用于在实体表面投影。
- 选取截面：用于选取截面图元。该命令在做平行混合时是无效的。
- 草绘截面：用于草绘截面图元。

4.5.2 混合特征产生的方式

上面已经讲过混合特征的产生方式有“平行”“旋转的”和“一般”3 种，它们的绘制原则是每个截面的顶点数或者线段数必须相等，且剖面之间有特定的连接顺序。下面分别介绍这 3 种混合方式。

1. 平行混合

扫描截面之间是相互平行的，所有混合截面都必须位于多个相互平行的平面上，如图 4-73 所示的 3 个截面以平行混合的方式连接，得到的混合特征如图 4-74 所示，其中，图 4-74(a)是以直的平行混合方式产生的，图 4-74(b)是以光滑平行混合方式产生的。

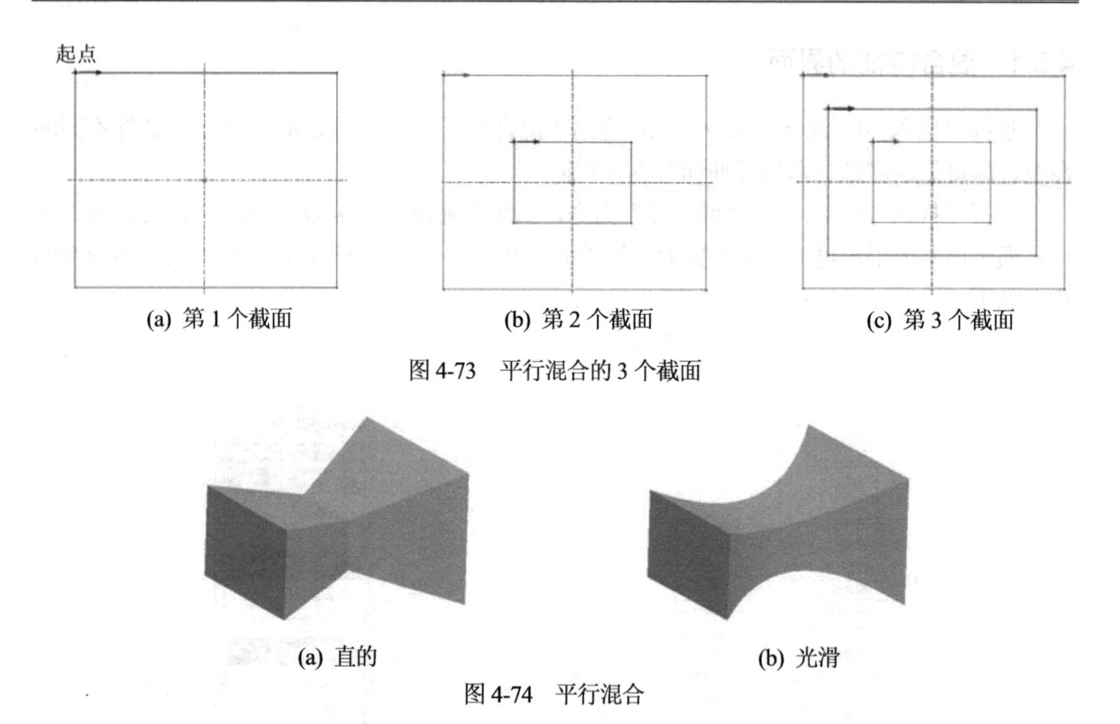

(a) 第 1 个截面　(b) 第 2 个截面　(c) 第 3 个截面

图 4-73　平行混合的 3 个截面

(a) 直的　(b) 光滑

图 4-74　平行混合

2. 旋转的混合

旋转的混合特征的各截面之间通过绕 Y 轴旋转一定的角度进行连接。以该方式产生混合特征时，对每一个截面都需要定义一个坐标系，系统会根据所定义的坐标系绕 Y 轴旋转，旋转的角度为 0°～120°，系统默认的角度为 45°。

如图 4-75 所示的截面以旋转的方式进行连接，得到的混合特征如图 4-76 所示。其中，图 4-76(a)是以直的、开放属性产生的混合特征，图 4-76(b)是以光滑、开放属性产生的混合特征，图 4-76(c)是以光滑、封闭属性产生的混合特征。

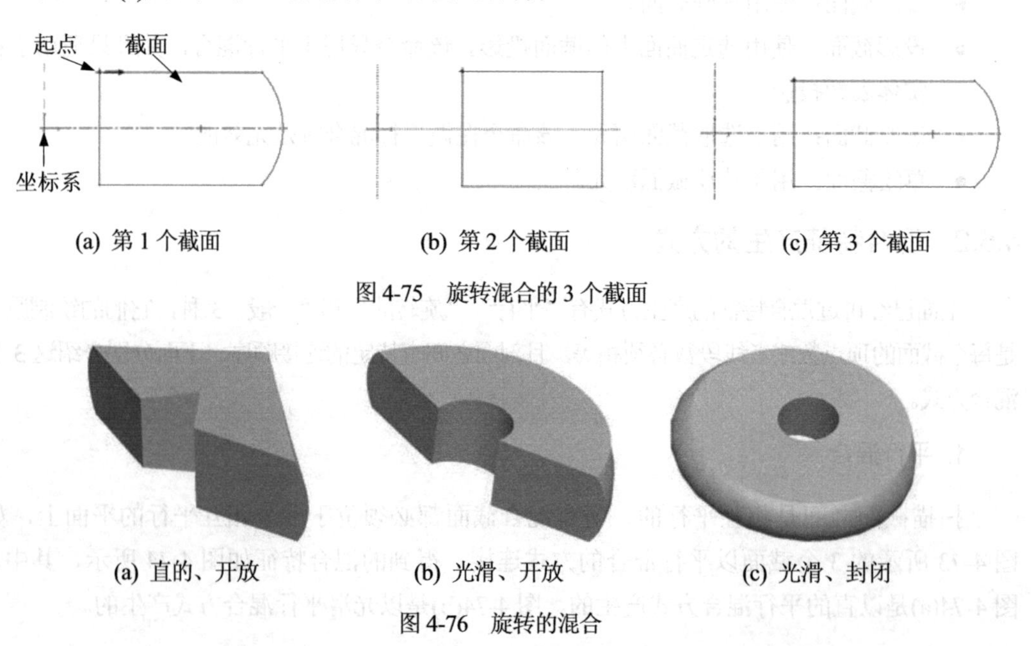

(a) 第 1 个截面　(b) 第 2 个截面　(c) 第 3 个截面

图 4-75　旋转混合的 3 个截面

(a) 直的、开放　(b) 光滑、开放　(c) 光滑、封闭

图 4-76　旋转的混合

3. 一般混合

一般选项可以产生更为复杂的混合特征。每个截面都必须定义一个坐标系，旋转特征所产生的特征只能绕所定义的坐标系的 Y 轴旋转，而一般特征则能绕所定义的坐标系的 X 轴、Y 轴以及 Z 轴 3 个轴旋转，系统会提示用户输入 3 个旋转轴的角度，旋转角度的大小为 - 120°～120°，系统默认的角度为 0°。

如图 4-77 所示的截面是以一般方式进行连接的，得到的混合特征如图 4-78 所示。其中，图 4-78(a)是以直的一般混合方式产生的混合特征，图 4-78(b)是以光滑的一般混合方式产生的混合特征。

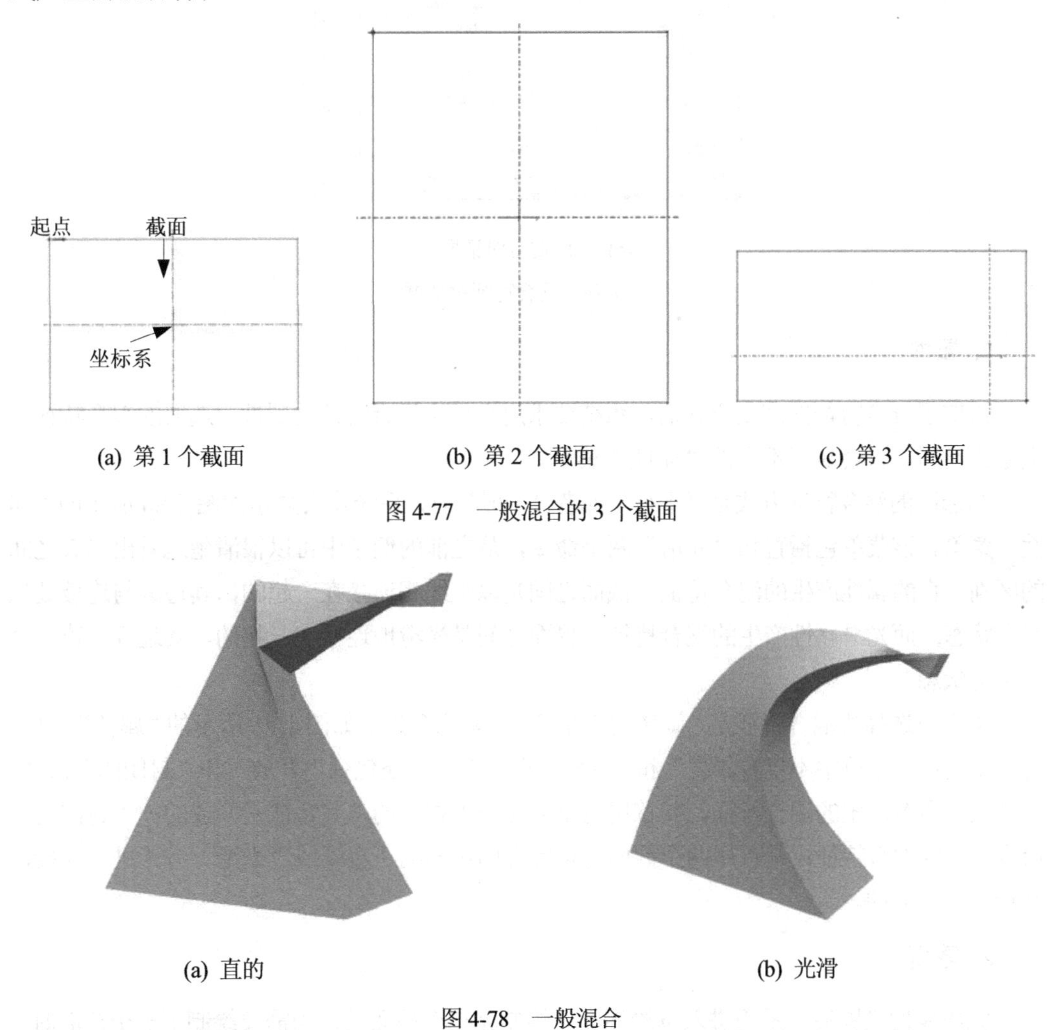

(a) 第 1 个截面　(b) 第 2 个截面　(c) 第 3 个截面

图 4-77　一般混合的 3 个截面

(a) 直的　(b) 光滑

图 4-78　一般混合

4.5.3　混合特征设置选项

选取不同的混合特征后，系统会弹出如图 4-79 所示的混合特征对话框。从中可以看出，设置完相应的元素后，即可完成混合特征的操作。需要设置的元素对象包括属性、截面、方向、深度和相切，下面将分别进行介绍。

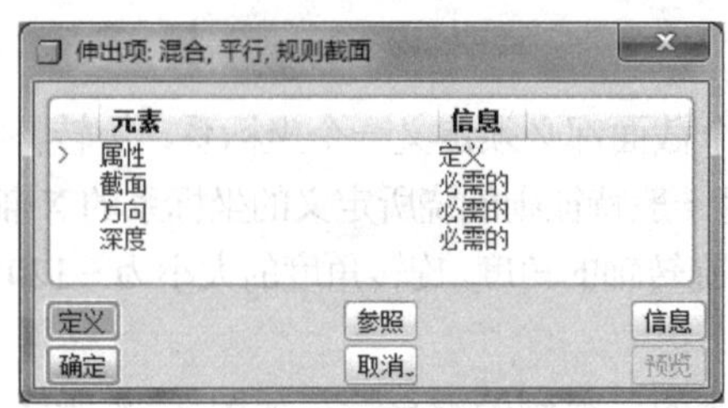

(a) 平行混合对话框

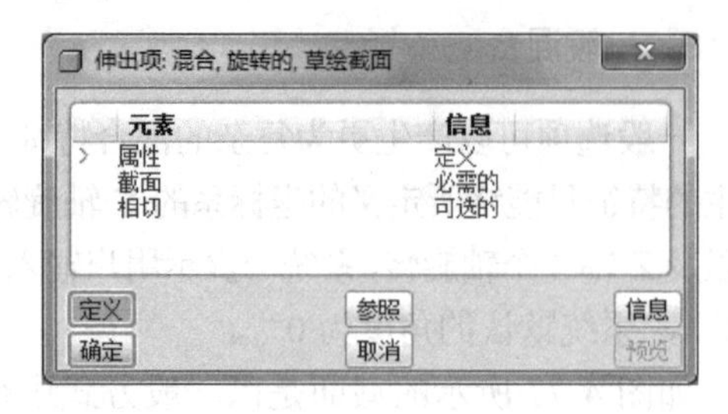

(b) 旋转的混合对话框

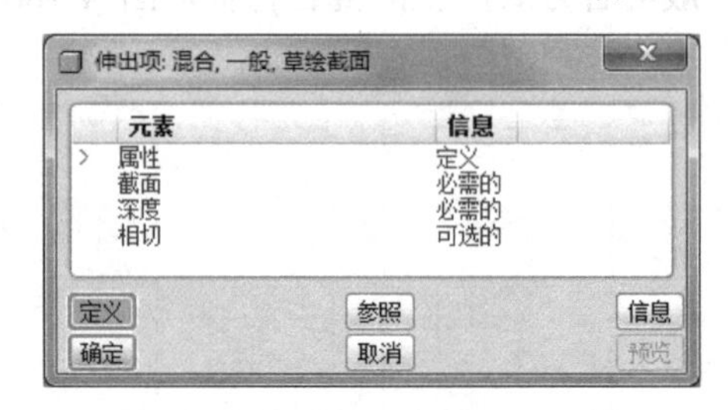

(c) 一般混合对话框

图 4-79　混合特征对话框

1. 属性

选取了混合特征的产生方式后，系统要求用户指定混合特征的属性。选取的混合特征产生方式不同，将会显示不同的“属性”菜单。

当选取的混合特征方式是“平行”或者“一般”时，系统将会显示如图 4-80 所示的“属性”菜单。该菜单包括直和“光滑”两个命令，从之前的例子中可以很清楚地看出二者之间的区别。直的属性产生的混合特征，截面之间是以直线相连接在一起的，其边缘与连接处呈平直状态；而光滑属性产生的混合特征，界面之间是光滑地连接在一起的，其边缘与连接处呈平滑状态。

当用户选择的混合特征是“旋转的”方式时，系统会弹出如图 4-81 所示的“属性”菜单。可以看到在该菜单中不仅有“直”和“光滑”两个命令，还包括“开放”和“封闭的”命令。“开放”命令产生的混合特征，其首尾两个截面是不相连的，其特征是开放的；“封闭的”命令产生的混合特征，其首尾两个截面将按照上面选择的“直”或“光滑”方式进行连接，其特征是开放的。

2. 截面

完成属性设置后，系统进入草绘界面。绘制完一个截面后，当需要绘制下一个截面时，用户可以通过选择“草绘”|“特征工具”|“切换截面”命令，或在主绘图区按住鼠标右键不放，系统会弹出如图 4-82 所示的快捷菜单，选择“切换截面”命令，即可进入下一截面的绘制。在选择“切换截面”命令后，之前的草绘截面颜色会变暗，并且不能修改，如果需要修改之前的操作，可以再次选择“切换截面”命令，在不同的截面之间进行转换，到需要修改的截面进行修改即可。

图 4-80 “属性”菜单一

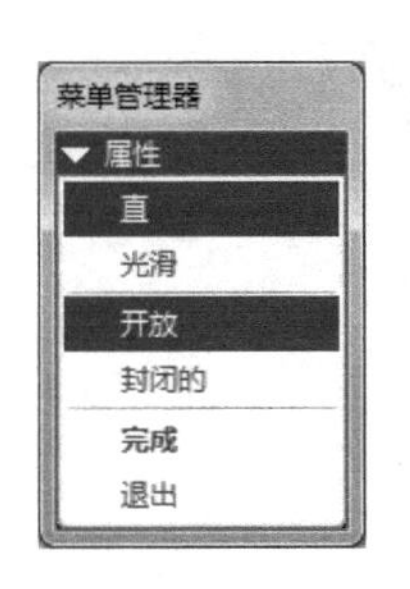

图 4-81 “属性”菜单二

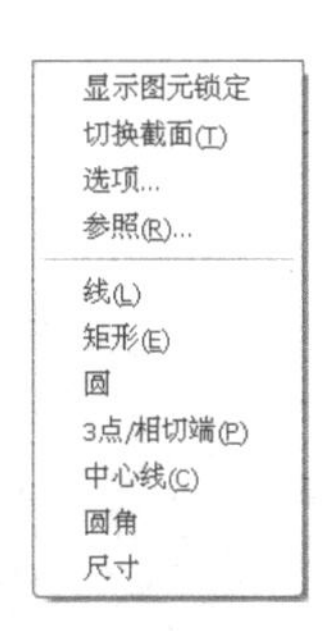

图 4-82 快捷菜单

3. 方向

混合特征的方向通常被默认为草绘方向，在选择草绘平面时即可选择。若生成的特征与用户的设计相反，可以在混合特征对话框中选择“方向”属性，然后单击“定义”按钮定义...，弹出如图 4-83 所示的“方向”菜单，同时在绘图区的草绘截面上会出现一个箭头，表示混合特征产生的方向，选择不同的命令即可更改特征的方向。

4. 深度

绘制完所有的截面之后，单击草绘工具栏中的“确定”按钮✔，退出草绘模式。系统会在主视区下侧提示用户输入相邻截面之间的距离，如图 4-84 所示，即第 2 个截面到第 1 个截面之间的距离，第 3 个截面到第 2 个截面之间的距离，依此类推，如果有 n 个截面，则需指定 n-1 个距离数值。输入深度数值后，单击对话框中的“确定”按钮✔或按下 Enter 键，完成此截面深度的设置。

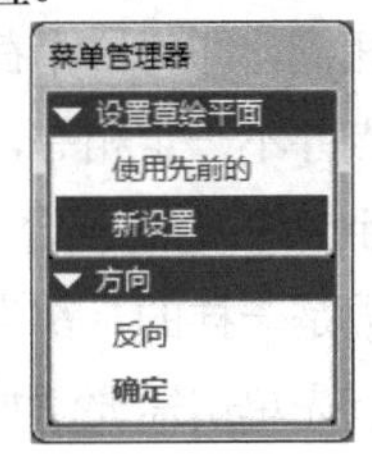

图 4-83 “方向”菜单

图 4-84 输入截面深度对话框

5. 相切

当选取旋转或一般混合特征时，可以设置混合特征与已有模型之间的相切过渡关系。如图 4-85 所示，混合特征与原有模型之间在过渡区域十分生硬，不够光滑。通过设置相切命令，可使其过渡区变得光滑。

选择混合特征对话框中的“相切”属性，然后单击“定义”按钮定义...，在主视区上侧提示框中会提示“是否混合与任何曲面在第一端相切”，如图 4-86 所示。单击“是”按钮是(Y)，混合特征中第一剖面的一条边线呈高亮显示，如图 4-87 所示。单击与该边线相邻的已有模型表面，设置混合特征与该表面的相切关系。依次设置混合特征中第一剖面与其他边线的相切关系。完成后，消息区会再次询问混合特征其他端面是否要与模型曲面相切，单击“否”按钮否(N)，完成相切设置。在混合特征对话框中单击“确定”按钮确定完成混合特征的设置，修改后的混合特征如图 4-88 所示，可以看到混合特征与原有模型在过渡区域变得十分光滑。

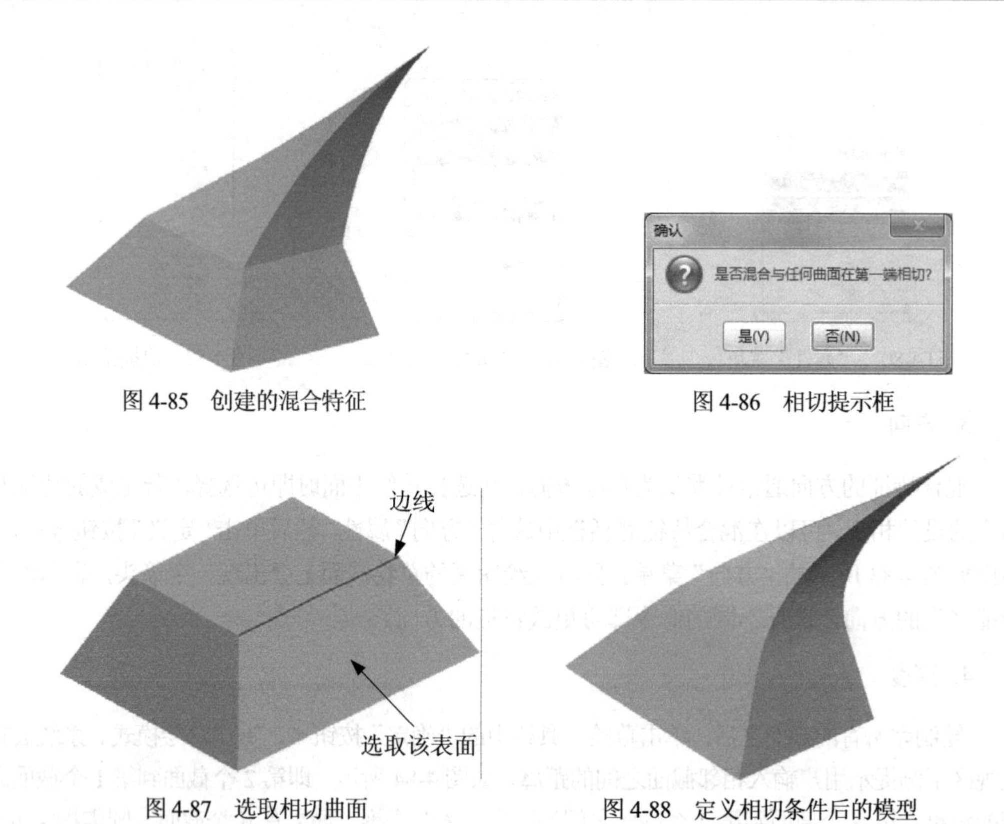

图 4-85　创建的混合特征　　　图 4-86　相切提示框

图 4-87　选取相切曲面　　　图 4-88　定义相切条件后的模型

4.5.4　混合点

在创建混合特征时，每一个混合界面所包含的图元数必须保持相同，即每一个截面的端点数或者线段数必须是相等的。但在实际应用中，各剖面之间的端点并不一定相等，这时就需要添加混合点。混合点可以代表两个点，相邻剖面的两点会连接到所指定的混合点上。

如图 4-89 所示为混合特征的 3 个截面，截面 1、2 之间的端点数是一样的，都为 4 个，而截面 3 上只有 3 个端点，需要添加一个混合点。添加的方法是：首先单击需要添加混合点的端点，然后选择“草绘”|“特征工具”|“混合顶点”命令，或在绘图区按住鼠标右键不放，系统弹出如图 4-90 所示的快捷菜单，选择“混合顶点”命令，此时系统会在所选择的端点上添加一个混合顶点，以一个小圆圈表示，如图 4-89(c)所示。最后生成的混合特征如图 4-91 所示。

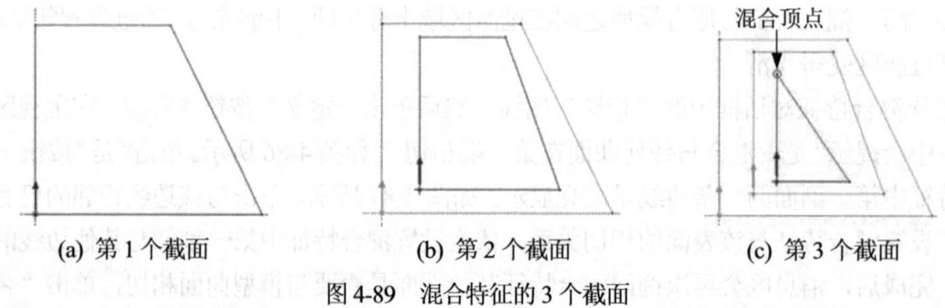

(a) 第 1 个截面　　(b) 第 2 个截面　　(c) 第 3 个截面

图 4-89　混合特征的 3 个截面

图 4-90　快捷菜单

图 4-91　生成的混合特征

另外，当圆形与任意多边形进行混合时，可以利用分割图元使截面之间的边数相同。如图 4-92 所示，混合特征的截面 1 是四边形，截面 2 是一个圆，在两者之间进行混合，需要在圆上进行打断操作，在圆面上增加 4 个断点，用来使两截面之间的边数相等。具体做法是：在绘制了第 2 个圆截面以后，按照如图 4-92(b)所示绘制两条中心线作为定位参考，在草绘工具栏单击“分割图元”按钮，在圆与中心线的交点处添加断点，然后调整起始点的位置与第 1 个截面起始点位置的方向一致，生成的混合特征如图 4-93 所示。

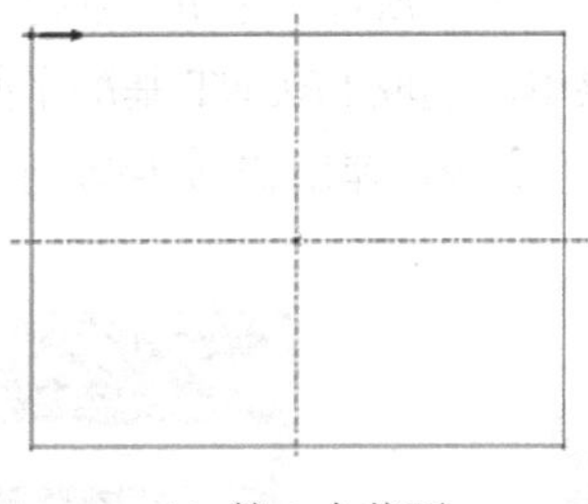

(a) 第 1 个截面

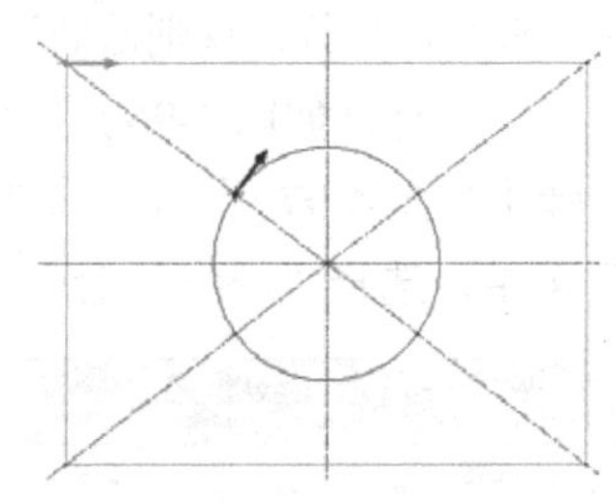

(b) 第 2 个截面

图 4-92　混合特征的两个截面

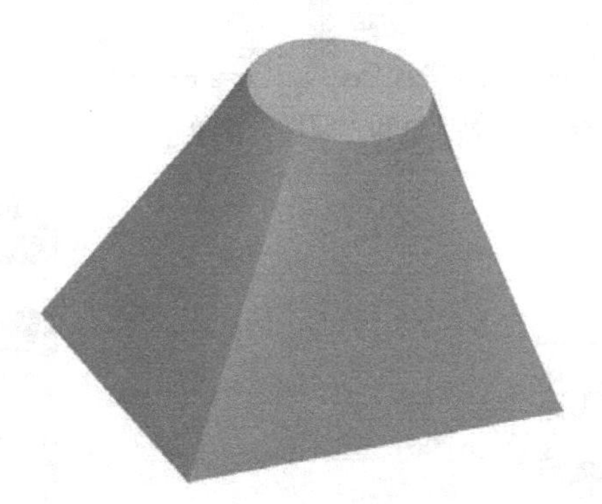

图 4-93　生成的混合特征

4.5.5　混合特征的实例

本实例将创建如图 4-94 所示的烟灰缸模型，通过学习可以使读者了解和掌握平行混合特征的建模方法。

图 4-94　烟灰缸

1. 建立新文件

在工具栏中单击“新建”按钮，或选择“文件”|“新建”命令，弹出“新建”对话框，在“类型”选项区域中选择“零件”单选按钮，在“子类型”选项区域中选择“实体”单选按钮。输入零件名称为 yanhuigang，选择“使用缺省模板”复选框，单击“确定”按钮确定，进入零件设计界面。

2. 创建主体

(1) 选择“插入”|“混合”|“伸出项”命令，系统弹出如图 4-72 所示的“混合选项”菜单，依次选择“平行”“规则截面”“草绘截面”“完成”命令，系统弹出如图 4-95 所示的“伸出项：混合，平行，规则截面”对话框和“属性”菜单。在“属性”菜单中选择“光滑”|“完成”命令，打开如图 4-96 所示的“设置草绘平面”菜单。选取 FRONT 基准平面作为草绘平面，弹出如图 4-97 所示的“方向”菜单，选择“确定”命令，弹出如图 4-98 所示的“草绘视图”菜单，选择“缺省”命令，进入草绘模式。

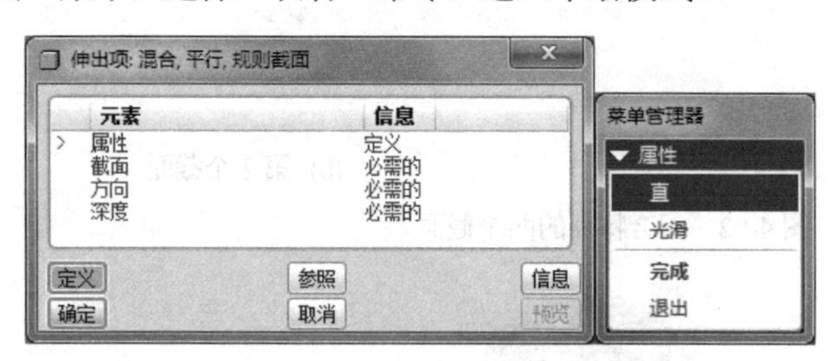

图 4-95　“伸出项”对话框和“属性”菜单

图 4-96　“设置草绘平面”菜单

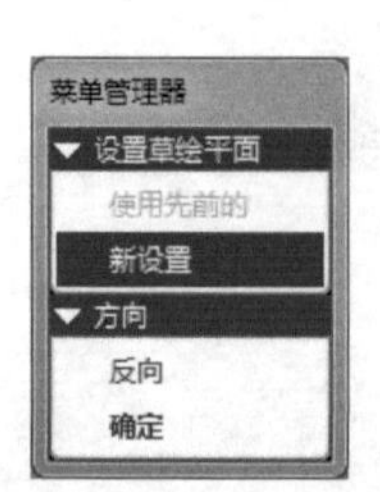

图 4-97　“方向”菜单

图 4-98　“草绘视图”菜单

(2) 按照如图 4-99(a)所示的剖面绘制草图，完成混合特征的第 1 个截面的绘制。在绘图区域按住鼠标右键不放，系统弹出如图 4-82 所示的快捷菜单，选择“切换截面”命令，第 1

个截面变为暗色，按照如图 4-99(b)所示绘制混合特征的第 2 个截面。

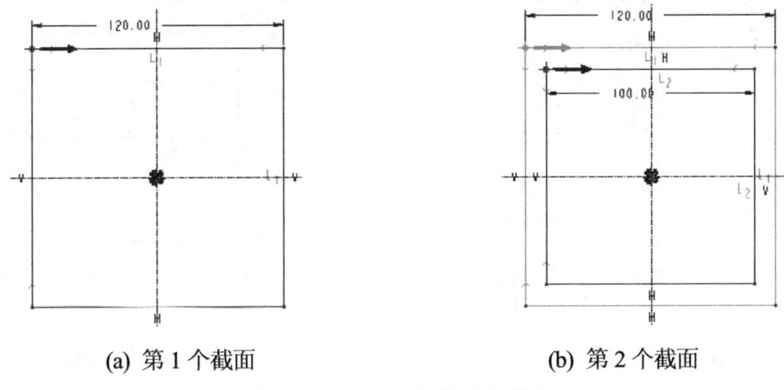

(a) 第 1 个截面　　　　　　　　　　　　(b) 第 2 个截面

图 4-99　混合特征的两个截面

(3) 单击草绘工具栏中的“确定”按钮，退出草绘模式，系统弹出如图 4-100 所示的“深度”菜单，选择“盲孔”和“完成”命令，出现如图 4-101 所示的设置截面深度提示框，输入截面 2 的深度为 20，单击提示框中的“确定”按钮或者按下 Enter 键，完成此截面深度的设置。

图 4-100　“深度”菜单

图 4-101　设置截面深度提示框

(4) 在“伸出项：混合，平行，规则截面”对话框中单击“确定”按钮确定，完成混合特征的创建。创建的混合特征如图 4-102 所示。

图 4-102　创建的混合特征

3. 去除材料

(1) 选择“插入”|“混合”|“切口”命令，用以指定去除材料的方式创建的混合特征。重复前面创建混合特征的步骤，按照如图 4-103 所示的草绘剖面绘制草图。单击草绘工具栏中的“确定”按钮，退出草绘模式。

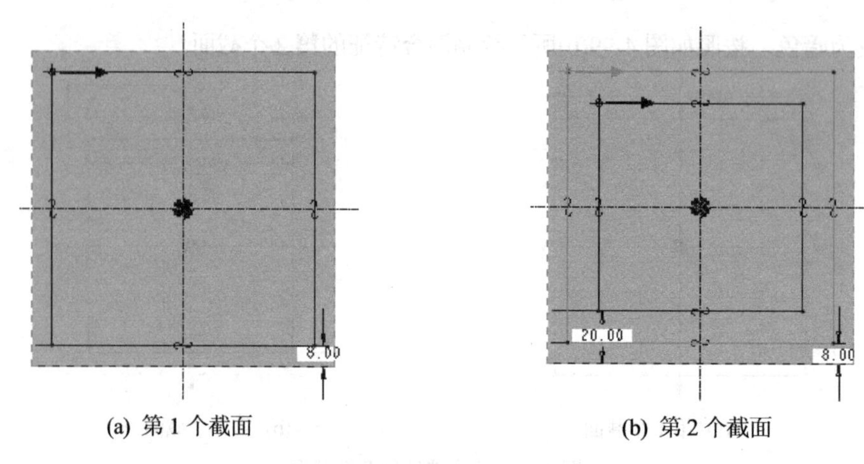

(a) 第 1 个截面　　(b) 第 2 个截面

图 4-103　剪切混合特征的两个截面

(2) 在输入截面 2 深度的提示框中输入 16，并单击该对话框中的“确定”按钮或者按下 Enter 键，完成此截面深度的设置。

(3) 在“剪切：混合，平行”对话框中单击“确定”按钮确定，即可完成剪切混合特征的创建。创建的剪切混合特征如图 4-104 所示。

4. 创建烟槽

(1) 单击特征工具栏中的“拉伸”按钮，在拉伸特征操控板中单击“实体”按钮，指定生成拉伸实体；单击“去除材料”按钮，指定以剪切材料的方法创建拉伸特征；单击“放置”按钮，在打开的下滑面板中单击“定义”按钮定义...，打开“草绘”对话框。选择 TOP 基准平面作为草绘平面，接受系统默认的特征生成方向，单击对话框中的“草绘”按钮草绘，进入草绘界面。

(2) 绘制如图 4-105 所示的草图，单击草绘工具栏中的“确定”按钮✔，退出草绘模式。

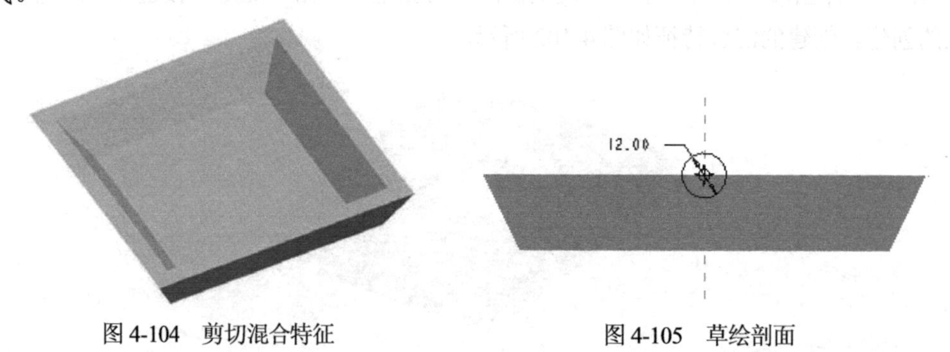

图 4-104　剪切混合特征　　图 4-105　草绘剖面

(3) 在拉伸特征操控板中单击“对称” 按钮，以草绘平面为对称面去除材料，在“深度”下拉列表框中输入拉伸高度为 120，并单击“确定”按钮或单击鼠标中键完成拉伸剪切特征的创建。创建的烟槽如图 4-106 所示。

(4) 单击特征工具栏中的“基准轴”按钮，打开“基准轴”对话框，选取 RIGHT 和

TOP 基准平面作为草绘平面，约束条件设置为“穿过”，单击“确定”按钮 确定 。创建的基准轴 A_2 如图 4-107 所示。

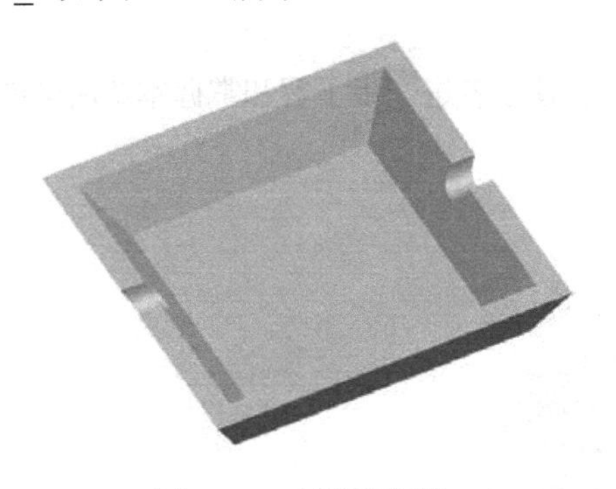

图 4-106 创建的烟槽

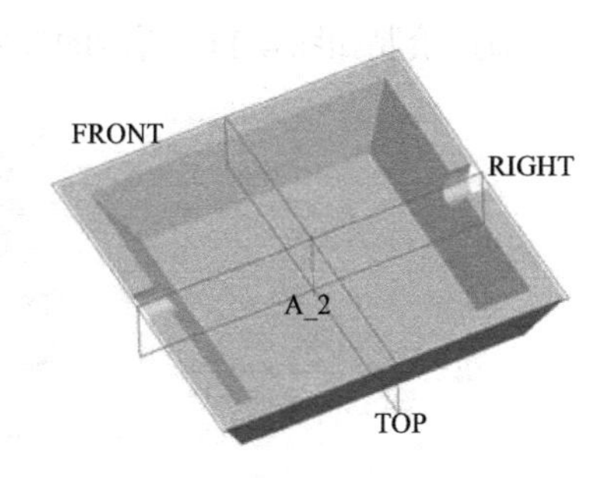

图 4-107 创建的基准轴 A_2

(5) 选取前面所创建的烟槽特征，单击“阵列工具”按钮，在主视区下侧的“尺寸”下拉列表框中选择“轴”选项，表示是以轴线进行阵列的。选取步骤(4)所创建的基准轴 A_2，在第一方向的阵列数目中输入 2，旋转角度为 90，如图 4-108 所示。单击“确定”按钮或单击鼠标中键完成阵列特征的创建，结果如图 4-109 所示。

图 4-108 阵列特征属性设置框

5. 创建倒圆角

单击特征工具栏中的“倒圆角”按钮，按住 Ctrl 键先选取所创建的烟灰缸内部的 4 条边线，将其圆角设置为 10；再选取外侧的 4 条边线，将其圆角设置为 6；接着选取外延的边线，将其圆角设置为 2。最后所创建的烟灰缸模型如图 4-110 所示。

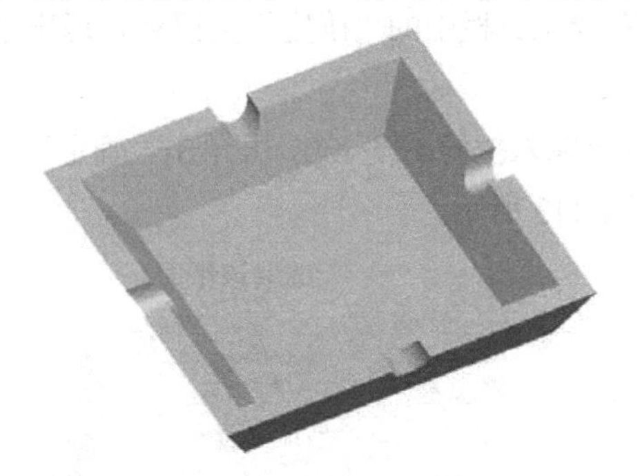

图 4-109 创建的阵列特征

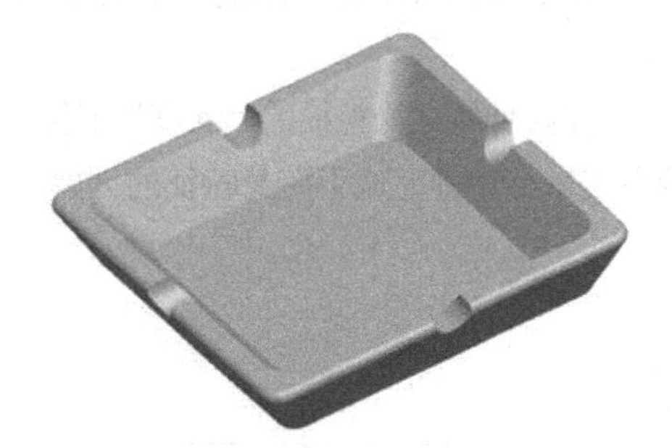

图 4-110 创建的烟灰缸

6. 保存文件

单击“保存”按钮，将文件保存到指定的目录并关闭窗口。

4.6 本 章 实 例

本例将通过绘制如图 4-111 所示的洗发水瓶，使读者进一步了解和掌握本章所学的知识。

图 4-111　创建的洗发水瓶

1. 建立新文件

在工具栏中单击“新建”按钮，或选择“文件”|“新建”命令，系统弹出“新建”对话框，在“类型”选项区域中选择“零件”单选按钮，在“子类型”选项区域中选择“实体”单选按钮。输入零件名称为 shampoo-bottle，选择“使用缺省模板”复选框，单击“确定”按钮确定，进入零件设计界面。

2. 创建下瓶身

(1) 单击特征工具栏中的“拉伸”按钮，在拉伸特征操控板中单击“实体”按钮，单击“放置”按钮，打开下滑面板。单击下滑面板中的“定义”按钮定义...，系统弹出“草绘”对话框，选取 FRONT 基准平面作为草绘平面，接受系统默认的生成方向，单击对话框中的“草绘”按钮草绘，进入草绘界面。

(2) 绘制如图 4-112 所示的草绘剖面，单击草绘工具栏中的“确定”按钮，退出草绘模式。

(3) 在拉伸特征操控板的“深度”下拉列表框中输入拉伸高度 130，并单击“确定”按钮或单击鼠标中键完成下瓶身特征的创建，如图 4-113 所示。

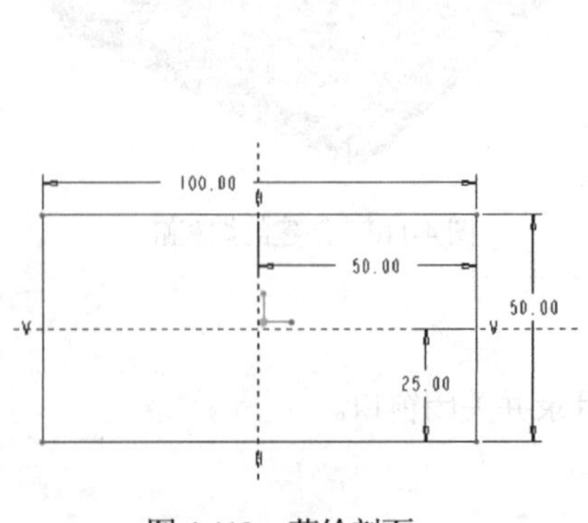

图 4-112　草绘剖面

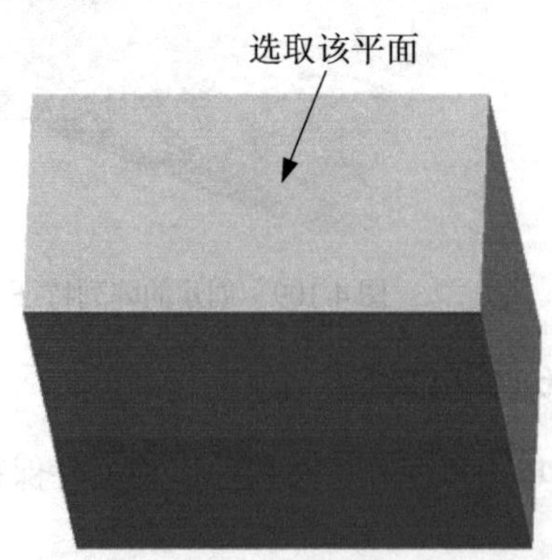

图 4-113　创建的下瓶身

3. 创建上瓶身

(1) 选择“插入”|“混合”|“伸出项”命令，系统弹出如图4-114所示的“混合选项”菜单，选择“平行”“规则截面”“草绘截面”和“完成”命令，系统弹出如图4-115所示的“伸出项：混合，平行，规则截面”对话框和“属性”菜单。在“属性”菜单中选择“光滑”|“完成”命令，打开如图4-116所示的“设置草绘平面”菜单。选取如图4-113所示的平面作为草绘平面，弹出如图4-117所示的“方向”菜单，选择“确定”命令，弹出如图4-118所示的“草绘视图”菜单，选择“缺省”命令，进入草绘模式。

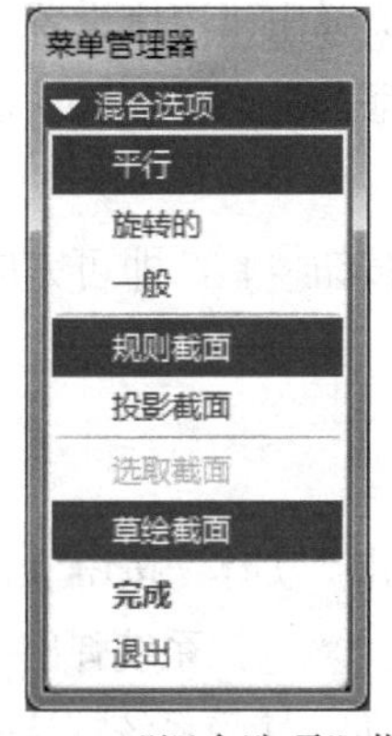

图4-114 “混合选项”菜单

图4-115 “伸出项”对话框和“属性”菜单

图4-116 “设置草绘平面”菜单

图4-117 “方向”菜单

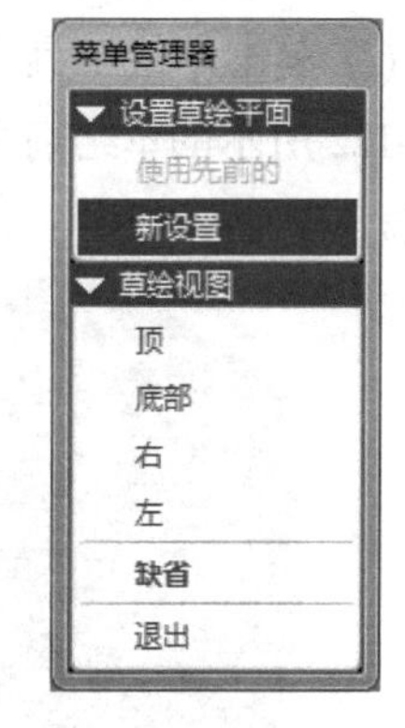

图4-118 “草绘视图”菜单

(2) 单击特征工具栏中的“使用”按钮□，在绘图区域依次选取矩形的四条边(首先选取左侧的边)，其起始点在左上角，方向朝下，如图4-119所示。

(3) 在绘图区域按住鼠标右键不放，在弹出的快捷菜单中选择“切换截面”命令，第1个截面变为暗色，按照如图4-120所示绘制混合特征的第2个截面。单击草绘工具栏中的“中心线”按钮┆，绘制两条与矩形顶点相交的中心线。

(4) 单击草绘工具栏中的“分割图元”按钮，在圆形与中心线的交点处分割圆形，使圆形成为4段弧线，左上角的分割点为第2个截面的起始点，并且方向与第1个截面的方向相同，如图4-120所示。

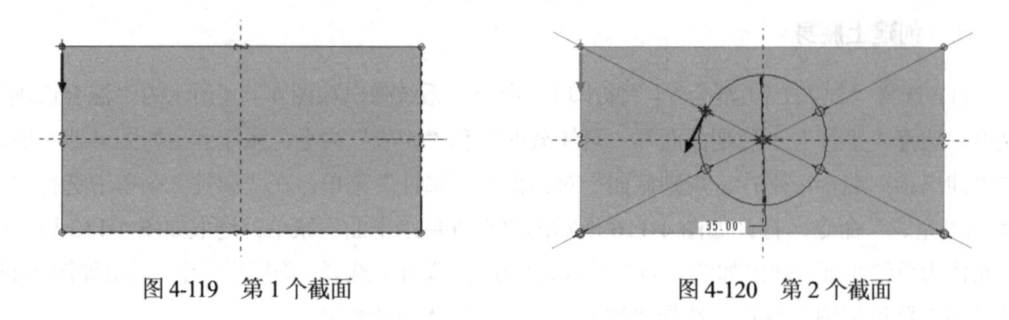

图 4-119　第 1 个截面　　　　图 4-120　第 2 个截面

(5) 单击草绘工具栏中的“确定”按钮，退出草绘模式，此时会弹出“深度设置”菜单，选择“盲孔”命令，再选择“完成”命令，并在提示框中输入截面 2 的深度为 50，最后单击提示框中的“确定”按钮或者按下 Enter 键完成设置。

(6) 在“剪切：混合，平行，规则截面”对话框中单击“确定”按钮确定，即可完成混合特征的创建。创建的上瓶身混合特征如图 4-121 所示。

4. 创建瓶盖

(1) 单击特征工具栏中的“旋转”按钮，在旋转特征操控板中单击“实体”按钮，然后单击“放置”按钮，打开下滑面板。单击下滑面板中的“定义”按钮定义...，系统弹出“草绘”对话框，并提示用户选择草绘平面。选取 TOP 基准平面作为草绘平面，接受系统默认的生成方向，单击对话框中的“草绘”按钮草绘，进入草绘界面。

(2) 单击草绘工具栏中的“几何中心线”按钮，绘制一条竖直中心线，然后按照如图 4-122 所示的草绘剖面绘制草图，完成后单击草绘工具栏中的“确定”按钮，退出草绘模式。

图 4-121　创建的上瓶身

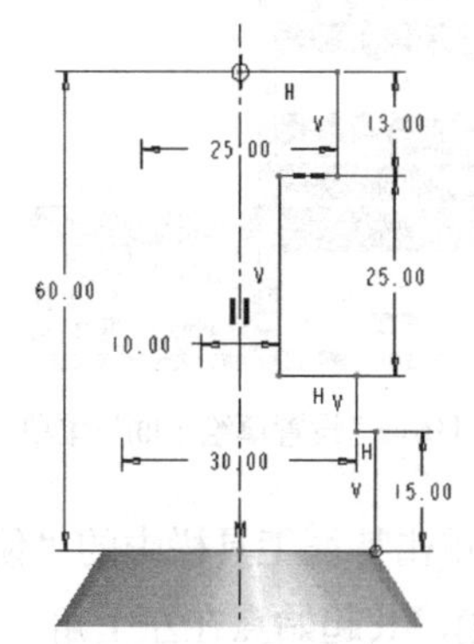

图 4-122　草绘剖面

(3) 接受系统默认的旋转角度值为 360°，单击“确定”按钮或单击鼠标中键完成瓶盖特征的创建，如图 4-123 所示。

5. 创建瓶嘴

(1) 选择“插入”|“扫描”|“伸出项”命令，从弹出的“扫描轨迹”菜单中选择“草绘轨迹”命令，选取 RIGHT 基准平面作为草绘平面，从弹出的“方向”菜单中选择“确定”命令，在“草绘视图”菜单中选择“缺省”命令，进入草绘模式。

(2) 绘制如图 4-124 所示的扫描轨迹线，单击草绘工具栏中的“确定”按钮✔，退出草绘模式，此时系统会弹出如图 4-125 所示的“属性”菜单，选择“合并端”命令，然后选择“完成”命令。

图 4-123 创建的瓶盖

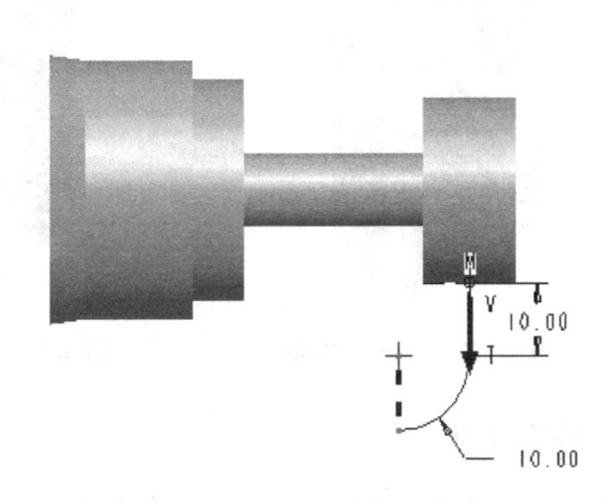

图 4-124 草绘轨迹线

(3) 系统再次进入草绘模式，绘制如图 4-126 所示的截面，完成后单击草绘工具栏中的“确定”按钮✔，退出草绘模式。

图 4-125 “属性”菜单

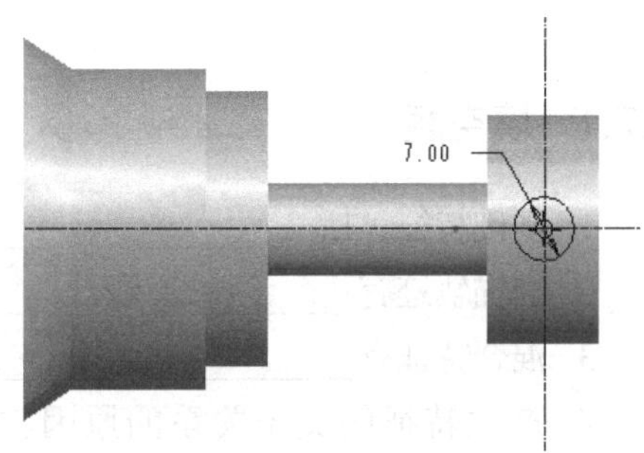

图 4-126 草绘截面

(4) 在“伸出项：扫描”对话框中单击“预览”按钮[预览]，则会显示所绘制的扫描特征；单击“确定”按钮[确定]，即可完成瓶嘴特征的绘制，如图 4-127 所示。

6. 创建倒圆角

(1) 单击特征工具栏中的“倒圆角”按钮，将圆角值设置为 15°，并选取下瓶身和上瓶身的 8 条边，以及瓶底的边，最后单击“确定”按钮✔完成倒圆角特征的创建，如图 4-128 所示。

(2) 单击特征工具栏中的“倒圆角”按钮，将圆角值设置为 13°，并选取下瓶身与上瓶身的交线，然后单击“确定”按钮✔完成倒圆角特征的创建。根据同样的方法，将圆角值设置为 10°，选取混合特征与旋转特征的交界曲线。最后，单击“确定”按钮✔，完成倒圆角特征的创建。最终创建的洗发水瓶如图 4-129 所示。

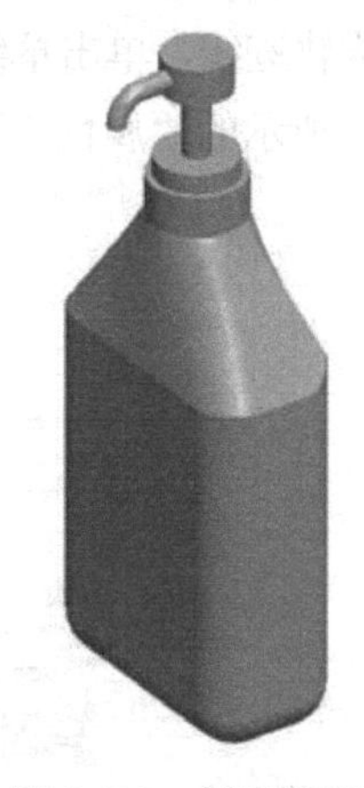

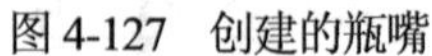

图 4-127　创建的瓶嘴　　图 4-128　创建倒圆角　　图 4-129　创建的洗发水瓶

7. 保存文件

单击“保存”按钮，将文件保存到指定的目录并关闭窗口。

4.7 本章练习

4.7.1 填空题

1. 基础特征包括__________、__________、__________、__________。
2. 扫描轨迹有__________和__________两种。
3. 混合特征有__________、__________和__________3 种类型。
4. 产生特征的父子关系的原因主要与__________、__________、__________、__________几个方面有关。

4.7.2 选择题

1. 下面的拉伸方式表示“到下一个”的是__________。

A.　　B.　　C.　　D.

2. 下面不是旋转方式的是__________。

A.　　B.　　C.　　D.

3. 创建旋转混合特征时，截面绕__________旋转。

A. X 轴　　B. Y 轴　　C. Z 轴　　D. 原点

4. 下列不属于基础特征的是__________。

A. 拉伸特征　　B. 旋转特征　　C. 扫描特征　　D. 基准轴

4.7.3 简答题

1. 创建旋转特征的规则有哪些？
2. 旋转混合与一般混合有哪些异同点？

4.7.4 上机题

1. 利用本章所学的拉伸和旋转特征的知识，绘制如图4-130所示的平带轮零件，其参考尺寸如图4-131所示。

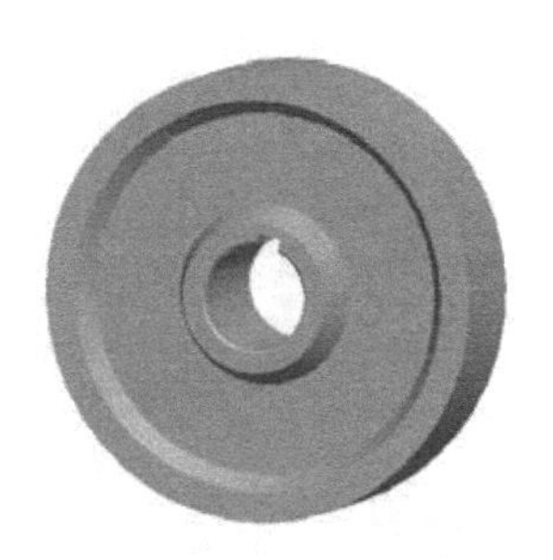

图4-130 平带轮模型

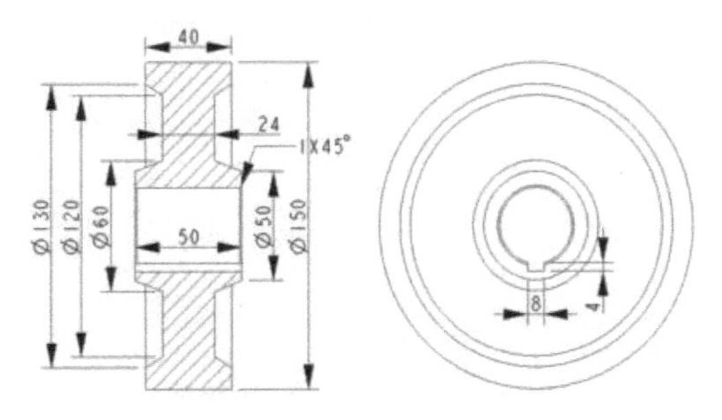

图4-131 平带轮参考尺寸

2. 利用本章所学的拉伸和扫描功能，绘制如图4-132所示的飞轮模型，尺寸成比例即可。

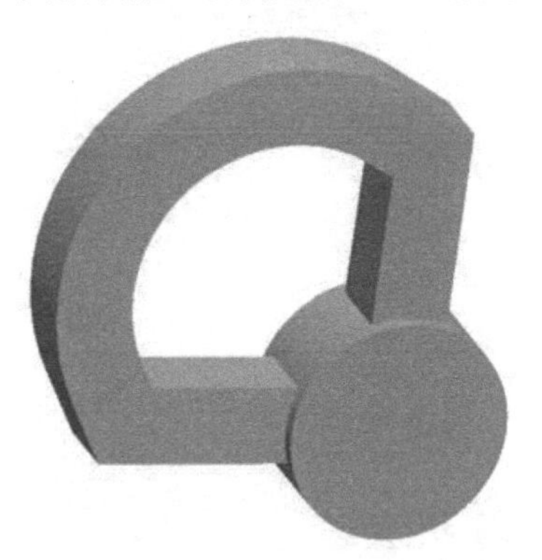

图4-132 飞轮模型

3. 利用本章所学的一般混合特征的创建方法，绘制如图4-133所示的铣刀实体，其截面参考尺寸如图4-134所示。

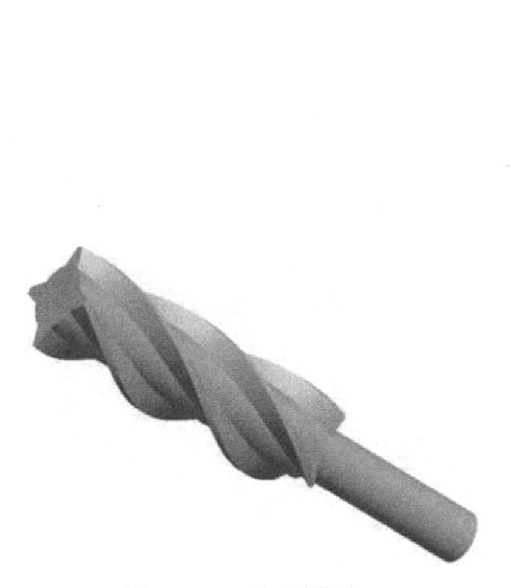

图4-133 铣刀模型

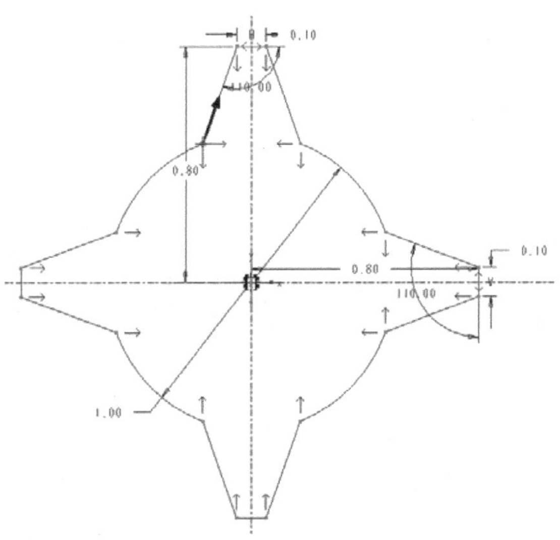

图4-134 截面尺寸示意图

第5章 工 程 特 征

为了达到设计要求，在建立了基础特征以后还要对零件进行打孔、倒角、抽壳、拔模以及倒圆角等操作，这些特征通常被称为工程特征或构造特征。

本章重点内容如下：

- 孔特征
- 倒圆角特征
- 倒角特征
- 壳特征
- 筋特征
- 拔模特征

5.1 工程特征概述

学习了实体基础特征的创建以后，可以应用工程特征对基础特征进一步加工。工程特征主要包括孔特征、壳特征、筋特征、拔模特征、倒圆角特征以及倒角特征等。

单击特征工具栏中的工程特征按钮，或者通过“插入”菜单命令，即可调用工程特征命令，如图5-1所示。

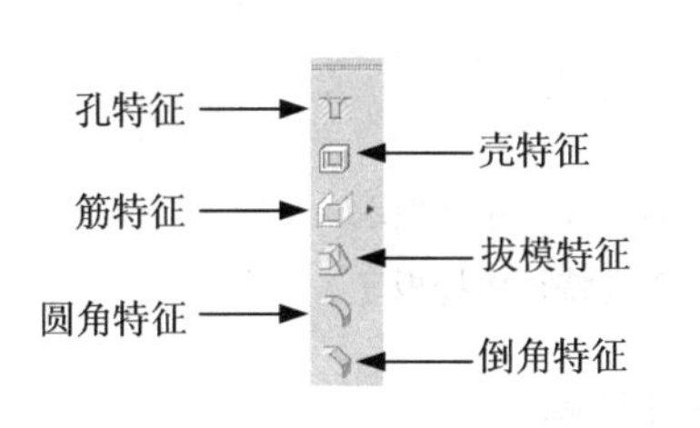

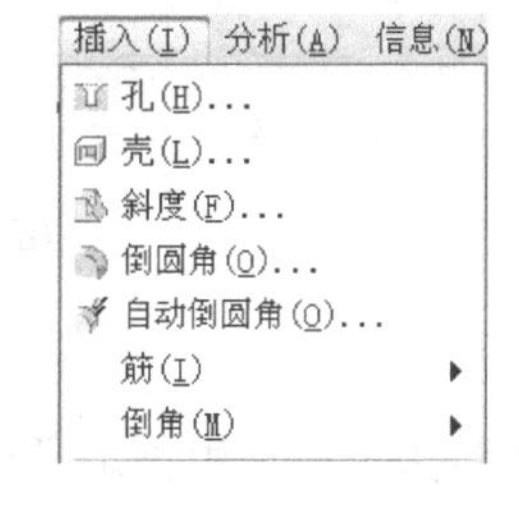

图5-1 工程特征命令

5.2 孔

Pro/ENGINEER Wildfire 5.0包括3种类型的孔特征。

- 直孔：最简单的孔特征类型。它放置曲面并延伸到指定的终止曲面或者用户定义的深度。
- 草绘孔：由草绘截面定义的孔特征类型。可产生有锥顶开头和可变直径的圆形断面，比如阶梯轴、沉头孔以及锥形孔等。

- 标准孔：有基本形状的螺孔。它是基于相关工业标准的，可带有不同的末端形状、标准沉头和埋头孔。用户既可以利用系统提供的标准查找表，也可以创建自己的孔图标。对于标准孔，它会自动创建螺纹注释。

单击特征工具栏中的“孔”按钮，或选择“插入”|“孔”命令，在主视区上方弹出如图 5-2 所示的孔特征操控板，该操控板由对话框和下滑面板两部分组成。

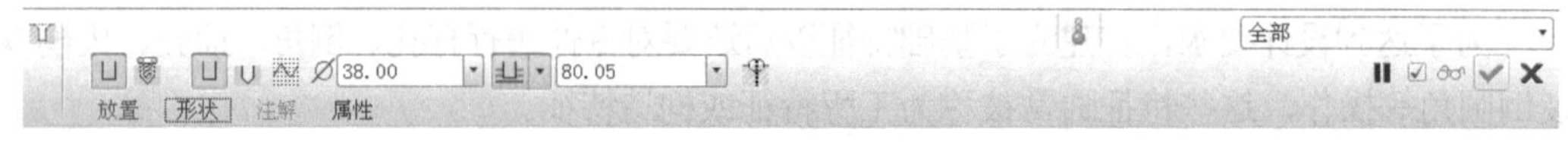

图 5-2　孔特征操控板

5.2.1　孔特征对话框

孔特征对话框中显示有直孔和标准孔两类。

1. 直孔

直孔特征为系统默认的选项，有“简单”和“草绘”两种创建直孔的按钮，下面分别对其进行介绍。

(1) 简单直孔

简单直孔特征操控板被指定用于孔特征轮廓的几何类型。使用预定义几何创建简单的孔，打开简单直孔特征操控板，如图 5-3 所示。其中，图 5-3(a)所示为使用预定义矩形作为钻孔轮廓的操控板，图 5-3(b)所示为使用标准孔轮廓作为钻孔轮廓的操控板。

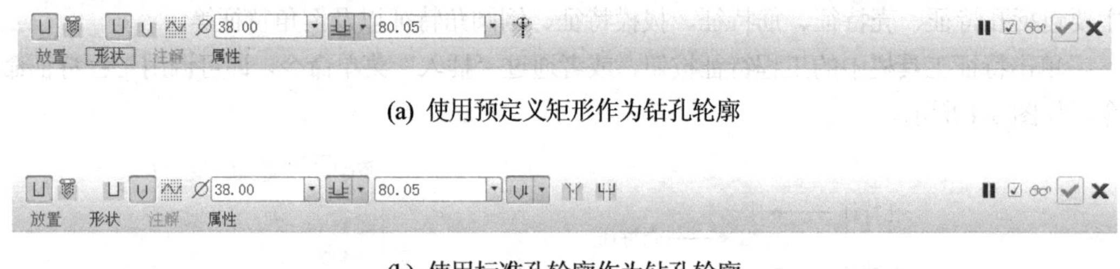

(a) 使用预定义矩形作为钻孔轮廓

(b) 使用标准孔轮廓作为钻孔轮廓

图 5-3　简单直孔特征操控板

- 矩形孔：使用预定义矩形作为钻孔轮廓。
- 钻孔：使用标准孔轮廓作为钻孔轮廓。
- 直径框 38.00：控制简单孔特征的直径。可以直接输入数值，也可以从列表中选择最近使用过的值。“形状”下滑面板中第一方向的“直径”下拉列表框 38.00 与该直径框是对应的。
- 盲孔：以指定值在放置参照第一方向上钻孔。
- 对称：在放置参照的两侧以指定值的一半进行钻孔。
- 到下一个：在第一方向上钻孔直到下一个曲面。需要注意的是，此选项在组件模式下不可用。
- 穿透：在第一方向上钻孔，直到与所有曲面相交。
- 穿至：在第一方向上钻孔，直到与选定的曲面或平面相交。

- 到选定的：在第一方向上钻孔，直到与选定的点、曲线或平面相交。
- 深度值框80.05：表示孔特征延伸到用户指定的深度。对于盲孔与对称深度，该框会显示一个值；对于到选定项和穿至深度，该框会显示所指定的曲面；而对于到下一个和通孔深度，该框则显示为空。
- 钻孔深度：指定钻孔的深度。单击下拉按钮，在下拉列表框中会有两种深度选项：按钮表示整个孔的深度，按钮表示孔的肩部深度。
- 埋头孔：指定孔特征为埋头孔。
- 沉孔：指定孔特征为沉孔。

(2) 草绘直孔

使用草绘器创建草绘轮廓，从而完成草绘孔的创建。单击“草绘”按钮，打开草绘直孔特征操控板，如图5-4所示。

图5-4 草绘直孔特征操控板

- 打开现有草绘轮廓：使用现有的草绘截面创建草绘孔。
- 激活草绘器以创建剖面：打开草绘视图，为新的草绘孔创建孔轮廓。

2. 标准孔

打开标准孔特征操控板，如图5-5所示。

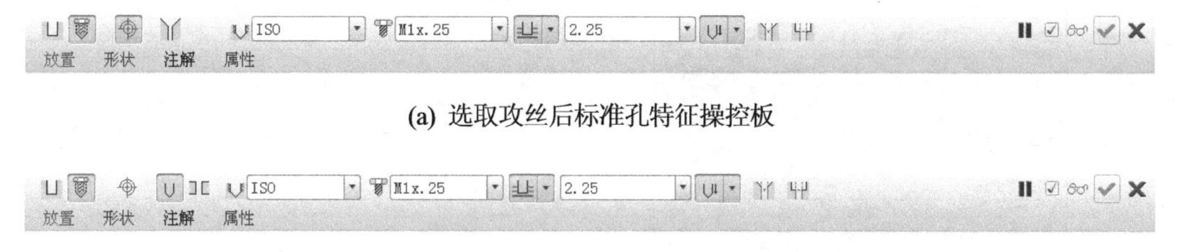

(a) 选取攻丝后标准孔特征操控板

(b) 不选取攻丝标准孔特征操控板

图5-5 标准孔特征操控板

可以用工业标准螺纹数据创建孔特征，包括以下几个选项。

- 攻丝：指定孔特征为螺纹孔或间隙孔。当选定盲孔或者到下一个深度选项时，系统会自动选择该选项。
- 锥孔：表示所创建的孔特征为锥孔。
- 螺纹类型框ISO：允许定义标准孔轮廓。孔图表包括工业标准螺纹类型和直径信息。系统提供的孔图表有ISO、UNC以及UNF，用户可以自定义孔图表从而满足具体的设计需求，但用户不能编辑系统提供的孔图表。
- 螺纹尺寸框M1x.25：根据在螺纹类型框中选取的孔图表，列出可用的螺纹尺寸。可以从该框中选择螺纹尺寸，也可以在编辑框中输入数值，如果输入的是列表中没有的新尺寸，系统会自动选择与之最接近的一个螺纹尺寸。默认情况下，系统会选取列表中的第一个值，而在螺纹尺寸框中显示的是最近使用过的螺纹尺寸。

- 深度选项列表框：系统提供了盲孔、到下一个、通孔、穿至以及到选定项5 种钻孔深度选项。这 5 种深度选项的操作使用与直孔中的深度选项在用法上完全一样，读者可以参照直孔中深度选项的讲解。
- 深度值框2.25：控制标准孔的钻孔深度，当深度选项为盲孔时，该框会显示为一个数值；当深度选项为到“选定的”或者“穿至”选项时，则须指定有效的对象作为标准孔的深度参照。

5.2.2　孔特征下滑面板

孔特征操控板选项卡中包括“放置”“形状”“注释”和“属性”4 个下滑面板。

1. 放置

“放置”下滑面板包括“放置”列表框、“反向”按钮、“类型”下拉列表框以及“偏移参照”列表框，如图 5-6 所示。

(1) “放置”列表框：包含用来放置孔的主放置参照。

(2) “反向”按钮：反转孔的放置方向。此选项只适用于盲孔、到下一个和穿透 3 个深度选项。

(3) “类型”下拉列表框：确定孔的定位方式。系统提供了线性、径向和直径 3 种放置类型，如图 5-7 所示。

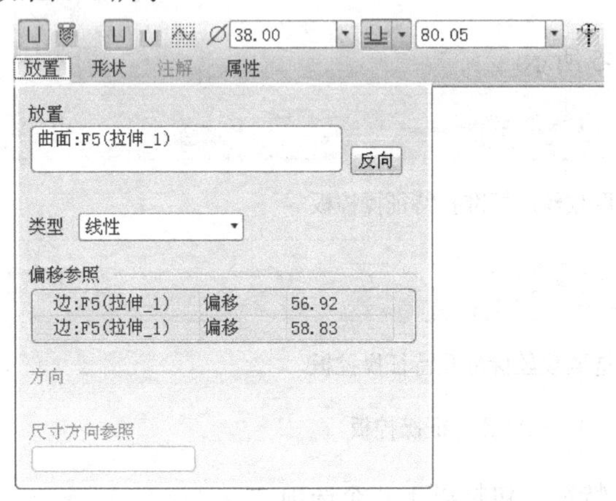

图 5-6　“放置”下滑面板

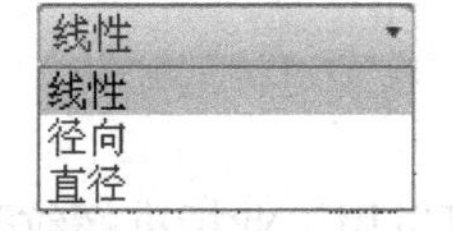

图 5-7　放置类型列表

- 线性：该选项用于选取两个尺寸作为参考，以线性方式定位孔。尺寸的参考可以选取边、轴、平面和基准平面。选取两个参照作为定位参考，如图 5-8 所示。在选择多个对象时需要按住 Ctrl 键。

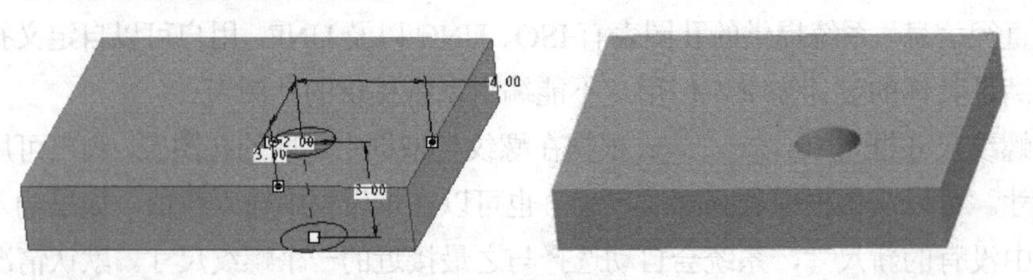

图 5-8　以线性方式定位孔

- 径向：该选项通过 1 个线性尺寸和 1 个角度尺寸定位孔。当指定了 1 个放置平面后，需要指定 1 个参考轴和 1 个用于径向标注角度的参考平面，如图 5-9 所示。

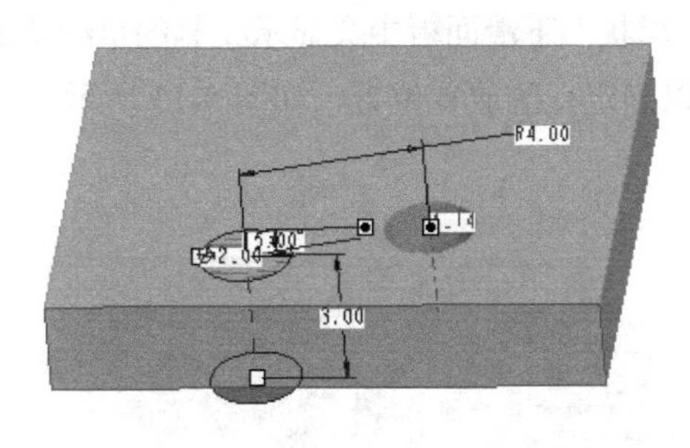

图 5-9　以径向方式定位孔

- 直径：该选项以直径的方式定位直孔。与径向的操作方式完全一致，只是系统要求输入的是直径数值，如图 5-10 所示。

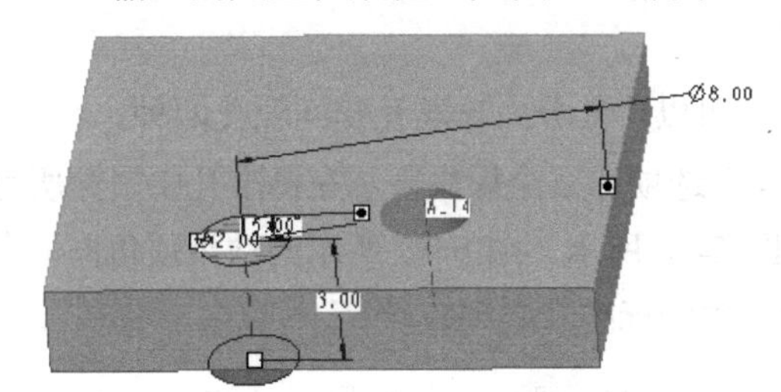

图 5-10　以直径方式定位孔

(4) “偏移参照”列表框：包含为孔特征选取的次放置参照。在定义次参照放置时包括放置、对齐、角度、半径以及直径几种类型。用户可以根据选取的参照类型输入相应的参照距离，也可以在列表中选取最近使用过的数值。

2. 形状

“形状”下滑面板用于定义当前孔的几何特征，并提供几何特征说明。对于不同的孔特征类型，系统提供了不同的“形状”下滑面板。

(1) 直孔的“形状”下滑面板

对于简单的直孔，“形状”下滑面板如图 5-11 所示。其中包括直径框、第 1 侧深度框和第 2 侧深度框，常用的是直径框和第 1 侧深度框。直径框用于输入孔特征的直径值，可以直接输入数值，也可以在列表中选取最近使用过的数值；第 1 侧深度框用于选定孔特征的深度类型，包括“盲孔”“对称”“到下一个”“穿透”“穿至”以及“到选定的”6 个选项，其具体含义将在下面的内容中讲述；第 2 侧深度框用于控制双侧孔特征在第 2 方向的钻孔深度，与第 1 侧深度类型在用法上完

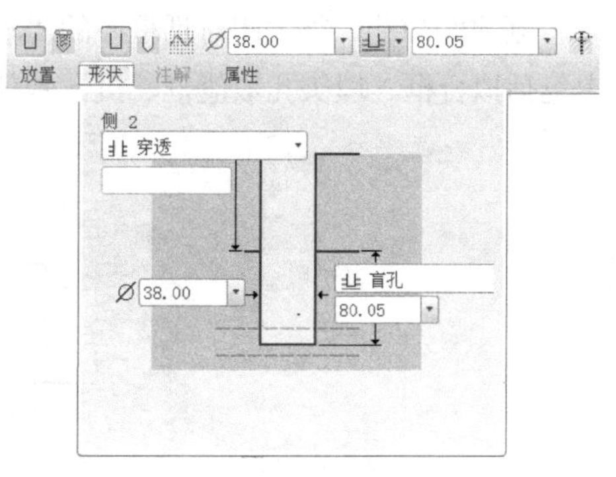

图 5-11　直孔的“形状”下滑面板

全相同。

(2) 草绘孔的“形状”下滑面板

当在草绘环境下绘制了孔的几何形状后，“形状”下滑面板中会显示绘制的草绘图形，如图 5-12 所示。然后，在零件上选择放置参照以确定孔的放置位置，如图 5-13 所示。

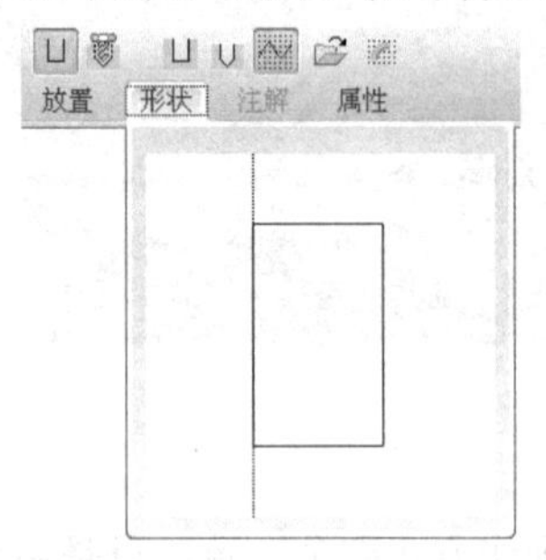

图 5-12　草绘孔的“形状”下滑面板

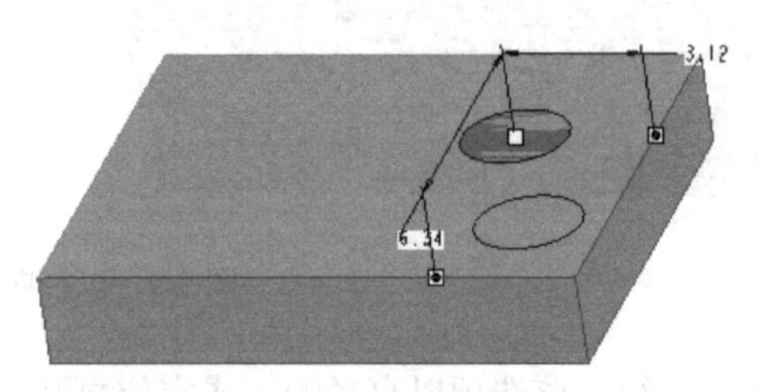

图 5-13　定位孔特征

(3) 标准孔的“形状”下滑面板

对于创建的标准孔特征，按照是否攻丝，可以将其分为攻丝孔和间隙孔两种。

创建新的标准孔时，系统默认选取“攻丝”选项。全螺纹表示在标准孔中贯穿所有的曲面攻丝；可变表示攻丝到指定的深度，如图 5-14 所示。图 5-15 所示的钻头顶角框，表示控制标准孔的钻头刀尖角度。使用盲孔深度选项的标准孔必须攻丝。

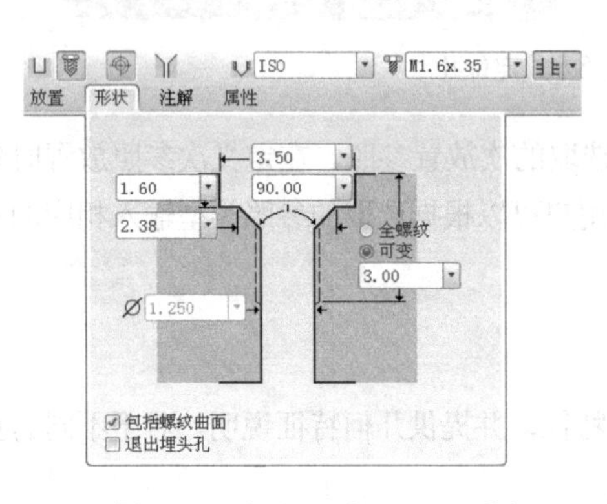

图 5-14　攻丝“形状”下滑面板

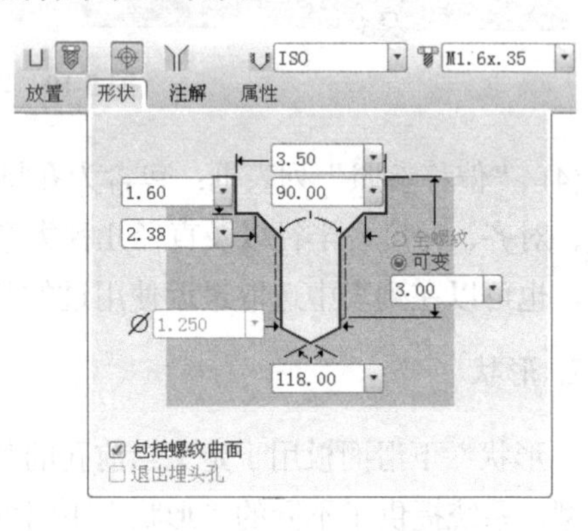

图 5-15　钻头顶角框

创建间隙孔，须关闭对话框中的“攻丝”选项，如图 5-16 所示。“形状”下滑面板中包括拟合框、埋头孔数值框、沉孔数值框以及退出埋头孔框。

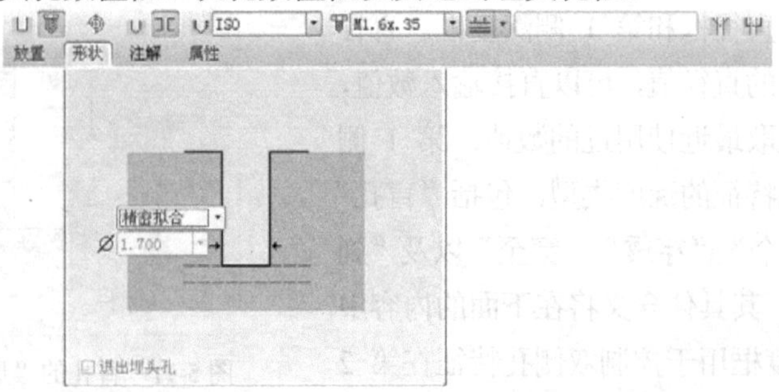

图 5-16　非攻丝“形状”下滑面板

- 拟合框：显示配合的选项。其中包括3个选项，“精密拟合”选项用于创建适用于必须保证零件精度定位的配合，装配后必须保证零件之间无明显的相对运动；“中等拟合”选项用于创建适用于普通钢质零件或者轻型钢材热压配合之间的配合，这种配合可用于高级铸铁外部构件；“自由拟合”选项用于创建适用于精度要求不高或者温度变化范围较大的环境的配合。
- 埋头孔：单击对话框中的“埋头孔”按钮即可显示，如图5-17所示。

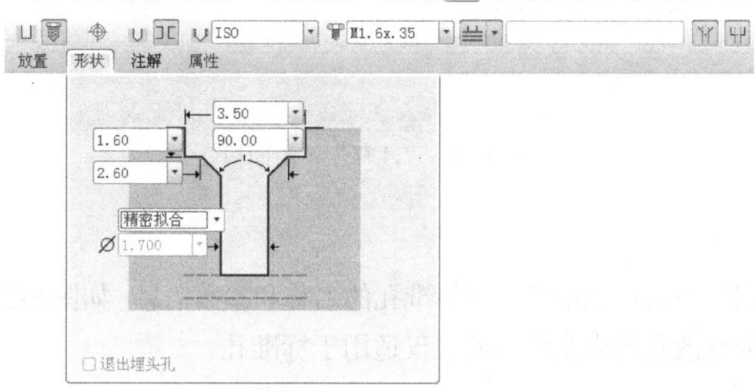

图5-17　埋头孔数值框

- 沉孔：单击对话框中的“沉孔”按钮即可显示，如图5-18所示。

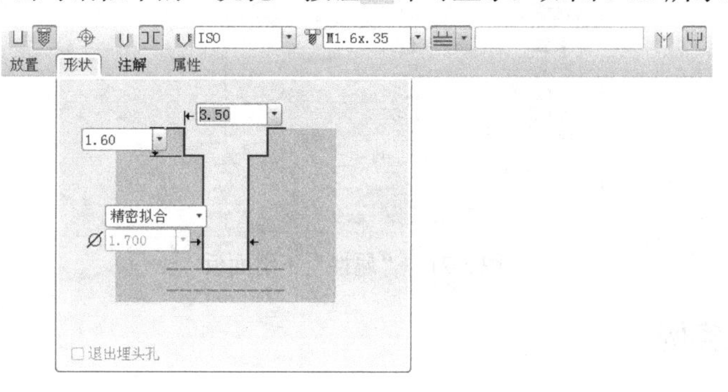

图5-18　沉孔数值框

- 退出埋头孔框：在标准孔的底部创建埋头孔。只有选取“穿透”深度选项时可用，如图5-19所示。

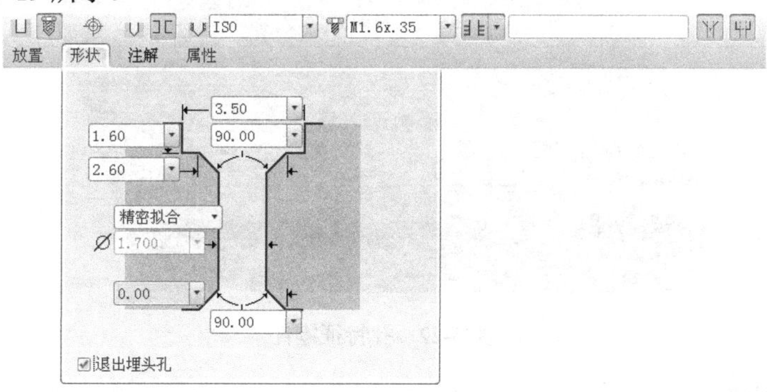

图5-19　退出埋头孔框

需要强调的是，这里创建的标准螺纹孔属于修饰特征，而并非真正的螺纹实体，只代表螺纹的一种符号特征，其在渲染模式下是不可见的。

3. 注释

“注释”下滑面板用于查看标准孔的螺纹注释，仅对于标准孔是可用的，如图 5-20 所示。

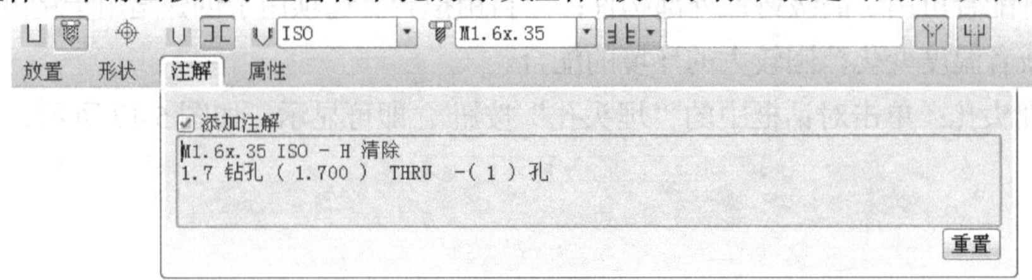

图 5-20　“注释”下滑面板

4. 属性

“属性”下滑面板可以获取直孔或标准孔的名称和参数信息，如图 5-21 所示。要修改参数名和数值，需要修改孔图表文件，此表仅适用于标准孔。

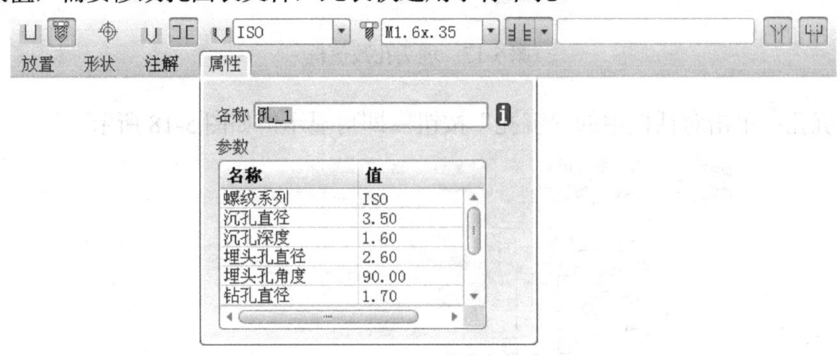

图 5-21　“属性”下滑面板

5.2.3　孔特征实例

本例将在零件上添加直孔、草绘孔以及标准孔，创建出如图 5-22 所示的零件。使读者能够了解和掌握孔特征的创建方法。

图 5-22　孔特征零件

1. 建立新文件

在工具栏中单击“新建”按钮，或选择“文件”|“新建”命令，系统弹出“新建”

对话框，在“类型”选项区域中选择“零件”单选按钮，在“子类型”选项区域中选择“实体”单选按钮，输入零件名称为kong，单击“确定”按钮，进入零件设计界面。

2. 创建实体特征

(1) 单击特征工具栏中的“拉伸”按钮，在拉伸特征操控板中单击“实体”按钮，以指定生成拉伸实体；单击“放置”按钮，打开下滑面板。单击下滑面板中的“定义”按钮，系统弹出“草绘”对话框并提示用户选择草绘平面。选取FRONT基准平面作为草绘平面，接受系统默认的生成方向，单击对话框中的“草绘”按钮，进入草绘界面。

(2) 单击草绘工具栏中的“矩形”按钮，绘制一个矩形，并修改其尺寸，如图5-23所示。完成后单击草绘工具栏中的“确定”按钮，退出草绘模式。

(3) 在拉伸特征操控板的深度框中输入拉伸高度为5，单击“确定”按钮或单击鼠标中键完成拉伸特征的创建，如图5-24所示。

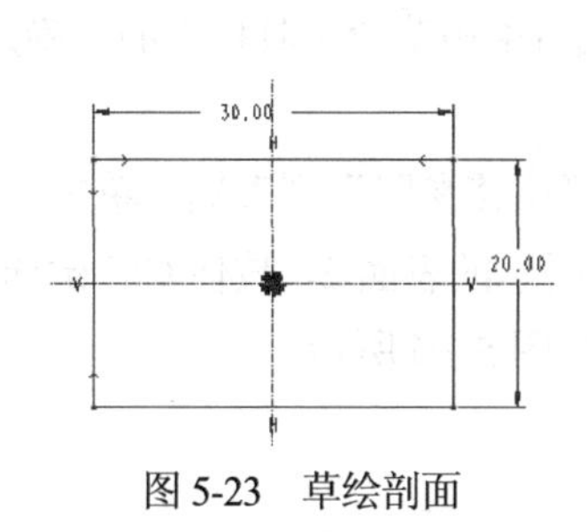

图5-23　草绘剖面

表面1
表面2
表面3

图5-24　创建的实体特征

3. 创建简单直孔

(1) 单击特征工具栏中的“孔”按钮，在孔特征操控板中单击“简单孔”按钮，然后选取如图5-24所示的实体特征的表面1作为孔的放置平面，该表面会高亮显示，并会预显示孔的位置与大小。

(2) 单击孔特征操控板中的“放置”按钮，在“偏移参照”列表框中单击，系统会提示用户选取两个参照来定义孔的位置。选取如图5-24所示的表面2，按住Ctrl键选取表面3，特征类型设置为“偏移”，偏移值分别为3.5和5，如图5-25所示。

(3) 单击孔特征操控板中的“形状”按钮，在深度框中将孔的深度类型设置为“穿透”，在直径框中设置直径值为2.5，如图5-26所示。此时，零件会显示修改孔后的位置尺寸以及直径尺寸，如图5-27所示。

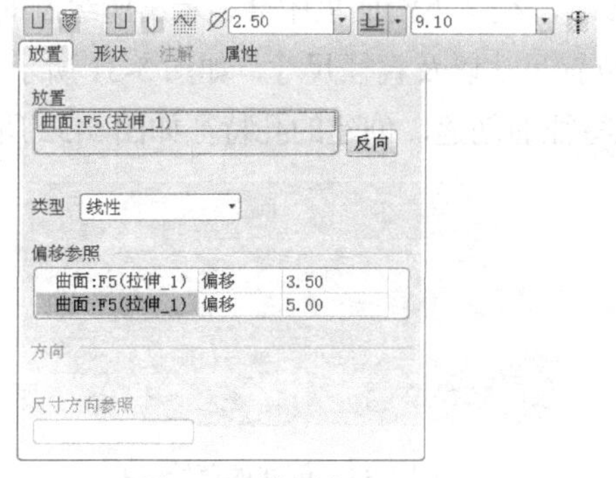

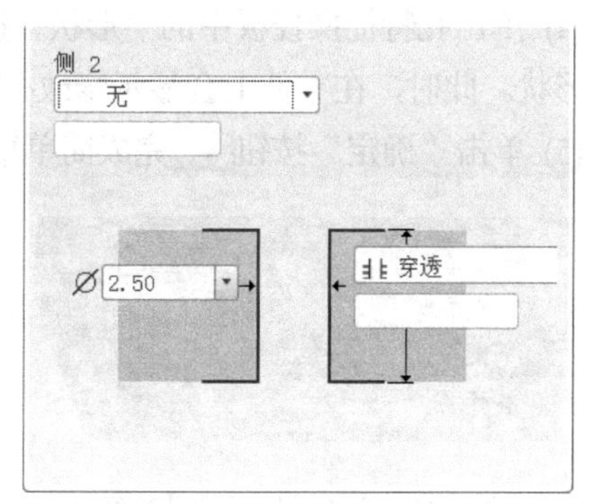

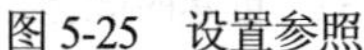
图5-25　设置参照

图5-26　设置深度类型

(4) 完成后，单击“确定”按钮或单击鼠标中键完成简单直孔特征的创建。创建的孔特征如图 5-28 所示。

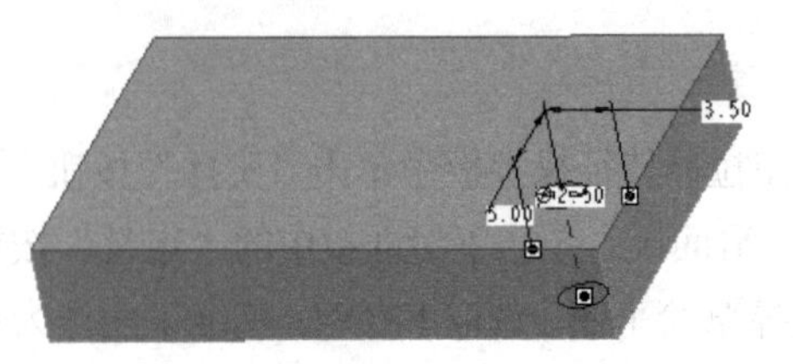

图 5-27　完成设置后的孔特征

图 5-28　创建的简单直孔

4. 创建草绘孔

(1) 单击特征工具栏中的“孔”按钮，在孔特征操控板中单击“草绘”按钮，在草绘直孔特征操控板中单击“草绘”按钮，系统进入草绘界面。

(2) 按照如图 5-29 所示绘制草绘孔的旋转截面，完成后单击草绘工具栏中的“确定” 按钮，退出草绘模式。

(3) 单击孔特征操控板中的“放置”按钮 放置，在“偏移参照”列表框中单击，系统会提示用户选取两个参照来定义孔的位置。选取如图 5-24 所示的表面 2，按住 Ctrl 键选取表面 3，特征类型设置为“偏移”，偏移值分别为 25 和 4，如图 5-30 所示。

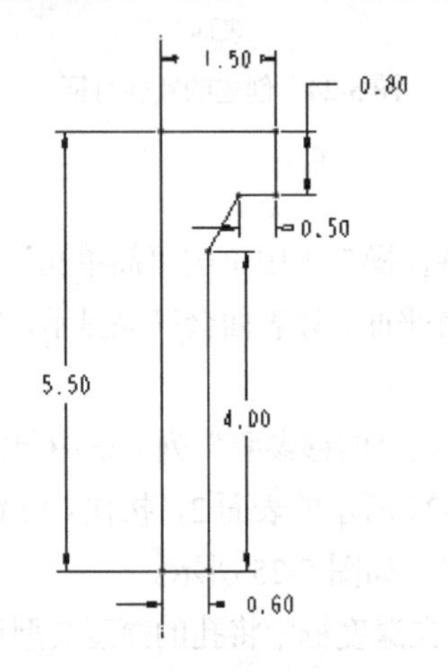

图 5-29　草绘孔旋转截面

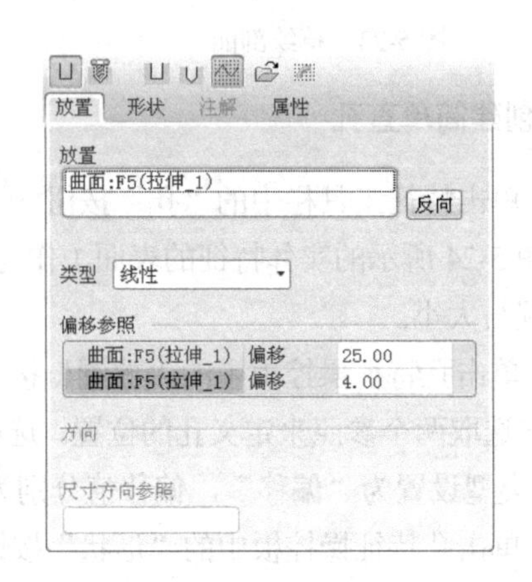

图 5-30　设置参照

(4) 单击孔特征操控板中的“形状”按钮 形状，在其下滑面板中会显示出所绘制的草绘截面形状。此时，在零件上会显示修改孔后的位置尺寸以及直径尺寸，如图 5-31 所示。

(5) 单击“确定”按钮完成简单草绘孔特征的创建，创建的孔特征如图 5-32 所示。

图 5-31　完成设置后的孔特征

图 5-32　创建的草绘直孔

5. 创建标准孔

(1) 单击特征工具栏中的“孔”按钮，在孔特征操控板中单击“标准孔”按钮，显示如图5-5所示的标准孔特征操控板。在操控板中选取ISO标准，选取螺钉为M1.2×.25，孔的深度为3。

(2) 选取图5-24中表面1作为孔的放置表面，单击孔特征操控板中的“放置”按钮 放置，在“偏移参照”列表框中单击，系统会提示用户选取两个参照来定义孔的位置。同样选取如图5-24所示的表面2，按住Ctrl键选取表面3，特征类型设置为“偏移”，偏移值分别为25和15，如图5-33所示。

(3) 单击孔特征操控板中的“形状”按钮 形状，然后单击“沉孔”按钮创建沉头孔，如图5-34所示。

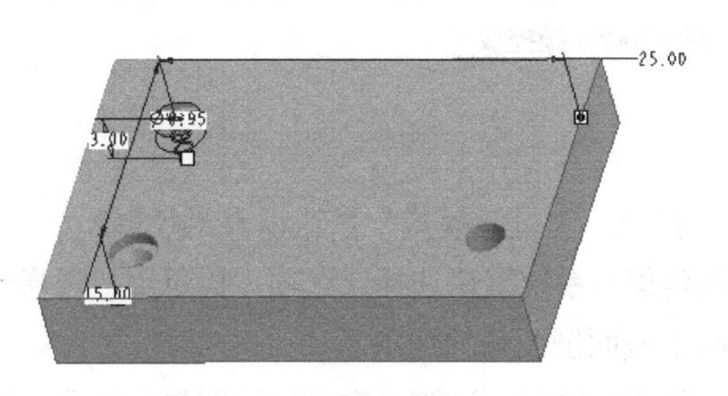

图5-33 设置孔位置

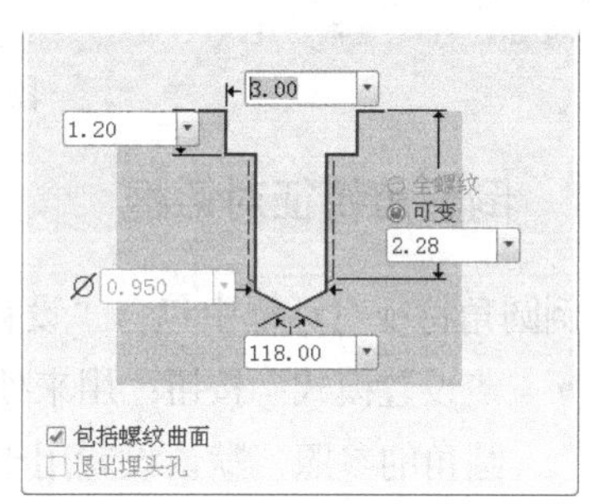

图5-34 设置孔形状

(4) 单击“确定”按钮或单击鼠标中键完成标准孔特征的创建，创建的孔特征如图5-35所示。

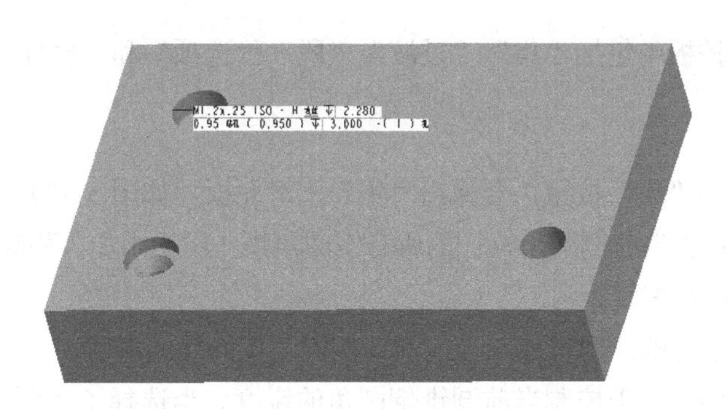

图5-35 创建的标准孔

6. 保存文件

单击“保存”按钮，保存文件到指定的目录并关闭窗口。

5.3 倒 圆 角

倒圆角特征在零件设计中具有重要作用。在Pro/ENGINEER Wildfire 5.0中可以创建和修改倒圆角，倒圆角是一种边处理特征，通过向一条或者多条边、链以及曲面之间添加半径形成。要创建倒圆角，需要定义一个或者多个倒圆角集。倒圆角集是一种结构单元，包含一个或多个倒圆角几何。当指定了倒圆角放置参照后，Pro/ENGINEER 会使用默认属性、半径值以及适合的被参照几何默认的过渡来创建倒圆角。

创建倒圆角时需要注意的是，尽可能在设计的最后阶段建立倒圆角特征。为避免创建从属于倒圆角特征的子项，在标注位置尺寸时，尽量不要以边作为参考，以免在以后变更设计时产生麻烦。

单击特征工具栏中的“倒圆角”按钮 ，或选择“插入”|“倒圆角”命令，在主视区上侧会打开如图 5-36 所示的倒圆角特征操控板。从中可以看出，倒圆角特征操控板由对话框和下滑面板两部分组成。

图 5-36　倒圆角特征操控板

5.3.1　倒圆角特征对话框

倒圆角特征对话框中包含“设置模式”按钮、“过渡模式”按钮以及半径框。

- “设置模式”按钮：用来处理倒圆角集。系统默认选择该选项，提示用户选择要倒圆角的参照，默认设置用于具有圆形截面倒圆角的选项。
- “过渡模式”按钮：用于定义倒圆角特征的所有过渡。它可以设置显示当前过渡的默认过渡形式，并包含基于几何环境的有效过渡类型的列表。

5.3.2　倒圆角特征下滑面板

倒圆角特征操控板中包括“集”“过渡”“段”“选项”和“属性”5 个下滑面板。

1. 集

单击操控板中的“集”按钮，会弹出“集”下滑面板，如图 5-37 所示。

- 设置框：包含当前倒圆角特征的所有倒圆角集，用于添加、移除倒圆角集或者选取倒圆角集进行编辑。
- 截面形状下拉框：用于控制当前活动倒圆角集的截面形状。
- 圆锥参数框：用于控制当前圆锥倒圆角的锐度。当选择了“圆锥”或“D1×D2 圆锥”截面形状时此框才可用。系统默认的角度值为 0.5。
- 创建方法下拉框：用于控制倒圆角集的创建方法。
- “延伸曲面”按钮：在连接曲面的延伸部分继续倒圆角。
- “完全倒圆角”按钮：将活动的倒圆角集切换为完全倒圆角，或允许使用第 3 个曲面来驱动曲面到曲面的完全倒圆角，如图 5-38(a)所示。
- “通过曲线”按钮：允许由选定的曲线驱动活动的倒圆角半径，以创建由曲线驱动的倒圆角，如图 5-38(b)所示。
- “参照”列表框：包含为倒圆角集所选取的有效参照。
- 第二列表框：根据活动的倒圆角类型，可激活不同的列表框。驱动曲线表示由该曲线驱动倒圆角半径来创建由曲线驱动的倒圆角；驱动曲面表示包含由完全倒圆角替换的曲面参照；骨架包含用于“垂直于骨架”或“可变”曲面至曲面的倒圆角集。

- “细节”按钮：用于打开“链”对话框以便修改链属性。
- “半径”列表框：控制活动倒圆角集半径的距离和位置。对于完全倒圆角或由曲线驱动的倒圆角，该列表是不可用的。需要注意的是，对于 D1×D2 圆锥倒圆角，会在参照板中显示两个半径框。

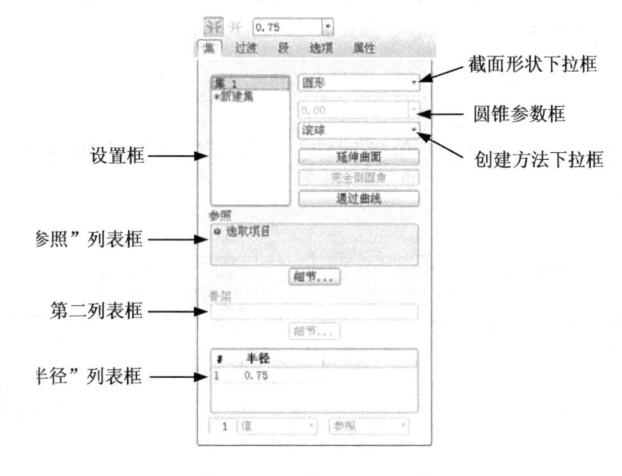

图 5-37 “集”下滑面板

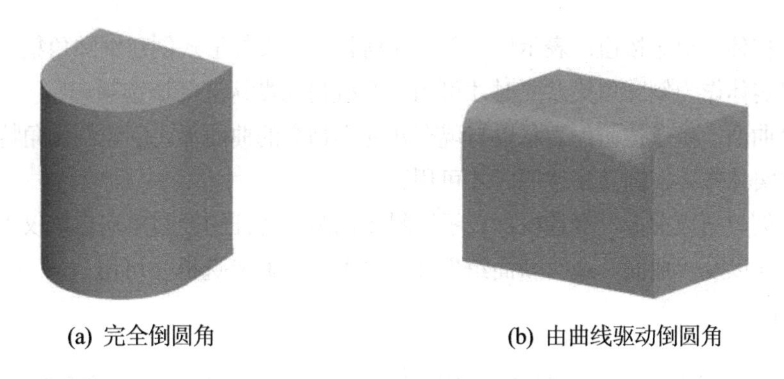

(a) 完全倒圆角　　(b) 由曲线驱动倒圆角

图 5-38 圆角类型

2. 过渡

要使用“过渡”下滑面板必须激活过渡模式，其下滑面板的列表框中包含整个圆角特征的所有用户定义的过渡，可以用来修改过渡，如图 5-39 所示。

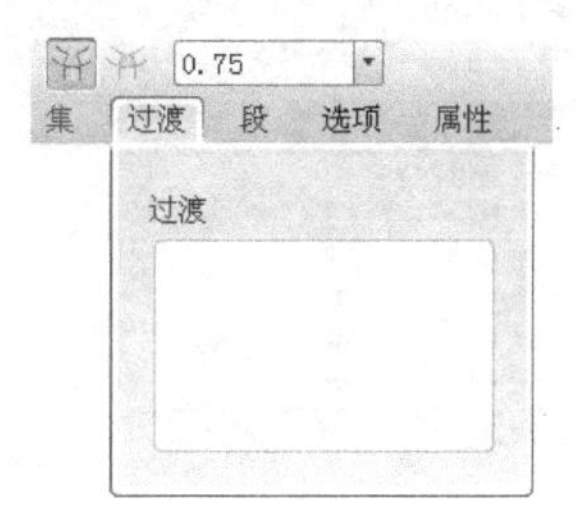

图 5-39 “过渡”下滑面板

3. 段

在“段”下滑面板中可以查看倒圆角特征的全部倒圆角集，查看当前倒圆角集中的倒圆角段并修剪、延伸或者排除这些倒圆角段，以及处理放置模糊问题。“段”下滑面板包含设置“集”和“段”两个列表框，如图 5-40 所示。

- “集”列表框：针对整个倒圆角特征，列出包含放置模糊的所有倒圆角集。
- “段”列表框：列出当前倒圆角集中放置不明确从而产生模糊的所有倒圆角段，并指定其当前的状态。

4. 选项

“选项”下滑面板包括“实体”单选按钮、“曲面”单选按钮以及“创建结束曲面”复选框，如图 5-41 所示。

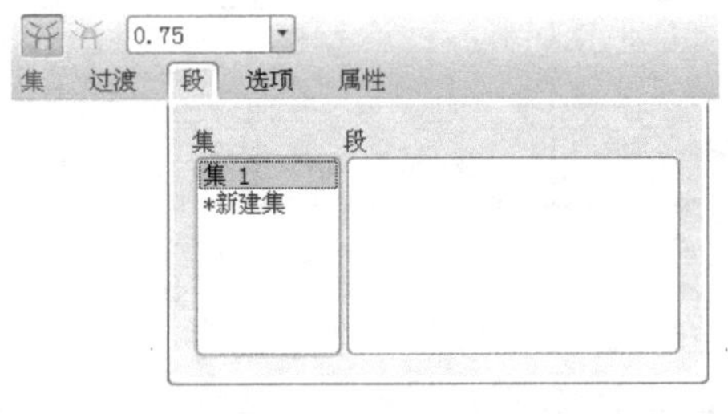

图 5-40　“段”下滑面板

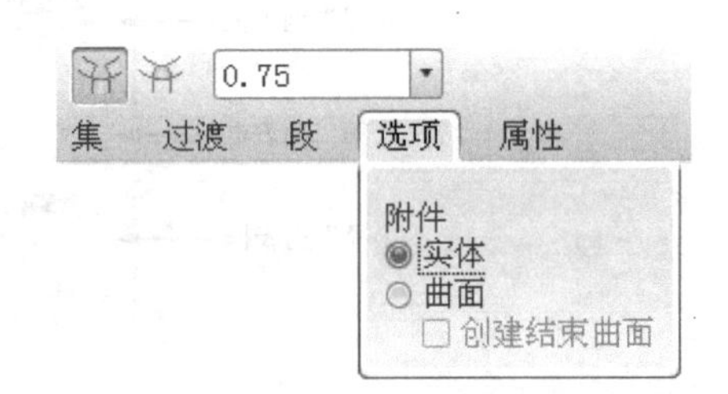

图 5-41　“选项”下滑面板

- “实体”单选按钮：表示以与现有几何相交的实体形式创建倒圆角集参照，仅当选取实体作为倒圆角集参照时才可用。系统自动默认选择该选项。
- “曲面”单选按钮：表示以与现有几何不相交的曲面形式创建倒圆角特征，仅当选取实体作为倒圆角集参照时才可用。
- “创建结束曲面”复选框：表示以封闭倒圆角特征的倒圆角端点，仅当选择了有效几何以及“曲面”或“新面组”连接类型时，此复选框才可用。

5. 属性

“属性”下滑面板包含特征名称和用于访问特征信息的图标，在名称框中可以修改倒圆角特征的名称。单击“显示特征信息”按钮🛈，会显示创建的倒圆角特征的相关信息，如图 5-42 所示。

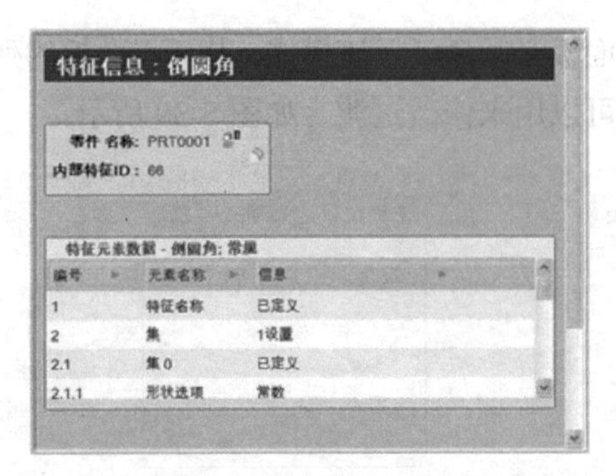

图 5-42　“属性”下滑面板

5.3.3 自动倒圆角特征对话框

在 Pro/ENGINEER Wildfire 5.0 中，还可以对特征进行自动倒圆角操作。选择“插入”|“自动倒圆角”命令，弹出如图 5-43 所示的自动倒圆角特征操控板。它由对话框和下滑面板两部分组成。

图 5-43 自动倒圆角特征操控板

从图 5-43 中可以看出，在该对话框中可设置自动倒圆角的凸边和凹边。

- 自动倒圆角的凸边 0.40：输入几何特征凸边的倒圆角值。
- 自动倒圆角的凹边 0.40：输入几何特征凹边的倒圆角值。

5.3.4 自动倒圆角下滑面板

自动倒圆角特征操控板中包括“范围”“排除”“选项”和“属性”4 个下滑面板。

1. 范围

单击“范围”按钮，系统弹出“范围”下滑面板，如图 5-44 所示。

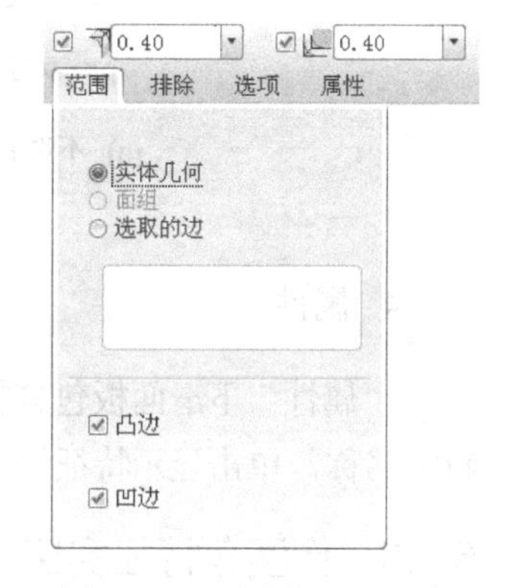

图 5-44 “范围”下滑面板

- 实体几何：对绘图区域中实体特征的所有边进行倒圆角操作。
- 面组：对绘图区域被选取面组的边进行倒圆角特征操作。
- 选取的边：对选中的边进行倒圆角操作，被选取的边会显示在下面的列表框中，该选项与前面讲到的倒圆角特征相同。
- 凸边：选择该选项，表示对特征的凸边进行倒圆角操作，与图 5-43 所示的对话框中的自动倒圆角的凸边选项相对应。
- 凹边：选择该选项，表示对特征的凹边进行倒圆角操作，与图 5-43 所示的对话框中的自动倒圆角的凹边选项相对应。

2. 排除

自动倒圆角会在几何特征的所有边上创建倒圆角，但有的边用户可能并不需要对其创建倒圆角，被排除的边不会进行倒圆角，如图 5-45 所示。在几何特征中选择不需要倒圆角的边，这些边会显示在图示的列表框中，然后再创建自动倒圆角特征。

3. 选项

在“选项”下滑面板中(如图 5-46 所示)，有创建常规倒圆角特征的组复选框。在创建自动倒圆角特征时，如果不选择该复选框，则在模型树中创建的倒圆角特征如图 5-47(a)所示，用户并不能对某一条边的倒圆角进行修改；选择该复选框，则会在模型树中创建一个组特征，如图 5-47(b)所示，用户可以对每个倒圆角进行单独编辑。

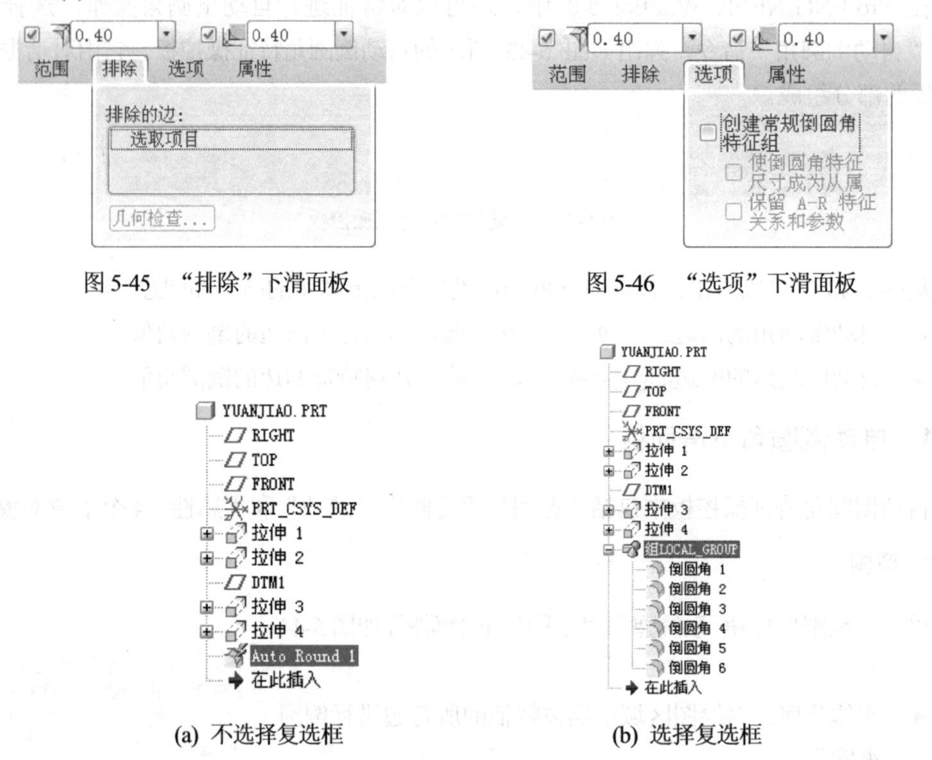

图 5-45　“排除”下滑面板

图 5-46　“选项”下滑面板

(a) 不选择复选框

(b) 选择复选框

图 5-47　模型树中的特征显示

4. 属性

“属性”下滑面板包含特征名称和用于访问特征信息的图标，在名称框中可以修改拔模特征名称，单击显示特征信息按钮 ，会显示自动倒圆角特征的相关信息。

5.3.5 倒圆角特征实例

本实例将使用倒圆角工具将如图 5-48(a)所示的模型修改为如图 5-48(b)所示的模型，使读者进一步了解和掌握倒圆角特征的创建方法。

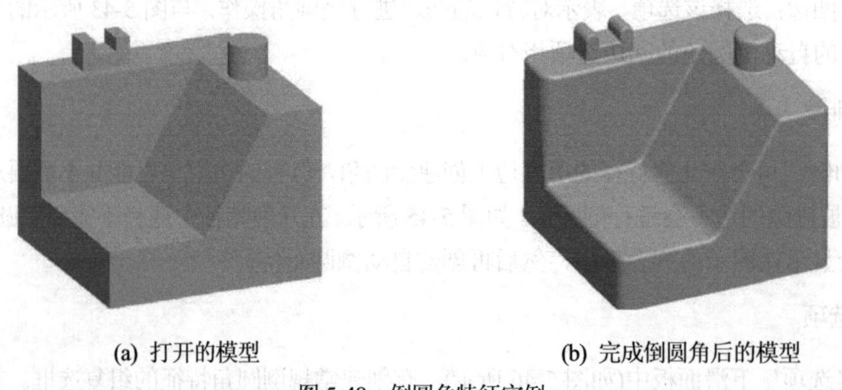

(a) 打开的模型

(b) 完成倒圆角后的模型

图 5-48　倒圆角特征实例

1. 打开文件

单击工具栏中的“打开”按钮，或选择“文件”|“打开”命令，打开下载的实例源文件 yuanjiao.prt，打开的模型文件如图 5-48(a)所示。

2. 恒定倒圆角

(1) 单击特征工具栏中的“倒圆角”按钮，或选择“插入”|“倒圆角”命令，打开倒圆角特征操控板。按住 Ctrl 键选择如图 5-49(a)所示的 3 条边，接着在操控板的半径框中设置半径值为 1。

(2) 单击“确定”按钮或单击鼠标中键完成倒圆角特征的创建，如图 5-49(b)所示。

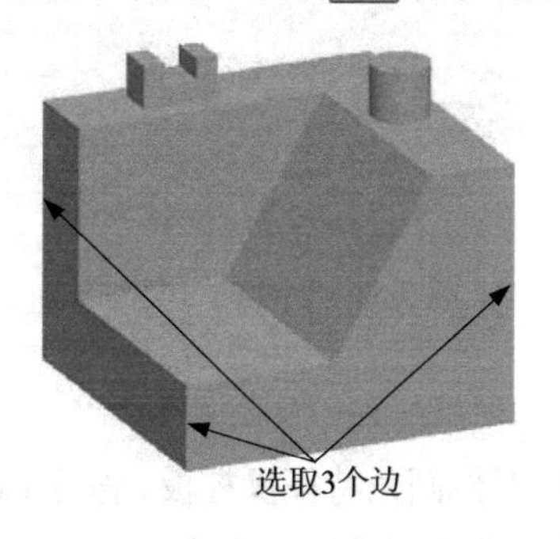

(a) 选取边线

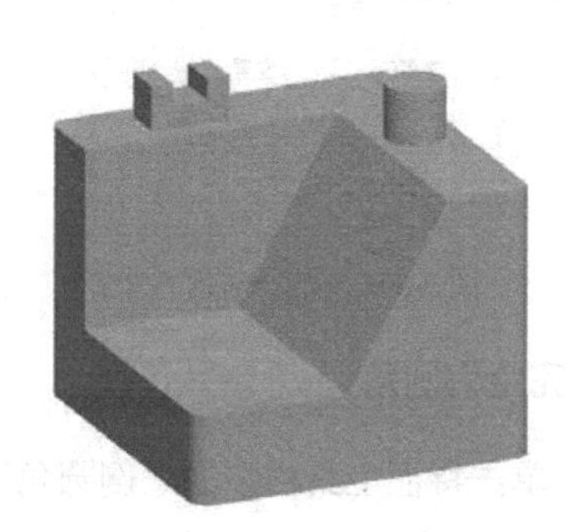

(b) 创建的倒圆角

图 5-49 创建恒定圆角

(3) 单击特征工具栏中的“倒圆角”按钮，打开倒圆角特征操控板。选取如图 5-50(a)所示的两个表面，并在操控板的半径框中设置半径值为 1，然后单击“确定”按钮或单击鼠标中键完成圆角特征的创建，如图 5-50(b)所示。

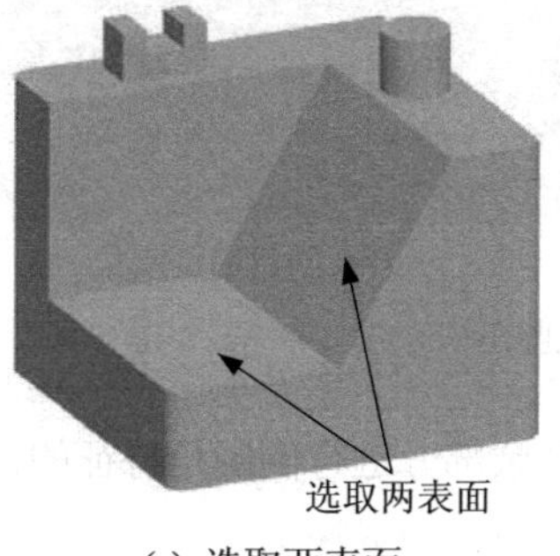

(a) 选取两表面

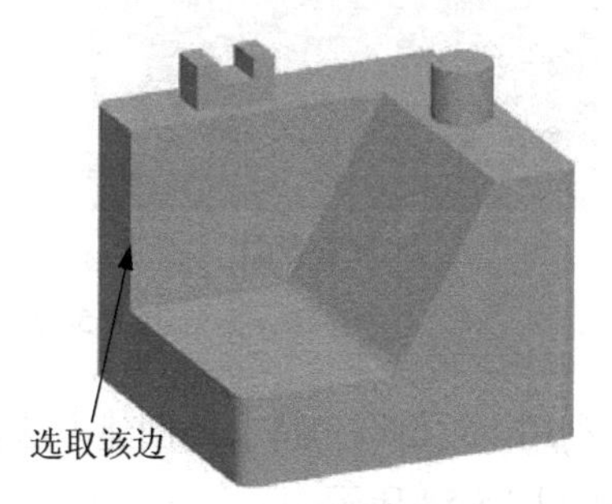

(b) 创建的倒圆角

图 5-50 创建的恒定圆角

3. 可变倒圆角

(1) 单击特征工具栏中的“倒圆角”按钮，打开倒圆角特征操控板。选取如图 5-50(b)所示的边线，然后单击操控板中的“集”按钮，弹出“集”下滑面板，并在“半径”列表框中右击，从弹出的快捷菜单中选择“添加半径”命令，设置控制点，如图 5-51 所示。

(2) 单击“确定”按钮或单击鼠标中键完成倒圆角特征的创建，如图 5-52 所示。

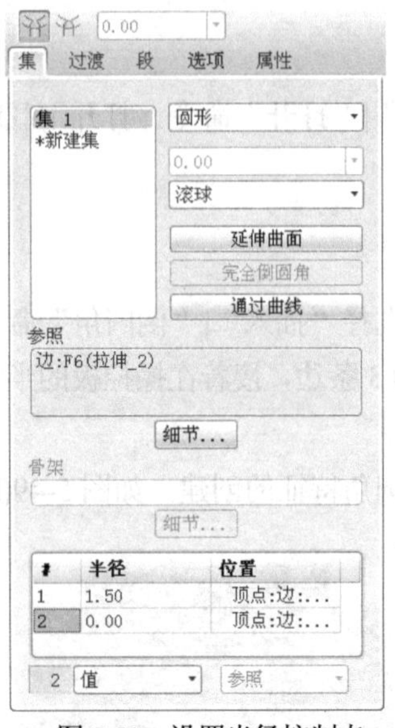

图 5-51　设置半径控制点

图 5-52　创建的可变倒圆角

4. 完全倒圆角

(1) 单击特征工具栏中的“倒圆角”按钮 ，打开倒圆角特征操控板。按住 Ctrl 键选取图 5-53(a)所示的表面 1 与表面 2，此时系统提示用户选择驱动表面，选取图 5-53(a)所示的表面 3 作为驱动表面。

(2) 单击“确定”按钮 或单击鼠标中键完成倒圆角特征的创建，如图 5-53(b)所示。

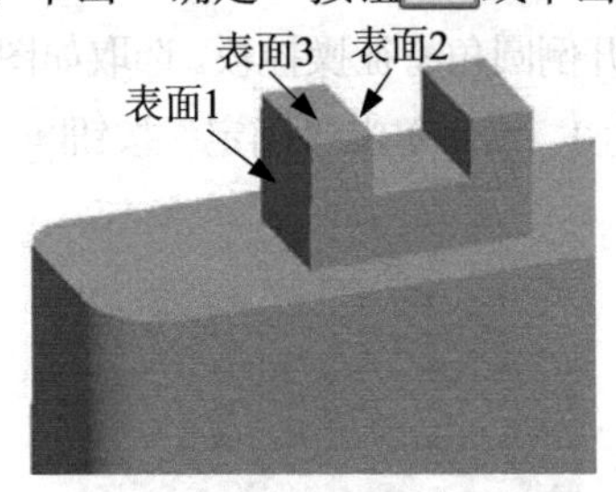

(a) 选取表面

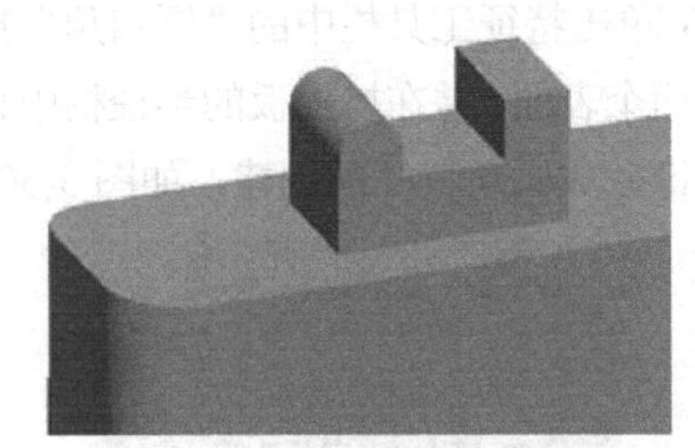

(b) 创建的倒圆角

图 5-53　创建的完全倒圆角

(3) 利用上述倒圆角特征的创建方法，对模型的其余部分进行倒圆角特征的创建。完成后的模型如图 5-54 所示。

5. 保存文件

选择“文件”|“保存副本”命令，在弹出的“保存副本”对话框的“新建名称”文本框中输入文件名称 yuanjiao-done，选择指定的目录后单击“确定”按钮 确定 保存文件并关闭窗口。

6. 自动倒圆角

(1) 单击工具栏中的“打开”按钮 ，或选择“文件”|“打开”命令，打开文件 yuanjiao.prt，如图 5-55 所示。

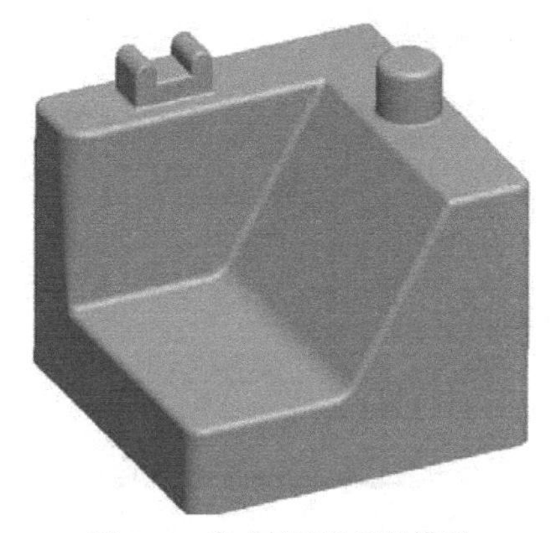

图 5-54　完成倒圆角后的模型

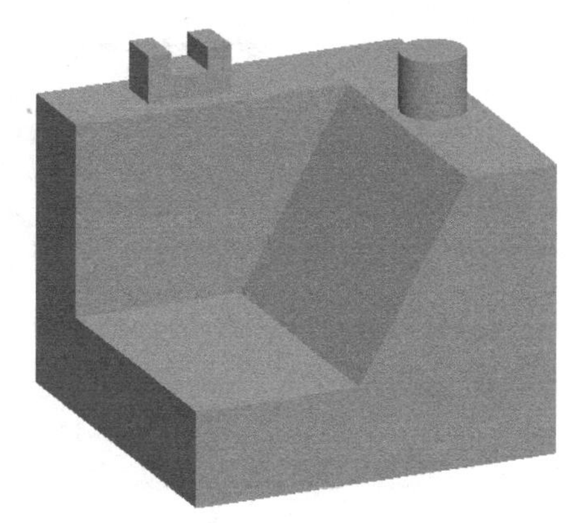

图 5-55　打开的模型

(2) 选择“插入”|“自动倒圆角”命令，在弹出的自动倒圆角特征操控板中输入凸边的半径值为 0.4，凹边的半径值为 0.5。

(3) 单击“确定”按钮或单击鼠标中键，即可完成自动倒圆角特征的创建。在创建自动倒圆角过程中系统会显示如图 5-56 所示的“自动倒圆角播放器”对话框，创建后的自动倒圆角特征模型如图 5-57 所示。

图 5-56　“自动倒圆角播放器”对话框

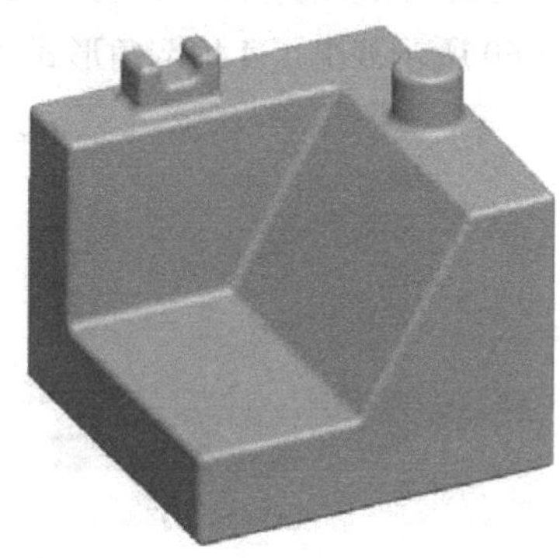

图 5-57　完成自动倒圆角后的模型

(4) 选择“文件”|“保存副本”命令，在弹出的“保存副本”对话框的“新建名称”文本框中输入文件名称 yuanjiao-1-done，选择指定的目录后单击“确定”按钮确定保存文件并关闭窗口。

5.4 倒　角

在 Pro/ENGINEER Wildfire 5.0 中可以创建和修改倒角。倒角特征可以对边或者拐角斜切削，以避免产品周围棱角过于尖锐，或者是为了配合造型设计的需要。进行倒角的曲面可以是实体模型曲面或者是常规的 Pro/ENGINEER 零厚度面组或曲面。

单击特征工具栏中的“倒角”按钮，或选择“插入”|“倒角”|“边倒角”命令，如图 5-58 所示，在主视区的上侧会打开如图 5-59 所示的倒角特征操控板；或选择“插入”|“倒角”|“拐角倒角”命令，可以进行拐角倒角特征的操作。

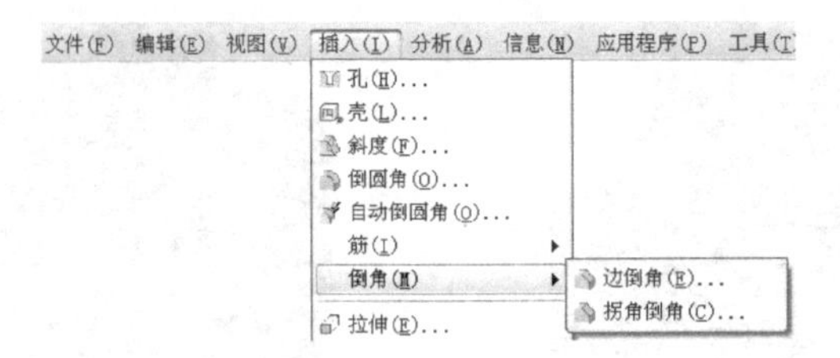

图 5-58　“倒角”子菜单

图 5-59　倒角特征操控板

倒角特征操控板与倒圆角特征操控板类似，这里主要讲述两者的不同点。

5.4.1　边倒角

“标注形式”下拉列表框显示倒角集的当前标注形式，并包含了基于几何环境的有效标注形式列表，系统的标注形式包含 45 × D、D × D、角度× D、D1 × D2、O × O 以及 O1 × O2。如图 5-60 所示列出了 4 种倒角形式之间的简单对比。

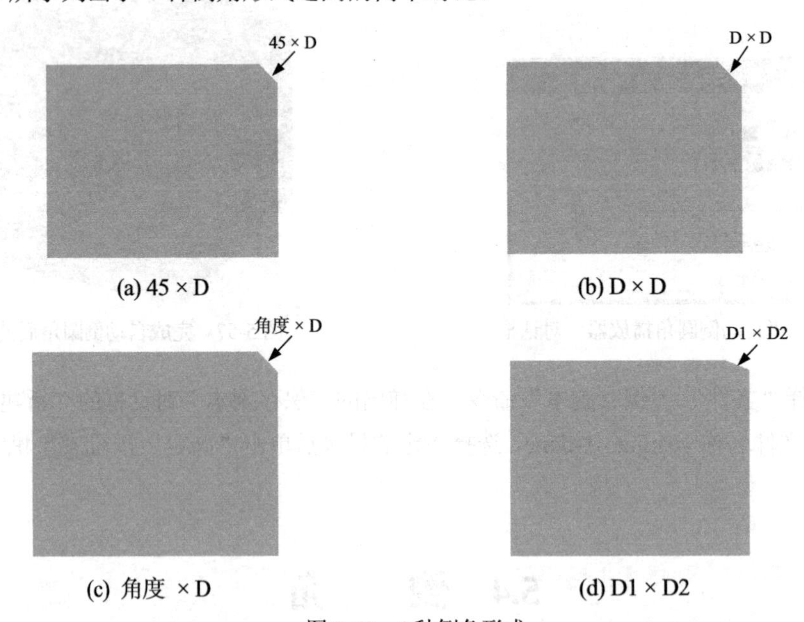

(a) 45 × D　(b) D × D　(c) 角度 × D　(d) D1 × D2

图 5-60　4 种倒角形式

1. 45 × D

45 × D 用于指定一个倒角半径值，以产生 45°的倒角。由于产生的角度为 45°，因此该选项只能用于两个互相垂直面的交线上，否则将不能生成倒角特征。

在“标注形式”下拉列表框中选取该选项，在尺寸框中输入需要的倒角尺寸值，然后选择要进行倒角的边，最后单击“确定”按钮✔或单击鼠标中键完成倒角特征的创建，如图 5-61 所示。

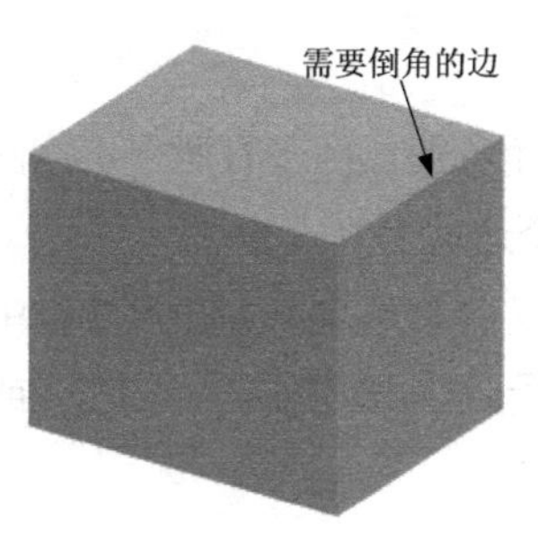

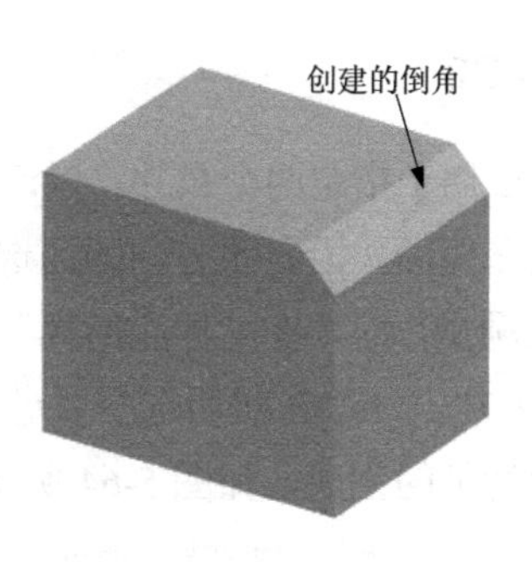

图 5-61 创建 45 × D 倒角特征

2. D × D

D × D 用于指定一个倒角半径值，以产生等边的斜角。该选项可以对不相互垂直的面的边进行倒角。

进行该项操作时，在“标注形式”下拉列表框中选择该选项，在尺寸框中输入需要的倒角尺寸值，然后选择要进行倒角的边，最后单击“确定”按钮☑或单击鼠标中键完成倒角特征的创建，如图 5-62 所示。

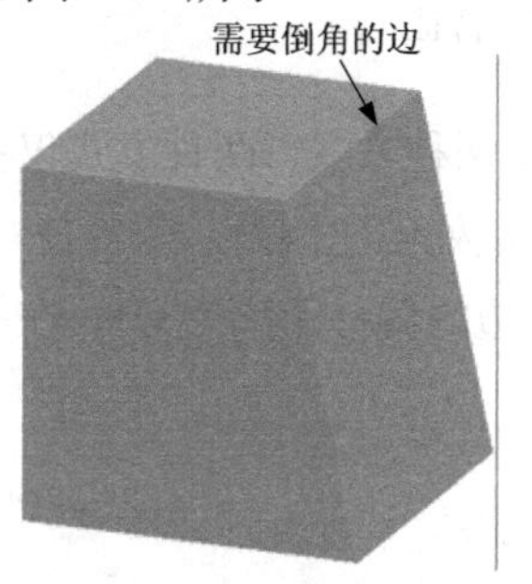

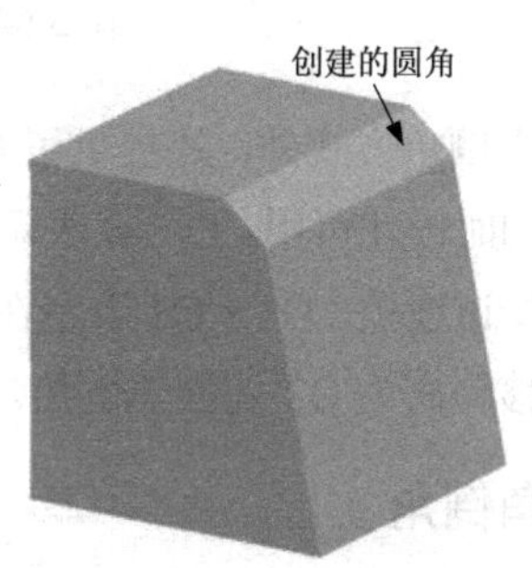

图 5-62 创建 D × D 倒角特征

3. 角度× D

角度×D 用于指定一个角度和一个倒角半径值，以产生不同造型的斜角。该选项只能用于两个相互垂直的面的交线上，并且还需要选取倒角的参照面。

进行该项操作时，在“标注形式”下拉列表框中选择该选项，然后选择要倒角的边，接着选择倒角的参照面，在尺寸框中输入需要的倒角尺寸值以及沿参照面偏转的角度，最后单击“确定”按钮☑或单击鼠标中键完成倒角特征的创建，如图 5-63 所示。

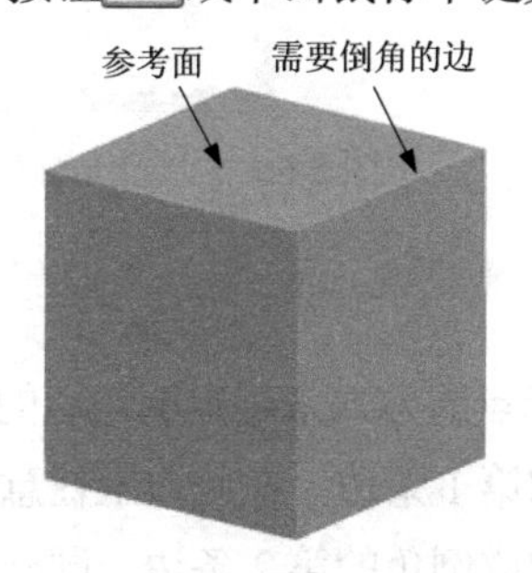

图 5-63 创建角度× D 倒角特征

4. D1 × D2

D1 × D2 用于指定两个尺寸，以产生不等边的倒角特征。由于有两个不同的尺寸，需要选取倒角的参照面，沿参照方向的面选取 D1，另一个选取 D2。

进行该项操作时，在“标注形式”下拉列表框中选择该选项，并在尺寸框中输入需要的倒角尺寸值(D1 与 D2)，然后选择要进行倒角的边，最后单击“确定”按钮或单击鼠标中键完成倒角特征的创建，如图 5-64 所示。

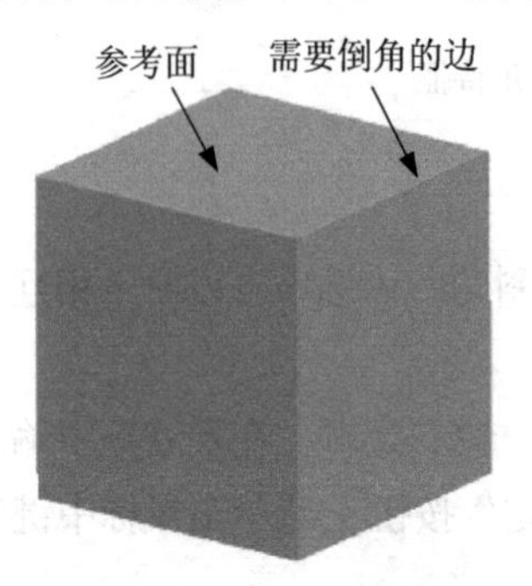

图 5-64　创建 D1 × D2 倒角特征

除了以上倒角方式外，还提供了 O × O 与 O1 × O2 两种方式，两种方式仅在使用偏移曲面创建方法的时候才可用。O × O 表示沿各曲面的偏移值处创建倒角，仅当 D × D 不适用时，才会默认选择该选项。O1 × O2 表示在一个曲面距选定边的偏移距离为 O1，在另一个曲面距选定边的偏移距离为 O2 处创建倒角。

5.4.2　拐角倒角

在创建倒角特征时，选择“插入” | “倒角” | “拐角倒角”命令，打开“拐角倒角”对话框，如图 5-65 所示。选择需要倒角的拐角，被选取边会高亮显示，并且会显示如图 5-66 所示的“选出/输入”菜单，其中“选出点”与“输入”选项用来确定倒角位置。

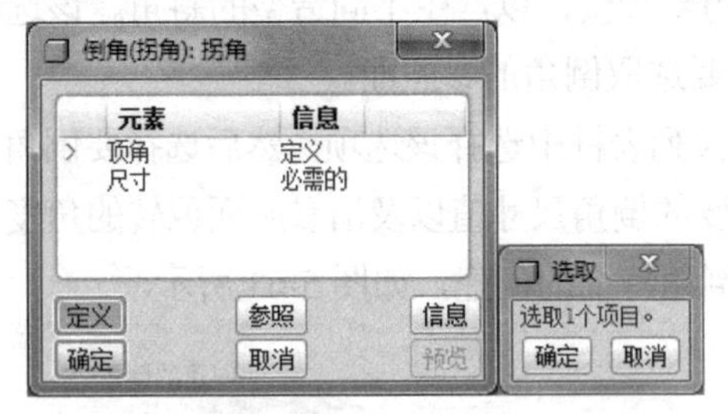

图 5-65　“拐角倒角”对话框

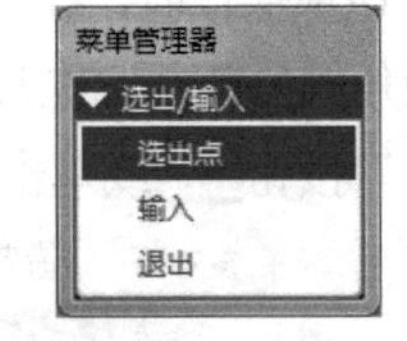

图 5-66　“选出/输入”菜单

1. 选出点

“选出点”选项表示在创建拐角倒角特征时以选择点的方式来确定倒角边的大小。选取所要倒角的拐角后，系统会以蓝色高亮显示构成倒角的第 1 条边，在此边上任意一点单击，选择倒角在此边上的位置点；接着系统会以蓝色显示构成倒角的第 2 条边，同样在该边上选择一点作为倒角在此边上的位置点；重复以上操作，在第 3 条边上选择生成倒角的位置点，如图 5-67 所示。

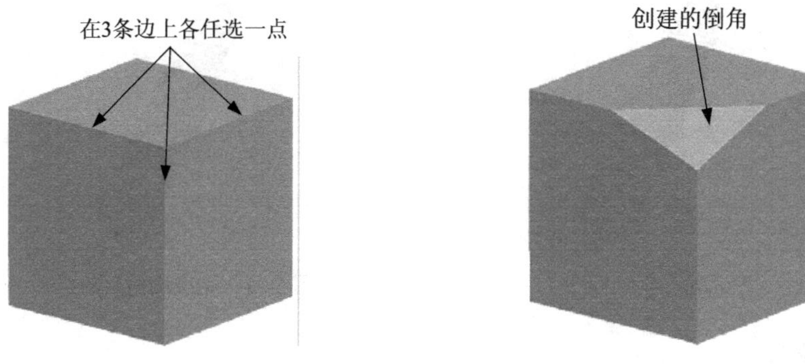

图 5-67　以“选取点”方式创建拐角倒角

2. 输入

“输入”选项表示通过输入数值的方法确定倒角位置，在“选出/输入”菜单中选择该命令后，会出现消息提示框，如图 5-68 所示，要求用户输入从拐角沿边的方向到位置点的距离值，单击“确定”按钮或者按 Enter 键确认输入的数值。

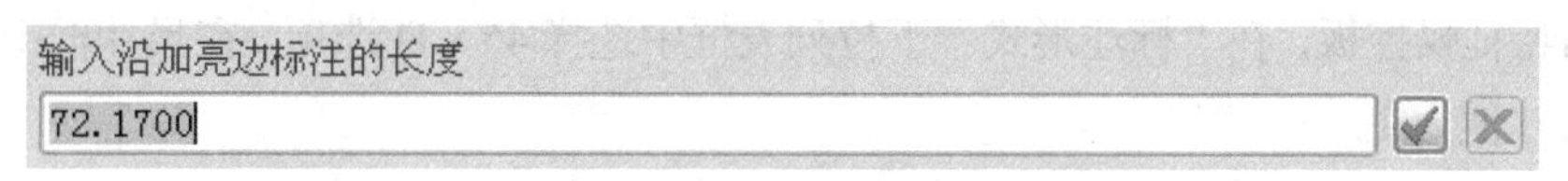

图 5-68　输入尺寸值

重复以上的操作步骤，完成其他边的倒角位置点确定。完成后系统会按照输入数值的所在位置点进行倒角，单击拐角倒角特征操控板中的“预览”按钮预览，可以查看创建的倒角特征。确认后，单击“确定”按钮确定，即可完成倒角特征的创建，如图 5-69 所示。

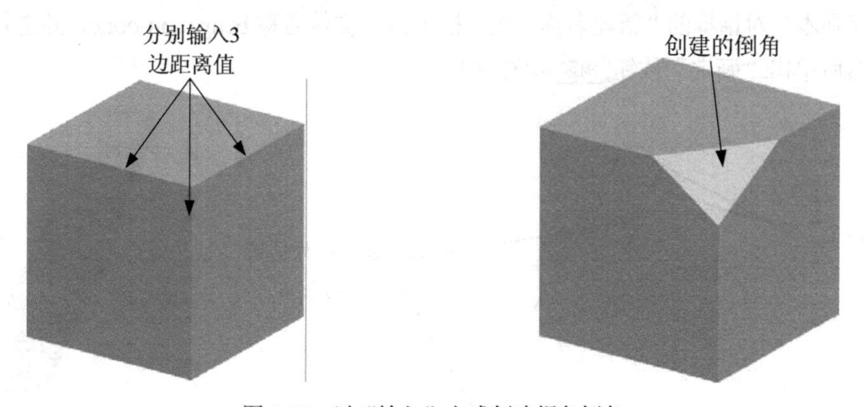

图 5-69　以“输入”方式创建拐角倒角

5.4.3　倒角特征实例

本实例将对图 5-70 所示的泵轴模型进行倒角特征的操作，将其修改为图 5-71 所示的模型。通过该练习可以使读者进一步了解和掌握倒角特征的创建方法。

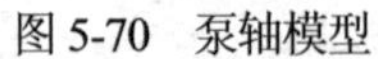
图 5-70　泵轴模型

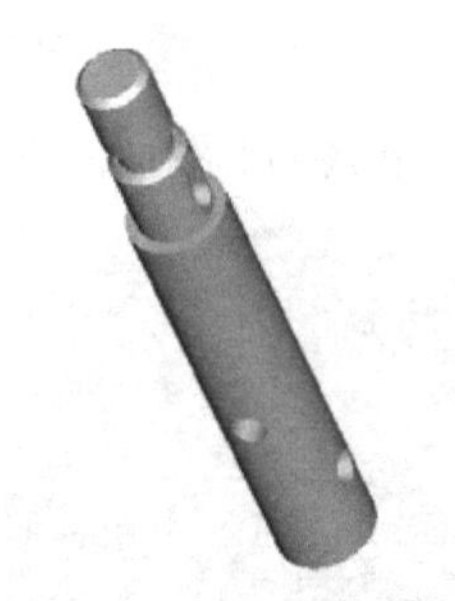
图 5-71　完成倒角后的泵轴

1. 打开文件

单击工具栏中的“打开”按钮，或选择“文件”|“打开”命令，打开文件 bengzhou.prt，如图 5-70 所示。

2. 创建倒角特征

(1) 单击特征工具栏中的“倒角”按钮，或选择“插入”|“倒角”|“边倒角”命令，打开倒角特征操控板，在“标注形式”下拉列表框中选择 45 × D 选项，在尺寸框中输入需要的倒角尺寸值为 1。

(2) 按住 Ctrl 键在模型上选取如图 5-72 所示的圆周。

(3) 单击“确定”按钮或单击鼠标中键完成倒角特征的创建。

3. 保存文件

完成倒角特征后的泵轴模型如图 5-73 所示。选择“文件”|“保存副本”命令，在弹出的“保存副本”对话框的“新建名称“文本框中输入文件名称 bengzhou-done，并选择指定的目录，然后单击“确定”按钮确定保存文件。

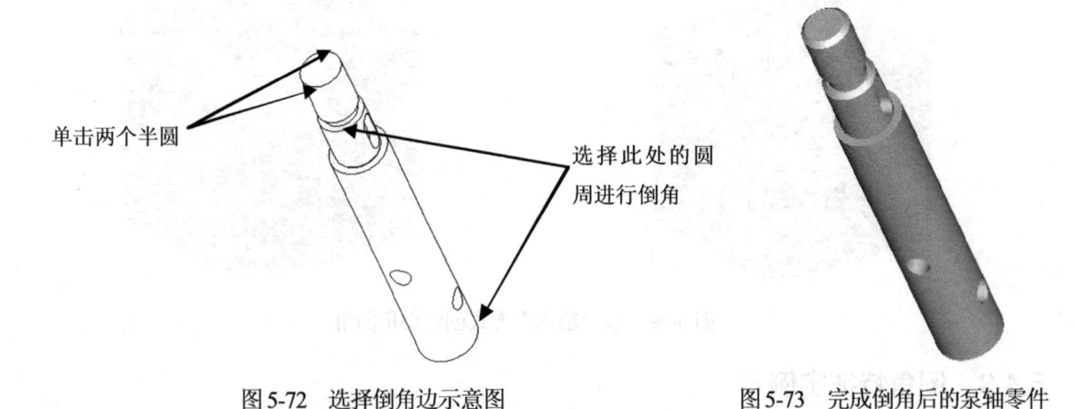

图 5-72　选择倒角边示意图

图 5-73　完成倒角后的泵轴零件

5.5 壳

壳特征是零件建模中重要的工程特征，它能够使一些复杂的工作变得简单。壳特征具有如下特点：

- 可以将实体内部掏空，只留有一个特定壁厚的壳。
- 可以选定一个或者多个曲面作为壳移除的参照面。
- 如果用户没有选定所要移除的曲面，系统会自动创建一个封闭的壳体，将零件的整个内部都掏空，且空心内部没有入口。
- 在定义壳时，也可以选取要在其中指定不同厚度的曲面，可以为每个曲面指定单独的厚度值，但无法为它们输入负的或者是反向的厚度值，厚度则由壳的默认厚度所确定。

单击特征工具栏中的“壳”按钮，或选择“插入”|“壳”命令，在主视区的上侧弹出图5-74所示的壳特征操控板。从图中可以看出，壳特征操控板由对话框和下滑面板两部分组成。

图5-74　壳特征操控板

5.5.1　壳特征对话框

壳特征对话框中包括厚度框和“反转”按钮，其中厚度框用来输入壳体的厚度值，或从下拉列表中选择最近所使用的数值；而“反转”按钮则表示反转壳体的创建方向。

5.5.2　壳特征下滑面板

壳特征操控板选项卡中包括“参照”“选项”和“属性”3个下滑面板。

1. 参照

“参照”下滑面板包括“移除的曲面”列表框和“非缺省厚度”列表框两个选项，如图5-75所示。其中，“移除的曲面”列表框用于选取所要移除的曲面，可以选择一个或者多个曲面，在选择多个曲面时，需要按住Ctrl键，如果没有选择曲面，则会创建一个封闭的壳体，将零件的整个内部都掏空，且空心内部没有入口；“非缺省厚度”列表框用于选择要在其中指定不同厚度的曲面，并为所选择的每一个曲面都指定一个厚度值，用户可以对其进行修改。图5-76列出了所创建的不同壳体特征。

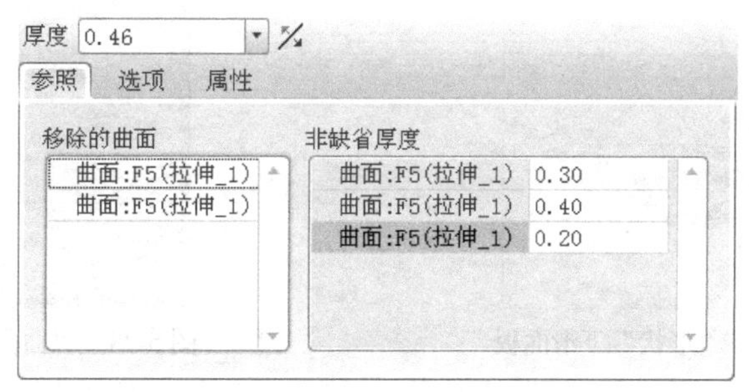

图5-75　“参照”下滑面板

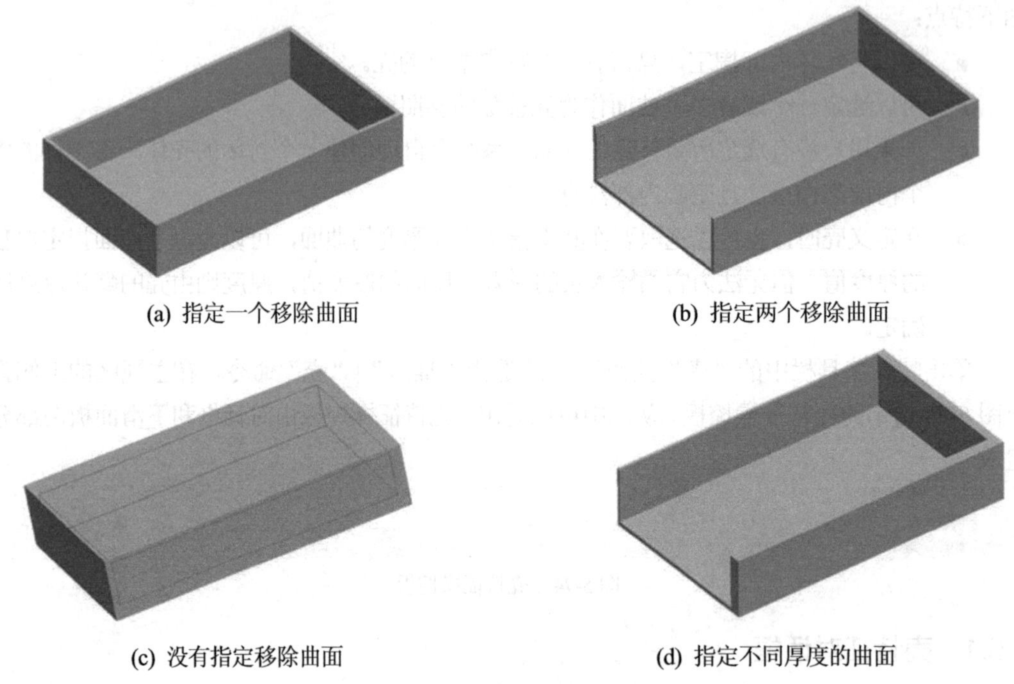

(a) 指定一个移除曲面　　(b) 指定两个移除曲面

(c) 没有指定移除曲面　　(d) 指定不同厚度的曲面

图 5-76　创建的壳体特征

2. 选项

“选项”下滑面板包括“排除的曲面”列表框、“细节”按钮、“曲面延伸”选项区域以及“防止壳穿透实体”选项区域，如图 5-77 所示。

- “排除的曲面”列表框：用于选择一个或多个要从壳中排除的曲面，如果未选择任何要排除的曲面，则会壳化整个零件。
- “细节”按钮：单击该按钮会弹出如图 5-78 所示的“曲面集”对话框，用于添加或移除曲面。

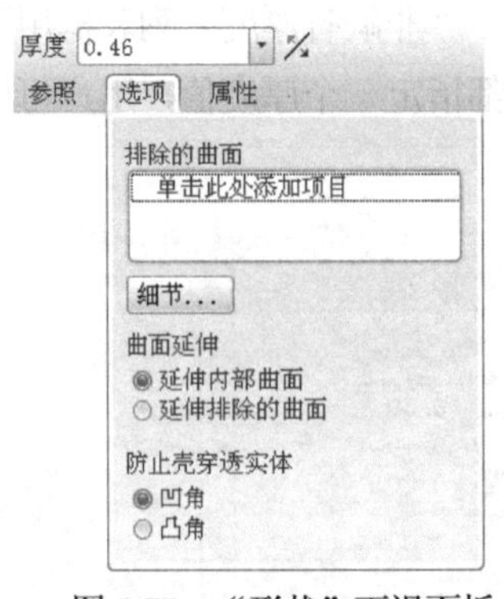

图 5-77　“形状”下滑面板

图 5-78　“曲面集”对话框

- “曲面延伸”选项区域：包括“延伸内部曲面”和“延伸排除的曲面”两个选项，其中“延伸内部曲面”表示在壳特征的内部曲面上形成一个盖，“延伸排除的曲面”

表示在壳特征的排除曲面上形成一个盖。

- “防止壳穿透实体”选项区域：包含“凹角”和“凸角”两个选项，其中“凹角”表示防止壳切削穿透凹角处的实体，“凸角”表示防止壳切削穿透凸角处的实体。

3. 属性

“属性”下滑面板包含特征名称和用于访问特征信息的图标，在该下滑面板的名称框中可以修改壳体名称，若单击“显示特征信息”按钮，则会显示壳体的相关特征信息，如图 5-79 所示。

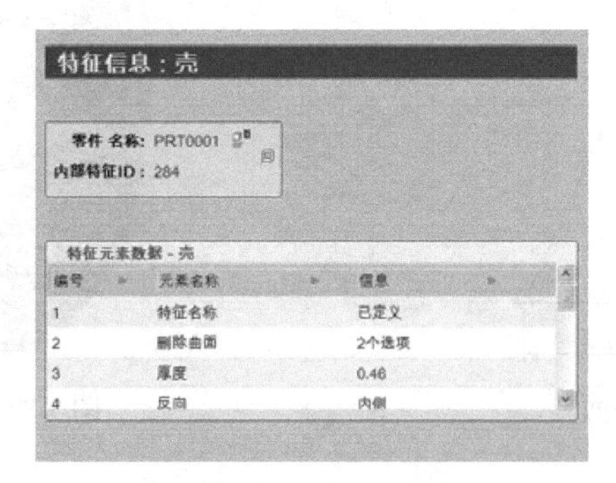

图 5-79 显示壳特征信息

5.5.3 壳特征实例

本实例将创建如图 5-80 所示的壳体零件，使读者进一步了解和掌握壳特征的创建方法。

图 5-80 壳体零件

1. 建立新文件

在工具栏中单击“新建”按钮，或选择“文件”|“新建”命令，从弹出的“新建”对话框中设置“类型”为“零件”，设置“子类型”为“实体”，输入零件名称 ke，单击“确定”按钮确定，进入零件的设计界面。

2. 创建实体特征

(1) 单击特征工具栏中的“旋转”按钮，在弹出的旋转特征操控板中单击“实体”按钮，以指定生成拉伸实体；单击“放置”按钮，打开下滑面板。在下滑面板中单击“定义”按钮定义...，系统弹出“草绘”对话框并提示用户选择草绘平面。选取 FRONT 基准平面作为草绘平面，接受系统默认的生成方向，单击对话框中的“草绘”按钮，进入草绘界面。

(2) 单击草绘工具栏中的“中心线”按钮，绘制一条竖直中心线，然后按照如图 5-81 所示的草绘剖面绘制草图。单击草绘工具栏中的“确定”按钮，退出草绘模式。

(3) 接受系统默认的旋转角度值为 360°，然后单击“确定”按钮或单击鼠标中键完成轴实体特征的创建，如图 5-82 所示。

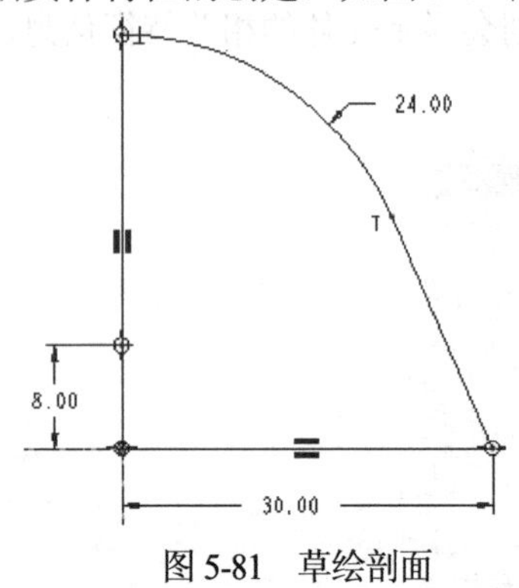

图 5-81　草绘剖面

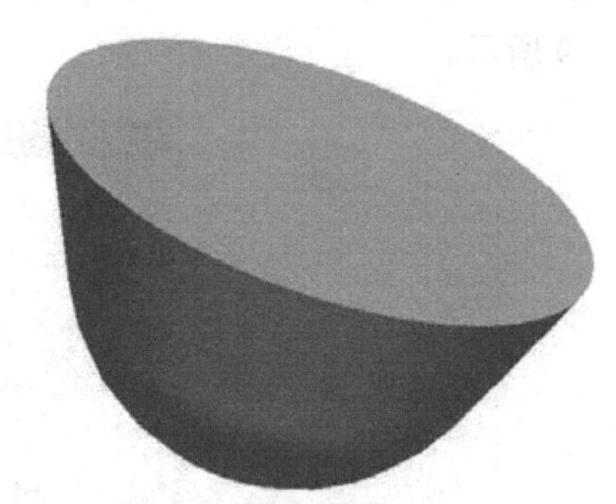

图 5-82　创建的实体

(4) 单击特征工具栏中的“基准平面”按钮，系统弹出“基准平面”对话框，选择 TOP 基准平面作为参照平面，将偏距值设置为 30，最后单击“确定”按钮，即可创建新的基准平面 DTM1，如图 5-83 所示。

(5) 单击特征工具栏中的“拉伸”按钮，在弹出的拉伸特征操控板中单击“实体”按钮，以指定生成拉伸实体；单击“放置”按钮，打开下滑面板。单击下滑面板中的“定义”按钮，系统弹出“草绘”对话框并提示用户选择草绘平面。选取步骤(4)所创建的基准平面 DTM1 作为草绘平面，接受系统默认的特征生成方向，接着单击对话框中的“草绘”按钮，进入草绘界面。

(6) 按照图 5-84 所示的草绘剖面绘制草图，并单击草绘工具栏中的“确定”按钮，退出草绘模式。

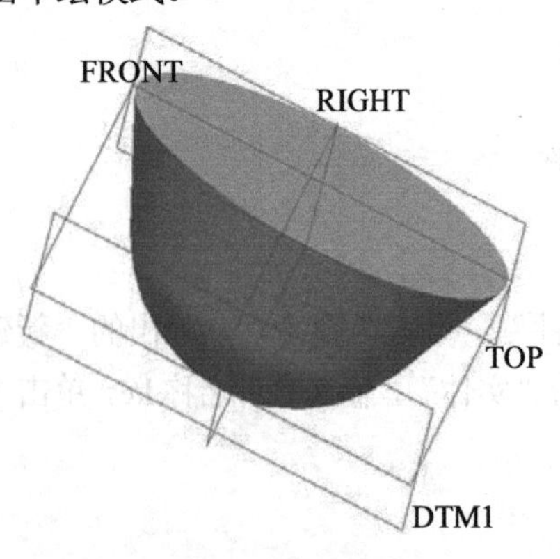

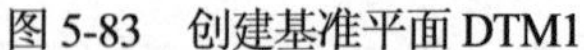

图 5-83　创建基准平面 DTM1

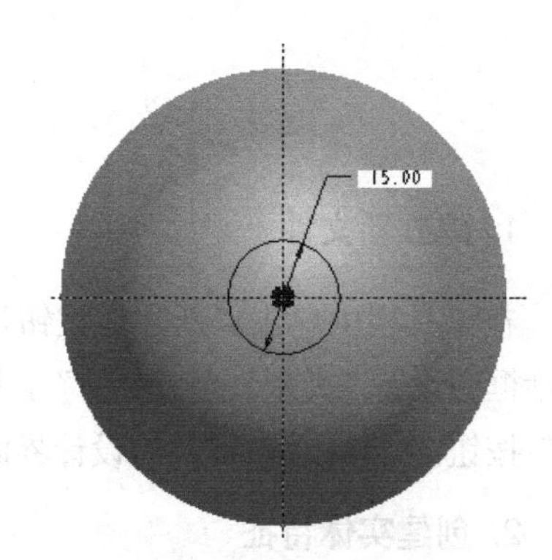

图 5-84　草绘剖面

(7) 在拉伸特征操控板的深度框中输入拉伸高度 10，单击“确定”按钮或单击鼠标中键完成拉伸特征的创建，如图 5-85 所示(注意拉伸方向)。

(8) 选取图 5-85 所示的表面 1 作为草绘平面，按照图 5-86 所示的草绘剖面绘制草图，在拉伸特征操控板的深度框中输入拉伸高度 8。单击“确定”按钮✓或单击鼠标中键完成拉伸特征的创建，如图 5-87 所示。

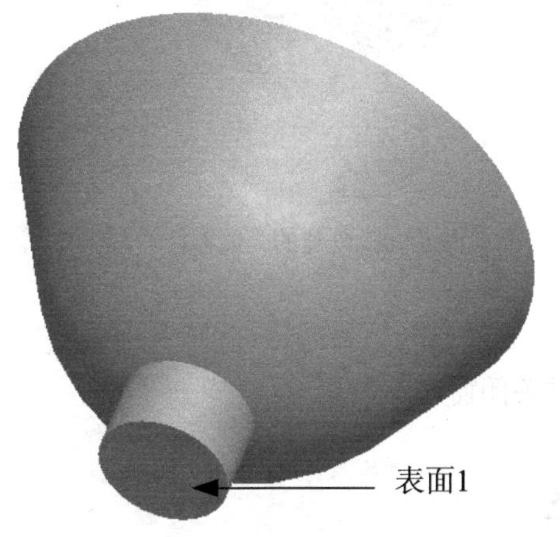

图 5-85　创建的拉伸特征

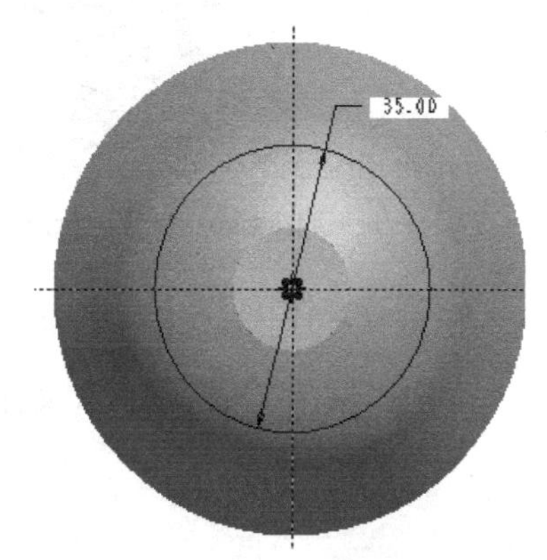

图 5-86　草绘剖面

3. 创建壳特征

(1) 单击特征工具栏中的“壳”按钮，选择图 5-87 所示的表面 2 作为去除表面，在厚度框中输入壳体的厚度为 0.6。单击“参照”按钮打开“参照”下滑面板，在“非缺省厚度”列表框中按住 Ctrl 键选取曲面 1 和曲面 2，并按照图 5-88 所示更改壳体的厚度值，此时在零件上会显示不同曲面处的厚度，如图 5-89 所示。

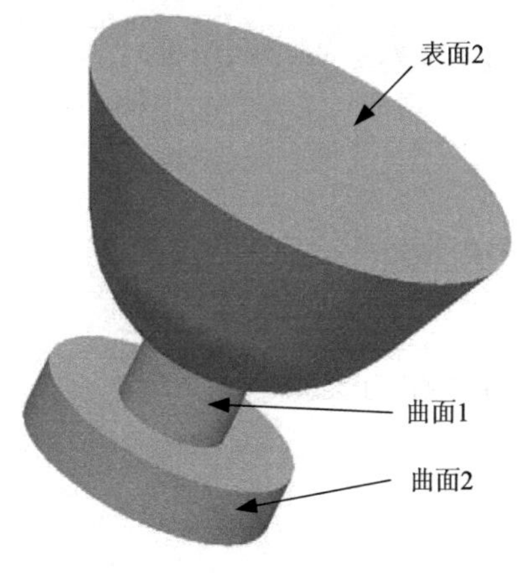

图 5-87　创建的实体特征

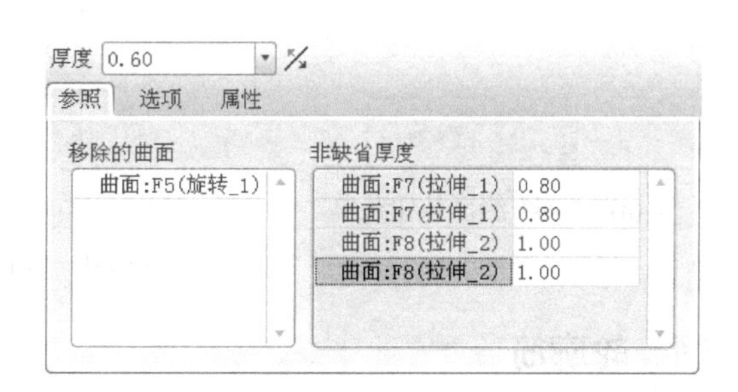

图 5-88　“参照”下滑面板

(2) 单击“确定”按钮✓或单击鼠标中键完成零件壳体特征的创建，最后创建的零件如图 5-90 所示。

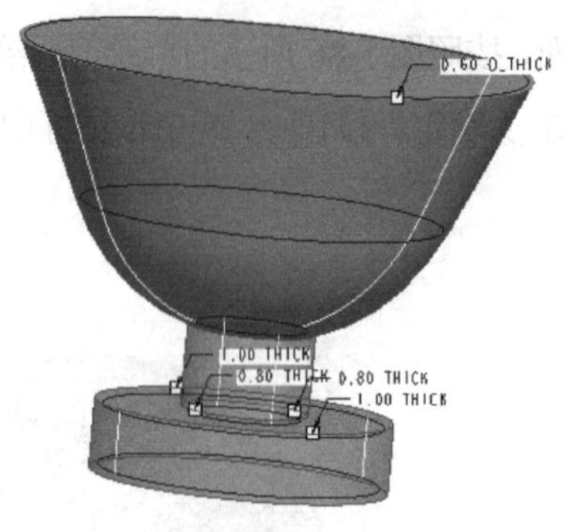

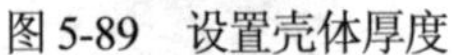
图 5-89　设置壳体厚度

图 5-90　创建的壳体零件

4. 保存文件

单击“保存”按钮保存文件到指定的目录并关闭窗口。

5.6　筋

筋特征是连接到实体曲面的薄板或者腹板伸出项，用于提高零件强度和刚度，避免出现不必要的弯折。筋特征必须建立在其他特征之上，并且草绘剖面必须是开放的。筋特征与拉伸特征类似，因此也可以通过拉伸特征创建。

在 Pro/ENGINEER Wildfire 5.0 中，筋特征包括“轮廓筋”和“轨迹筋”两种，如图 5-91 所示。“轨迹筋”为新增功能，使用“轨迹筋”可以一次创建多条加强筋，该类筋的轨迹截面可以是多个开放线段，也可以是相互交叉的截面线段。

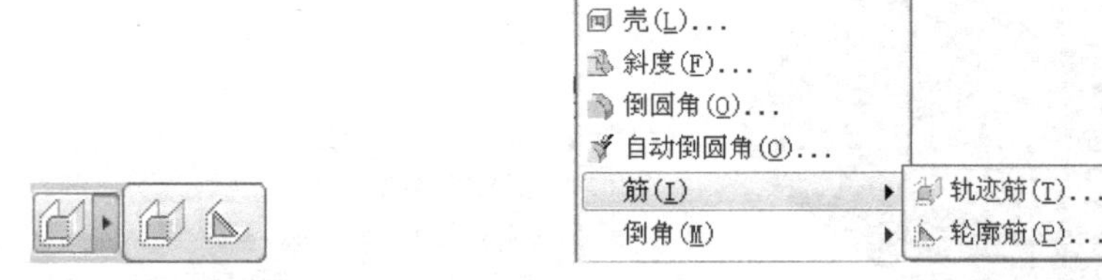

(a) “筋”级联按钮菜单　　(b) “筋”子菜单

图 5-91　筋特征

5.6.1　轮廓筋

单击特征工具栏中的“轮廓筋”按钮，或选择“插入”|“筋”|“轮廓筋”命令，在主视区上侧会弹出图 5-92 所示的轮廓筋特征操控板。从该图中可以看出，轮廓筋特征操控板由对话框和下滑面板两部分组成。

图 5-92　轮廓筋特征操控板

1. 轮廓筋特征对话框

轮廓筋特征对话框中包括厚度框和“反转”按钮。其中，厚度框用来输入筋板的厚度值，或者从下拉列表中选择最近使用过的数值；“反转”按钮则表示是在草绘平面的单侧或者以草绘平面为对称面来创建筋板，系统默认是以草绘平面为对称面创建筋特征的，如图5-93所示。

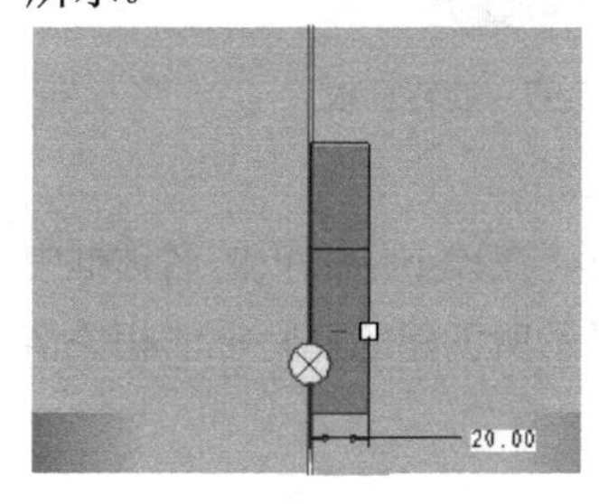

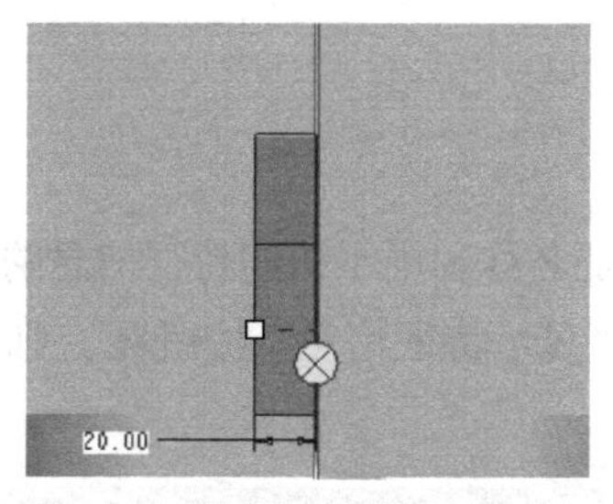

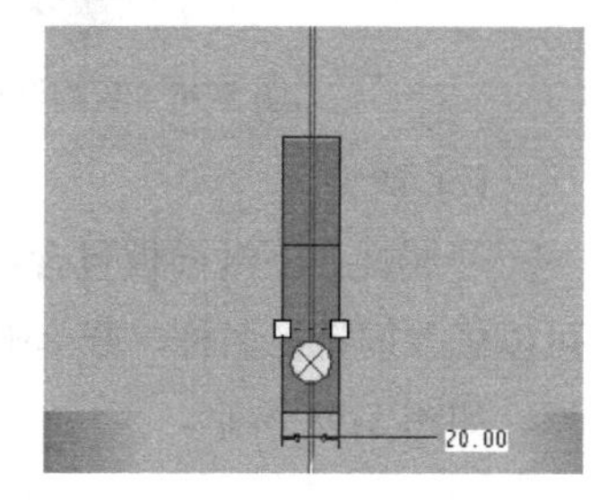

图5-93 筋特征材料侧的变化

2. 轮廓筋特征下滑面板

轮廓筋特征操控板选项卡中包括“参照”和“属性”两个下滑面板。

(1) 参照

单击筋特征操控板中的“参照”按钮参照，弹出如图5-94所示的下滑面板，单击“定义”按钮定义...，系统弹出“草绘”对话框，提示用户选取筋特征的草绘平面，如图5-95所示。单击“参照”下滑面板中的“反向”按钮反向，表示用来切换筋特征草绘的材料方向。

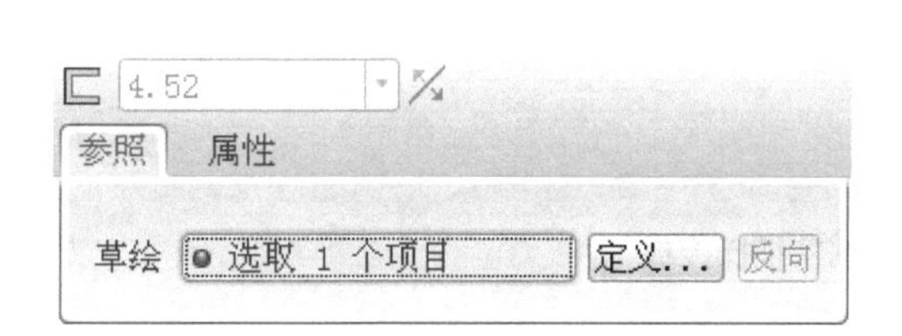

图5-94 “参照”下滑面板

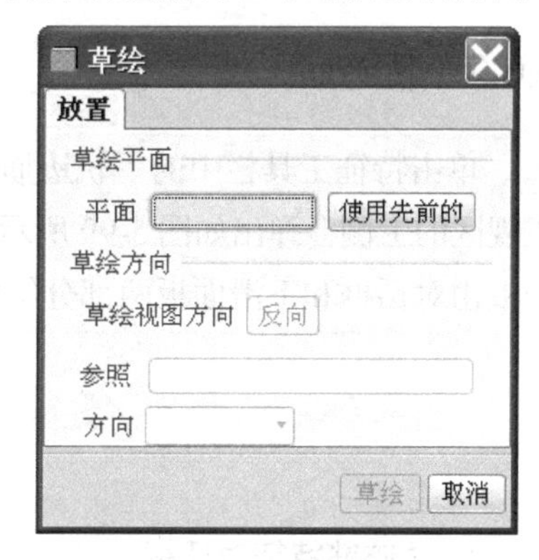

图5-95 “草绘”对话框

在草绘轮廓筋板剖面时，需要注意的是，草绘的截面必须是单一的开放环、连续的非相交草绘图元，并且草绘端点必须与形成封闭区域的连接曲面对齐。

轮廓筋板特征分为直的和旋转两种，系统会根据与其相连接的几何自动进行设置。直的筋板表示连接的表面为直曲面，筋特征向一侧拉伸或者关于草绘平面对称拉伸，如图5-96所示；旋转筋板表示连接到旋转曲面，筋的角形曲面是锥形的，而非平面的，绘图面会通过某一轴为对称特征的旋转轴，因此其产生圆锥形的曲面外形，平面之间的距离与筋和连接几何的厚度是相等的，如图5-97所示。

图 5-96　直的筋板

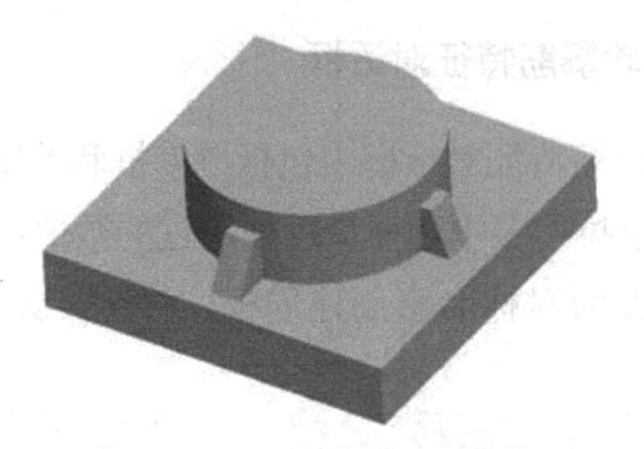

图 5-97　旋转筋板

(2) 属性

“属性”下滑面板包含特征名称和用于访问特征信息的图标，在该下滑面板的名称框中可以修改筋特征名称，若单击“显示特征信息”按钮，则会显示所创建的筋特征的相关信息，如图 5-98 所示。

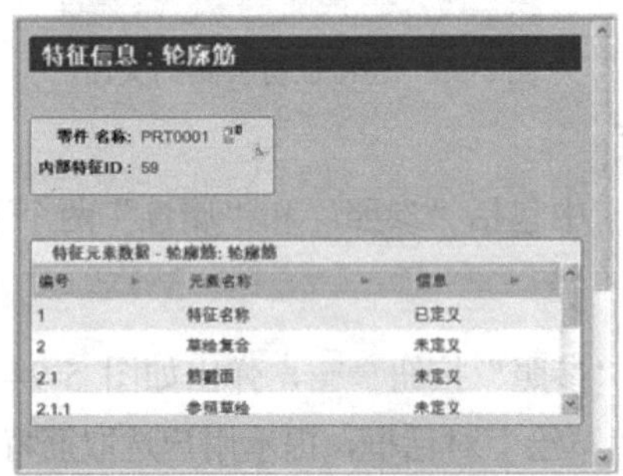

图 5-98　显示筋特征信息

5.6.2　轨迹筋

单击特征工具栏中的“轨迹筋”按钮，或选择“插入”|“筋”|“轨迹筋”命令，在主视区的上侧会弹出如图 5-99 所示的轨迹筋特征操控板。从该图中可以看出，轨迹筋特征操控板由对话框和下滑面板两部分组成。

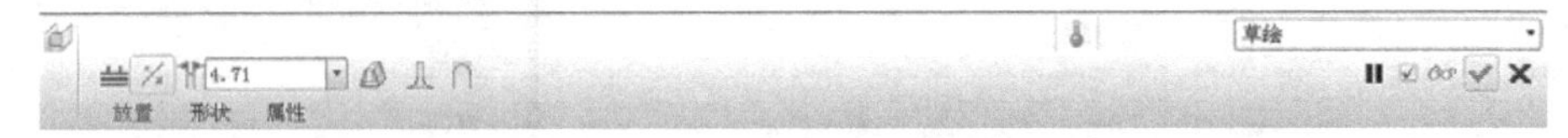

图 5-99　轨迹筋特征操控板

1. 轨迹筋特征对话框

轨迹筋特征对话框中包括厚度框、“反转”按钮、“添加拔模”按钮、“内部圆角”按钮以及“外部圆角”按钮。其中，厚度框 4.71 用来输入筋板的厚度值，或者从下拉列表中选择最近使用过的数值；“反转”按钮表示在草绘平面的单侧或者以草绘平面为对称面来创建筋板，系统默认以草绘平面为对称面创建筋特征；“添加拔模”按钮是在创建的筋上添加拔模；“内部圆角”按钮是在筋的内部添加圆角；“外部圆角”按钮是在筋的外部添加圆角。

2. 轨迹筋特征下滑面板

轨迹筋特征操控板选项卡中包括“放置”“形状”和“属性”3 个下滑面板。

(1) 放置

单击轨迹筋特征操控板中的“放置”按钮，弹出如图 5-100 所示的下滑面板。单击“定义”按钮定义...，系统弹出“草绘”对话框，提示用户选取筋特征的草绘平面，如图 5-101 所示。绘制的截面不一定必须使用边界作为参考，系统会自动延伸所绘制的截面几何直到和边界实体几何融合。

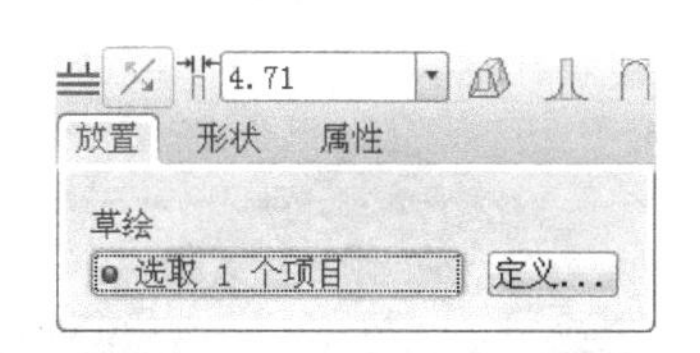

图 5-100　“放置”下滑面板

图 5-101　“草绘”对话框

(2) 形状

单击轨迹筋特征操控板中的“放置”按钮，弹出如图 5-102 所示的下滑面板。在该下滑面板中可以设置筋的厚度，与轨迹筋特征对话框中的厚度框功能相同。

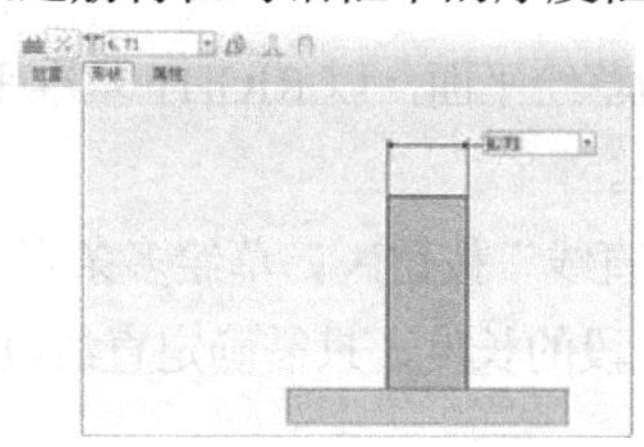

图 5-102　“形状”下滑面板

(3) 属性

“属性”下滑面板包含特征名称和用于访问特征信息的图标，在该下滑面板的名称框中可以修改筋特征名称，若单击“显示特征信息”按钮，则会显示所创建的筋特征的相关信息。

5.6.3　筋特征实例

本实例在零件上创建如图 5-103 所示的筋特征，使读者能够了解和掌握筋特征的创建方法。

(1) 在工具栏中单击“打开”按钮，或选择“文件”|“打开”命令，打开“文件打开”对话框，并选择实例源文件夹中的 ch05\guijijinke.par 文件，然后单击对话框中的“打开”按钮，打开零件，如图 5-104 所示。

图 5-103　筋特征零件

图 5-104　打开零件

(2) 单击特征工具栏中的“轨迹筋”按钮，或选择“插入”|“筋”|“轨迹筋”命令，在主视区的上侧会弹出轨迹筋特征操控板。单击该操控板中的“放置”按钮，弹出“放置”下滑面板，单击“定义”按钮，打开“草绘”对话框。

(3) 单击特征工具栏中的“平面”按钮，打开“基准平面”对话框，并选择 FRONT 基准平面作为偏移参照，在偏移距离框中输入 10，如图 5-105 所示。单击“基准平面”对话框中的“确定”按钮，创建的 DTM1 基准平面如图 5-106 所示。

图 5-105　“基准平面”对话框

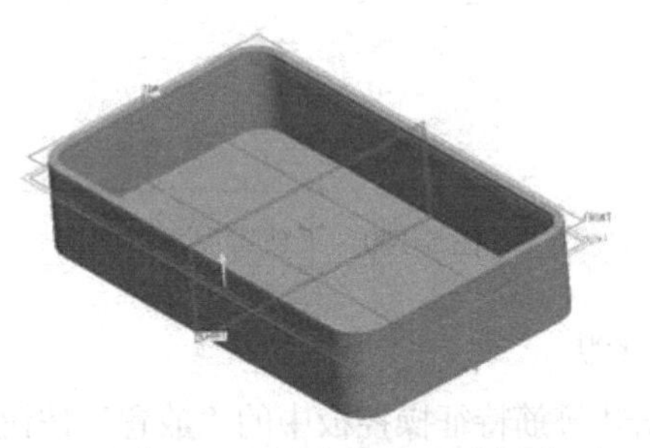

图 5-106　新建 DTM1 示意图

(4) 以 DTM1 基准平面作为草绘平面，以 RIGHT 基准平面作为参照，如图 5-107 所示，然后单击“草绘”按钮开始草绘。

(5) 单击草绘工具栏中的“直线”按钮，草绘多条直线段，如图 5-108 所示。值得注意的是，这里可以不必确定直线段的长度，只需确定直线段的位置。

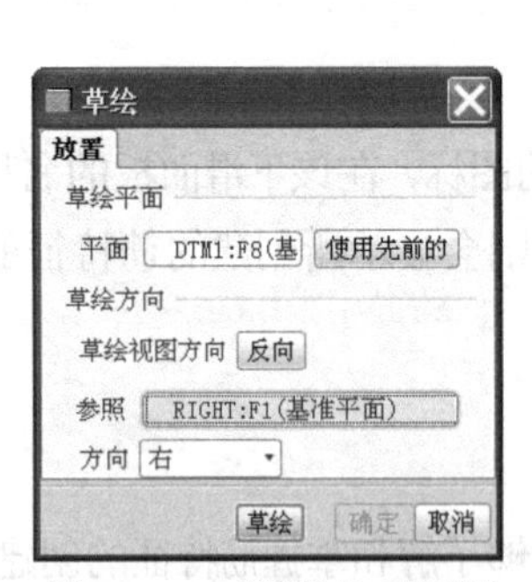

图 5-107　“草绘”对话框

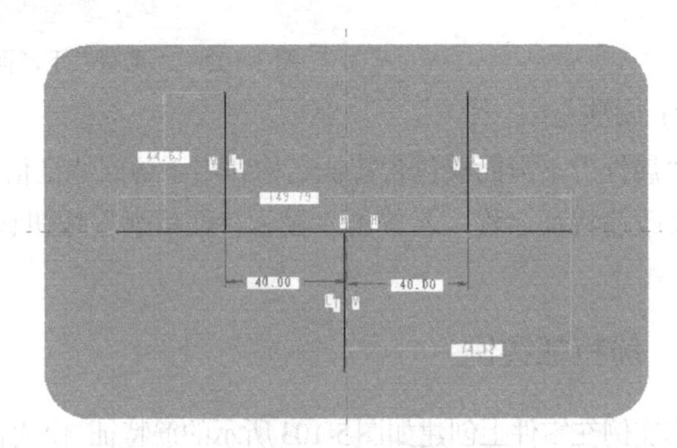

图 5-108　草绘直线段

(6) 单击草绘工具栏中的“确定”按钮，退出草绘模式。

(7) 在轨迹筋特征操控板的厚度框中输入厚度值为 3.2，并分别单击“添加拔模”按钮、“内部圆角”按钮以及“外部圆角”按钮。

(8) 单击轨迹筋特征操控板中的“形状”按钮，打开“形状”下滑面板，并在该下滑面板中设置相关的参数，如图 5-109 所示。

(9) 单击“确定”按钮或单击鼠标中键完成轨迹筋特征的创建，所创建的轨迹筋特征如图 5-110 所示。

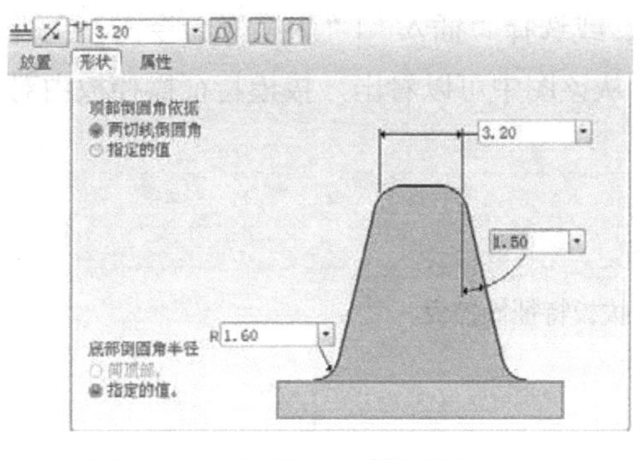

图 5-109 “形状”下滑面板

图 5-110 创建的轨迹筋特征

(10) 单击“保存”按钮保存文件到指定的目录并关闭窗口。

5.7 拔 模

针对模具制造的要求，在设计过程中经常需要将零件的某些竖直面改为倾斜面，以方便零件从模具当中顺利取出。倾斜面与竖直面之间的夹角称为拔模角度，在 Pro/ENGINEER Wildfire 5.0 中，拔模的角度为–30°～+30°。在拔模时需要注意的是，当曲面由圆柱面或平面形成时，才可进行拔模。拔模时曲面的边界周围不能有圆角，可以先对其进行拔模，然后再进行倒圆角。

在学习拔模特征之前，首先需要了解相关的几个概念，如图 5-111 所示。

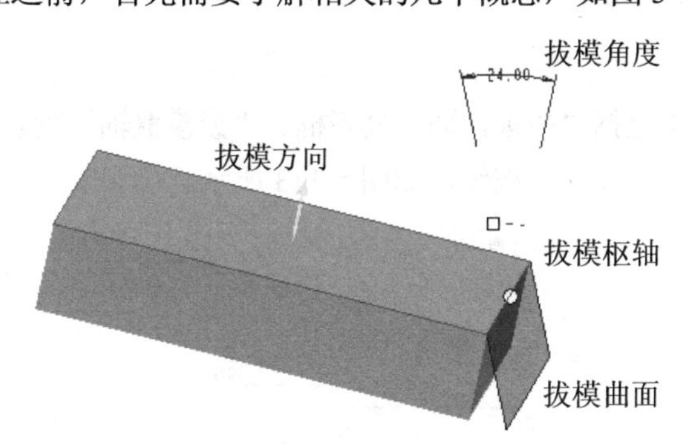

图 5-111 拔模特征概念

- 拔模曲面：要拔模的模型曲面。
- 拔模枢轴：曲面围绕其旋转的拔模曲面上的直线或曲线(也称为中性直线或曲线)。通过选取平面(在此情况下拔模曲面围绕其与此平面的交线旋转)或选取拔模曲面上的单个曲线链来定义拔模枢轴。
- 拔模方向：用于测量拔模角度的方向，通常为模具开模的方向，可通过选取平面(在此情况下拖动方向垂直于此平面)、直边、基准轴或坐标系来定义。
- 拔模角度：曲面与生成的拔模曲面之间的角度。如果拔模曲面被分割，则可为拔模曲面的每侧定义两个独立的角度。其角度必须在–30°～+30°之间。

单击特征工具栏中的“拔模”按钮，或选择“插入”|“斜度”命令，在主视区的上侧会弹出图 5-112 所示的拔模特征操控板。从该图中可以看出，拔模特征操控板由对话框和下滑面板两部分组成。

图 5-112　拔模特征操控板

5.7.1　拔模特征对话框

拔模特征对话框由拔模枢轴框和拖动方向框组成。

- 拔模枢轴框 1个平面：用于指定拔模曲面上的中性直线或曲线，即曲面绕其旋转的直线或曲线。最多可以选取两个曲面或者曲线链。
- 拖动方向框 1个平面：用于指定测量拔模角度所使用的方向，可以选取平面、直边、基准轴或者坐标系。

需要注意的是，对于具有独立拔模侧的分割拔模，在拔模特征对话框中包括第二角度框和“反转”按钮，用来控制第二侧的拔模角度；对于可变拔模，角度框以及反转角度框均是不可用的。

5.7.2　拔模特征下滑面板

拔模特征操控板选项卡中包括“参照”“分割”“角度”“选项”和“属性”5 个下滑面板。

1. 参照

“参照”下滑面板中包括“拔模曲面”列表框、“拔模枢轴”列表框、“拖拉方向”列表框、“细节”按钮以及“反向”按钮，如图 5-113 所示。

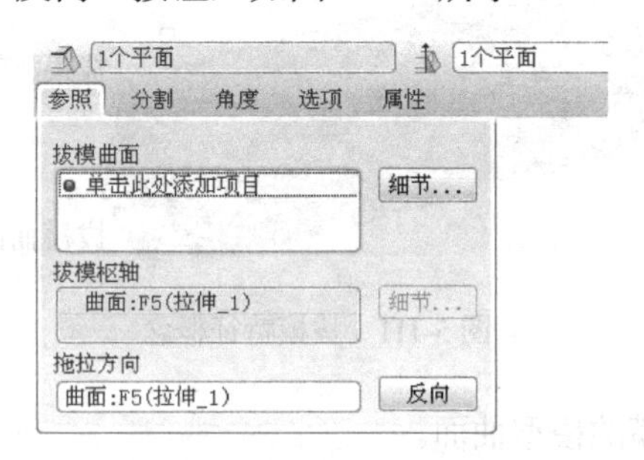

图 5-113　“参照”下滑面板

- “拔模曲面”列表框：用于选取拔模曲面，曲面必须由圆柱面或者平面组成。选取对象为单个曲面或者连续的曲面链。
- “拔模枢轴”列表框：用于指定拔模曲面上的中性曲线，最多可以选取两个拔模枢轴，如果要选取第二枢轴，需先用分割对象分割拔模曲面。对于每一个拔模枢轴，可以选取平面，也可以选取拔模曲面上的曲线，在选取曲面时，拔模曲面绕其与此平面的交线进行旋转。

- “拖拉方向”列表框：用于指定测量拔模角度所用的方向，选取的对象可以是平面、直边、基准轴以及坐标轴。当为平面时，拖动方向与平面垂直；当为直边、基准轴或坐标轴时，拖动方向与此边或者基准轴平行。
- “细节”按钮[细节...]：“拔模曲面”列表框以及“拔模枢轴”列表框旁边的“细节”按钮，分别用于打开“曲面集”以及“链”对话框，用于添加或者移除拔模曲面或者拔模枢轴。
- “反向”按钮[反向]：用于反转拖动的方向，由黄色指示箭头提示。

2. 分割

“分割”下滑面板中包含“分割选项”下拉列表框、“分割对象”列表框以及“侧选项”下拉列表框，如图5-114所示。

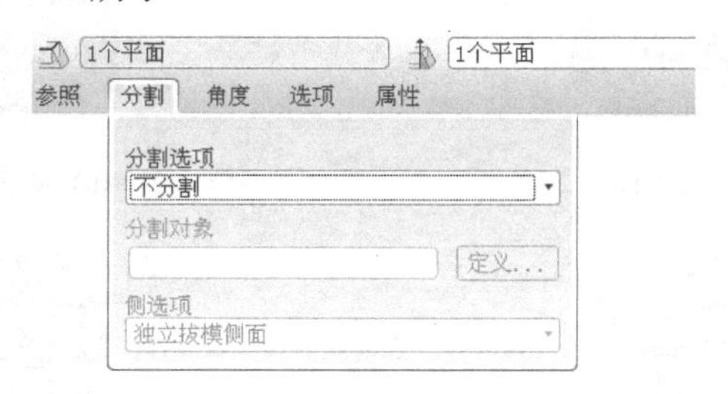

图5-114 “分割”下滑面板

(1) 分割选项

“分割选项”用于分割拔模，用户可以在曲面的不同部分定义不同的拔模角度。拔模曲面可以按拔模曲面上的拔模枢轴或者不同的曲线进行分割。其下拉列表框中包含“不分割”“根据拔模枢轴分割”以及“分割对象分割”等选项。

- 不分割：不分割拔模曲面，整个曲面沿着该拔模枢轴旋转。选择该选项时，“分割对象”列表框和“侧选项”下拉列表框是不可以用的，如图5-115所示。

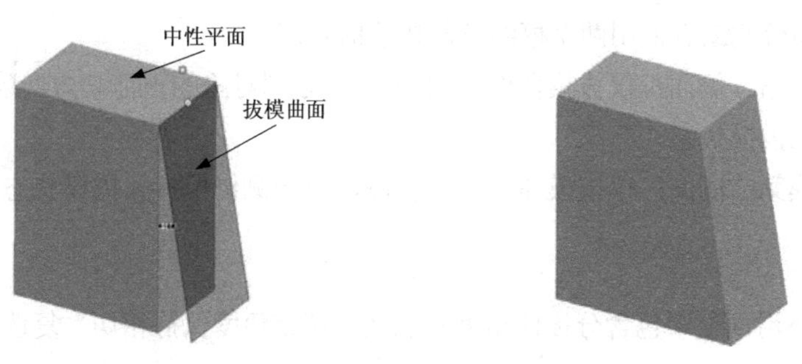

图5-115 不分割拔模

- 根据拔模枢轴分割：沿拔模枢轴分割拔模曲面。
- 分割对象分割：使用草绘来分割拔模曲面。若利用不在拔模曲面上的草绘进行分割，系统会将其投影到与草绘平面垂直的拔模曲面上。若选择此选项，将会启动“分割对象”列表框。

(2) 分割对象

“定义”按钮用于草绘分割曲线，选取曲面面组，此时所选取的分割对象为此面组与拔模曲面的交线。若草绘曲线不在拔模曲面上，系统会以垂直于草绘平面的方向将其投影到拔模曲面上。

(3) 侧选项

“侧选项”下拉列表框包括“独立拔模侧面”“从属拔模侧面”“只拔模第一侧面”以及“只拔模第二侧面”等选项，如图 5-116 所示。

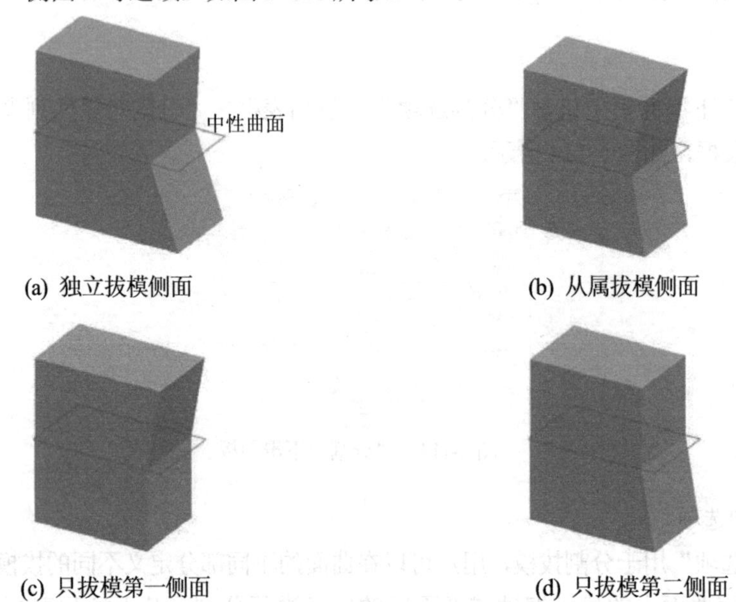

(a) 独立拔模侧面　(b) 从属拔模侧面

(c) 只拔模第一侧面　(d) 只拔模第二侧面

图 5-116　根据基准平面分割拔模

- 独立拔模侧面：为拔模曲面的每一侧指定独立的拔模角度。
- 从属拔模侧面：定义一个拔模角度，第二侧以相反方向拔模。只有在拔模曲面以拔模枢纽分割或者使用两个枢纽分割拔模时可用。
- 只拔模第一侧面：仅拔模曲面的第一侧(由分割对象的正拖动方向确定)，第二侧仍保持无拔模状态。
- 只拔模第二侧面：仅拔模曲面的第二侧，第一侧仍保持无拔模状态。

3. 角度

“角度”下滑面板中包含分拔模角度框以及“调整角度保持相切”复选框，如图 5-117 所示。

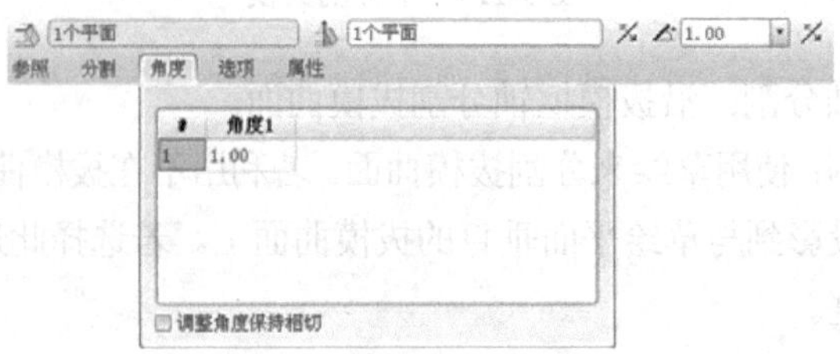

图 5-117　“角度”下滑面板

恒定拔模仅包含一个拔模角度值，对于独立拔模侧面的分割拔模，则包含“角度 1”和“角度 2”角度框。当右击角度框时，会弹出图 5-118 所示的快捷菜单，其中包含“添加角度”“反向角度”以及“成为常数”3 个选项。

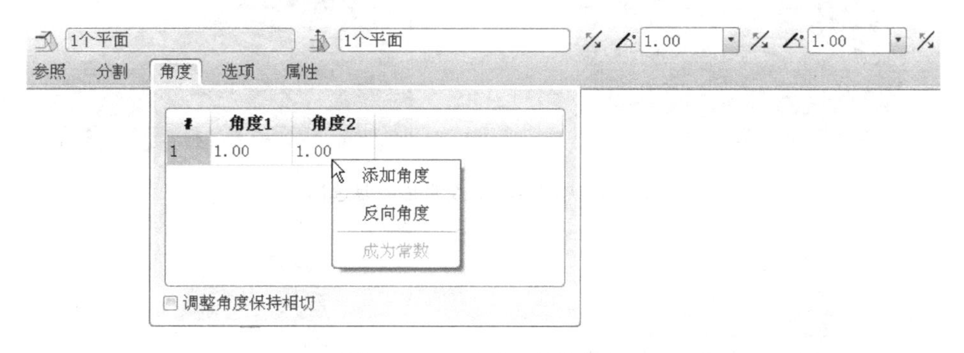

图 5-118 “角度”快捷菜单

- 添加角度：表示在默认位置添加另一个角度控制并包含最近使用的拔模角度值。
- 反向角度：表示在选定角度控制位置处反向拔模角度。
- 成为常数：表示删除第一角度控制外的所有角度控制项。只有选择可变拔模时可用。

“调整角度保持相切”复选框表示强制生成的拔模曲面相切，不适用于可变拔模。

4．选项

“选项”下滑面板中包含“排除环”列表框、“拔模相切曲面”复选框以及“延伸相交曲面”复选框，如图 5-119 所示。

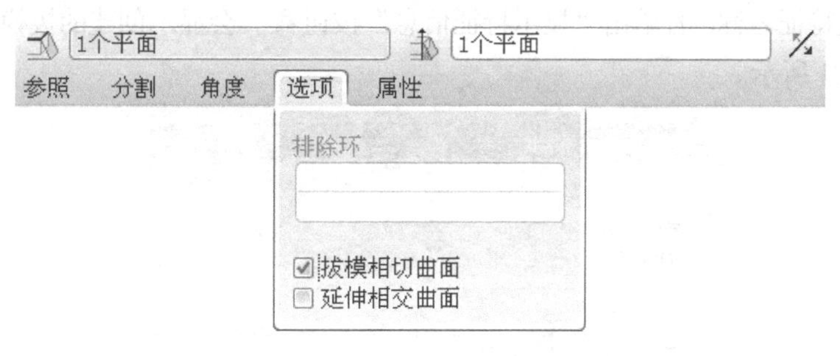

图 5-119 “选项”下滑面板

- “排除环”列表框：表示可以用来选取要从拔模曲面中排除的轮廓，只有选择的曲面包含多个环时可用。
- “拔模相切曲面”复选框：表示自动延伸拔模，包含与所有拔模曲面相切的曲面。系统默认选择该复选框。
- “延伸相交曲面”复选框：表示延伸拔模到相邻的拔模曲面。若拔模不能延伸到相邻的模型曲面，则模型曲面会延伸到拔模曲面中。是否选择该复选框的效果对比如图 5-120 所示。

(a) 未选中“延伸相交曲面”复选框

(b) 选中“延伸相交曲面”复选框

图 5-120　选取“延伸相交曲面”复选框与否图示

5. 属性

“属性”下滑面板包含特征名称和用于访问特征信息的图标，在该下滑面板的名称框中可以修改拔模特征名称，若单击“显示特征信息”按钮 ，会显示创建的拔模特征的相关信息，如图 5-121 所示。

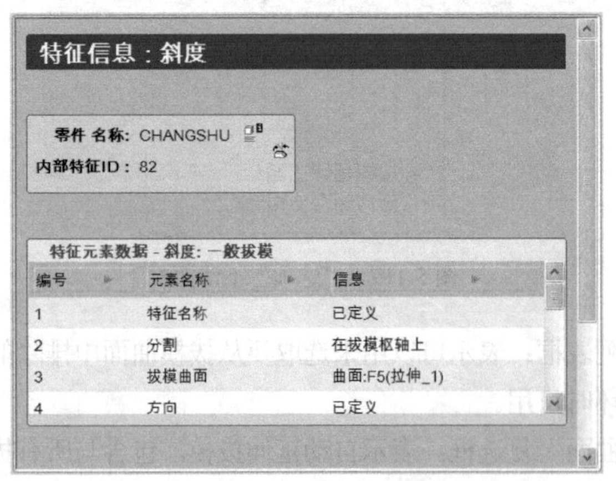

图 5-121　“属性”下滑面板

5.7.3　拔模特征实例

本节结合实例向读者详细介绍常数拔模特征、可变拔模特征和分割拔模特征的创建过程，使读者进一步了解和掌握拔模特征的创建方法。

1. 创建常数拔模

(1) 在工具栏中单击“新建”按钮，或选择“文件”|“新建”命令，在弹出的“新建”对话框中设置“类型”为“零件”，设置“子类型”为“实体”，输入零件名称为 changshu，单击“确定”按钮，进入零件设计界面。

(2) 单击特征工具栏中的“拉伸”按钮，在拉伸特征操控板中单击“实体”按钮，以指定生成拉伸实体；单击“放置”按钮，打开下滑面板。单击该下滑面板中的“定义”按钮，系统弹出“草绘”对话框并提示用户选择草绘平面。选取基准平面 FRONT，接受系统默认的特征生成方向，单击对话框中的“草绘”按钮，进入草绘界面。

(3) 按照图 5-122 所示绘制草图，完成后单击草绘工具栏中的“确定”按钮，退出草绘模式。

(4) 在拉伸特征操控板的“深度”级联按钮菜单中单击“对称”按钮，在深度框中设置拉伸高度为 4，最后单击“确定”按钮或单击鼠标中键完成拉伸特征的创建，创建的实体特征如图 5-123 所示。

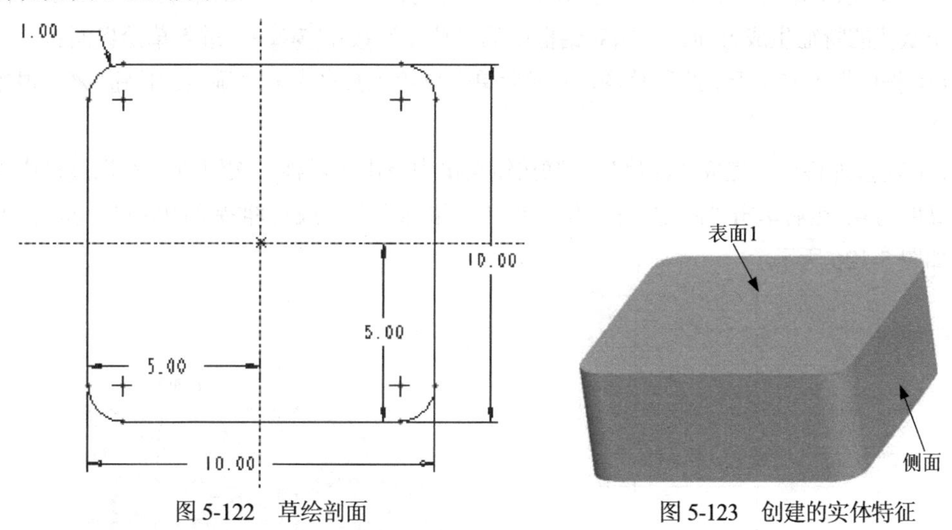

图 5-122　草绘剖面　　　　图 5-123　创建的实体特征

(5) 单击特征工具栏中的“拔模”按钮，或选择“插入”|“斜度”命令，主视区上侧弹出拔模特征操控板，单击“参照”按钮，弹出下滑面板，在“拔模曲面”列表框中单击，然后在绘图区域选取图 5-123 所示的实体侧面作为拔模曲面，由于曲面相切，拔模会自动延伸到所有的侧曲面上，在“拔模枢轴”列表框中单击选取图 5-123 所示的表面 1。选取完成后，在角度框中设置拔模的角度值为 10。

(6) 单击“确定”按钮或单击鼠标中键完成拔模特征的创建，创建的拔模特征如图 5-124 所示。

(7) 单击“保存”按钮保存文件到指定的目录并关闭窗口。

图 5-124　创建的拔模特征

2. 创建可变拔模

(1) 在工具栏中单击“新建”按钮，或选择“文件”|“新建”命令，在弹出的“新建”对话框中设置“类型”为“零件”，设置“子类型”为“实体”，输入零件名称为 kebian，单击“确定”按钮，进入零件设计界面。

(2) 单击特征工具栏中的“拉伸”按钮，在拉伸特征操控板中单击“实体”按钮，以指定生成拉伸实体；单击“放置”按钮，打开下滑面板。单击该下滑面板中的“定义”按钮，系统弹出“草绘”对话框并提示用户选择草绘平面。选取基准平面 FRONT，接受系统默认的特征生成方向，单击对话框中的“草绘”按钮，进入草绘界面。

(3) 按照图 5-125 所示绘制草图，完成后单击草绘工具栏中的“确定”按钮，退出草绘模式。

(4) 在拉抻特征操控板“深度”级联按钮菜单中单击“对称”按钮，在深度框中设置拉伸高度为 4，然后单击“确定”按钮或单击鼠标中键完成拉伸特征的创建。创建的实体特征如图 5-126 所示。

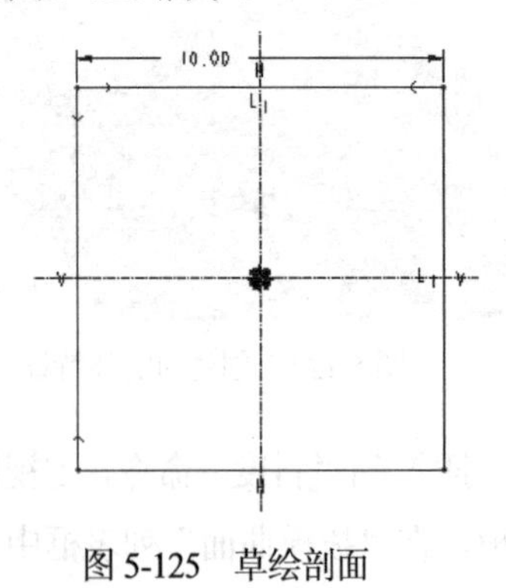

图 5-125　草绘剖面

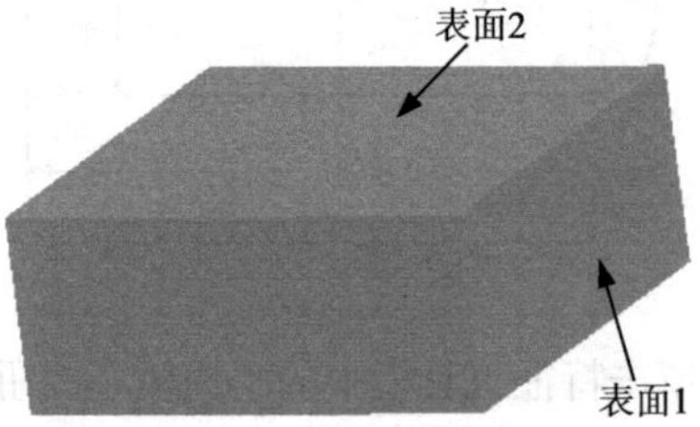

图 5-126　创建的实体特征

(5) 单击特征工具栏中的“拔模”按钮，或选择“插入”|“斜度”命令，弹出拔模特征操控板，单击“参照”按钮参照，打开下滑面板，在拔模曲面框中单击选取如图 5-126 所示的表面 1 作为拔模曲面；在拔模枢纽框中单击选取如图 5-126 所示的表面 2，表示以这两个面之间的交线作为拔模枢纽。

(6) 单击“角度”按钮，打开角度下滑面板，可以看到其中只有一个角度值。在该下滑面板上右击，从弹出的快捷菜单中选择两次“添加角度”，表示在旋转枢轴上添加可变拔模的控制点，其中角度值表示拔模的角度值，而位置则表示点所在曲线的百分比。如图 5-127 所示为修改不同点的位置以及拔模的角度，预览效果如图 5-128 所示。

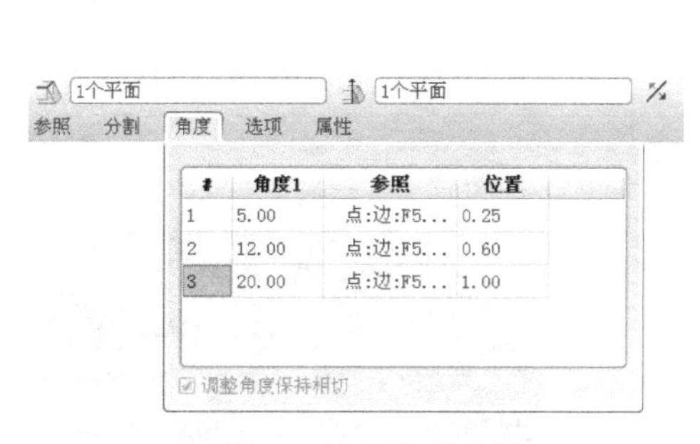

图 5-127　添加角度值

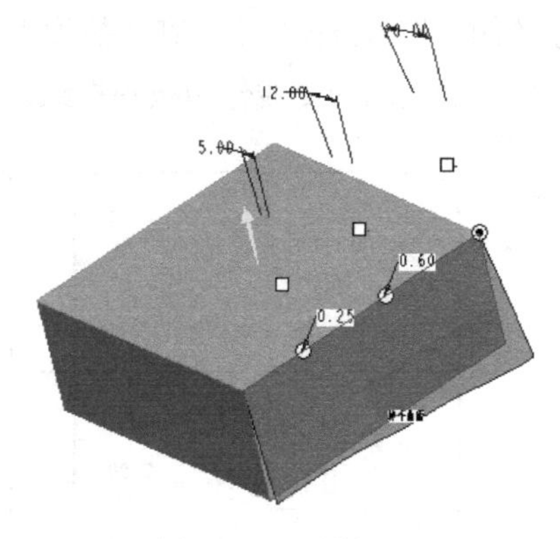

图 5-128　预览图

(7) 单击“确定”按钮或单击鼠标中键完成拔模特征的创建，创建的可变拔模特征如图 5-129 所示。

图 5-129　创建的可变拔模特征

(8) 单击“保存”按钮保存文件到指定的目录并关闭窗口。

3. 利用草绘创建分割拔模

(1) 在工具栏中单击“新建”按钮，或选择“文件”|“新建”命令，在弹出的“新建”对话框中设置“类型”为“零件”，设置“子类型”为“实体”，输入零件名称 caohui，单击“确定”按钮确定，进入零件设计界面。

(2) 单击特征工具栏中的“拉伸”按钮，在拉伸特征操控板中单击“实体”按钮，指定生成拉伸实体；单击“放置”按钮，打开下滑面板。单击该下滑面板中的“定义”按钮定义...，系统弹出“草绘”对话框并提示用户选择草绘平面。选取基准平面 FRONT，接受系统默认的特征生成方向，单击对话框中的“草绘”按钮草绘，进入草绘界面。

(3) 按照图 5-130 所示绘制草图，并单击草绘工具栏中的“确定”按钮✔，退出草绘模式。

(4) 在拉伸特征操控板的“深度”级联按钮菜单中单击“对称”按钮，在深度框中设置拉伸高度为 4，然后单击“确定”按钮或单击鼠标中键完成拉伸特征的创建，创建的实体特征如图 5-131 所示。

(5) 单击特征工具栏中的“拔模”按钮，或选择“插入”|“拔模”命令，弹出拔模特征操控板，单击“参照”按钮，弹出下滑面板，在“拔模曲面”列表框中单击选取图 5-131

所示的侧面作为拔模曲面，在“拔模枢纽”列表框中单击选取图 5-131 所示的表面 1，表示以这两个面之间的交线作为拔模枢纽。

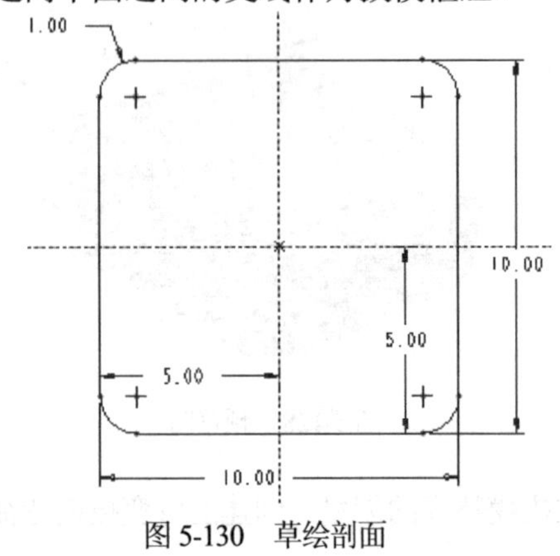

图 5-130　草绘剖面

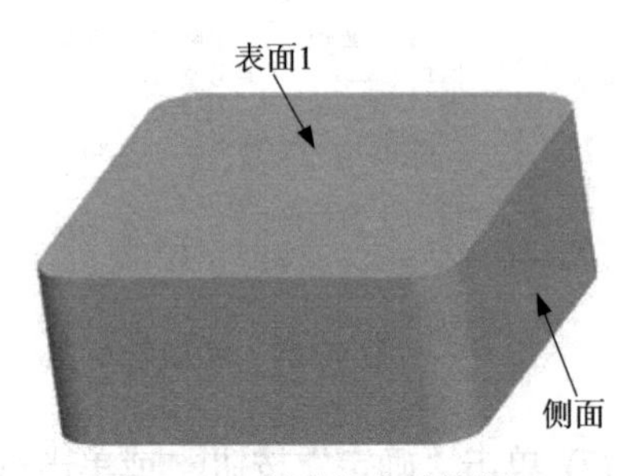

图 5-131　创建的实体特征

(6) 单击“分割”按钮，系统弹出“分割”下滑面板，在“分割选项”下拉列表框中选择“分割对象分割”选项，单击分割对象“定义”按钮[定义...]，弹出“草绘”对话框，如图 5-132 所示。选取基准平面 TOP 作为草绘平面，单击“草绘”按钮[草绘]，进入草绘界面。

(7) 按照图 5-133 所示绘制草图，并单击草绘工具栏中的“确定”按钮✔，退出草绘模式。

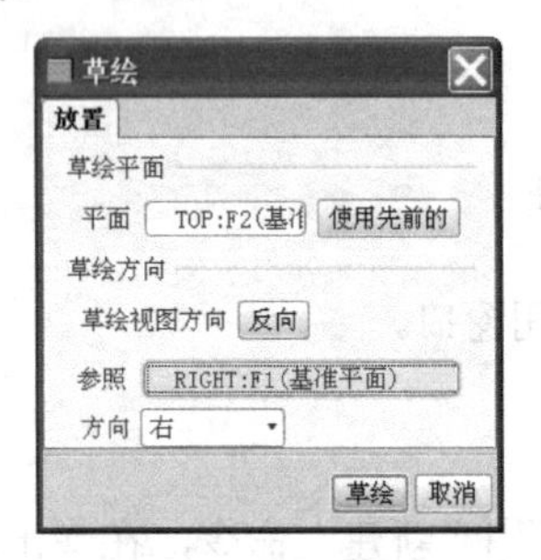

图 5-132　“草绘”对话框

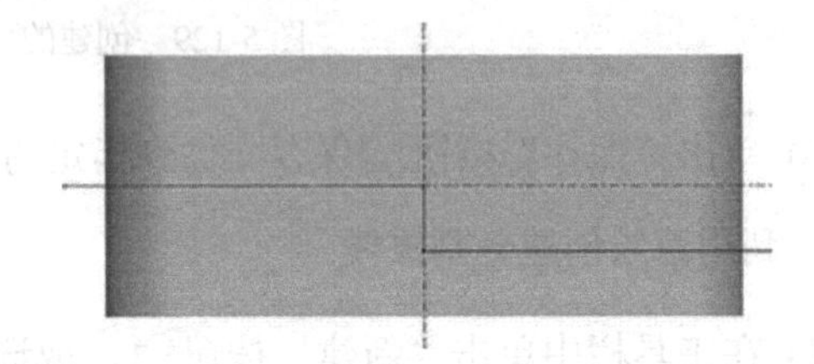

图 5-133　草绘剖面

(8) 此时系统会自动地拔模两侧面，在第一个角度框中设置角度值为 10°，单击右侧的“反转”按钮；在第二个角度框中设置角度值为 30°，单击右侧的“反转”按钮，以改变拔模特征的拔模侧。

(9) 单击“确定”按钮✔或单击鼠标中键完成拔模特征的创建，创建的草绘拔模特征如图 5-134 所示。

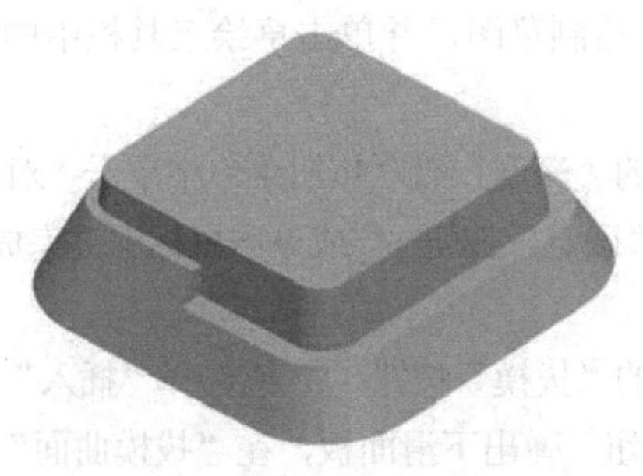

图 5-134　创建的草绘拔模特征

(10) 单击“保存”按钮保存文件到指定的目录并关闭窗口。

5.8　本 章 实 例

本实例将通过创建图 5-135 所示的轴架零件，使读者更深入了解和掌握本章所学知识。

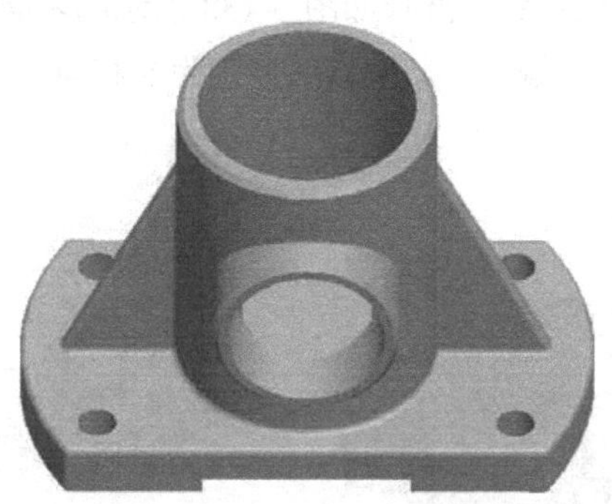

图 5-135　轴架零件

1. 建立新文件

在工具栏中单击“新建”按钮，或选择“文件”|“新建”命令，在弹出的“新建”对话框中设置“类型”为“零件”，设置“子类型”为“实体”，输入零件名称 zhoujia，单击“确定”按钮，进入零件设计界面。

2. 绘制基础实体

(1) 单击特征工具栏中的“拉伸”按钮，在主视区上侧出现的拉伸特征操控板中单击“实体”按钮，以指定生成拉伸实体；单击“放置”按钮，打开下滑面板。单击该下滑面板中的“定义”按钮，系统弹出“草绘”对话框并提示用户选择草绘平面。选取 FRONT 基准平面作为草绘平面，接受系统默认的生成方向，单击对话框中的“草绘”按钮，进入草绘界面。

(2) 绘制如图 5-136 所示的草绘剖面，并单击草绘工具栏中的“确定”按钮，退出草绘模式。

(3) 在拉伸特征操控板的深度框中输入拉伸高度 10，单击“确定”按钮或单击鼠标中键完成底座基础实体特征的创建，如图 5-137 所示。

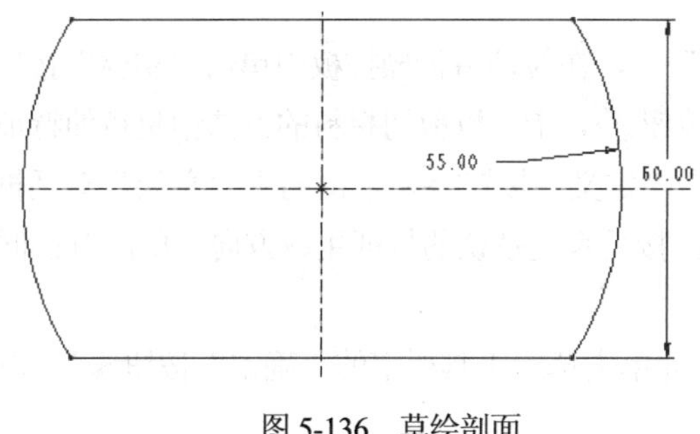

图 5-136　草绘剖面

图 5-137　底座实体

3. 创建孔特征

(1) 单击特征工具栏中的“孔”按钮，在孔特征操控板中单击“简单孔”按钮，输入孔的直径值为 8，深度值为 10，然后选择如图 5-138 所示的实体特征的表面 1 作为孔的放置平面，该表面会高亮显示，并会预显示孔的位置与大小。

(2) 单击主视区上侧的“放置”按钮放置，在“偏移参照”列表框中单击，系统会提示用户选择两个参照来定义孔的位置。选择如图 5-138 所示的表面 2，按住 Ctrl 键选取基准平面 RIGHT，特征类型设置为“偏移”，偏移值分别为 8 和 40，如图 5-139 所示。

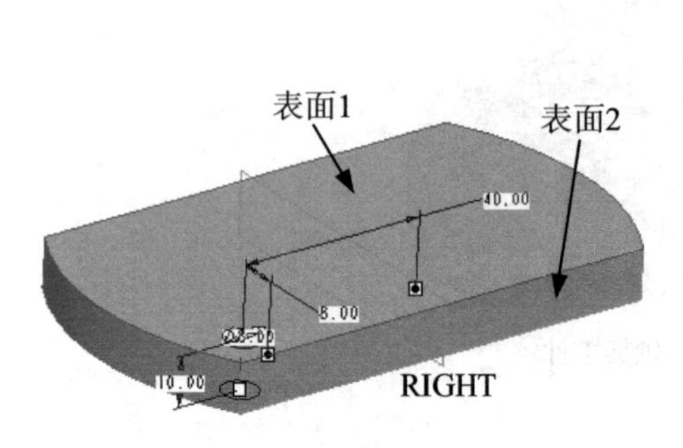

图 5-138　选取参照

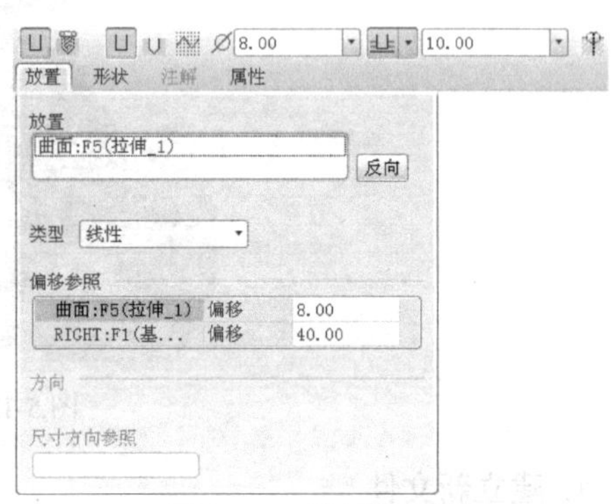

图 5-139　设置偏移值

(3) 创建的孔特征如图 5-140 所示。在模型树中选择创建的孔特征，并在特征工具栏中单击“镜像”按钮，系统提示用户选择镜像参考面，选择基准平面 RIGHT 作为镜像平面，然后单击“确定”按钮或单击鼠标中键完成镜像特征的创建。

(4) 在模型树中选取创建的孔特征以及镜像的孔特征，并选择基准平面 TOP 作为镜像平面，然后单击“确定”按钮或单击鼠标中键完成镜像特征的创建，如图 5-141 所示。

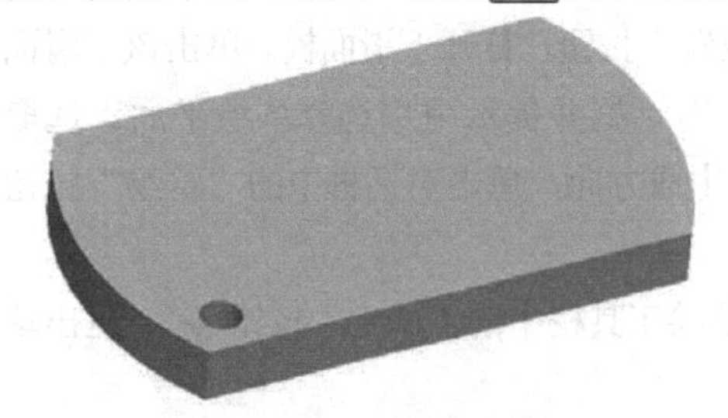

图 5-140　创建的孔特征

图 5-141　阵列孔特征

4. 剪切材料

(1) 单击特征工具栏中的“拉伸”按钮，在拉伸特征操控板中单击“实体”按钮，以指定生成拉伸实体；单击“移除材料”按钮，指定以剪切材料的方法创建拉伸特征；单击“放置”按钮，在打开的下滑面板中单击“定义”按钮定义...，打开“草绘”对话框。选择如图 5-138 所示的表面 2 作为草绘平面，接受系统默认的特征生成方向，单击对话框中的“草绘”按钮草绘，进入草绘界面。

(2) 绘制如图 5-142 所示的草绘剖面，并单击草绘工具栏中的“确定”按钮，退出草绘模式。

(3) 在“深度”级联按钮菜单中单击“穿透”按钮，指定剪切特征穿过平面，然后单击“确定”按钮或单击鼠标中键完成拉伸剪切特征的创建，去除材料后的底座如图 5-143 所示。

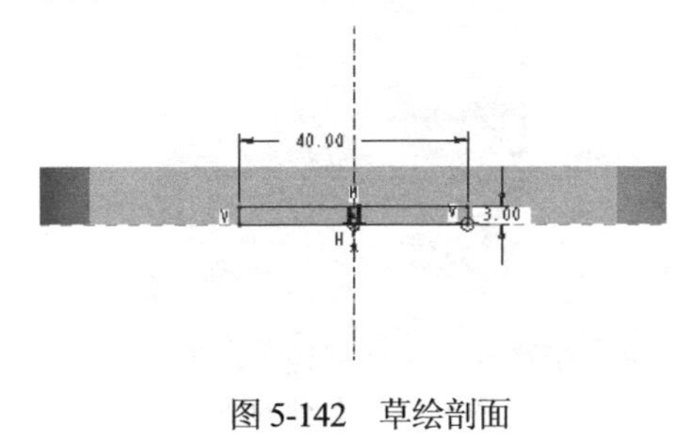

图 5-142　草绘剖面

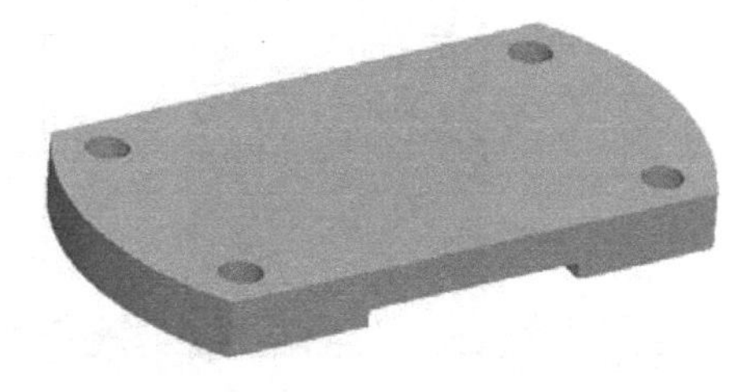

图 5-143　拉伸剪切底座

5. 创建拉伸特征

(1) 单击特征工具栏中的“拉伸”按钮，在拉伸特征操控板中单击“实体”按钮，以指定生成拉伸实体；单击“放置”按钮，打开下滑面板。单击该下滑面板中的“定义”按钮定义...，系统弹出“草绘”对话框并提示用户选择草绘平面。选择如图 5-138 所示的表面 1 作为草绘平面，接受系统默认的生成方向，单击对话框中的“草绘”按钮草绘，进入草绘界面。

(2) 单击草绘工具栏中的“圆”按钮，绘制直径为 50 的圆，如图 5-144 所示。完成后单击草绘工具栏中的“确定”按钮，退出草绘模式。

(3) 在拉伸特征操控板的深度框中输入拉伸高度 60，然后单击“确定”按钮或单击鼠标中键完成拉伸特征的创建，如图 5-145 所示。

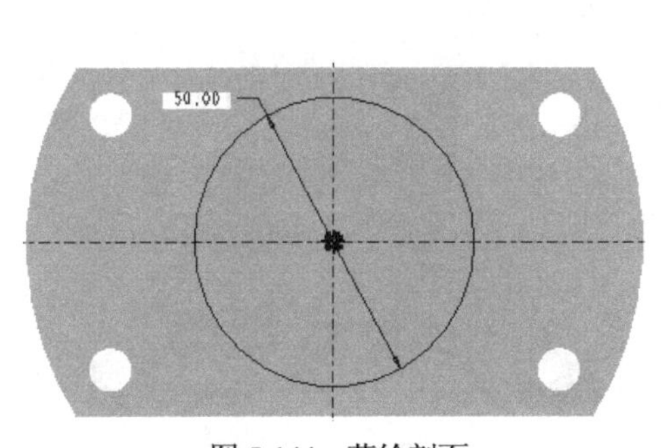

图 5-144　草绘剖面

图 5-145　创建的拉伸特征

6. 创建筋板

(1) 单击特征工具栏中的“轨迹筋”按钮，在弹出的轮廓筋特征操控板中单击“参照”按钮参照，弹出“参照”下滑面板，单击“定义”按钮定义...，系统弹出“草绘”对话框。在绘图区选择基准平面 TOP 作为草绘平面，接受系统默认的参照方向，单击对话框中的“草绘”按钮草绘，进入草绘界面。

(2) 单击草绘工具栏中的“直线”按钮，绘制如图 5-146 所示的草绘剖面，并单击草绘工具栏中的“确定”按钮，退出草绘模式。

(3) 在筋板特征的厚度框中输入厚度值为 4，接受系统默认的拉伸是在草绘平面的两侧对称创建的。单击“确定”按钮或单击鼠标中键完成筋板特征的创建，如图 5-147 所示。

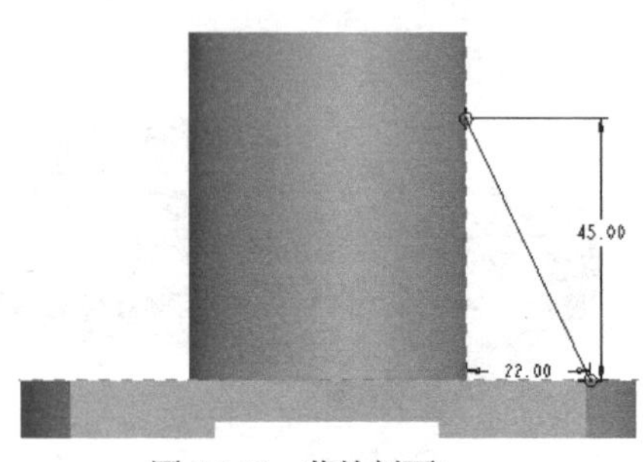

图 5-146　草绘剖面

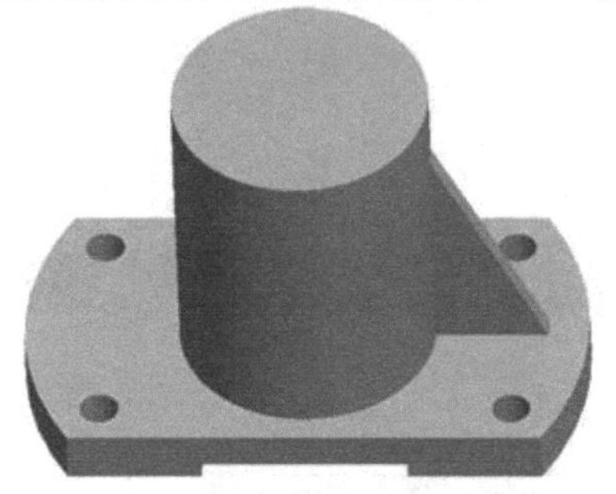

图 5-147　创建的筋板

(4) 在模型树中选择所创建的筋板特征，并在特征工具栏中单击“镜像”按钮，系统提示用户选择镜像参考面，选择基准平面 RIGHT 作为镜像平面，然后单击“确定”按钮或单击鼠标中键，即可完成镜像特征的创建，如图 5-148 所示。

7. 创建侧向拉伸实体

(1) 单击特征工具栏中的“拉伸”按钮，在拉伸特征操控板中单击“实体”按钮，以指定生成拉伸实体；单击“放置”按钮，打开下滑面板。单击该下滑面板中的“定义”按钮定义...，系统弹出“草绘”对话框并提示用户选择草绘平面。选择基准平面 TOP 作为草绘平面，接受系统默认的生成方向，单击对话框中的“草绘”按钮草绘，进入草绘界面。

(2) 绘制如图 5-149 所示的草绘剖面，单击草绘工具栏中的“确定”按钮，退出草绘模式。

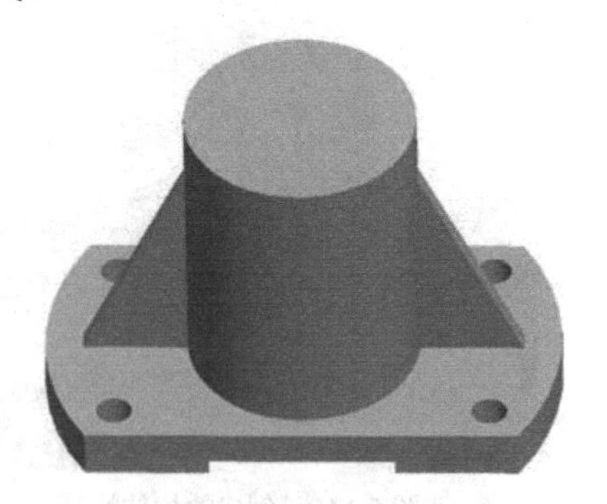

图 5-148　镜像筋板

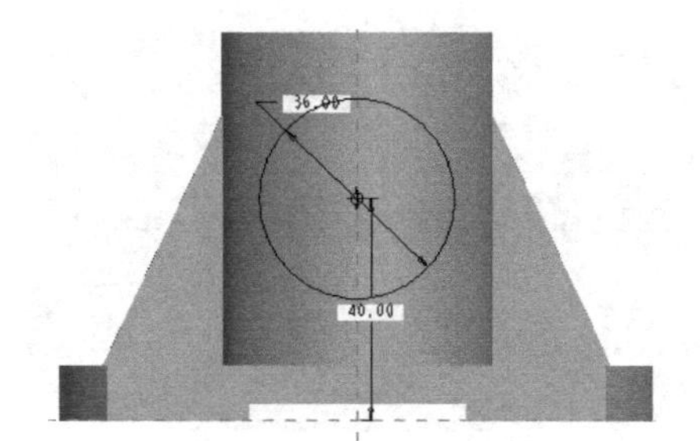

图 5-149　草绘剖面

(3) 在拉伸特征操控板的深度框中输入拉伸高度为 32，单击“确定”按钮或单击鼠标中键完成拉伸特征的创建，如图 5-150 所示。

8. 创建轴筒

(1) 单击特征工具栏中的“拉伸”按钮，在拉伸特征操控板中单击“实体”按钮，以指定生成拉伸实体；“去除材料”按钮，指定以剪切材料的方法创建拉伸特征；选择“放置”按钮，在打开的下滑面板中单击“定义”按钮定义...，打开“草绘”对话框。选择如图 5-150 所示的表面 1 作为草绘平面，接受系统默认的特征生成方向，单击对话框中的“草绘”按钮[草绘]，进入草绘界面。

(2) 绘制如图 5-151 所示的草绘剖面，单击草绘工具栏中的“确定”按钮✔，退出草绘模式。

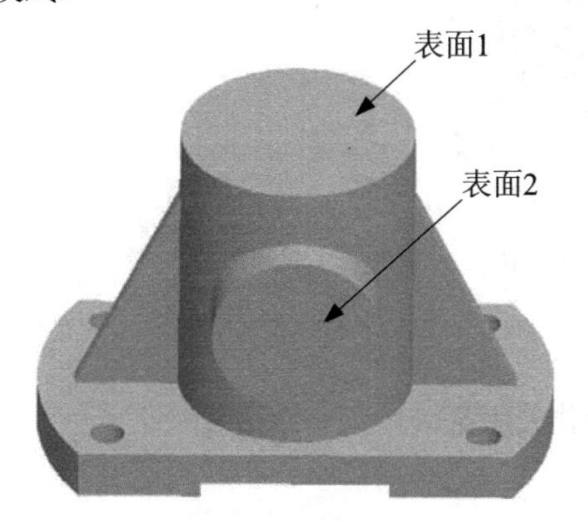

图 5-150　侧向拉伸特征

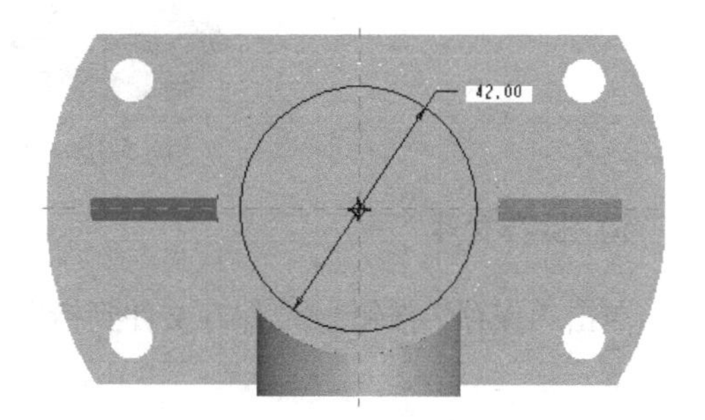

图 5-151　草绘剖面

(3) 在拉伸特征操控板的深度框中输入拉伸高度为 60，单击“确定”按钮✔或单击鼠标中键完成拉伸特征的创建。

(4) 选择如图 5-150 所示的表面 2 作为草绘平面，绘制直径为 30 的同心圆，在拉伸特征操控板的深度框中输入拉伸高度为 15，单击“确定”按钮✔或单击鼠标中键完成轴筒的创建，如图 5-152 所示。

9. 创建倒圆角特征

(1) 单击特征工具栏中的“边倒角”按钮，打开边倒角特征操控板，在“标注形式”下拉列表框中选择 D×D 选项，在尺寸框中输入需要的倒角尺寸值 1，选择如图 5-152 所示的边进行倒角特征的创建，单击“确定”按钮✔或单击鼠标中键完成倒角特征的创建。

(2) 单击特征工具栏中的“倒圆角”按钮，打开倒圆角特征操控板。选取如图 5-152 所示的边，在操控板的半径框中输入倒角半径值为 1.2，单击“确定”按钮✔或单击鼠标中键完成倒圆角特征的创建，如图 5-153 所示。

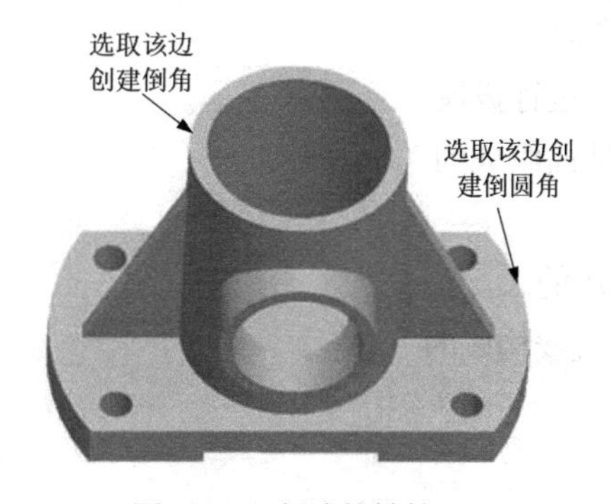

图 5-152　创建的轴筒

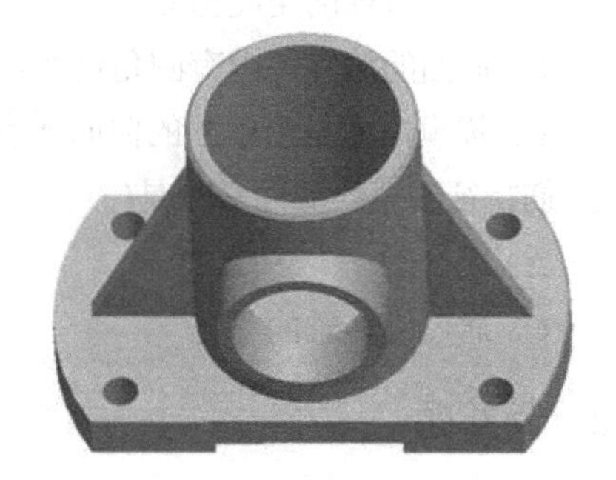

图 5-153　创建倒圆角特征

(3) 对模型其余部分进行倒圆角特征的创建，完成后的模型如图 5-154 所示。

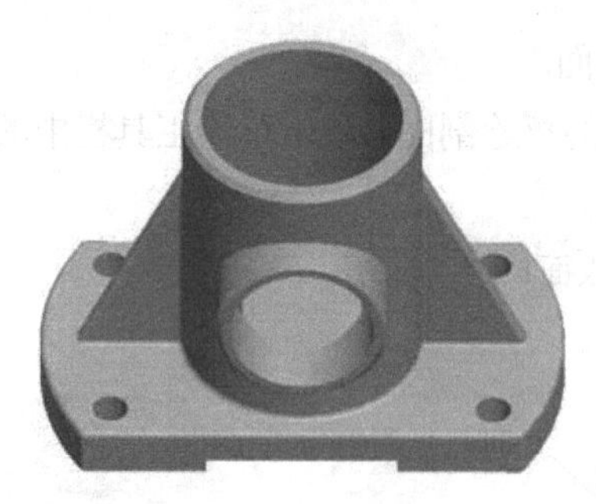

图 5-154　创建的轴架模型

10. 保存文件

单击“保存”按钮，保存文件到指定的目录并关闭窗口。

5.9　本 章 练 习

5.9.1　填空题

1. 孔特征包括________、________、________。
2. 孔的放置方式有________、________、________、________4 种。
3. 倒角有________和________两种类型。
4. 倒圆角有________、________、________、________4 种类型。

5.9.2　选择题

1. 以下不属于工程特征的是(　　)。
   A. 孔、壳　　B. 筋、拔模　　C. 倒圆角、倒角　　D. 拉伸、旋转
2. 下列关于拔模特征叙述错误的是(　　)。
   A. 当拔模截面由圆柱面或者是平面形成时，可以对其进行拔模
   B. 拔模特征的角度值必须在-30°～+30°之间
   C. 曲面的边界周围有圆角过渡，可以对其进行拔模
   D. 拔模曲面是由单独的曲面或者一系列曲面组成的
3. 筋特征的草绘截面必须是(　　)。
   A. 闭合的　　B. 开放的
   C. 通过旋转轴的　　D. 由直线构成的

5.9.3　简答题

1. 孔与切口的不同之处有哪些？
2. 筋特征在零件中的作用是什么？
3. 创建倒圆角特征时应遵循哪些规则？

5.9.4　上机题

1. 利用之前所学的基础特征创建方法，绘制如图 5-155 所示的模型，并对其进行抽壳特征的操作(尺寸成比例即可)。

2. 绘制如图 5-156 所示的支架模型，其尺寸标注如图 5-157 所示。

图 5-155　壳体模型

图 5-156　支架模型

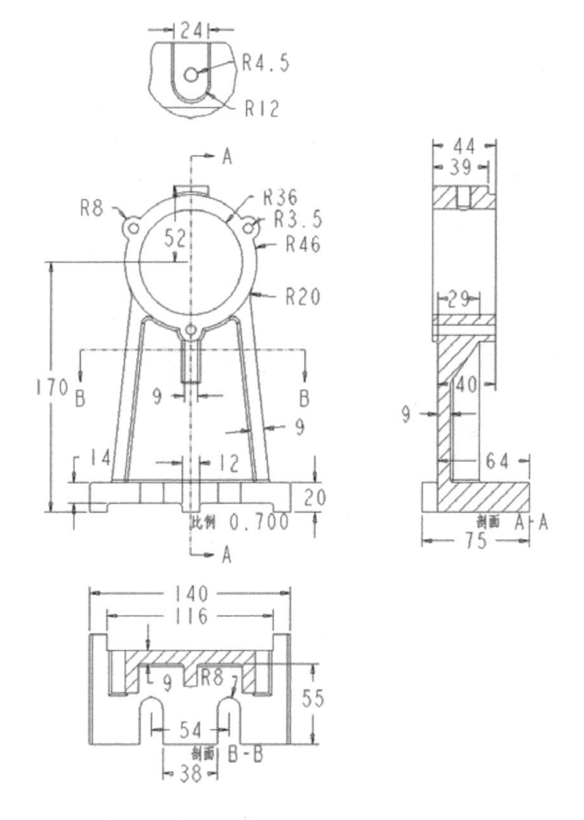

图 5-157　支架模型尺寸

第6章　特 征 编 辑

前面几章学习的各种特征创建方法可以创建一些简单的零件，但这些零件不一定完全符合用户的设计要求，还需要通过特征编辑命令对所创建的特征进行编辑操作，使之符合用户的要求。本章将介绍实体特征的编辑方法，包括特征复制和阵列等对零件进行各种编辑的操作方法。

本章重点内容如下：

- 模型树
- 特征编辑
- 特征复制
- 特征阵列

6.1　特征编辑基本概念

介绍实体特征编辑之前，先介绍一下与之有关的两个概念：模型树和特征的父子关系。

6.1.1　模型树

模型树是 Pro/ENGINEER Wildfire 5.0 导航器上的选项特征，它将当前模型中的每一个特征或者零件，按照其创建的先后次序和特征父子关系，以树状的形式表示出来，如图 6-1 所示。模型树提供了以下 4 个重要功能。

- 记录零件的建模或者组装过程。绘制的每一个特征都会按照创建的先后次序，一一记录在模型树当中。而在组件模式下，组件是由哪些零件所构成的，其组装的顺序也都会被逐一地记录在模型树当中。
- 在建模或者组装时，除了可以直接单击屏幕上的特征或者零件外，也可以由模型树选择要使用的特征或零件。
- 在模型树中的特征上右击，在弹出的快捷菜单中可对所选的特征进行修改、重定义、隐藏以及删除等操作。
- 在模型树中的特征上右击，在弹出的快捷菜单中选择“信息”命令，弹出的子菜单中包括“特征”“模型”以及“父项/子项”等命令，可以获取特征的状态、形状、编号以及名称等信息。

用户可以自定义模型树中相关内容的显示或者隐藏。在模型树中单击“设置”按钮，打开“设置”级联按钮菜单，如图 6-2 所示，单击“树过滤器”按钮，打开如图 6-3 所示的“模型树项目”对话框。在左侧的“显示”选项区域中选择需要显示的类型，在“特征类型”选项区域中选取要显示的特征类型。单击“全选”按钮，可以选中全部的特征类型；单击

“取消全选”按钮，将不会选中任何类型。

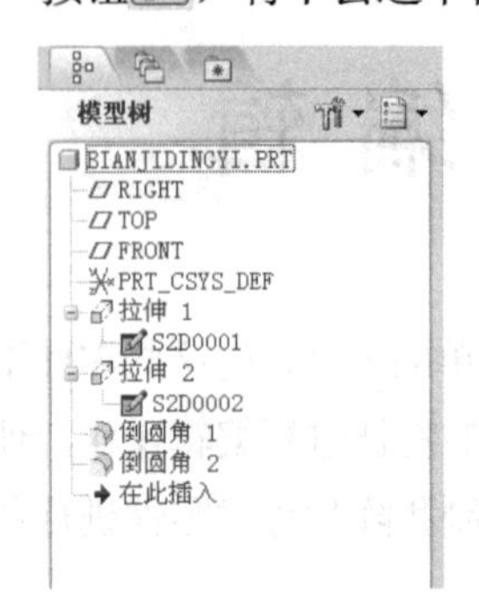

图 6-1　模型树

图 6-2　快捷菜单

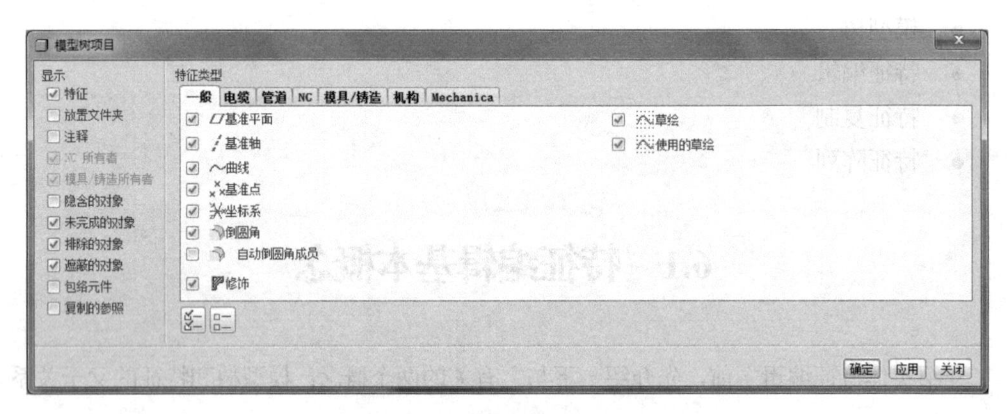

图 6-3　“模型树项目”对话框

Pro/ENGINEER Wildfire 5.0 还允许用户扩充模型树显示的内容。在“设置”级联按钮菜单中单击“树列”按钮，打开如图 6-4 所示的“模型树列”对话框。在“类型”下拉列表框中选择需要显示的类型，选择完毕后在对话框左侧区域显示该类型包含的项目。选中一个项目后，单击“添加”按钮将该项目移到右侧区域，单击“确定”按钮，即可完成模型数列项目的添加。

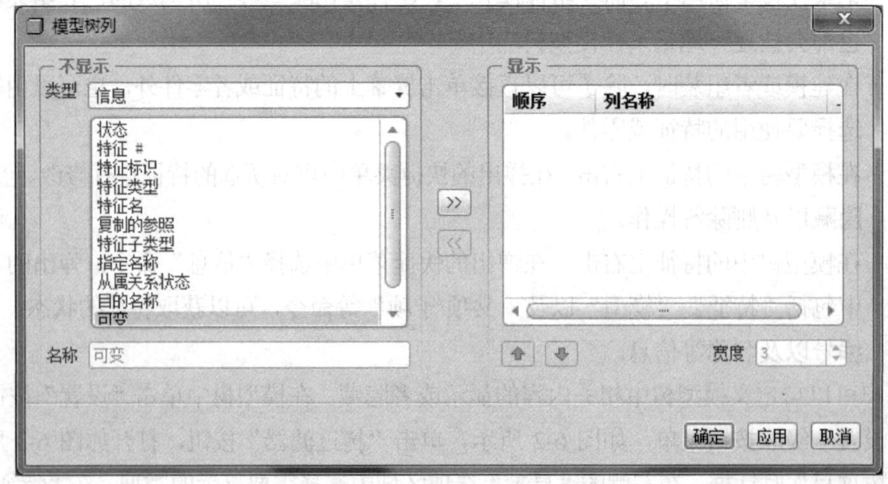

图 6-4　“模型树列”对话框

6.1.2 特征的父子关系

在特征的绘制过程中，除了要标注截面的尺寸外，还要定义该特征与其他特征之间的关系，即定义特征的绘图面以及特征的位置尺寸，这样创建的特征与其在建立过程中所依赖的特征就会存在一种相依关系，即父子特征。先建立者为父特征，后建立者为子特征。当父特征设计变更时，子特征也会随之做相应的改变。

因此，在绘制零件时选取良好的参照选项以及尺寸定义，将会对以后的设计变更带来很大的便利。在创建零件特征时，应尽量按照基础特征、其他特征、拔模特征和倒圆角特征等步骤来进行，这样才能对特征之间的父子关系有清晰的认识，当需要修改设计时才能够对其进行有效的操作。

6.2 复　制

特征可以在指定的位置上复制，得到与原有特征相同的副本，也可以对特征的尺寸数值进行更改以得到不同的特征，复制特征可以改变参照、尺寸值以及放置位置。

6.2.1 复制特征概述

进行复制特征操作时，首先打开一个零件模型，选择“编辑”|“特征操作”命令，系统弹出如图6-5所示的“特征”菜单。选择“复制”命令，弹出如图6-6所示的“复制特征”菜单，该菜单可分为特征放置、特征选取和特征关系3大类，下面将分别介绍各命令的意义以及它们的用法。

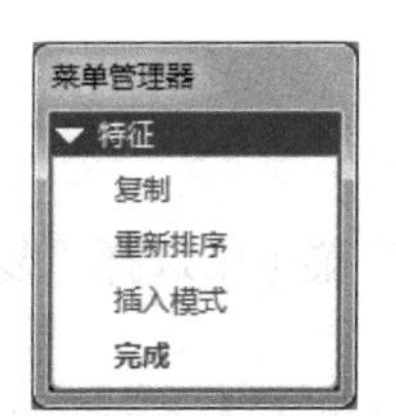

图6-5 “特征”菜单

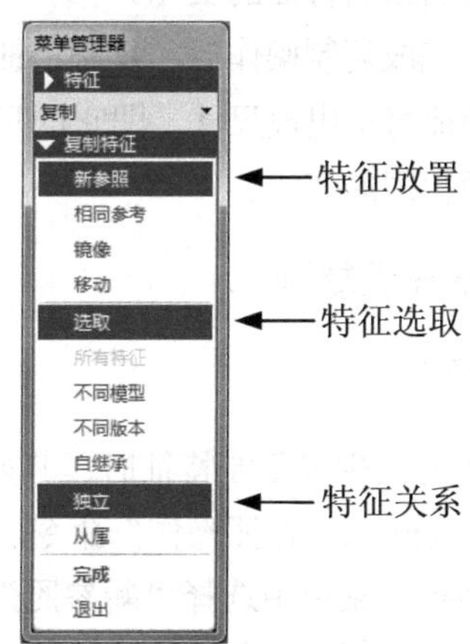

图6-6 “复制特征”菜单

1. 特征放置

Pro/ENGINEER Wildfire 5.0 提供的特征放置包括“新参照”“相同参考”“镜像”和“移动”4个选项，它们决定了复制特征的放置方式。

- 新参照：以新的参照对象完成特征复制，如新的绘图平面、新的对齐平面或新的参考边界等。
- 相同参考：使用与原模型相同的放置面和参考面来复制特征。

- 镜像：以镜像的方式对特征进行复制，它只要指定被复制的特征和镜像参考平面就可以完成特征的复制。
- 移动：以平移或者旋转的方式对特征进行复制，平移或者旋转的方向可由平面的方向或由实体的边、轴的方向定义。

2. 特征选取

确定放置特征的方式之后，需要选取将要复制的特征。“复制特征”菜单中的特征选取方式如下。

- 选取：从当前零件实体上选择要进行复制的特征。
- 所有特征：复制当前模型中的所有特征，只有选择镜像或移动放置方式时才被激活。
- 不同模型：复制不同零件模型中的特征，只有选择新参考放置方式时才被激活。
- 不同版本：复制同一个零件不同版本模型的特征，只有在选择新参考或相同参考放置方式时才被激活。
- 自继承：从继承特征中复制特征。

3. 特征关系

在进行特征复制时，Pro/ENGINEER 允许定义原始特征与复制特征之间的附属关系，包括以下两个选项。

- 独立：完成复制操作后，复制特征的特征尺寸与原始特征的特征尺寸相互独立，彼此无关，即原始特征的改变并不会影响复制特征的变化，反之，复制特征的改变也不会影响原始特征的变化。
- 从属：完成复制操作后，复制特征的特征尺寸与原始特征的特征尺寸相关联，此时复制特征将不出现尺寸，即它的尺寸完全由原始特征决定，当原始特征改变时复制特征做相同的变化。

6.2.2　新参照方式复制

1. 操作步骤

使用新参照方式生成复制特征时，其操作步骤如下。

(1) 选择“编辑” | “特征操作”命令，在弹出的“特征”菜单中选择“复制”命令，在弹出的“复制特征”菜单中选择“新参照”命令。

(2) 在选择特征选取方式时需要注意的是，当选择了“选取”命令时，需要定义复制后特征与原始特征间的关系是“独立”还是“从属”，选择“完成”命令后直接在模型中选择要复制的模型，再次选择“完成”命令，系统会弹出如图 6-7 所示的“组元素”对话框以及如图 6-8 所示的“组可变尺寸”菜单，在该菜单中选择要改变的尺寸。若选择的是“不同模型”命令或者“不同版本”命令，则应选择一个模型，然后在该模型中选择要复制的特征，此时系统会弹出如图 6-9(a)所示的“比例”菜单，以定义复制特征的缩放大小。

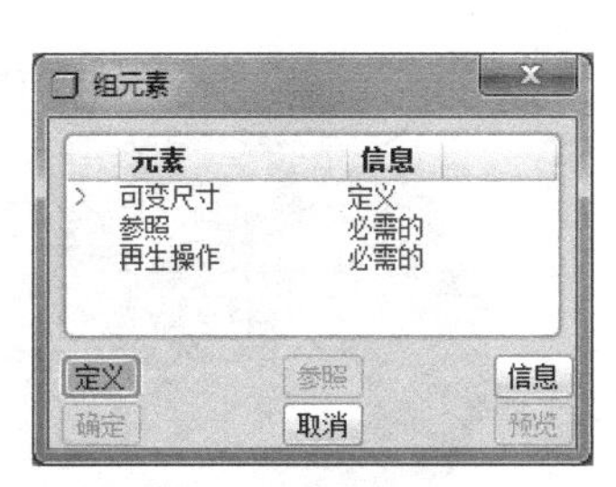

图6-7 “组元素”对话框

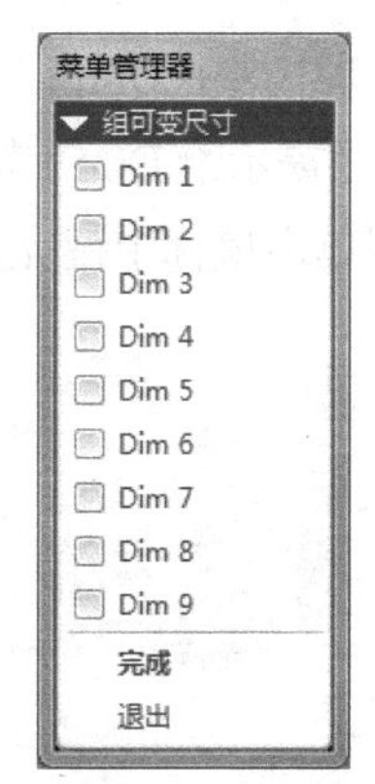

图6-8 “组可变尺寸”菜单

(3) 在指定完特征的尺寸以后，系统会弹出如图6-9(b)所示的“参考”菜单，其中包括以下4个选项。

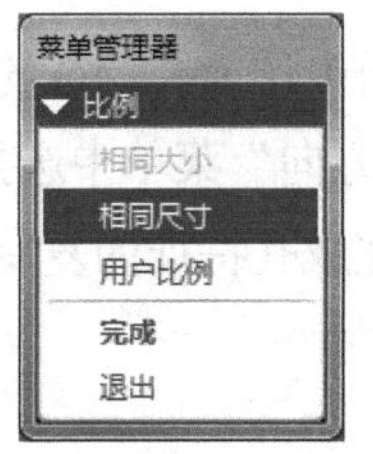

(a) “比例”菜单

(b) “参考”菜单

图6-9 “比例”菜单和“参考”菜单

- 替换：选择新的对象作为复制特征的参照。
- 相同：使用与原始特征相同的参照。
- 跳过：略过此参照特征的选择，去定义其他特征参照。
- 参照信息：显示参考平面的相关信息。

使用“参考”菜单，根据系统提示依次选择相对于原始特征的参考面或者参考边，用于确定复制特征的放置位置。

(4) 选择“特征”菜单中的“完成”命令即可完成特征的复制。

2. 实例

下面是一个使用新参照方法复制的实例。

(1) 单击工具栏中的“打开”按钮，或选择“文件”|“打开”命令，打开文件copy6-1.prt，如图6-10所示。

(2) 选择“编辑”|“特征操作”命令，系统弹出“特征”菜单。选择“复制”命令，并在弹出的“复制特征”菜单中选择“新参照”“选取”和“独立”命令，然后选择“完成”命令。

(3) 此时系统会提示用户选取需要复制的特征，在模型树中或者直接在实体上选取图6-10示的孔特征，并在“选取特征”菜单中选择“完成”命令。

(4) 此时系统会显示“组可变尺寸”菜单以及圆孔的所有尺寸，如图6-11所示。在“组可变尺寸”菜单中选中 Dim 1 复选框，然后选择“组可变尺寸”菜单中的“完成”命令。此时系统在消息区提示给 Dim 1 输入新尺寸，输入 3 作为复制后新特征的参考尺寸，并单击“确定”按钮☑或单击鼠标中键完成孔特征的复制。

图 6-10　零件模型

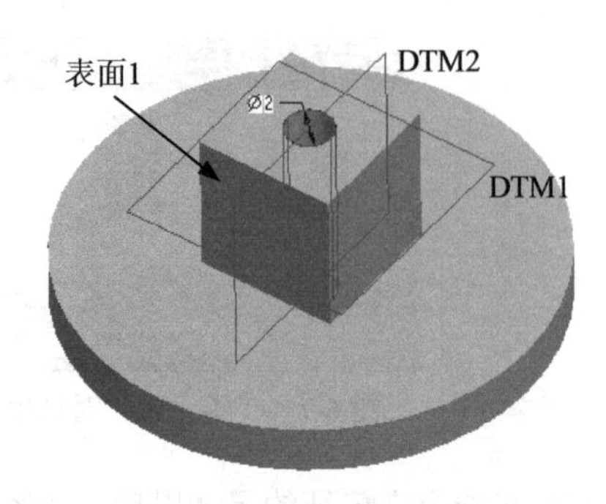

图 6-11　显示孔的尺寸

(5) 系统弹出“参考”菜单，选取如图 6-11 所示的表面 1 作为孔特征的放置平面，然后选取基准平面 DTM1 和 DTM2 作为参照平面，在弹出的“方向”菜单中选择“确定”命令，如图 6-12 所示。选择“特征”菜单中的“完成”命令即可完成孔特征的复制，复制的孔特征如图 6-13 所示。

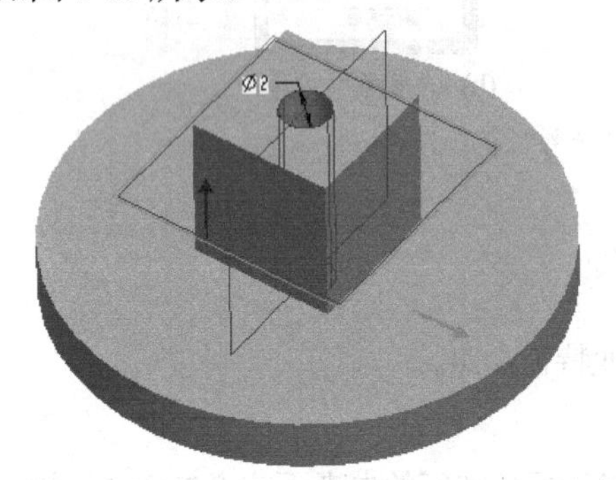

图 6-12　反向创建孔特征

图 6-13　复制的孔特征

(6) 选择“文件”|“保存副本”命令，在弹出的“保存副本”对话框的“新建名称”文本框中输入文件名称 copy6-1-done，再选择指定的目录，然后单击“确定”按钮 确定 保存文件并关闭窗口。

6.2.3　相同参考方式复制

1. 操作步骤

使用相同参考的方法复制，所复制的特征与原特征位于同一平面内，该方法仅能改变复制特征的尺寸，其操作步骤如下。

(1) 选择“编辑”|“特征操作”命令，在弹出的“特征”菜单中选择“复制”命令，在弹出的“复制特征”菜单中选择“相同参考”命令。

(2) 设置复制特征的选取方式为“选取”或者“不同版本”，然后选择要复制的模型，此时系统会弹出“组元素”对话框以及 “组可变尺寸”菜单，在该菜单中选择要改变的尺寸，并对其进行重定义。

(3) 选择“特征”菜单中的“完成”命令即可完成特征的复制。

2. 实例

下面是一个使用相同参考方法复制的实例。

(1) 单击工具栏中的“打开”按钮，或选择“文件”|“打开”命令，打开文件 copy6-2.prt，如图 6-14 所示。

(2) 选择“编辑”|“特征操作”命令，系统弹出“特征”菜单。选择“复制”命令，并在弹出的“复制特征”菜单中选择“相同参考”“选取”和“独立”命令，然后选择“完成”命令。

(3) 此时系统提示用户选取需要复制的特征，在模型树中或者直接在实体上选取图 6-14 所示的孔特征，并在“选取特征”菜单中选择“完成”命令。

(4) 此时系统显示“组可变尺寸”菜单以及圆孔的所有尺寸，如图 6-15 所示。在“组可变尺寸”菜单中选中 Dim 1 和 Dim 2 复选框，然后选择“组可变尺寸”菜单中的“完成”命令。此时系统在消息区提示给 Dim 1 输入新尺寸，这里输入 2 作为复制后新特征的参考尺寸，单击“确定”按钮或单击鼠标中键；再输入−7.5 作为 Dim2 的新尺寸，并单击“确定”按钮或单击鼠标中键完成显示孔的尺寸。

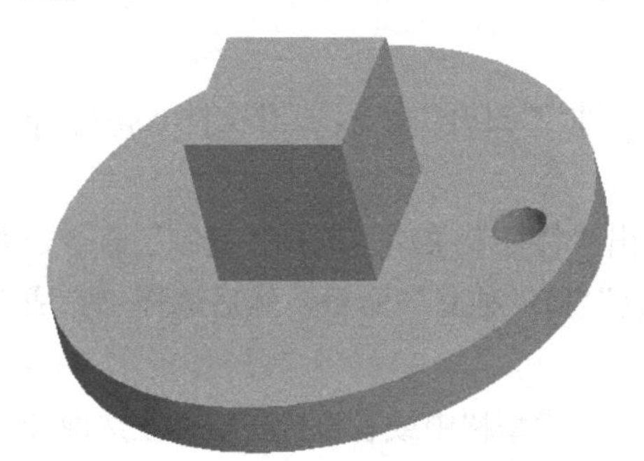

图 6-14 零件模型

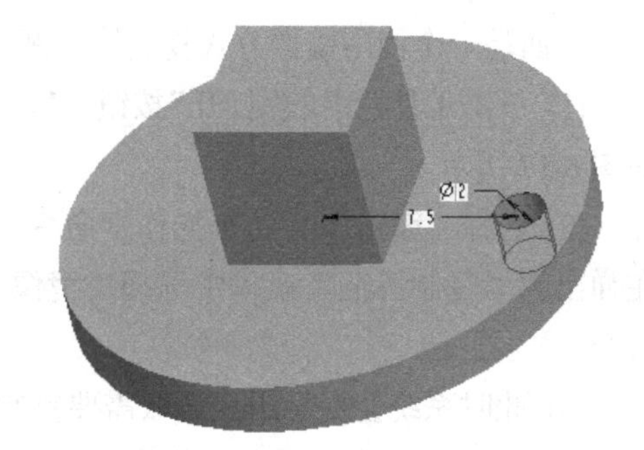

图 6-15 显示孔的尺寸

(5) 在“组元素”对话框中单击“确定”按钮，则会在零件模型上显示所复制的孔特征，确认后，选择“特征”菜单中的“完成”命令即可完成特征的复制。复制的孔特征如图 6-16 所示。

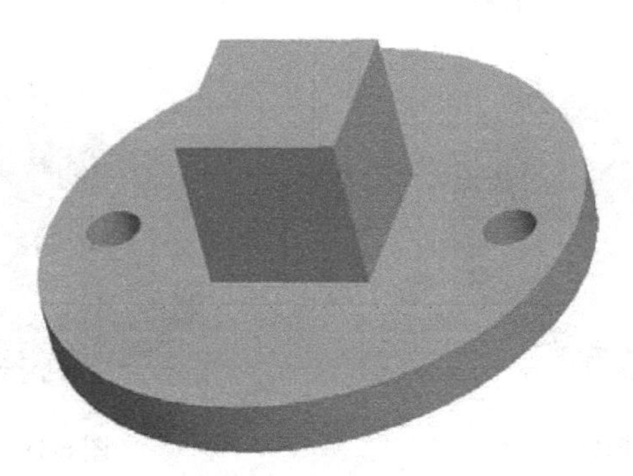

图 6-16 复制的孔特征

(6) 选择“文件”|“保存副本”命令，在弹出的“保存副本”对话框的“新建名称”文本框中输入文件名称 copy6-2-done，再选择指定的目录，然后单击“确定”按钮确定保存文件并关闭窗口。

6.2.4 镜像方式复制

1. 操作步骤

使用镜像方式复制，可以对模型的某些特征进行镜像复制，用于建立具有对称特征的模型，其操作步骤如下。

(1) 选择“编辑”|“特征操作”命令，在弹出的“特征”菜单中选择“复制”命令，在弹出的“复制特征”菜单中选择“镜像”命令。

(2) 设置复制特征的选取方式为“选取”或“所有特征”，确定复制后的特征与原始特征间的关系是“独立”或“从属”。

(3) 选择所要镜像的对象，若上一步特征的选取方式为“所有特征”，则所有的特征都会被镜像，包括隐含或者隐藏的特征。

(4) 选择或者直接建立一个平面作为镜像的参考面，即可完成特征的镜像。

2. 实例

下面是一个使用镜像方式复制的实例。

(1) 单击工具栏中的“打开”按钮，或选择“文件”|“打开”命令，打开文件 copy6-3.prt，如图 6-17 所示。

(2) 选择“编辑”|“特征操作”命令，系统弹出“特征”菜单。选择“复制”命令，并在弹出的“复制特征”菜单中选择“镜像”“选取”和“独立”命令，然后选择“完成”命令。

(3) 此时系统会提示用户选取需要复制的特征，在模型树中或者直接在实体上选取图示的两个孔特征，并在“复制”菜单中选择“完成”命令。

(4) 系统要求用户选择一个平面或创建一个基准作为镜像参考面。选取如图 6-17 所示的基准平面 DTM1 作为参考平面，然后选择“特征”菜单中的“完成”命令即可完成镜像特征的操作。创建的孔特征如图 6-18 所示。

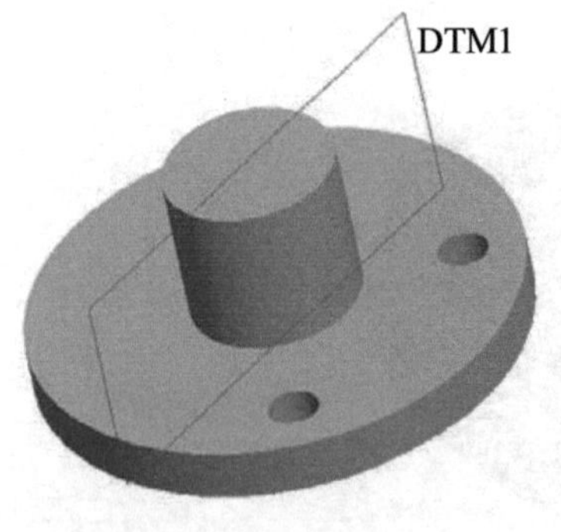

图 6-17　零件模型

图 6-18　镜像的孔特征

(5) 选择“文件”|“保存副本”命令，在弹出的“保存副本”对话框的“新建名称”文本框中输入文件名称copy6-3-done，再选择指定的目录，然后单击“确定”按钮确定保存文件并关闭窗口。

6.2.5 移动方式复制

1. 操作步骤

移动方式创建复制特征，分为“平移”和“旋转”两种复制方法。当选取了要复制的特征后，系统会弹出如图6-19所示的选取复制方法的“移动特征”菜单，选择“平移”命令以后，则会在“移动特征”菜单下侧弹出如图6-20所示的“一般选取方向”菜单，用于定义平移或者旋转的参照。

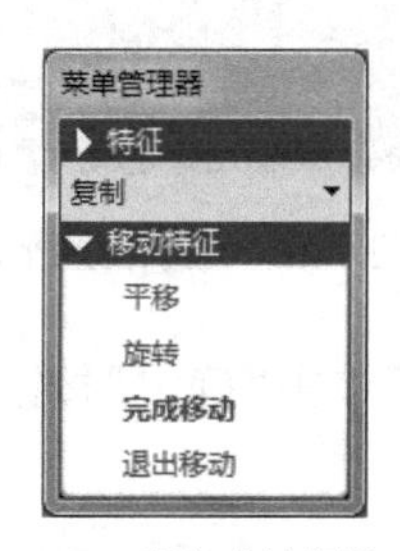

图6-19 “移动特征”菜单

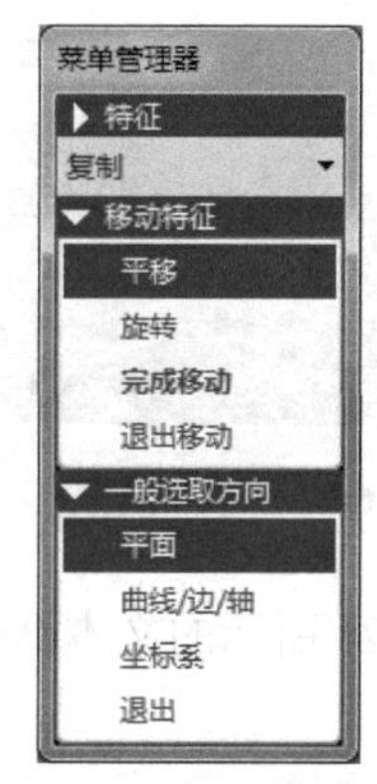

图6-20 “一般选取方向”菜单

- 平面：将平面的法线方向作为平移或旋转的方向。
- 曲线/边/轴：使用曲线、边或者轴作为平移或旋转的方向参照。
- 坐标系：选择坐标系中的某一轴作为平移或旋转的方向参照。

使用移动方法复制特征的步骤如下。

(1) 选择“编辑”|“特征操作”命令，在弹出的“特征”菜单中选择“复制”命令，在弹出的“复制特征”菜单中选择“移动”命令。

(2) 设置复制特征的选取方式为“选取”或“所有特征”，确定复制后特征与原始特征间的关系是“独立”或“从属”。

(3) 选取要复制的对象，在“移动特征”菜单中选取复制特征的方式为“平移”或“旋转”，然后选择平移或者旋转的参照，并输入平移的尺寸值或者旋转的角度值。

(4) 完成定义以后，系统会弹出“组可变尺寸”菜单，可以选择其中的Dim命令改变复制特征的几何尺寸或位置尺寸。

(5) 完成以上操作后，选择“特征”菜单中的“完成”命令即可完成特征的复制。

2. 实例

下面是一个使用移动方式复制的实例。

(1) 单击工具栏中的“打开”按钮，或选择“文件”|“打开”命令，打开文件 copy6-4.prt，如图 6-21 所示。

(2) 选择“编辑”|“特征操作”命令，系统会弹出“特征”菜单。选择“复制”命令，并在“特征复制”菜单中选择“移动”“选取”和“独立”命令，然后选择“完成”命令。

(3) 此时系统会提示用户选取需要复制的特征，在模型树中或者直接在实体上选取图 6-22 所示的旋转特征，并在“移动特征”菜单中选择“平移”命令，此时系统会显示“一般选取方向”菜单，提示用户选取平移的参照。选取如图 6-22 所示的模型表面，同时会显示一个箭头指示平移的方向。选择“方向”菜单中的“反向”命令，以指定所生成的旋转特征的方向与系统默认的方向是相反的，然后按 Enter 键确认方向。

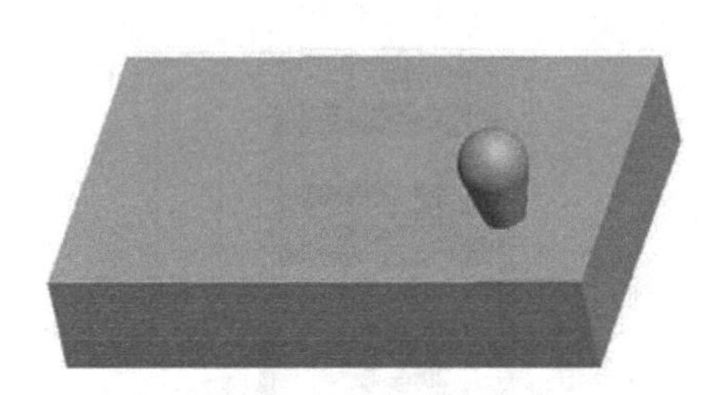

图 6-21　零件模型

图 6-22　选取参照平面

(4) 在图 6-23 所示的文本框中输入偏移尺寸为 10，然后单击“确定”按钮或者按 Enter 键确认。

图 6-23　输入偏移距离

(5) 选择“移动特征”菜单中的“完成移动”命令，系统会显示“组可变尺寸”菜单。选择“完成”命令，表示所复制的特征与原特征的形状完全相同。单击“组元素”对话框中的“确定”按钮，零件模型会显示复制的旋转特征。

(6) 选择“特征”菜单中的“完成”命令即可完成特征的复制，如图 6-24 所示。

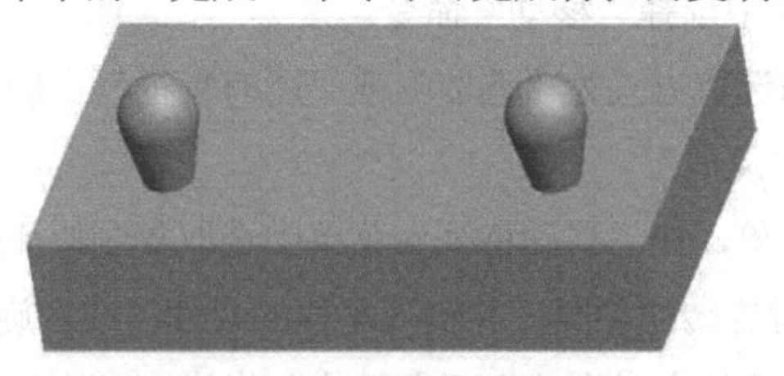

图 6-24　复制特征后的模型

(7) 选择“文件”|“保存副本”命令，在弹出的“保存副本”对话框的“新建名称”文本框中输入文件名称为 copy6-4done，再选择指定的目录，然后单击“确定”按钮保存文件并关闭窗口。

(8) 选择“编辑”|“特征操作”命令，系统弹出“特征”菜单。选择“复制”命令，并在“复制特征”菜单中选择“移动”“选取”和“独立”命令，然后选择“完成”命令。

(9) 此时系统会提示用户选取需要复制的特征，在模型树中或者直接在实体上选取图 6-25 所示的旋转特征，并在“移动特征”菜单中选择“旋转”命令，此时系统会显示“一般选取方向”菜单，选择“曲线/边/轴”命令，表示选取边或轴作为复制特征的旋转轴线，选取如图 6-25 所示的边线作为旋转轴线，同时在该边出现一个方向箭头指示旋转的操作方向。

(10) 选择“方向”菜单中的“反向”命令，指定所生成的旋转特征的方向与系统默认的方向是相反的，并按 Enter 键确认方向，接着在图 6-26 所示的文本框中输入旋转角度为 30°，然后单击“确定”按钮或者按 Enter 键确认。

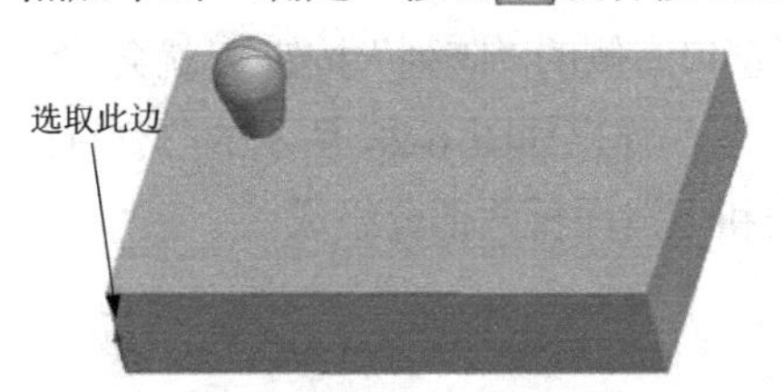

图 6-25　选取参照边

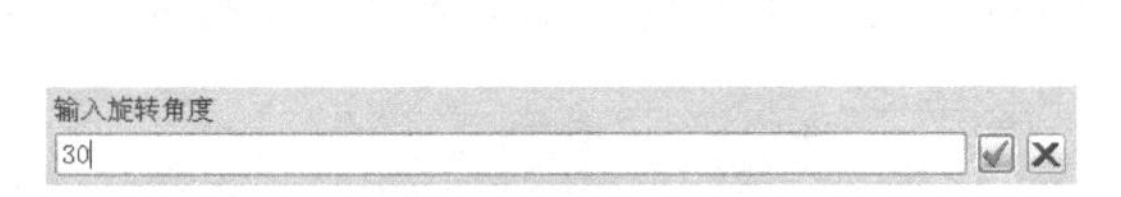

图 6-26　输入旋转角度

(11) 选择“移动特征”菜单中的“完成移动”命令，此时系统会显示“组可变尺寸”菜单。修改 Dim2 的尺寸值，即旋转特征的旋转角度，并选择“完成”命令，接着将在信息区的文本框中的角度值 360° 改为 270°，然后单击“确定”按钮或者按 Enter 键确认。单击“组元素”对话框中的“确定”按钮确定，零件模型会显示复制的旋转特征。

(12) 选择“特征”菜单中的“完成”命令，即可完成特征的复制，结果如图 6-27 所示。

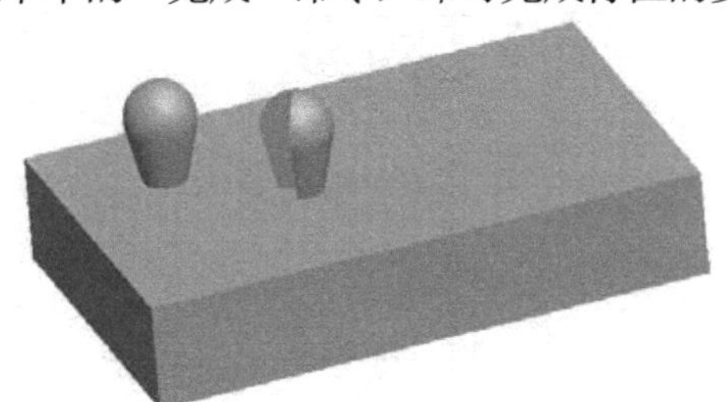
图 6-27　特征复制后的模型

(13) 选择“文件”|“保存副本”命令，在弹出的“保存副本”对话框的“新建名称”文本框中输入文件名称为 copy6-4-2-done，再选择指定的目录，然后单击“确定”按钮确定保存文件并关闭窗口。

6.3　阵　　列

在进行零件设计时，有时需要产生多个相同或相似的特征，且特征分布的相对位置有一定的规律性，特征的阵列就是按照一定的排列方式来复制特征。在创建阵列时，通过改变某些指定的尺寸，可以创建选定的特征，得到一个特征阵列。

使用阵列特征具有如下优点。

- 阵列操作是重新生成特征的快捷方式。

- 对包含在一个阵列中的多个特征同时执行操作，比操作单个特征更为方便和高效。
- 阵列是参数控制的，可通过改变阵列参数(比如实体数、实体之间的间距和原始特征尺寸)来修改阵列。
- 修改阵列比分别修改单个特征更为高效。在阵列中改变原始特征的尺寸时，系统会自动更新整个阵列。

需要说明的是，系统一次只允许阵列一个单独特征。若要同时阵列多个特征，可创建一个“组”，然后对这个组进行阵列操作。

在零件模型中选取一个需要阵列的特征，此时图形窗口右侧的“阵列”按钮就会被激活。单击“阵列”按钮，或选择“编辑”|“阵列”命令，弹出如图 6-28 所示的阵列特征操控板，从该图中可以看出，阵列特征操控板由对话框和下滑面板两部分组成。

图 6-28　阵列特征操控板

6.3.1　阵列特征对话框

根据选择的阵列类型不同，操控板也会有所不同。操控板左侧的阵列类型下拉框列出了阵列操作的类型，其中包括尺寸、方向、轴、填充、表、参照、曲线以及点 8 种阵列操作类型，如图 6-29 所示。

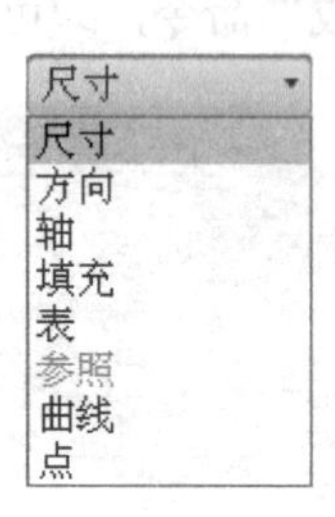

图 6-29　阵列类型下拉框

1. 尺寸

尺寸阵列表示选取原始特征参考尺寸作为特征阵列的驱动尺寸，还需要确定参考尺寸方向特征阵列的数量，根据尺寸驱动的方式，可以将其分为单方向阵列与双方向阵列两种，如图 6-30 所示。

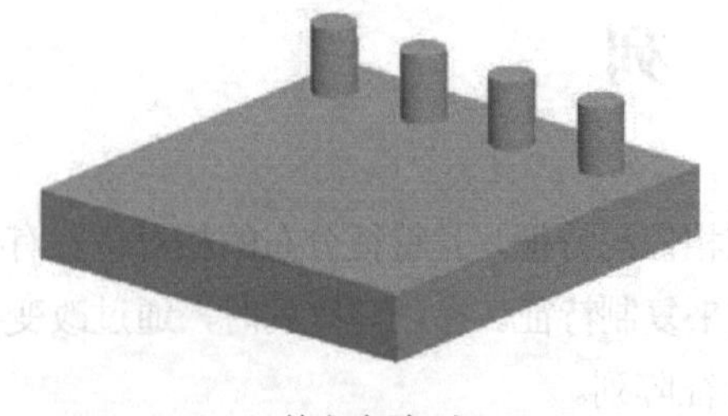

(a) 单方向阵列

(b) 双方向阵列

图 6-30　单方向阵列和双方向阵列

尺寸阵列特征操控板如图 6-28 所示，可以看到其中包括第 1 方向阵列数和阵列参照以及第 2 方向阵列数和阵列参照。

- 选取项目：选择对象作为第 1 方向的参照对象，可以选择的对象包括直边、平面、线性曲线和基准轴等。
- 1 2：设置第 1 阵列方向的阵列数目。
- 单击此处添加项目：选择对象作为第 2 方向的参照对象，可以选择的对象包括直边、平面、线性曲线和基准轴等。
- 2 2：设置第 2 阵列方向的阵列数目。

2. 方向

通过选取直边、平面、坐标系或者轴指定方向，可以使用拖动句柄设置阵列增长的方向和增量来创建方向阵列。方向阵列同样也可以单向或者双向阵列。方向阵列特征操控板如图 6-31 所示，其中包括第 1 方向阵列参照、阵列数和阵列增量以及第 2 方向阵列参照、阵列数和阵列增量。

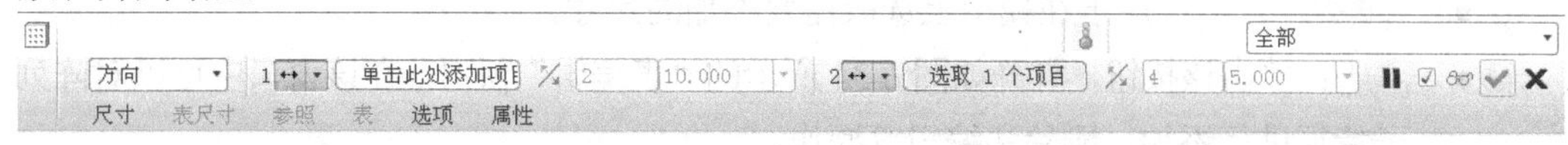

图 6-31　方向阵列特征操控板

- 1 选取 1 个项目：选择对象作为第 1 方向的参照对象，可以选择的对象包括直边、平面、线性曲线和基准轴等，移动的方向可以是平移、旋转或坐标系。
- ：反转第 1 阵列的方向。
- 2：设置第 1 阵列方向的阵列数目。
- 10.000：设置第 1 阵列方向的阵列增量。
- 2 单击此处添加项目：选择对象作为第 2 方向的参照对象，可以选择的对象包括直边、平面、线性曲线和基准轴等，移动的方向可以是平移、旋转或坐标系。
- ：反转第 2 阵列的方向。
- 4：设置第 2 阵列方向的阵列数目。
- 5.000：设置第 2 阵列方向的阵列增量。

3. 轴

通过选取基准轴作为阵列特征的中心，可以使用拖动句柄来设置角度的增量和径向的增量以创建轴阵列。轴阵列特征操控板如图 6-32 所示，其中包括轴阵列参照、角度方向的阵列数和角度增量以及第 2 方向的阵列数和阵列增量。

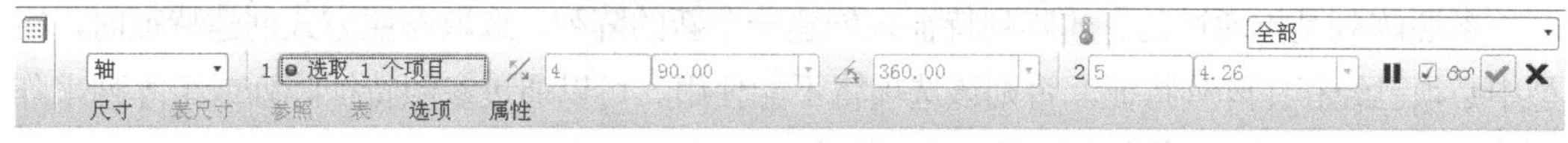

图 6-32　轴阵列特征操控板

- 1 1个项目：选取一个基准轴作为轴阵列的旋转中心。
- ：反转轴阵列的角度方向。

- 4：设置轴阵列在角度方向的阵列数目。
- 90.00：设置轴阵列的角度增量。
- ：单击切换到设置角度范围模式下，再次单击会回到设置角度方向增量模式下。
- 360.00：设置阵列的角度范围。所设置的阵列成员在此角度范围内均分。
- 2 5：设置阵列在第 2 方向(径向)的阵列数目。
- 4.26：设置阵列在第 2 方向(径向)阵列成员的增量值。

4. 表

使用阵列表，并确定每个子特征的尺寸值来完成特征的阵列。表阵列特征操控板如图 6-33 所示，其中包括阵列表尺寸以及“编辑”按钮。

图 6-33　表阵列特征操控板

- 选取项目：用于在模型上选取需要添加的尺寸。
- 编辑：单击该按钮，打开如图 6-34 所示的“表编辑”窗口，在该窗口中可以对阵列子特征进行添加、删除和编辑等操作。

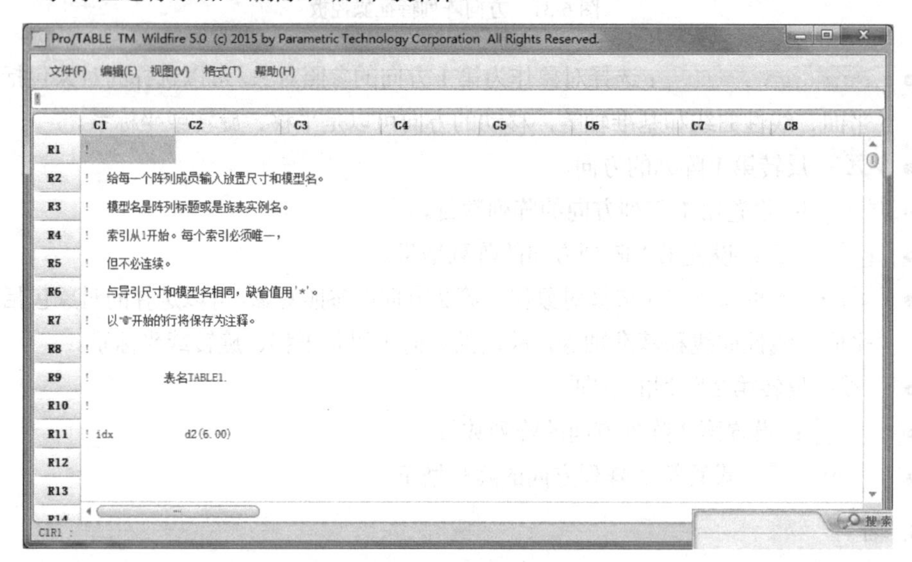

图 6-34　“表编辑”窗口

5. 参照

参照阵列是指通过已有的阵列特征来创建一个新的阵列。选取参照方式创建特征时，模型中必须已经存在阵列特征，否则该选项将不能使用。可以通过参照特征阵列或组阵列来阵列特征。参照阵列特征操控板如图 6-35 所示。

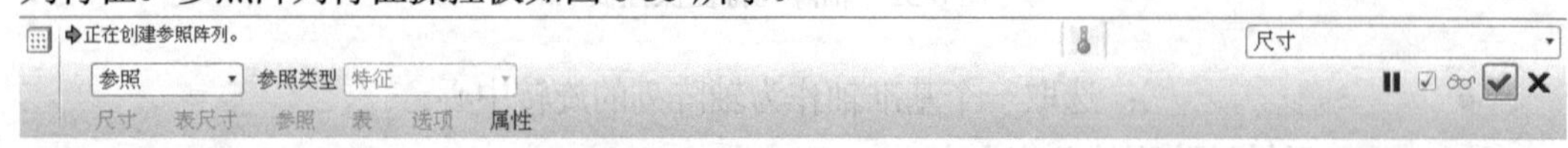

图 6-35　参照阵列特征操控板

6. 填充

填充阵列是指通过选择指定的栅格填充区域来进行阵列。填充阵列特征操控板如图 6-36 所示，其中包括内部草绘框、网格模板以及参数的设置。

图 6-36　填充阵列特征操控板

- 内部 S2D0001：绘制填充特征的区域。单击“参照”按钮 参照 ，在“参照”下滑面板中单击“编辑”按钮 编辑... ，可以打开“草绘”对话框，选取草绘平面进入草绘环境绘制或修改填充阵列特征的区域。
- ：选择阵列特征的网络模板。 包括正方形、菱形、三角形、圆、曲线以及螺旋，分别表示以不同的排列方式进行阵列。
- 2.84：设置相邻阵列子特征的中心间距。
- 0.00：设置相邻子特征的中心距离填充区域边界的最小值，若为负值则在填充区域之外。
- 0.00：设置网格关于原点的角度。
- NOT DEFINED：设置圆形或螺旋形网格的径向间距。

7. 曲线

曲线阵列是指通过指定阵列成员的数目或成员间的距离来沿着草绘曲线创建阵列。曲线阵列特征操控板如图 6-37 所示，其中包括内部草绘框、阵列间距以及阵列数目框。

图 6-37　曲线阵列特征操控板

- 内部 S2D0003：显示用于阵列特征的曲线。单击“参照”按钮 参照 ，在“参照”下滑面板中单击“编辑”按钮 编辑... ，可以打开“草绘”对话框，选取草绘平面进入草绘环境绘制或修改用于阵列特征的曲线。
- 4.00：设置沿曲线阵列的成员之间的距离。
- 20：设置沿曲线阵列的数目。

8. 点

点阵列是指使用基准点或几何点来创建阵列特征。点阵列特征操控板如图 6-38 所示。

图 6-38　点阵列特征操控板

6.3.2　阵列特征下滑面板

阵列特征操控板包括“尺寸”“表尺寸”“参照”“表”“选项”和“属性”下滑面板。

1. 尺寸

当选择尺寸或方向阵列方式时，单击操控板中的“尺寸”按钮，会弹出如图 6-39 所示的“尺寸”下滑面板，从该图中可以看出该下滑面板中包括“方向 1”和“方向 2”两部分。

根据设计的需要，选取一个或两个阵列的尺寸，此时所选定的尺寸会显示在该面板中的相应尺寸栏中，并且可以在对应的增量栏中输入所在方向阵列特征的间距。如果以关系式控制阵列的间距，可以选择“按关系定义增量”复选框，接着单击“编辑”按钮打开记事本，并在记事本中输入和编辑关系式。

2. 表尺寸

当选取表作为特征阵列的方式时，会激活“表尺寸”按钮，单击该按钮，会弹出“表尺寸”下滑面板，如图 6-40 所示，在该面板中显示了用户所选取并添加到阵列表中的尺寸。

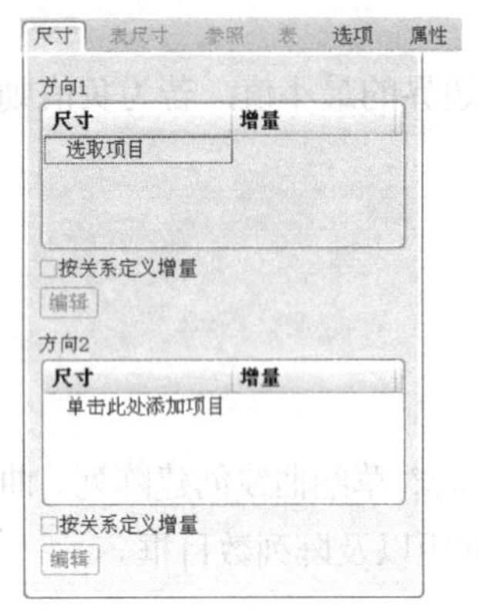

图 6-39　“尺寸”下滑面板

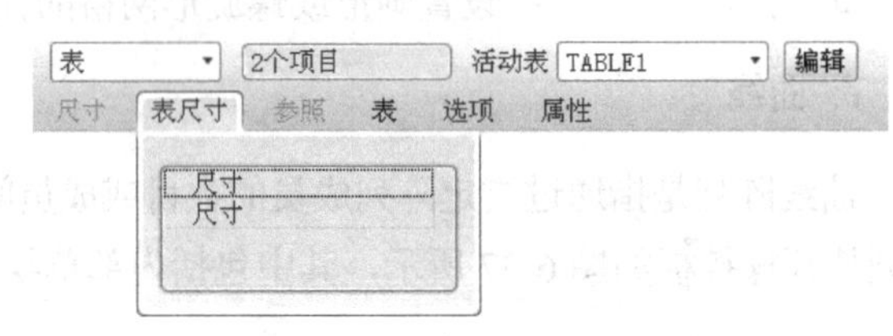

图 6-40　“表尺寸”下滑面板

3. 参照

当选择填充或曲线阵列方式时，会激活“参照”按钮，单击该按钮，会弹出“参照”下滑面板，如图 6-41 所示。单击“定义”按钮定义...，会弹出“草绘”对话框，如图 6-42 所示，接着选取草绘平面进入草绘环境，绘制或修改填充阵列特征的区域或者用于阵列特征的曲线。

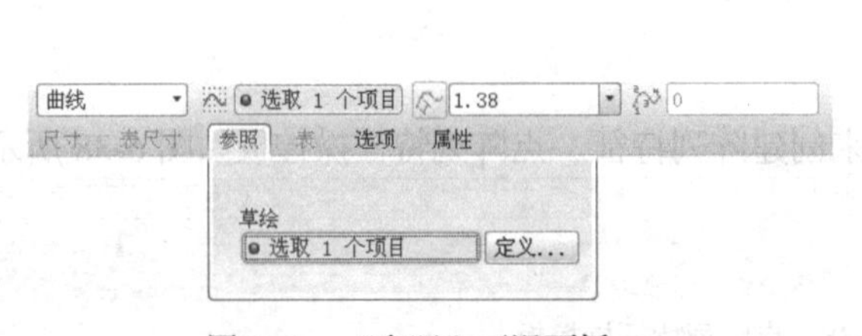

图 6-41　“参照”下滑面板

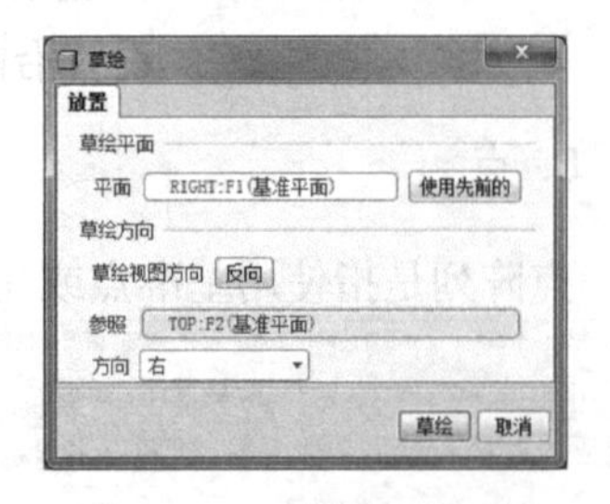

图 6-42　“草绘”对话框

4. 表

当选取表阵列方式时，用户若选择了需要添加到阵列表中的尺寸时，会激活“表”按钮，单击该按钮，会弹出“表”下滑面板，如图 6-43 所示，该面板中包含所创建的活动表名称。

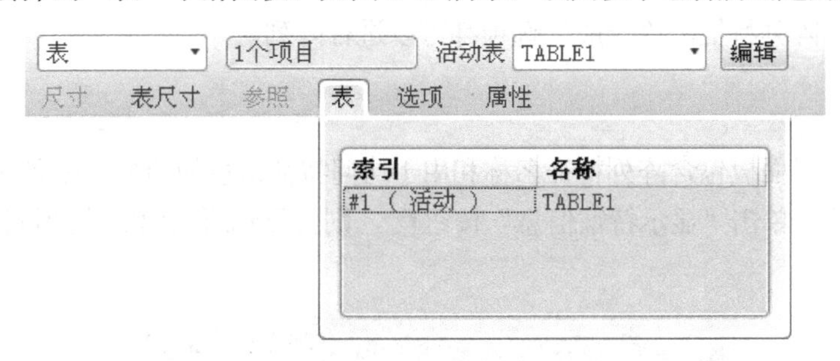

图 6-43　“表”下滑面板

5. 选项

在操控板中单击“选项”按钮，会弹出“选项”下滑面板，如图 6-44 所示，其中包括“相同”“可变”和“一般”3 个选项，表示产生阵列特征的不同方式。

- 相同：该选项表示所产生的子阵列特征与父特征之间的尺寸大小相同，图 6-45 所示为选取该选项所产生的阵列特征，由此可以看到所产生的子特征与父特征的大小是完全相同的。使用该选项产生的阵列特征，子特征的放置平面必须是父特征所在的平面，子特征不能与放置平面的边相交，子特征之间也不能相交，否则将不能产生阵列特征。

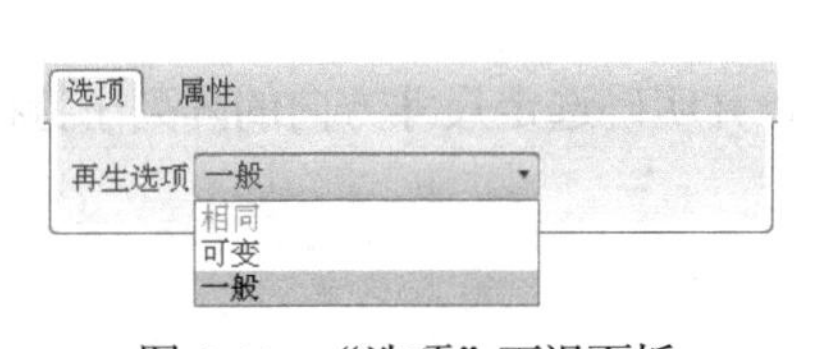

图 6-44　“选项”下滑面板

图 6-45　“相同”选项产生的阵列特征

- 可变：该选项表示可以产生尺寸大小变化的阵列特征，图 6-46 所示为选取该选项所产生的阵列特征，由此可以看到所产生的子特征与父特征之间的大小是不同的。使用该选项产生的阵列特征，子特征的放置平面可以与父特征所在的平面不同，也可以与放置平面的边相交，但是子特征之间不能相交，否则将不能产生阵列特征。
- 一般：该选项表示产生一般形式的阵列特征，使用该选项建立阵列特征最为灵活，几乎没有什么限制的条件，可以形成复杂的阵列特征，如图 6-47 所示。使用该选项建立的阵列特征，子特征的放置平面可以与父特征所在的平面不同，也可以与放置平面的边相交，子特征之间也是可以相交的。

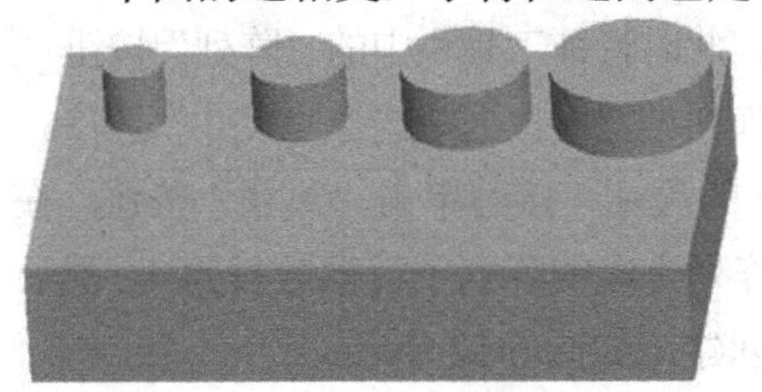

图 6-46　“可变”选项产生的阵列特征

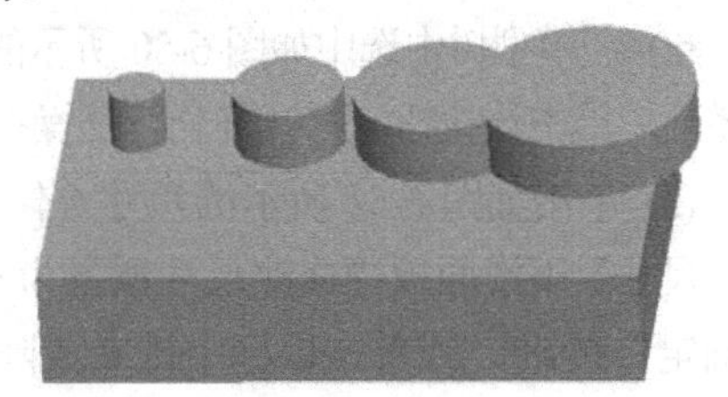

图 6-47　“一般”选项产生的阵列特征

在这 3 个选项中，“一般”选项为系统默认的选项，因为其约束条件最少，通常前两个选项完成不了的阵列特征，“一般”选项都可以进行阵列。

6. 属性

“属性”下滑面板包含阵列特征名称和用于访问特征信息的图标。在名称框中可以修改阵列特征的名称，单击“显示特征信息”按钮，则会显示所创建的阵列特征的相关信息，如图 6-48 所示。

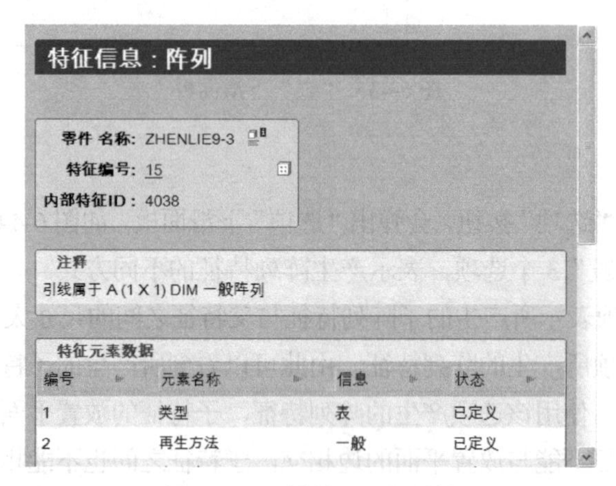

图 6-48　“属性”下滑面板

6.3.3　尺寸阵列实例

创建尺寸阵列时，应选择阵列类型和特征尺寸，并明确选定尺寸方向的阵列子特征以及阵列数目，尺寸阵列有单向阵列和双向阵列之分。

1. 创建图 6-49 所示的尺寸单向阵列特征

(1) 单击工具栏中的“打开”按钮，或选择“文件”|“打开”命令，打开文件 zhenlie6-1.prt，如图 6-50 所示。

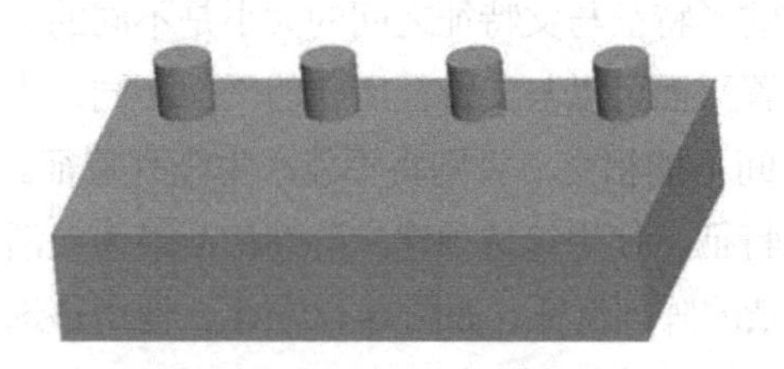

图 6-49　建立尺寸单向阵列

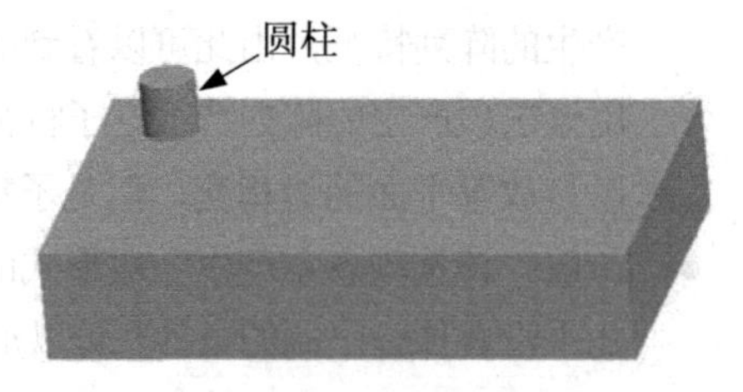

图 6-50　零件模型

(2) 在模型树中选中如图 6-50 所示的圆柱特征，此时特征工具栏中的“阵列”按钮就会被激活，单击该按钮，打开阵列特征操控板，并在阵列类型下拉框中选择“尺寸”选项。

(3) 单击如图 6-51 所示的尺寸 6 作为阵列方向的尺寸，接着单击“尺寸”按钮，在弹出的“尺寸”下滑面板中修改尺寸增量为 – 4，指定阵列方向的阵列子特征数目为 4，然后单击“确定”按钮或单击鼠标中键完成阵列特征的创建，如图 6-52 所示。

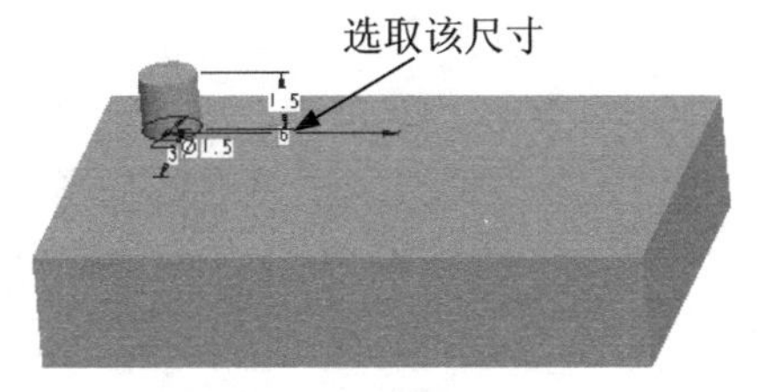

图6-51 选取阵列方向尺寸

图6-52 创建的尺寸阵列特征

(4) 选择“文件”|“保存副本”命令，在弹出的“保存副本”对话框的新建名称框中输入文件名称为 zhenlie6-1-done，再选择指定的目录，然后单击“确定”按钮确定保存文件并关闭窗口。

2. 创建图6-53所示的双向尺寸阵列特征

(1) 单击工具栏中的“打开”按钮，或选择“文件”|“打开”命令，打开文件 zhenlie6-1.prt，如图6-54所示。

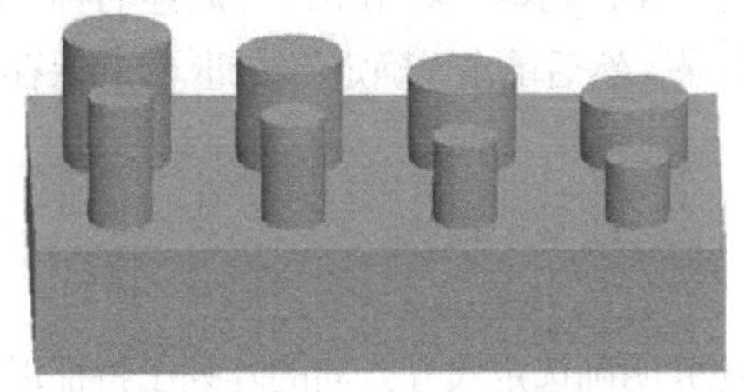

图6-53 建立双向尺寸阵列特征

图6-54 零件模型

(2) 在模型树中选中如图6-54所示的圆柱特征，然后单击“阵列”按钮，打开阵列特征操控板，并在阵列类型下拉框中选择“尺寸”选项。

(3) 单击“尺寸”按钮，弹出“尺寸”下滑面板。在“方向 1”选项区域中单击，选取如图6-55所示的尺寸1作为阵列方向的尺寸，并修改其在该方向的尺寸增量为－4，再按住Ctrl键选取尺寸2，并修改其尺寸增量为0.5，接着指定在方向1上的阵列子数目为4。

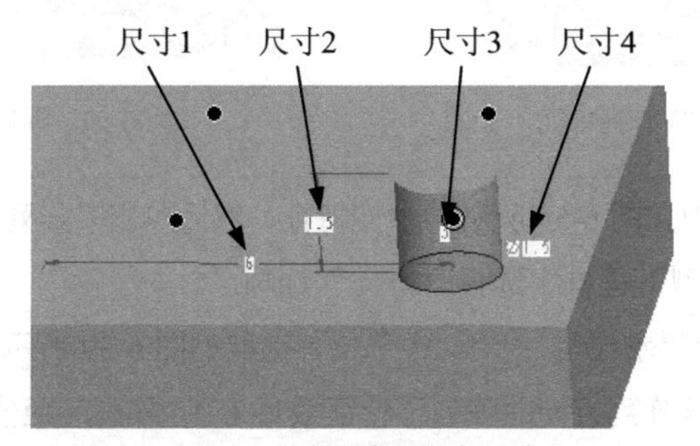

图6-55 选取阵列方向尺寸

(4) 在“方向 2”选项区域中单击，选取尺寸3作为阵列方向的尺寸，并修改其在该方向的尺寸增量为－4，再按住Ctrl键选取尺寸4，并修改其尺寸增量为1，接着指定在方向2上的阵列子数目为2，如图6-56所示。

(5) 单击“确定”按钮或单击鼠标中键完成阵列特征的创建，如图6-57所示。

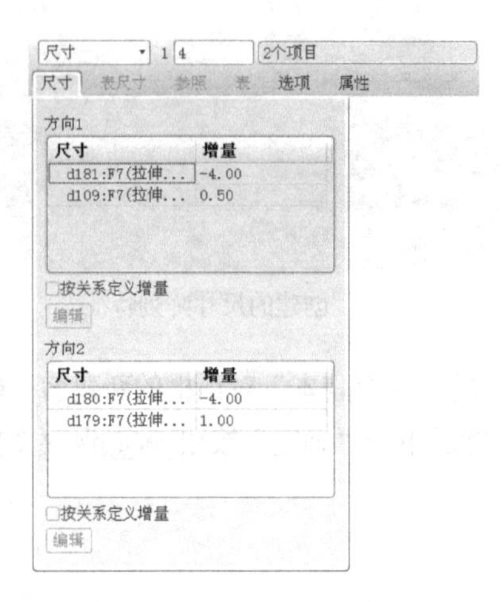

图 6-56　“尺寸”下滑面板

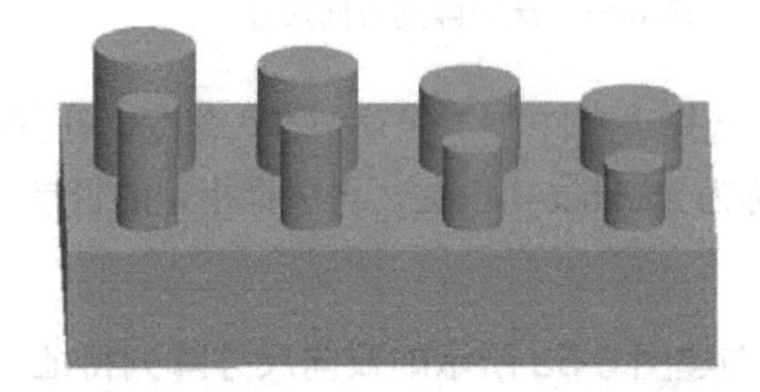

图 6-57　创建的尺寸阵列特征

(6) 选择“文件”|“保存副本”命令，在弹出的“保存副本”对话框的“新建名称”文本框中输入文件名称 zhenlie6-1-1done，再选择指定的目录，然后单击“确定”按钮 确定 保存文件并关闭窗口。

6.3.4　方向阵列实例

创建方向阵列时，应选取直线或者平面作为参照并明确选定尺寸方向的阵列子特征以及阵列数目。方向阵列也有单向阵列和双向阵列之分。本例将创建如图 6-58 所示的方向阵列特征。

(1) 单击工具栏中的“打开”按钮，或选择“文件”|“打开”命令，打开文件 zhenlie6-2.prt，如图 6-59 所示。

图 6-58　方向阵列特征

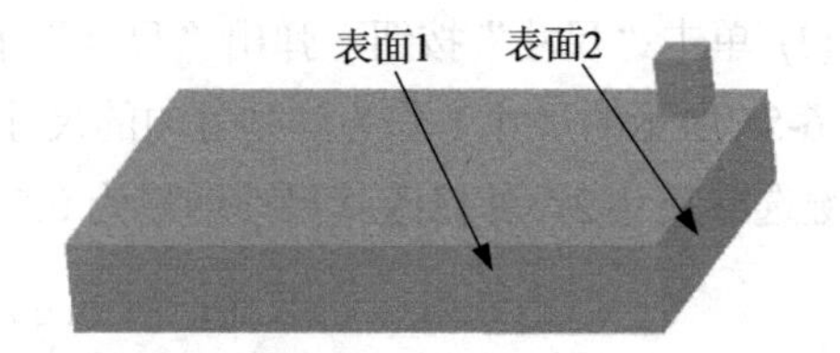

图 6-59　零件模型

(2) 在模型树中选中如图 6-59 所示的拉伸特征，然后单击“阵列”按钮，打开阵列特征操控板，并在阵列类型下拉框中选择“方向”选项。

(3) 在第 1 方向阵列参照框 1 1个平面 中单击，选取如图 6-59 所示的表面 1 作为第 1 阵列方向的参照，接着输入该阵列方向的阵列子特征数目为 4，阵列间距值设为 3，此时模型状态如图 6-60 所示。

(4) 在第 2 方向阵列参照框 2 1个平面 中单击，选取如图 6-59 所示的表面 2 作为第 2 阵列方向的参照，接着输入该阵列方向的阵列子特征数目为 5，阵列间距值设为 4，此时模型状态如图 6-61 所示。

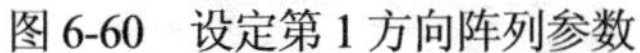
图 6-60　设定第 1 方向阵列参数

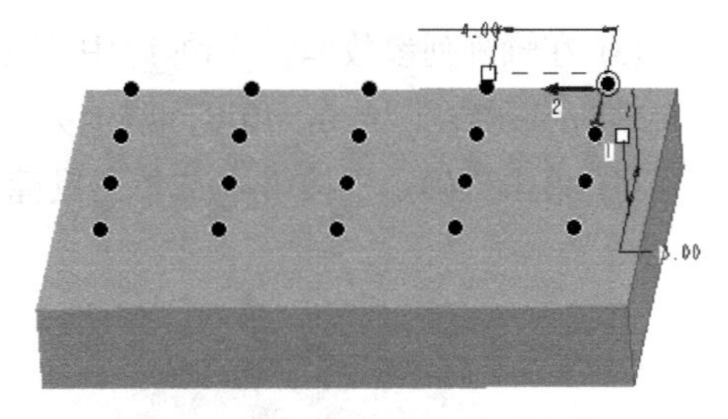

图 6-61　设定第 2 方向阵列参数

(5) 单击“确定”按钮✓或单击鼠标中键完成方向阵列特征的创建，如图 6-62 所示。

图 6-62　创建的方向阵列特征

(6) 选择“文件”|“保存副本”命令，在弹出的“保存副本”对话框的“新建名称”文本框中输入文件名称 zhenlie6-2done，再选择指定的目录，然后单击“确定”按钮[确定]保存文件并关闭窗口。

6.3.5　轴阵列实例

轴阵列就是特征绕旋转中心轴在圆周上进行阵列，圆周阵列第 1 方向上的尺寸用来定义圆周方向上的角度增量，第 2 方向上的尺寸用来定义阵列径向增量。本例将通过创建如图 6-63 所示的齿轮零件，来介绍轴阵列特征的创建方法。

(1) 单击工具栏中的“打开”按钮，或选择“文件”|“打开”命令，打开文件 zhenlie6-3.prt，如图 6-64 所示。

图 6-63　轴阵列特征

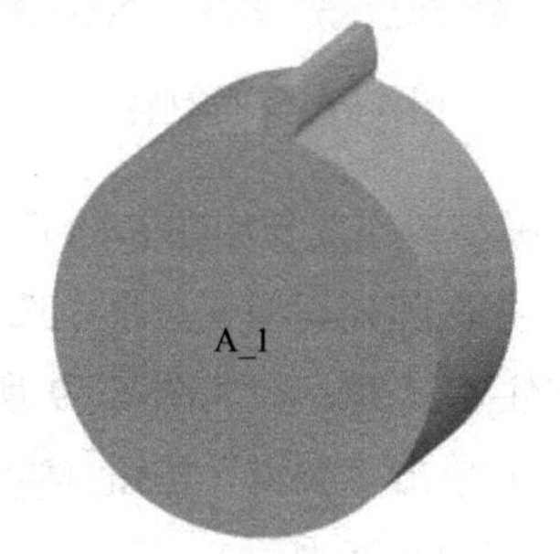

图 6-64　零件模型

(2) 在模型树中选择如图 6-64 所示的齿特征，然后单击“阵列”按钮，打开阵列特征操控板，并在阵列类型下拉框中选择“轴”选项。

(3) 在轴阵列参数框 1个项目 中单击，选取如图 6-64 所示的基准轴 A_1，接着输入绕旋转轴的阵列数目为 20，角度间隔值为 18，此时的模型状态如图 6-65 所示。

(4) 单击“确定”按钮或单击鼠标中键完成轴阵列特征的创建，如图 6-66 所示。

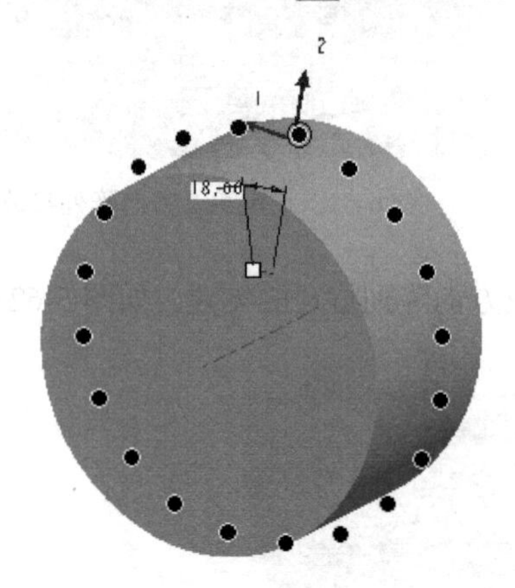

图 6-65　设定轴阵列参数

图 6-66　创建的轴阵列特征

(5) 选择“文件”|“保存副本”命令，在弹出的“保存副本”对话框的“新建名称”文本框中输入文件名称 zhenlie6-3done，再选择指定的目录，然后单击“确定”按钮 确定 保存文件并关闭窗口。

6.3.6　表阵列实例

使用表阵列工具可以创建复杂的不规则阵列特征，在阵列表中可以随时对每个子特征进行单独定义。本例将创建如图 6-67 所示的表阵列特征。

(1) 单击工具栏中的“打开”按钮，或选择“文件”|“打开”命令，打开文件 zhenlie6-4.prt，如图 6-68 所示。

图 6-67　表阵列特征

图 6-68　零件模型

(2) 在模型树中选择如图 6-68 所示的旋转特征，然后单击“阵列”按钮，打开阵列特征操控板，并在阵列类型下拉框中选择“表”选项。

(3) 按住 Ctrl 键，在如图 6-69 所示的图形中依次选取 1.5、1、0.8、360°、R0.15 和 3 的尺寸值，并单击“编辑”按钮 编辑 ，打开“表编辑”窗口，接着输入顺序编号和子特征的尺寸值，如图 6-70 所示。

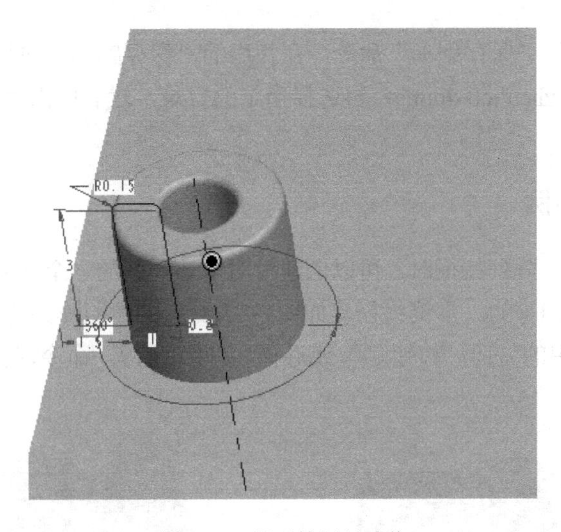

图 6-69 显示特征尺寸值

Pro/TABLE TM Wildfire 5.0 (c) 2015 by Parametric Technology Corporation All Rights Reserved.

文件(F) 编辑(E) 视图(V) 格式(T) 帮助(H)

5

	C1	C2	C3	C4	C5	C6	C7	C8
R1	!							
R2	! 给每一个阵列成员输入放置尺寸和模型名。							
R3	! 模型名是阵列标题或是族表实例名。							
R4	! 索引从1开始。每个索引必须唯一，							
R5	! 但不必连续。							
R6	! 与导引尺寸和模型名相同，缺省值用'*'。							
R7	! 以'@'开始的行将保存为注释。							
R8	!							
R9	! 表名TABLE1.							
R10	!							
R11	! idx	d40(1.50)	d41(1.00)	d39(0.80)	d28(360.00)	d32(0.15)	d38(3.00)	
R12	1	10	1	0.8	360	0.15	2	
R13	2	20	2.5	1	270	0.2	8	
R14	3	28	3.5	2	360	0.5	5	
R15								

C7R14 :

图 6-70 输入子特征参数

(4) 输入完成后，单击“关闭”按钮，关闭“表编辑”窗口，然后单击“确定”按钮✔或单击鼠标中键完成表阵列特征的创建，如图 6-71 所示。

图 6-71 创建的表阵列特征

(5) 选择“文件”|“保存副本”命令，在弹出的“保存副本”对话框的“新建名称”文本框中输入文件名称 zhenlie6-4done，再选择指定的目录，然后单击“确定”按钮确定保存文件并关闭窗口。

6.3.7　参照阵列实例

当模型中已有一个阵列特征时，可以创建针对于该阵列的一个参照阵列，所创建的参照阵列数与原阵列数是相等的。本例将创建如图 6-72 所示的参照阵列特征。

(1) 单击工具栏中的“打开”按钮，或选择“文件”|“打开”命令，打开文件 zhenlie6-5.prt，如图 6-73 所示。

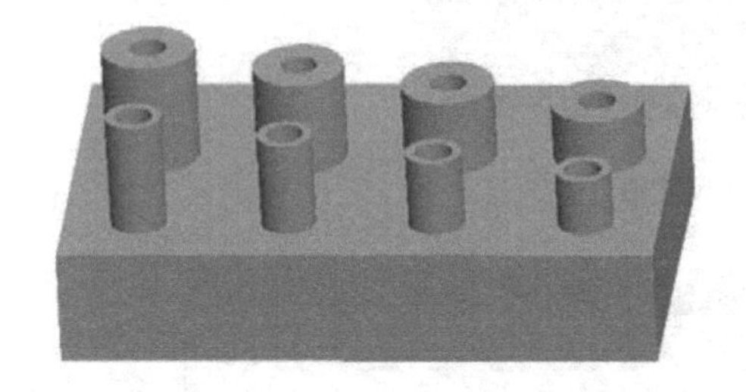

图 6-72　参照阵列特征

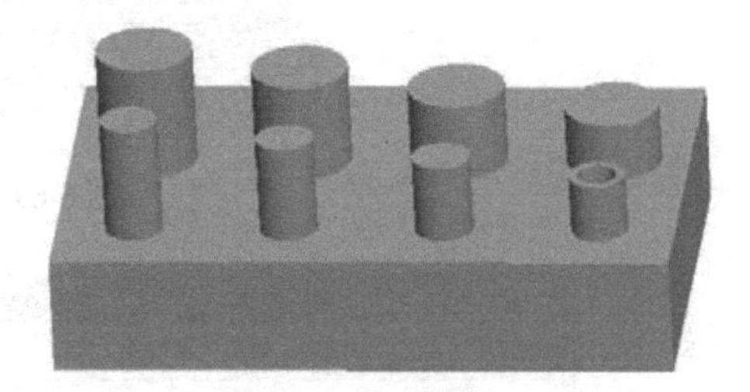

图 6-73　零件模型

(2) 在模型树中选择“拉伸 3”特征，然后单击“阵列”按钮，打开阵列特征操控板，此时系统默认的阵列方式为“参照”，接着单击“确定”按钮或单击鼠标中键完成参照阵列特征的创建，如图 6-74 所示。

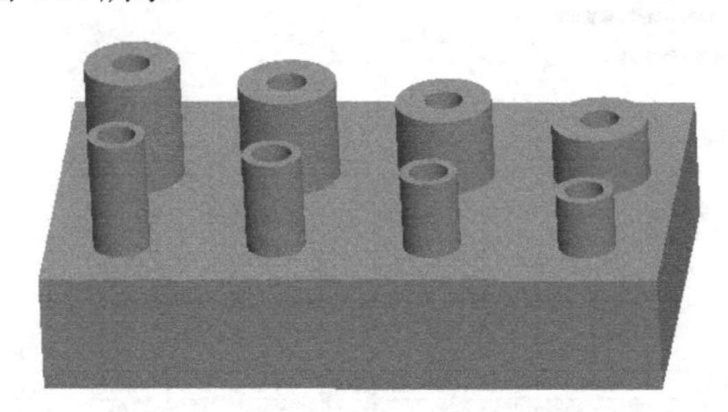

图 6-74　创建的参照阵列特征

(3) 选择“文件”|“保存副本”命令，在弹出的“保存副本”对话框的“新建名称”文本框中输入文件名称 zhenlie6-5done，再选择指定的目录，然后单击“确定”按钮确定保存文件并关闭窗口。

6.3.8　填充阵列实例

填充阵列表示在指定的区域内创建阵列特征，通过草绘或选择一条草绘的基准曲线来构成指定的区域，创建中心位于草绘边界内部的任何子特征。本例将创建如图 6-75 所示的填充阵列特征。

(1) 单击工具栏中的“打开”按钮，或选择“文件”|“打开”命令，打开文件 zhenlie6-6.prt，如图 6-76 所示。

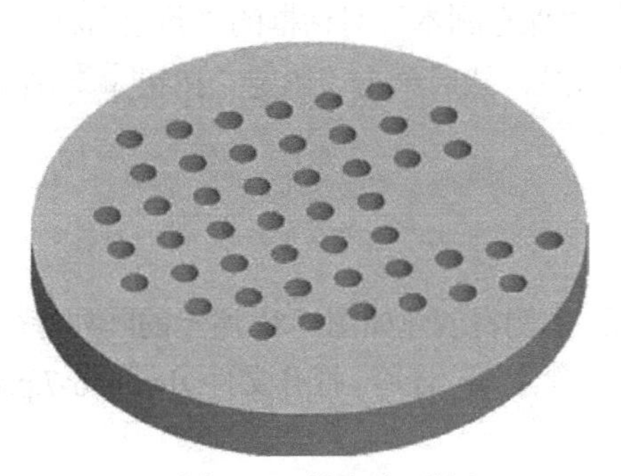

图6-75 填充阵列特征

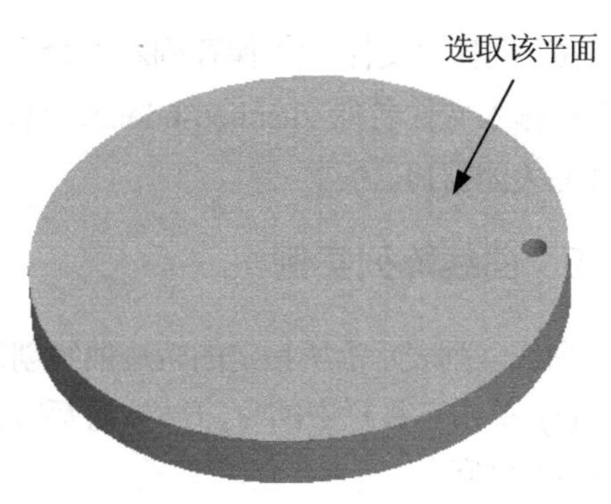

图6-76 零件模型

(2) 在模型树中选择如图6-76所示的孔特征，然后单击“阵列”按钮，打开阵列特征操控板，并在阵列类型下拉框中选择“填充”选项。

(3) 在阵列特征操控板中单击“参照”按钮，弹出“参照”下滑面板，接着单击“编辑”按钮编辑...，弹出“草绘”对话框，并选取图6-76所示的表面作为草绘平面，接受系统默认方向参照，然后单击“草绘”按钮草绘，进入草绘界面。

(4) 绘制如图6-77所示的曲线，并单击草绘工具栏中的“确定”按钮✔，退出草绘模式，此时系统默认的填充阵列如图6-78所示。

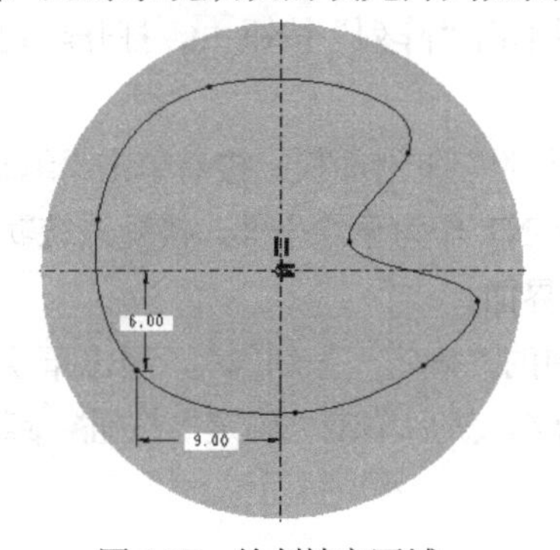

图6-77 绘制填充区域

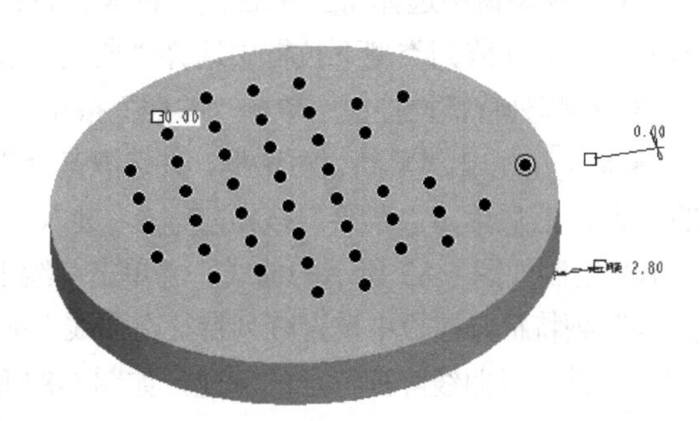

图6-78 默认填充阵列

(5) 按照如图6-79所示设置特征阵列的参数，然后单击“确定”按钮或单击鼠标中键完成参照阵列特征的创建，如图6-80所示。

图6-79 设置阵列参数

图6-80 创建的填充阵列特征

(6) 选择“文件”|“保存副本”命令，在弹出的“保存副本”对话框的“新建名称”文本框中输入文件名称 zhenlie6-6done，再选择指定的目录，然后单击“确定”按钮确定保存文件并关闭窗口。

6.3.9 曲线阵列实例

曲线阵列表示沿所指定的轨迹曲线创建阵列特征。本例将创建如图 6-81 所示的阵列特征。

(1) 单击工具栏中的“打开”按钮，或选择“文件”|“打开”命令，打开文件 zhenlie6-7.prt，如图 6-82 所示。

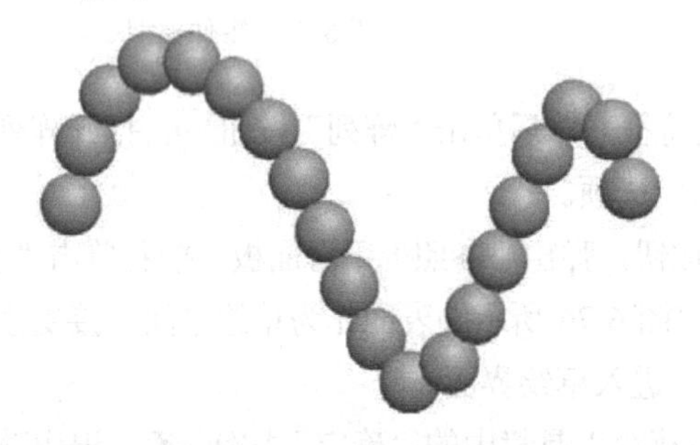

图 6-81　曲线阵列特征

图 6-82　零件模型

(2) 在模型树中选择如图 6-82 所示的零件特征，然后单击“阵列”按钮，打开阵列特征操控板，并在阵列类型下拉框中选择“曲线”选项。

(3) 在阵列特征操控板中单击“参照”按钮，弹出“参照”下滑面板，接着单击“编辑”按钮编辑...，弹出“草绘”对话框，并选取基准平面 FRONT 作为草绘平面，接受系统默认方向参照，然后单击“草绘”按钮草绘，进入二维草绘界面。

(4) 绘制如图 6-83 所示的曲线，并单击草绘工具栏中的“确定”按钮✔，退出草绘模式。在阵列特征操控板中设置阵列特征在曲线上的间距为 4，然后单击“确定”按钮或单击鼠标中键完成曲线阵列特征的创建，如图 6-84 所示。

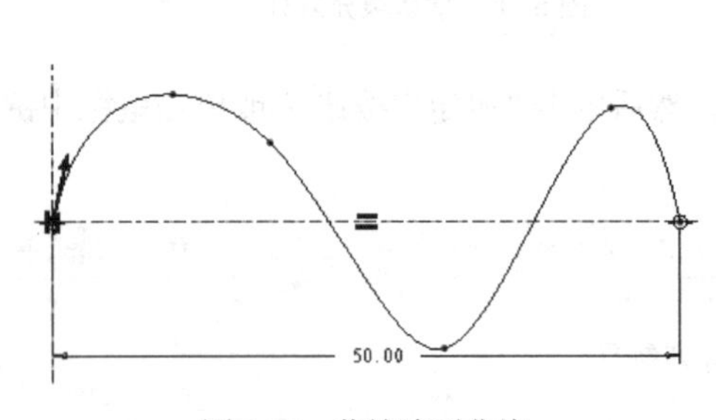

图 6-83　草绘阵列曲线

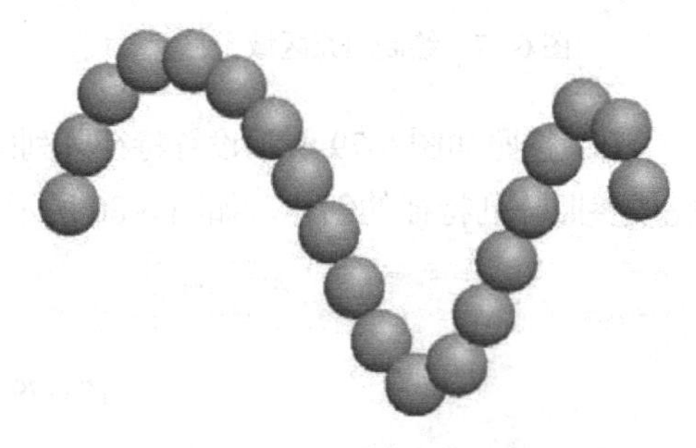

图 6-84　创建的曲线阵列特征

(5) 选择“文件”|“保存副本”命令，在弹出的“保存副本”对话框的“新建名称”文本框中输入文件名称 zhenlie6-7done，再选择指定的目录，然后单击“确定”按钮确定保存文件并关闭窗口。

6.4 特 征 操 作

模型被创建好以后，如果不符合设计要求，就需要修改设计参数，这种修改多数是通过模型树来完成的。

6.4.1 特征删除

特征的删除命令是将已经建立的特征从模型树和模型上真正删除。在模型树或者图形窗口中右击需要删除的特征对象后，从弹出的快捷菜单中选择“删除”命令，如图6-85所示，或者选择“编辑”|“删除”命令，系统会弹出如图6-86所示的对话框，单击“确定”按钮 确定 ，即可将特征从模型当中删除。

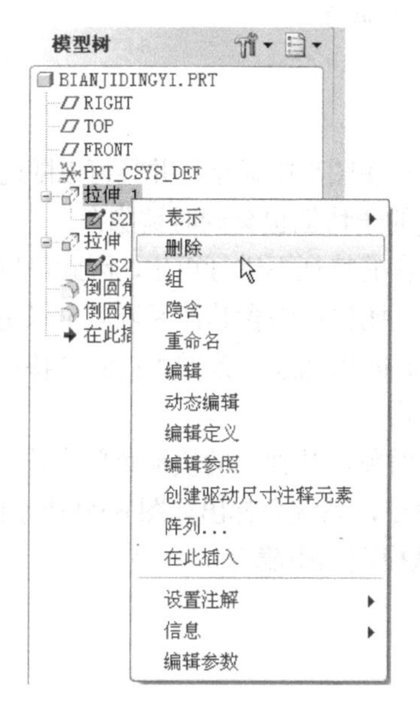

图6-85 快捷菜单

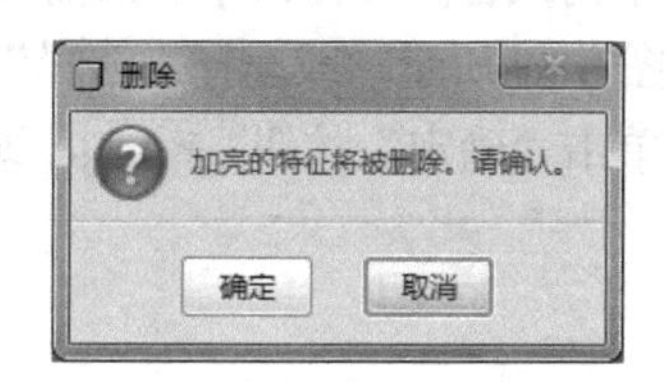

图6-86 “删除”对话框

如果选取的特征包含子特征，在删除特征的同时，其子特征也会被删除。在删除含有子特征的选项时，系统会弹出如图6-87所示的“删除”对话框，单击“确定”按钮 确定 ，即可删除特征及其所包含的子特征。

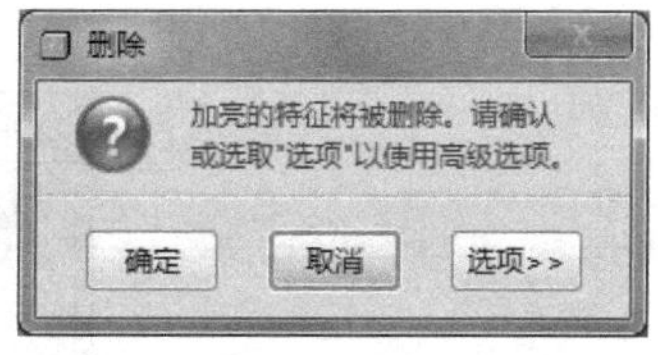

图6-87 “删除”对话框

当用户不希望删除特征下面的子特征时，可以单击“删除”对话框中的“选项”按钮，系统会弹出“子项处理”窗口(如图6-88所示)，选择需要处理的子特征项，然后选择“编辑”选项卡，使用其中的“替换参照”或“重定义”命令来解除特征之间的父子关系。

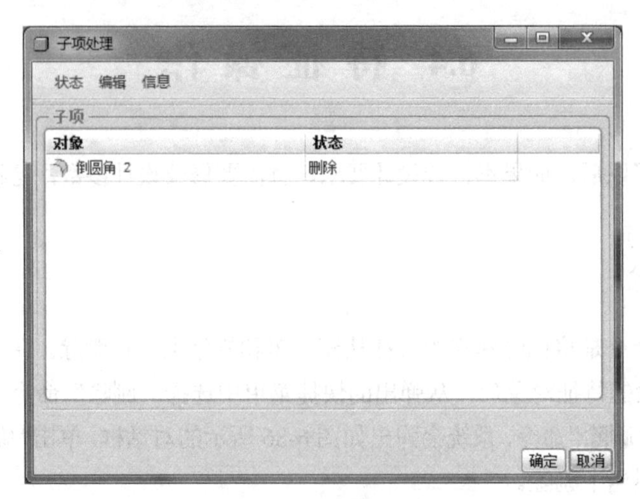

图 6-88　“子项处理”窗口

6.4.2 特征隐含

特征的隐含与删除不同，隐含的特征只是暂时不在图形中显示，并且可以随时恢复被隐含的特征。与删除命令类似，隐含特征时，其包含的子特征也会同时被隐含。

隐含零件上的特征可以简化零件模型，由于隐含的特征不进行再生，因此可以减少再生时间。在设计过程中隐含某些特征，具有多种作用，比如：隐含其他区域后可以更加专注于当前工作区；隐含当前不需要的特征可以减少更新时间以加速修改过程；隐含特征可以起到暂时删除特征的效果，可以尝试不同的设计迭代作用。

在模型树或者图形窗口中右击需要隐含的特征对象，从弹出的快捷菜单中选择“隐含”命令，如图 6-89 所示，或选择“编辑”|“隐含”命令，系统会弹出如图 6-90 所示的“隐含”对话框，单击“确定”按钮 确定 ，即可将特征从模型当中隐含。

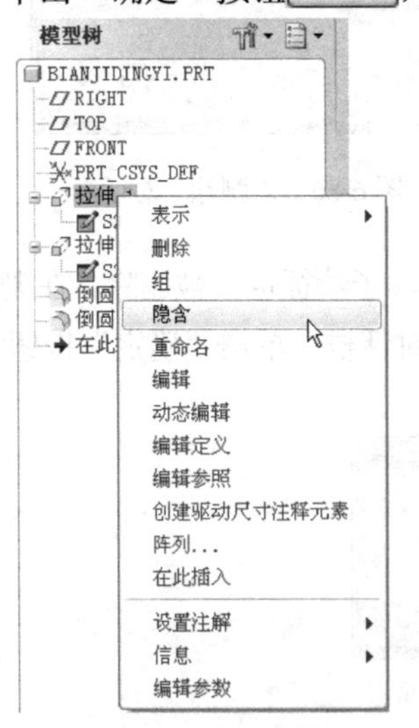

图 6-89　快捷菜单

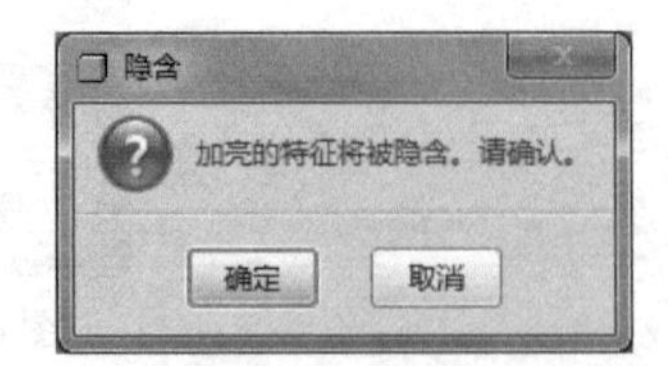

图 6-90　“隐含”对话框

一般情况下，模型树上是不显示被隐含特征的，如果要显示已隐含的特征，可以在模型树中单击“设置”按钮，打开“设置”级联按钮菜单，单击“树过滤器”按钮，打开“模型树项目”对话框，如图 6-91 所示。

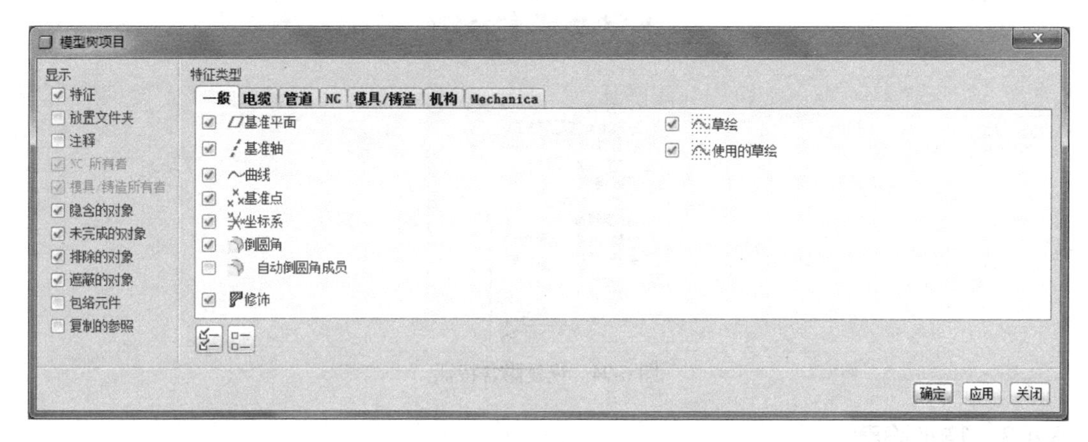

图 6-91 “模型树项目”对话框

在“模型树项目”对话框的“显示”选项组中，选择“隐含的对象”复选框，并单击“确定”按钮后，隐含的对象将会在模型树中列出，并带有一个项目符号，表示该特征被隐藏，如图 6-92 所示。

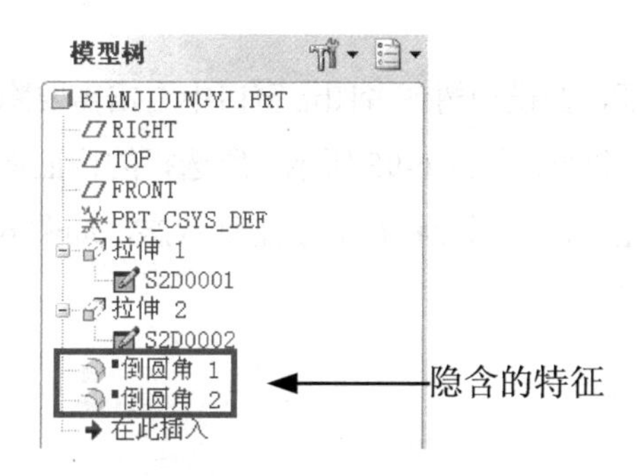

图 6-92 显示隐含特征

如果要恢复被隐含的特征，可以选择“编辑”|“恢复”命令，在子菜单中可以看到其中包括“恢复”“恢复到上一个集”和“恢复全部”3 个命令，如图 6-93 所示。

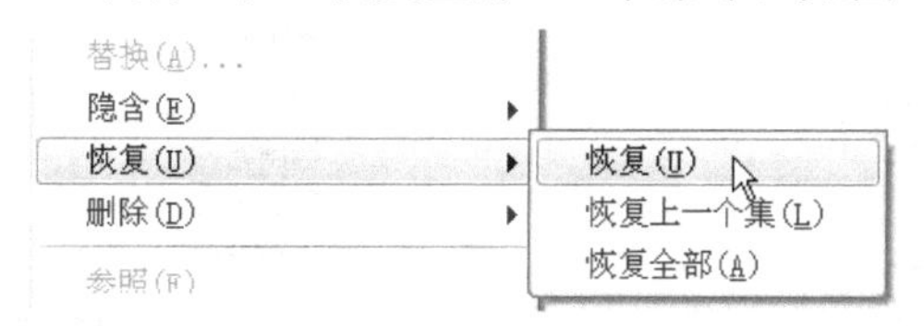

图 6-93 恢复隐含特征选项

- 恢复：表示恢复所选定的隐含特征。
- 恢复到上一个集：表示恢复上一个被隐含的特征。
- 恢复全部：表示恢复所有的隐含特征。

用户也可以直接在模型树中右击被隐含的特征，从弹出的快捷菜单中选择“恢复”命令，如图 6-94 所示，所选择的特征即会被恢复。

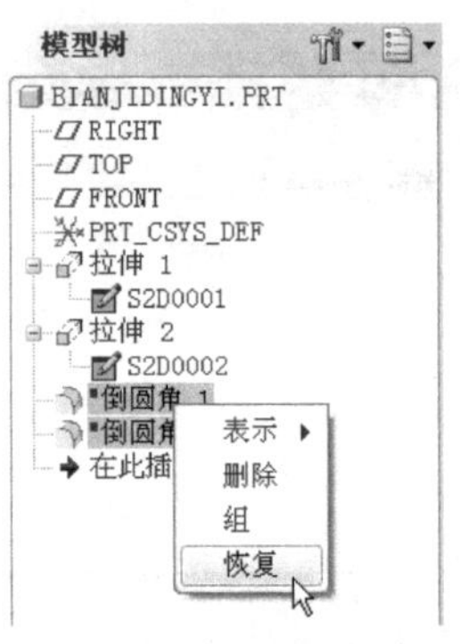

图 6-94　恢复隐含特征

6.4.3　特征隐藏

特征的隐藏是将特征暂时的藏起来，不在图形窗口中显示，可在任何时间隐藏或者取消隐藏所选取的模型特征。但并不是所有的特征都是可以被隐藏的，以下特征可以直接被隐藏：基准面，基准轴，基准点，基准曲线，坐标系，含有轴、平面和坐标系的特征，面组以及组件原件。

如果需要隐藏某一特征，在模型树或者图形窗口中右击需要隐藏的特征对象后，从弹出的快捷菜单中选择“隐藏”命令，如图 6-95 所示，所选择的特征将不在图形窗口中显示。型树上被隐藏的特征呈灰色显示，表示该特征处于隐藏状态，如图 6-96 所示。

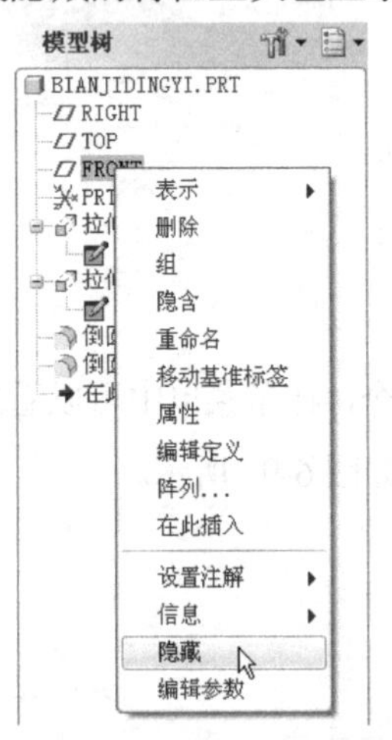

图 6-95　快捷菜单

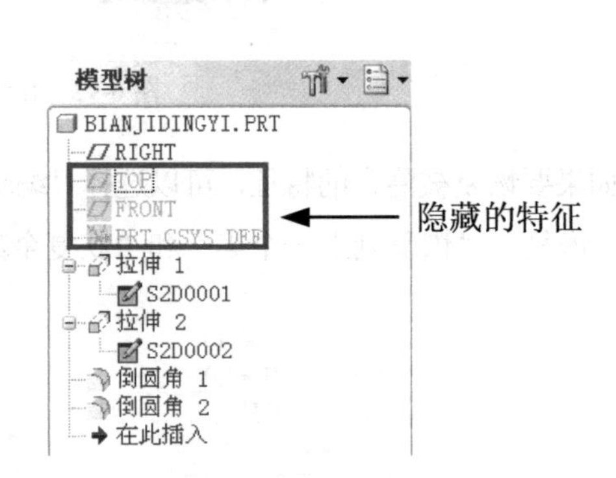

图 6-96　隐藏的特征

如果需要取消隐藏的特征，可以在模型树中右击隐藏的特征，从弹出的快捷菜单中选择“取消隐藏”命令即可。消隐藏后，其图标返回正常显示，该特征在图形窗口中重新显示。

6.4.4　特征插入

在进行零件设计的过程中，有时在建立了一个特征后需要在该特征或者几个特征之前先建立其他特征，使用插入模式可以实现这样的操作。

本节将以如图 6-97 所示的模型为例说明插入特征的方法。

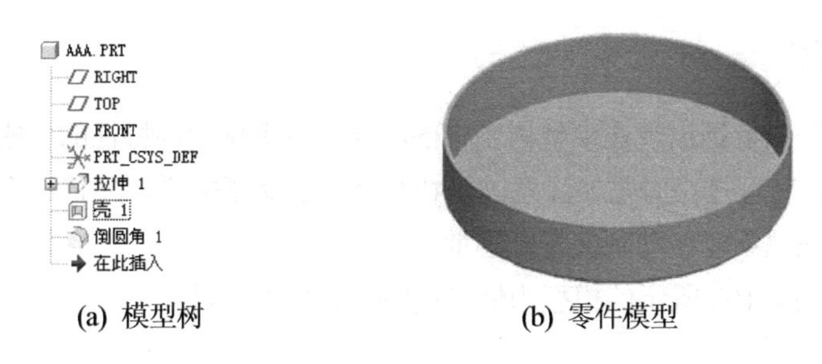

(a) 模型树 (b) 零件模型

图 6-97 打开的零件模型

在模型树中单击“在此插入”选项并按住鼠标左键不释放，将其拖放到壳特征之前，然后释放鼠标左键，如图 6-98 所示，此时插入点会被调整到壳特征前面。同时，位于“在此插入”选项之后的特征在绘图区域暂时不显示，如图 6-99 所示。

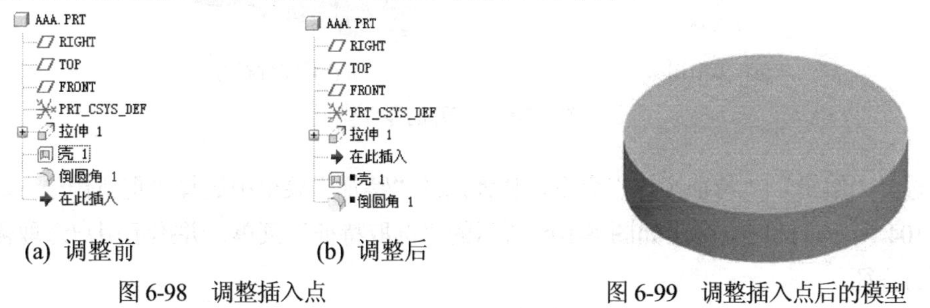

(a) 调整前 (b) 调整后

图 6-98 调整插入点 图 6-99 调整插入点后的模型

在插入点位置创建孔特征，如图 6-100 所示，此时模型树中的变化如图 6-101 所示。

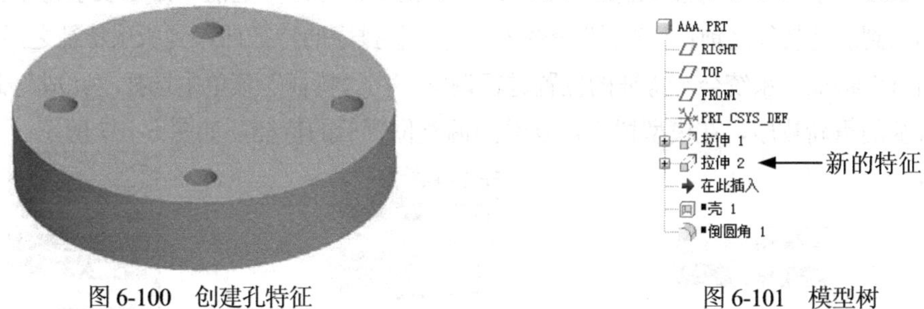

图 6-100 创建孔特征 图 6-101 模型树

位置编辑完成后，将“在此插入”选项拖放到倒圆角特征，即可完成特征的插入，此时的零件模型及模型树如图 6-102 所示。

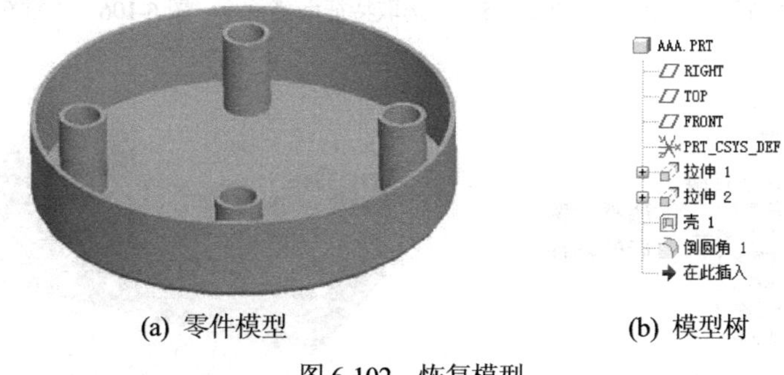

(a) 零件模型 (b) 模型树

图 6-102 恢复模型

单击“保存”按钮 保存文件到指定的目录并关闭窗口。

6.4.5 特征排序

特征的顺序是指特征出现在模型树当中的顺序，重新排列各特征的生成顺序，可以增加设计的灵活性。在特征排序时需要注意的是特征之间的父子关系，父特征不能移动到子特征之后，同样子特征也不能移动到父特征之前。

本节将以如图 6-103 所示的模型为例说明特征排序的方法。

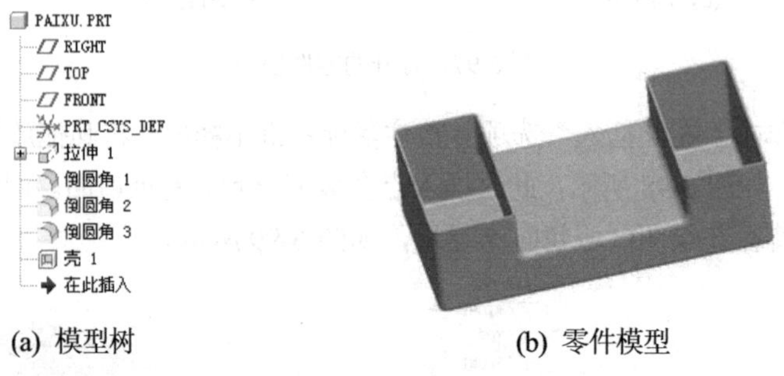

(a) 模型树　　(b) 零件模型

图 6-103　打开的零件模型

选择“编辑”|“特征操作”命令，从弹出的“特征”菜单中选择“重新排序”命令，如图 6-104 所示，此时会弹出如图 6-105 所示的“选取特征”菜单，并提示用户选取需要重新排序的特征。

在模型树中选取壳特征，然后选择“完成”命令。此时会弹出“重新排序”菜单，如图 6-106 所示，其中包含“之前”和“之后”两个命令：“之前”命令表示将重新排序的特征插入到所选特征之前；“之后”命令表示将重新排序的特征插入到所选特征之后。选择“倒圆角 1”特征，系统会对特征的位置进行调整，在“特征”菜单中选择“完成”命令即可完成特征的重新排序，在模型树中可以看到调整位置后的特征，如图 6-107 所示。

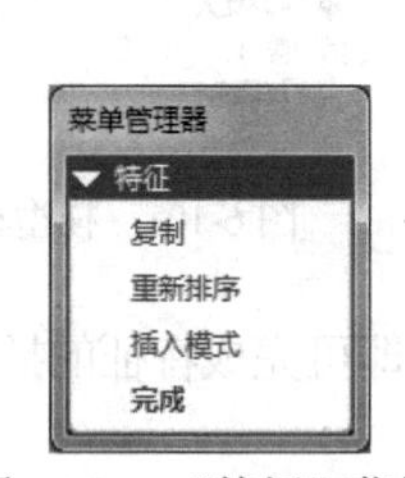

图 6-104　“特征”菜单

图 6-105　“选取特征”菜单

图 6-106　“重新排序”菜单

(a) 模型树　　(b) 零件模型

图 6-107　重新排序特征

另外，还可以在模型树中直接选中需要重新排序的特征，按住鼠标左键不放并将其拖放到指定的插入位置，然后释放鼠标左键即可，如图6-108所示。

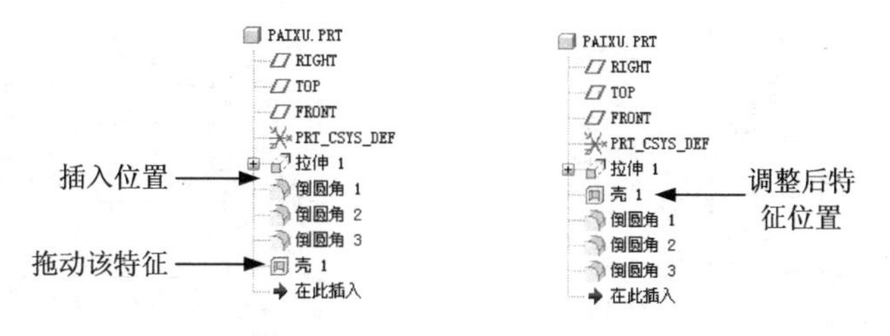

图6-108　重新排序

单击“保存”按钮保存文件到指定的目录并关闭窗口。

6.4.6　特征重定义

Pro/ENGINEER允许用户重新定义已有的特征，以改变当前特征的创建过程。“编辑定义”命令表示对特征的属性、参照以及剖面的形状等方面的重新设置，需要重新进入到创建该特征时的状态下进行特征的编辑定义。

本节以图6-109所示的模型为例说明特征重定义的编辑方法。

图6-109　零件模型

在打开的零件模型树中右击需要编辑定义的拉伸2特征，如图6-110所示，从弹出的快捷菜单中选择“编辑定义”命令，系统弹出拉伸特征操控板，单击“放置”按钮，弹出“放置”下滑面板，如图6-111所示，单击“编辑”按钮。

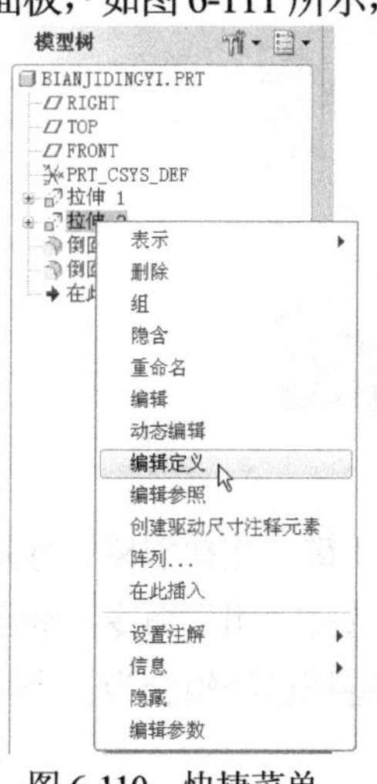

图6-110　快捷菜单

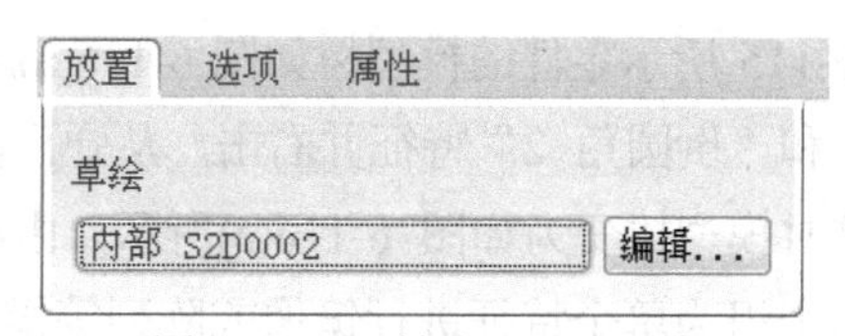

图6-111　“放置”下滑面板

此时系统会进入草绘模式，并出现如图 6-112 所示的草图，这是原先绘制的草图，利用草绘知识将草图进行修改，如图 6-113 所示。

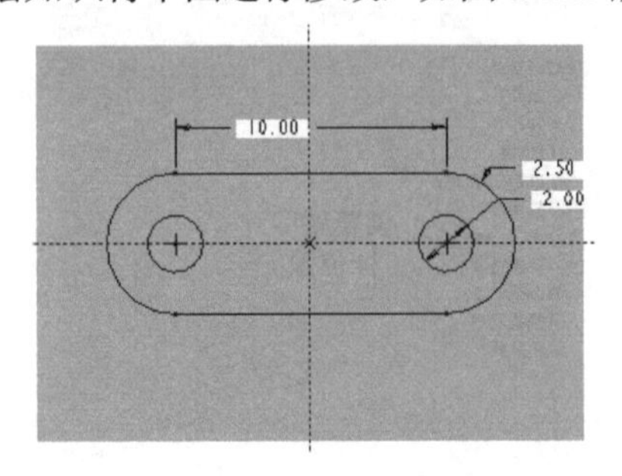

图 6-112　原草绘剖面

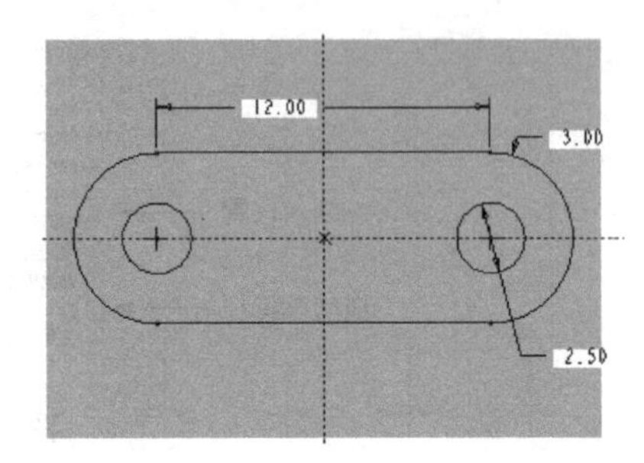

图 6-113　修改后的草绘剖面

单击草绘工具栏中的“确定”按钮✔，将原来的拉伸深度 2 修改为 3，再单击“确定”按钮✔或单击鼠标中键，完成编辑定义的操作，结果如图 6-114 所示。

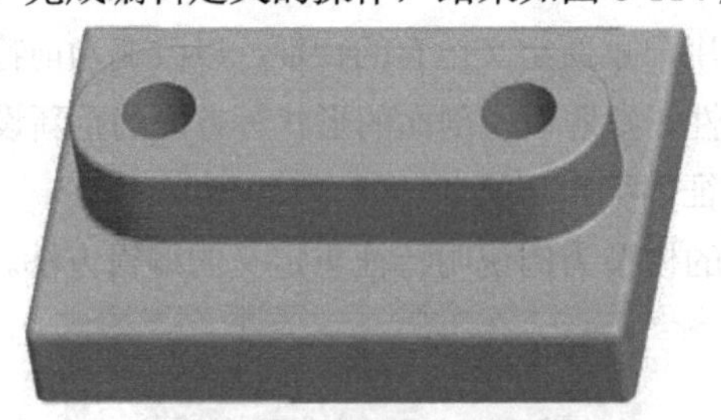

图 6-114　编辑定义后模型

单击“保存”按钮保存文件到指定的目录并关闭窗口。

6.4.7　编辑成组

Pro/ENGINEER 可以将多个特征组合在一起，将这个组合后的特征作为单个特征，对其进行镜像或阵列等操作，从而提高设计效率，这就是“组”的功能。

本节以如图 6-115 所示的模型为例说明特征成组的方法。

图 6-115　零件模型

图 6-115 所示零件的模型树如图 6-116(a)所示，按住 Ctrl 键，在模型树中分别选择“倒圆角 1”和“倒圆角 2”特征并右击，从弹出的快捷菜单中选择“组”命令，如图 6-116(b)所示，这时模型树变为如图 6-116(c)所示，由此可见这两个特征已经组合为一个特征，这时可以视这个组为单个特征进行镜像或阵列等操作。

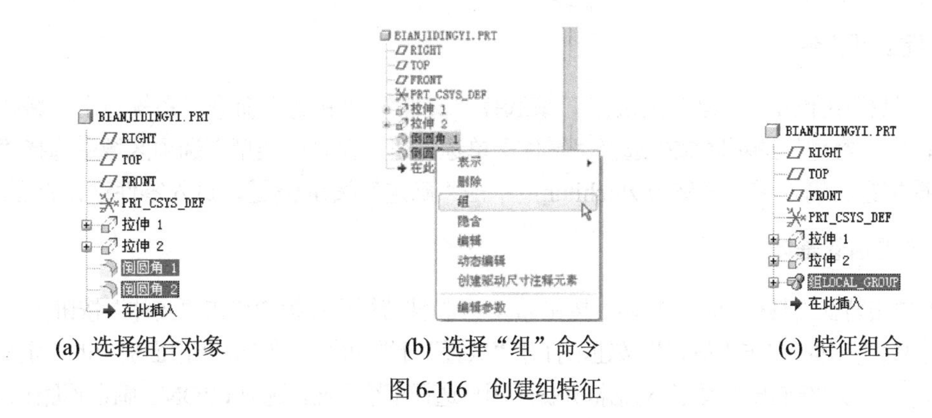

(a) 选择组合对象　　(b) 选择“组”命令　　(c) 特征组合

图 6-116　创建组特征

如果要分解组，可以右击组特征，从弹出的快捷菜单中选择“分解组”命令即可将其分解，如图 6-117 所示。

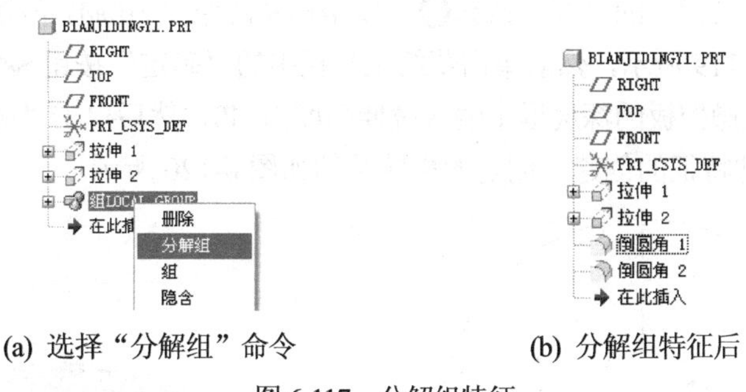

(a) 选择“分解组”命令　　(b) 分解组特征后

图 6-117　分解组特征

6.5 本 章 实 例

本例通过创建渐开线圆柱直齿轮模型，与读者进一步学习本章知识，加深对本章建模方法的理解。

本例要创建的渐开线圆柱直齿轮模型基本参数如下：模数 m=3，齿数 z=25，压力角 alfa=20，分度圆直径 d=75，齿顶圆直径 d_a=81，齿根圆直径 d_f=67.5。创建完成的渐开线圆柱直齿轮模型如图 6-118 所示。

图 6-118　渐开线圆柱直齿轮

1. 建立新文件

在工具栏中单击“新建”按钮，或选择“文件”|“新建”命令，系统弹出“新建”对话框，在“类型”选项区域中选择“零件”单选按钮，在“子类型”选项区域中选择“实体”单选按钮。输入零件名称为 zhichilun，单击“确定”按钮，进入零件设计界面。

2. 创建齿轮基体

(1) 单击特征工具栏中的“拉伸”按钮，在拉伸特征操控板中单击“实体”按钮，以指定生成拉伸实体；单击“放置”按钮，打开“放置”下滑面板。单击该下滑面板中的“定义”按钮，系统弹出“草绘”对话框并提示用户选择草绘平面。选取 FRONT 基准平面作为草绘平面，接受系统默认的特征生成方向，接着单击对话框中的“草绘”按钮，进入草绘界面。

(2) 单击草绘工具栏中的“圆”按钮，以坐标系的原点为圆心草绘两个圆，直径分别为 81 和 30，如图 6-119 所示，然后单击草绘工具栏中的“确定”按钮，退出草绘模式。

(3) 在拉伸特征操控板的深度框中输入拉伸高度为 40，然后单击“确定”按钮或单击鼠标中键完成拉伸特征的创建，创建的齿轮基体如图 6-120 所示。

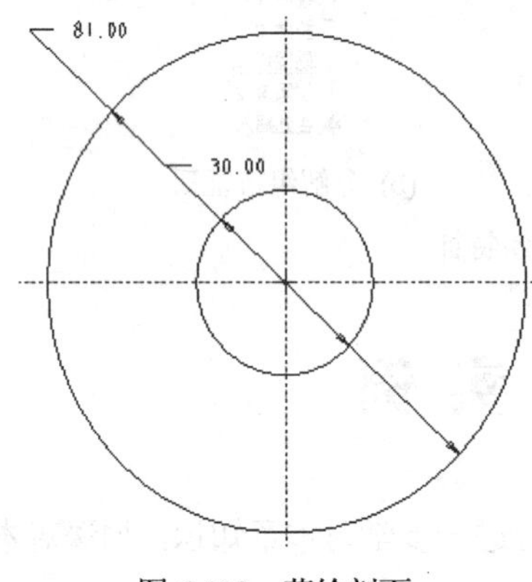

图 6-119　草绘剖面

图 6-120　齿轮基体

3. 生成渐开线

(1) 单击特征工具栏中的“基准曲线”按钮，或选择“插入”|“模型基准”|“曲线”命令，系统弹出如图 6-121 所示的“曲线选项”菜单，选择其中的“从方程”命令，再选择“完成”命令，系统会弹出“曲线：从方程”对话框(如图 6-122 所示)，以及“得到坐标系”菜单，如图 6-123 所示，提示用户选择坐标系。

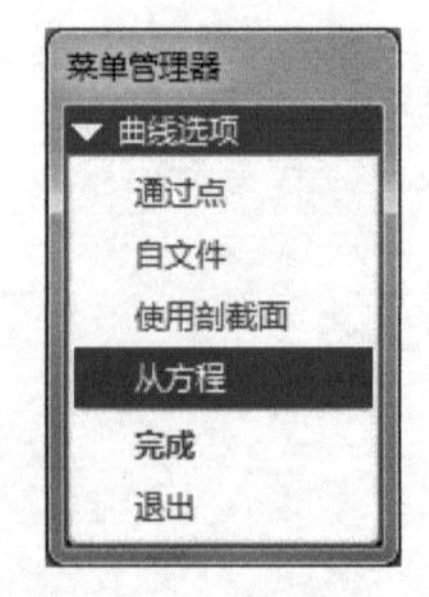

图 6-121　“曲线选项”菜单

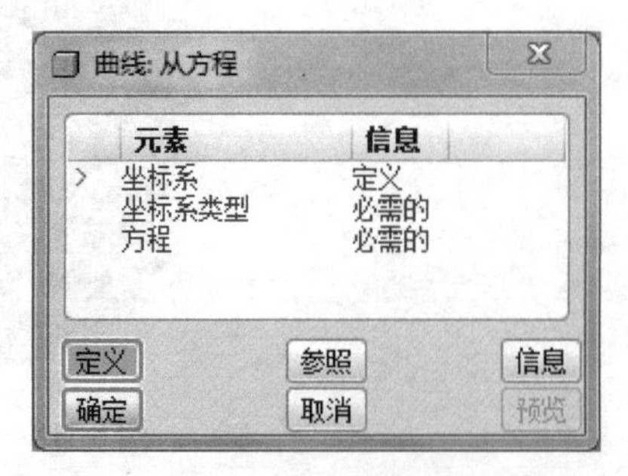

图 6-122　“曲线：从方程”对话框

(2) 在模型树中选择坐标系 PRT_CSYS_DEF，系统弹出如图 6-124 所示的“设置坐标类型”菜单，选择其中的“笛卡尔”命令，系统弹出名为 rel.ptd 的记事本窗口，如图 6-125 所示。

图 6-123 “得到坐标系”菜单

图 6-124 “设置坐标类型”菜单

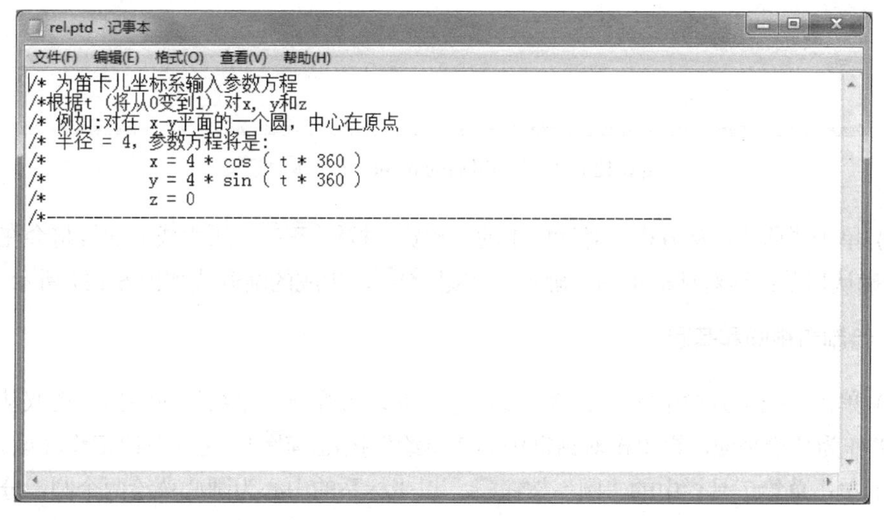

图 6-125 记事本窗口

(3) 在文本的开始部分，系统会自动用注释语句给出一个关系式。在 rel.ptd 记事本窗口中输入如下关系式：

```
ms=3                    //齿轮的模数
zs=25                   //齿轮的齿数
alfa=20                 //齿轮的压力角
r=(ms*zs*cos(alfa))/2   //齿轮的基圆半径
ang=t*90                //渐开线展开的角度，这里 t 是 0～1 之间的数
s=(PI*r*t)/2   /        /1/4 的圆周周长
xc=r*cos(ang)           //半径上一点在 X 轴上的投影
yc=r*sin(ang)           //半径上一点在 Y 轴上的投影
x=xc+(s*sin(ang))       //渐开线上一点在 X 轴上的投影
y=yc-(s*cos(ang))       //渐开线上一点在 Y 轴上的投影
z=0                     //z 方向上的位移为 0
```

(4) 完成编辑后的 rel.ptd 记事本窗口如图 6-126 所示，选择“文件”|“保存”命令保存编辑的关系式，然后选择“文件”|“退出”命令，完成关系式的创建。

rel.ptd - 记事本

文件(F)　编辑(E)　格式(O)　查看(V)　帮助(H)

```
/* 为笛卡儿坐标系输入参数方程
/*根据t（将从0变到1）对x, y和z
/* 例如:对在 x-y平面的一个圆，中心在原点
/* 半径 = 4, 参数方程将是:
/*            x = 4 * cos ( t * 360 )
/*            y = 4 * sin ( t * 360 )
/*            z = 0
/*--------------------------------------------------------------------
ms=3
zs=25
alfa=20
r=(ms*zs*cos(alfa))/2
ang=t*90
s=(PI*r*t)/2
xc=r*cos(ang)
yc=r*sin(ang)
x=xc+(s*sin(ang))
y=yc-(s*cos(ang))
z=0
```

图 6-126　完成编辑后的 rel.ptd 记事本对话框

(5) 单击“曲线：从方程”对话框中的“预览”按钮[预览]，所生成的曲线将会在图形上出现，确认后单击该对话框中的“确定”按钮[确定]，生成的渐开线如图 6-127 所示。

4. 绘制齿根圆和基圆

(1) 单击特征工具栏中的“草绘”按钮，系统会弹出“草绘”对话框，选取基准平面 FRONT 作为草绘平面，再单击对话框中的“草绘”按钮[草绘]，进入草绘工作环境。

(2) 单击草绘工具栏中的“圆”按钮，以坐标系的中心为圆心草绘两个圆，分别将其直径修改为 67.5 和 70.48，如图 6-128 所示。单击草绘工具栏中的“确定”按钮✔，退出草绘模式，完成齿根圆和基圆的绘制。

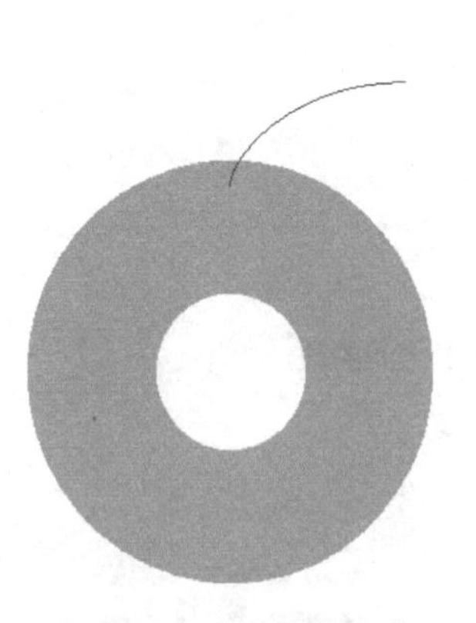

图 6-127　生成的渐开线

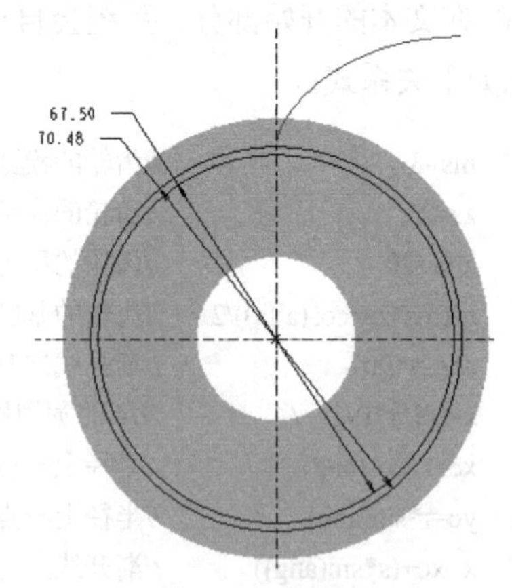

图 6-128　绘制齿根圆和基圆

5. 镜像渐开线

从模型树中选取前面所创建的渐开线曲线，选取后该渐开线呈红色显示。单击特征工具栏中的“镜像”按钮，或选择“编辑”|“镜像”命令，系统会弹出如图 6-129 所示的镜像特征操控板，选取基准平面 TOP 作为镜像平面，然后单击“确定”按钮✔或单击鼠标中键

完成镜像特征的创建，如图 6-130 所示。

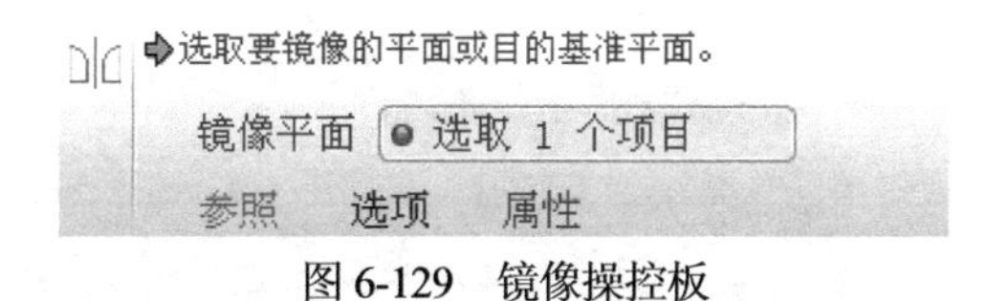

图 6-129　镜像操控板

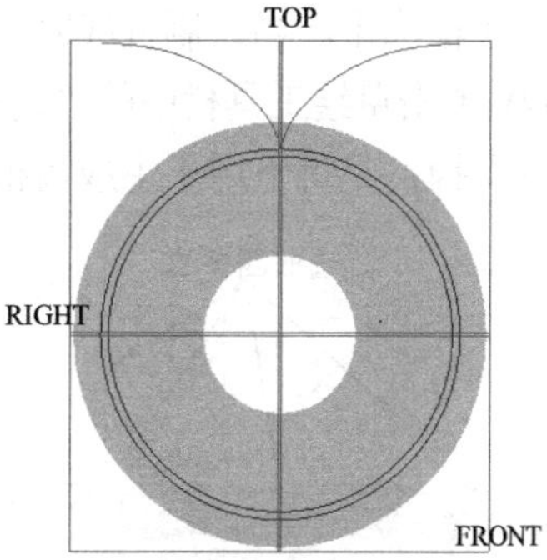

图 6-130　镜像渐开线

6. 复制渐开线

(1) 在模型树中选择镜像得到的渐开线，并单击特征工具栏中的“阵列”按钮，系统弹出阵列特征操控板(如图 6-131 所示)，选择阵列方式为“轴”，然后选择齿轮坯的轴线 A_1(如图 6-132 所示)作为阵列中心。单击阵列特征操控板中的“反向阵列”按钮，并将第 1 方向的阵列成员数设为 2，将阵列成员间的角度设为 5.493°。

(2) 单击“确定”按钮或单击鼠标中键完成阵列渐开线特征的创建，如图 6-132 所示。

图 6-131　阵列特征操控板

7. 创建齿槽特征

(1) 单击特征工具栏中的“拉伸”按钮，在拉伸特征操控板中单击“去除材料”按钮，指定是以剪切材料的方法来创建拉伸特征；单击“放置”按钮，打开下滑面板。单击该下滑面板中的“定义”按钮 定义...，弹出“草绘”对话框，系统会提示用户选择草绘平面。选取 FRONT 基准平面作为草绘平面，接受系统默认的特征生成方向，然后单击对话框中的“草绘”按钮 草绘，进入草绘界面。

(2) 单击草绘工具栏中的“选取边”按钮，弹出“类型”对话框，如图 6-133 所示，接着单击所创建的齿根圆、齿顶圆以及创建的曲线，如图 6-134 所示，然后单击对话框中的“关闭”按钮。

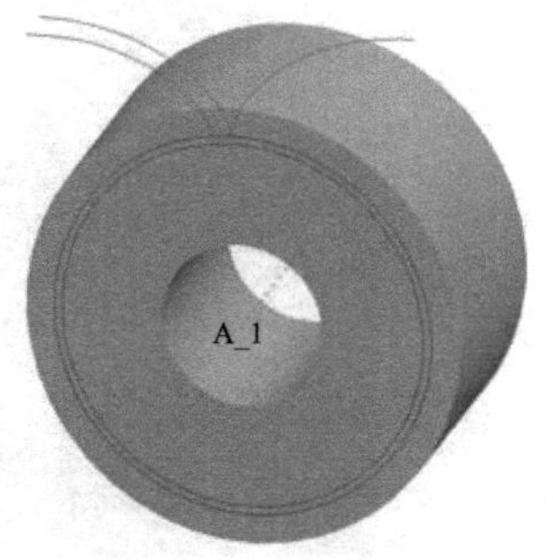

图 6-132　阵列渐开线

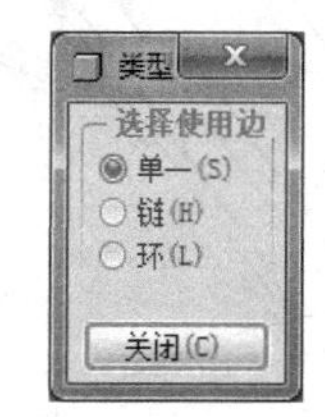

图 6-133　“类型”对话框

(3) 单击草绘工具栏中的“直线”按钮，绘制两条相切直线，起点为渐开线的起点，终点在齿根圆上。当绘制直线时，会出现字符 T，单击即可生成相切线。

(4) 单击草绘工具栏中的“动态修剪剖面图元”按钮，将如图 6-135 所示的多余的弧线都修剪掉，只剩下用于生成齿槽特征的部分。

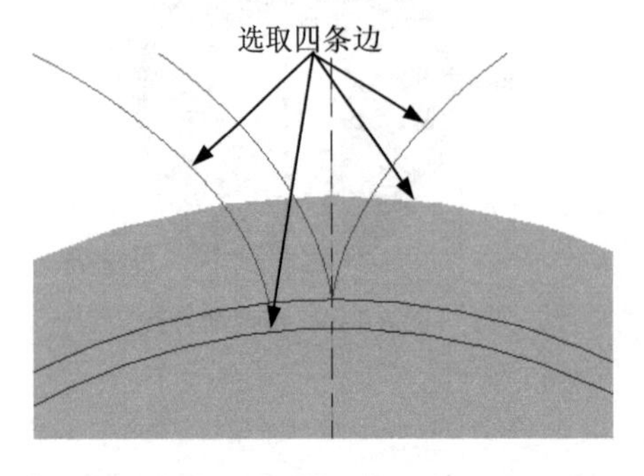

图 6-134　选择 4 条边

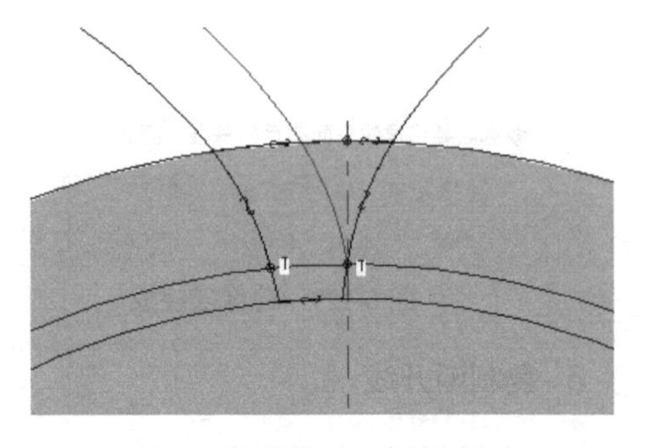
图 6-135　绘制切线

(5) 单击草绘工具栏中的“确定”按钮，退出草绘模式。在拉伸特征操控板的“深度”级联按钮菜单中单击“穿透”按钮；单击“反转”按钮，改变材料的去除方向；单击“确定”按钮或单击鼠标中键完成齿槽特征的创建，如图 6-136 所示。

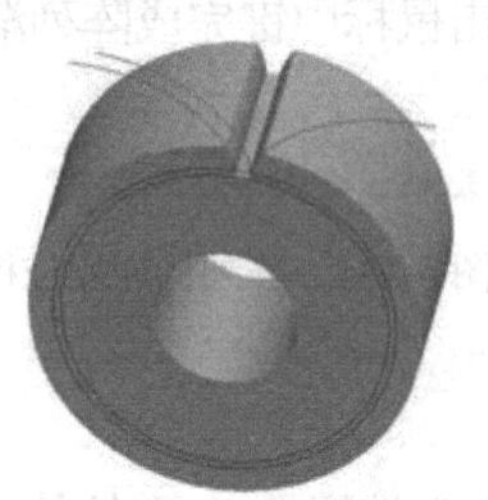
图 6-136　单个齿槽特征

8. 创建倒圆角

单击特征工具栏中的“倒圆角”按钮，或选择“插入”|“倒圆角”命令，弹出倒圆角特征操控板，选择齿根处的两条边作为倒角对象，如图 6-137 所示。在操控板半径框中输入圆角半径值为 1.14，然后单击“确定”按钮或单击鼠标中键完成圆角特征的创建，如图 6-138 所示。

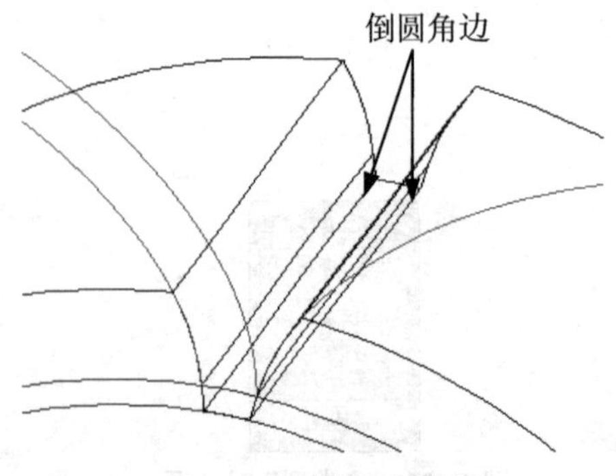

图 6-137　选择倒圆角边

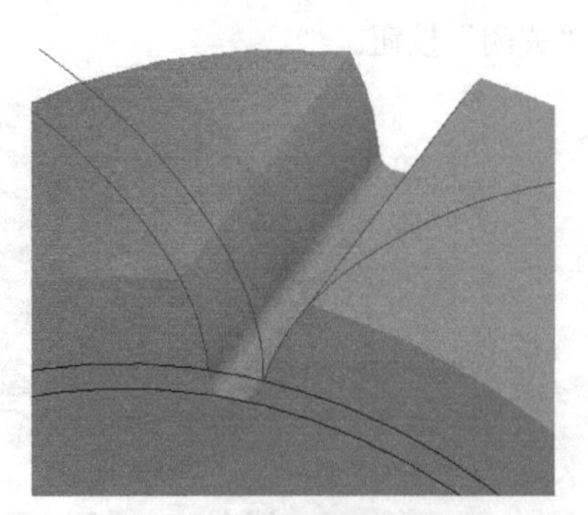
图 6-138　创建的倒圆角特征

9. 创建组特征

按住Ctrl键，在模型树中选中“拉伸2”和“倒圆角1”特征并右击，从弹出的快捷菜单中选择“组”命令，如图6-139所示。这时两个特征变为一个特征组，如图6-140所示。

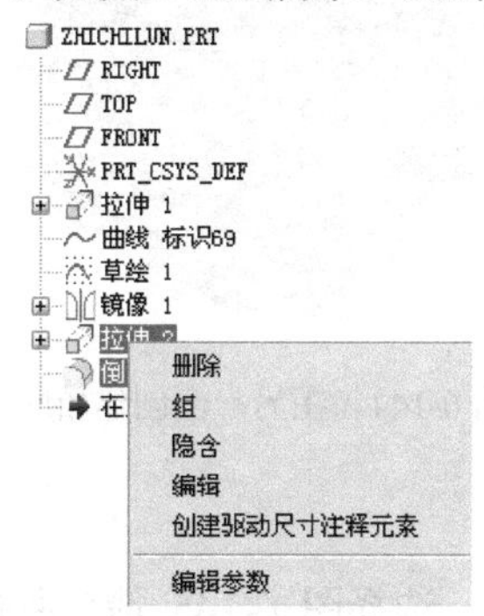

图6-139 快捷菜单

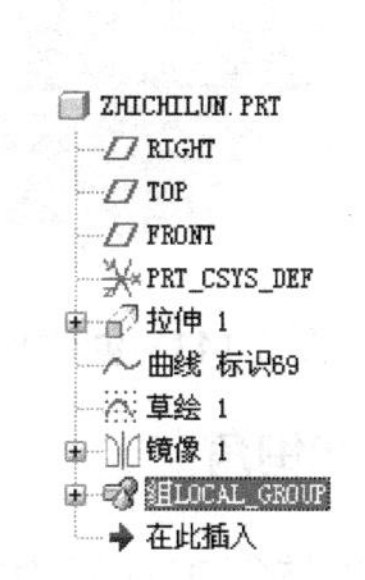

图6-140 创建的组特征

10. 阵列组特征

(1) 在模型树中选中前面所创建的组特征，单击特征工具栏中的“阵列”按钮，系统弹出阵列特征操控板，选择阵列方式为“轴”，然后选择齿轮坯的轴线作为阵列中心，接着将第1方向的阵列成员数设为25，将阵列成员间的角度设为14.4°。

(2) 单击“确定”按钮或单击鼠标中键完成阵列特征的创建，得到如图6-141所示的轮齿特征。

11. 创建加厚特征

(1) 单击特征工具栏中的“拉伸”按钮，再单击操控板中的放置按钮，在弹出的上滑面板中单击定义...按钮，出现“草绘”对话框。在主界面中单击齿轮的一个端面作为草绘平面，再单击“草绘”对话框中的草绘按钮，进入草绘工作环境。

(2) 单击草绘工具栏中的“圆”按钮，以坐标系的中心为圆心草绘两个圆，直径分别为60和30，结果如图6-142所示。单击草绘工具栏中的“确定”按钮，将拉伸深度值 50.00 设置为5并按“Enter”键。单击“确定”按钮，完成齿轮加厚特征的创建，结果如图6-143所示。

图6-141 创建轮齿特征

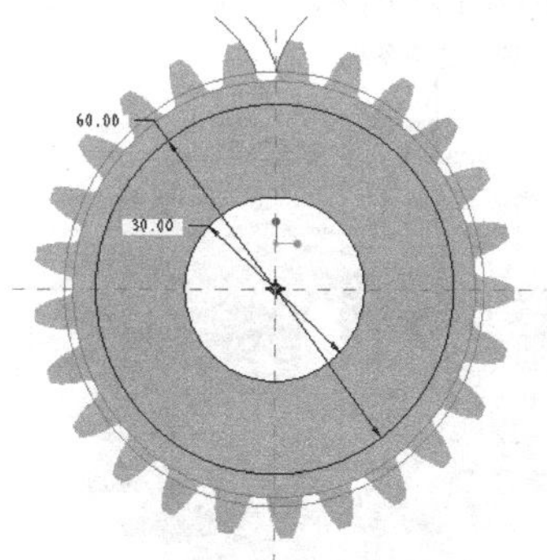

图6-142 草绘两个圆

(3) 同样的方法在齿轮另一侧创建相同的加厚特征，结果如图6-144所示。

图 6-143　创建加厚特征

图 6-144　在另一侧创建加厚特征

12. 倒圆角和倒角

(1) 单击基础特征工具栏中的“倒圆角”按钮，选择图 6-145 箭头所指的两条边作为倒圆角对象，在左下角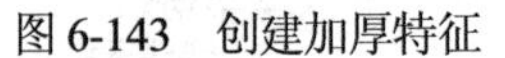中指定圆角半径为 1。单击“确定”按钮，完成“倒圆角”特征的创建，结果如图 6-146 所示。

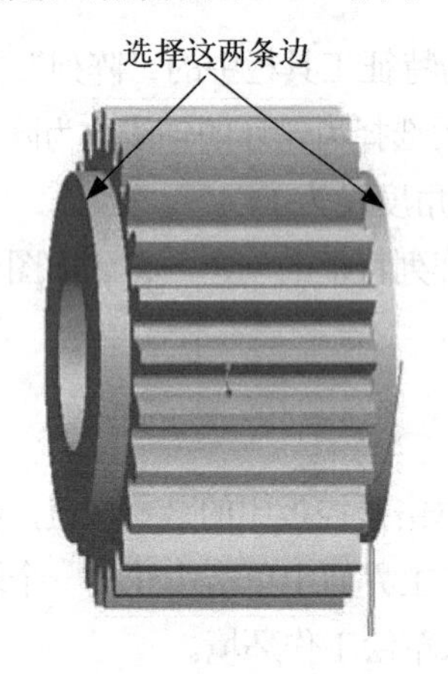

图 6-145　选择倒圆角对象

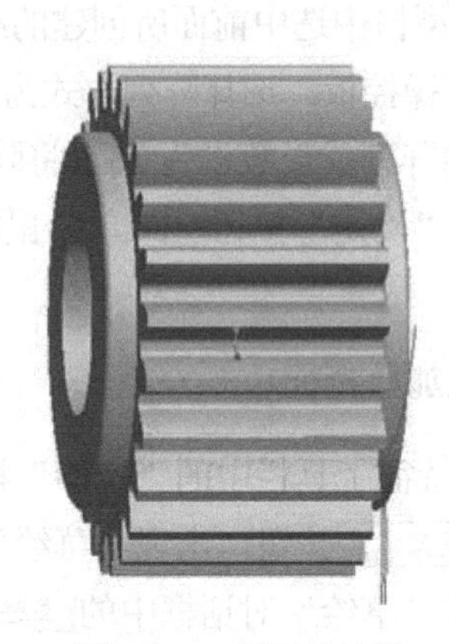

图 6-146　倒圆角结果

(2) 单击基础特征工具栏中的“倒角”按钮，选择图 6-147 箭头所指的两条边作为倒角对象，在左下角 1.00 中设置 D 为 1。单击“确定”按钮，完成“倒角”特征的创建，结果如图 6-148 所示。

图 6-147　选择倒角对象

图 6-148　倒角结果

13. 创建键槽

(1) 单击特征工具栏中的“拉伸”按钮，再单击操控板中的放置按钮，在弹出的上滑面板中单击定义...按钮，出现“草绘”对话框。单击直齿轮的一个端面作为草绘平面，再单击“草绘”对话框中的草绘按钮，进入草绘工作环境。

(2) 单击草绘工具栏中的“矩形”按钮，草绘图 6-149 所示的矩形，矩形下面的两个顶点在齿轮内孔线上。单击草绘工具栏中的“确定”按钮，将拉伸深度值 50.00 设置为 60 并按“Enter”键，再分别单击“更改拉伸方向”按钮和“去除材料”按钮。单击“确定”按钮，完成键槽特征的创建，结果如图 6-150 所示。

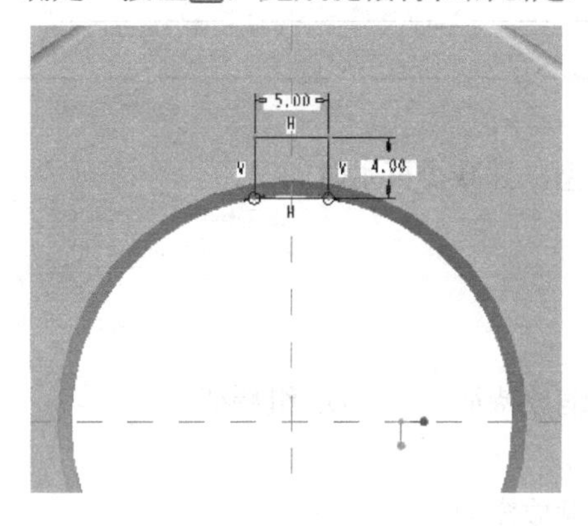

图 6-149 草绘矩形

图 6-150 创建键槽

14. 隐藏曲线

最后需要将辅助设计的曲线隐藏掉，使绘图区域整洁。按住 trl 键，在模型树中选择需要隐藏的曲线并右击，从弹出的菜单中选择“隐藏”命令，如图 6-151 所示，则所选取的曲线会被隐藏掉，此时的圆柱直齿轮模型，如图 6-152 所示。

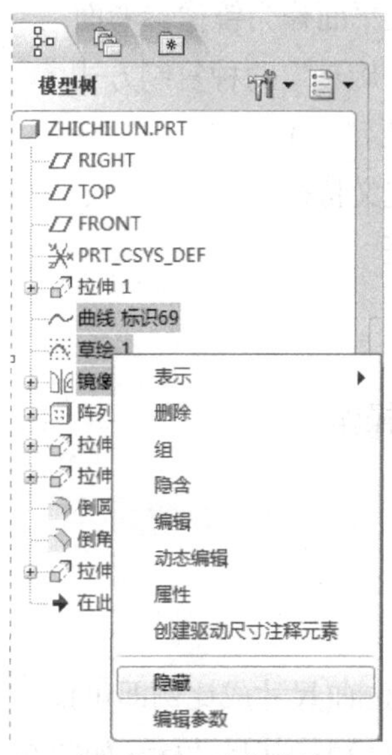

图 6-151 隐藏曲线

图 6-152 圆柱直齿轮模型

15. 保存文件

单击“保存”按钮保存文件到指定的目录并关闭窗口。

6.6 本章练习

6.6.1 填空题

1. 复制特征的放置方法有__________、__________、__________、__________。
2. 生成阵列的方法有__________、__________、__________、__________、__________、__________、__________、__________。
3. 可以_______零件上的特征来简化零件模型，并减少再生时间。

6.6.2 选择题

1. 在模型树中右击不能实现的是(　　)。
   A. 删除特征　B. 隐含特征　C. 缩放特征　D. 组特征
2. 下面操作中不能改变模型尺寸的是(　　)。
   A. 修改特征名称　B. 缩放模型
   C. 修改尺寸　D. 编辑定义
3. 下列关于复制命令的叙述，不正确的是(　　)。
   A. 使用新参照方式复制时，需要定义复制后特征与原始特征间的关系是“独立”还是“从属”
   B. 使用相同参考方式复制时，复制的特征与原始特征位于同一平面上
   C. 使用镜像方式复制时，不需要指定平面或基准平面作为镜像参考面
   D. 使用移动方式复制时，其中包括“平移”和“旋转”两种复制方式
4. 下面操作中需要通过“特征操作”菜单实现的是(　　)。
   A. 复制特征　B. 用户自定义特征
   C. 修改特征名称　D. 删除特征

6.6.3 简答题

1. 特征的隐含在模型设计中有什么好处，应该如何操作？
2. 复制操作应符合什么样的规则？
3. 阵列操作有哪些优点？

6.6.4 上机题

1. 利用本章所学的知识，绘制如图 6-153 所示的花键轴(尺寸成比例即可)。

2. 结合本章学过的阵列知识绘制图 6-154 所示的筛具模型，其尺寸标注如图 6-155 所示。筛具底部孔的填充阵列参数如图 6-156 所示，填充阵列的区域如图 6-157 所示。

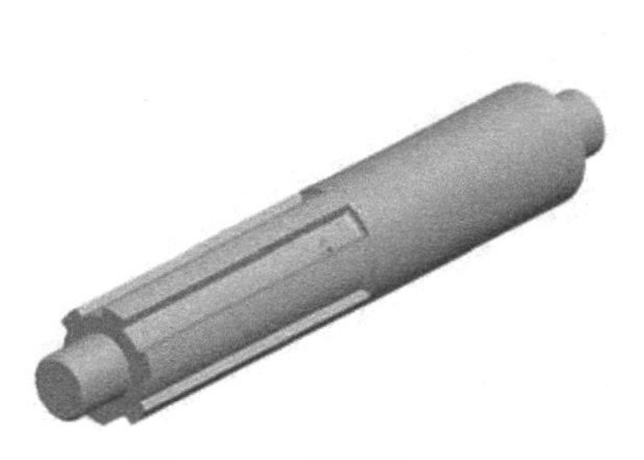

图6-153 花键轴

图6-154 筛具模型

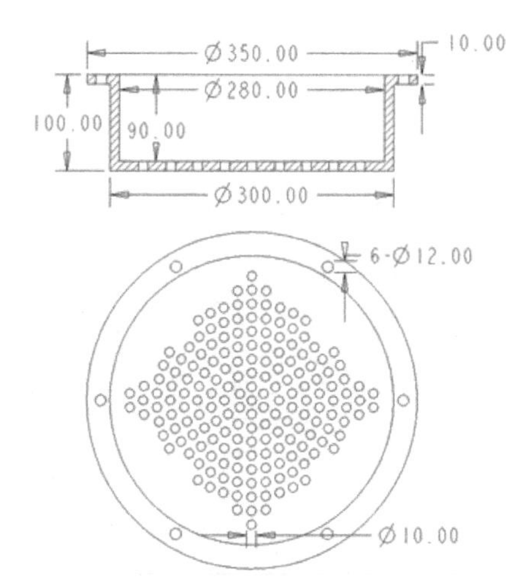

图6-155 筛具尺寸标注

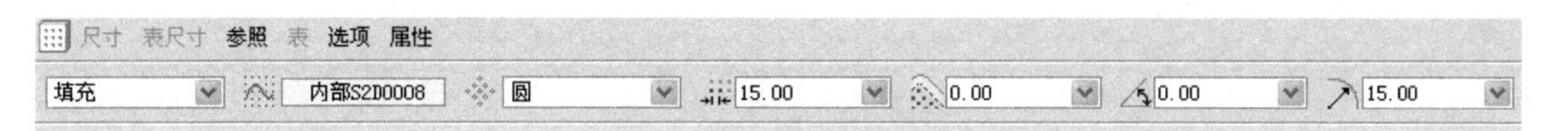

图6-156 填充阵列参数

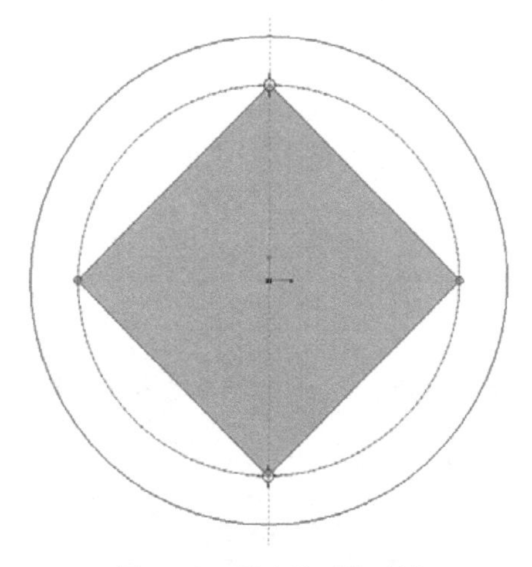

图6-157 填充阵列的区域

第7章　高 级 特 征

通过基础特征建模可以完成大部分零件的特征建模，但在一些特殊情况下，基础特征工具难以实现某些曲面或者实体的建模，这时可以使用高级特征创建出满足条件的模型，本章将学习零件建模的高级特征。

本章主要内容如下：

- 扫描混合特征
- 螺旋扫描特征
- 可变截面扫描特征
- 边界混合特征

7.1　高级特征介绍

选择“插入”命令，可以看到“插入”菜单中包含各个高级特征命令，如图 7-1 所示。

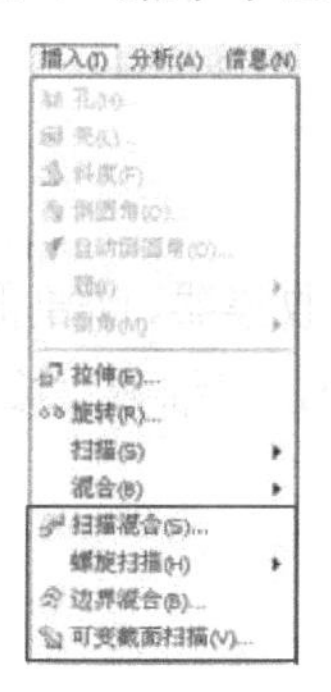

图 7-1　高级特征命令

- 扫描混合：用一个扫描混合几何形状创建特征。
- 螺旋扫描：用螺旋扫描几何创建特征。
- 边界混合：自边界创建混合曲面特征。
- 可变截面扫描：用单一剖面沿多条轨迹线创建特征。

7.2　扫 描 混 合

要创建扫描混合特征，需要先定义扫描轨迹。利用草绘轨迹线或者选择现有的曲线作为轨迹线，配合多个截面进行扫描，从而产生实体特征，即沿着扫描轨迹线混合多个曲面。扫描混合特征既有扫描特征的特点，也有混合特征的特点，因此扫描特征和混合特征中的工具在扫描混合特征中同样适用。

选择“插入”|“扫描混合”命令，系统会在绘图界面上方弹出如图 7-2 所示的扫描混合特征操控板。从该图中可以看出，扫描混合特征操控板由对话框和下滑面板两部分组成。

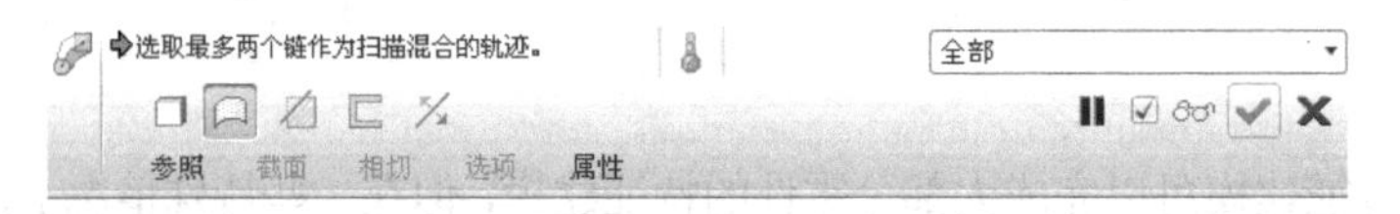

图 7-2　扫描混合特征操控板

7.2.1　扫描混合特征对话框

扫描混合特征对话框中各个按钮的功能介绍如下。

- 实体：扫描类型为实体特征。
- 曲面：扫描类型为曲面特征。
- 移除材料：实体或曲面切口。
- 薄板伸出项：创建薄板伸出项、薄曲面或曲面切口。
- 反向材料：更改添加或移除材料的操作方向。

7.2.2　扫描混合特征下滑面板

扫描混合特征操控板选项卡中包括“参照”“截面”“相切”“选项”和“属性”5 个下滑面板。

1. 参照

“参照”下滑面板中包括“轨迹”收集器、“剖面控制”下拉列表框、“水平/垂直控制”下拉列表框 3 部分，如图 7-3 所示。单击“细节”按钮，会弹出“链”对话框，可以在其中设置轨迹的属性，如图 7-4 所示。

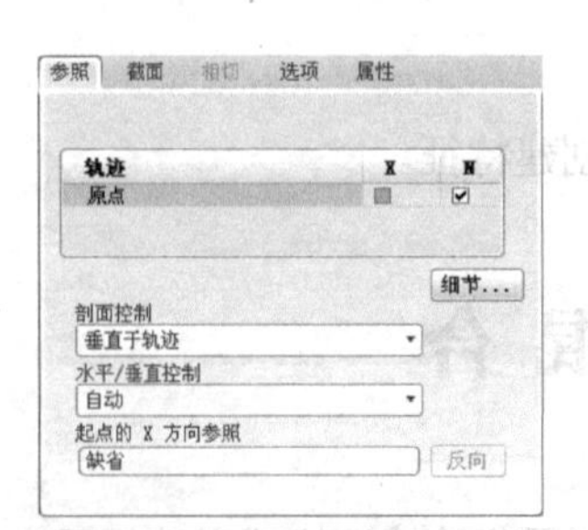

图 7-3　“参照”下滑面板

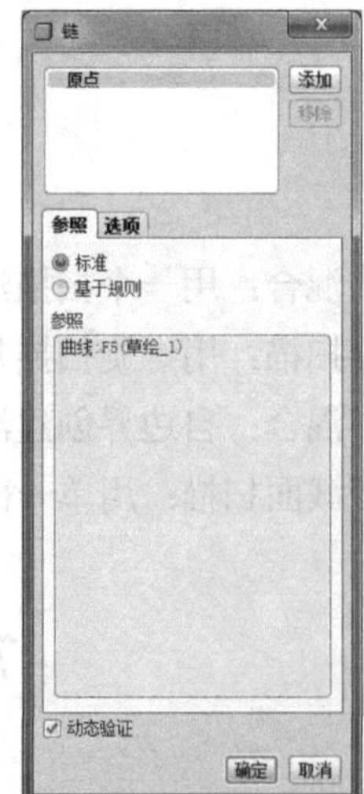

图 7-4　“链”对话框

(1) “轨迹”收集器

扫描混合特征的“参照”下滑面板中的“轨迹”收集器包含“X轨迹”和“N(法向)轨迹”复选框，该收集器最多只能选取两条链作为扫描混合的轨迹。

- X轨迹：原始轨迹线不能设置为X轨迹，只有第二条轨迹才能设置为X轨迹，当设置为X轨迹时，表示扫描截面的X轴穿过扫描截面与轨迹的交点，如图7-5所示。

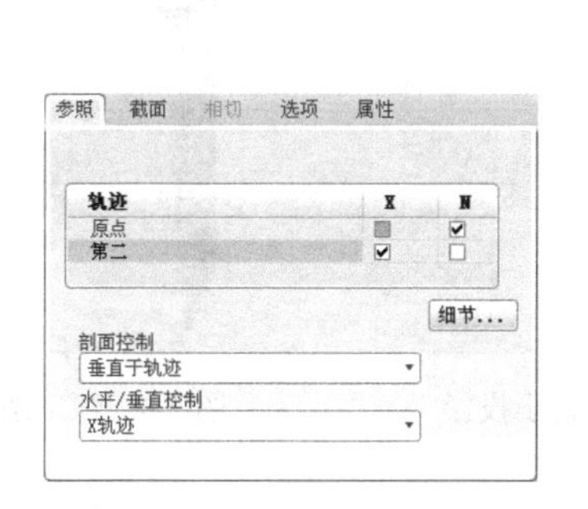

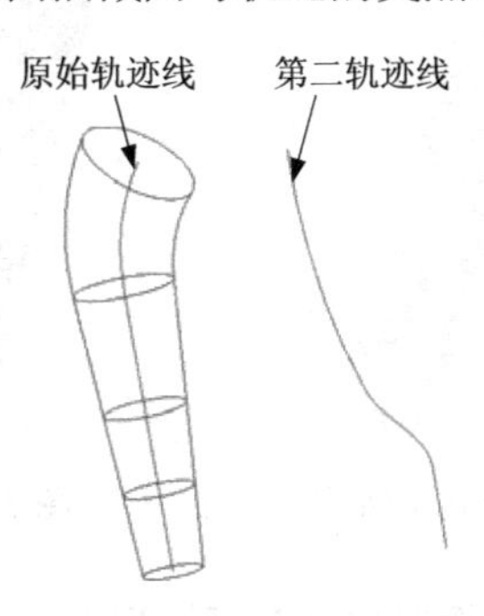

图7-5 第二条链为X轨迹创建的特征

- N轨迹：为法向轨迹，表示扫描截面的法向方向与轨迹曲线各点相切平行。如果只有一条扫描轨迹线，则必须设置为法向轨迹，这是系统的默认设置；若有两条轨迹线作为扫描轨迹，则第二条轨迹线可以设置为X轨迹，也可以设置为N轨迹，当第二条轨迹设置为N轨迹时，原始轨迹则不能作为N轨迹，如图7-6所示。

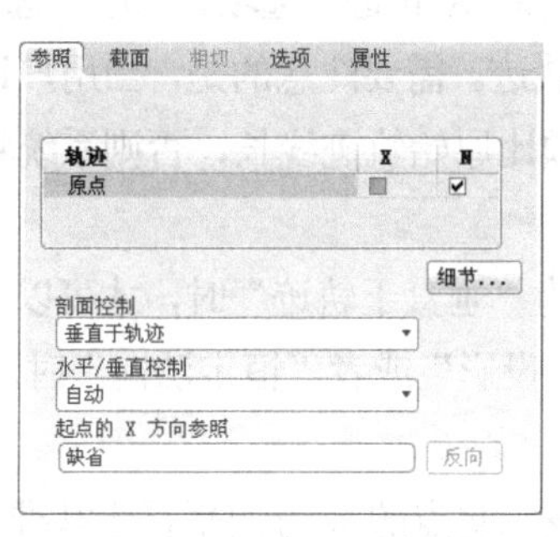

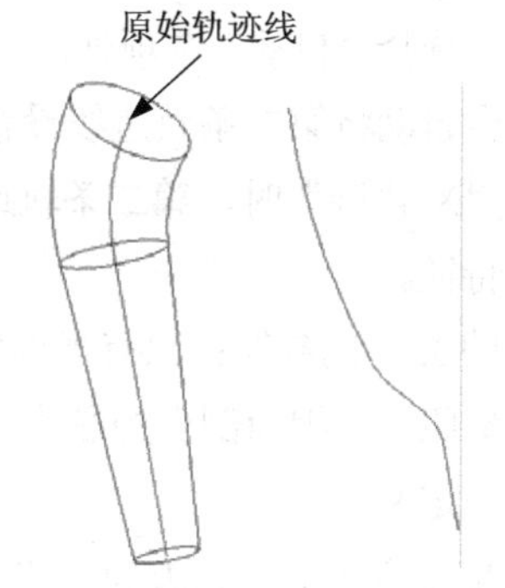

图7-6 原始轨迹作为草绘轨迹创建的特征

(2) “剖面控制”下拉列表框

“剖面控制”设置包括“垂直于轨迹”“垂直于投影”和“恒定法向”3种。

- 垂直于轨迹：扫描截面垂直于指定的轨迹进行扫描，此选项为系统默认选项，如图7-7所示。在所创建的扫描混合特征中，扫描截面一直垂直于轨迹线。
- 垂直于投影：扫描截面的法向与指定方向的原始轨迹的投影相切。在扫描过程中，扫描截面平行于指定的方向参照。选取该选项后，系统会提示用户选择方向参照，以垂直于投影作为剖面控制的方式。如图7-8所示，选择基准平面RIGHT作为方向参照，扫描截面一直平行于基准平面RIGHT的法向，并且垂直于原始轨迹线在该平面上的投影。
- 恒定法向：表示扫描截面的法向平行于指定方向的向量。选择该选项后，系统会提示用户选择方向参照。如图 7-9 所示，选择基准平面 DTM1 的法向作为方向参照，扫描截面平行于基准平面 DTM1 的法向进行扫描。

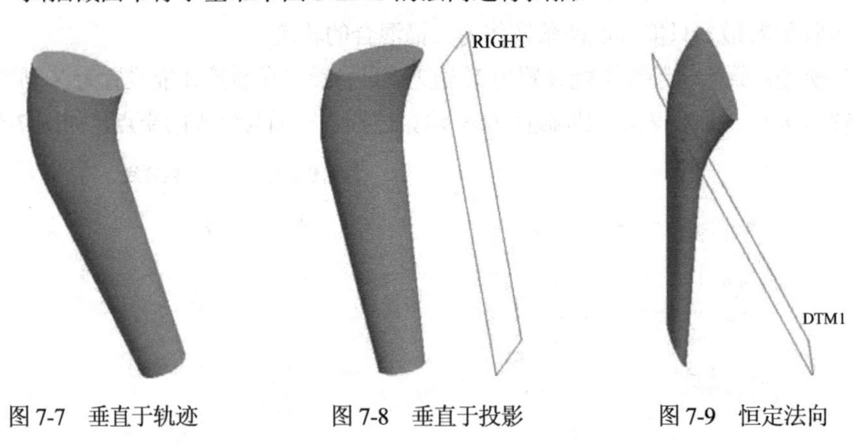

图 7-7　垂直于轨迹　　　图 7-8　垂直于投影　　　图 7-9　恒定法向

(3) “水平/垂直控制”下拉列表框

当用户选择的“剖面控制”类型为“垂直于轨迹”时，Pro/ENGINEER 才会允许用户设置“水平/垂直控制”。

- 自动：当只有原始轨迹作为扫描轨迹时，在“水平/垂直控制”下拉列表框中只有“自动”选项，表示水平/垂直控制由 Pro/ENGINEER 控制，X 轴位置沿原始轨迹确定。
- X 轨迹：当选择两条轨迹线作为扫描轨迹时，在“水平/垂直控制”下拉列表框中除了可以选择“自动”选项外，还可以选择“X 轨迹”选项。当用户选择了 X 轨迹时，系统会自动将第二条轨迹线设置为 X 轨迹。需要注意的是，当用户设置第二条轨迹线为“X 轨迹”时，第二条轨迹线必须比原始轨迹线长，否则系统将不会创建扫描混合特征。
- 起点的 X 方向参照：只有当剖面类型为“垂直于轨迹”时，才可以设置“起点的 X 方向参照”，因为剖面控制为“垂直于投影”或者“恒定法向”时，起点的 X 方向已经被定义了。

当用户选取基准平面作为方向参照 1 时，表示起点的 X 方向平行于基准平面的法向，如图 7-10 所示；当用户选取基准轴作为方向参照 2 时，表示起点的 X 方向平行于基准轴的方向，如图 7-11 所示。

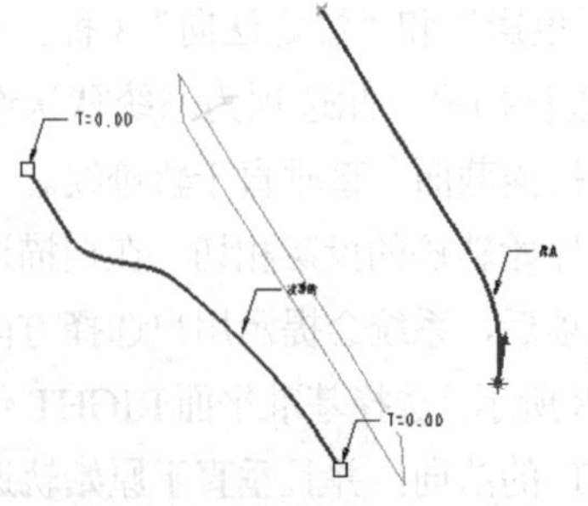

图 7-10　基准平面作为方向参照 1

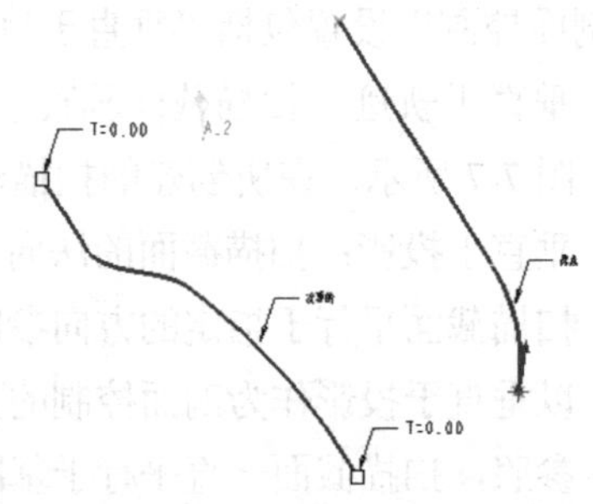

图 7-11　基准轴作为方向参照 2

2. 截面

对于扫描混合特征的截面，用户可以在轨迹线的不同位置绘制不同大小的扫描截面，但需要注意的是，所有扫描截面的图元数必须是相同的。如图 7-12 所示为“截面”下滑面板，在其中可设置截面类型、截面插入和移除以及截面位置等。

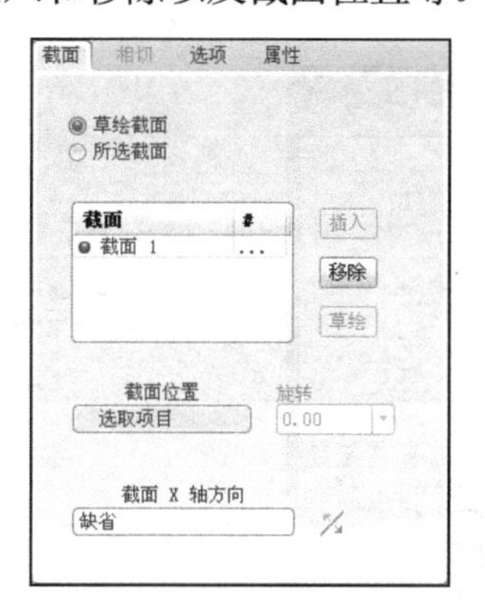

图 7-12 “剖面”下滑面板

- 截面类型：包括“草绘截面”和“所选截面”两个选项。“草绘截面”表示需要用户草绘扫描的截面；“所选截面”表示通过选取绘图区域的截面作为扫描特征的截面。
- 截面框：进行插入和移除扫描截面，同时当截面位置确定之后进行扫描截面，并且为扫描混合特征定义一个剖面表。当将截面添加到列表中时，会按时间顺序进行编号和排序，右边的#标记表示扫描截面的图元数，如图 7-13 所示，图中圆形的图元数为 2。

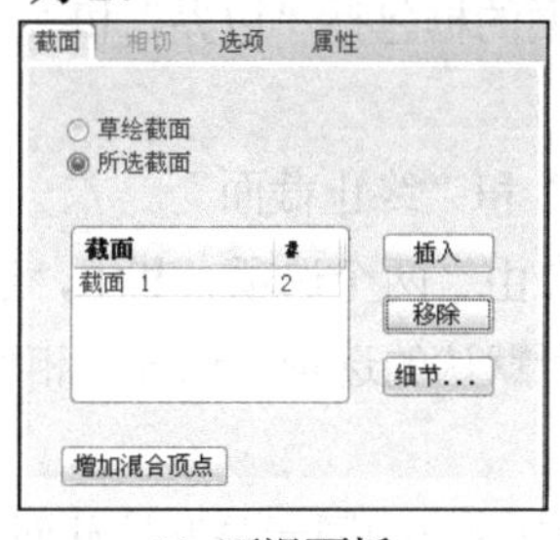

(a) 下滑面板

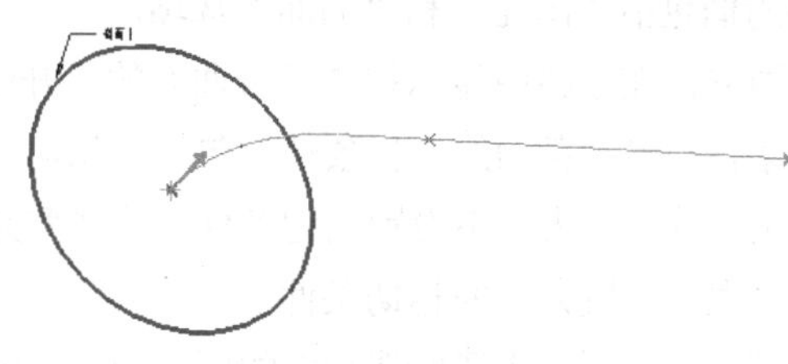

(b) 草绘截面

图 7-13 绘制扫描截面

- “插入”按钮：单击该按钮可以激活新的截面，新的截面为活动截面。
- “移除”按钮：在截面框中选择需要去除的截面，单击该按钮可以移除截面。
- “草绘”按钮：单击该按钮可以打开草绘器，为剖面定义草绘截面。
- 截面位置：在原始扫描轨迹上选择一个点，作为所绘制的扫描截面的位置点。单击“截面位置”按钮，然后在扫描轨迹线上选择点的位置。如果选取的点是轨迹线的起点，则“截面位置”显示为“开始”；如果选取的点是轨迹线的结束点，则该位置显示为“结束”。当用户需要在扫描轨迹线的中间部分放置扫描截面的位置点时，需要在原始轨迹线上添加“点”特征。在特征工具栏中单击“点”按钮，系统会弹出“基准点”对话框，同时会暂停扫描混合特征操控板，选取原始轨迹线作为点的放置参照，如图 7-14 所示，修改其在轨迹线上的位置，单击“确定”按钮，基准点会添加到该轨迹线上，如图 7-15 所示。在扫描混合特征操控板中单击“继续”按钮▶，表示可以继续创建扫描混合特征，在“截面”下滑面板中对前面所创建的基准点添加截面。

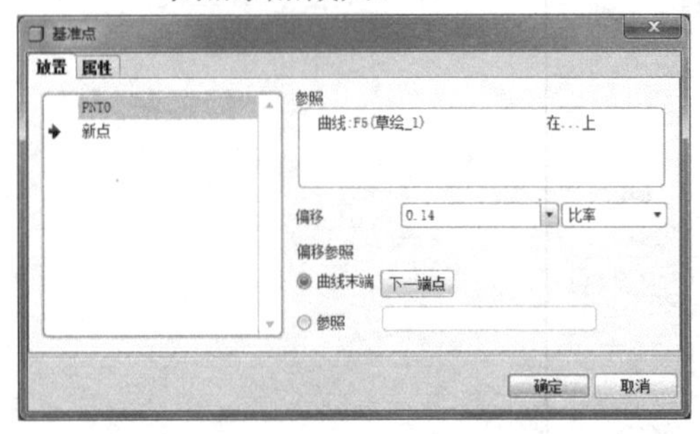

图 7-14　“基准点”对话框

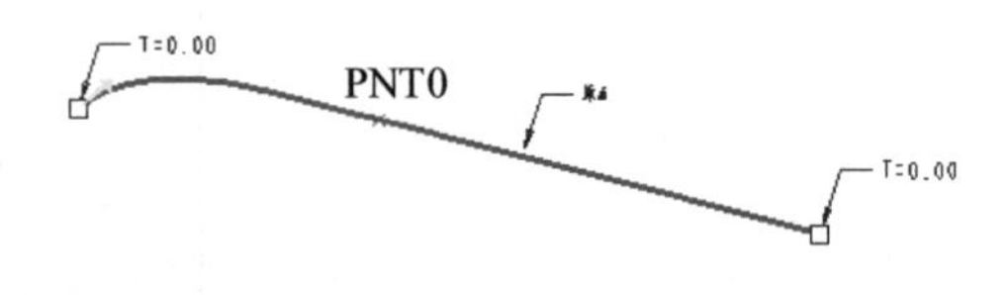

图 7-15　添加的基准点

- 旋转：表示所绘制的扫描截面相对于截面位置点需要绕 Z 轴旋转的角度，其角度值范围为 -120°～120° 之间。
- 截面 X 轴方向：为某一位置处的扫描截面设置 X 轴方向。只有当“参照”下滑面板中的“水平/垂直控制”设置为“自动”，并与起始处 X 轴方向参照同步时，此选项才可用。

3. 相切

“相切”下滑面板可以为开放截面或者终止截面的图元设置相切约束，还可设置与元件曲面的相切关系，如图 7-16 所示。该面板包括两个框，上面的框包括“边界”和“条件”选项，下面的框包括“图元”和“曲面”选项。

- 边界：在该栏中显示扫描混合曲面的“开始截面”和“终止截面”。
- 条件：设置截面的边界条件，包括“相切”和“自由”两个选项。其中，选择“自由”选项时表示不设置相切条件，此选型为系统所默认的选项；选择“相切”选项时表示设置截面的相切条件。
- 图元：该栏列出了所选截面的所有图元，图 7-16 中列出的图元是开始截面的图元。当选择了一个图元后，在绘图区域会呈高亮绿色显示所选择的图元，如图 7-17 所示。

图 7-16　“相切”下滑面板

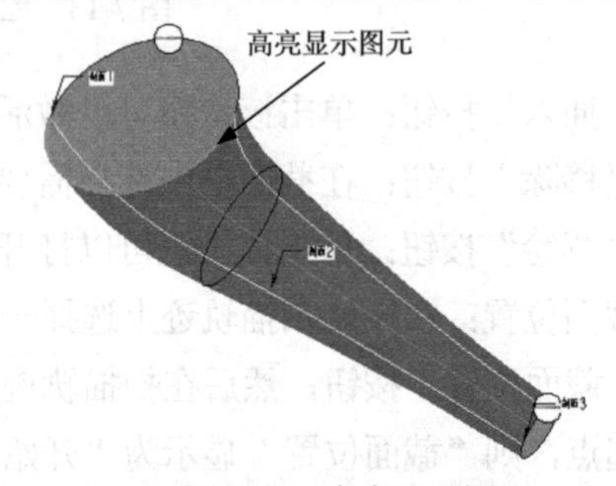

图 7-17　高亮显示图元

- 曲面：为每一个所选取的图元设置相切曲面，且图元必须位于所选取的曲面上，否则是不能设置相切的，图 7-18 所示为设置终止截面的图元 1 和图元 2 分别与基准平面 TOP 相切。

(a) 下滑面板

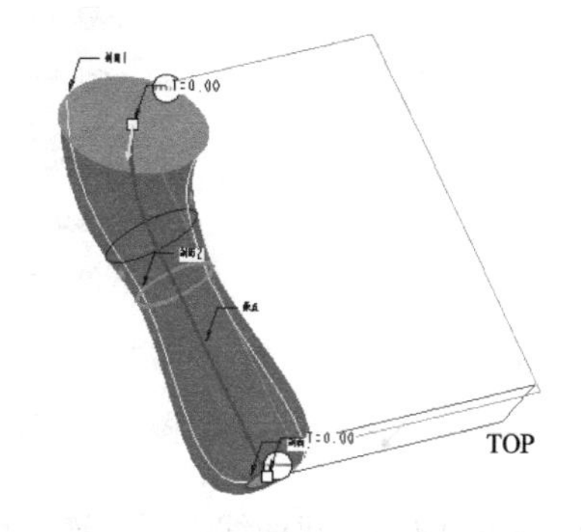

(b) 选取相切曲面

图 7-18　设置相切曲面

4. 选项

“选项”下滑面板用于控制扫描混合的截面之间部分的曲面形状，如图 7-19 所示，由此可以看到其中包括“封闭端点”复选框、“无混合控制”单选按钮、“设置周长控制”单选按钮、“设置剖面面积控制”单选按钮以及“通过折弯中心创建曲线”复选框。

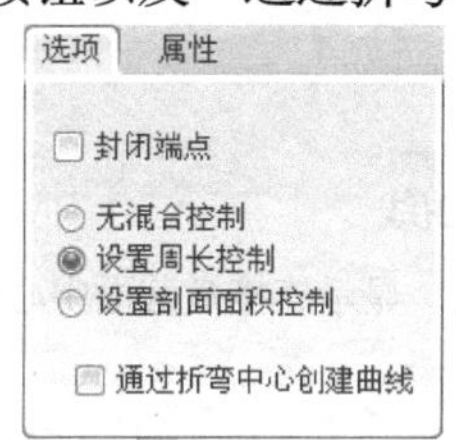

图 7-19　“选项”下滑面板

- 封闭端点：当用户所创建的混合特征为曲面时，可以将两个端点设置为封闭的。
- 无混合控制：对于混合特征没有约束条件，系统会自动进行混合特征的创建，该选项为系统默认的选项。
- 设置周长控制：通过控制混合特征截面的周长，控制所创建的混合特征的形状。当两个连续截面有相同的周长时，在这两个截面之间的扫描混合曲面的截面周长保持一致；若对于不同周长的截面，系统会用沿扫描轨迹线的每个曲线的线性差值来定义其截面周长，如图 7-20 所示。在此需要注意的是，不能同时为扫描混合特征设置“相切”和“设置周长控制”两个约束条件，两者之间只允许一个起作用。

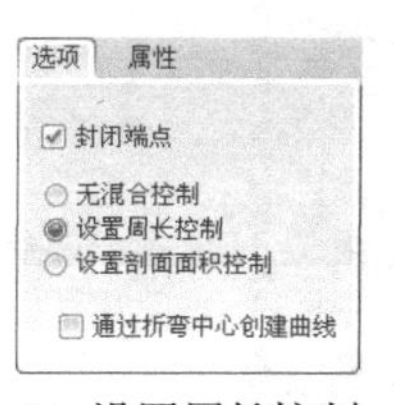

(a) 设置周长控制

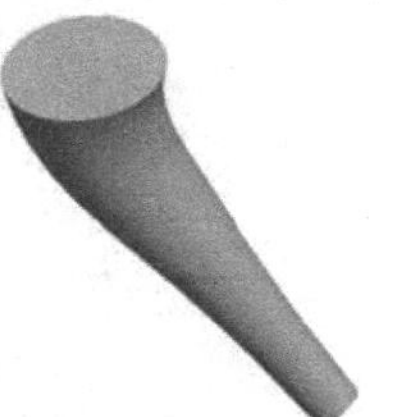

(b) 混合特征形状

图 7-20　设置周长控制约束

- 设置剖面面积控制：在扫描混合特征的指定位置指定剖面区域。选择该选项后，将会出现“位置”和“面积”栏，如图 7-21 所示，并且会显示所有截面的面积。

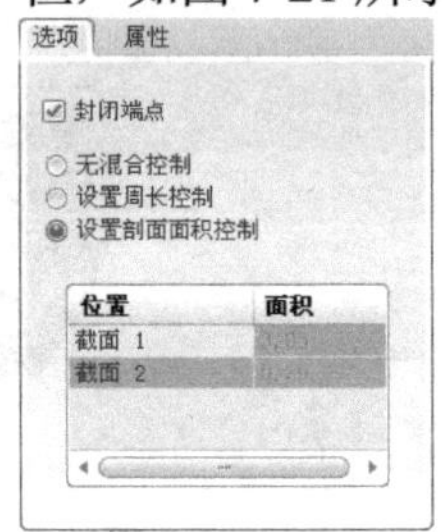

图 7-21　设置剖面区域控制

- 通过折弯中心创建曲线：显示连接特征横截面中心的曲线，只有选择了“设置周长控制”选项时才能使用，如图 7-22 所示。

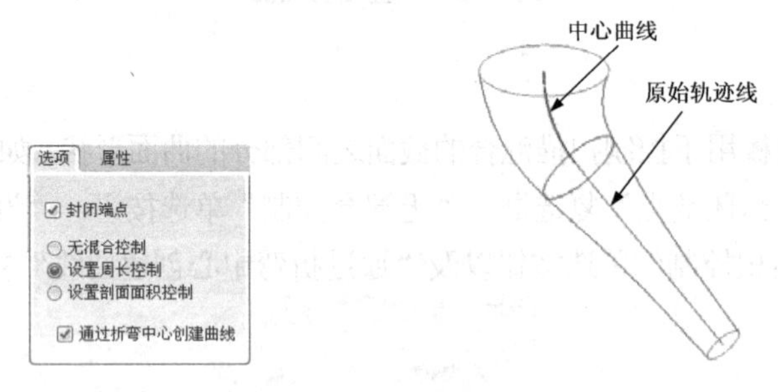

(a) 通过折弯中心创建曲线　　(b) 中心曲线

图 7-22　显示连接横截面中心的曲线

5. 属性

“属性”下滑面板包含特征名称和用于访问特征信息的图标，在名称框中可以修改扫描混合特征名称，单击“显示特征信息”按钮 ，则会显示所创建的扫描混合特征的相关信息，如图 7-23 所示。

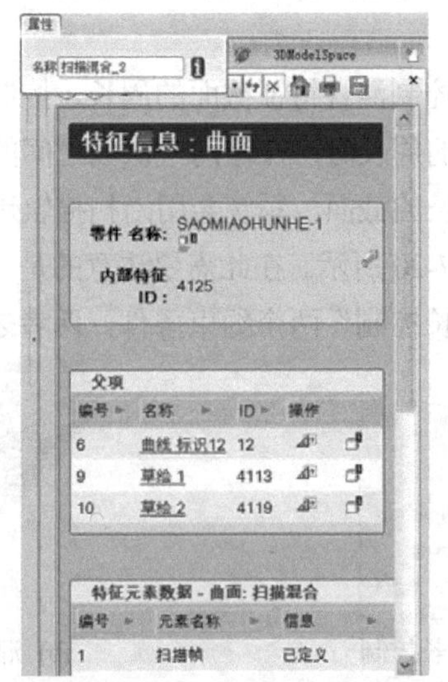

图 7-23　“属性”下滑面板

7.2.3 扫描混合特征实例

本实例将绘制如图7-24所示的吊钩零件，使读者能够进一步熟悉和掌握扫描混合特征的创建方法。

1. 建立新文件

在工具栏中单击“新建”按钮，或选择“文件”|“新建”命令，在弹出的“新建”对话框中设置“类型”为“零件”，设置“子类型”为“实体”，输入零件名称为diaogou，选择“使用缺省模板”复选框，单击“确定”按钮确定，进入零件设计界面。

2. 绘制扫描曲线

单击特征工具栏中的“草绘”按钮，系统弹出“草绘”对话框。在主界面中单击FRONT基准面作为草绘平面，再单击对话框中的“草绘”按钮草绘，进入草绘工作环境，并绘制如图7-25所示的曲线，然后单击草绘工具栏中的“确定”按钮✔，退出草绘环境。

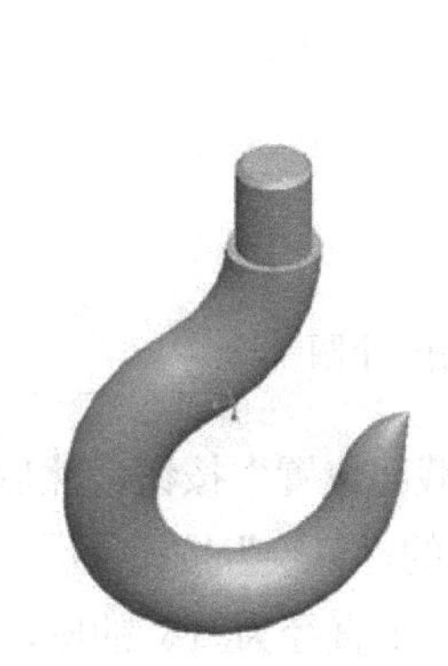

图7-24 吊钩模型

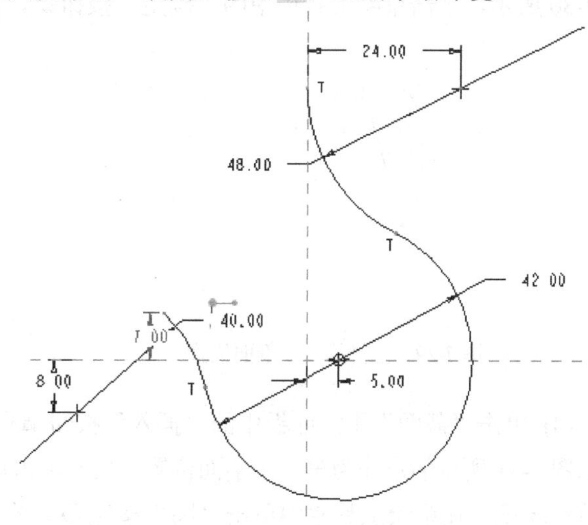

图7-25 绘制扫描曲线

3. 创建吊钩特征

(1) 选择主菜单栏中的“插入”|“扫描混合”命令，选择前面绘制的曲线作为扫描混合的轨迹线。单击扫描混合特征操控板中的“截面”按钮，弹出如图7-26所示的“截图”下滑面板。选择如图7-27所示的点作为第1个剖面位置，接着单击该下滑面板中的“草绘”按钮草绘，进入草绘环境。在草绘工具栏中单击“点”按钮×，在原点处绘制一点，如图7-28所示。单击草绘工具栏中的“确定”按钮✔，系统又回到“截面”下滑面板。

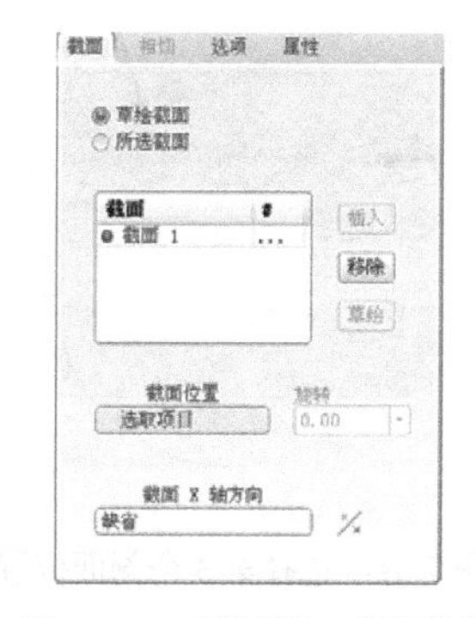

图7-26 “截面”下滑面板

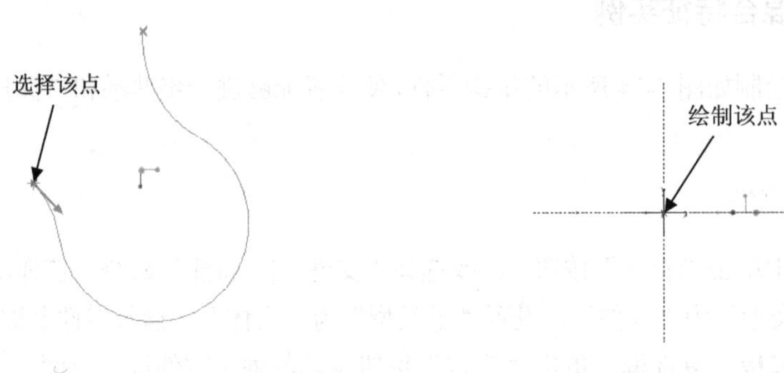

图 7-27　选择第 1 个剖面位置　　　　图 7-28　绘制一个点

(2) 单击“截面”下滑面板中的“插入”按钮[插入]，再单击“截面位置”按钮，然后选择如图 7-29 所示的点作为第 2 个剖面位置，接着单击该下滑面板中的“草绘”按钮[草绘]，进入草绘环境。在草绘工具栏中单击“圆”按钮○，在原点处绘制一个直径为 10 的圆，如图 7-30 所示。单击草绘工具栏中的“确定”按钮✔，系统又回到“截面”下滑面板。

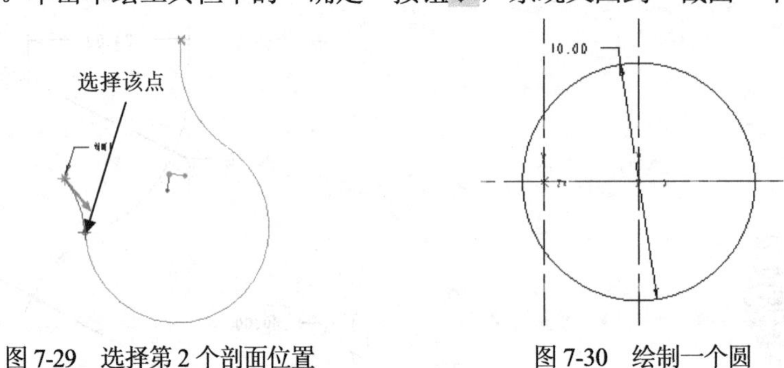

图 7-29　选择第 2 个剖面位置　　　　图 7-30　绘制一个圆

(3) 单击“截面”下滑面板中的“插入”按钮[插入]，再单击“截面位置”按钮，然后选择如图 7-31 所示的点作为第 3 个剖面位置，接着单击该下滑面板中的“草绘”按钮[草绘]，进入草绘环境。在草绘工具栏中单击“圆”按钮○，在原点处绘制一个直径为 15 的圆，如图 7-32 所示。单击草绘工具栏中的“确定”按钮✔，系统又回到“截面”下滑面板。

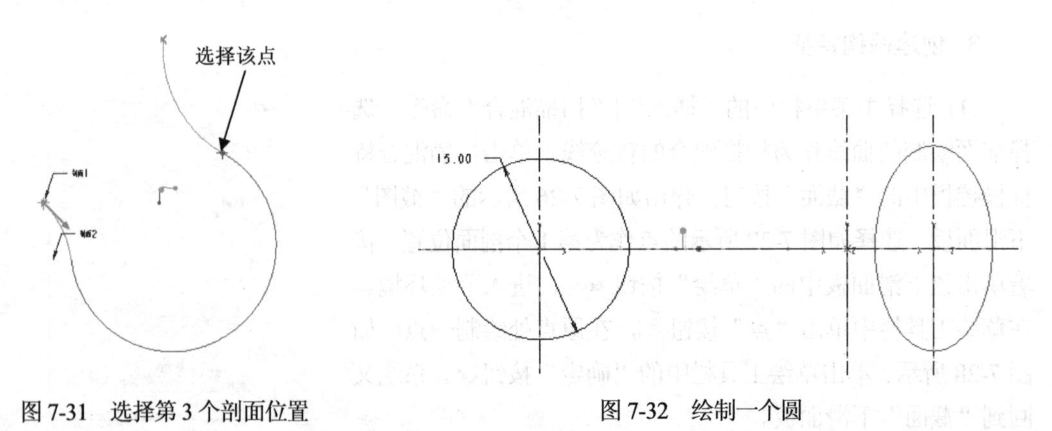

图 7-31　选择第 3 个剖面位置　　　　图 7-32　绘制一个圆

(4) 单击“截面”下滑面板中的“插入”按钮[插入]，并单击“截面位置”按钮，然后选择如图 7-33 所示的点作为第 4 个剖面位置，接着单击该下滑面板中的“草绘”按钮[草绘]，进入草绘环境。在草绘工具栏中单击“圆”按钮○，在原点处绘制一个直径为 15 的圆，如图 7-34 所示。单击草绘工具栏中的“确定”按钮✔，系统又回到“截面”下滑面板。单击扫描混合特征操控板中的“创建实体”按钮□，最后单击“确定”按钮☑，完成扫描混合特征的创建，结果如图 7-35 所示。

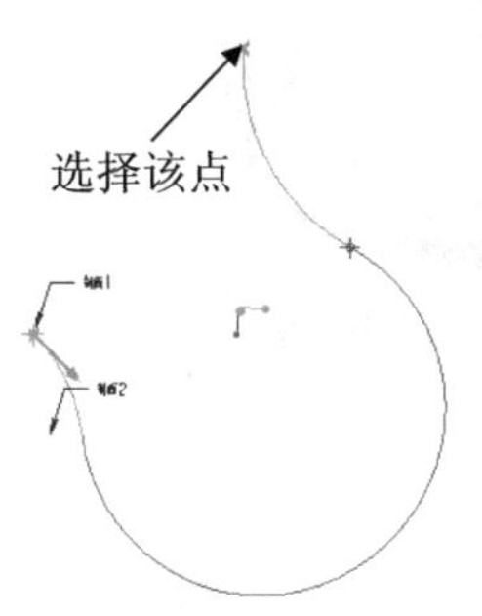

图 7-33　选择第 4 个剖面位置

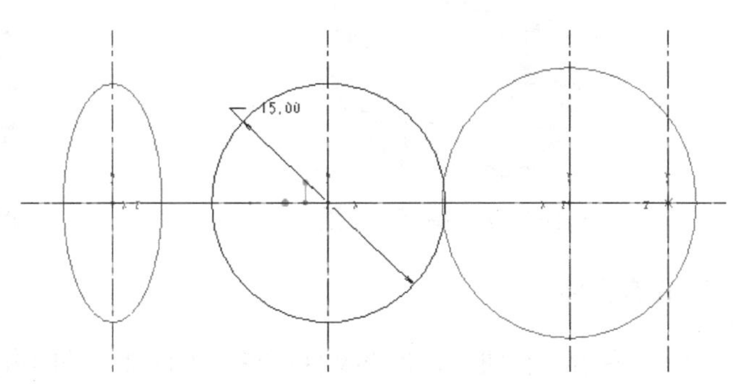

图 7-34　绘制一个圆

4. 创建圆柱特征

(1) 单击特征工具栏中的“拉伸”按钮，在拉伸特征操控板中单击“放置”按钮，打开下滑面板。单击该下滑面板中的“定义”按钮定义...，出现“草绘”对话框。在模型上单击扫描混合特征的端平面作为草绘平面，再单击对话框中的“草绘”按钮草绘，进入草绘工作环境。

(2) 分别选择 FRONT 基准面和 TOP 基准面作为参照，并单击“参照”对话框中的“关闭”按钮。单击草绘工具栏中的“圆”按钮○，绘制一个直径为 12 的圆作为拉伸截面(如图 7-36 所示)，然后单击草绘工具栏中的“确定”✔按钮，退出草绘模式。

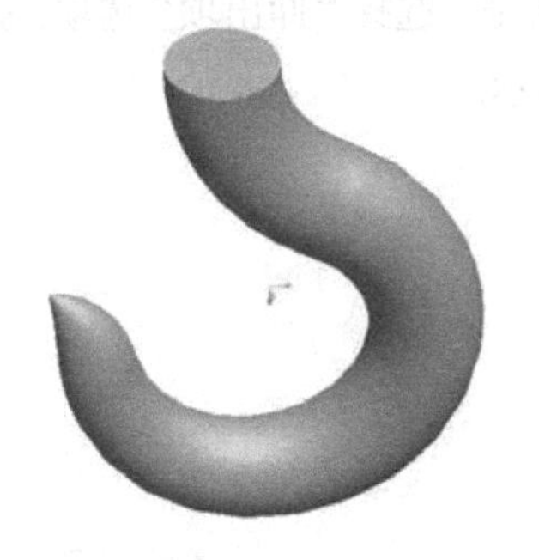

图 7-35　创建扫描混合特征

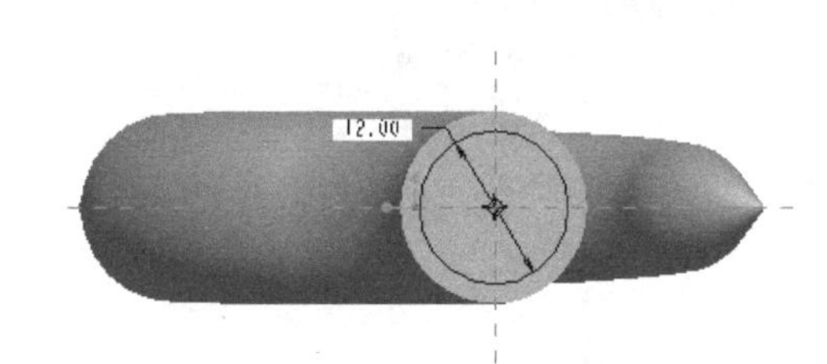

图 7-36　绘制拉伸截面

(3) 在拉伸特征操控板的深度框中设置拉伸高度为 15，单击“确定”按钮☑或单击鼠标中键完成拉伸特征的创建，如图 7-37 所示。

5. 边倒角特征

单击特征工具栏中的“边倒角”按钮，选取如图 7-37 所示的边作为倒角对象，并在边倒角特征操控板的D 1.00 中指定 D 为 1，然后单击“确定”按钮☑，完成边倒角特征的创建，结果如图 7-38 所示。

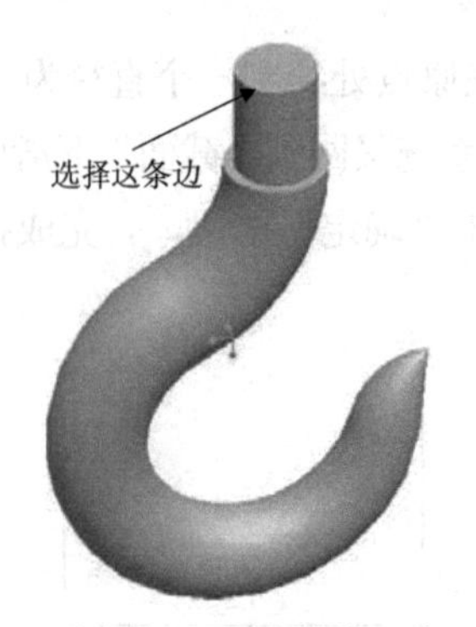

图 7-37　选择倒角对象

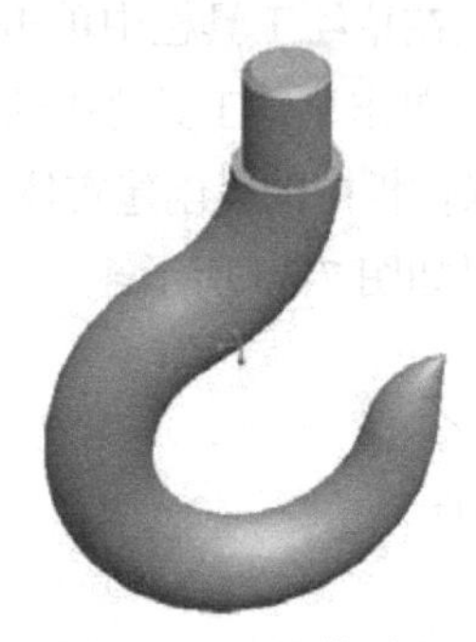

图 7-38　吊钩模型

6. 保存文件

单击“保存”按钮，保存文件到指定的目录并关闭窗口。

7.3　螺 旋 扫 描

螺旋扫描是通过沿着螺旋轨迹扫描截面而创建的，其轨迹线通过旋转面的轮廓以及螺距来定义。旋转面的轮廓表示螺旋特征的截面原点到其旋转轴之间的距离，螺距表示螺旋线之间的距离。

7.3.1　螺旋扫描特征界面

进入零件设计模式后，选择“插入”|“螺旋扫描”命令，弹出的子菜单如图 7-39 所示。通过选择不同的选项，即可创建实体和曲面等螺旋扫描特征。选择“伸出项”选项，弹出“伸出项：螺旋扫描”对话框和“属性”菜单，如图 7-40 所示。

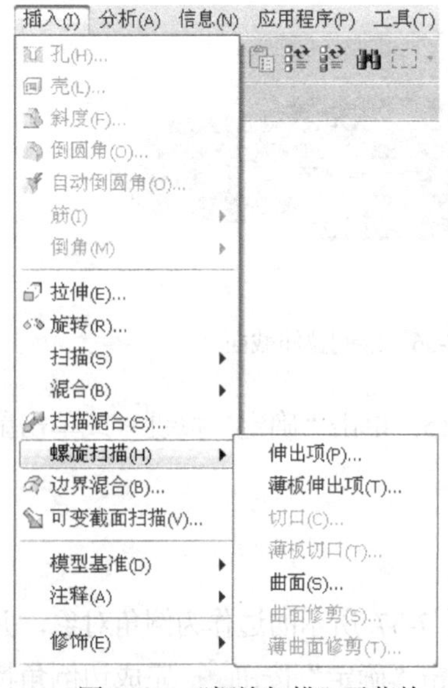

图 7-39　“螺旋扫描”子菜单

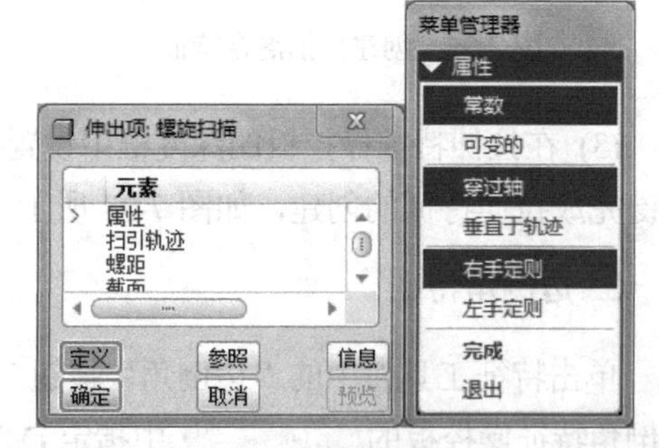

图 7-40　“伸出项：螺旋扫描”对话框和“属性”菜单

“属性”菜单中各选项的含义如下。

- 常数：螺旋扫描特征的螺距是常数，如图7-41所示。
- 可变的：螺旋扫描特征的螺距是可变的，并且可以由图形来定义，如图7-42所示。

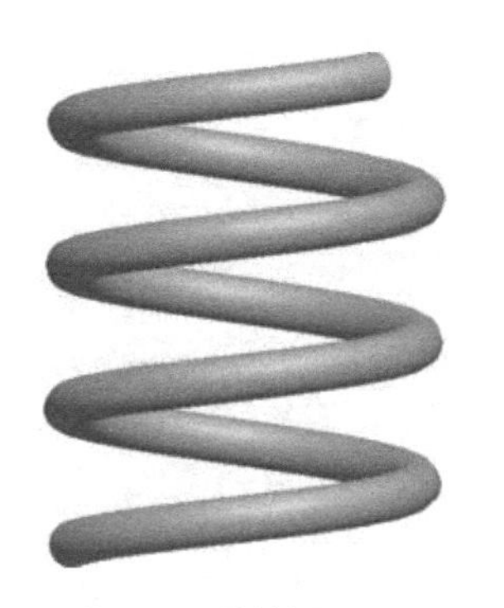

图7-41 常数螺距

图7-42 可变螺距

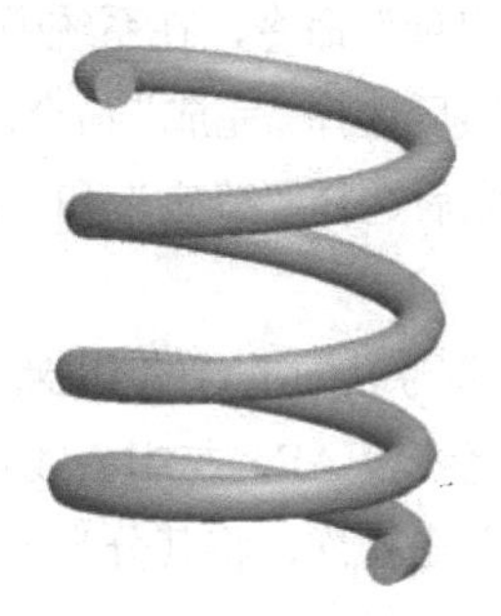

图7-43 右手法则

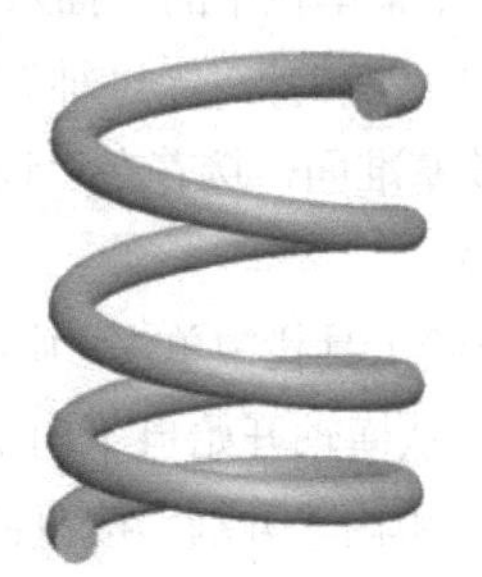

图7-44 左手法则

- 穿过轴：横截面位于穿过轴的平面内，即横截面的法向垂直于旋转轴。
- 垂直于轨迹：确定横截面的方向，使之垂直于轨迹，即扫描截面垂直于轨迹。
- 右手定则：使用右手法则定义轨迹，如图7-43所示。图7-41和图7-42都是按照右手法则创建的螺旋扫描特征。
- 左手定则：使用左手法则定义轨迹，如图7-44所示。注意图7-43与图7-44这两个图中螺旋形成的不同方向。

7.3.2 螺旋扫描特征实例

本例将绘制如图7-45所示的可变螺距螺旋扫描特征，使读者了解可变螺距弹簧的创建过程。

1. 建立新文件

在工具栏中单击“新建”按钮，或选择“文件”|“新建”命令，在弹出的“新建”对话框中设置“类型”为“零件”，设置“子类型”为“实体”，输入零件名称为tanhuang，并选择“使用缺省模板”复选框，然后单击“确定”按钮，进入零件设计界面。

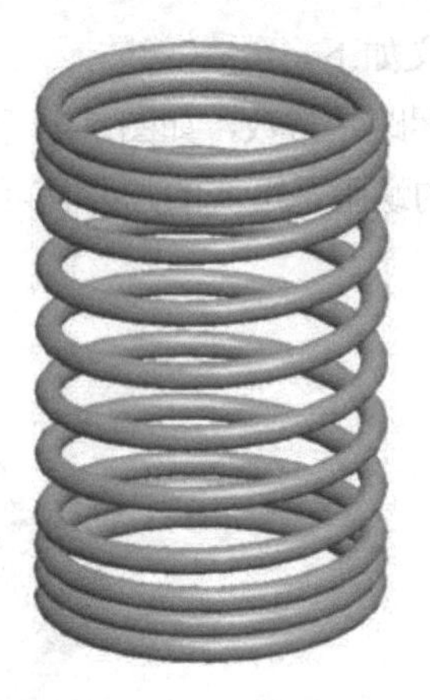

图 7-45　可变螺距弹簧

2. 可变螺距螺旋扫描特征

(1) 选择主菜单栏中的“插入”|“螺旋扫描”|“伸出项”命令，在系统弹出的“属性”菜单中选择 “可变的”“穿过轴”和“右手定则”选项，然后选择“完成”命令。选取 FRONT 平面作为草绘基准面，接着在“设置草绘平面”菜单中先后选择“确定”和“缺省”选项，进入草绘环境。

(2) 在草绘工具栏中单击“中心线”按钮，绘制一条与纵轴重合的中心线，再单击“直线”按钮，从横轴开始自下向上绘制一条长 80 的竖直线段 AF，与中心线距离为 25，如图 7-46 所示。单击“分割”按钮，然后在线段 AF 上单击 4 次，将其分为 5 段，各段尺寸如图 7-47 所示(AB=10，BC=5，CD=50，DE=5，EF=10)。

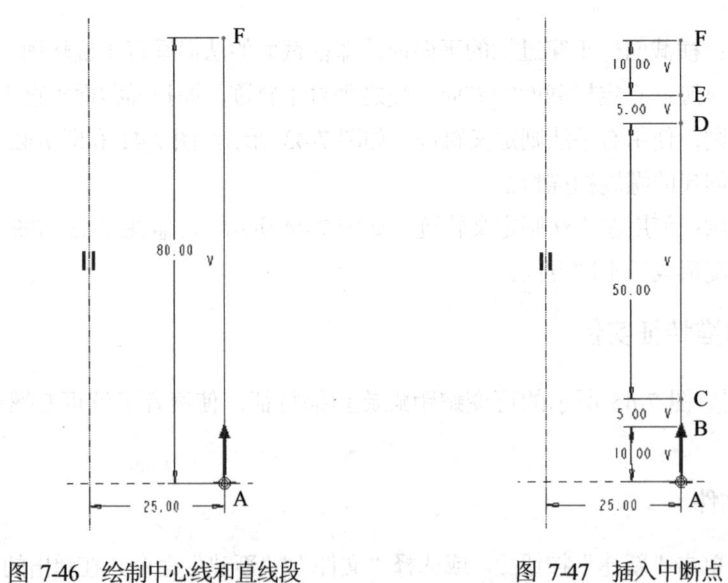

图 7-46　绘制中心线和直线段　　　　图 7-47　插入中断点

(3) 单击草绘工具栏中的“确定”按钮，按系统提示输入轨迹起始节距值为 4.0(如图 7-48 所示)，单击“确定”按钮；输入轨迹末端节距值为 4.0，单击“确定”按钮。

图7-48 输入轨迹起始节距值

(4) 此时弹出如图7-49所示的“定义控制曲线”菜单和“变节距”窗口。单击线段AF上的B点，输入节距值为4，并单击“确定”按钮；单击线段AF上的C点，输入节距值为10，并单击“确定”按钮；单击线段AF上的D点，输入节距值为10，并单击“确定”按钮；单击线段AF上的E点，输入节距值为4，并单击“确定”按钮。此时“变节距”窗口如图7-50所示。选择“定义控制曲线”菜单中的“完成/返回”命令，再选择“定义控制曲线”菜单中的“完成”命令。

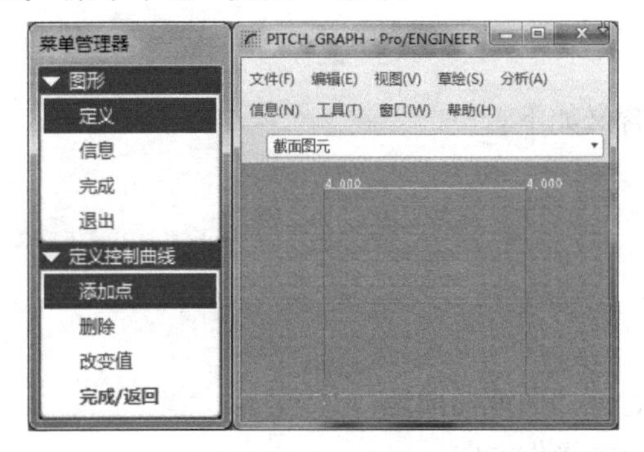

图7-49 “定义控制曲线”菜单和“变节距”窗口

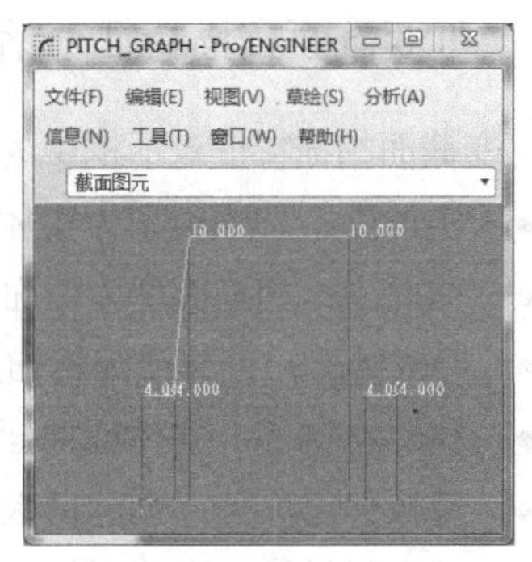

图7-50 “变节距”窗口设置

(5) 以线段AF的端点A为圆心，草绘直径为4的圆作为扫描截面，如图7-51所示。单击草绘工具栏中的“确定”按钮，再单击“伸出项：螺旋扫描”对话框中的“确定”按钮，完成的可变螺距弹簧模型如图7-52所示。

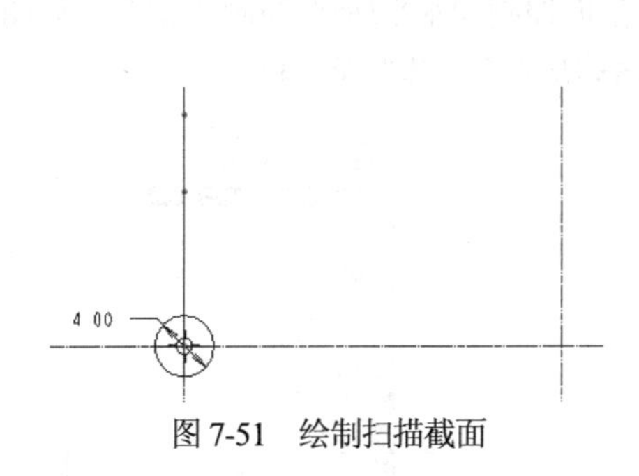

图7-51 绘制扫描截面

图7-52 可变螺距弹簧

3. 保存文件

单击“保存”按钮保存文件到指定的目录。

7.4 可变截面扫描

用户在沿一个或多个选定轨迹扫描截面时，可以通过控制截面的方向和旋转来创建可变截面扫描特征，也可以使用恒定截面或可变截面来创建扫描特征，所创建的特征截面的形状很大程度上取决于轨迹线的形状。

进入零件设计模式后，在特征工具栏中单击“可变截面扫描”按钮，或选择“插入”|“可变截面扫描”命令，弹出如图 7-53 所示的可变截面扫描特征操控板。由该图可以看出，该操控板由对话框和下滑面板两部分组成。

图 7-53　可变截面扫描特征操控板

7.4.1　可变截面扫描特征对话框

可变截面扫描特征对话框中的选项的含义如下。

- 实体：扫描类型为实体特征。
- 曲面：扫描类型为曲面特征。
- 草绘 草绘 ：创建或编辑扫描截面。
- 移除材料：实体或曲面切口。
- 薄板伸出项：创建薄板伸出项、薄曲面或曲面切口。
- 反向材料：更改添加或移除材料的操作方向。

7.4.2　可变截面扫描特征下滑面板

可变截面扫描特征操控板中包括“参照”“选项”“相切”和“属性”4 个下滑面板。

1. 参照

“参照”下滑面板中包括轨迹收集器、剖面控制和水平/垂直控制 3 部分，如图 7-54 所示。单击“细节”按钮 细节... ，弹出如图 7-55 所示的“链”对话框。

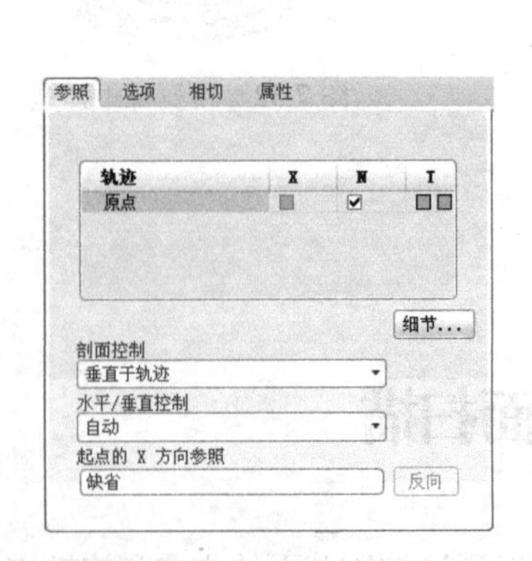

图 7-54　“参照”下滑面板

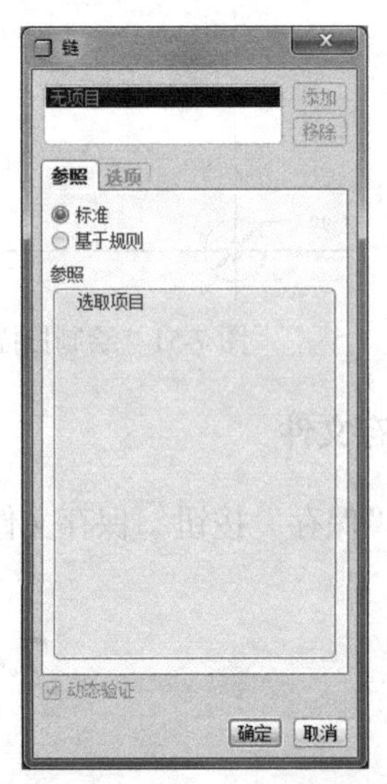

图 7-55　“链”对话框

(1) 轨迹收集器

轨迹收集器中显示所有被选择的轨迹，其中第一条为原始轨迹线。对于每一条轨迹都可以为其设置轨迹类型，“轨迹”收集器包含 X 轨迹、N(法向)轨迹以及 T(相切)轨迹，该收集器可以选择任意两条链作为扫描特征的轨迹(按住 Ctrl 键可以选择多条轨迹)。

- X 轨迹：当设置为 X 轨迹时，表示扫描截面的 X 轴穿过截面与 X 轨迹的交点，与扫描混合特征类似，原始轨迹线不能作为 X 轨迹，如图 7-56 所示。

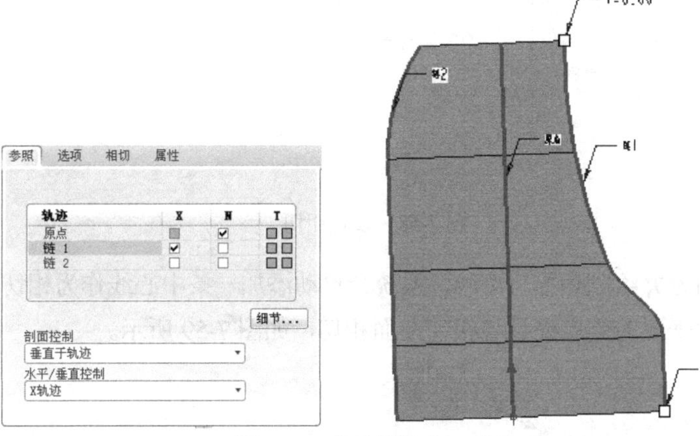

图 7-56　辅助轨迹为 X 轨迹

- N 轨迹：扫描截面的法向方向平行于轨迹曲线的切线，如图 7-57 所示。读者可以比较图 7-56 和图 7-57 的区别。需要注意的是，只能有一条轨迹作为法向轨迹；另一条轨迹既可以设置为 X 轨迹，也可以设置为法向轨迹。

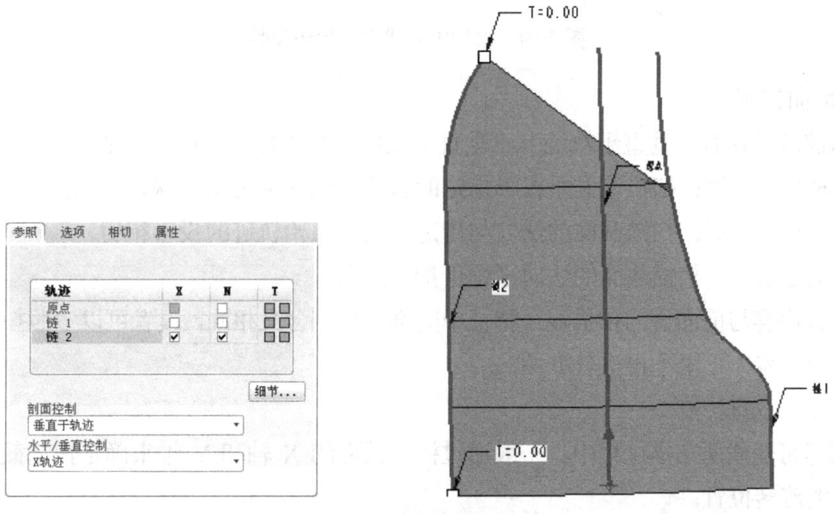

图 7-57　辅助轨迹为法向轨迹

- T 轨迹：如果轨迹存在于两个或者多个相切曲面中，则可以选择 T 复选框。如图 7-58 所示，轨迹线为两曲面的交线，该轨迹线可以设置为相切轨迹。

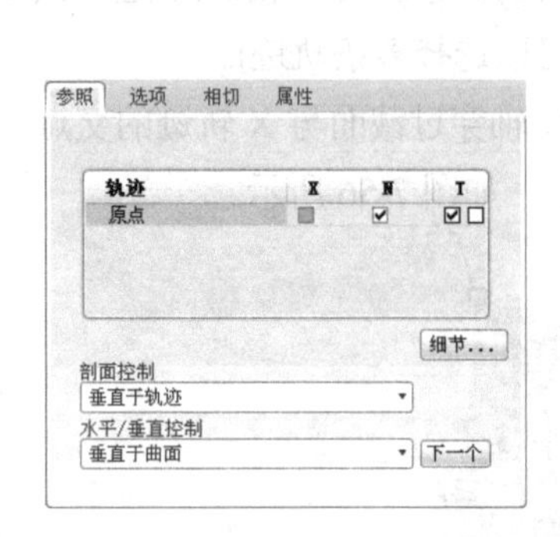

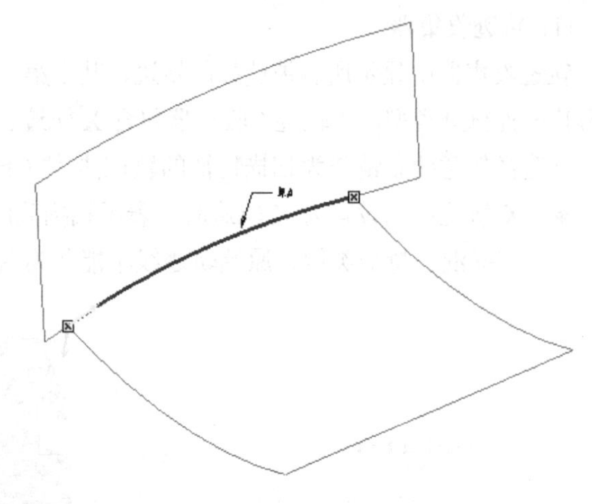

图 7-58　设置相切

当选择相切轨迹并绘制扫描轨迹时，系统会自动添加一条中心线作为相切参照，此中心线位于轨迹与草绘平面的交点处且与相邻曲面相切，如图 7-59 所示。

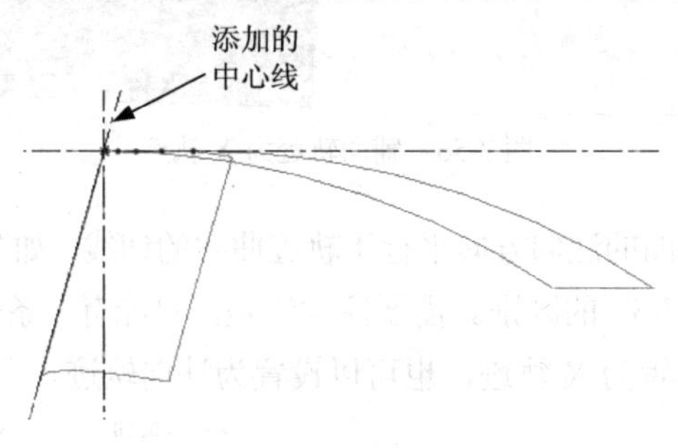

图 7-59　添加中心线作为相切参照

(2) 剖面控制

剖面控制设置有“垂直于轨迹”“垂直于投影”和“恒定法向”3 种。

- 垂直于轨迹：扫描截面垂直于指定的轨迹，此选项为系统默认选项。
- 垂直于投影：扫描截面的法向与指定方向的原始轨迹的投影相切。
- 恒定法向：扫描截面的法向平行于指定方向。

本部分内容与前面讲的扫描混合特征中的剖面控制含义相同，读者可以参照扫描混合特征中的部分内容，这里不再具体介绍。

(3) 水平/垂直控制

在创建可变截面扫描过程中，一般通过控制截面的 X 轴和 Y 轴来确定扫描截面绕草绘平面法向的旋转位置。

- 自动：扫描截面有 X 轴和 Y 轴自动定向。系统会自动计算 X 向量的方向，最大程度地降低扫描几何的扭曲。对于没有参照任何曲面的原点轨迹，此为默认选项。在起始点的 X 方向参照收集器中允许定义扫描起始的初始截面 X 轴方向，如图 7-60 所示。以一个曲线作为扫描截面，沿着轨迹线创建扫描曲面，系统会以自动方式控制水平/垂直控制，选择基准平面 DTM1 的法向作为 X 轴的参照方向。

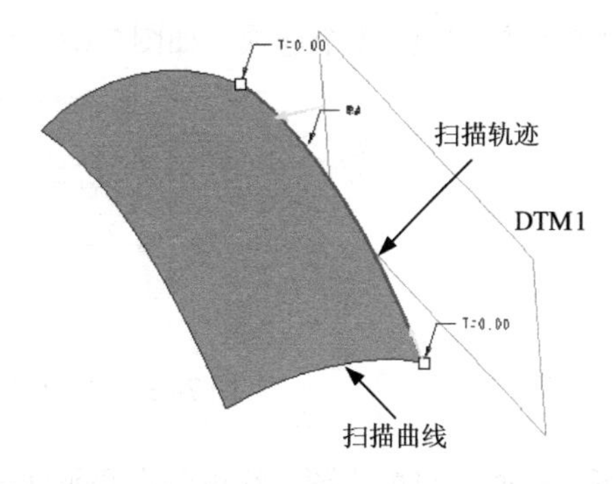

图 7-60　以自动控制方式创建曲面

- 垂直于曲面：截面的 Y 轴垂直于扫描轨迹所在的曲面。如果原点轨迹参照为曲面上的曲线、曲面的单侧边、曲面的双侧边或实体边等，则此为默认选项。还可以通过单击“下一个”按钮改变 Y 轴的方向，如图 7-61 所示。

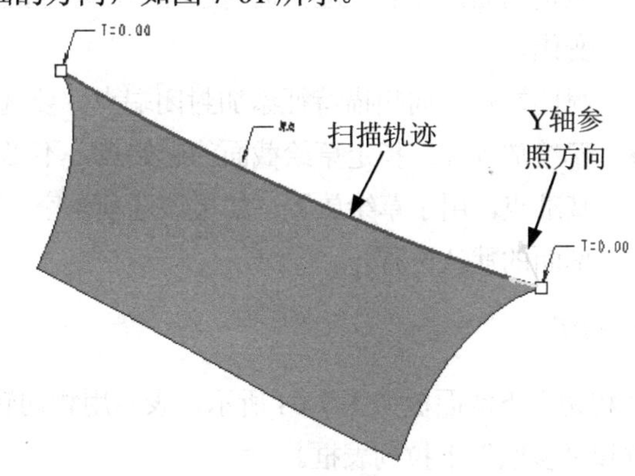

图 7-61　以垂直于曲面控制方式创建曲面

- X 轨迹：截面的 X 轴通过指定的 X 轨迹和扫描截面的交点，如图 7-62 所示。

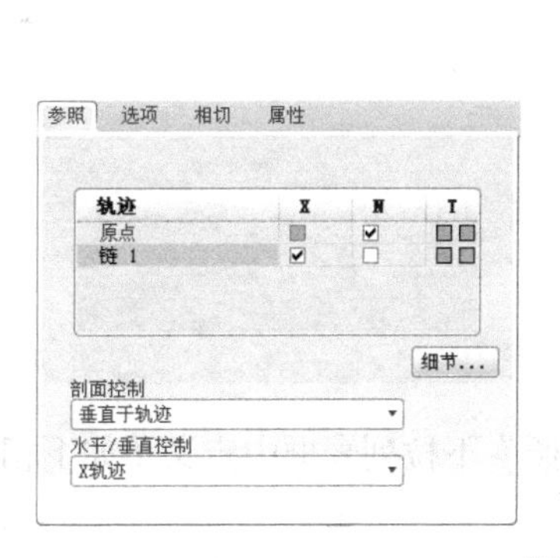

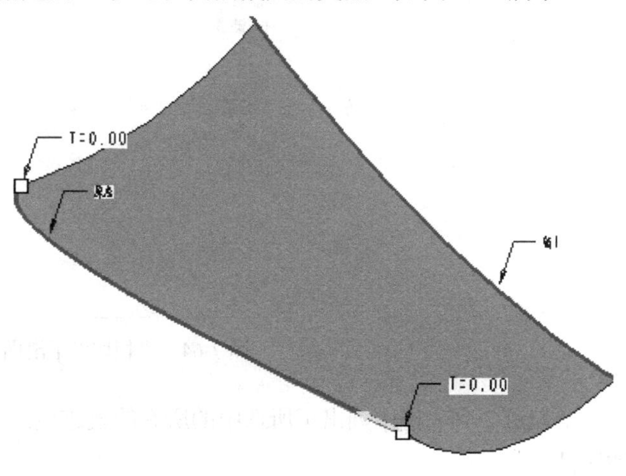

图 7-62　以 X 轨迹控制方式创建曲面

2. 选项

“选项”下滑面板中包含“可变截面”单选按钮、“恒定剖面”单选按钮、“封闭端点”

复选框和“草绘放置点”4 个选项，如图 7-63 所示。

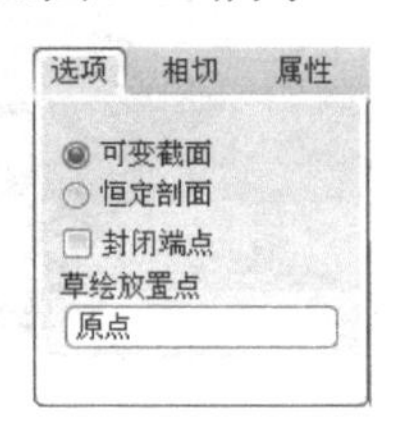

图 7-63　“选项”下滑面板

- 可变截面：将草绘图元约束到中心平面或现有几何，或使用由轨迹参数设置的截面关系来使截面可变。草绘截面约束到的参照可以改变截面的形状。通过控制曲线或定义关系式的标注形式也能使草绘截面可变，草绘截面在轨迹点处再生，并适应更新其形状。
- 恒定剖面：在沿轨迹扫描的过程中，草绘的形状不变，仅截面所在的框架方向发生变化。
- 封闭端点：向扫描特征添加封闭端点。要选择该选项，扫描截面必须是封闭的。
- 草绘放置点：指定草绘截面的起始点，不影响扫描的起始点。沿原点轨迹选取一个基准点，用于草绘放置；如果该选项为空，则系统会自动将扫描的起始点作为草绘剖面的默认位置。

3. 相切

“相切”下滑面板如图 7-64 所示，表示用相切轨迹选取和控制曲面，其中包括“轨迹”列表框和“参照”下拉列表框。

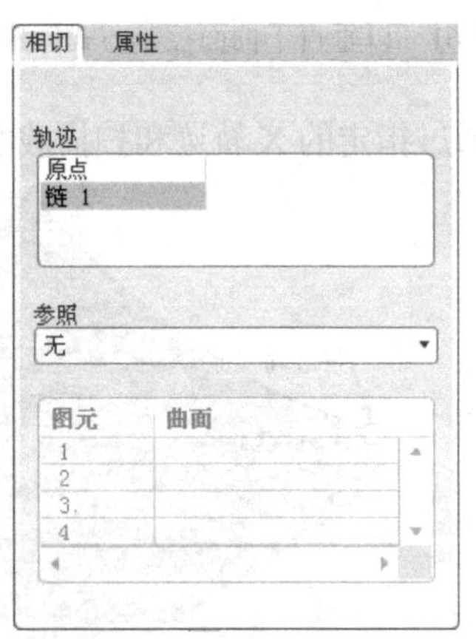

图 7-64　“相切”下滑面板

“轨迹”列表框中列出了所选中的所有的轨迹线。“参照”下拉列表框中定义了如下相切属性。

- 无：表示禁用相切轨迹。
- 选取的：手动指定扫描截面的相切曲面。

4. 属性

“属性”下滑面板包含特征名称和用于访问特征信息的图标，在名称框中可以修改可变截面扫描特征的名称，单击“显示特征信息”按钮，则会显示创建的可变截面扫描特征的相关信息，如图 7-65 所示。

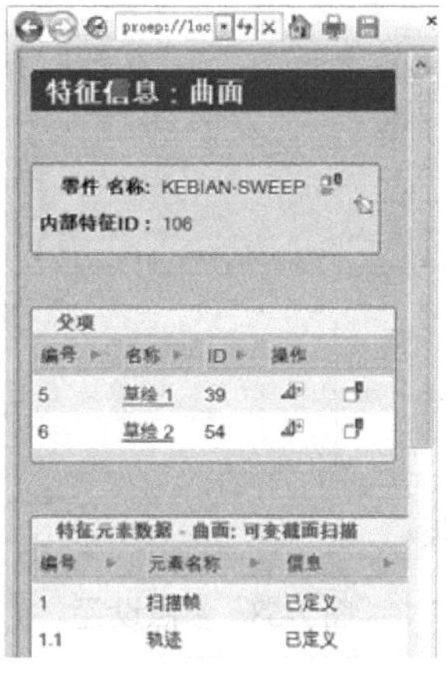

图 7-65　“属性”下滑面板

7.4.3　可变截面扫描特征实例

本例将以可变截面扫描的方式创建如图 7-66 所示的花瓶，使读者了解可变截面扫描特征创建的过程及其使用方法。

1. 打开文件

单击工具栏中的“打开”按钮，或选择“文件”|“打开”命令，打开文件 kebian-sweep，如图 7-67 所示。

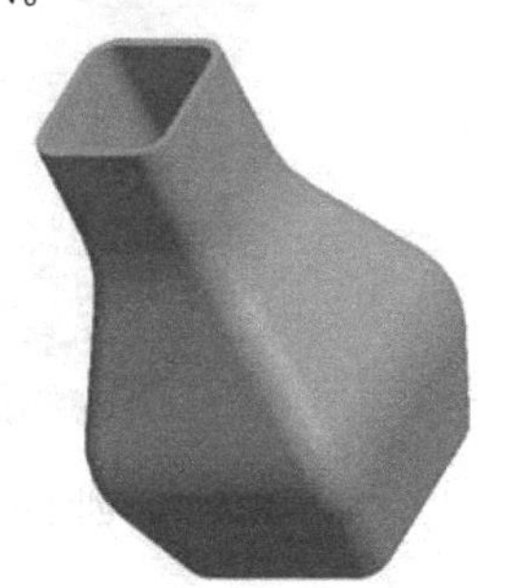

图 7-66　创建的花瓶

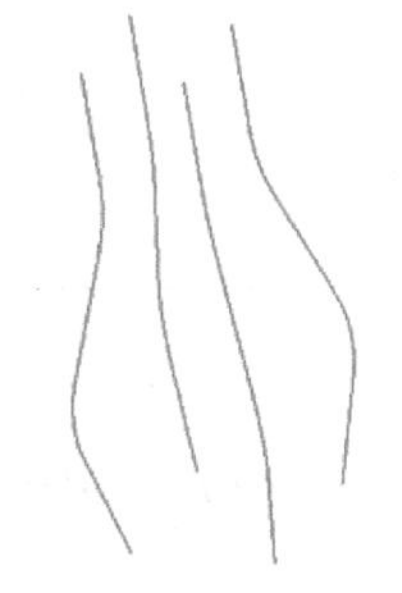

图 7-67　打开的文件

2. 创建扫描特征

(1) 单击特征工具栏中的“可变截面扫描”按钮，或选择“插入”|“可变截面扫描”命令，弹出可变截面扫描特征操控板，单击“实体”按钮，以指定生成实体特征。

(2) 在绘图区域单击选取一条轨迹线，然后按住 Ctrl 键分别选取其他 3 条轨迹线。单击“参照”按钮，弹出其下滑面板，并在“剖面控制”下拉列表框中选择“恒定法向”选项，然后在绘图区域选择基准平面 TOP 作为方向参照，如图 7-68 所示。

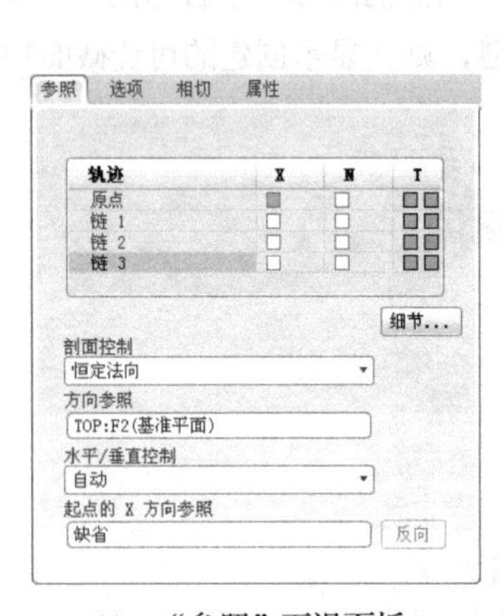

(a)　“参照”下滑面板

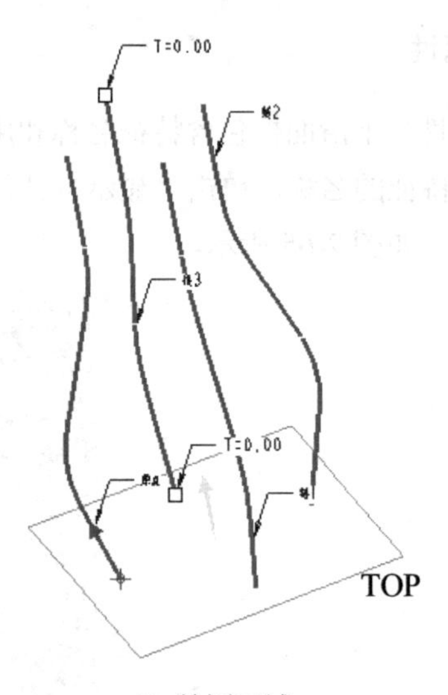

(b) 绘图区域

图 7-68　参照设置

(3) 单击“草绘”按钮草绘，系统会进入草绘界面，绘制如图 7-69 所示的截面。单击草绘工具栏中的“确定”按钮，退出草绘模式。创建的扫描特征如图 7-70 所示。

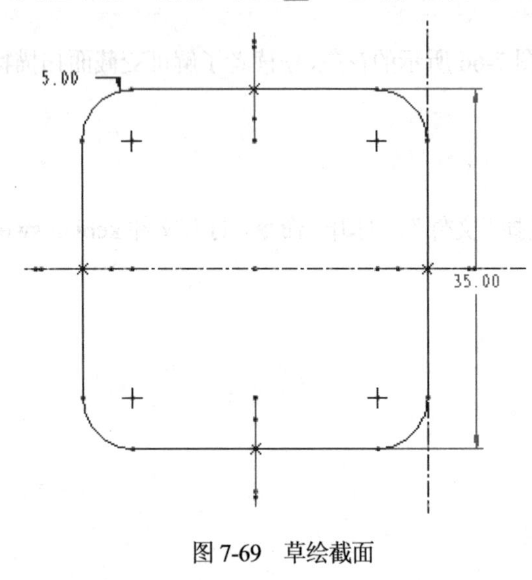

图 7-69　草绘截面

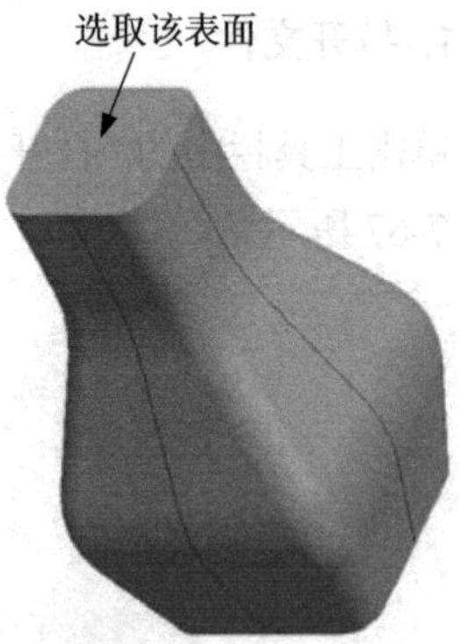

选取该表面

图 7-70　创建的扫描特征

3. 倒圆角

单击特征工具栏中的“倒圆角”按钮，然后单击瓶底的一条边界线，则其他边都会被选中，接着在倒圆角特征操控板中输入倒角值为 3，单击“确定”按钮或单击鼠标中键完成倒圆角特征的创建，如图 7-71 所示。

4. 抽壳

单击特征工具栏中的“壳”按钮，选取如图 7-70 所示的表面作为去除表面，并在抽壳特征操控板的厚度框中输入壳体的厚度为 1.5，然后单击“确定”按钮或单击鼠标中键完成抽壳特征的创建，如图 7-72 所示。

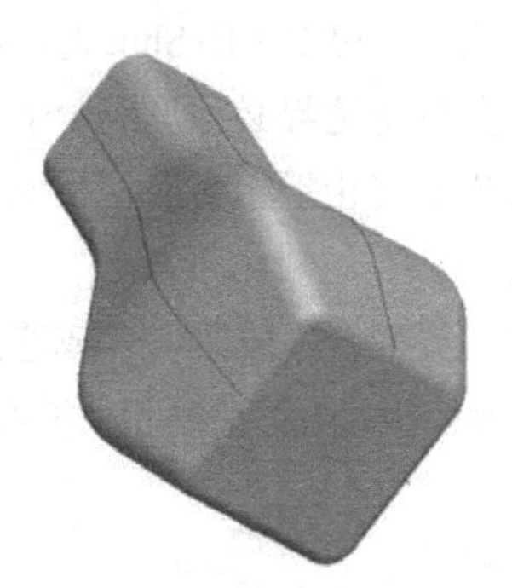

图 7-71　创建倒圆角

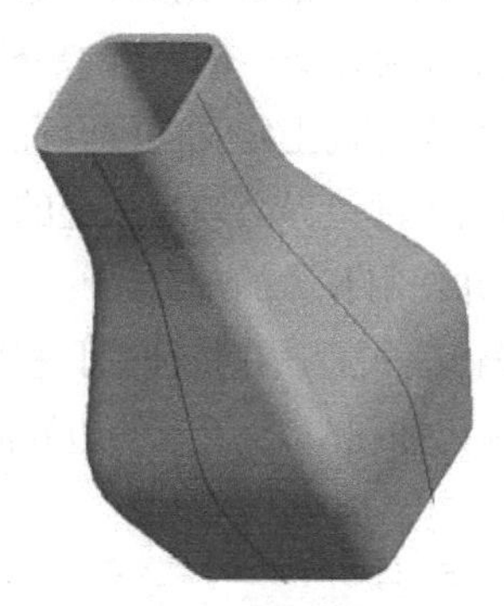

图 7-72　创建的抽壳特征

5. 隐藏辅助线

完成特征的创建以后，需要将一些不需要的辅助线隐藏掉。在模型树中选中需要隐藏的草绘线并右击，从弹出的快捷菜单中选择“隐藏”命令，如图 7-73 所示，即可隐藏不需要的辅助线。最后创建的花瓶如图 7-74 所示。

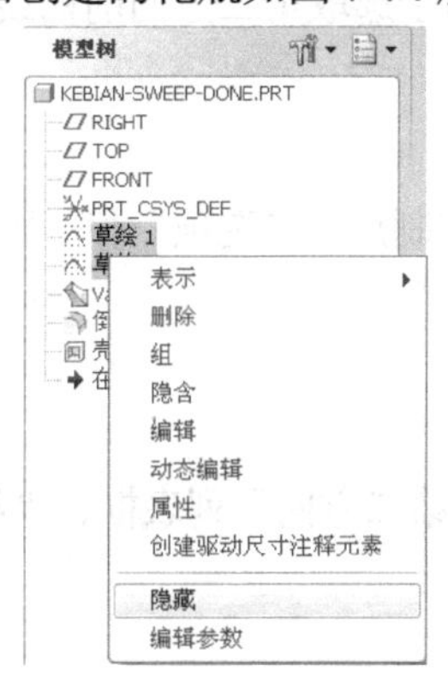

图 7-73　隐藏辅助线

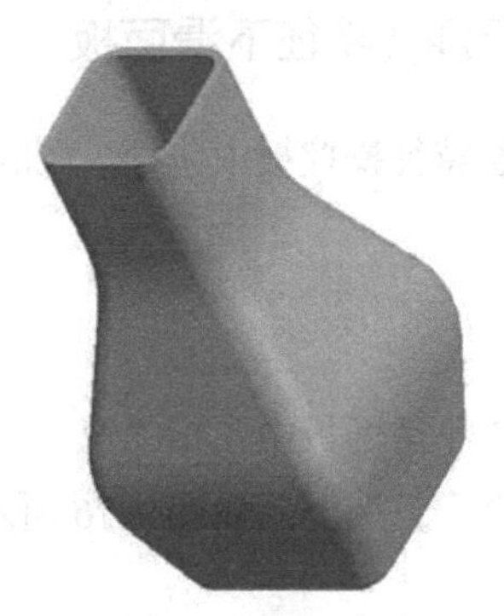

图 7-74　创建的花瓶特征

6. 保存文件

选择“文件”|“保存副本”命令，在弹出的“保存副本”对话框的“新建名称”文本框中输入文件名称 kebian-sweep-done，再选择指定的目录，然后单击“确定”按钮确定保存文件并关闭窗口。

7.5　边 界 混 合

边界混合利用边线来生成曲面，可以在参照实体之间创建边界混合特征。在每个方向上选定第一个和最后一个图元来定义曲面的边界，如果能添加更多的参照图元则能更完整地定义曲面。选择参照图元的规则如下。

- 曲线、零件边、基准点、曲线或边的端点可作为参照图元使用。基准点或顶点只能出现在收集器的最前端或者最后端。

- 在每个方向上，都必须按连续选择的顺序选择参照图元，可以对其进行重新排序。
- 如果使用连续边或一条以上的基准曲线作为边界，可以按住 Shift 键，然后选择曲线链。
- 对于在两个方向上定义的混合曲面来说，其外部边界必须形成一个封闭的环，即边界混合的外部边界必须是相交的。如果边界不终止于相交点，系统会自动修剪这些边界，并使用有关的部分。

进入零件设计模式后，在特征工具栏中单击“边界混合”按钮，或选择“插入”|“边界混合”命令，弹出如图 7-75 所示的边界混合特征操控板，由对话框和下滑面板两部分组成。

图 7-75　边界混合特征操控板

7.5.1　边界混合特征对话框

在边界混合特征对话框中，第一方向链收集器 选取项目 用于选取第一方向的曲线，第二方向链收集器 单击此处添加项目 用于选取第二方向的曲线。

7.5.2　边界混合特征下滑面板

扫描混合特征操控板中包括 “曲线”“约束”“控制点”“选项”和“属性”5 个下滑面板。

1. 曲线

“曲线”下滑面板中包括“第一方向”列表框、“第二方向”列表框、“细节”按钮以及“闭合混合”复选框，如图 7-76 所示。

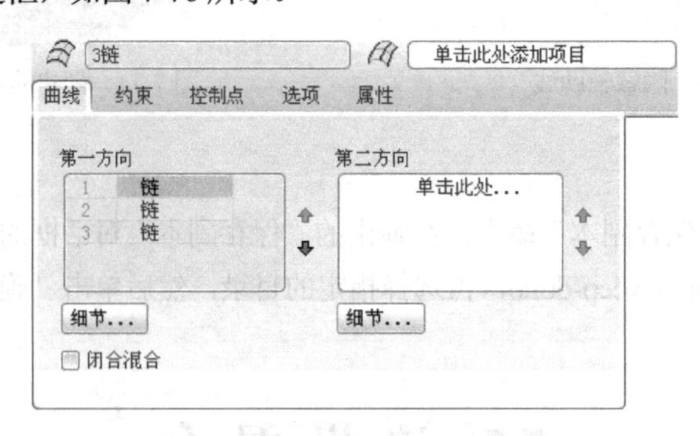

图 7-76　“曲线”下滑面板

- “第一方向”列表框：在该列表框中列出了所选择的第一方向上的所有曲线链，系统会根据所选择曲线的先后顺序为其排序，用户还可以在该列表框中选中某一条曲线链后，单击右侧的“向上”或者“向下”按钮，调整曲线链的顺序。该列表框与对话框中的第一方向链收集器 选取项目 是相对应的。图 7-77 所示的是以第一方向上的曲线创建曲面。

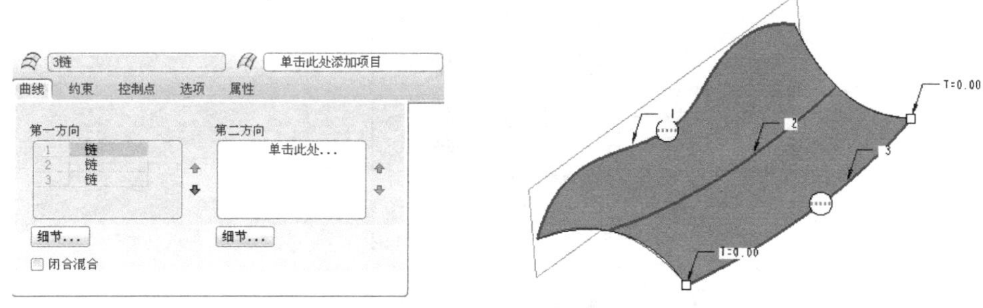

图 7-77 以第一方向上的曲线创建曲面

- “第二方向”列表框：在该列表框中列出了所选择的第二方向上的所有曲线链，用法与“第一方向”列表框是一样的。该列表框与对话框中的第二方向链收集器 单击此处添加项目 是相对应的。图 7-78 所示的是以第二方向上的曲线创建曲面，图 7-79 所示的是选取两个方向上的曲线创建曲面。

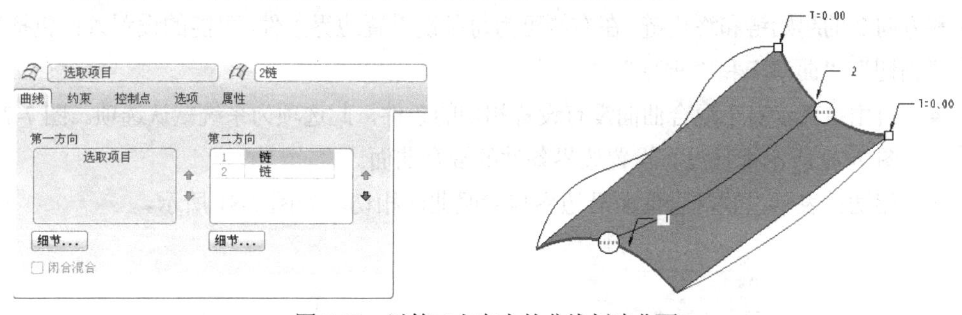

图 7-78 以第二方向上的曲线创建曲面

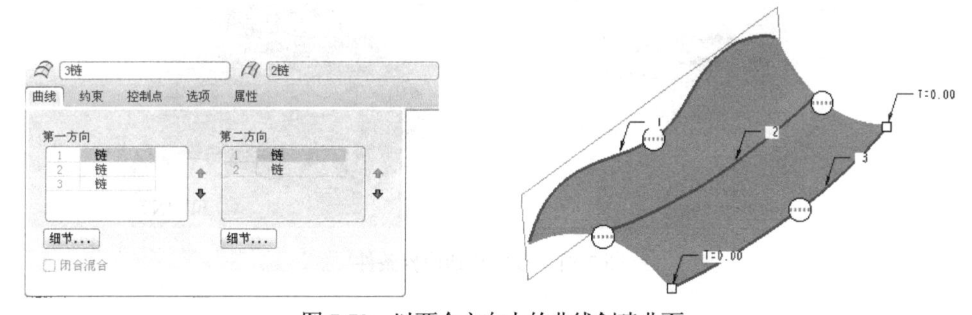

图 7-79 以两个方向上的曲线创建曲面

- “细节”按钮：可以打开“链”对话框，用来修改链和曲面集属性。
- “闭合混合”复选框：通过将最后一条曲线与第一条曲线混合形成封闭环曲面，该复选框只适用于其他收集器为空的单向曲线。

2. 约束

在“约束”下滑面板中，有“边界条件”列表框、“显示拖动控制滑块”复选框、“添加侧曲线影响”复选框以及“添加内部边相切”复选框，如图 7-80 所示。

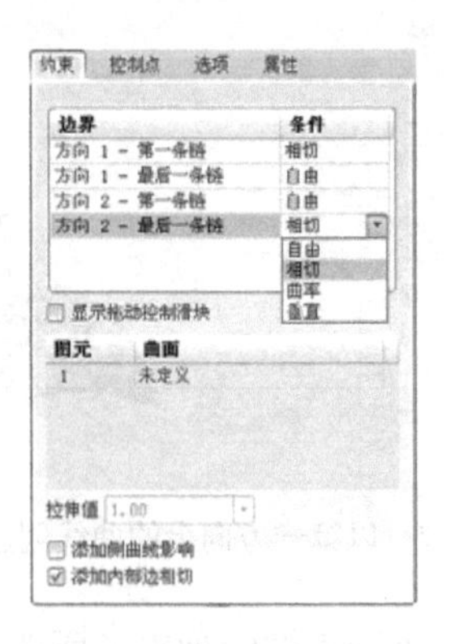

图 7-80　“约束”下滑面板

(1) 边界条件

该列表框显示并控制边界条件，包括边对齐的相切条件。在该框中的左侧分别列出了方向 1 和方向 2 的起始链和终止链。在右侧可为每条链设置边界条件，可能的设置条件包括“自由”“相切”“曲率”和“垂直”。

- 自由：表示对于混合曲面没有设置相切的条件，此选项为系统默认选项。图 7-77～图 7-79 所示都是没有设置边界条件的混合曲面。
- 相切：表示设置混合曲面沿边界与参照曲面相切，如图 7-81 所示。

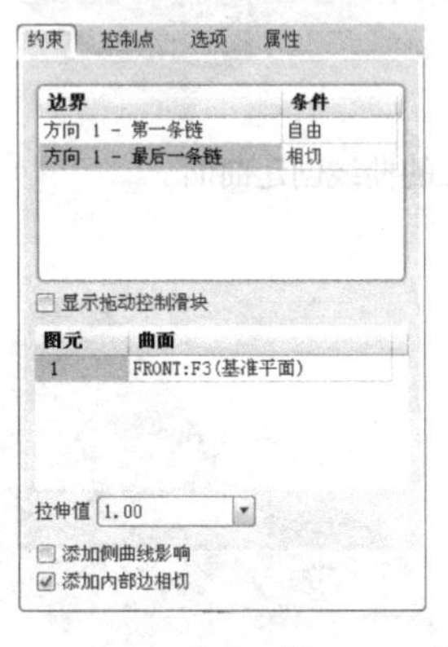

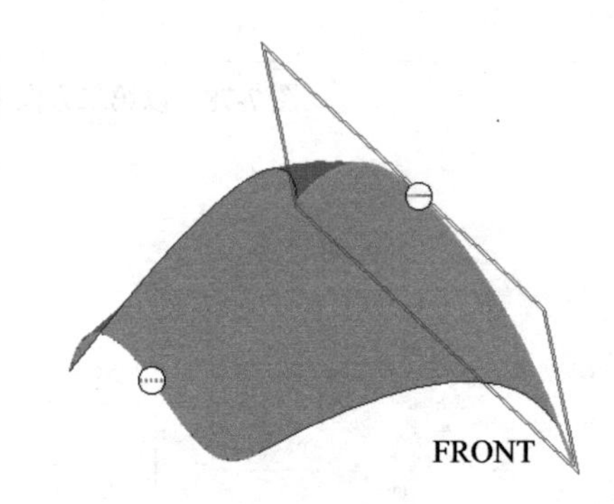

图 7-81　设置相切边界条件

- 曲率：表示混合曲面沿边界具有曲率的连续性，如图 7-82 所示。

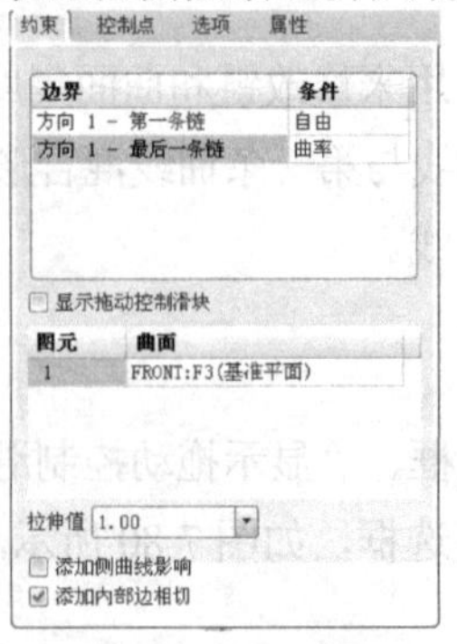

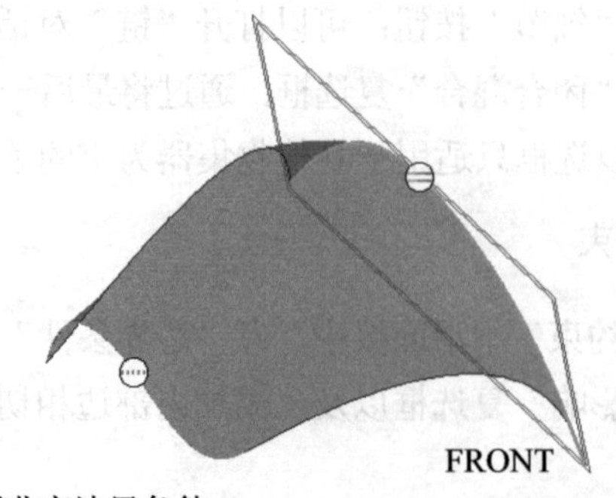

图 7-82　设置曲率边界条件

● 垂直：表示混合曲面与参照曲面或者基准平面垂直，如图 7-83 所示。

约束　控制点　选项　属性

边界	条件
方向 1 - 第一条链	自由
方向 1 - 最后一条链	垂直

□ 显示拖动控制滑块

图元	曲面
1	FRONT:F3(基准平面)

拉伸值 1.00

□ 添加侧曲线影响

☑ 添加内部边相切

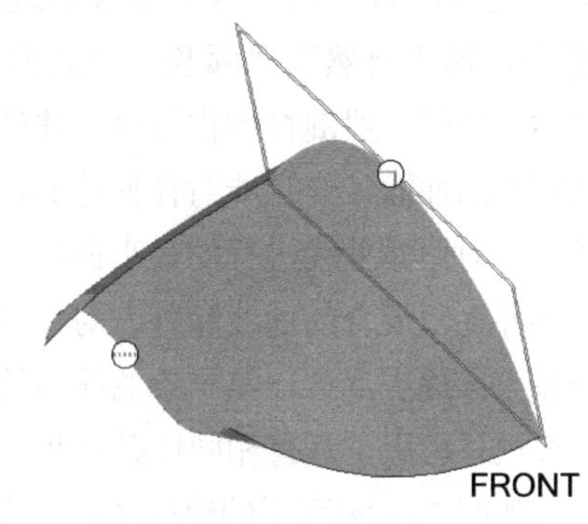

图 7-83　设置垂直边界条件

(2) 显示拖动控制滑块

拖动控制滑块用于显示控制边界拉伸系数。选中该复选框，在绘图区域会显示拉伸值的控制滑块，选中滑块并拖动可以改变拉伸因子，也可以直接在拉伸框中输入拉伸值。

(3) 添加侧曲线影响

启用“添加侧曲线影响”复选框，在单向混合曲面中，对于指定为相切或者曲率的边界条件，系统会使混合曲面的侧边与参照的侧边相切。图 7-84 所示为“添加侧曲线影响”复选框启用与否的差异。

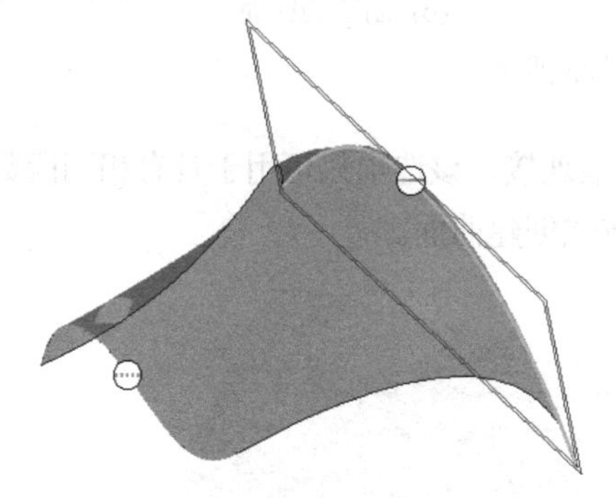

(a) 选中“添加侧曲线影响”

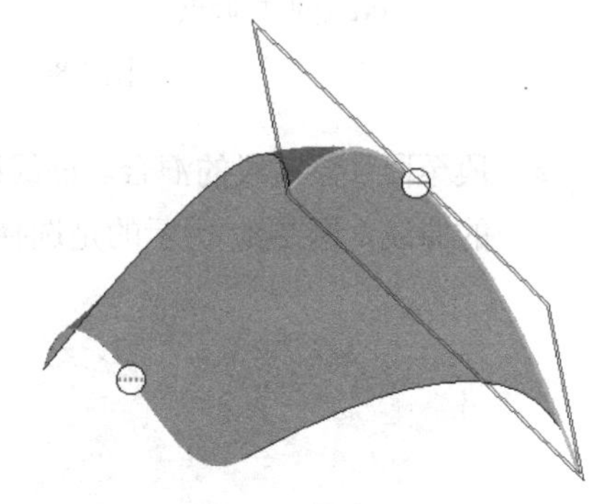

(b) 不选中“添加侧曲线影响”

图 7-84　比较启用与否的差异

(4) 添加内部边相切

为混合曲面的一个或两个方向设置相切内部边条件，此条件只适用于具有多段边界的曲面。可创建带有曲面片(通过内部边并与之相切)的混合曲面。某些情况下，如果几何复杂，内部边的二面角可能会与零有偏差。

3. 控制点

通过在输入曲线上的映射来添加控制点以控制曲面形状。在设置列表中可以添加控制点的新集，如图 7-85 所示。

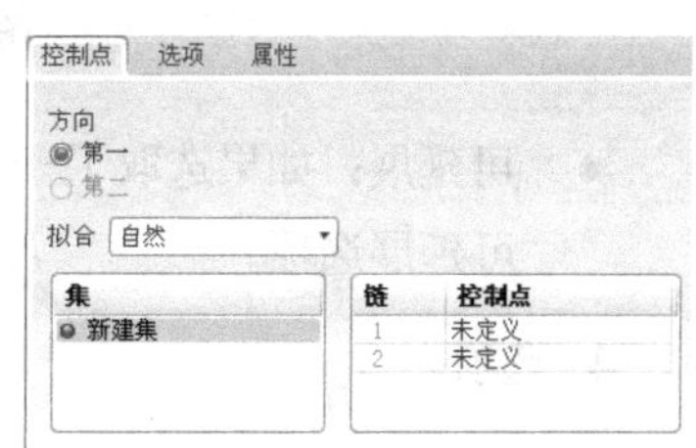

图 7-85　“控制点”下滑面板

混合控制点允许创建具有最佳的边和曲面数量的曲面，可以得到平滑的曲面形状。

“方向”选项区域中的单选按钮表示选取混合特征的第一方向或第二方向。“拟合”下拉列表框中包括“自然”“弧长”“点到点”“段至段”和“可延展”5 个选项。

- 自然：使用一般混合例程混合，并使用相同例程来重置输入曲线的参数。可以获得最相近的曲面，并且能对任何边界混合曲面进行自然拟合控制点的设置。
- 弧长：对原始曲线进行的最小调整。使用一般混合例程来混合曲线，被分成相等曲线段并逐段混合的曲线除外，对任何边界混合曲面进行弧长拟合控制点的设置。
- 点到点：逐点混合，第一条曲线中的点 1 连接到第二条曲线中的点 1，以此类推，该选项只可用于具有相同样条点数量的样条曲线。如图 7-86 所示，在图形区域右击，弹出如图 7-86(a)所示的快捷菜单，从中选择“控制点”命令，然后选取图中的两点，最后创建的点到点控制曲面如图 7-86(b)所示。

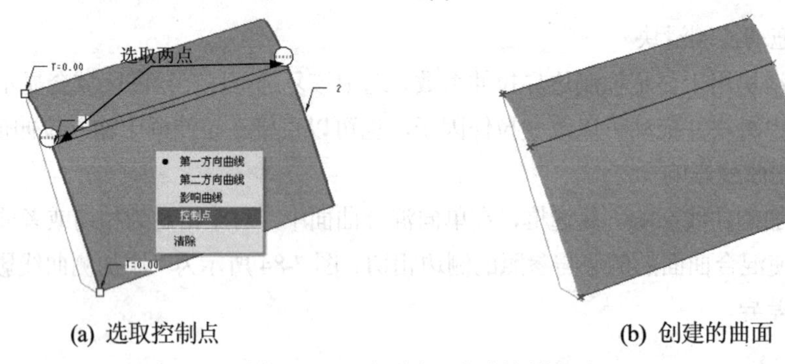

(a) 选取控制点　　(b) 创建的曲面

图 7-86　“点到点”方式控制曲面

- 段至段：段对段的混合。曲线链或复合曲线被连接，该选项只可用于具有相同段数的曲线。图 7-87 所示的是选择段至段控制方式创建曲面。

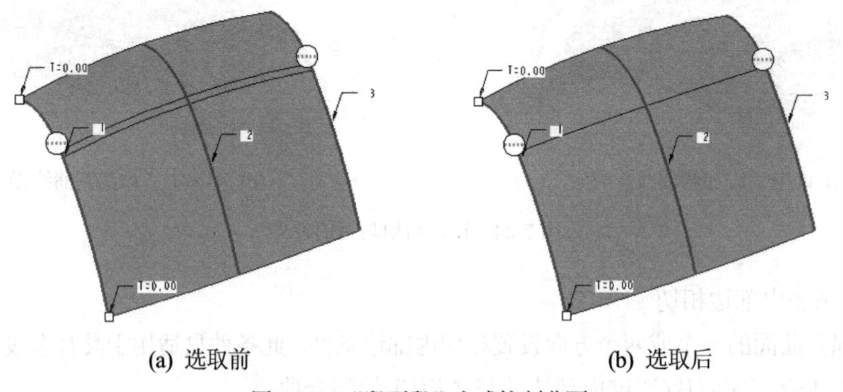

(a) 选取前　　(b) 选取后

图 7-87　“段至段”方式控制曲面

- 可延展：如果选取了一个方向上的两条相切曲线，则可进行切换，以确定是否需要可延展选项。

4. 选项

在“选项”下滑面板中可选取曲线链来影响用户界面中混合曲面的形状或逼近方向，如

图7-88所示，其中包括“影响曲线”列表框、“细节”按钮、“平滑度”和“在方向上的曲面片”选项。单击“细节”按钮细节...，弹出如图7-89所示的“链”对话框。

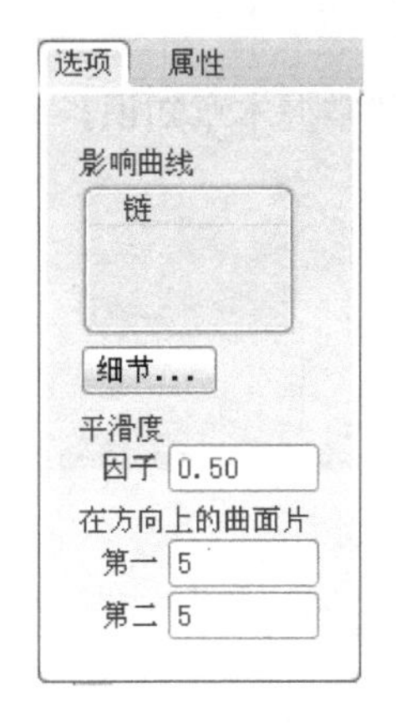

图7-88　“选项”下滑面板

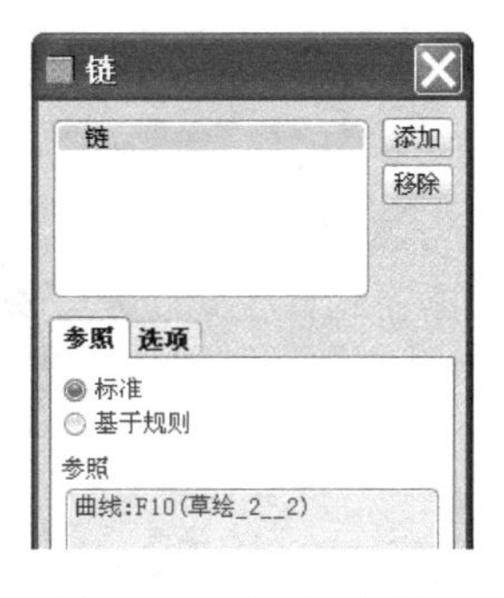

图7-89　“链”对话框

- 影响曲线：该列表框中列出了选取的影响曲线链。
- 细节：单击该按钮可以打开“链”对话框，修改链的属性。
- 平滑度：在该框中输入数值，可以控制曲面的粗糙度、不规则性或者投影。
- 在方向上的曲面片：控制沿第一方向和第二方向的曲面片数。

5. 属性

“属性”下滑面板包含特征名称和用于访问特征信息的图标，在名称框中可以修改边界混合特征名称，单击“显示特征信息”按钮，则会显示所创建的边界混合特征的相关信息，如图7-90所示。

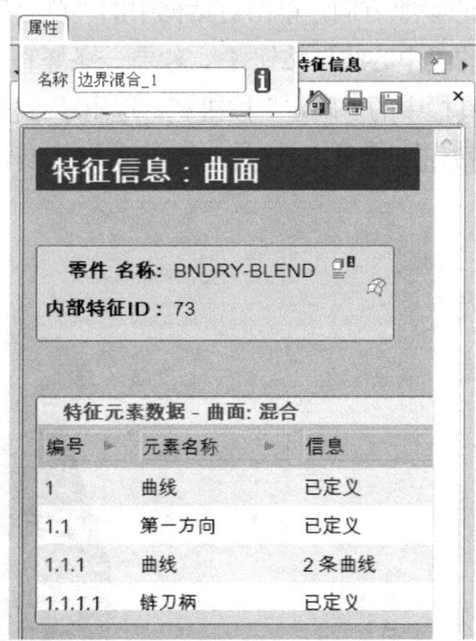

图7-90　“属性”下滑面板

7.6 本 章 实 例

本实例通过创建如图 7-91 所示的咖啡壶，使读者了解和掌握本章知识。

图 7-91　咖啡壶模型

1. 建立新文件

在工具栏中单击“新建”按钮，或选择“文件”|“新建”命令，在弹出的“新建”对话框中设置“类型”为“零件”，设置“子类型”为“实体”，输入零件名称为 kafeihu，选择“使用缺省模板”复选框，单击“确定”按钮确定，进入零件设计界面。

2. 创建咖啡壶身

(1) 单击特征工具栏中的“旋转”按钮，在旋转特征操控板中单击“实体”按钮，指定生成拉伸实体；单击“放置”按钮，打开其下滑面板，然后单击该下滑面板中的“定义”按钮定义...，系统弹出“草绘”对话框并提示用户选择草绘平面。选取 FRONT 基准平面作为草绘平面，接受系统默认的参照方向，单击对话框中的“草绘”按钮草绘，进入草绘界面。

(2) 单击草绘工具栏中的“中心线”按钮，绘制一条竖直中心线，然后绘制如图 7-92 所示的截面，并单击草绘工具栏中的“确定”按钮，退出草绘模式。接受系统默认的旋转角度值为 360°，单击“确定”按钮或单击鼠标中键完成咖啡壶身特征的创建，如图 7-93 所示。

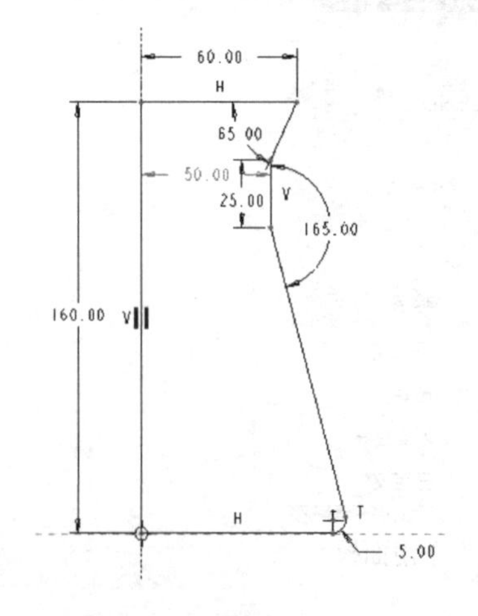

图 7-92　草绘旋转截面

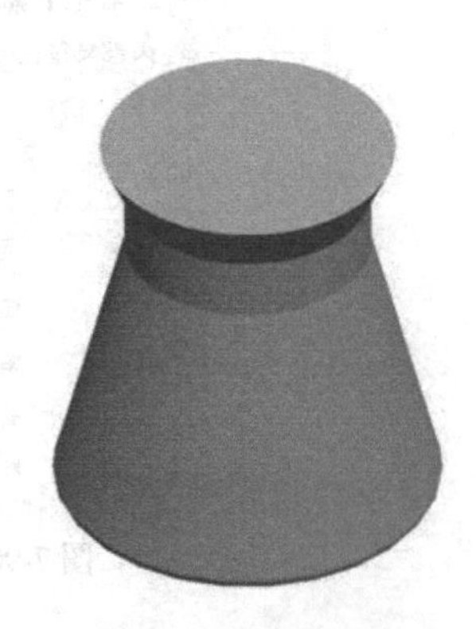

图 7-93　创建咖啡壶身特征

3. 创建咖啡壶嘴

(1) 单击特征工具栏中的“草绘”按钮，在主界面中选取RIGHT基准面作为草绘平面，再单击对话框中的“草绘”按钮草绘，进入草绘界面，并绘制如图7-94所示的曲线，然后单击草绘工具栏中的“确定”按钮✔，退出草绘环境。

(2) 选中步骤(1)创建的曲线，选择主菜单栏中的“编辑”|“投影”命令，在主视区上方出现投影操作界面，在模型上选择如图7-95所示的曲面作为参照，然后单击“确定”按钮✔，创建如图7-96所示的投影曲线。

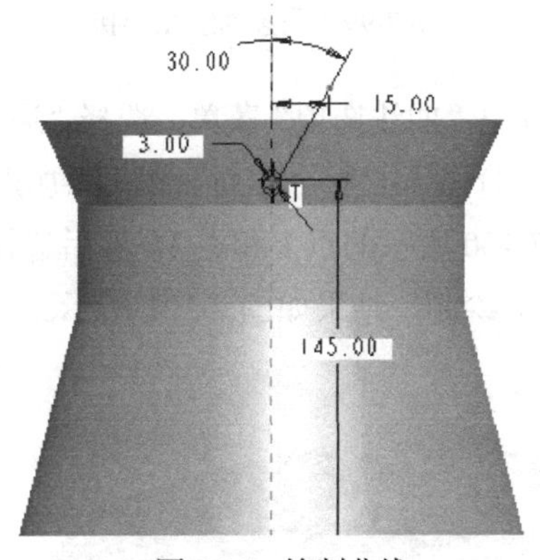

图7-94 绘制曲线

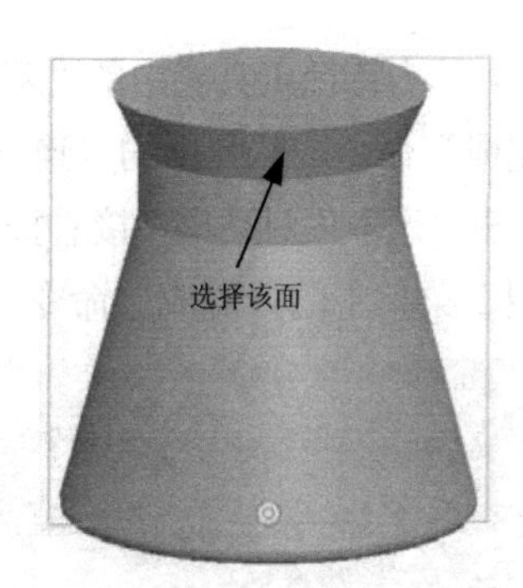

图7-95 选择参照曲面

(3) 选择步骤(2)创建的投影曲线，单击特征工具栏中的“镜像”按钮，再选择FRONT基准面作为镜像平面，然后单击“确定”按钮✔，完成镜像特征的创建，如图7-97所示。

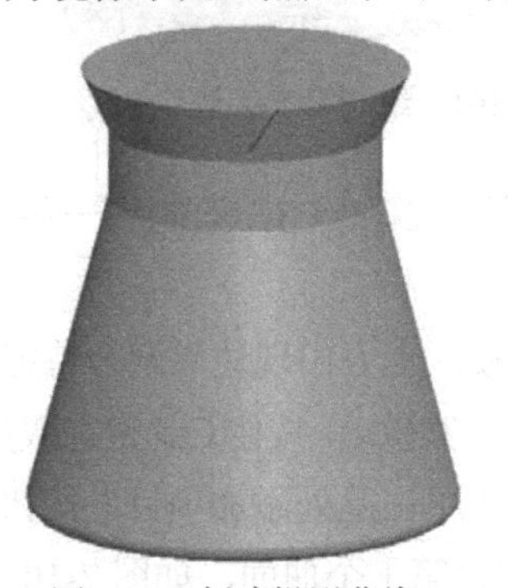
图7-96 创建投影曲线

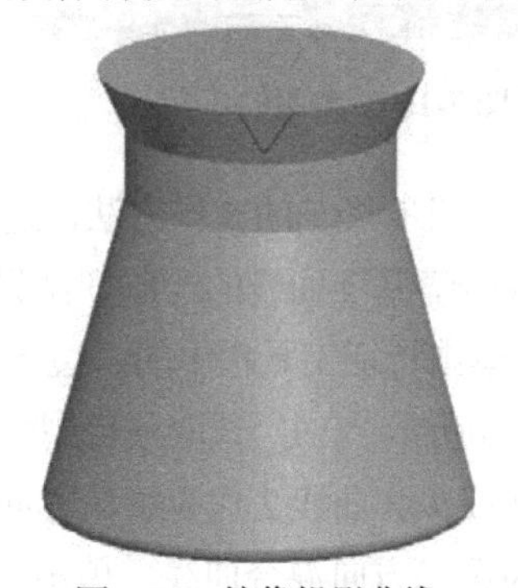
图7-97 镜像投影曲线

(4) 单击特征工具栏中的“草绘”按钮，在主界面中选取FRONT基准面作为草绘平面，再单击对话框中的“草绘”按钮草绘，进入草绘界面。使用“样条曲线”按钮∿绘制如图7-98所示的曲线，然后单击草绘工具栏中的“确定”按钮✔，退出草绘环境。注意该样条曲线的下部应该与投影曲线相连接，如图7-99所示。

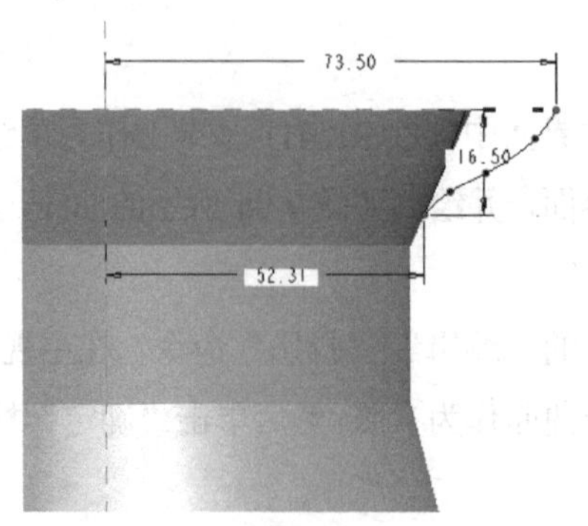

图 7-98　绘制样条曲线

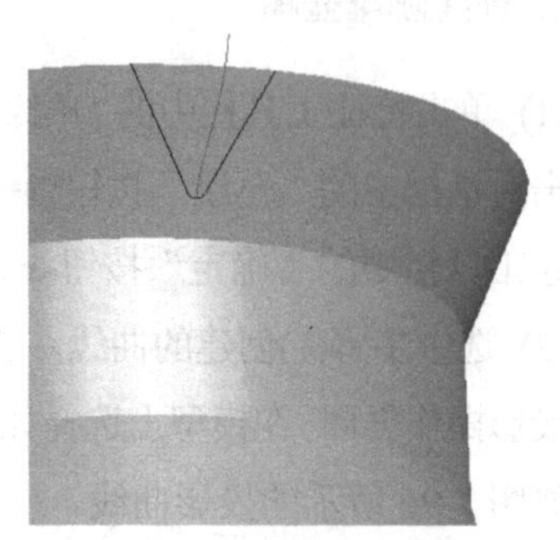

图 7-99　两条曲线相连接

(5) 单击特征工具栏中的“基准曲线”按钮，弹出“曲线选项”菜单，选择“通过点”和“完成”命令，从弹出的“连结类型”菜单中选择“样条”“整个阵列”和“添加点”命令，弹出“选取”对话框，接着按住 Ctrl 键选取如图 7-100 所示的点 1 和点 3，然后选择“连结类型”菜单中的“完成”命令，完成一条基准曲线的绘制，结果如图 7-101 所示。

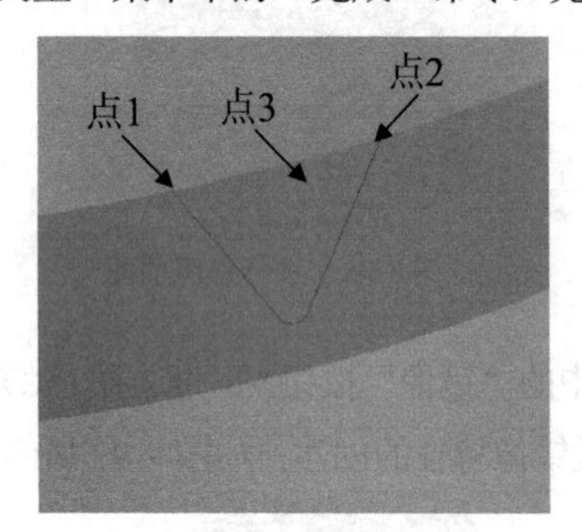

图 7-100　参照的 3 个点

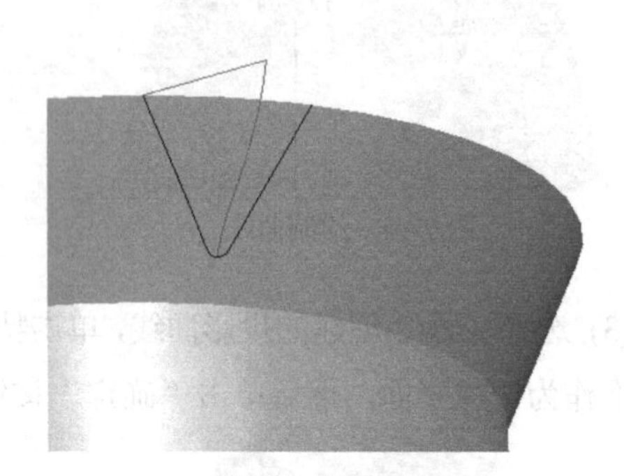

图 7-101　绘制第 1 条基准曲线

(6) 按照步骤(5)的操作方法，连接如图 7-100 所示的点 2 和点 3，绘制另一条基准曲线，即可完成壶嘴基准曲线的绘制，结果如图 7-102 所示。

(7) 单击特征工具栏中的“边界混合”按钮，主视区上方出现边界混合特征操控板，如图 7-103 所示。单击“选取项目”按钮，将第一方向链收集器激活，按住 Ctrl 键选取如图 7-104 所示的曲线 1 和曲线 2 作为第一方向混合曲线；再单击“单击此处添加项目”按钮框，选取曲线 5 为第二方向混合曲线。单击“确定”按钮，创建第 1 个曲面，如图 7-105 所示。

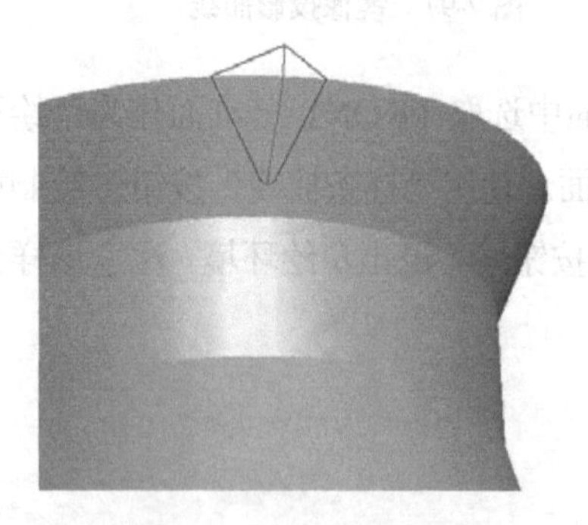

图 7-102　绘制壶嘴基准曲线

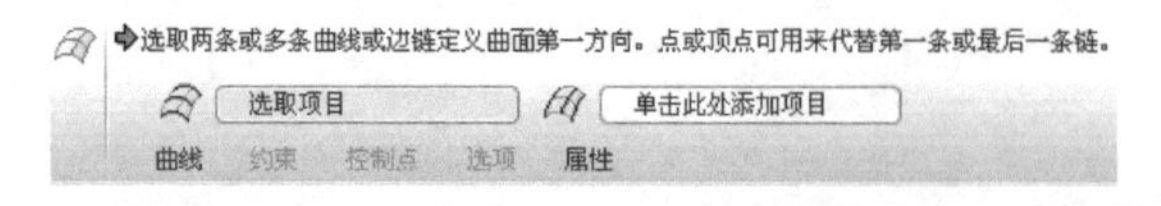

图 7-103　边界混合特征操控板

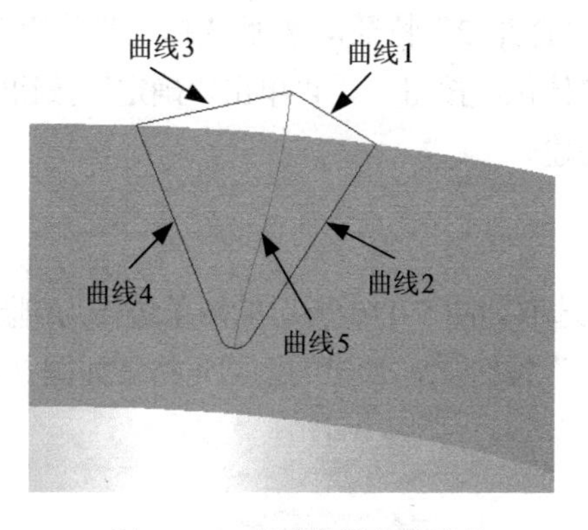

图7-104 壶嘴基准曲线编号

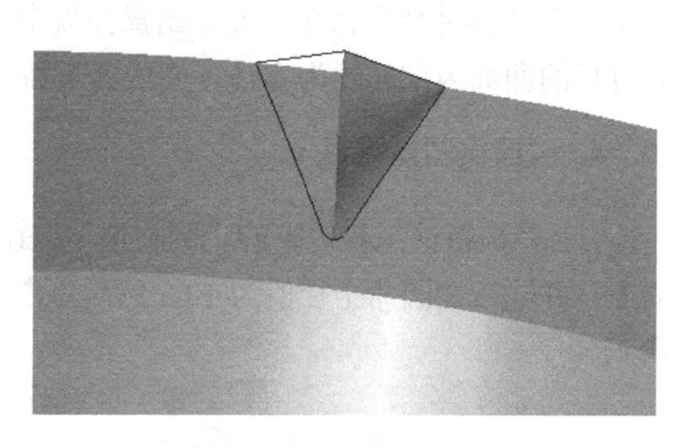

图7-105 创建第1个曲面

(8) 按照步骤(7)的操作方法继续创建边界混合特征。选取曲线3和曲线4作为第一方向混合曲线，选取曲线5作为第二方向混合曲线，然后单击“确定”按钮，创建第2个曲面，如图7-106所示。

(9) 按照步骤(8)的操作方法继续创建边界混合特征。选取曲线1和曲线3作为第一方向混合曲线，然后单击“确定”按钮，完成第3个曲面的创建，如图7-107所示。

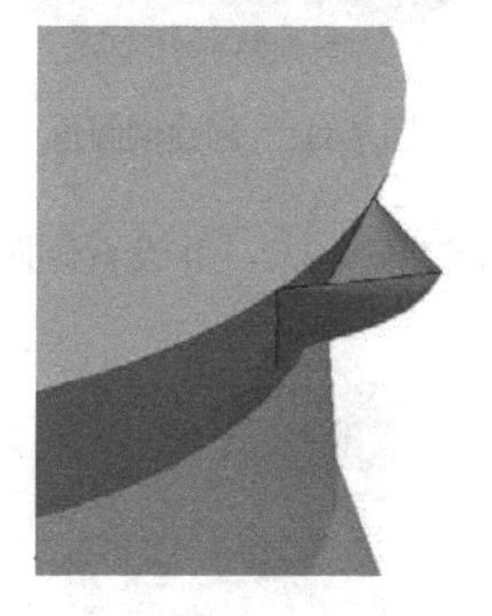

图7-106 创建第2个曲面

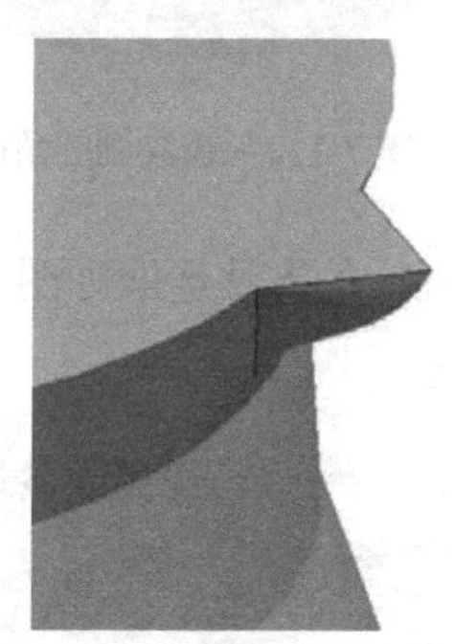

图7-107 创建第3个曲面

(10) 按住Ctrl键在模型树中选择创建的“边界混合1”和“边界混合2”特征(如图7-108所示)，并单击特征工具栏中的“合并”按钮，然后单击“确定”按钮将两个曲面合并成一个曲面。

(11) 按住Ctrl键在模型树中选择创建的“合并1”和“边界混合3”特征，并单击特征工具栏中的“合并”按钮，再单击“确定”按钮将两个曲面合并成一个曲面，此时3个边界混合特征合并成了一个曲面，即可完成壶嘴曲面的造型设计，如图7-109所示。

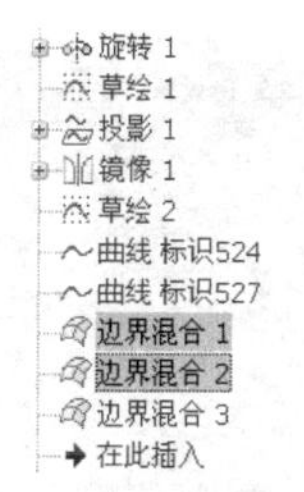

图7-108 选择合并对象

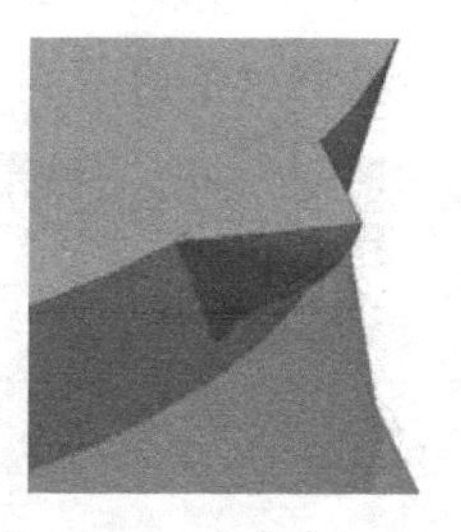

图7-109 最终合并结果

(12) 在模型树中选择最后创建的合并曲面(即“合并 2”特征)，然后选择主菜单栏中的“编辑”|“实体化”命令，并单击操控板中的“实体化”按钮，再单击“确定”按钮，合并后的曲面内部转化为实体，完成壶嘴特征的创建。

4. 创建倒圆角特征

(1) 单击特征工具栏中的“倒圆角”按钮，选取如图 7-110 所示的两条边作为倒圆角对象，并输入倒圆角半径值为 10，然后单击“确定”按钮，创建的倒圆角特征如图 7-111 所示。

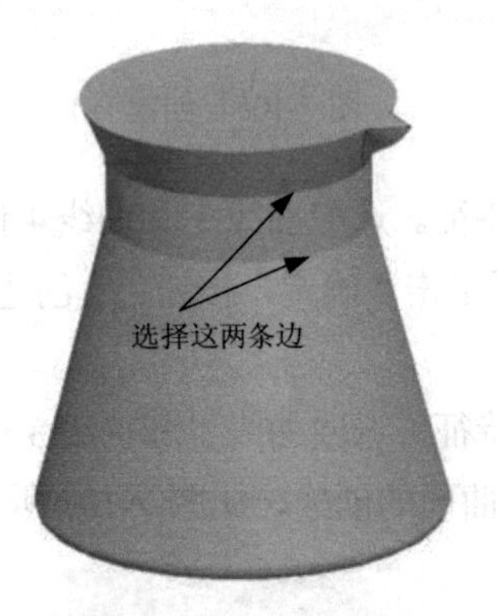

图 7-110　选取倒圆角的边

图 7-111　创建倒圆角

(2) 按照同样的方法选取如图 7-112 所示的边作为倒圆角对象，并设置倒圆角半径为 5，如图 7-113 所示。

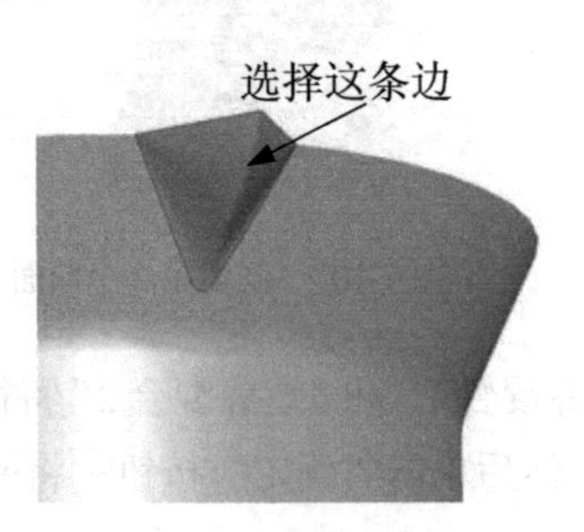

图 7-112　再次选择倒圆角的边

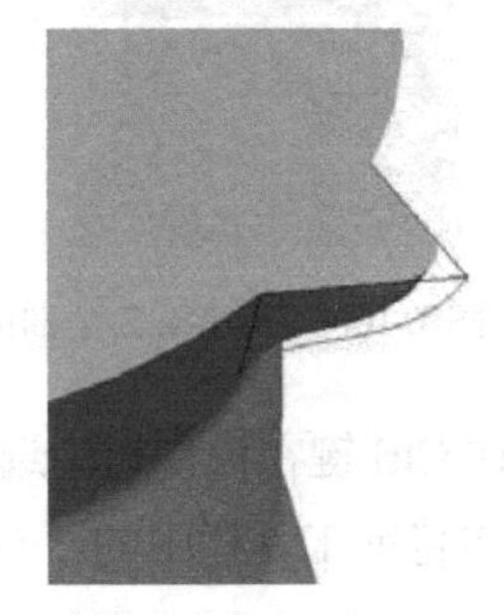

图 7-113　再次创建倒圆角

(3) 按照同样的方法选取如图 7-114 所示的边作为倒圆角对象，并设置倒圆角半径为 2，如图 7-115 所示。

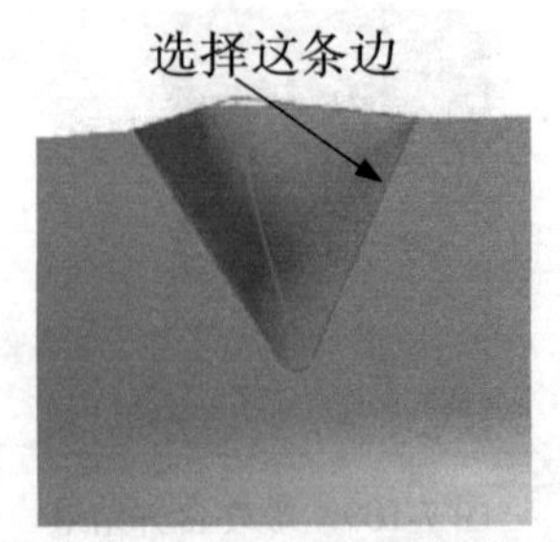

图 7-114　第 3 次选取倒圆角的边

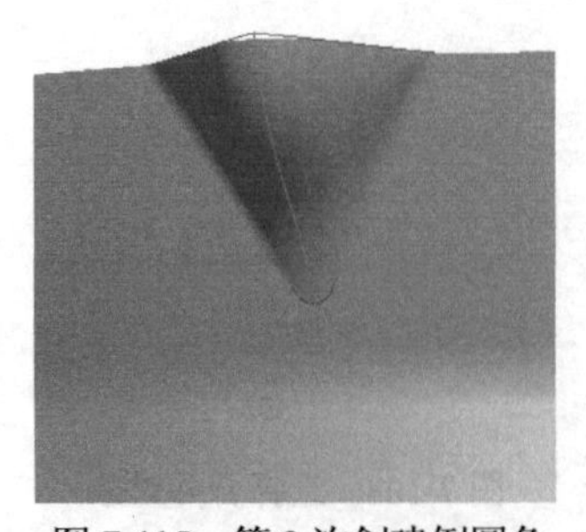

图 7-115　第 3 次创建倒圆角

5. 创建壳特征

选择主菜单栏中的“插入”|“壳”命令，绘图区上方弹出壳特征操控板，在其中输入壳厚度厚度 2.00 为2，并按Enter键。单击咖啡壶的上端面(如图7-116所示)，然后单击“确定”按钮，完成壳特征的创建，结果如图7-117所示。

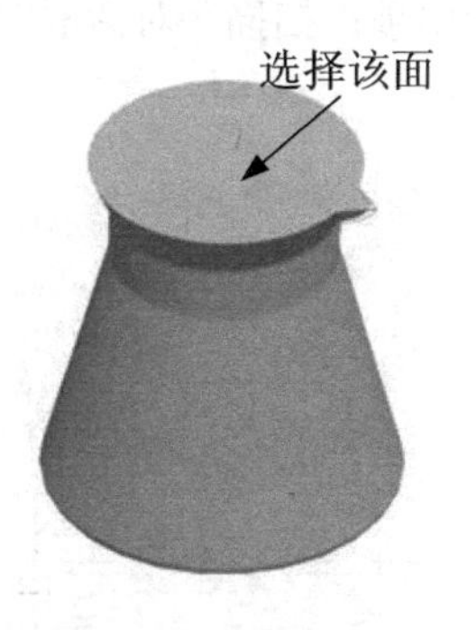

图7-116 选取平面

图7-117 创建壳特征

6. 创建把手固定圈

(1) 单击特征工具栏中的“旋转”按钮，在旋转特征操控板中单击“实体”按钮，指定生成拉伸实体；单击“放置”按钮，打开其下滑面板。单击该下滑面板中的“定义” 按钮定义...，系统弹出“草绘”对话框并提示用户选择草绘平面。选取FRONT基准平面作为草绘平面，接受系统默认的参照方向，单击对话框中的“草绘”按钮草绘，进入草绘界面。

(2) 单击草绘工具栏中的“中心线”按钮，绘制一条竖直中心线，并绘制如图7-118所示的截面。单击草绘工具栏中的“确定”按钮，退出草绘模式。接受系统默认的旋转角度值为360°，然后单击“确定”按钮或单击鼠标中键完成把手固定圈的创建，如图7-119所示。

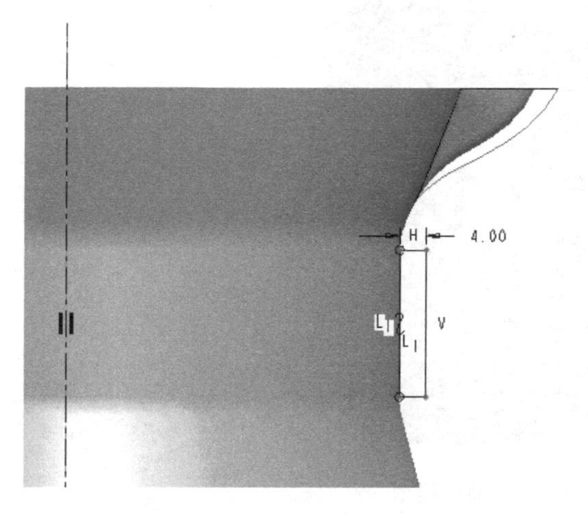

图7-118 草绘旋转截面

图7-119 创建把手固定圈

7. 创建把手

(1) 选择主菜单栏中的“插入”|“扫描”|“伸出项”命令，在“扫描轨迹”菜单中选择

“草绘轨迹”命令，再选择 FRONT 基准面作为草绘平面，然后选择“确定”和“缺省”命令，进入草绘工作环境。

(2) 绘制如图 7-120 所示的轨迹线，完成后单击草绘工具栏中的“确定”按钮✔。选择“属性”菜单中的“自由端点”和“完成”命令，接着绘制如图 7-121 所示的扫描截面，然后单击草绘工具栏中的“确定”按钮✔，最后单击“伸出项：扫描”对话框中的“确定”按钮，完成扫描特征的创建。

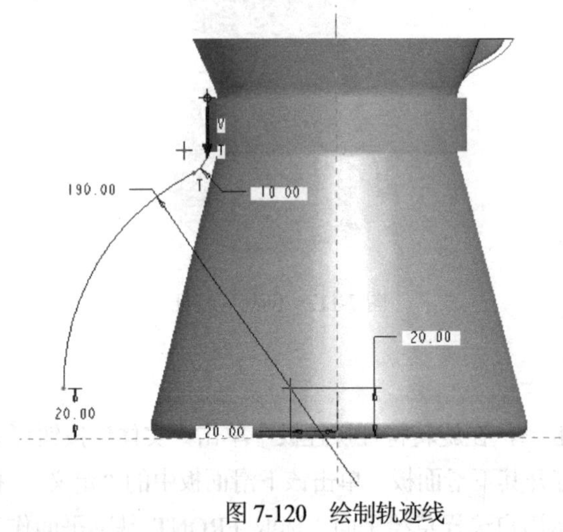

图 7-120　绘制轨迹线

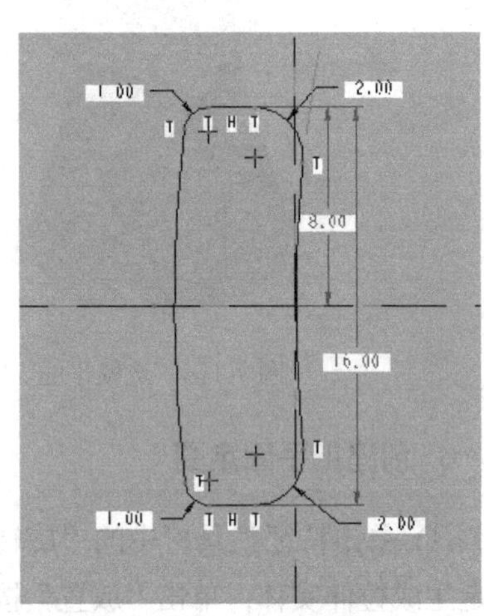

图 7-121　绘制扫描截面

(3) 此时完成咖啡壶模型的创建，结果如图 7-122 所示。对于模型上多余的曲线，可以在模型树中将其选中，利用右键快捷菜单将其隐藏。

图 7-122　咖啡壶模型

8. 保存文件

单击“保存”按钮将文件保存到指定的目录并关闭窗口。

7.7 本章练习

7.7.1 填空题

1. 创建扫描混合特征，需要先定义__________，利用草绘轨迹线或者选择__________作为轨迹线，配合多个截面进行扫描产生实体特征。

2. 螺旋扫描是通过沿着__________扫描截面而创建的，其轨迹线通过旋转面的__________以及__________来定义。

3. 用户在沿一个或多个选定轨迹扫描截面时，可以通过控制截面的__________创建可变截面扫描特征，也可以使用__________或__________创建扫描特征。

7.7.2 选择题

1. 关于可变截面扫描曲面的扫描类型，不包括(　　)。

A. X 轨迹　　B. N 轨迹　　C. T 轨迹　　D. Y 轨迹

2. 下面对于边界混合选取参照图元规则的描述，正确的是(　　)。

A. 端点不可以作为参照图元使用

B. 在每个方向上，不需要按连续的顺序选取参照图元

C. 两个方向定义的混合曲面，外部边界不必形成一个封闭的环

D. 为边界混合特征而选取的曲线不能包含相同的图元

3. 在创建扫描混合特征时，下列(　　)不是“曲线”下滑面板中的内容。

A. “第一方向”列表框　　B. “第二方向”列表框

C. 剖面控制　　D. “闭合混合”复选框

7.7.3 简答题

1. 在创建可变截面扫描曲面特征时，扫描轨迹线 X 轨迹、N 轨迹和 T 轨迹所代表的含义是什么？

2. 在创建边界混合特征时，添加内部边相切约束有什么作用？

7.7.4 上机题

1. 创建如图 7-123 所示的六角头螺母模型，规格为 M10，其尺寸如图 7-124 所示。

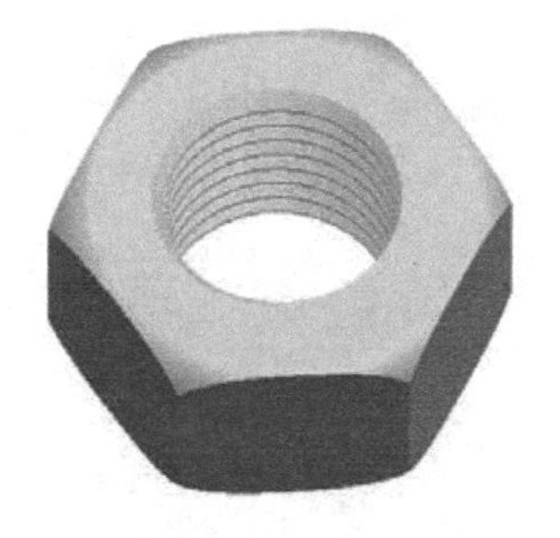

图 7-123　六角头螺母

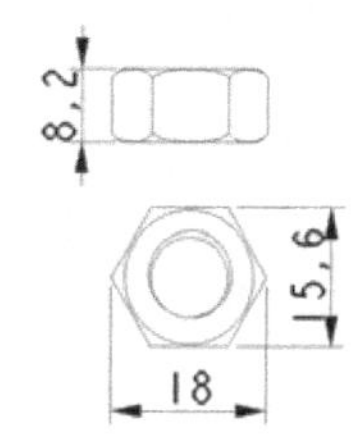

图 7-124　六角头螺母尺寸

2. 利用本章所学的知识，创建图 7-125 所示的风扇模型以及图 7-126 所示的鼠标壳模型(尺寸成比例即可)。

图 7-125　风扇模型

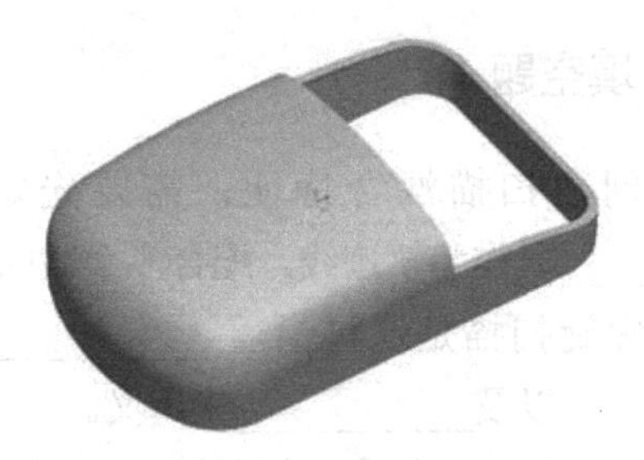

图 7-126　鼠标壳模型

第8章　复杂高级特征

基础特征和工程特征可以用于规则形状的零件建模，对于外形更加复杂的零件，可以采用复杂高级特征来建模。复杂高级特征建模是 Pro/ENGINEER Wildfire 5.0 提供的一组特殊的建模工具，是建模特征的扩展。

本章重点内容如下：

- 实体修改类
- 折弯与展平类
- 特殊形状类

8.1　复杂高级特征介绍

选择“工具”|“选项”命令，系统会弹出“选项”对话框，如图 8-1 所示。在“选项”文本框中输入 allow_anatomic_features，并将其值设置为 yes，再单击“添加/更改”按钮，然后单击“应用”按钮，最后单击“关闭”按钮退出对话框的设置。此时“插入”｜“高级”子菜单将会扩展，添加实体修改和特殊形状的选项，如图 8-2 所示。本章将介绍高级实体特征的创建方法。

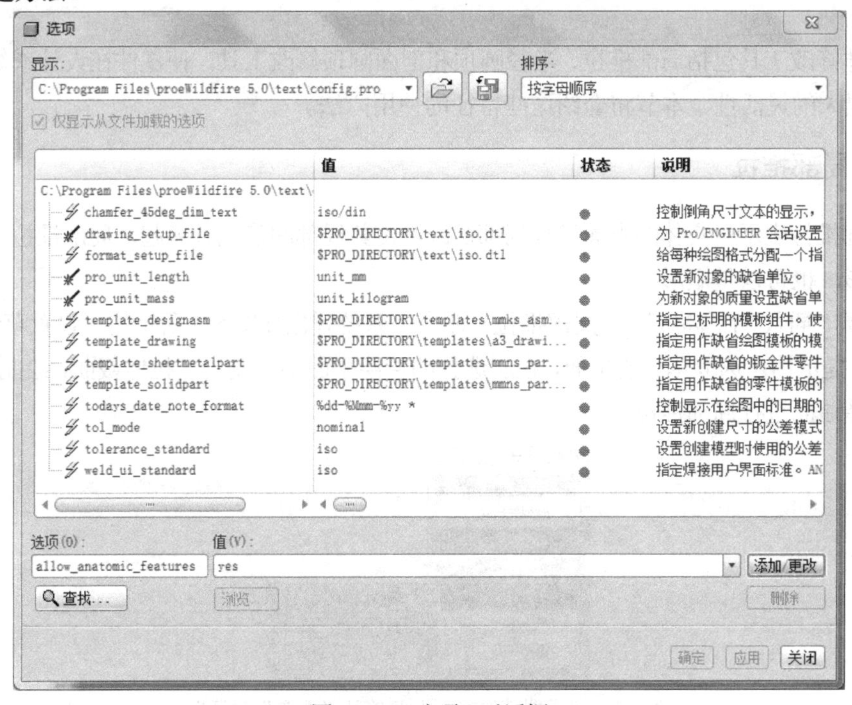

图 8-1　“选项”对话框

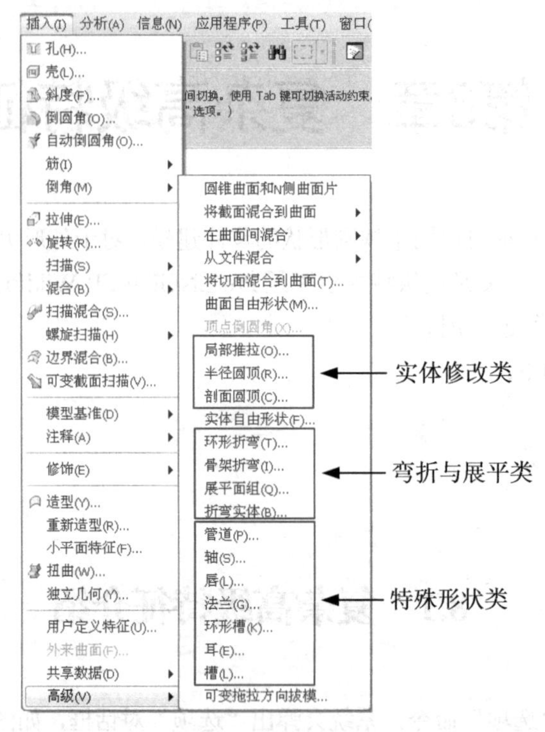

图 8-2　高级特征

8.2　实体修改类建模

实体修改工具包括局部推拉、半径圆顶和剖面圆顶修改工具，使零件在设计或修改过程中具有很大的灵活性，本节将介绍这些特征的使用方法。

8.2.1　局部推拉

局部推拉表示对实体的表面进行局部修改，使其局部凹陷或者突起，局部推拉的区域可以是圆形，也可以是矩形。

选择“插入”|“高级”|“局部推拉”命令，系统弹出如图 8-3 所示的“设置草绘平面”菜单，并提示用户选取草绘的平面，在所选择的草绘平面上绘制局部拉伸截面，绘制完成后，需要选择曲面进行局部推拉。

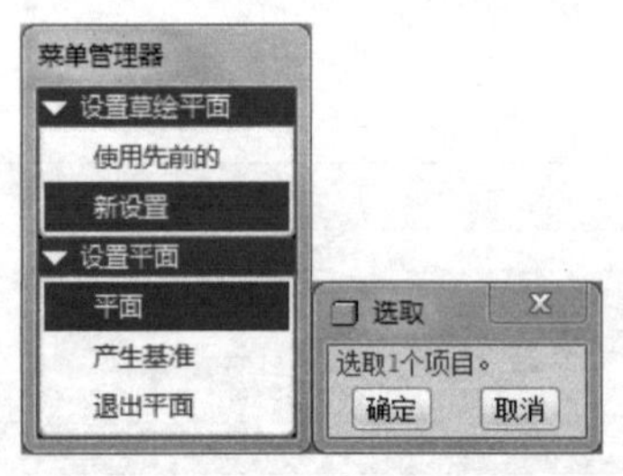

图 8-3　“设置草绘平面”菜单及“选取”对话框

下面将以一个实例讲述局部推拉的创建方法。

1. 打开文件

单击工具栏中的“打开”按钮，或选择“文件”|“打开”命令，打开文件 jubutuila.part，如图 8-4 所示。

2. 创建局部推拉特征

(1) 选择“插入”|“高级”|“局部推拉”命令，系统会弹出“设置草绘平面”菜单，选取基准平面 DTM1 作为草绘平面，并在如图 8-5 所示的“草绘视图”菜单中选择“缺省”命令，接受系统默认的参照方向，进入草绘界面。

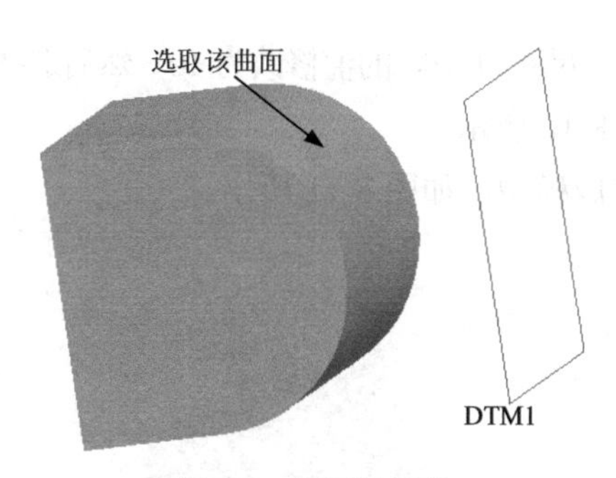

图 8-4　打开的零件

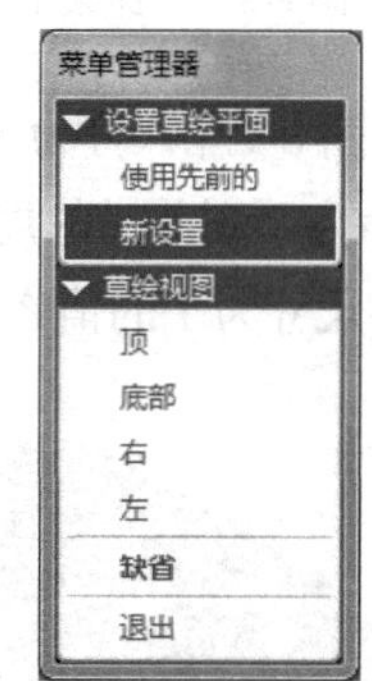

图 8-5　“草绘视图”菜单

(2) 绘制如图 8-6 所示的圆和矩形，并单击草绘工具栏中的“确定”按钮，退出草绘模式，此时系统会提示用户选取作用的曲面，再单击如图 8-4 所示的曲面，创建的局部推拉特征如图 8-7 所示。

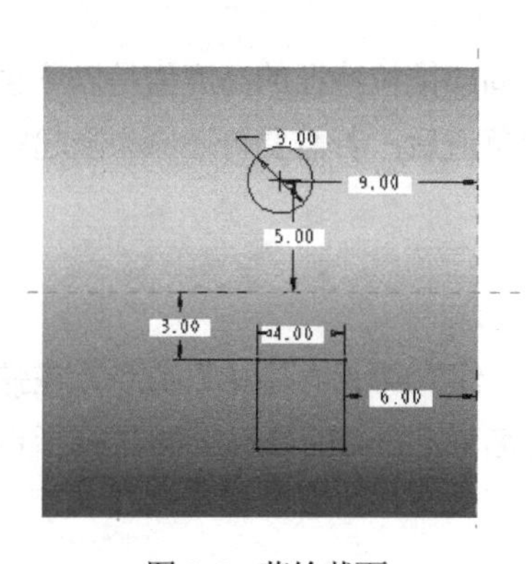

图 8-6　草绘截面

图 8-7　创建的局部推拉特征

3. 修改局部推拉特征

(1) 在模型树中选取所创建的局部推拉特征并右击，从弹出的快捷菜单中选择“编辑”命令，如图 8-8 所示，此时模型中的尺寸将会显示在绘图区域，如图 8-9 所示。

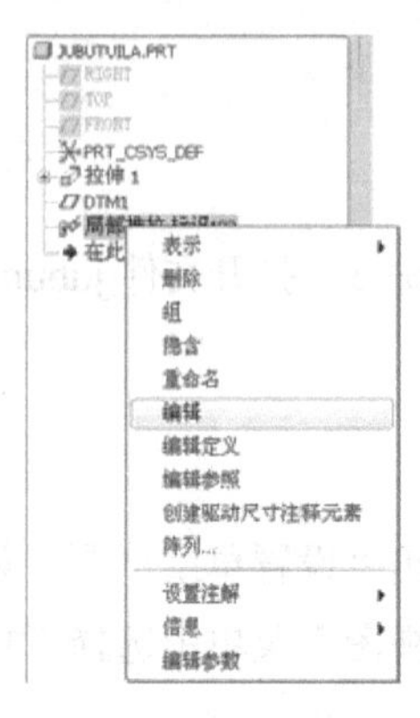

图 8-8　快捷菜单

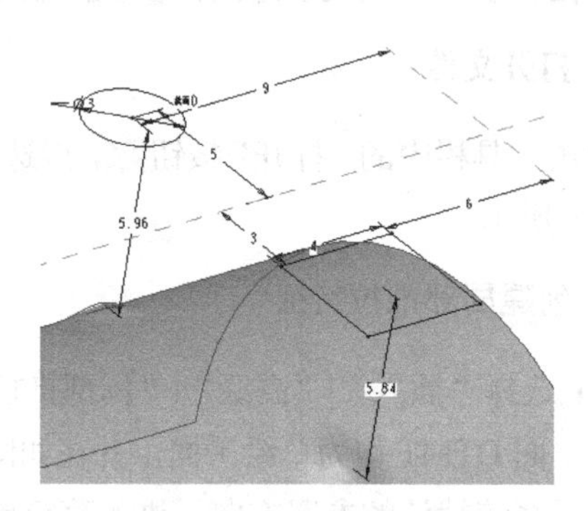

图 8-9　显示尺寸值

(2) 将图 8-9 中尺寸为 5.84 的值修改为 1，尺寸为 5.96 的值修改为 10，然后选择“编辑”|“再生”命令，则此时的局部推拉特征如图 8-10 所示。

(3) 将尺寸为 1 的值修改为－2，重新生成模型，如图 8-11 所示。

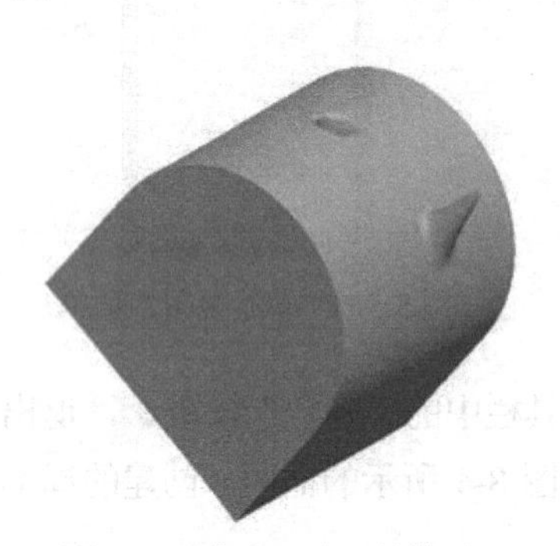

图 8-10　修改尺寸后的模型

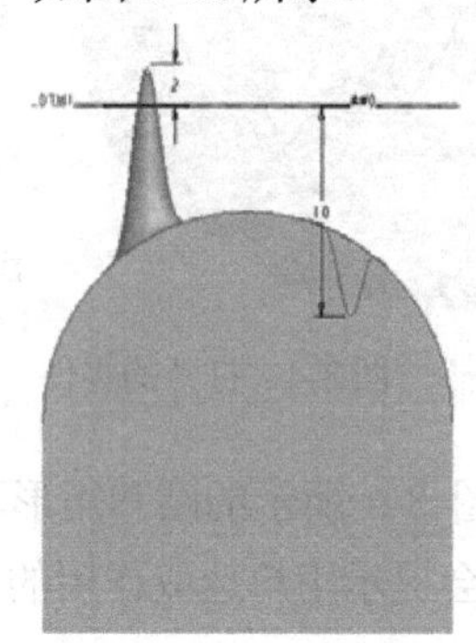

图 8-11　修改尺寸

(4) 图 8-12 为模型的前视图，从该图中可以看出，局部推拉特征的高度值是以草绘平面为基准的。如果当初给定正值形成隆起状，经修改成为负值后，若需要再还原为隆起状，应当再次输入负值。

4. 保存文件

最后创建的局部推拉特征如图 8-13 所示。选择“文件”|“保存副本”命令，在弹出的“保存副本”对话框的“新建名称”文本框中输入文件名称 jubutuila-done，再选择指定的目录，然后单击“确定”按钮 确定 保存文件并关闭窗口。

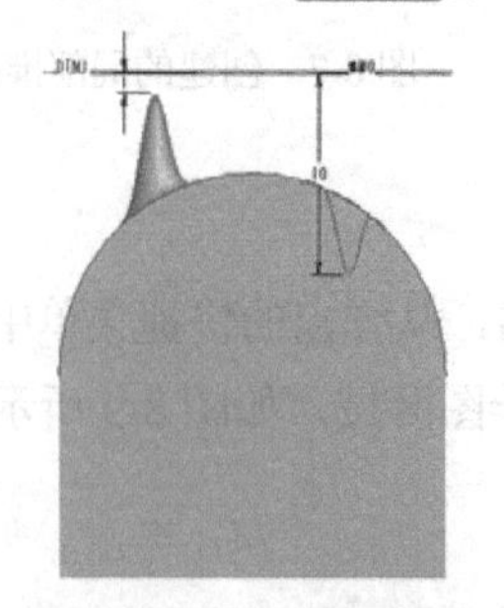

图 8-12　模型前视图

图 8-13　创建的局部拖拉特征

8.2.2　半径圆顶

半径圆顶是在零件的表面形成一个圆顶状隆起或凹陷的圆弧曲面，利用该特征可以快速对零件表面做隆起或者凹陷处理。

选择“插入”|“高级”|“半径圆顶”命令，此时系统会要求用户选取需要处理的曲面，该曲面必须是平面、圆环面、圆锥面或者圆柱面，再指定一个基准平面、基准曲面或者边作为参照，参照必须与需要处理的平面是相互垂直的，最后输入半径圆顶的半径值，即可完成特征的创建。

下面将以实例介绍半径圆顶的创建方法。

1. 打开文件

单击工具栏中的“打开”按钮，或选择“文件”|“打开”命令，打开文件banjingyuanding.prt，如图 8-14 所示。

2. 创建半径圆顶特征

(1) 选择“插入”|“高级”|“半径圆顶”命令，进入半径圆顶草绘界面，此时系统提示选取圆顶的曲面，圆顶曲面必须是平面、圆环面、圆锥面或圆柱面，此处选取如图 8-14 所示的平面作为圆顶曲面。

(2) 系统提示“选择基准平面或边”。所选择的基准平面或边将作为形成圆顶弧的参考，并且参考选择是不固定的。此处选取如图 8-15 所示的平面作为参考面。

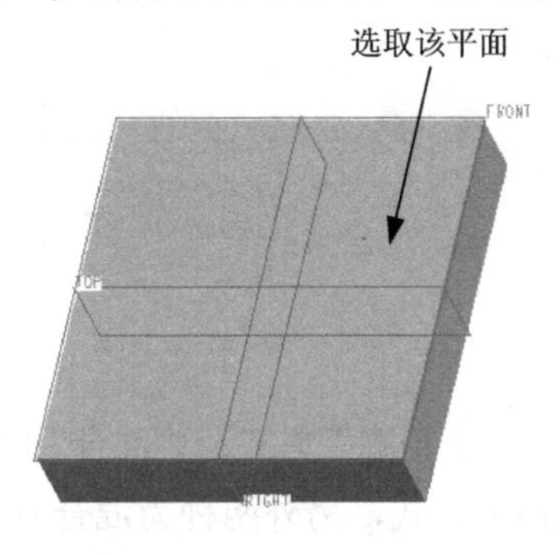

图 8-14　打开的零件

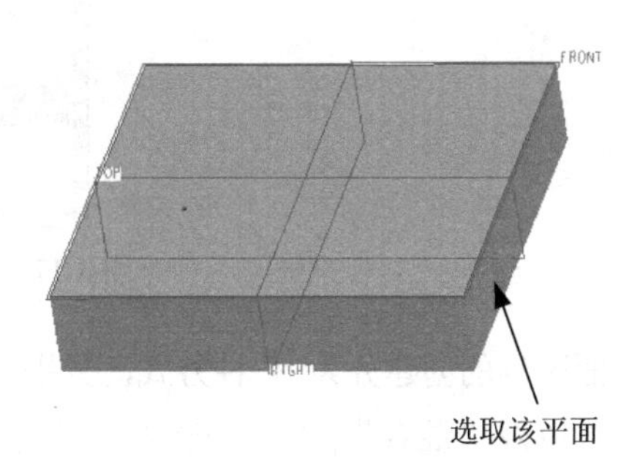

图 8-15　选取参考面

(3) 接着在系统提示信息栏中输入圆盖的半径值为 100，按 Enter 键，完成半径圆顶特征的创建，结果如图 8-16 所示。

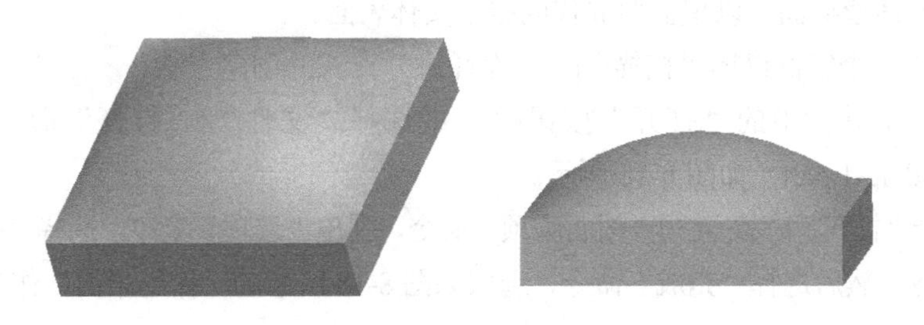

图 8-16　半径圆顶特征

3. 保存文件

选择“文件”|“保存副本”命令，在弹出的“保存副本”对话框的“新建名称”文本框中输入文件名称 banjingyuanding-done，再选择指定的目录，然后单击“确定”按钮确定保存文件并关闭窗口。

8.2.3 剖面圆顶

剖面圆顶可以创建更加精确的圆顶，通过扫描或者混合的方式，产生特殊造型的曲面，用以取代零件模型的某一平面型的实体表面。

创建剖面圆顶特征，必须遵守下列条件：

- 草绘截面时被替代的曲面必须是水平的。
- 草绘平面和参照平面必须是垂直的。
- 剖面不能与零件的边相切。
- 不能将剖面特征增加到任何有倒角特征的曲面上，应在建立了剖面圆顶特征之后再建立倒角特征。
- 利用混合创建替代曲面时，每一个曲面的线段数量不必相同。
- 草绘剖面不能封闭且长度不能短于被替代的曲面。

选择“插入”|“高级”|“剖面圆顶”命令，弹出“选项”菜单，如图 8-17 所示。

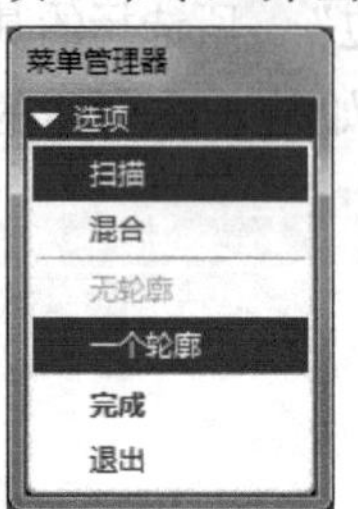

图 8-17　“选项”菜单

剖面圆顶的创建分为 3 种方式，分别是“扫描”|“一个轮廓”方式、“混合”|“无轮廓”方式以及“混合”|“一个轮廓”方式。第一种为扫描方式，另外两种为混合方式。

1. “扫描”|“一个轮廓”方式

“扫描”|“一个轮廓”方式由一条轨迹与一个截面扫描产生曲面。在具体操作过程中，用户需要先绘制轨迹线再建立截面，如果轨迹或截面范围小于要取代的实体表面时，系统会自动延伸轨迹线或截面，以覆盖要取代的整个实体表面。

下面将以一个实例讲述“扫描”|“一个轮廓”方式的创建方法。

(1) 单击工具栏中的“打开”按钮，或选择“文件”|“打开”命令，打开文件 poumianyuanding-1.part，如图 8-18 所示。

(2) 选择“插入”|“高级”|“剖面圆顶”命令，弹出“选项”菜单，选择“扫描”和“一个轮廓”命令，然后选择“完成”命令，选取如图 8-18 所示的“作用平面”作为创建剖面圆顶的曲面。

(3) 此时系统会弹出如图 8-19 所示的“设置平面”菜单，并提示用户选取一个平面来创建扫描轨迹。选取如图 8-18 所示的“轨迹线草绘截面”作为草绘平面，并在“方向”菜单中选择“确定”命令，然后选择“缺省”命令接受系统默认的参照平面，进入轨迹线草绘界面。

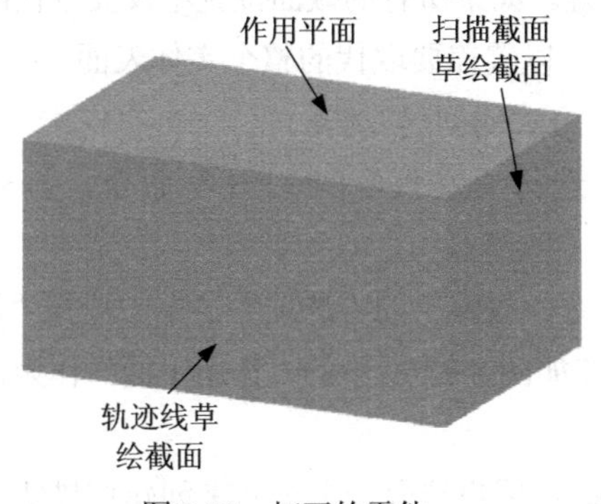

图 8-18　打开的零件

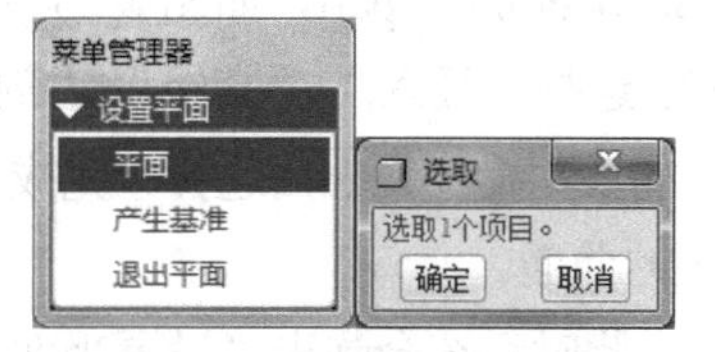

图 8-19　“设置平面”菜单

(4) 在草绘工具栏中单击“样条曲线”按钮，绘制如图 8-20 所示的扫描轨迹线，完成后单击草绘工具栏中的“确定”按钮，退出草绘模式。

(5) 此时系统会再次弹出“设置平面”菜单，并提示用户选取一个平面来创建扫描截面。选取如图 8-18 所示的“扫描截面草绘截面”作为草绘平面，并在“方向”菜单中选择“确定”命令，然后选择“缺省”命令接受系统默认的参照平面，进入扫描截面草绘界面。

(6) 绘制如图 8-21 所示的扫描截面，然后单击草绘工具栏中的“确定”按钮，退出草绘模式。

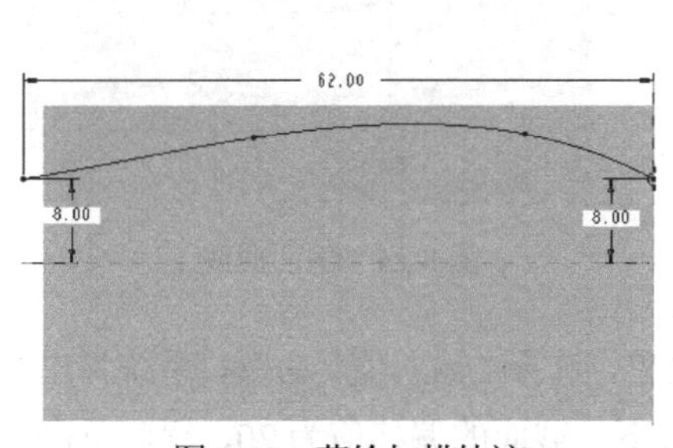

图 8-20　草绘扫描轨迹

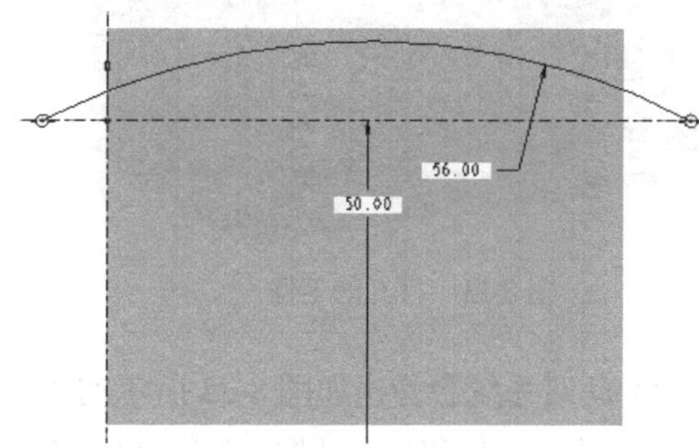

图 8-21　草绘扫描截面

(7) 创建的剖面圆顶特征如图 8-22 所示。选择“文件”|“保存副本”命令，在弹出的“保存副本”对话框的“新建名称”文本框中输入文件名称 poumianyuanding-1-done，再选择指定的目录，然后单击“确定”按钮 确定 保存文件并关闭窗口。

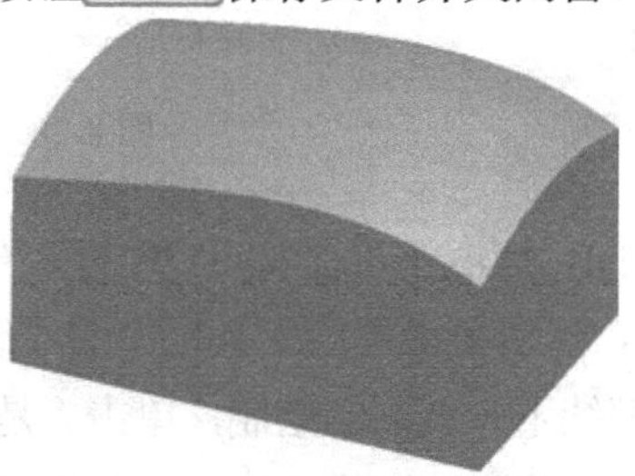
图 8-22　创建的剖面圆顶特征

2. “混合”|“无轮廓”方式

“混合”|“无轮廓”方式由两个或两个以上的剖面平行并且相互混合而成，需要给定各截面之间的距离，还需注意每个截面起始点的位置。如果所有的截面位置不及要取代的实体表面范围时，系统会自动平滑相切延伸剖面外形，以覆盖要取代的整个实体表面。

下面将以一个实例介绍“混合”|“无轮廓”方式的创建方法。

(1) 单击工具栏中的“打开”按钮，或选择“文件”|“打开”命令，打开文件 poumianyuanding-2.part，如图 8-23 所示。

(2) 选择“插入”|“高级”|“剖面圆顶”命令，在弹出的“选项”菜单中选择“混合”和“无轮廓”命令，然后选择“完成”命令，选取如图 8-23 所示的“作用平面”作为创建剖面圆顶的曲面。

(3) 此时系统会弹出“设置平面”菜单，并提示用户选取一个平面来创建扫描轨迹。选取如图 8-23 所示的“草绘平面”，并在“方向”菜单中选择“确定”命令，然后选择“缺省”命令接受系统默认的参照平面，进入轨迹线草绘界面。

(4) 绘制如图 8-24 所示的剖面曲线 1，然后单击草绘工具栏中的“确定”按钮✔，退出草绘模式。

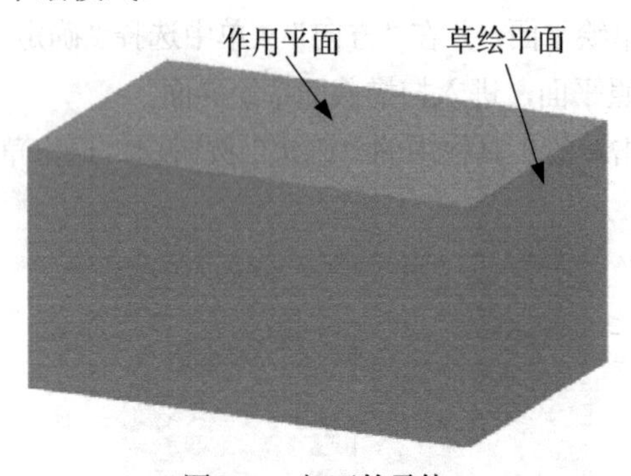

图 8-23　打开的零件

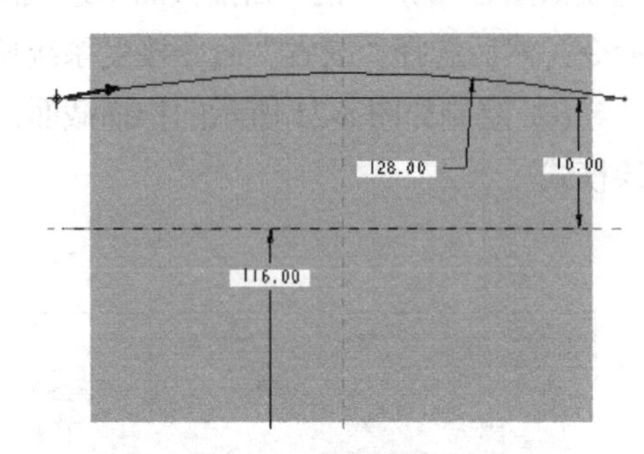

图 8-24　剖面曲线 1

(5) 此时系统会弹出如图 8-25 所示的“偏移”菜单，选择“输入值”命令，系统弹出“输入对下一截面的偏移”对话框，如图 8-26 所示，输入下一截面的偏移值为 20，然后单击“确定”按钮或者按 Enter 键完成偏移值的输入。

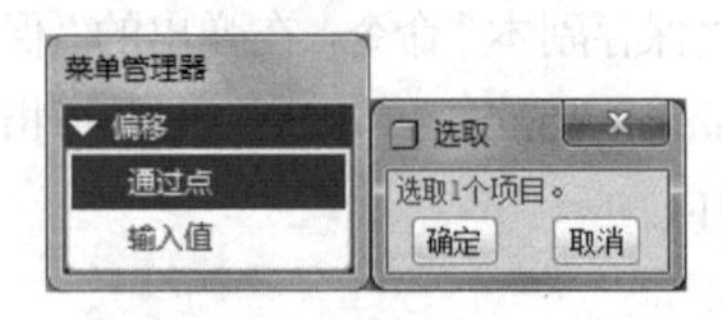

图 8-25　“偏移”菜单

图 8-26　输入偏移值

(6) 系统再次进入草绘界面，选取基准平面 TOP 和 RIGHT 作为参照平面，并绘制如图 8-27 所示的草绘剖面曲线 2，然后单击草绘工具栏中的“确定”按钮✔，退出草绘模式。

(7) 此时系统会提示是否继续下一截面的绘制，单击“是”按钮，会弹出“偏移”菜单，选择“输入值”命令，并输入下一截面的偏移值为 20，然后单击“确定”按钮或者按 Enter 键完成偏移值的输入。

(8) 系统会再次进入草绘界面，选取基准平面 TOP 和 RIGHT 作为参照平面，绘制如图 8-28 所示的草绘剖面曲线 3，然后单击草绘工具栏中的“确定”按钮☑，退出草绘模式。

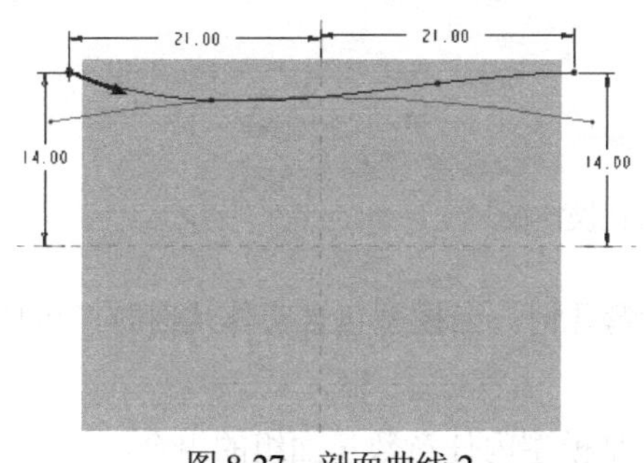

图 8-27 剖面曲线 2

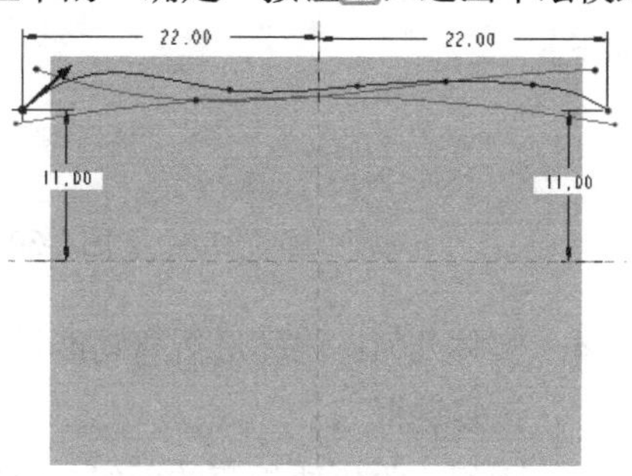

图 8-28 剖面曲线 3

(9) 系统继续提示是否进行下一截面的绘制，单击“否”按钮，创建的剖面圆顶特征如图 8-29 所示。

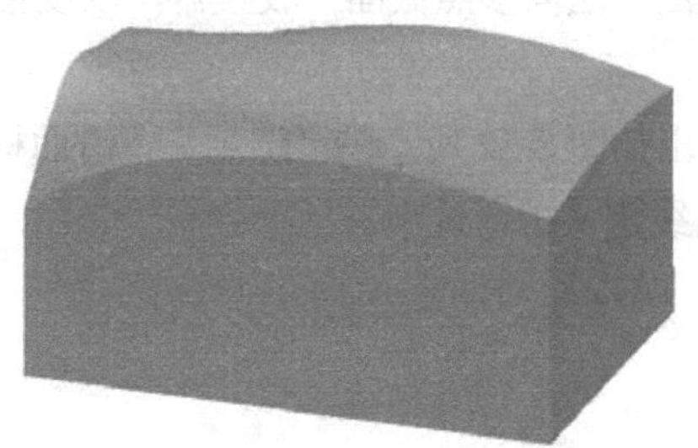
图 8-29 创建的剖面圆顶特征

(10) 选择“文件”|“保存副本”命令，在弹出的“保存副本”对话框的“新建名称”文本框中输入文件名称 poumianyuanding-2-done，再选择指定的目录，然后单击“确定”按钮 确定 保存文件并关闭窗口。

3. “混合”|“一个轮廓”方式

“混合”|“一个轮廓”方式与“混合”|“无轮廓”方式创建圆顶类似，在创建该类圆顶时需要多加一条轨迹线，用于控制剖面之间的连接情况，先绘制轨迹线再绘制剖面曲线。与前面所介绍的方法类似，不再详细介绍。

8.3 折弯与展平类建模

折弯与展平类建模包括环形折弯、骨架折弯、展平面组和折弯实体特征。本节将介绍常用的环形折弯和骨架折弯特征。

8.3.1 环形折弯

环形折弯特征可以将实体、非实体曲面或者基准曲线在 0.001°～360° 范围内折弯成环形。环形折弯特征比较适合从平整实体对象构建轮胎类零件模型。

选择“插入”|“高级”|“环形折弯”命令，系统打开如图 8-30 所示的环形折弯特征操控板。单击该操控板中的“参照”按钮，弹出如图 8-31 所示的“参照”下滑面板，其相关说明如下。

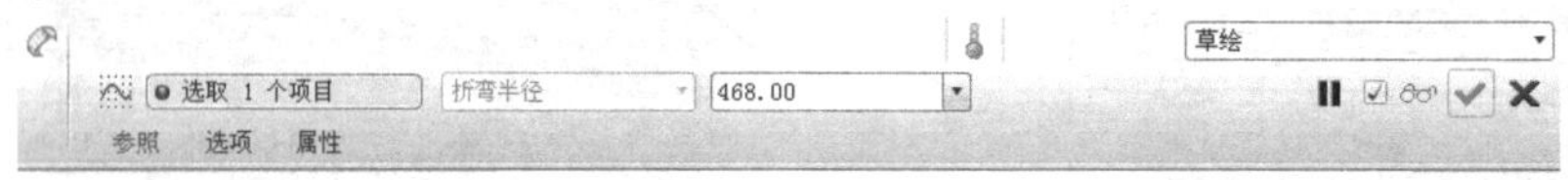

图 8-30　环形折弯特征操控板

- 实体几何：将环形折弯功能设置为实体折弯几何。当模型包含实体几何时，可使用该复选框。
- 面组：收集要折弯的面组。这些面组可以是模型内任意数量面组的组合。
- 曲线：收集所有属于折弯几何特征的曲线。
- 轮廓截面：选取轮廓截面的内部或外部草绘。
- 法向参照截面：激活“法向参照截面”收集器，以设置一个外部草绘，作为环形折弯法向方向的参照。

单击“选项”按钮，弹出如图 8-32 所示的“选项”下滑面板，其中的“曲线折弯”指的是为曲线收集器中的所有曲线定义折弯选项。

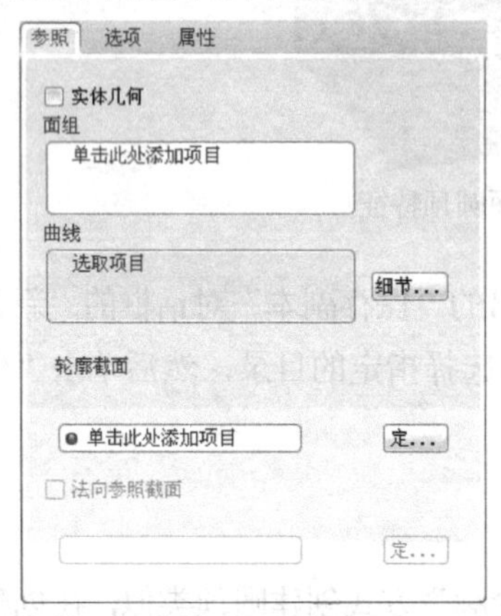

图 8-31　“参照”下滑面板

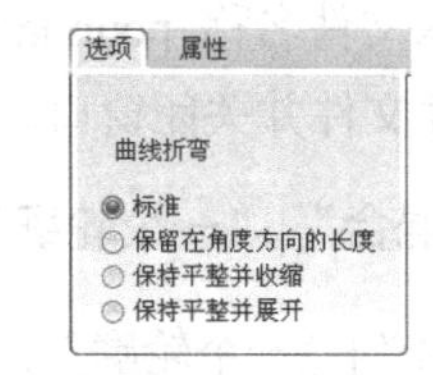

图 8-32　“选项”下滑面板

- 标准：根据环形折弯的标准算法对链进行折弯。
- 保留在角度方向的长度：对曲线链进行折弯，使得曲线上的点到轮廓截面平面的距离沿角度方向保持不变。
- 保持平整并收缩：使曲线链保持平整并位于中性平面内。曲线上的点到轮廓截面平面的距离缩短。如果使用“保留在角度方向的长度”选项创建另一个环形折弯，其结果等效于使用“标准”选项创建单个环形折弯。
- 保持平整并展开：使曲线链保持平整并位于中性平面内。曲线上的点到轮廓截面平面的距离增加。如果使用“标准”选项创建另一个环形折弯，则其结果等效于使用“保留在角度方向的长度”选项创建单个环形折弯。

下面将以一个实例讲述环形折弯特征的创建方法。

1. 打开文件

单击工具栏中的“打开”按钮，或选择“文件”|“打开”命令，打开文件 huanxingzhewan.prt，如图 8-33 所示。

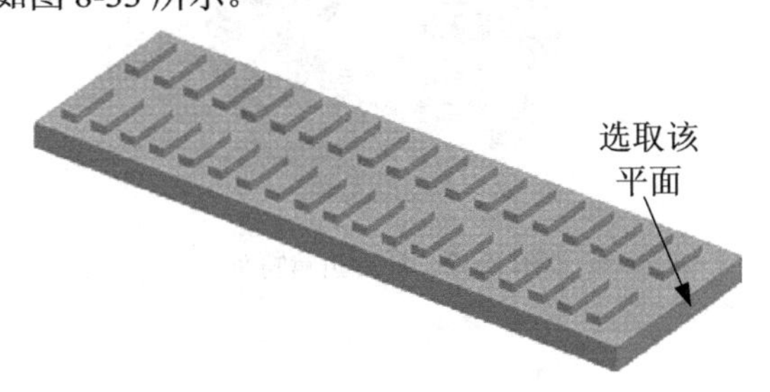

图 8-33　打开的零件

2. 创建环形折弯特征

(1) 选择“插入”|“高级”|“环形折弯”命令，系统弹出如图 8-30 所示的环形折弯特征操控板。单击该操控板中的“选项”按钮，弹出其下滑面板，然后在“曲线折弯”选项组中选择“标准”单选按钮。

(2) 单击“参照”按钮，弹出其下滑面板，选中“实体几何”复选框，然后在“轮廓截面”收集器中单击将其激活，接着单击右侧的“定义”按钮定义...，系统弹出“草绘”对话框，选取如图 8-33 所示的平面，单击“草绘”按钮草绘，进入草绘界面。

(3) 在草绘工具栏中单击“几何坐标系”按钮，绘制如图 8-34 所示的坐标系和折弯轮廓截面。完成后单击草绘工具栏中的“确定”按钮✔，退出草绘模式。在此需要注意的是，在绘制折弯轮廓截面时，必须创建草绘坐标系，这是因为实体在折弯过程当中会随此截面折弯轮廓的尺寸做相应的变化，因此必须创建一个局部的坐标系来标注此变化。

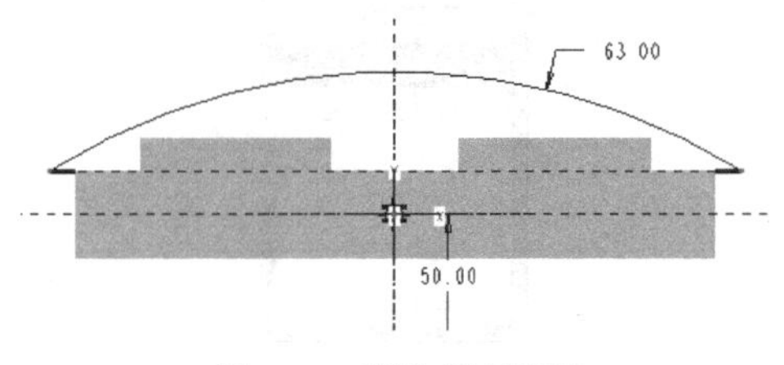

图 8-34　草绘折弯轮廓

(4) 如图 8-35 所示，在环形折弯特征操控板中的“设置平面”下拉列表框中选择“360 度折弯”选项，再选取如图 8-36 所示的两个端面，然后单击“确定”按钮✔或单击鼠标中键，即可完成环形折弯特征的创建，结果如图 8-37 所示。

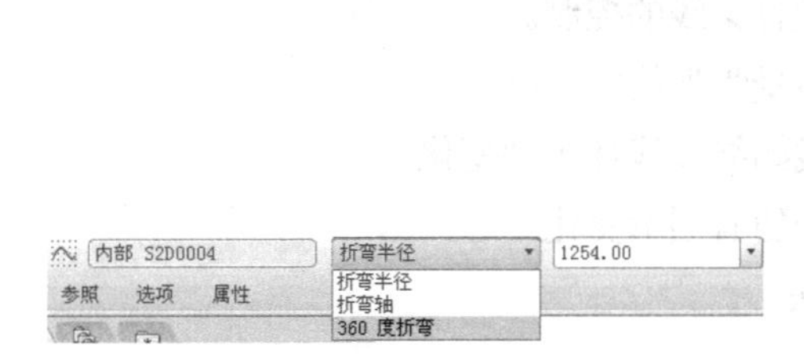

图 8-35　设置平面选项

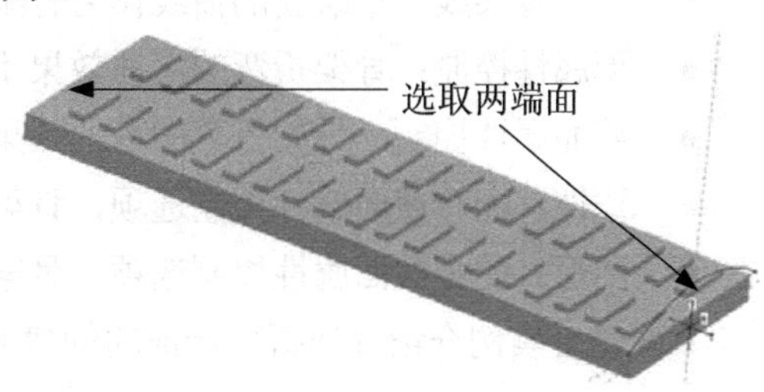

图 8-36　选取两端面

图 8-37　环形折弯特征

3. 保存文件

选择“文件”|“保存副本”命令，在弹出的“保存副本”对话框的“新建名称”文本框中输入文件名称 huanxingzhewan-done，再选择指定的目录，然后单击“确定”按钮 确定 保存文件并关闭窗口。

8.3.2 骨架折弯

骨架折弯是给定一条连续的空间轨迹曲线，使实体模型或者曲面沿曲线进行折弯，所有的压缩或变形都沿着轨迹的纵向进行。对于实体模型，折弯后原来的实体会自动隐藏掉；而对于曲面，折弯后原来的曲面仍会显示。骨架折弯对于实体模型或曲面的创建方法是完全一样的。

选择“插入”|“高级”|“骨架折弯”命令，系统会弹出如图 8-38 所示的“选项”菜单。

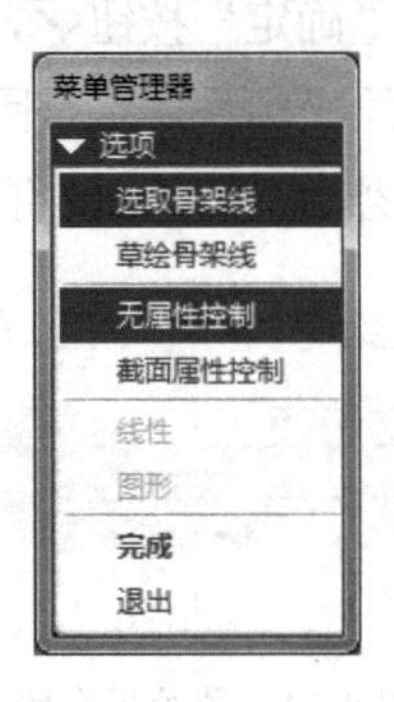

图 8-38　“选项”菜单

在骨架折弯“选项”菜单中，一些相关选项说明如下。

- 选取骨架线：选取已有的曲线作为骨架线。
- 草绘骨架线：草绘新的曲线作为骨架线。
- 无属性控制：骨架折弯的弯曲效果不受骨架线的控制。
- 截面属性控制：骨架折弯的弯曲效果将受骨架线的控制。
- 线性：配合截面属性控制选项，骨架线始终以线性规则变化。
- 图形：配合截面属性控制选项，骨架线随着图形变化。

下面结合实例介绍骨架折弯特征的创建方法。

1. 打开文件

单击工具栏中的“打开”按钮，或选择“文件”|“打开”命令，打开文件 gujiazhewan.prt，如图 8-39 所示。

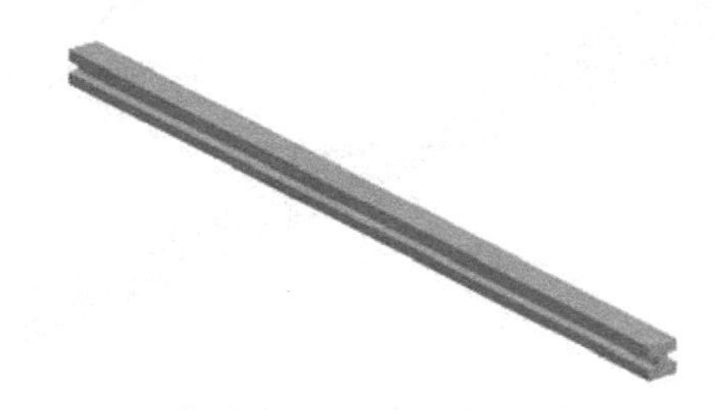

图 8-39　打开的零件

2. 创建骨架折弯特征

(1) 单击“草绘”按钮，在弹出的“草绘”对话框中设置以工字钢的一个侧面为基准面，绘制如图 8-40 所示的骨架线，在草绘工具栏中单击“确定”按钮，退出草绘模式，绘制的工字钢和骨架线如图 8-41 所示。

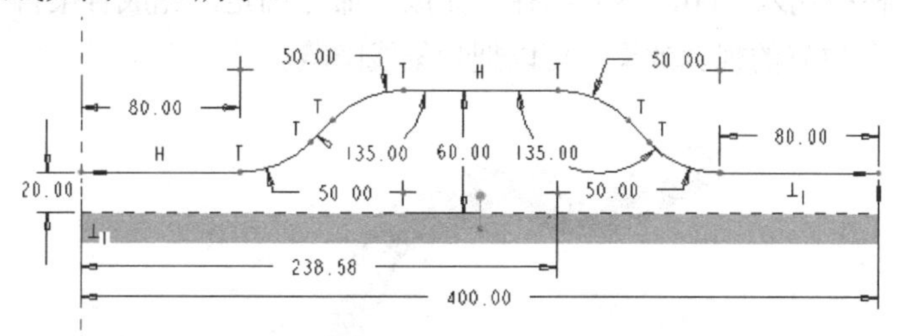

图 8-40　绘制骨架线

(2) 选择“插入”|“高级”|“骨架折弯”命令，弹出骨架折弯“选项”菜单，如图 8-38 所示，接受系统默认的“选取骨架线”和“无属性控制”命令，然后选择“完成”命令。

(3) 系统提示“选取要折弯的面组或实体”，单击工字钢的任意位置以选取整个实体折弯，系统弹出如图 8-42 所示的“链”菜单，选择其中的“曲线链”和“选取”命令，然后单击图 8-41 所示的骨架线，从弹出的“链选项”菜单中选择“全选”命令，这时在骨架线的起点出现一个箭头，表示折弯特征的起点，接着选择“链”菜单中的“完成”命令，系统显示垂直于骨架线起点的第一基准面 DTM1，如图 8-43 所示。

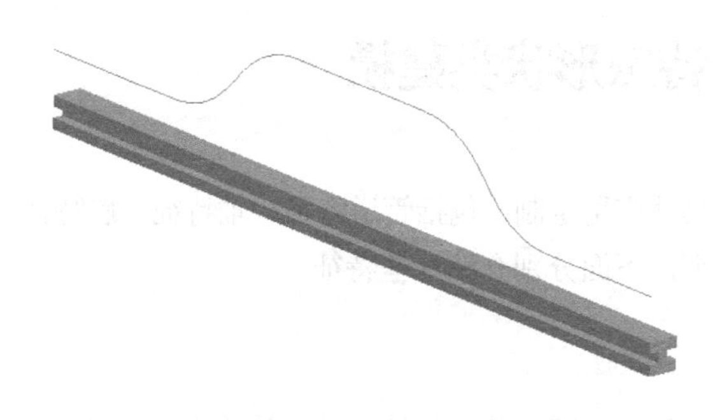

图 8-41　工字钢和骨架线

图 8-42　“链”菜单

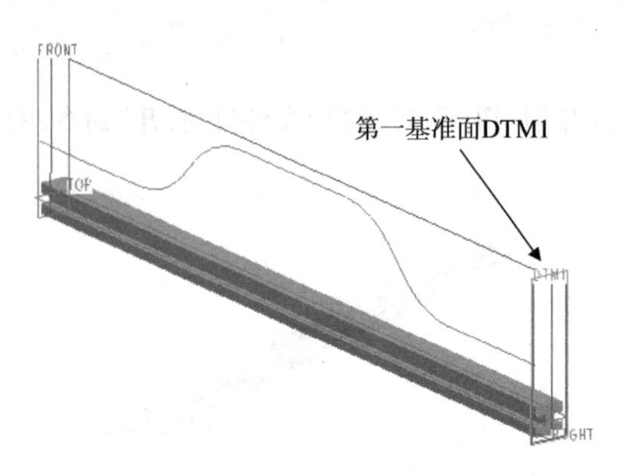

图 8-43　显示第一基准面

(4) 单击“完成”命令确定后，接着创建骨架线终点的第二基准面。因为第二基准面必须参考骨架线起点的第一基准面，因此选择“设置平面”菜单中的“产生基准”和“偏移”命令。

(5) 选取图 8-43 所示的第一基准面作为偏移平面，接着选择“偏距”菜单中的“输入值”命令，并在信息栏中输入 400，然后选择“完成”命令确定，完成骨架折弯特征，结果如图 8-44 所示。为了更好的视觉效果，可以把骨架线隐藏。

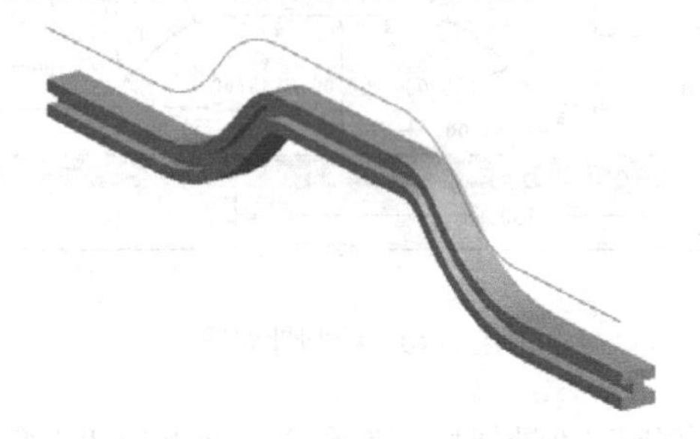

图 8-44　骨架折弯特征

3. 保存文件

选择“文件”|“保存副本”命令，在弹出的“保存副本”对话框的“新建名称”文本框中输入文件名称 gujiazhewan-done，再选择指定的目录，然后单击“确定”按钮 确定 保存文件并关闭窗口。

8.4　特殊形状类建模

特殊形状类特征专为某一方面的具体应用定制，包括管道特征、轴特征、唇特征、法兰特征、环形槽特征、耳特征以及槽特征，下面分别介绍这些特征。

8.4.1　管道特征

管道是连接两个或者两个以上部件的空心圆形截面部件，用于传输流体或者连接部件。

使用“高级”选项中的管道特征能够方便地创建各种管道线路的连接。

选择“插入”|“高级”|“管道”命令，系统会弹出如图 8-45 所示的“选项”菜单。

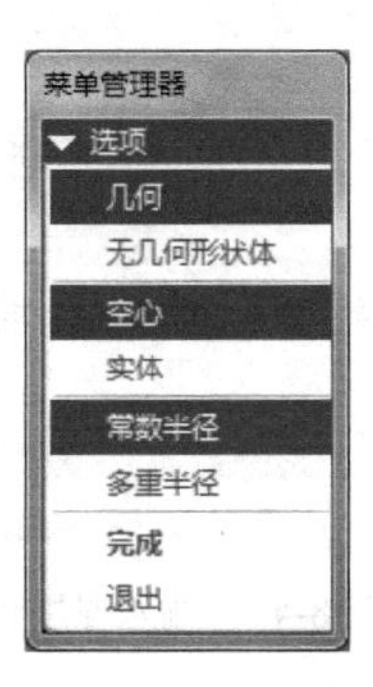

图 8-45　“选项”菜单

对于管道特征“选项”菜单中的一些相关选项说明如下。

- 几何：用中空或实体几何创建管道特征。
- 无几何形状体：只创建管道轨迹的特征线，而无实体特征。
- 空心：指定壁厚创建中空管道。
- 实体：以实体几何创建管道。
- 常数半径：管道中所有圆弧段的折弯半径相同。
- 多重半径：可分别指定管道的每一圆弧段的折弯半径，并可对其进行单独修改。

下面将以实例的方式讲述管道特征的创建方法。

1. 打开文件

单击工具栏中的“打开”按钮，或选择“文件”|“打开”命令，打开文件 guandao.part。打开的模型文件如图 8-46 所示，可以看到事先草绘的管道轨迹。

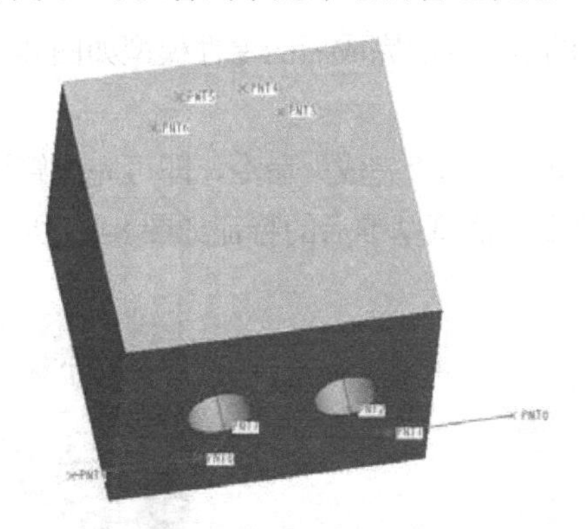

图 8-46　打开的零件

2. 创建管道特征

(1) 选择“插入”|“高级”|“管道”命令，系统弹出如图 8-45 所示的“选项”菜单。依次选择“几何”“空心”和“常数半径”命令，再选择“完成”命令。

(2) 此时系统会弹出如图 8-47 所示的对话框，要求用户输入管道的外部直径，输入直径为 3.5，然后单击“确定”按钮或者按 Enter 键完成直径的输入。系统接着弹出对话框要求用户输入管道的壁厚，如图 8-48 所示，输入厚度值为 0.2，然后单击“确定”按钮或者按 Enter 键完成输入。

图 8-47　输入直径值

图 8-48　输入厚度值

(3) 此时系统会弹出如图 8-49 所示的“连结类型”菜单，分别选择“单一半径”“整个阵列”和“添加点”命令，并在绘图区域按照顺序依次选取基准点 PNT0 到 PNT9 共 10 个点。需要注意的是，当选取的点出现折线时，系统会弹出对话框，提示用户选取折弯的半径。如图 8-50 所示，在选取了基准点 PNT2 以后，系统会弹出对话框，输入折弯的半径值为 2，然后单击“确定”按钮或者按 Enter 键完成输入。

图 8-49　“连结类型”菜单

图 8-50　输入折弯半径

(4) 接着依次选取剩余的点，选取完成后的零件模型如图 8-51 所示，在连接处会显示连接的箭头。

(5) 在“连结类型”菜单中选择“完成”命令，即可完成管道特征的创建，如图 8-52 所示。将不需要的基准进行隐藏，隐藏基准后的特征如图 8-53 所示。

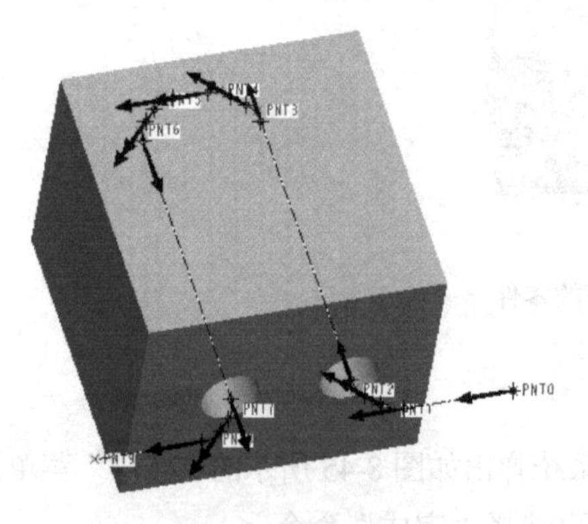

图 8-51　连接轨迹

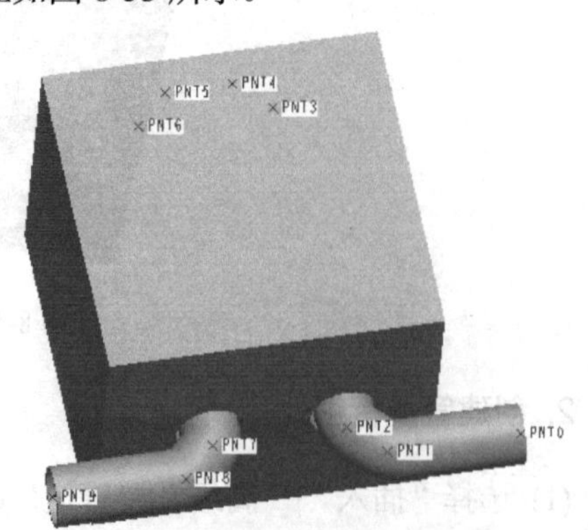

图 8-52　创建的管道特征

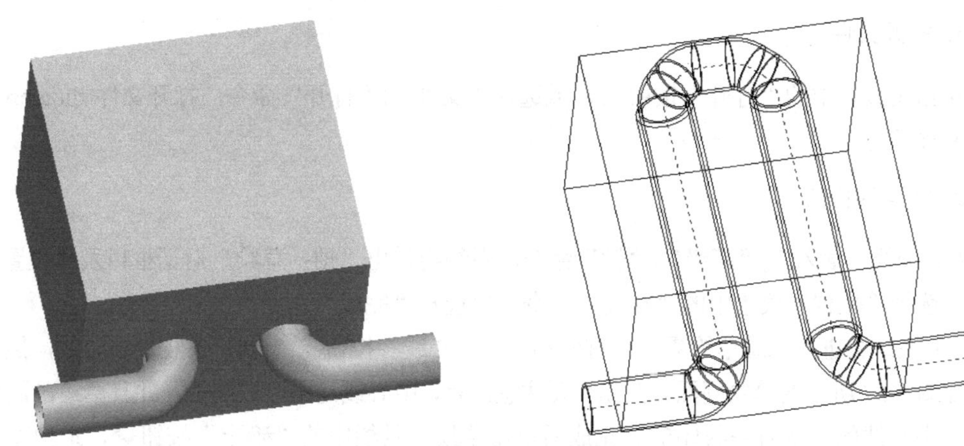

图 8-53　隐藏基准后的管道模型

3. 保存文件

选择“文件”|“保存副本”命令，在弹出的“保存副本”对话框的“新建名称”文本框中输入文件名称 guandao-done，再选择指定的目录，然后单击“确定”按钮确定保存文件并关闭窗口。

8.4.2　轴特征

轴特征是以草绘的形式首先绘制旋转剖面，然后将其放置在模型上产生特征，这与草绘创建孔特征的方法很相似。但轴特征是向模型中添加材料，而草绘孔特征则是从模型中去除材料。

选择“插入”|“高级”|“轴”命令，系统会弹出如图 8-54 所示的“轴：草绘”对话框以及如图 8-55 所示的“位置”菜单。

图 8-54　“轴：草绘”对话框

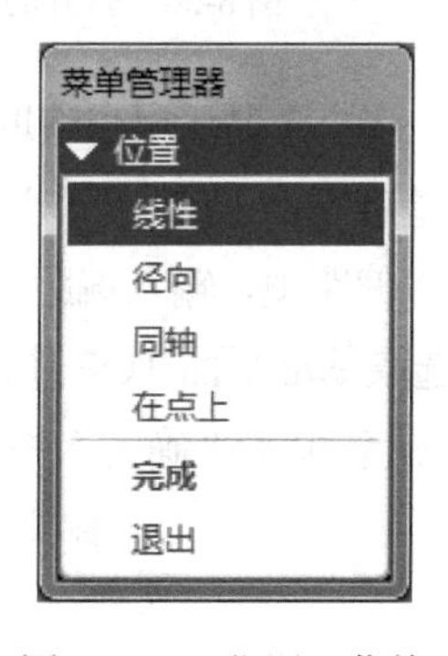

图 8-55　“位置”菜单

对于轴特征“位置”菜单中的一些相关选项说明如下。

- 线性：圆轴的中心位置由两个不同方向的线性尺寸决定。
- 径向：圆轴的中心轴线使用极坐标的方式表示。
- 同轴：产生的圆轴与另一个已存在的圆孔共用轴线。
- 在点上：圆周的中心轴线放置在一个指定点上。

下面将结合实例介绍轴特征的创建方法。

1. 打开文件

单击工具栏中的“打开”按钮，或选择“文件”|“打开”命令，打开文件 zhou.prt，如图 8-56 所示。

2. 创建轴特征

(1) 选择“插入”|“高级”|“轴”命令，系统会弹出“轴：草绘”对话框以及“位置”菜单。选择“位置”菜单中的“线性”命令，再选择“完成”命令。

(2) 系统会进入二维草绘界面，首先利用“中心线”按钮绘制一条竖直中心线，然后绘制如图 8-57 所示的草绘剖面。在此需要注意的是，中心线是不可或缺的，并且草绘剖面必须位于中心线的一侧且是封闭的。完成后单击草绘工具栏中的“确定”按钮，退出草绘模式。

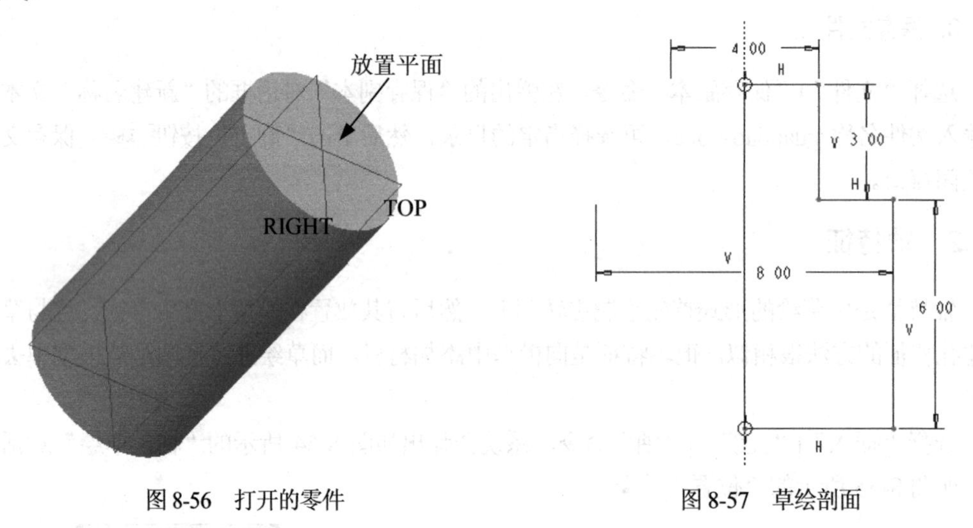

图 8-56　打开的零件　　　　图 8-57　草绘剖面

(3) 系统会提示用户选取轴特征的放置平面，选取如图 8-56 所示的平面作为放置平面，再选取基准平面 RIGHT 作为第一方向的参照，此时系统会弹出如图 8-58 所示的对话框提示用户输入偏距值，输入偏距值为 0，然后单击“确定”按钮或按 Enter 键输入第一方向偏距值；再选取基准平面 TOP 作为第二方向的参照，在弹出的对话框中输入偏距值为 5(如图 8-59 所示)，然后单击“确定”按钮或按 Enter 键完成输入第二方向偏距值。

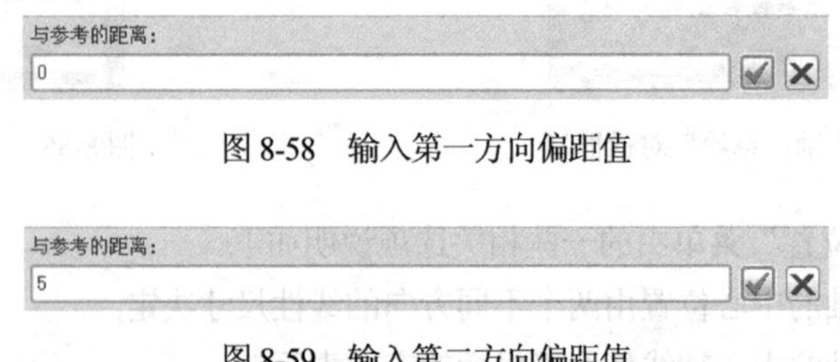

图 8-58　输入第一方向偏距值

图 8-59　输入第二方向偏距值

(4) 单击“轴：草绘”对话框中的“预览”按钮预览，查看所创建的轴特征，然后单击“确定”按钮确定完成轴特征的创建，如图 8-60 所示。

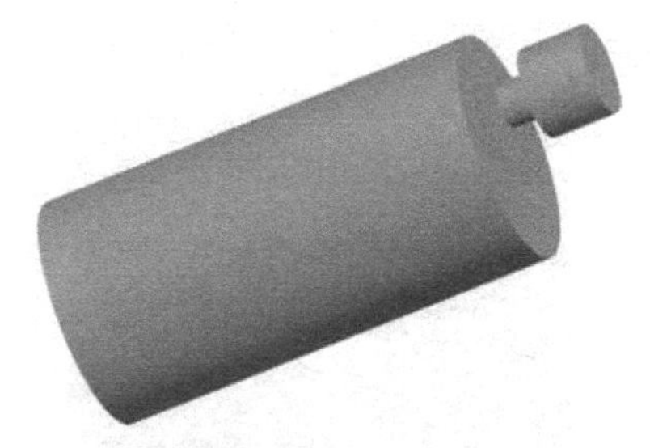

图 8-60　创建的轴特征

3. 保存文件

选择“文件”|“保存副本”命令，在弹出的“保存副本”对话框的“新建名称”文本框中输入文件名称 zhou-done，再选择指定的目录，然后单击“确定”按钮确定保存文件并关闭窗口。

8.4.3　唇特征

唇特征是通过沿着所选取的边偏移匹配曲面来创建的，可以方便地建立零件之间相接触的部分。唇特征需要指定一个完全封闭的扫描轨迹线，特征沿着该轨迹线在指定的曲面上生成，唇特征的外形和参照曲面的形状相同，其控制参数包括特征的高度、宽度以及拔模角度。

选择“插入”|“高级”|“唇”命令，系统会弹出如图 8-61 所示的“边选取”菜单。该菜单中的选项表示选取不同的边。

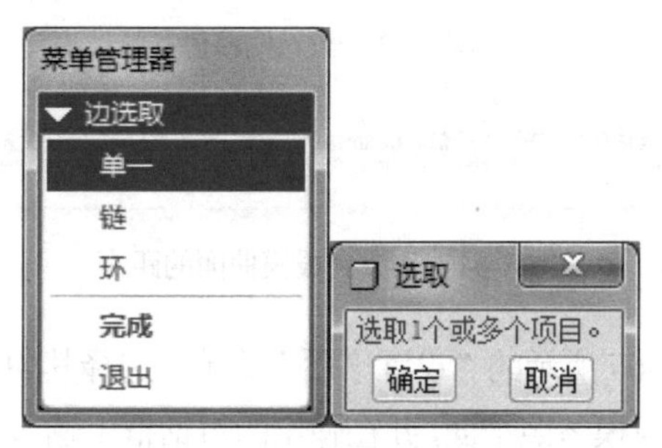

图 8-61　“边选取”菜单

在创建唇特征时，需要首先了解以下几个概念。

- 参照面：拔模角度估算基准的参照平面。
- 拔模角度：仅允许输入正值，系统会自动判断斜面的方向。
- 边偏距：外围边界线与拔模面之间的距离。
- 选中的边：用以产生唇特征的开放或封闭的边界线段。
- 偏距：平移距离，输入正值时表示向实体外部添加材料，负值则表示向实体内部切除材料。

下面结合实例介绍唇特征的创建方法。

1. 打开文件

单击工具栏中的“打开”按钮，或选择“文件”|“打开”命令，打开文件 chun.prt，

打开的模型文件如图 8-62 所示。

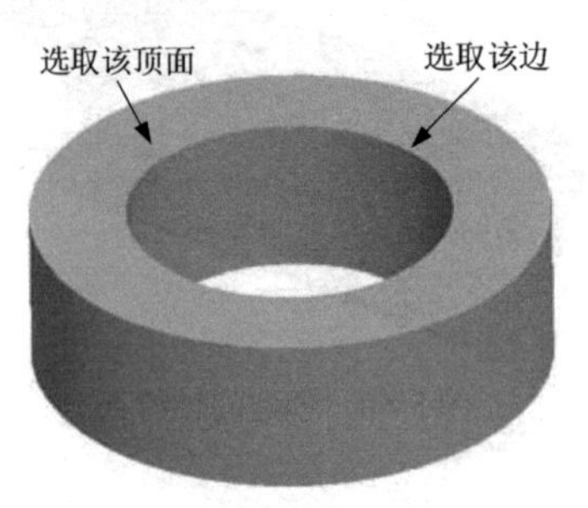

图 8-62　打开的零件

2. 创建唇特征

(1) 选择“插入” | “高级” | “唇” 命令，系统会弹出“边选取”菜单，选择“链”命令，并选取如图 8-62 所示的边作为唇特征的扫描轮廓线，再选择“完成”命令。

(2) 此时系统会提示选取偏移曲面，选取如图 8-62 所示的顶面作为偏移曲面，并在弹出的对话框中输入偏移值为 2，如图 8-63 所示，该数值表示唇特征的高度数值，然后单击“确定”按钮☑或按 Enter 键输入偏距值。系统会再次弹出对话框，输入数值为 2，如图 8-64 所示，表示唇特征的宽度值，然后单击“确定”按钮☑或按 Enter 键完成从边到拔模曲面的距离。

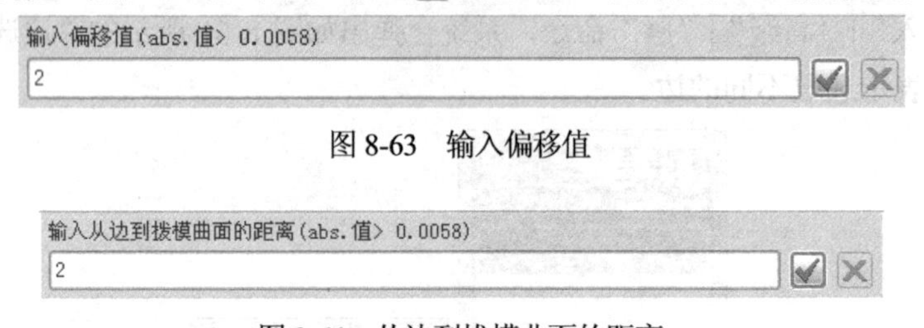

图 8-63　输入偏移值

图 8-64　从边到拔模曲面的距离

(3) 系统会弹出如图 8-65 所示的“设置平面”菜单，选择其中的“平面”命令，同样选取如图 8-62 所示的顶面作为拔模参照平面，并在弹出的对话框中输入拔模角度值为 10，如图 8-66 所示，然后单击“确定”按钮☑或按 Enter 键，即可完成唇特征的创建，如图 8-67 所示。

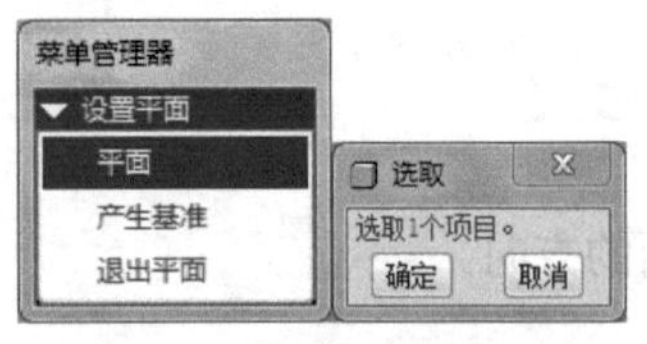

图 8-65　“设置平面”菜单

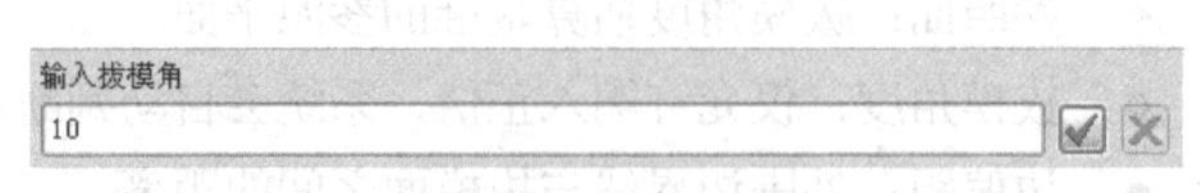

图 8-66　输入拔模角度值

图 8-67　创建的唇特征

3. 保存文件

选择“文件”|“保存副本”命令，在弹出的“保存副本”对话框的“新建名称”文本框中输入文件名称 chun-done，再选择指定的目录，然后单击“确定”按钮 确定 保存文件并关闭窗口。

8.4.4　法兰特征

法兰特征是一种旋转特征，是在零件的外侧草绘剖面并进行旋转而得到的实体特征。

选择“插入”|“高级”|“法兰”命令，系统弹出如图 8-68 所示的“选项”菜单。

图 8-68　“选项”菜单

对于法兰特征“选项”菜单中的一些相关选项说明如下。

- 可变的：环形旋转的角度是可变的，范围为 0.001°～359.9°。
- 90°～360°：预设置旋转的角度为 90°、180°、270° 或 360°。
- 单侧：在草绘平面的单侧创建法兰特征。
- 双侧：在草绘平面的两侧创建法兰特征。

下面结合实例介绍法兰特征的创建方法。

1. 打开文件

单击工具栏中的“打开”按钮，或选择“文件”|“打开”命令，打开文件 falan.prt，如图 8-69 所示。

2. 创建法兰特征

(1) 选择“插入”|“高级”|“法兰”命令，系统弹出“选项”菜单。依次选择 360° 和“单侧”命令，再选择“完成”命令，系统弹出如图 8-70 所示的“设置草绘平面”菜单，分别选择其中的“新设置”和“平面”命令。

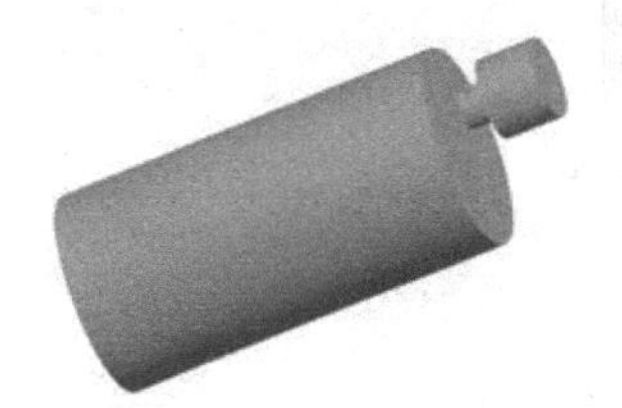

图 8-69　打开的零件

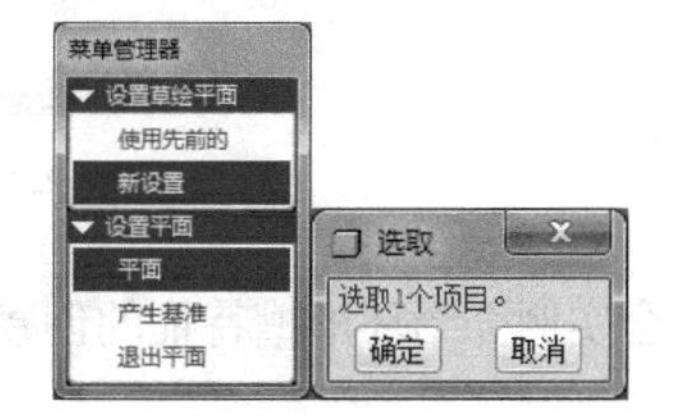

图 8-70　“设置草绘平面”菜单

(2) 选取基准平面 TOP 作为草绘平面，并在“方向”菜单中选择“确定”命令，再选择“缺省”命令接受系统默认的参照平面，进入轨迹线草绘界面。

(3) 利用“中心线”按钮绘制一条通过大圆柱轴线的水平中心线，再绘制如图 8-71 所示的开截面。需要注意的是，法兰特征的剖面必须建立中心线，剖面必须在中心线的一侧且不能是封闭的。

(4) 单击草绘工具栏中的“确定”按钮，退出草绘模式，创建的法兰特征如图 8-72 所示。

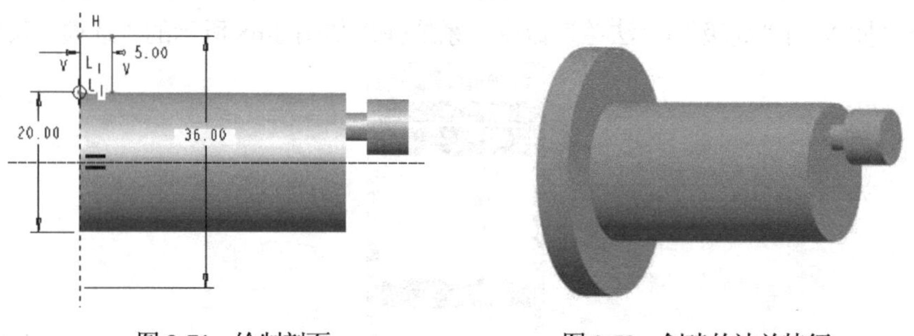

图 8-71　绘制剖面　　　　图 8-72　创建的法兰特征

3. 保存文件

选择“文件”|“保存副本”命令，在弹出的“保存副本”对话框的“新建名称”文本框中输入文件名称 falan-done，再选择指定的目录，然后单击“确定”按钮 确定 保存文件并关闭窗口。

8.4.5 环形槽特征

环形槽特征是一种旋转特征，其创建的步骤与法兰特征相同，但法兰特征用于添加材料，而环形槽特征则用于切除材料。

选择“插入”|“高级”|“环形槽”命令，系统会弹出如图 8-73 所示的“选项”菜单。

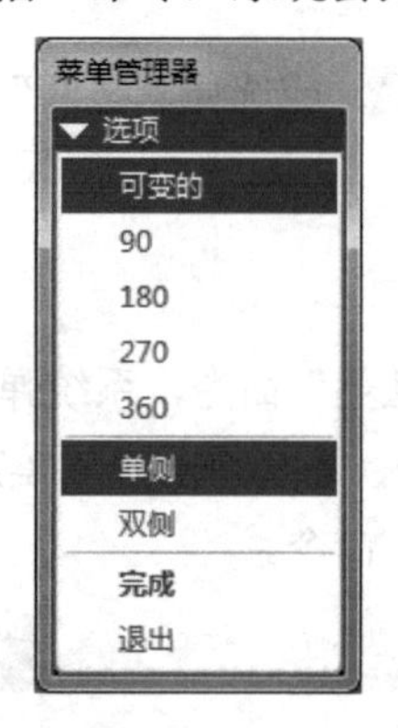

图 8-73　“选项”菜单

下面结合实例介绍环形槽特征的创建方法。

1. 打开文件

单击工具栏中的“打开”按钮，或选择“文件”|“打开”命令，打开文件 huanxingcao.prt，打开的模型文件如图 8-74 所示。

2. 创建环形槽

(1) 选择“插入”|“高级”|“环形槽”命令，系统会弹出“选项”菜单。分别选择 360°和“单侧”命令，再选择“完成”命令，系统弹出如图 8-75 所示的“设置草绘平面”菜单，再分别选择其中的“新设置”和“平面”命令。

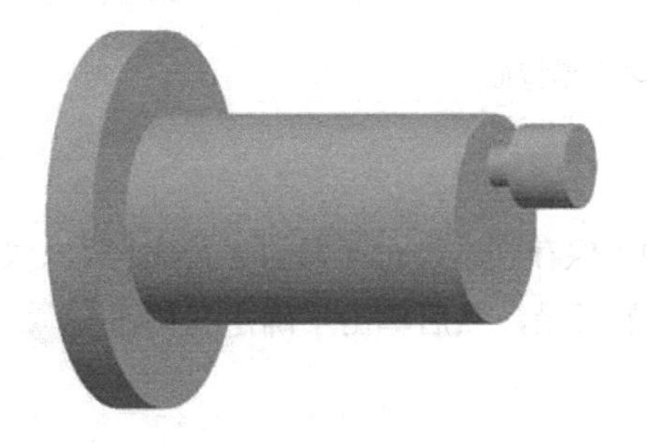

图 8-74　打开的零件

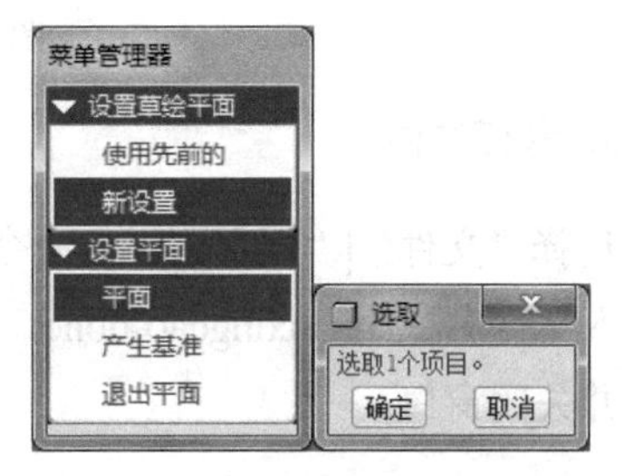

图 8-75　“设置草绘平面”菜单

(2) 选取基准平面 TOP 作为草绘平面，并在“方向”菜单中选择“确定”命令，再选择“缺省”命令接受系统默认的参照平面，进入轨迹线草绘界面。

(3) 利用“中心线”按钮绘制一条通过大圆柱轴线的水平中心线，再绘制如图 8-76 所示的开截面。需要注意的是，与法兰特征相同，环形槽特征的剖面必须建立中心线，剖面必须在中心线的一侧且不能是封闭的。

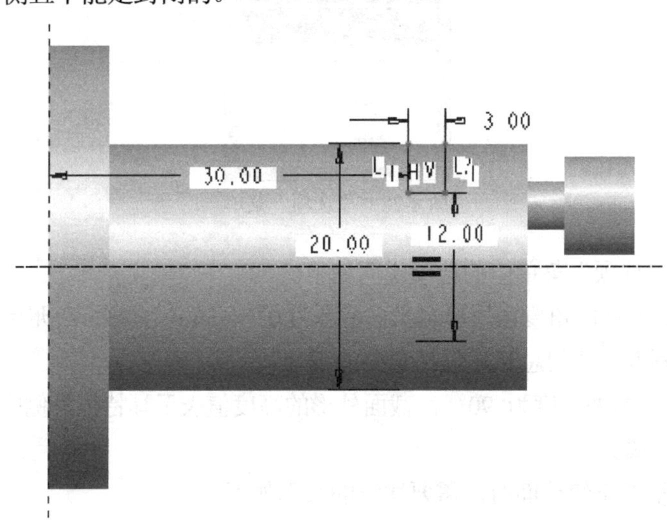

图 8-76　绘制剖面

(4) 单击草绘工具栏中的“确定”按钮，退出草绘模式，创建的环形槽特征如图 8-77 所示。

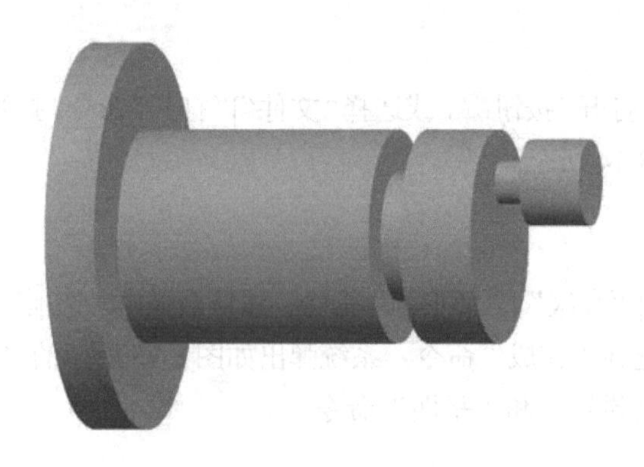

图 8-77　创建的环形槽特征

3. 保存文件

选择“文件”|“保存副本”命令，在弹出的“保存副本”对话框的“新建名称”文本框中输入文件名称 huanxingcao-done，再选择指定的目录，然后单击“确定”按钮确定保存文件并关闭窗口。

8.4.6　耳特征

耳特征是沿着参照曲面的顶部被拉伸的伸出项，并可在底部被折弯，折弯的角度值为 0°～360°。

选择“插入”|“高级”|“耳”命令，系统会弹出如图 8-78 所示的“选项”菜单。

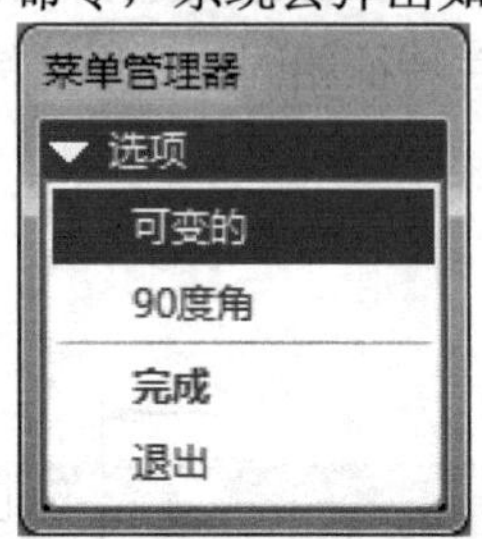

图 8-78　“选项”菜单

对于耳特征“选项”菜单中的选项说明如下。

- 可变的：弯曲的角度由用户定义，范围为 0°～360°，截面外形的高度值表示耳特征的内侧实体边的总长，包括弯曲的部分。
- 90 度角：弯曲角度为 90°，截面外形的高度值表示耳特征外侧实体边上方至底部之间的距离。

在创建耳特征的草绘截面时，需要注意的原则如下。

- 草绘平面必须与耳特征所依附的平面相垂直。
- 耳截面必须是开放的，并且端点与耳特征所依附的平面共面。
- 依附到面上的图元必须相互平行并且垂直于该依附平面，如图 8-79 所示。

下面将以实例的方式讲述耳特征的创建方法。

1. 打开文件

单击工具栏中的“打开”按钮，或选择“文件”|“打开”命令，打开文件 er.prt，打开的模型文件如图 8-80 所示。

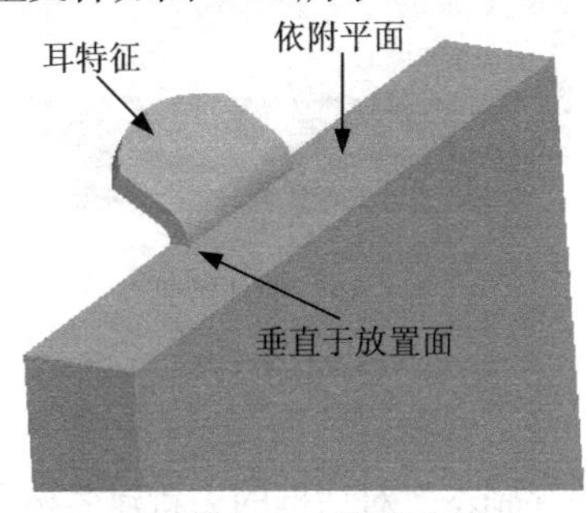

图 8-79　放置原则

图 8-80　平底盘型器皿

2. 创建耳特征

(1) 在主菜单栏中选择“插入”|“高级”|“耳”命令，弹出如图 8-78 所示的“选项”菜单，保持系统默认“可变的”的命令，再选择“完成”命令，弹出“设置草绘平面”菜单。

(2) 系统提示“选取或创建一个草绘平面”，草绘平面必须垂直于将要连接耳的曲面。选取如图 8-81 所示的平面作为草绘平面，接着依次选择“确定”和“缺省”命令，系统进入草绘模式，然后绘制如图 8-82 所示的开截面。需要注意的是，耳特征的截面必须开放并且其端点应与将要连接耳的曲面对齐。

图 8-81　选择草绘平面

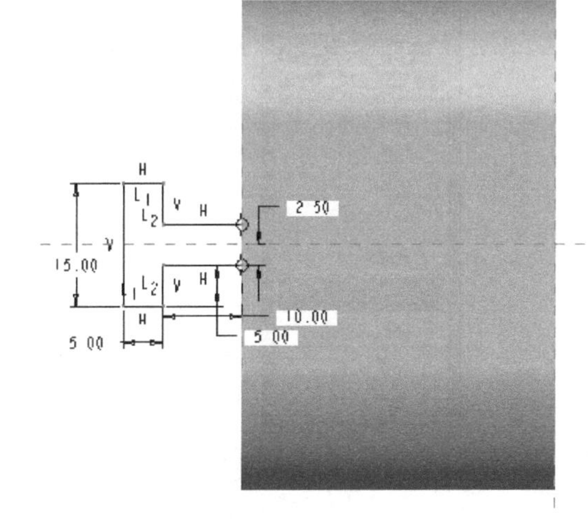

图 8-82　绘制截面

(3) 单击“确定”按钮，在连续弹出的对话框中分别输入耳的深度为 5，耳的折弯半径为 3，耳的折弯角为 45°，然后单击“确定”按钮或按 Enter 键，生成的耳特征如图 8-83 所示。

(4) 选取生成的耳特征，并单击“镜像”按钮，接着选取 RIGHT 基准面作为镜像平面，然后单击“确定”按钮完成镜像操作，最后生成的带耳器皿如图 8-84 所示。

图 8-83　生成的耳特征

图 8-84　带耳器皿

3. 保存文件

选择“文件”|“保存副本”命令，在弹出的“保存副本”对话框的“新建名称”文本框中输入文件名称 er-done，再选择指定的目录，然后单击“确定”按钮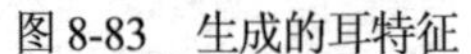保存文件并关闭窗口。

8.4.7　槽特征

槽特征从严格的意义上来说不能算是一个特征，它是一些去除材料特征的综合，如拉伸、旋转、扫描或混合去除材料特征等。

选择“插入”|“高级”|“槽”命令，系统会弹出如图 8-85 所示的“实体选项”菜单。从中选择不同的命令，则会进入相应特征的创建模式，如图 8-86 所示为选择“混合”和“实体”命令后的菜单。

图 8-85　“实体选项”菜单

图 8-86　“混合选项”菜单

8.5　本 章 实 例

通过创建如图 8-87 所示的轮胎外胎零件，向读者介绍本章所学的环形折弯的创建方法，结合之前所学的特征命令，加深对该环形折弯特征的理解。

图 8-87　轮胎外胎

1. 建立新文件

在工具栏中单击“新建”按钮，或选择“文件”|“新建”命令，在弹出的“新建”对话框中设置“类型”为“零件”，设置“子类型”为“实体”，输入零件名称为 luntai，选择“使用缺省模板”复选框，单击“确定”按钮确定，进入零件设计界面。

2. 创建实体特征

(1) 单击特征工具栏中的“拉伸”按钮，在拉伸特征操控板中单击“实体”按钮，指定生成拉伸实体；单击“放置”按钮，打开其下滑面板。单击该下滑面板中的“定义”按钮定义...，系统弹出“草绘”对话框并提示用户选择草绘平面，此时选取 FRONT 基准平面作为草绘平面，接受系统默认的特征生成方向，单击对话框中的“草绘”按钮草绘，进入草绘界面。

(2) 绘制如图 8-88 所示的草绘剖面，单击草绘工具栏中的“确定”按钮，退出草绘模式。

(3) 在拉伸特征操控板的深度框中输入拉伸高度为 448，单击“确定”按钮或单击鼠标中键完成拉伸特征的创建，创建的轮胎基体如图 8-89 所示。

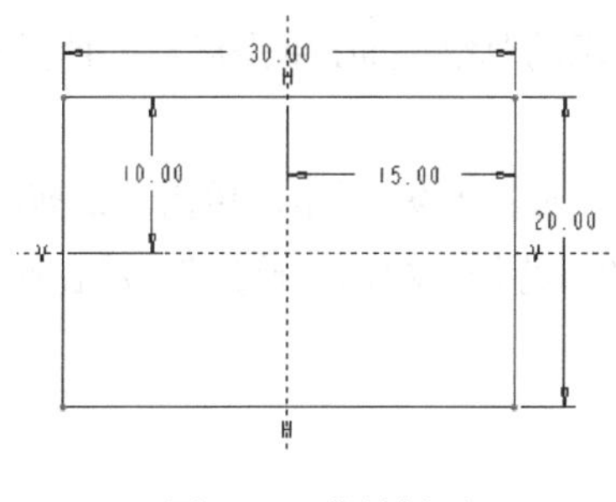

图 8-88　草绘剖面

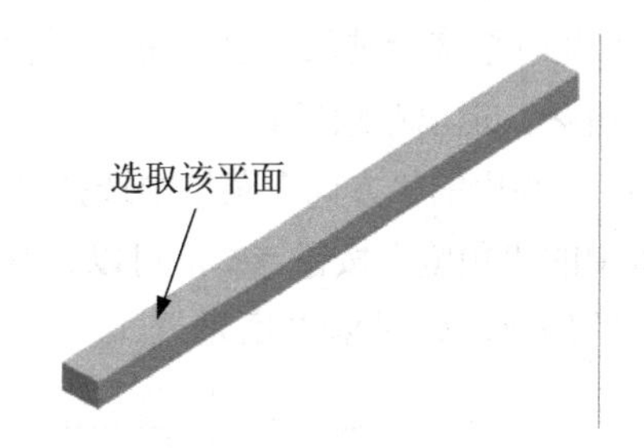

图 8-89　创建的拉伸特征

3. 绘制轨迹线

(1) 单击特征工具栏中的“草绘”按钮，系统会弹出“草绘”对话框，选取如图 8-88 所示的平面作为草绘平面，再单击对话框中“草绘”按钮草绘，进入草绘工作环境。

(2) 绘制如图 8-90 所示的轨迹线，单击草绘工具栏中的“确定”按钮，退出草绘模式。

4. 创建切口

(1) 选择“插入” | “扫描” | “切口”命令，系统会弹出如图 8-91 所示的“切剪：扫描”对话框和“扫描轨迹”菜单，选择“选取轨迹”命令，系统会弹出如图 8-92 所示的“链”菜单，选择“曲线链”命令，然后选取上一步所创建的轨迹线，在弹出的如图 8-93 所示的“链选项”菜单中选择“全选”命令，表示选取整个轨迹线。再选择图 8-92 中的“完成”命令，系统弹出如图 8-94 所示的“属性”菜单，选择“自由端”命令，选择“完成”命令。

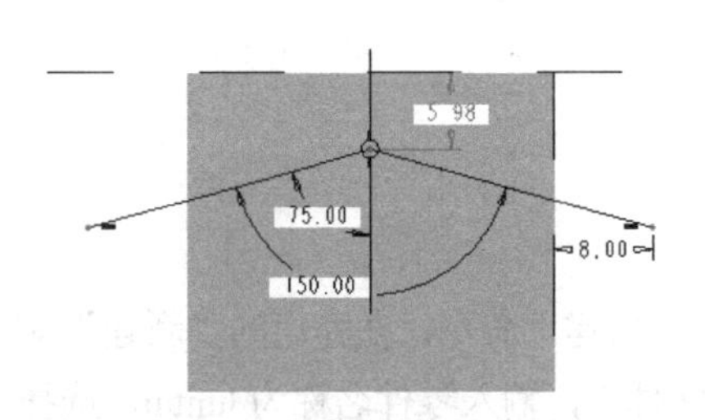

图 8-90　草绘轨迹线

图 8-91　“切剪：扫描”对话框和“扫描轨迹”菜单

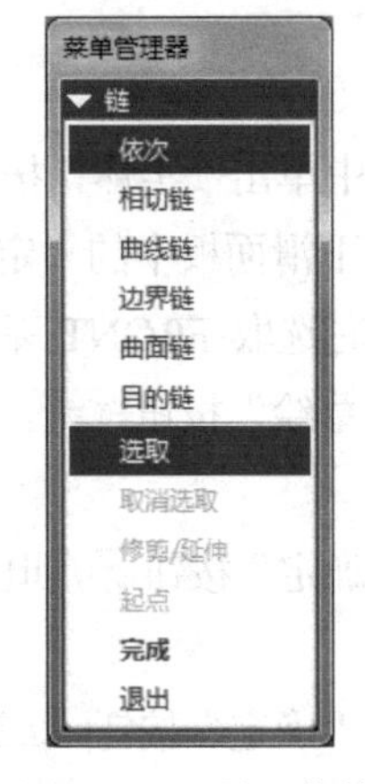

图 8-92　“链”菜单

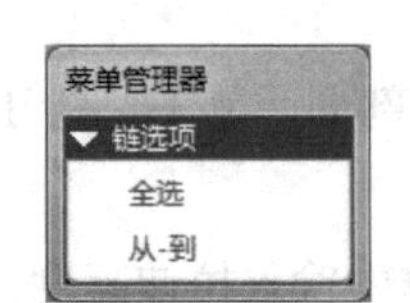

图 8-93　“链选项”菜单

图 8-94　“属性”菜单

(2) 此时系统会进入草绘界面，绘制如图 8-95 所示的草绘截面，单击草绘工具栏中的“确定”按钮✔，退出草绘模式。

(3) 在弹出的“方向”菜单中选择“确定”命令，如图 8-96 所示。单击“切剪：扫描”对话框中的“预览”按钮预览，可以查看所创建的切口特征。单击“确定”按钮确定完成切口特征的创建，如图 8-97 所示。

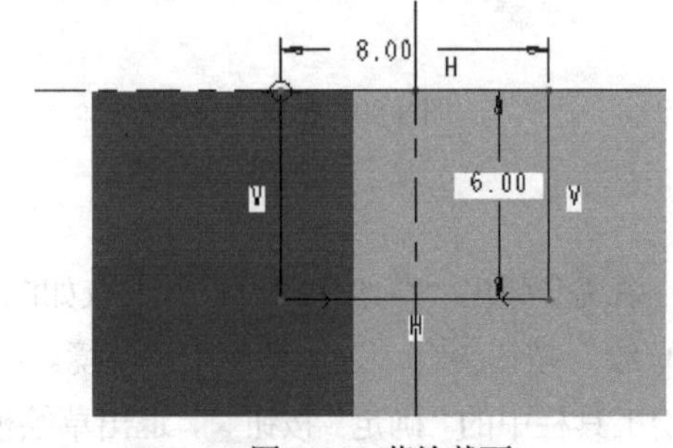

图 8-95　草绘截面

图 8-96　选取切口方向

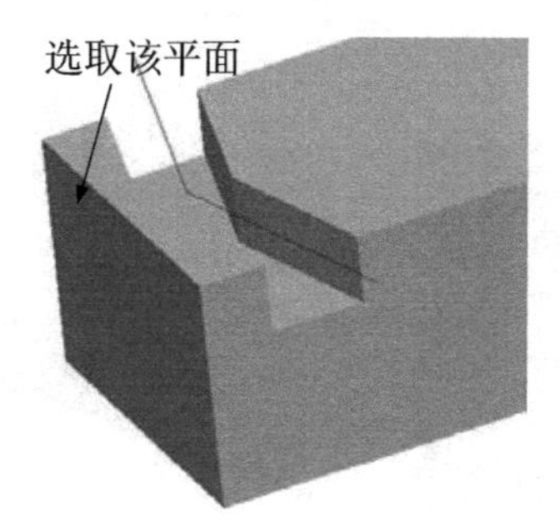

图 8-97　创建的切口特征

5. 阵列切口

(1) 在模型树中选取上一步创建的切口特征，单击特征工具栏中的“阵列”按钮，系统弹出阵列特征操控板，选择阵列方式为“方向”，然后选取如图 8-97 所示的平面作为参照平面，单击“反转”按钮，表示产生的阵列与系统默认的方向相反，输入阵列数目为 28，间距值为 16，如图 8-98 所示。

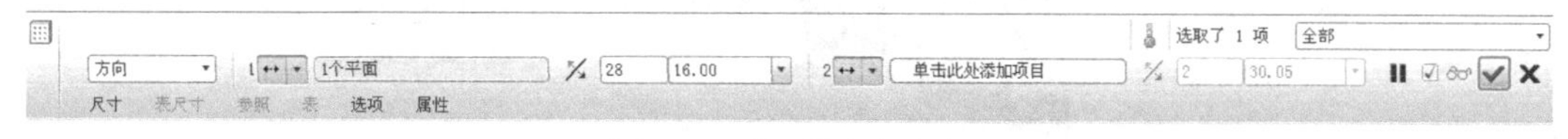

图 8-98　阵列特征操作板

(2) 单击“确定”按钮或单击鼠标中键完成阵列特征的创建，得到如图 8-99 所示的阵列特征。

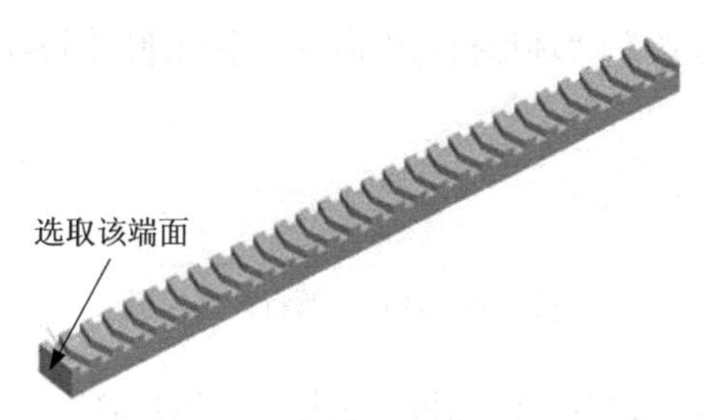

图 8-99　创建的阵列特征

6. 创建剪切特征

(1) 单击特征工具栏中的“拉伸”按钮，在拉伸特征操控板中单击“实体”按钮，单击“放置”按钮，打开其下滑面板。单击该下滑面板中的“定义”按钮定义...，系统弹出“草绘”对话框并提示用户选择草绘平面，此时选取图 8-99 所示的平面作为草绘平面，接受系统默认的特征生成方向，单击对话框中的“草绘”按钮草绘，进入草绘界面。

(2) 单击草绘工具栏中的“椭圆形”按钮，绘制如图 8-100 所示的椭圆形圆角。单击草绘工具栏中的“确定”按钮，退出草绘模式。在拉伸特征操控板的“深度”级联按钮菜单中单击“穿透”按钮；单击“反转”按钮，改变剪切材料的方向；单击“去除材料”按钮；单击“确定”按钮或单击鼠标中键完成拉伸剪切特征的创建，如图 8-101 所示。

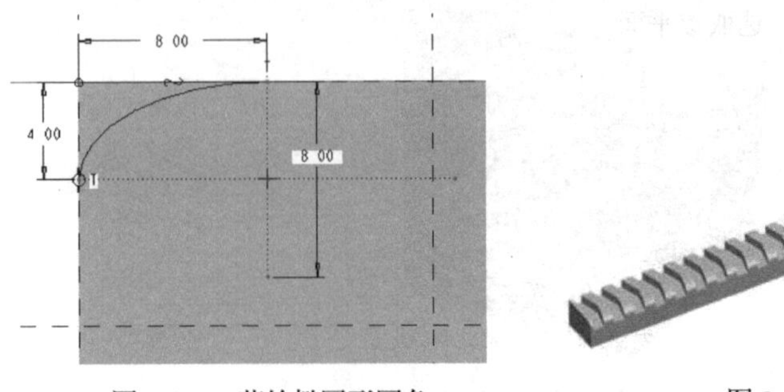

图 8-100　草绘椭圆形圆角

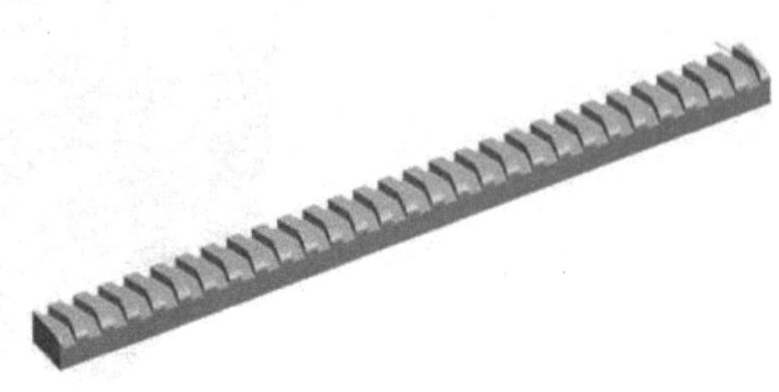

图 8-101　创建的剪切特征

(3) 在模型树中选取所创建的拉伸剪切特征，在特征工具栏中单击“镜像”按钮，然后选取基准平面 RIGHT 作为参照平面，单击“确定”按钮或单击鼠标中键完成镜像特征的创建，如图 8-102 所示。

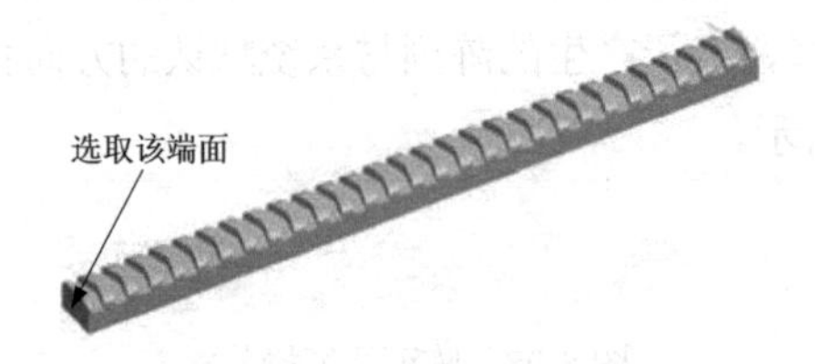

图 8-102　创建的镜像特征

7. 创建环形折弯特征

(1) 选择“插入”|“高级”|“环形折弯”命令，系统弹出图 8-103 所示的环形折弯特征操控板。

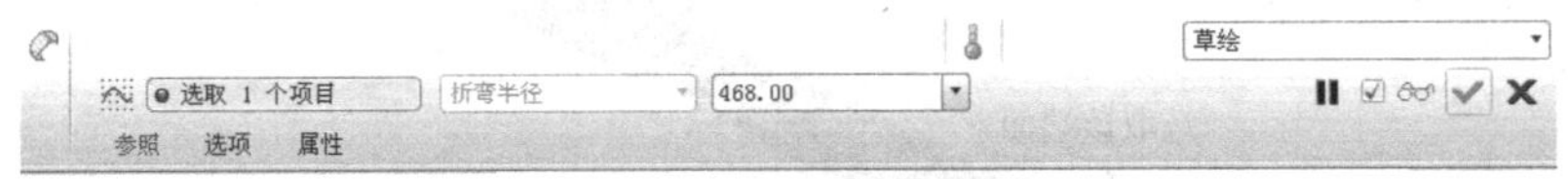

图 8-103　环形折弯特征操控板

(2) 单击“参照”按钮弹出其下滑面板，选择“实体几何”复选框，然后在“轮廓截面”收集器中单击将其激活，并单击右侧的“定义”按钮定义...，系统弹出“草绘”对话框，选取图 8-102 所示的平面，单击“草绘”按钮草绘，进入草绘界面。

(3) 单击“坐标系”按钮，绘制如图 8-104 所示的坐标系和折弯轮廓截面。完成后，单击草绘工具栏中的“确定”按钮，退出草绘模式。

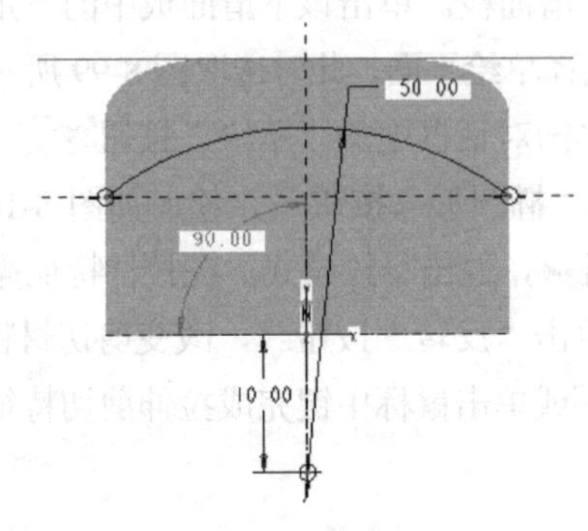

图 8-104　绘制折弯轮廓

(4) 在环形折弯特征操控板的“折弯半径”下拉列表框中选择“360° 折弯”选项，再选取图 8-105 所示的两个端面，单击“确定”按钮或单击鼠标中键，即可完成环形折弯特征的创建，结果如图 8-106 所示。

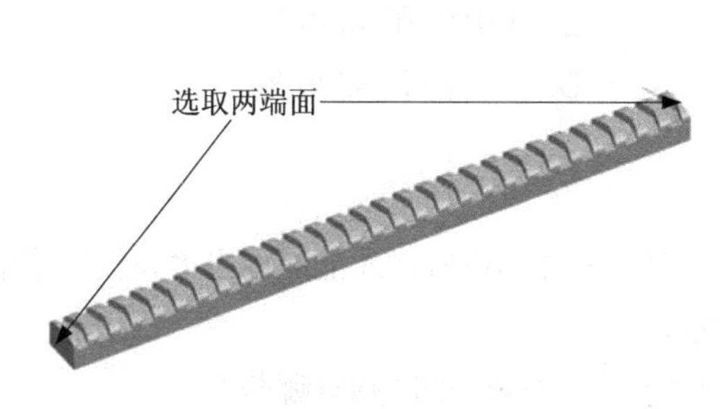

图 8-105　选取两个端面

图 8-106　创建的轮胎外胎

8. 隐藏辅助线

最后需要将辅助设计的曲线隐藏掉，使绘图区域整洁。在模型树中右击需要隐藏的曲线，在弹出的快捷菜单中选择“隐藏”命令，即可隐藏曲线。

9. 保存文件

单击“保存”按钮，保存文件到指定的目录并关闭窗口。

8.6　本 章 练 习

8.6.1　填空题

1. 唇不是组件特征，它必须在每个零件上分别创建，可以通过__________和__________在两个零件的尺寸之间设置适当的连接。

2. __________可将实体、非实体曲面或基准曲线折弯成环(旋转)形。

3. __________通过动态操作扭曲一个曲面，通过对控制点的定义和操作可以定义任意复杂的曲面。

4. 用“视图”菜单中的______________命令可以查看局部推拉特征。

8.6.2　选择题

1. 在曲面上创建定性变形是非常有用的，要对几何进行精确控制应选用__________。

　A. 局部推拉　　　　B. 半径圆顶
　C. 剖面圆顶　　　　D. 混合扫描

2. __________选项通过沿曲面连续重新放置横截面来关于折弯曲线折弯实体或面组。

　A. 骨架折弯　　　　B. 环形折弯

C. 扫描　　D. 混合

3. 使用“局部推拉”功能时，草绘工具栏中显示的两种绘图方式是__________。

A. ○和□　　B. ○和◝

C. ◝和□　　D. ○和[icon]

4. 使用“插入”|“高级”|“耳”命令，弹出的“选项”菜单中包含的两个命令是__________。

A. 可变的和 45 度角　　B. 不变的和 90 度角

C. 可变的和 90 度角　　D. 不变的和 45 度角

8.6.3 简答题

1. 在进行复杂高级特征建模之前，需要做怎样的设置，才能够调出“高级”菜单？
2. 草绘耳特征时，要遵循哪几条规则？
3. 在实体修改类特征的 3 种建模方式中，在建模时的区别有哪些？

8.6.4 上机题

1. 通过剖面圆顶和局部推拉的方式，将图 8-107(a)所示的模型修改为图 8-107(b)所示的模型。(尺寸成比例即可)

(a) 原模型

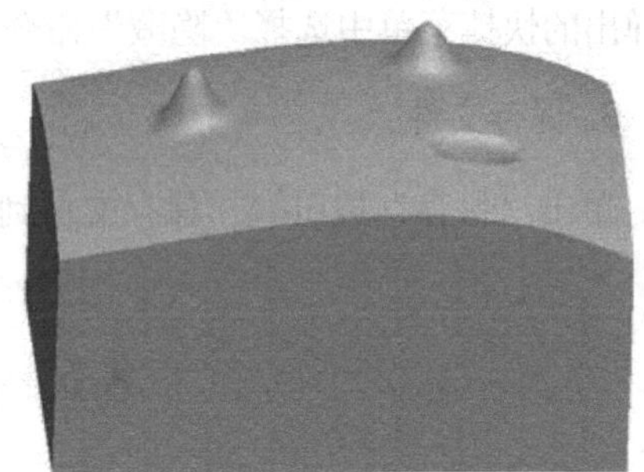

(b) 修改后的模型

图 8-107　实体修改类特征

2. 用骨架折弯功能创建图 8-108 所示的扳手模型，其尺寸如图 8-109 所示，骨架线如图 8-110 所示。

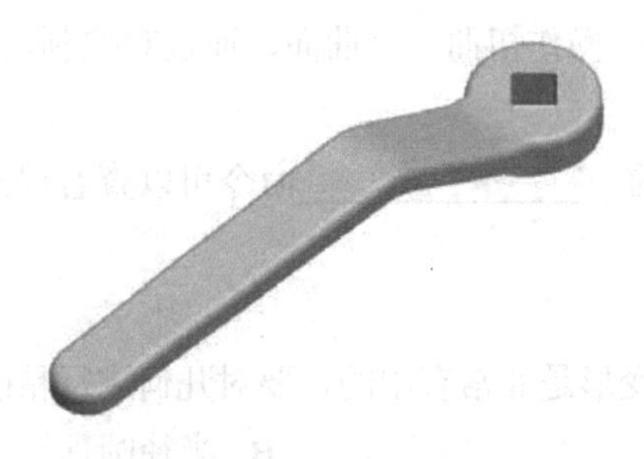

图 8-108　扳手模型

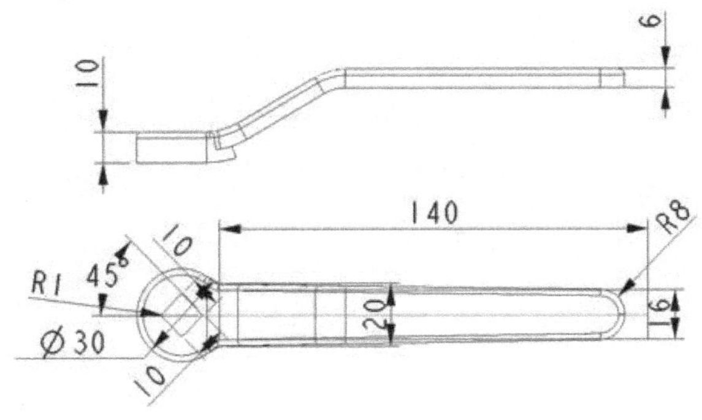

图 8-109　扳手尺寸

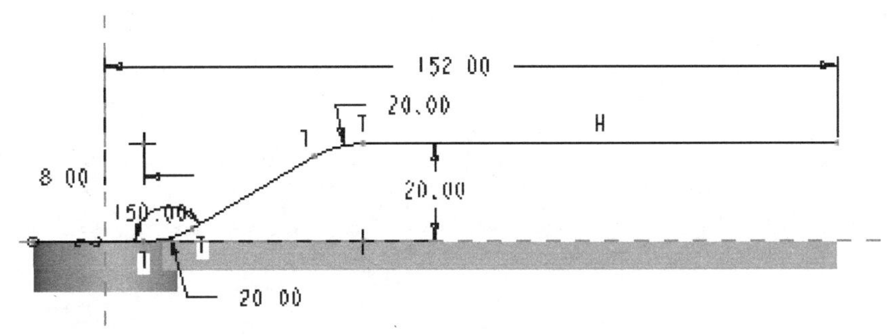

图 8-110　扳手骨架线

第9章　零件装配

模型装配的过程就是按照一定的约束条件或连接方式，将各零件组装成一个整体能满足设计功能的过程。利用 Pro/ENGINEER 提供的“组件”模块可实现模型的组装。

本章重点内容如下：

- 装配约束
- 装配连接
- 分解图
- 元件显示
- 装配过程

9.1　装配文件的建立

在进行元件装配之前需要新建一个组件模型文件，方法是选择“文件”|“新建”命令，或者在“文件”工具栏中单击“新建”按钮，打开 “新建”对话框，如图 9-1 所示。在该对话框的“类型”选项区域中选择“组件”单选按钮，在“子类型”选项区域中选择“设计”单选按钮，在“名称”文本框中输入组装模型的文件名，单击“确定”按钮，系统会进入组件模块的工作界面。如果用户取消选择“使用缺省模板”复选框，单击“确定”按钮后，可在“新文件选项”对话框中选取不同单位模板，如图 9-2 所示。

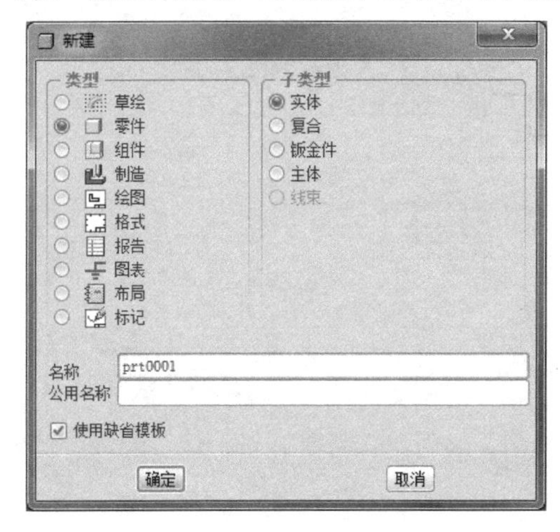

图 9-1　“新建”对话框

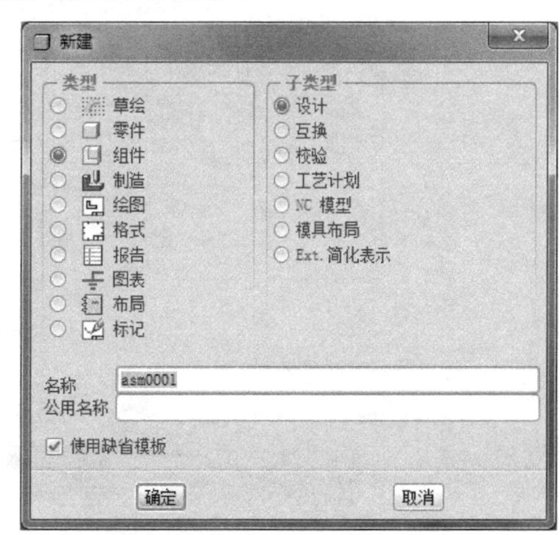

图 9-2　“新文件选项”对话框

9.2　元件组装概述

元件的组装是在组件模块的工作环境中通过模型组装对话框来实现的。在组件模型文件工作环境的特征工具栏中单击“装配”按钮，或选择“插入”|“元件”|“装配”命令，弹出“打开”对话框，如图 9-3 所示。

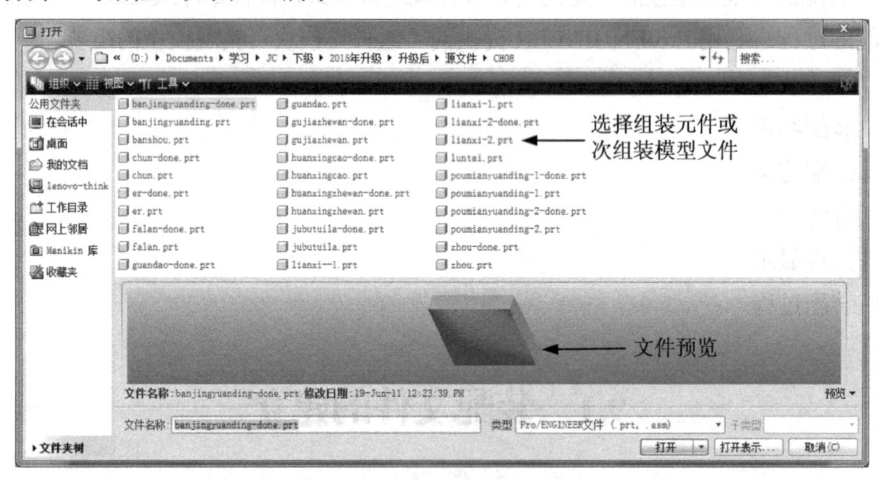

图 9-3　“打开”对话框

在“打开”对话框中打开要装配的文件后，系统弹出装配特征操控板，通过该操控板对元件进行装配。

如图 9-4(a)所示为“放置”按钮对应的下滑面板，图 9-4(b)所示为“移动”按钮对应的下滑面板，图 9-4(c)所示为“属性”按钮对应的下滑面板，图 9-4(d)展示了各种“连接类型”和“约束类型”。

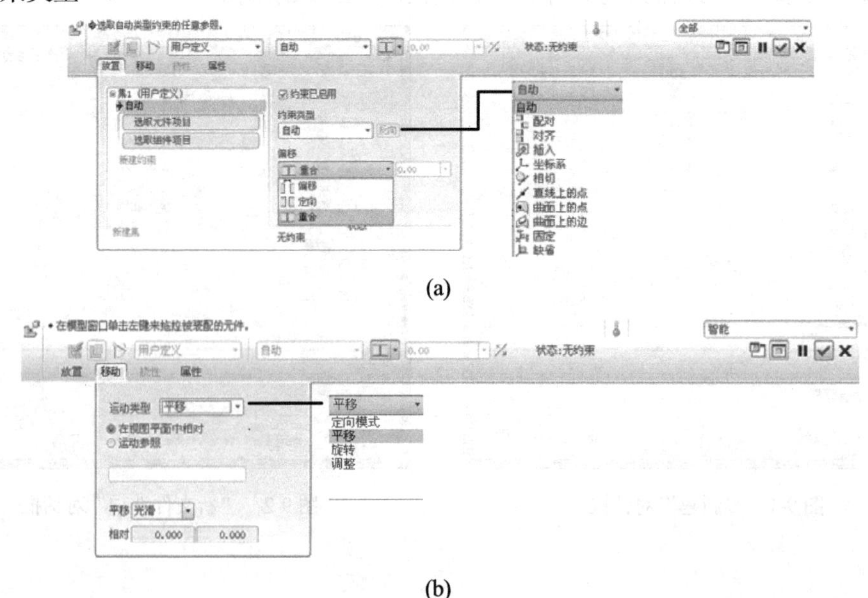

(a)

(b)

图 9-4　装配特征操控板

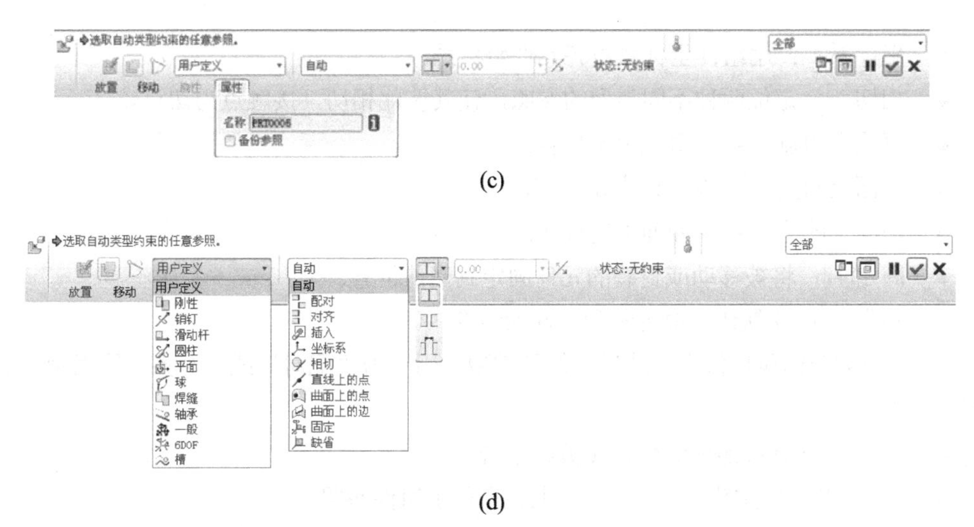

(c)

(d)

图9-4 装配特征操控板(续)

9.2.1 装配特征对话框

在装配特征操控板中，“使用界面放置”按钮用于使用界面放置元件，“手动放置”按钮用于手动放置元件，“约束转换”按钮用于将约束转换为机构连接方式。

用户定义下拉列表框用于选择连接类型，具体包括以下几种。

- 刚性：建立刚性连接，在组件中不允许任何移动。
- 销钉：建立销钉连接，包含移动轴和平移约束。
- 滑动杆：建立滑动杆连接，包含移动轴和旋转约束。
- 圆柱：建立圆柱连接，包含只允许进行360°转动的旋转轴。
- 平面：建立平面连接，包含一个平面约束，允许在参照平面上旋转和平移。
- 球：建立球连接，包含允许进行360°转动的点对齐约束。
- 焊接：建立焊接连接，包含一个坐标系和一个偏距值，将元件焊接在相对于组件的一个固定位置上。
- 轴承：建立轴承连接，包含一个点对齐约束，允许沿轨迹旋转。
- 一般：创建有两个约束的用户定义的约束集。
- 6DOF：建立6DOF连接，包含一个坐标系和一个偏距值，允许在各个方向上移动和转动。
- 槽：建立槽连接，包含一个点对齐约束，允许沿一条非直线的轨迹旋转。

自动下拉列表框中包括可供用户选择的约束类型，当选取一个用户定义集时，约束类型的默认值为“自动”，用户可以手动更新该值。

- 自动：默认的约束条件，系统会依照所选择的参照特征，自动选择适合的约束条件。
- 配对：定位两个相同类型的参照，使其彼此相向。
- 对齐：将两个平面定位在同一个平面上(重合且面向同一方向)，两条轴的同轴或两点重合。
- 插入：将旋转元件曲面插入组件旋转曲面。

- 坐标系：用组件坐标系对齐元件坐标系。
- 相切：定位两种不同类型的参照，使其彼此相切，接触点为切点。
- 直线上的点：在直线上定位点。
- 曲面上的点：在曲面上定位点。
- 曲面上的边：在曲面上定位边。
- 固定：将被移动或封装的元件固定到当前位置。
- 缺省：在默认的位置装配元件或组件。

下拉列表框包括供用户选择的偏移类型，用于为“配对”或“对齐”约束制定偏移类型。

- ：使元件参照和组件参照彼此重合。
- ：使元件参照位于同一平面上且平行于组件参照。
- ：设定组件参照与元件参照的线性偏距。

9.2.2 装配特征下滑面板

装配特征操控板包括“放置”“移动”“挠性”和“属性”4 个下滑面板。

1. 放置

“放置”下滑面板显示元件放置或连接的状况，还可以设定约束类型。它包括左、右两个区域：左区域内显示建立的集和建立的约束；右区域内可以设定组建对象间的约束类型及偏移方式。

2. 移动

使用“移动”下滑面板可以移动正在装配的元件，使元件的取放更加方便。当“移动”下滑面板处于活动状态时，将暂停所有其他元件的放置操作。要移动参与组装的元件，必须封装或用预定义约束集配置该元件。在“移动”下滑面板中，可使用如下选项。

- 运动类型：在该类型中，“定向模式”选项用于重定向视图，“平移”选项用于在平面范围内移动元件，“旋转”选项用于旋转元件，“调整”选项用于调整元件的位置。
- 在视图平面中相对：相对于视图平面移动元件，这是系统默认的移动方式。
- 运动参照：选择移动元件的移动参照。
- 平移/旋转/调整参照：选择相应的运动类型则出现对应的选项。
- 相对：显示元件相对于移动操作前位置的当前位置。

3. 挠性

此面板仅对于具有预定义挠性的元件可用。

4. 属性

“属性”下滑面板包含特征名称和用于访问特征信息的图标，在名称框中输入元件的名称，单击“显示特征信息”按钮，则会显示所添加特征的相关信息。

9.2.3　元件显示方式

在装配特征操控板中单击“在单独的窗口中显示元件”按钮，被调入的组装元件显示在一个独立的工作窗口中，如图 9-5(a)所示。可以在该单独工作窗口中进行模型的操作，便于选择合适的元件参照选项。

在装配特征操控板中单击“在组件窗口中显示元件”按钮，将被调入的组装元件根据当前程序默认的“自动”组装约束条件显示在组装模型的主窗口中，在主工作窗口中进行组装操作，此为系统默认的选项，如图 9-5(b)所示。

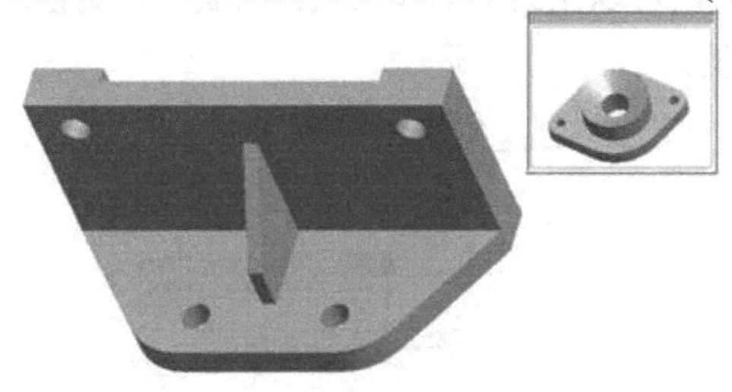

(a) 单独的元件窗口

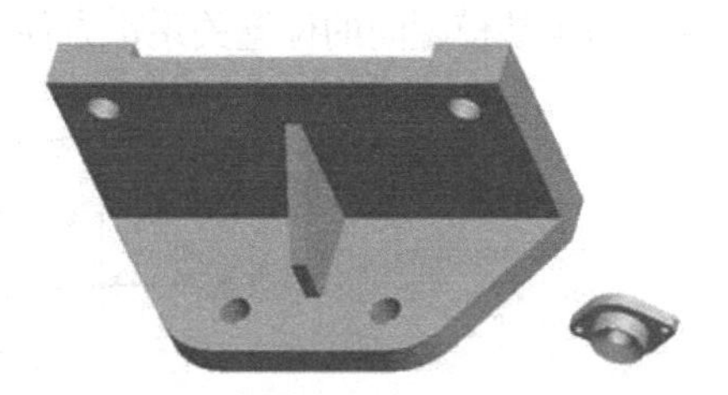

(b) 在组件窗口中显示元件

图 9-5　元件显示方式

用户还可以在单独的元件窗口和组件窗口中同时显示要装配的元件。

9.2.4　组装元件放置方式

1. 放置

在装配特征操控板中打开“放置”面板，可以确定组装件与组装模型之间的连接方式和约束条件，并能查看当前装配的约束状况。

(1) 约束集。在打开一个要装配的元件后，程序会自动创建一个约束集，同时自动指定一个约束，如图 9-6 所示。当在元件上选取了约束的参照对象后，该面板中左侧的约束中将显示选取的对象名称。

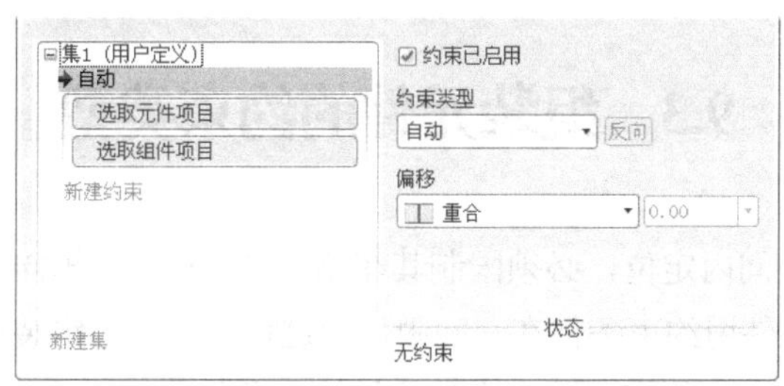

图 9-6　“放置”下滑面板

(2) 元件的约束状态。在组装过程中，每加入一个约束条件，系统都会自动检查给予的组装条件是否足够或有没有矛盾的地方，并且在装配特征操控板中显示约束状态，常见的约束状态如下。

- 没有约束：表示没有任何组装的约束条件，需要增加约束条件。
- 部分约束：表示组装的约束条件不足以完全定义元件的位置，需要增加约束条件。

- 完全约束：表示组装的约束条件可以完全定义元件的组装位置。
- 假设的完全约束：表示组装的约束条件并没有完全定义元件的组装位置，虽然元件某些方向没有被完全约束，却不会影响它在组件中的位置。此时若取消选择此选项，就必须增加该元件的组装条件，元件才可以被完全约束。
- 无效的约束：表示组装的约束条件互相矛盾，不能定义元件的组装位置。

2. 移动

如图 9-7 所示为元件组装的“移动”下滑面板，可以在其中平移或旋转组装件，调整组装件与组装模型间的位置关系，方便选取放置参照。

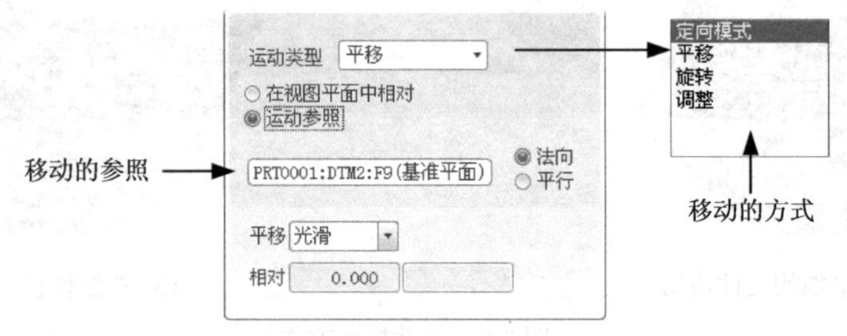

图 9-7　“移动”下滑面板

- 运动类型：装配元件移动的方式共有 4 种，分别为定向模式、平移、旋转和调整。
- 运动参照：装配元件可以选择的运动参照类型有视图平面、选取平面、图元的边、平面法向、两个点及坐标系等。
- 运动增量：组装元件平移或移动时可以设置运动增量，选择光滑移动或者固定数值移动，也可以预先设置移动时的具体数值，如图 9-8 所示。

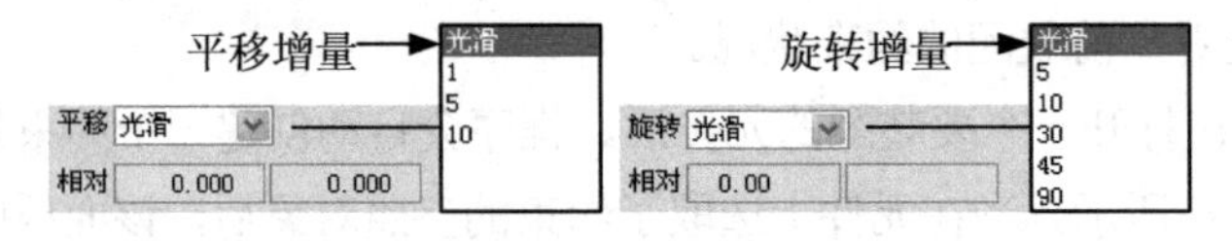

图 9-8　元件移动时的运动增量

9.3　组装元件的约束类型

要将一个元件在空间内定位，必须限制其在 X、Y、Z 三个轴向的平移和旋转。元件的组装过程就是一个将元件用约束条件在空间限位的过程。不同的组装模型需要的约束条件不同，完成一个元件的完全定位需要同时满足几种约束条件。

元件常用的多种约束类型分别为“自动”“配对”“对齐”“插入”“坐标系”“相切”“直线上的点”“曲面上的点”“曲面上的边”“固定”和“缺省”。要确定元件的约束方式，可以在装配特征操控板或其中的“放置”面板中进行设置，如图 9-4(a)和图 9-4(d)所示。

1. 自动

自动选项是默认的方式，当选择装配参照后，程序自动以合适的约束进行装配。

2. 配对

两个组装元件(或模型)所指定的平面、基准平面重合(当偏移值为零时)或相平行(当偏移值不为零时)，并且两平面的法线方向相反。分别选择两个元件的参照，使用“配对”约束的结果如图 9-9 所示。

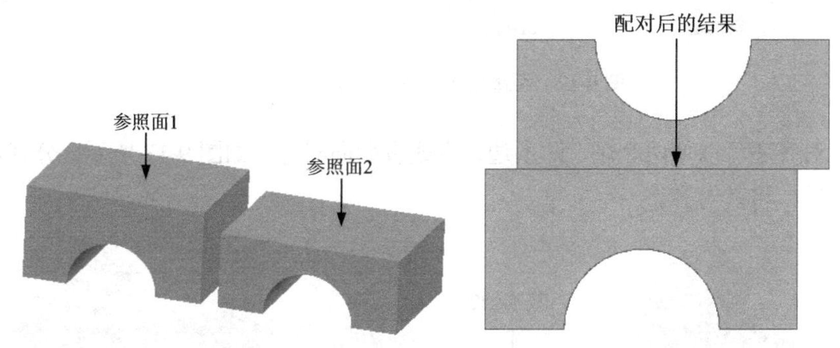

图 9-9　元件偏移值为零的“配对”方式装配

如果在“配对”约束后的距离方式一栏中，将选项切换为距离方式，并且输入一定的数值(可以为负值)，即偏移值不为零，结果如图 9-10 所示。

图 9-10　有距离值的配对约束

3. 对齐

两个元件或模型所指定的平面、基准平面重合(当偏移值为零时)或相平行(当偏移值不为零时)，并且两平面的法线方向相同。选择两个元件的平面作为参照，使用“对齐”约束的结果如图 9-11 所示。

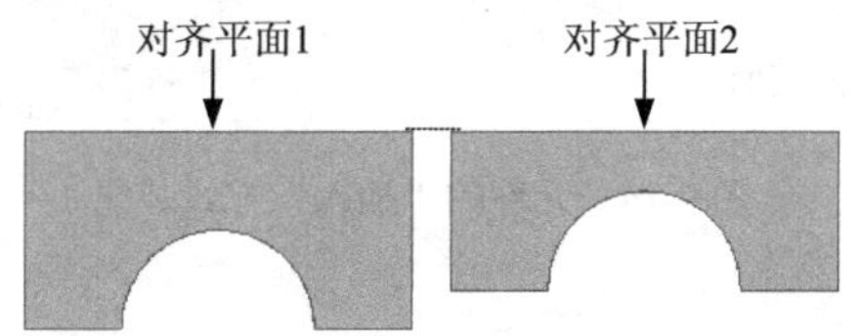

图 9-11　元件偏移值为零的“对齐”方式装配

如果在“对齐”约束后的距离方式一栏中，将选项切换为距离方式，并且输入一定的数值，即偏移值不为零，结果如图 9-12 所示。

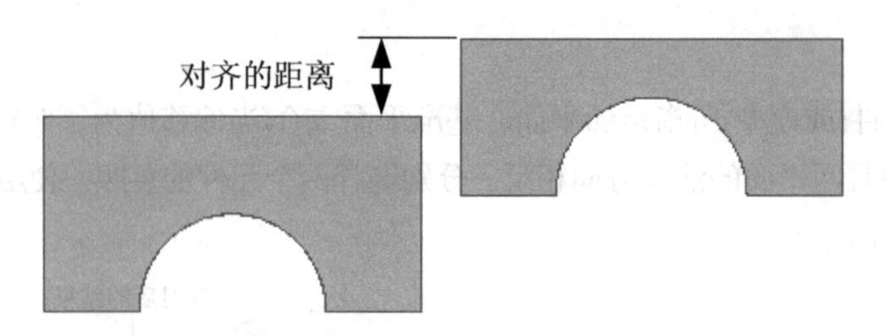

图 9-12　距离值不为零的“对齐”约束

另外，对齐还可以使两个轴、两条边、点或者曲面对齐，如图 9-13 所示，分别选择两个元件的基准轴，将其对齐。

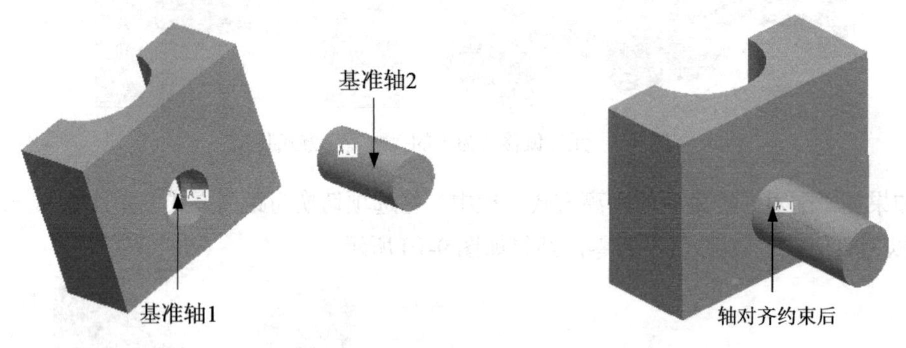

图 9-13　基准轴的“对齐”约束

4. 插入

两组装元件或模型所指定的旋转面的旋转中心线同轴。

分别选择元件的内孔曲面和另一元件的外圆柱面作为“插入”参照，使用“插入”约束的结果如图 9-14 所示。

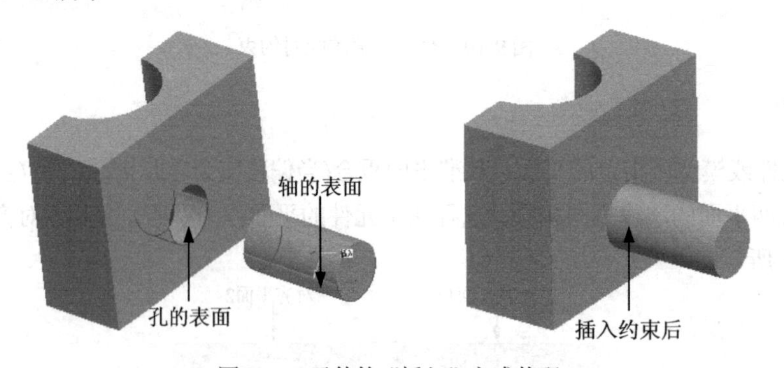

图 9-14　元件的“插入”方式装配

5. 坐标系

将两组装元件所指的坐标系或元件与装配件的坐标系对齐来实现组装。利用坐标系组装操作时，所选两个坐标系的各坐标轴会分别选择两元件的坐标系，则两元件的坐标系将重合，元件被完全约束，如图 9-15 所示。

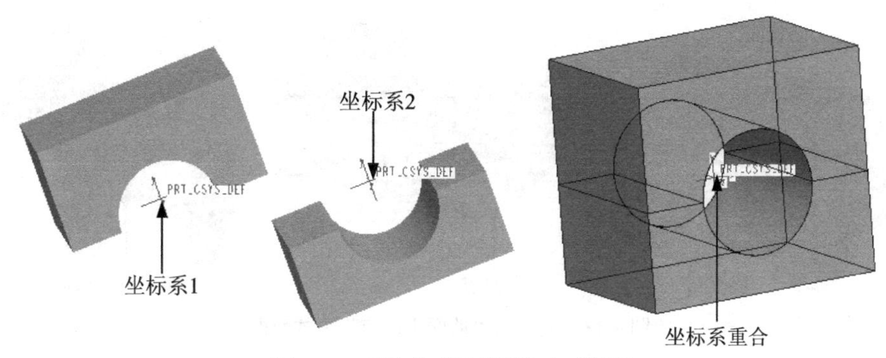

图 9-15 元件的“坐标系”方式装配

6. 相切

两组装元件或模型选择的两个参照面以相切方式组装到一起。选择一元件的一个平面和另一元件的外圆柱面作为“相切”参照，结果如图 9-16 所示。

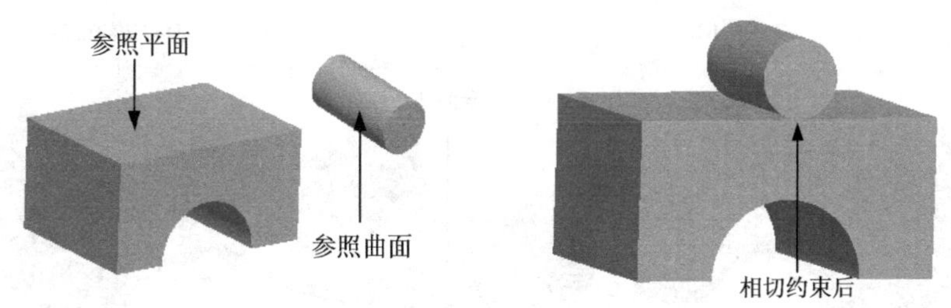

图 9-16 元件的“相切”方式装配

7. 直线上的点

两组装元件或模型，在一个元件上指定一点，在另一个元件上指定一条边线，约束所选的参照点在参照边上。边线可以选取基准曲线或基准轴。选择元件的一条实体边和另一元件的一个基准点作为约束参照，结果如图 9-17 所示。

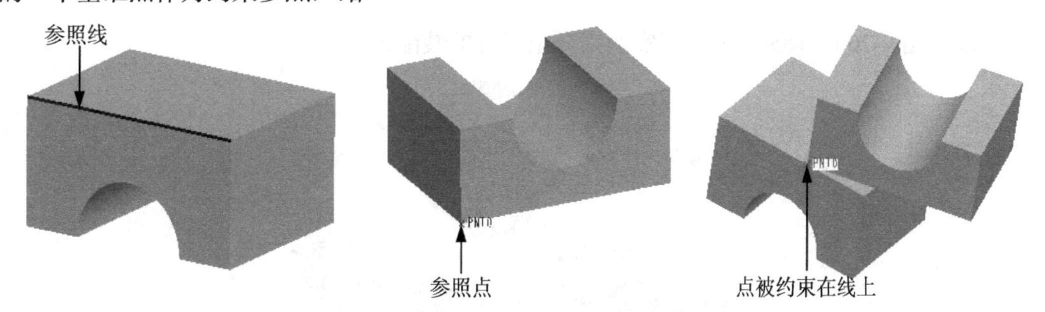

图 9-17 元件的“直线上的点”方式装配

8. 曲面上的点

两组装元件或模型，在一个元件上指定一点，在另一个元件上指定一个面，且使指定面和点相接触，控制点的位置在曲面上，曲面可以选取基准平面和实体面等。选择一元件的实体平面和另一元件的一个基准点作为约束参照，则所选择的参照点被约束在参照平面上，如图 9-18 所示。

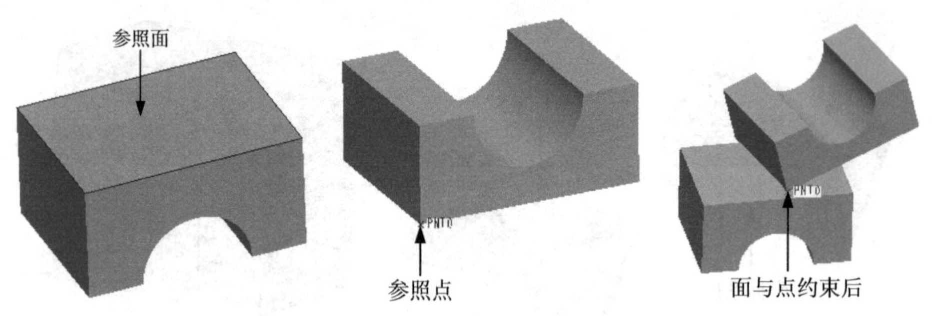

图 9-18　元件的“曲面上的点”方式装配

9. 曲面上的边

两组装元件，在一个元件上指定一条边，在另一个元件上指定一个面，且使它们相接触，即将参照的边约束在参照面上。选择元件的实体平面和另一元件的一条边作为约束参照，则所选择的参照边被约束在参照平面上，如图 9-19 所示。

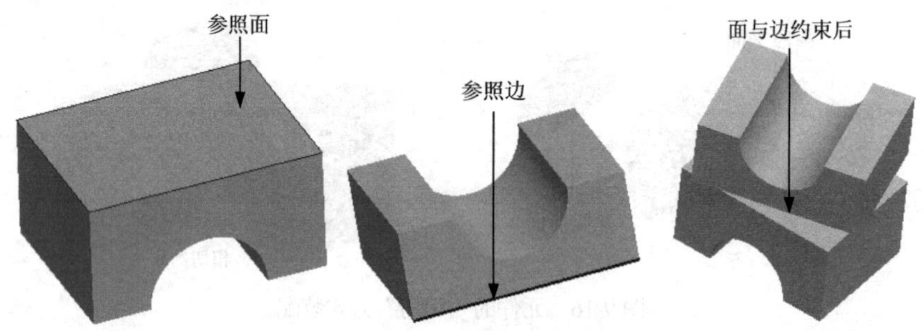

图 9-19　元件的“曲面上的边”方式装配

9.4　元件的装配过程

以如图 9-20 所示的风机装配实例来介绍元件的装配过程。

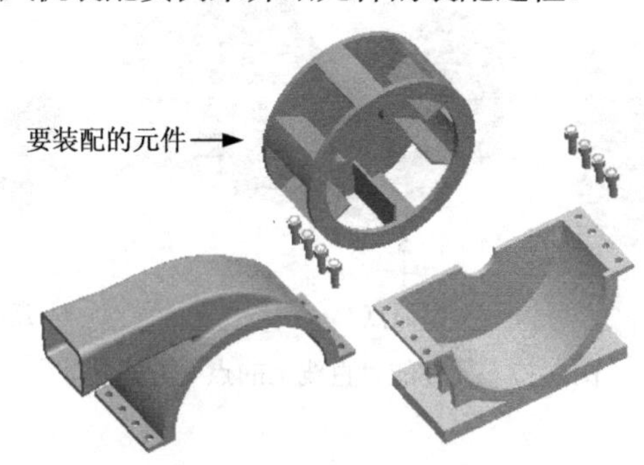

图 9-20　风机中的元件

1. 建立装配文件

在工具栏中单击“新建”按钮，或选择“文件”|“新建”命令，在弹出的“新建”对话框的“类型”选项组中选择“组件”单选按钮，在“子类型”选项组中选择“设计”单

选按钮。输入零件名称为fengji，单击“确定”按钮![确定]，进入零件设计界面。

2. 装配基础结构件

组装时第一个元件的选择是相当重要的，必须参考元件的特征。例如，组装车辆，第一个组件必定是底盘，不能将发动机凭空放置，它一定被组装在底盘上，所有的元件都将组装在主要结构件上。因此，主结构件成为第一个元件是理所当然的。

(1) 选择“插入”|“元件”|“装配”命令，或在特征工具栏中单击“装配”按钮，弹出“打开”对话框，打开名为prt0002的基座文件，如图9-21所示。

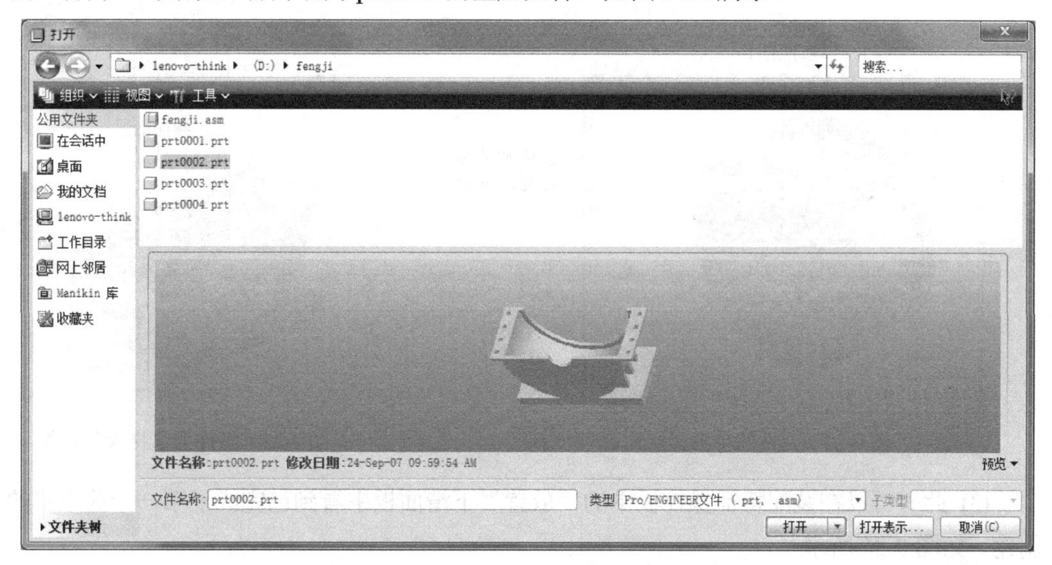

图9-21 打开第一个装配文件

(2) 在装配特征操控板中设置约束方式为“坐标系”，然后依次选取绘图区的默认坐标系和元件的坐标系，如图9-22所示，此时程序将两个坐标系重合起来。单击装配特征操控板中的“确定”按钮或单击鼠标中键，完成第一个元件的装配，如图9-23所示。

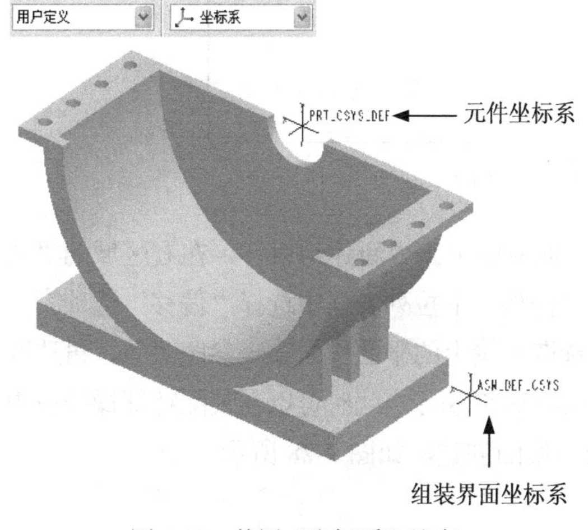

图9-22 使用“坐标系”约束

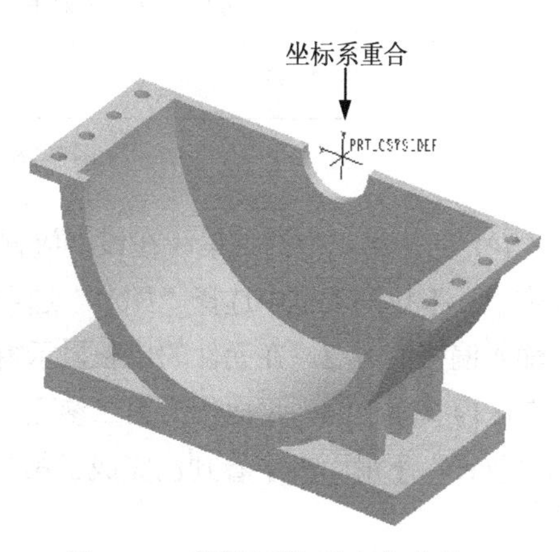

图9-23 “坐标系”约束完成后

3. 装配风轮

(1) 单击“将元件添加到组件”按钮，弹出“打开”对话框，打开名为 prt0003 的风轮文件，并单击装配特征操控板中的“在单独的窗口中显示元件”按钮，使用单独的窗口显示该元件，如图 9-24 所示。

(2) 创建第一个约束集。在装配特征操控板中的约束类型中选择“插入”，在元件的单独显示窗口中选取风轮轴上的面作为第一参照对象，如图 9-24 所示。再选取绘图区内基座上的一个圆弧面作为第二参照对象，如图 9-25 所示。

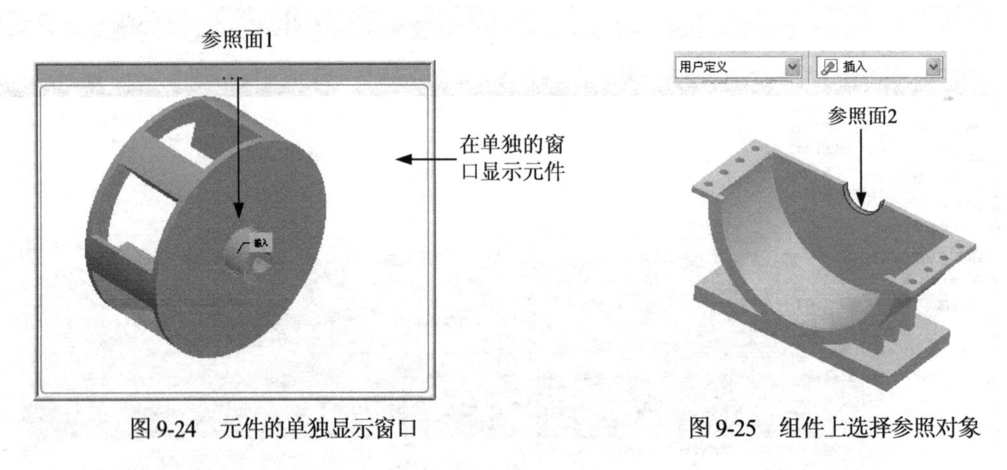

图 9-24　元件的单独显示窗口　　　　图 9-25　组件上选择参照对象

(3) 此时可以在装配特征操控板中的“放置”下滑面板中看到已完成了第一个约束集的创建，如图 9-26 所示。

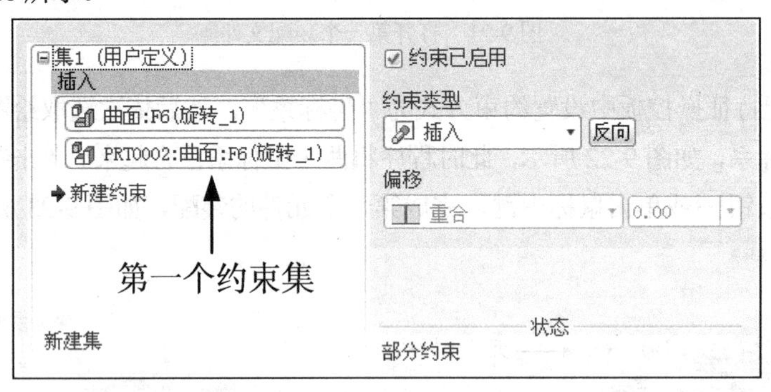

图 9-26　创建第一个约束集

(4) 创建第二个约束集。在该“放置”下滑面板中单击“新建约束”，在右区域的“约束类型”下拉列表框中选择“配对”选项，在“偏移”下拉列表框中选择“偏移”选项，并输入偏移值为 2。在元件的单独显示窗口中选取风轮上的平面作为第一参照对象，再选取绘图区内基座上的内平面作为第二参照对象，如图 9-27 所示。此时可以在装配特征操控板中的“放置”下滑面板中看到已完成了第二个约束集的创建，如图 9-28 所示。

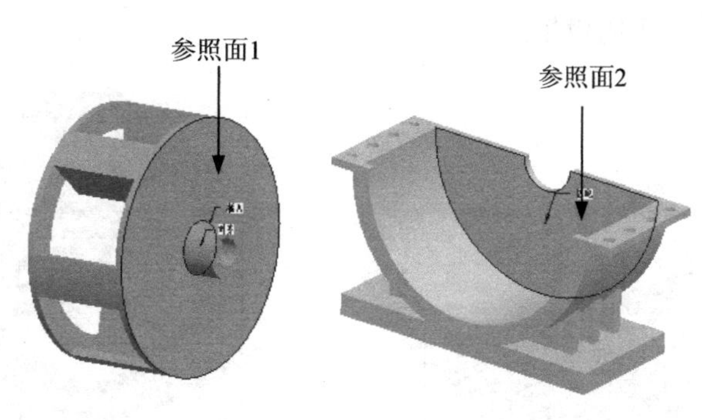

图 9-27 选择参照对象

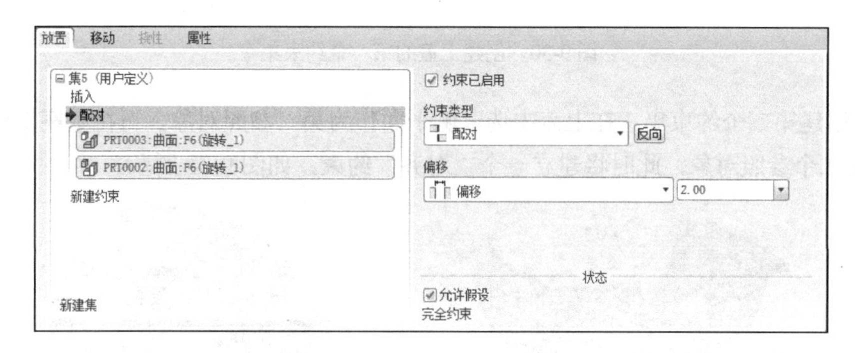

图 9-28 创建第二个约束集

(5) 如果开启了在“在组件窗口中显示元件”按钮，可以在绘图区中观察到预定位完成的元件。单击装配特征操控板中的“确定”按钮或单击鼠标中键，风轮被装配到基座上，如图 9-29 所示。

图 9-29 完成风轮的装配

4. 装配上盖

(1) 单击“装配”按钮，弹出“打开”对话框，打开名为 prt0001 的上盖文件，并使用单独的窗口显示该元件。

(2) 创建第一个约束集。以“自动”方式创建约束，选取上盖平面作为第一参照对象，再选取基座上的平面作为第二参照对象，此时程序自动判断约束方式为“配对”，如图 9-30

所示，此时创建了第一个约束集。

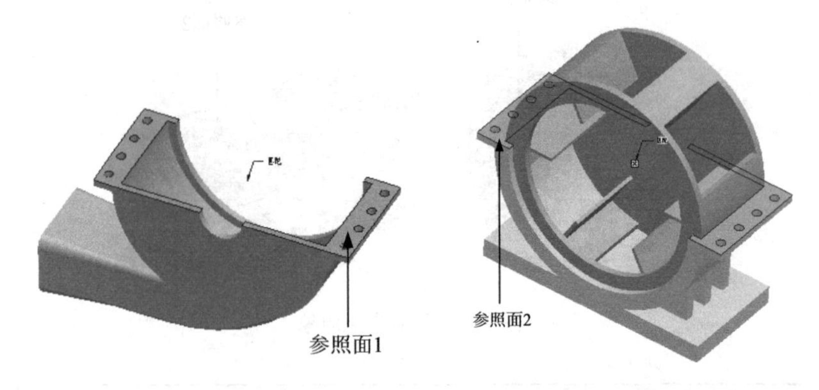

图 9-30　创建上盖的第一个约束集

(3) 创建第二个约束集。在上盖中选取侧平面作为第一参照对象，再在基座上选取侧平面作为第二个参照对象，此时将建立一个“对齐”约束，如图 9-31 所示。

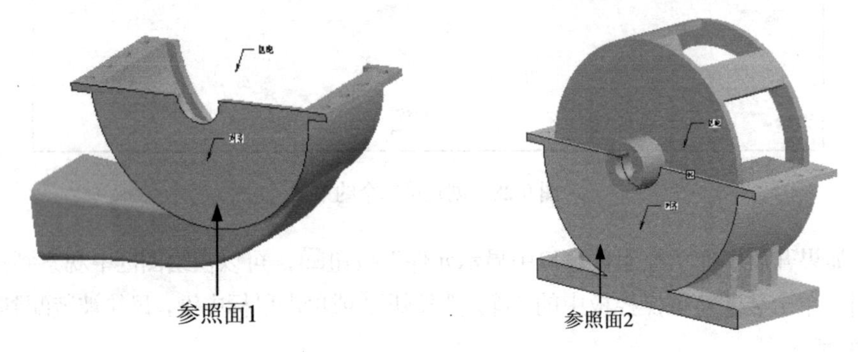

图 9-31　创建上盖的第二个约束集

(4) 虽然此时已经创建了两个约束集，但装配特征操控板中的约束状态仍显示部分约束，所以还需要继续创建约束集。

(5) 创建第三个约束集。以基准轴作为参照对象，单击特征工具栏中的“基准轴开/关”按钮，此时将显示元件各基准轴。选取上盖一个螺钉孔的基准轴为第一参照对象，再选取基座上所对应的一个螺钉孔的基准轴，如图 9-32 所示，程序将自动创建一个“对齐”约束。

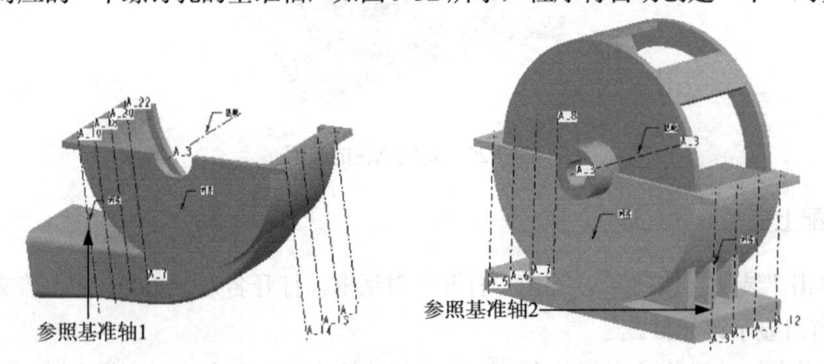

图 9-32　创建上盖的第三个约束集

(6) 此时可以在组装界面中观察到预定位完成的元件，“放置”下滑面板中显示 3 个约束集，并显示完全约束，如图 9-33 所示。单击鼠标中键，上盖被装配到基座上，如图 9-34 所示。

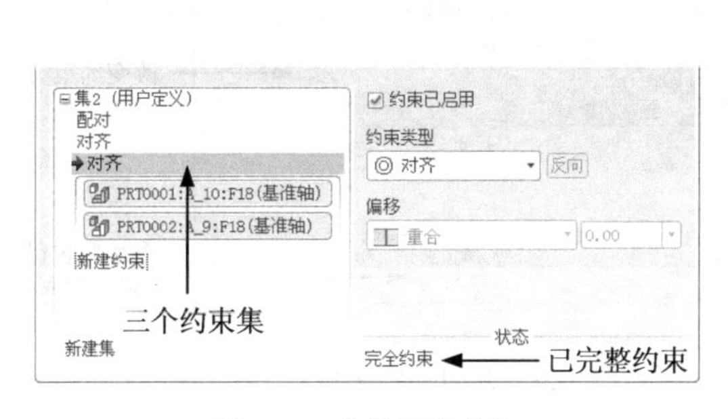

图 9-33　上盖的约束集

图 9-34　完成上盖的装配

5. 装配螺钉

(1) 单击“装配”按钮，弹出“打开”对话框，打开名为 prt0004 的螺钉文件，并使用单独的窗口显示该元件。

(2) 创建第一个约束集。单击特征工具栏中的“基准轴开/关”按钮，选取螺钉的中心轴 A_1 作为第一参照对象，再选取基座上螺钉孔的中心轴 A_16 作为第二参照对象，程序将自动创建一个“对齐”约束，如图 9-35 所示。

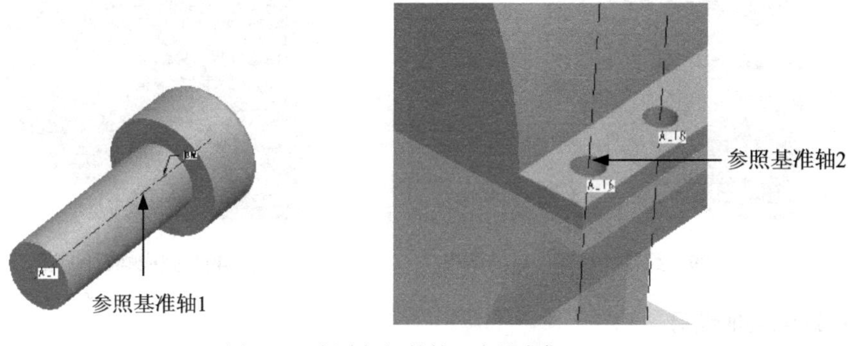

图 9-35　创建螺钉的第一个约束集

(3) 创建第二个约束集。选取螺钉上的螺钉帽底面作为第一参照对象，然后选择上盖中的对应平面作为第二参照对象，此时将自动创建一个“配对”约束，如图 9-36 所示。

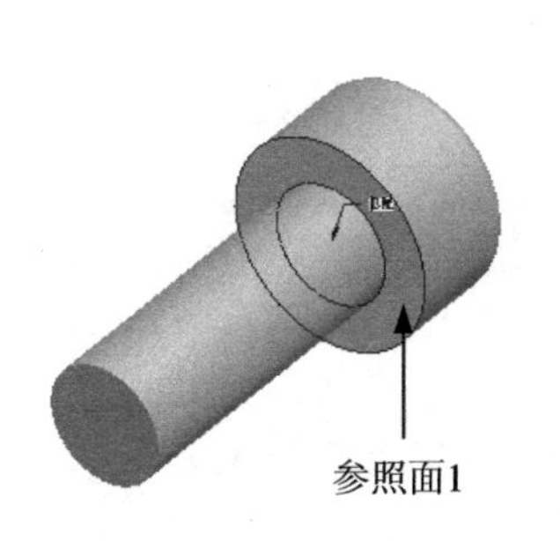

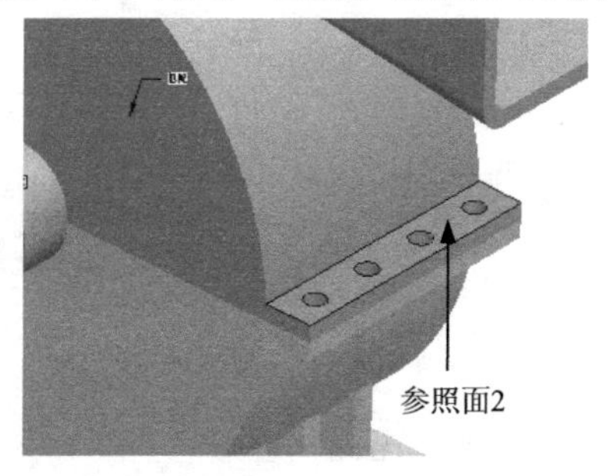

图 9-36　创建螺钉的第二个约束集

(4) 可以在绘图区中观察到预定位完成的元件，注意由以上两个约束集放置螺钉实际上可能有两种结果。当第二约束集为“配对”时，结果如图 9-37 所示。此时“放置”下滑面板如图 9-38 所示。

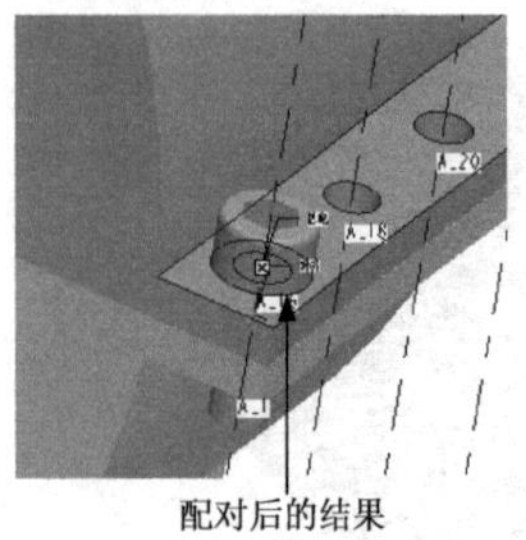

集3（用户定义）
对齐
配对
曲面:F6(旋转_1)
PRT0001:曲面:F8(拉伸_1)
新建约束
新建集
约束已启用
约束类型
配对
反向
改变约束方向
偏移
重合
0.00
状态
允许假设
完全约束
系统假设已完全约束

图 9-37　螺钉“配对”后的结果　　　图 9-38　螺钉的约束集

(5) 若单击约束类型后的“反向”按钮反向，约束类型将改变为“对齐”，其结果如图 9-39 所示，这种结果与实际情况不符。在装配过程中，如果遇到类似情况，用户可以使用该按钮进行调整。注意到此时“放置”下滑面板的约束状态显示选择了“允许假设完全约束”，这是由于以上的两个约束集无法对螺钉围绕中心轴旋转作周向定位，但这并不影响螺钉的位置确定，所以程序对此类约束进行了假设。

(6) 此时单击鼠标中键，完成螺钉的装配，如图 9-40 所示。

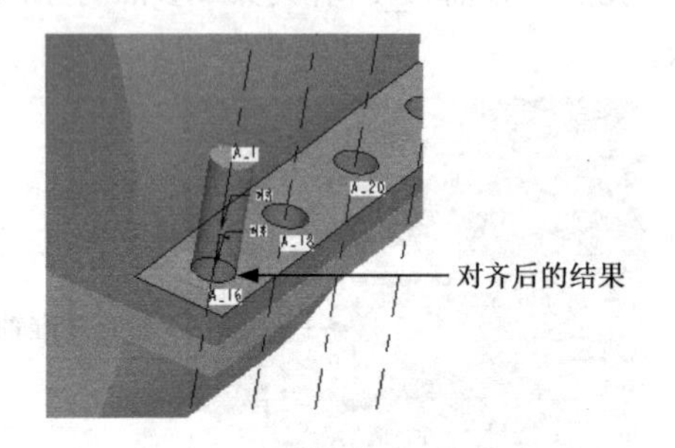

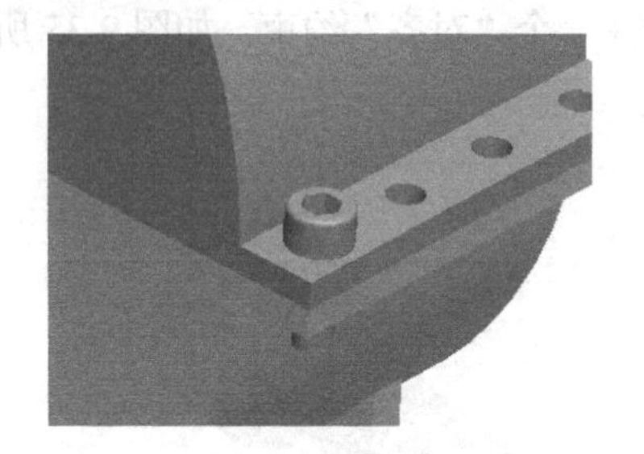

图 9-39　螺钉“对齐”后的结果　　　图 9-40　完成螺钉的装配

6. 装配其他螺钉

(1) 在模型树中选中装配好的螺钉并右击，在弹出的快捷菜单中选择“阵列”命令，此时程序将弹出阵列特征操控板，如图 9-41 所示。

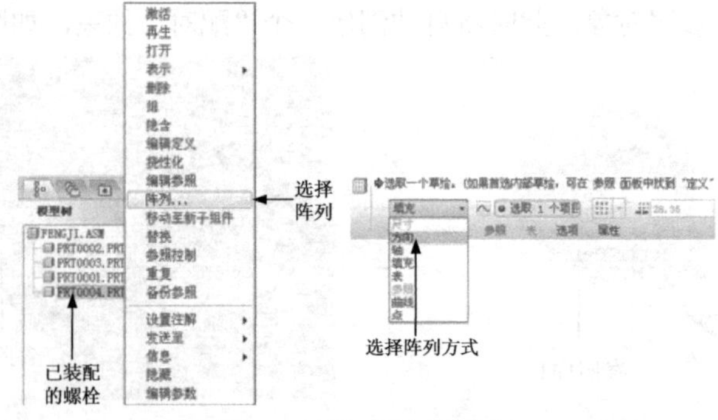

图 9-41　阵列特征操控板

(2) 在“阵列方式”下拉列表框中选择“方向”选项，阵列数目设为 4，副本间距设为

25.00，并设置参照的边和方向，如图9-42所示。

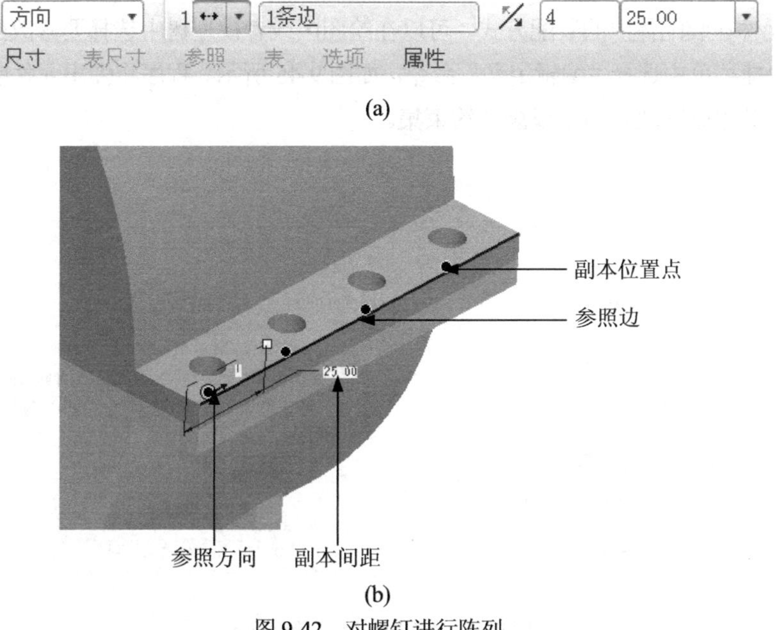

(a)

(b)

图9-42 对螺钉进行阵列

(3) 单击鼠标中键，完成螺钉的阵列操作，如图9-43所示。

(4) 对另一侧的螺钉，可以使用以上同样的约束方法和阵列操作进行装配。装配完所有的螺钉后，整个模型装配完成，如图9-44所示。

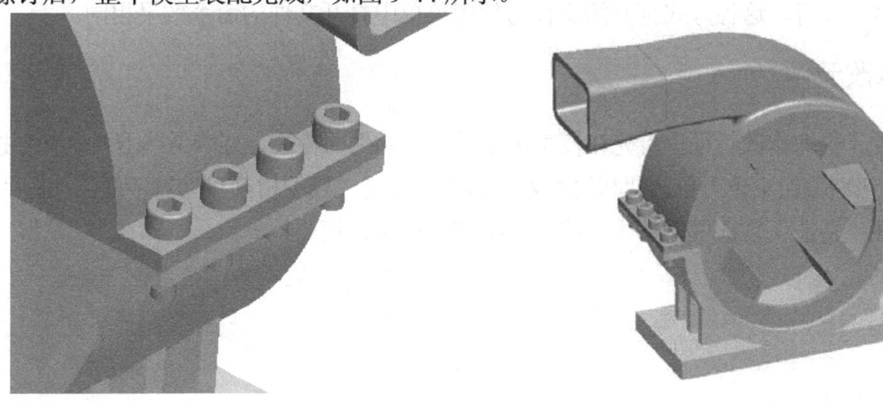

图9-43 完成一边螺钉的阵列操作

图9-44 模型装配完成

7. 保存文件

单击“保存”按钮保存文件到指定的目录并关闭窗口。

9.5 元件的操作

在装配模块中，可以对组装到装配体中的元件进行删除以及对装配约束重定义，或者对其特征进行修改和重定义等操作。

9.5.1　重定义装配方式

修改元件在装配体中的装配方式，可以在绘图区或者模型树中选择要修改的元件，单击右键在其快捷菜单中选择“编辑定义”命令，如图 9-45 所示。程序将弹出元件装配特征操控板，可以在其中删除现有约束或添加约束集。

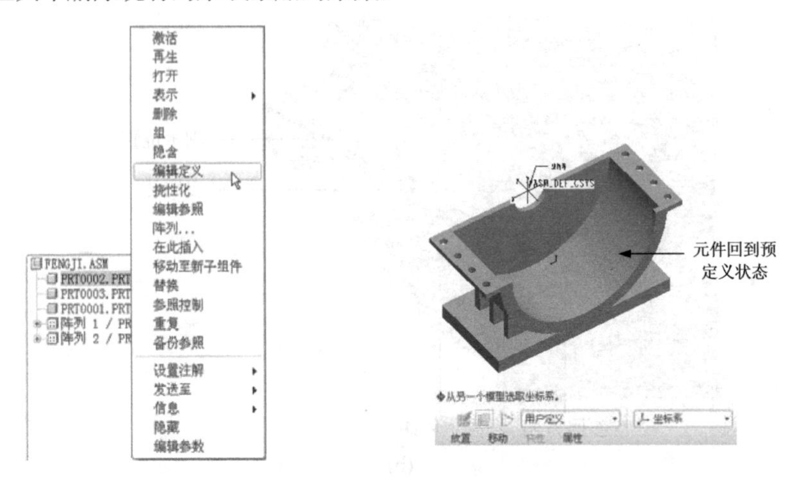

图 9-45　编辑定义已装配的元件

9.5.2　打开元件

可以在装配模式中直接打开元件。选择需要打开的元件，长按右键在其快捷菜单中选择“打开”命令即可。这种方式打开的文件与使用菜单中打开文件的命令效果相同。

9.5.3　修改元件

为了便于提取修改特征，首先在模型树中显示各元件的特征。方法是单击“设置”按钮 ，在其级联按钮菜单中单击“树过滤器”按钮，打开“模型树项目”对话框，如图 9-46 所示，选择“特征”复选框，单击“确定”按钮关闭对话框。

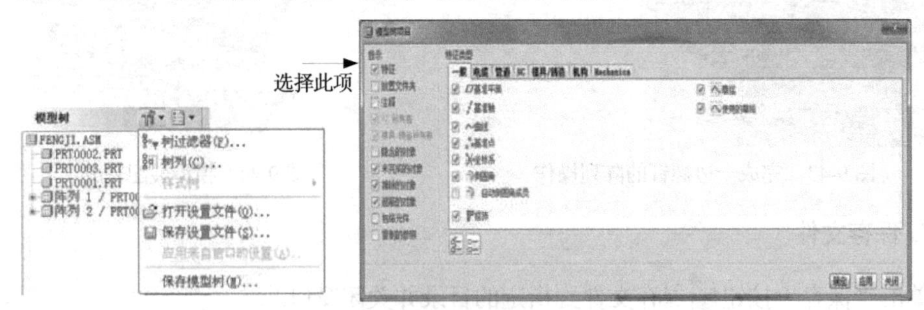

图 9-46　元件特征的显示设置

此时元件中的特征显示出来，可以单击模型树上各元件名称前的“+”符号，使元件的特征在模型树中显示出来，如图 9-47 所示。

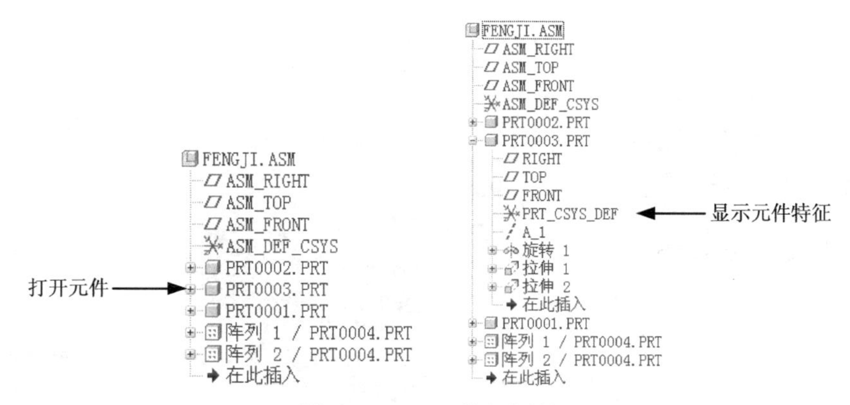

图 9-47 显示元件中的特征

在装配体中对元件进行修改的方法有以下两种。

1. 直接修改

在模型树或绘图区中选择需要修改的特征并右击，在弹出的快捷菜单中选择“编辑”命令，被选特征的尺寸标注在绘图区显示出来，如图 9-48 所示。编辑尺寸值后，在菜单栏中选择“编辑”|“再生”命令，模型将重新生成。

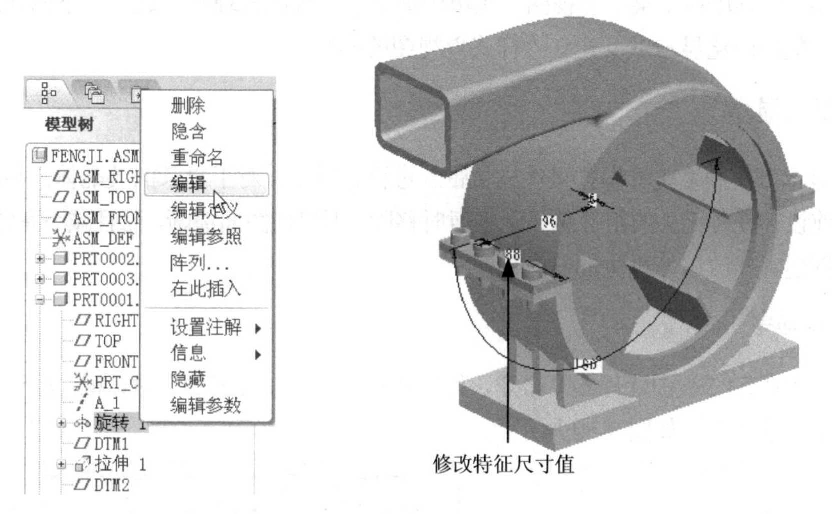

图 9-48 元件中特征的修改

2. 激活元件

将元件在装配模式中激活，就可以对其进行修改或重定义。比如，在图形窗口双击元件的某一特征，就可以修改特征的尺寸等。此时绘图区未被激活元件显示为虚体，如图 9-49 所示。

激活元件的方法是选择需要被激活的元件并右击，在弹出的快捷菜单中选择“激活”命令。

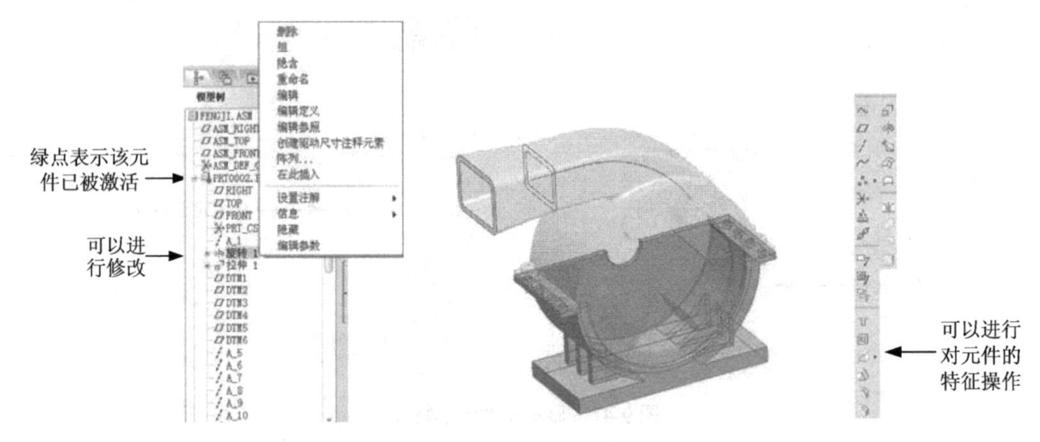

图 9-49　激活后的元件

9.6　元件的显示

在装配体中为了简化工作环境、提高工作效率以及清晰地显示各组件之间的装配关系，Pro/ENGINEER 程序在主菜单“视图”菜单中提供了“视图管理器”选项。下面介绍使用该命令进行装配的简化显示以及建立“样式”视图的操作。

9.6.1　简化显示

简化显示可控制系统将哪些组件成员带入进程并显示。对于复杂的装配体，利用简化显示将与当前设计任务无关的组件从显示中暂时移除，不仅使图面清晰，而且减小系统的负荷，加速特征创建、修改以及再生的时间。

1. 选择命令

选择“视图”|“视图管理器”命令，程序将弹出“视图管理器”对话框，默认打开的是“简化表示”选项卡，如图 9-50 所示。

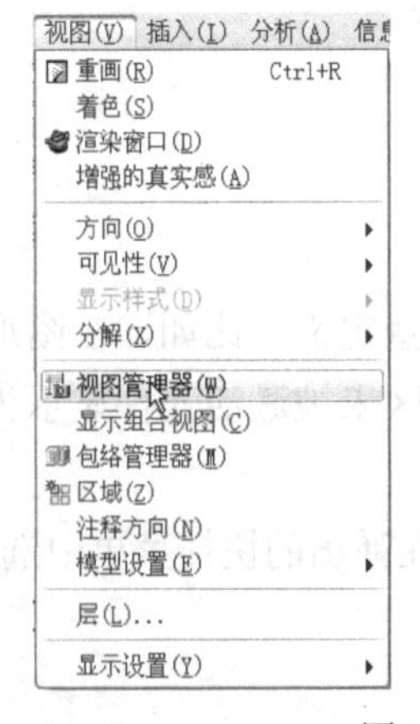

图 9-50　打开“视图管理器”对话框

“简化表示”选项卡中各项目的含义如下。

- 主表示：显示组件的全部细节，在模型树中列出所有元件被包括、排除或替代的状态。
- 缺省包络表示：用包络线显示元件。
- 符号表示：允许用符号表示元件。
- 几何表示：提供元件的完整尺寸，比图形表示需要更多的检索时间，在操作组件时可以进行修改或作为图形参照。
- 图形表示：只包括显示信息，并允许快速浏览大型组件。不能进行修改或作为图形参照。

2. 新建一个简化显示

单击“简化表示”选项卡中的“新建”按钮，输入简化显示的名称为Rep0001，如图9-51所示，并按Enter键确认，此时将弹出“编辑：REP0001”对话框，如图9-52所示。

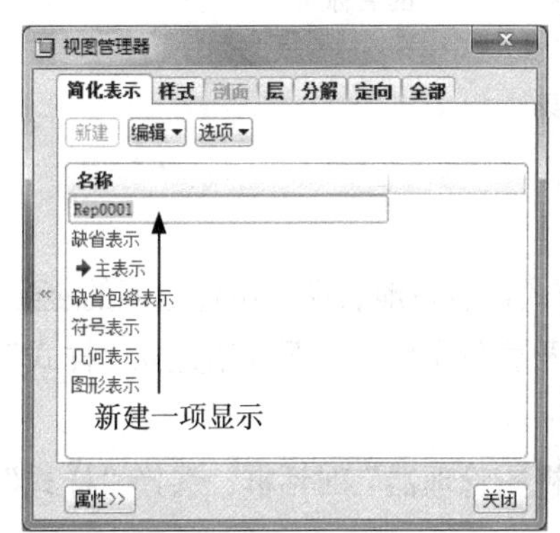

图9-51 建立简化显示

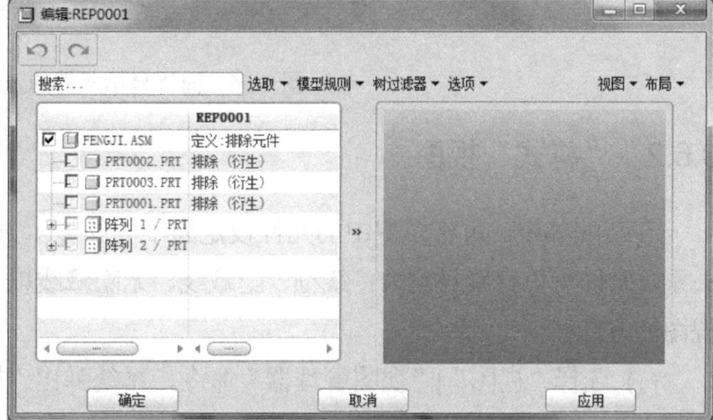

图9-52 编辑简化显示

3. 选取要简化显示的元件

在“编辑：REP0001”对话框中选取要简化显示的元件，如图9-53所示，单击“确定”按钮，完成简化元件的选取。

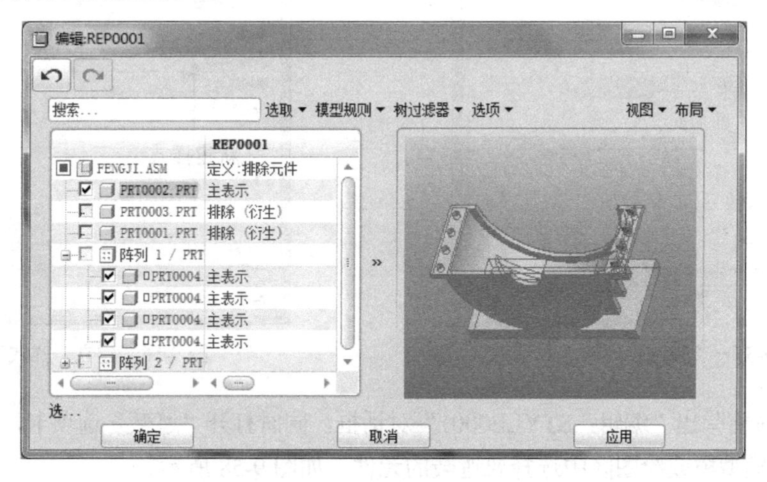

图9-53 选取要简化显示的元件

4. 预览设置，结束简化显示创建

单击“视图管理器”对话框中的“关闭”按钮[关闭]，完成简化显示设定，如图 9-54 所示。一个装配体模型中，针对不同元件的设计，可以设定多个不同的简化显示。

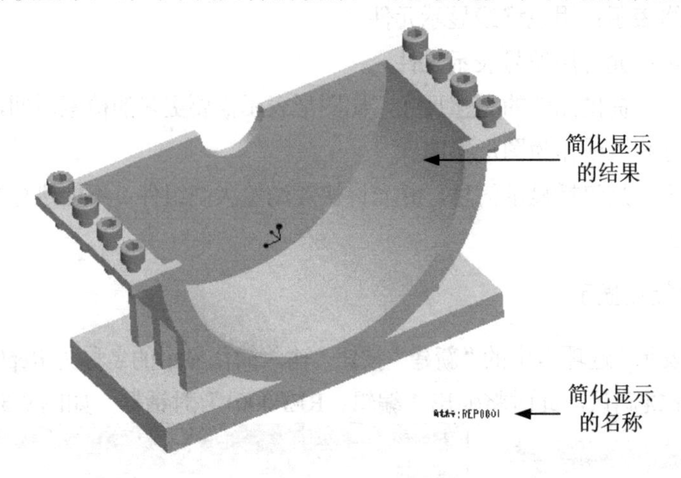

图 9-54　简化显示元件的效果

9.6.2　“样式”视图

在装配体中，可将模型中的元件设定为不同的显示方式，清楚地表现各组件之间的装配关系。元件可以分别设定为：线框、隐藏线、无隐藏线以及着色实体。下面介绍建立“样式”视图的方法。

(1) 选择“视图”|“视图管理器”命令，系统弹出“视图管理器”对话框。选择“样式”选项卡，如图 9-55 所示。

(2) 单击“样式”选项卡中的“新建”按钮，输入名称为 Style0001，如图 9-56 所示，并按 Enter 键确认。

图 9-55　“视图管理器”对话框

图 9-56　建立“样式”视图

(3) 此时将弹出“编辑：STYLE0001”对话框，同时打开“遮蔽”选项卡，如图 9-57 所示。然后在模型树或绘图区中选择要遮蔽的元件，如图 9-58 所示。

图9-57　编辑“样式”视图

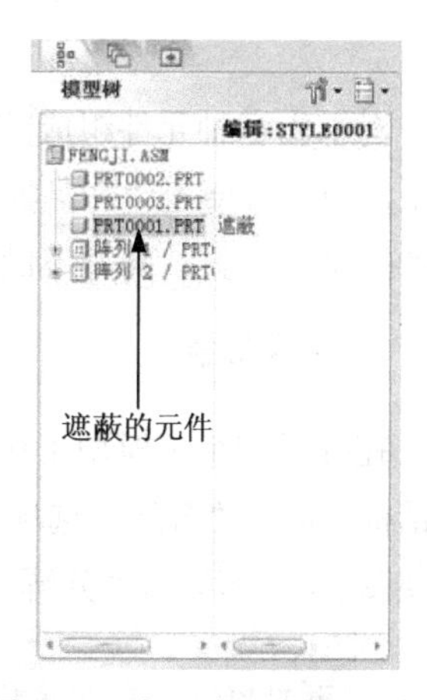

图9-58　选取需要遮蔽的元件

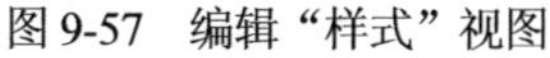

(4) 在“编辑：STYLE0001”对话框中单击“预览”按钮，此时可以观察到选取的元件被遮蔽起来，如图9-59所示。

(5) 打开“显示”选项卡，如图9-60所示，设定显示方式为“线框”，在模型树中选取一个元件后，可以看到模型树上显示在此样式视图中的设置状态。

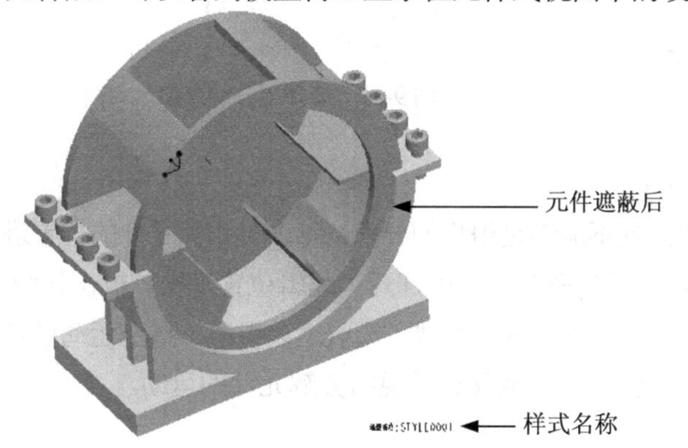

图9-59　遮蔽元件的效果

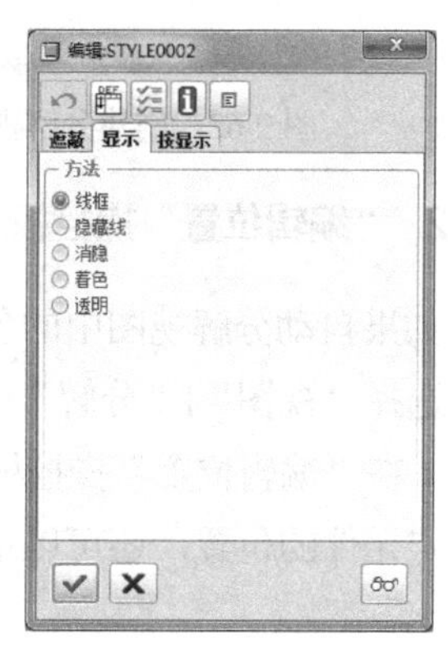

图9-60　元件显示方式设置

(6) 单击“视图管理器”对话框中的“关闭”按钮，完成“样式”视图设定，效果如图9-61所示。

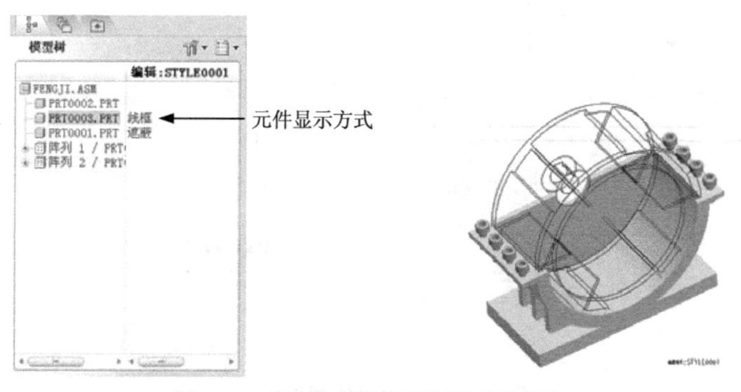

图9-61　完成“样式”视图后的效果

9.7　装配模型的分解图

对于由多种元件组成的产品而言，有时从产品的外形上很难看清楚它的元件组成和结构关系，为了方便表达产品的构造，需要创建装配体模型的分解图。在分解图中，只是改变了组件的显示方式，而并不改变元件间实际的装配关系。建立分解图的基本操作步骤如下。

1. 使用命令

在打开的组装模型工作状态下，选择“视图”|“视图管理器”命令，弹出“视图管理器”对话框，选择“分解”选项卡，用户可以在其中新建分解视图，如图 9-62 所示。也可以选择“视图”|“分解”|“分解视图”命令，此时系统自动创建分解视图，如图 9-63 所示。

图 9-62　创建分解视图

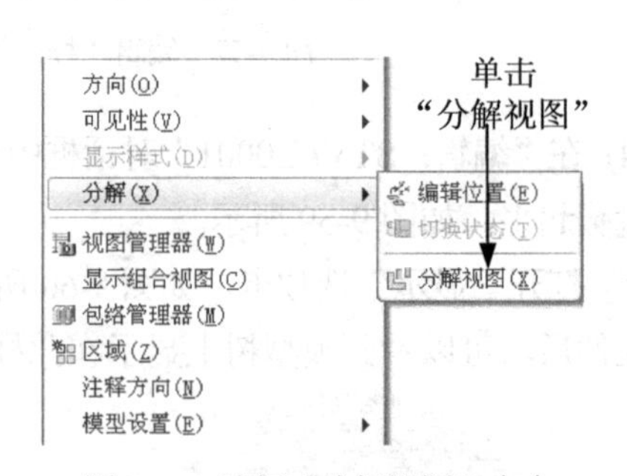

图 9-63　选择“分解视图”命令

2. “编辑位置”操控板

如果自动分解视图中的各零件位置不能满足用户的要求，可以对相关零件的位置进行编辑。选择“视图”|“分解”|“编辑位置”命令，即可打开“编辑位置”操控板，如图 9-64 所示。在“编辑位置”操控板中可以通过设置运动类型、选取运动参照、指定运动增量等调整选定元件的位置，还可以根据需要创建修饰偏移线以说明分解元件的运动。

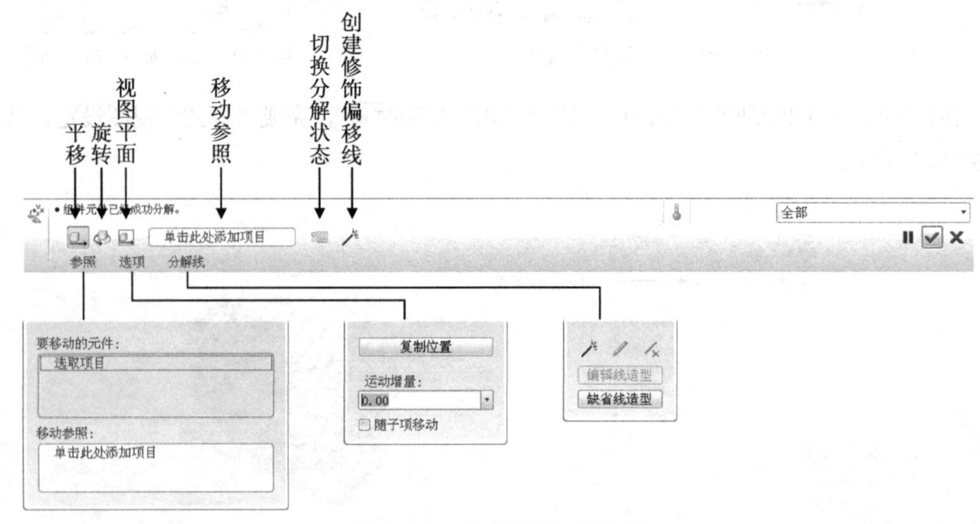

图 9-64　“编辑位置”操控板

3. 位置的编辑

首先单击“编辑位置”操控板中的“参照”按钮，打开“参照”下滑面板，选取要移动的元件，此时元件上将显示一个坐标系。然后在模型中选取一条边作为运动参照，如图 9-65 所示，选取移动元件上坐标系的任一坐标轴，单击并拖动，选取的元件会跟随其一起在该轴向上移动，移动到合适的位置，单击即可定位，如图 9-66 所示。

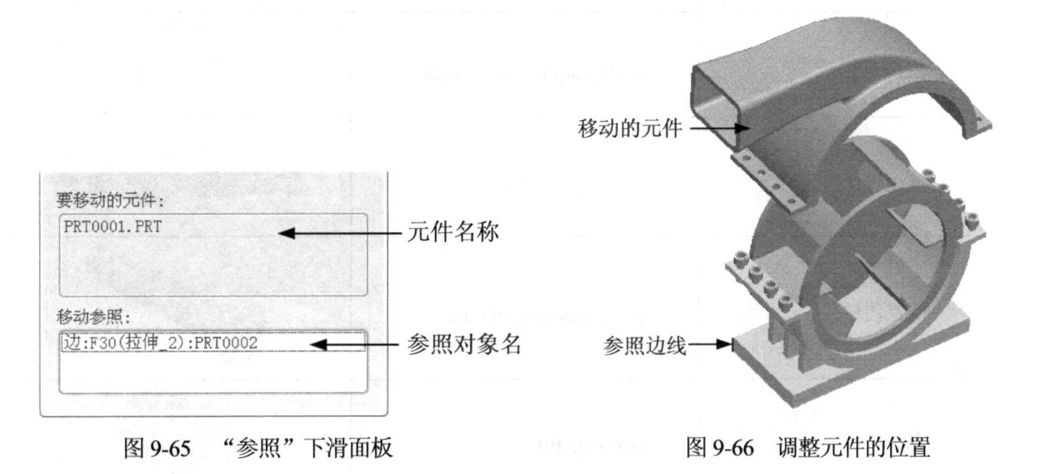

图 9-65　“参照”下滑面板　　　　图 9-66　调整元件的位置

4. 完成编辑

使用同样的元件移动方式，将其他元件移动到合适的位置，最后在“编辑位置”操控板中单击“完成”按钮☑，完成分解视图的创建，如图 9-67 所示。

图 9-67　完成分解视图的创建

9.8　本 章 实 例

本实例将装配一台圆锥齿轮减速器，各个零件如表 9-1 所示，装配后结果如图 9-68 所示。通过本实例使读者能够了解装配组件时的步骤及创建方法。

表 9-1　圆锥齿轮减速器各元件

元 件 名 称	文 件 名 称	元件示意图
箱体	xiangti.prt	
深沟球轴承	shengouqiuzhoucheng.asm	
轴组件	zhouzujian.asm	
圆锥齿轮轴	yuanzhuichilunzhou.prt	
套筒	taotong2.prt	
箱盖	xianggai.prt	

图 9-68　圆锥齿轮减速器装配效果图

1. 建立装配文件

单击“新建”按钮，在“新建”对话框中的“类型”选项区域中选择“组件”选项，在“子类型”选项区域中选择“设计”选项，在“名称”文本框中输入装配件名称 yuanzhuichilunjiansuqi，单击“确定”按钮，进入装配环境。

2. 装配箱体

单击特征工具栏中的“装配”按钮，此时系统弹出“打开”对话框，选取源文件夹

CH09\jiansuqi 中的文件 xiangti.prt，单击“打开”按钮，如图 9-69 所示。在操控板的“约束类型”下拉菜单中选取“坐标系”选项，先后选取如图 9-70 所示的两个坐标系，使两个坐标系重合，然后单击操控板上的“确定”按钮✔，完成箱体的定位。

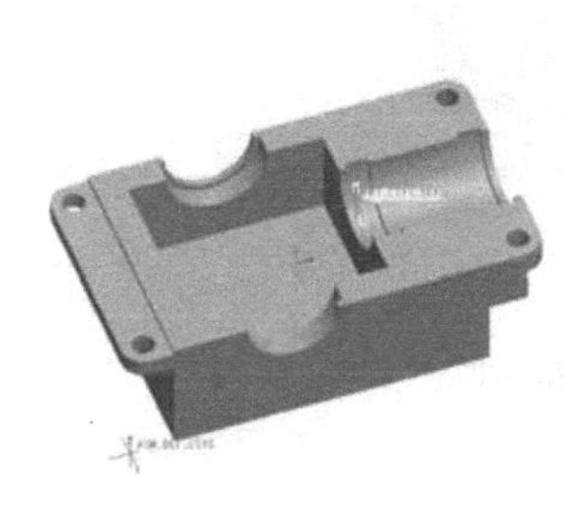

图 9-69　箱体模型

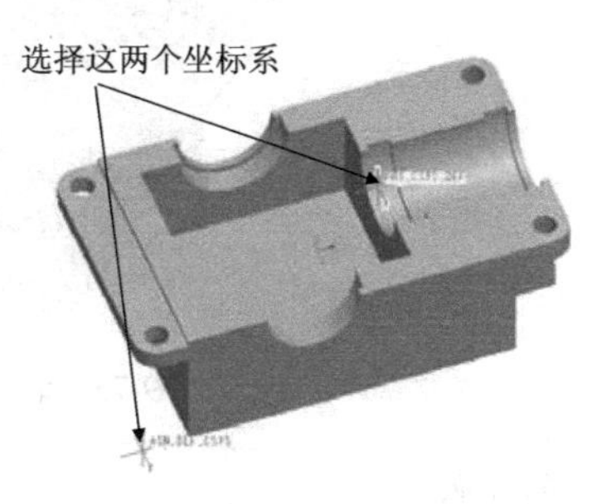

图 9-70　选择两个坐标系

3. 装配深沟球轴承

(1) 单击特征工具栏中的“装配”按钮，此时系统弹出“打开”对话框，选取素材文件夹 CH09\jiansuqi 的文件 shengouqiuzhoucheng.asm。在操控板的“约束类型”下拉列表框中选择“对齐”选项，先后选取如图 9-71 所示的两条轴，使这两条轴重合，结果如图 9-72 所示。

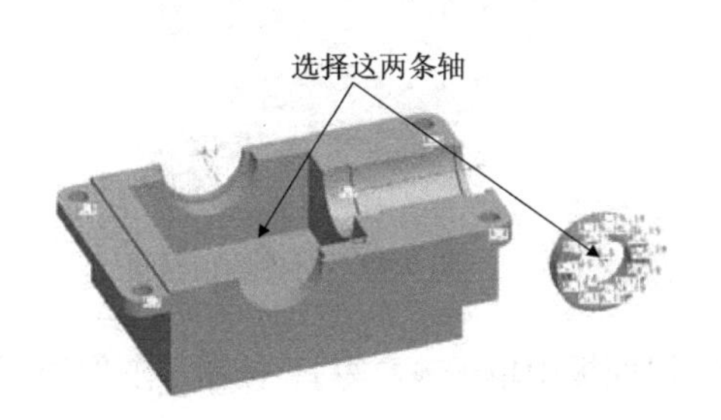

图 9-71　选择对齐约束的两条轴

图 9-72　对齐约束结果

(2) 单击操控板中的放置按钮，在弹出的下滑面板中单击➔新建约束按钮，在“约束类型”下拉列表框中选择“匹配”选项，在“偏移”下拉列表框中选择“重合”选项，然后在模型上选取如图 9-73 所示的两个平面。最后单击操控板中的“确定”按钮✔，完成深沟球轴承的装配，结果如图 9-74 所示。

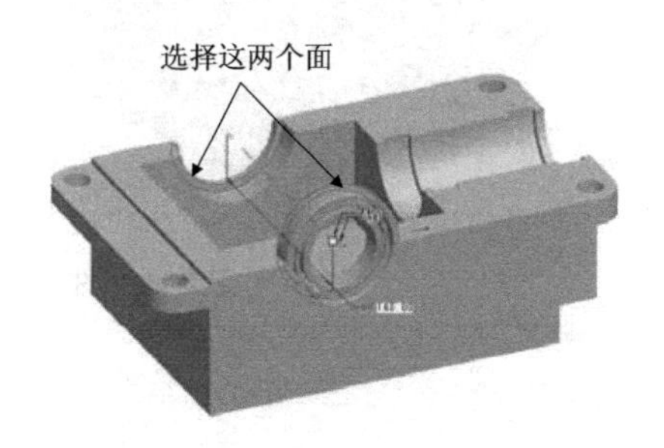

图 9-73　选择匹配约束的两个平面

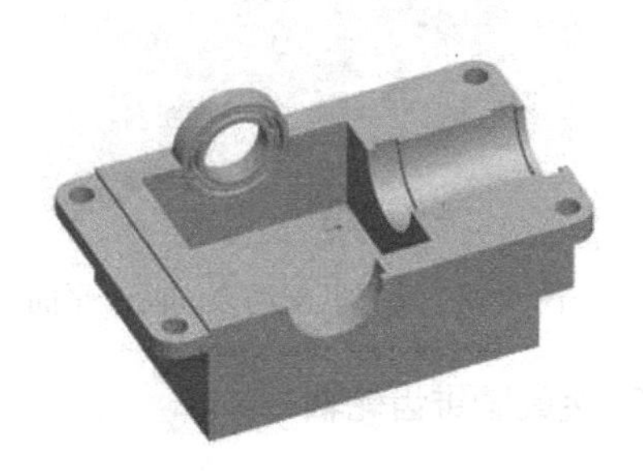

图 9-74　装配深沟球轴承

相同的方法，依次装配其他 3 个深沟球轴承，结果如图 9-75 所示。

图 9-75　装配其他 3 个深沟球轴承

4. 装配轴组件

(1) 单击特征工具栏中的“装配”按钮，系统弹出“打开”对话框，选取素材文件夹 CH09\jiansuqi 中的文件 zhouzujian.asm。在操控板的“约束类型”下拉列表框中选择“对齐”选项，先后选取如图 9-76 所示的两条轴，使这两条轴重合，结果如图 9-77 所示。

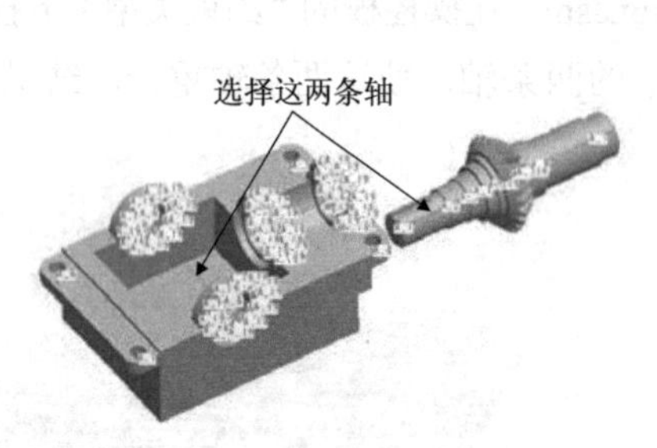

图 9-76　选择对齐约束的两条轴

图 9-77　对齐约束结果

(2) 单击操控板中的放置按钮，在弹出的下滑面板中单击➜新建约束按钮，在“约束类型”下拉列表框中选择“匹配”选项，在“偏移”下拉列表框中选择“重合”选项，然后在模型上选取如图 9-78 所示的两个平面。最后单击操控板中的“确定”按钮，完成轴组件的装配，结果如图 9-79 所示。

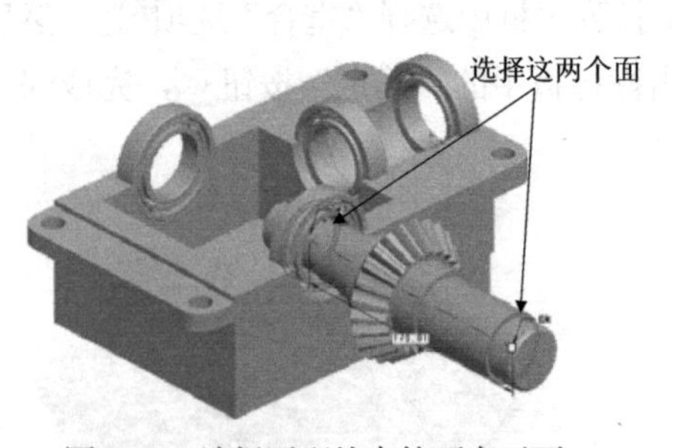

图 9-78　选择匹配约束的两个平面

图 9-79　装配轴组件

5. 装配圆锥齿轮轴

(1) 单击特征工具栏中的“装配”按钮，此时系统弹出“打开”对话框，选取素材文件夹 CH09\jiansuqi 中的文件 yuanzhuichilunzhou.prt。在操控板的“约束类型”下拉列表框中选择“对齐”选项，先后选取如图9-80所示的两条轴，使这两条轴重合，结果如图9-81所示。

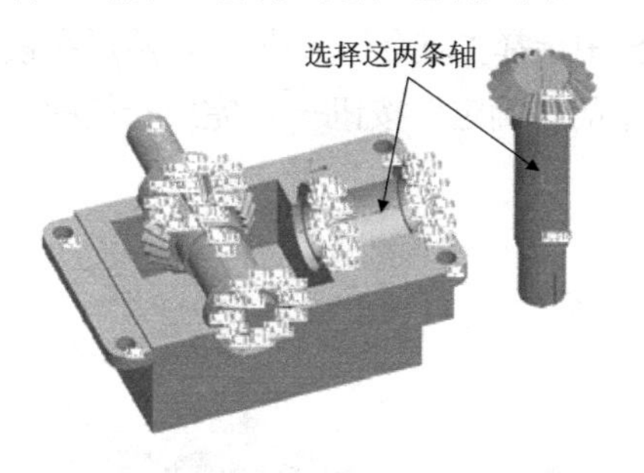

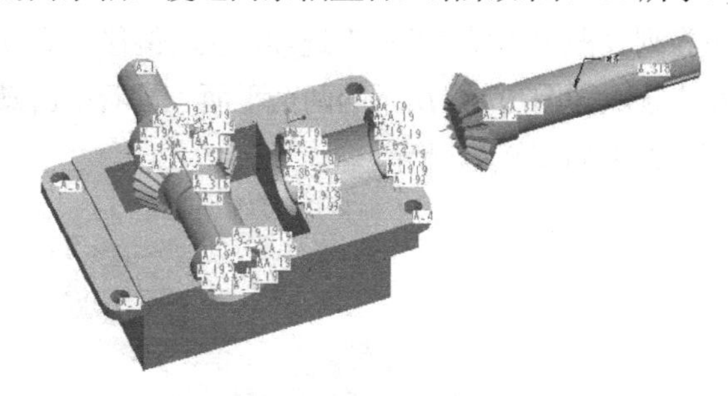

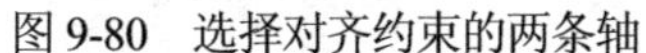
图9-80　选择对齐约束的两条轴　　　　图9-81　对齐约束结果

(2) 单击操控板中的放置按钮，在弹出的下滑面板中单击➔新建约束按钮，在“约束类型”下拉列表框中选择“匹配”选项，在“偏移”下拉列表框中选择“重合”选项，然后在模型上选取如图 9-82 所示的两个平面。最后单击操控板中的“确定”按钮，完成圆锥齿轮轴的装配，结果如图9-83所示。

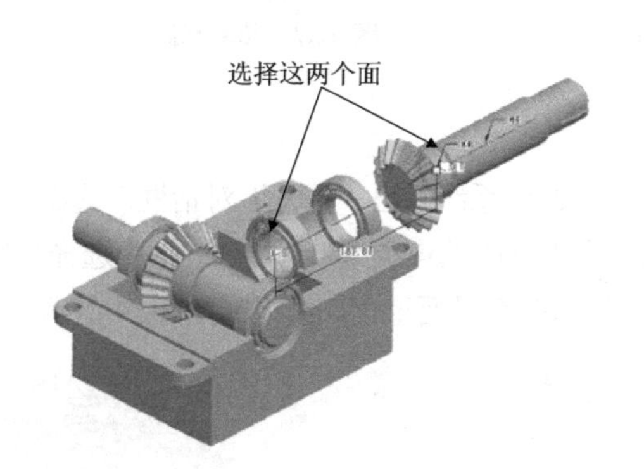

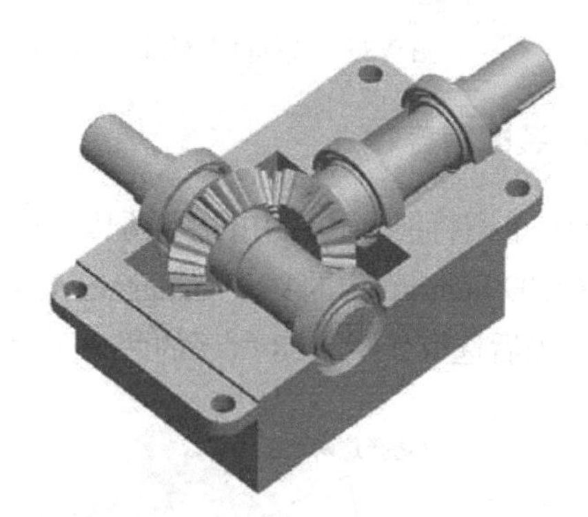

图9-82　选择匹配约束的两个平面　　　　图9-83　装配圆锥齿轮轴

6. 装配套筒

(1) 单击特征工具栏中的“装配”按钮，此时系统弹出“打开”对话框，选取素材文件夹 CH09\jiansuqi 中的文件 taotong2.prt。在操控板的“约束类型”下拉列表框中选择“对齐”选项，先后选取如图9-84所示的两条轴，使这两条轴重合，结果如图9-85所示。

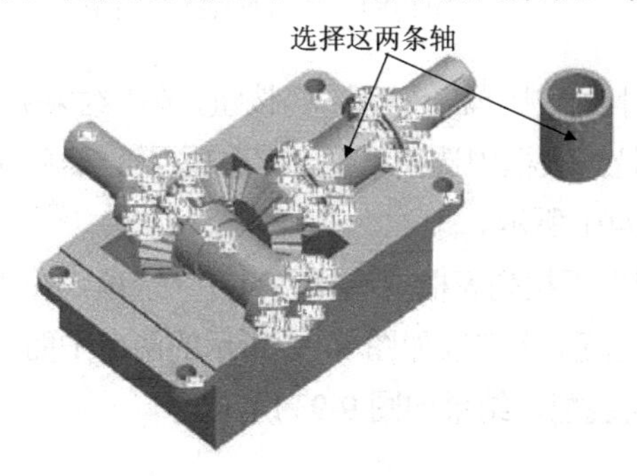

图9-84　选择对齐约束的两条轴　　　　图9-85　对齐约束结果

(2) 单击操控板中的放置按钮，在弹出的下滑面板中单击➔新建约束按钮，在“约束类型”下拉列表框中选择“匹配”选项，在“偏移”下拉列表框中选择“重合”选项工，然后在模型上选取如图 9-86 所示的两个平面。最后单击操控板中的“确定”按钮☑，完成套筒的装配，结果如图 9-87 所示。

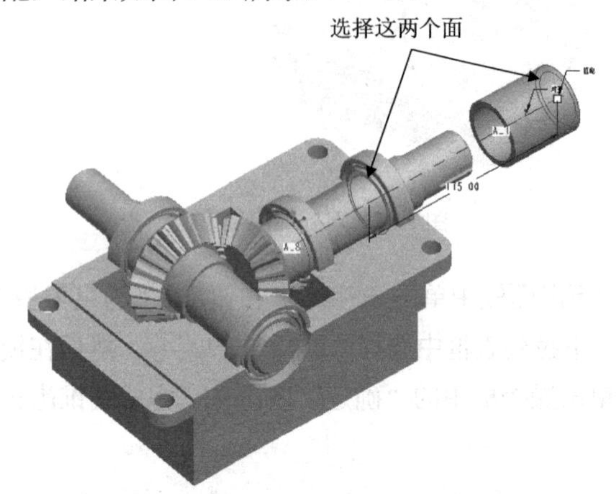

图 9-86　选择匹配约束的两个平面

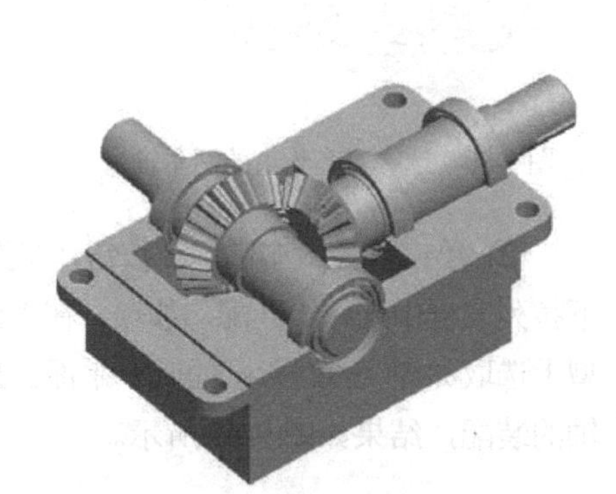

图 9-87　装配套筒

7. 装配箱盖

(1) 单击特征工具栏中的“装配”按钮，此时系统弹出“打开”对话框，选取素材文件夹 CH09\jiansuqi 中的文件 xianggai.prt。在操控板的“约束类型”下拉列表框中选择“对齐”选项，先后选取如图 9-88 所示的两个平面，使这两个平面重合，结果如图 9-89 所示。

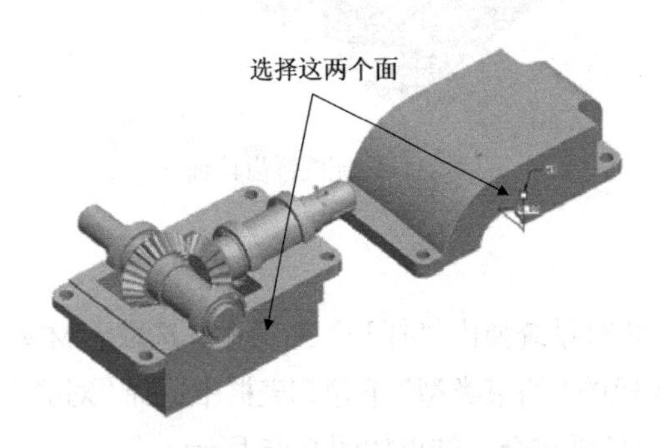

图 9-88　选择对齐约束的两个平面

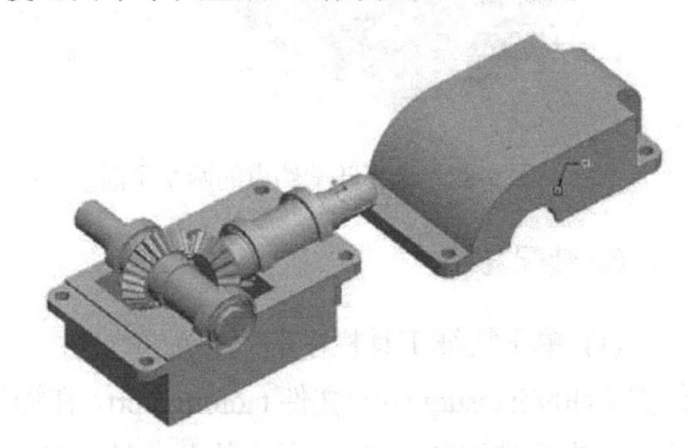

图 9-89　平面对齐约束结果

(2) 单击操控板中的放置按钮，在弹出的下滑面板中单击➔新建约束按钮，在“约束类型”下拉列表框中选择“匹配”选项，在“偏移”下拉列表框中选择“重合”选项工，然后在模型上选取如图 9-90 所示的两个平面，结果如图 9-91 所示。

(3) 再次单击➔新建约束按钮，在“约束类型”下拉列表框中选择“对齐”选项，在“偏移”下拉列表框中选择“重合”选项工，然后在模型上选取如图 9-92 所示的两个平面。最后单击操控板中的“确定”按钮☑，完成箱盖的装配，结果如图 9-93 所示。

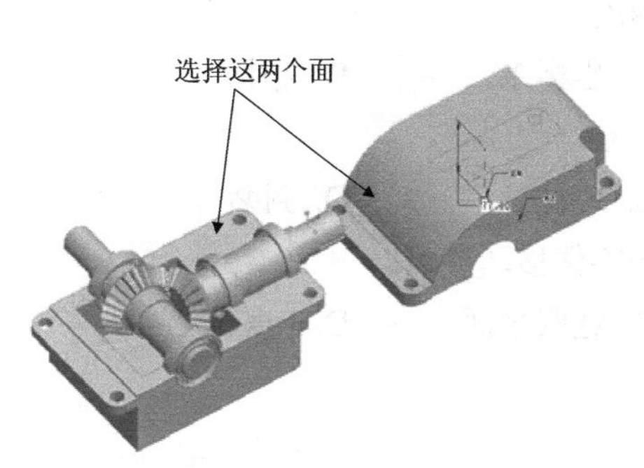

图 9-90 选择匹配约束的两个平面

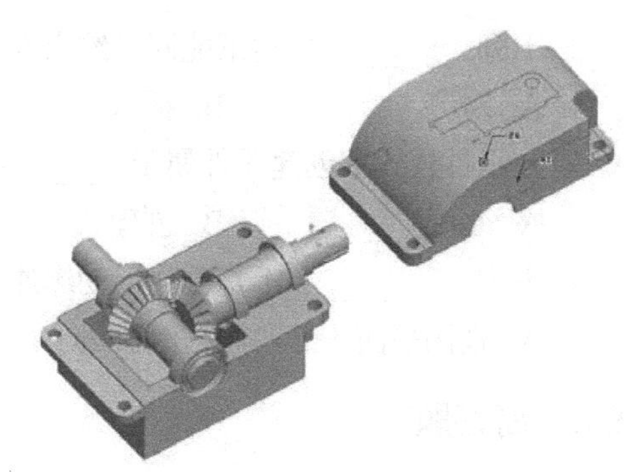

图 9-91 平面匹配约束结果

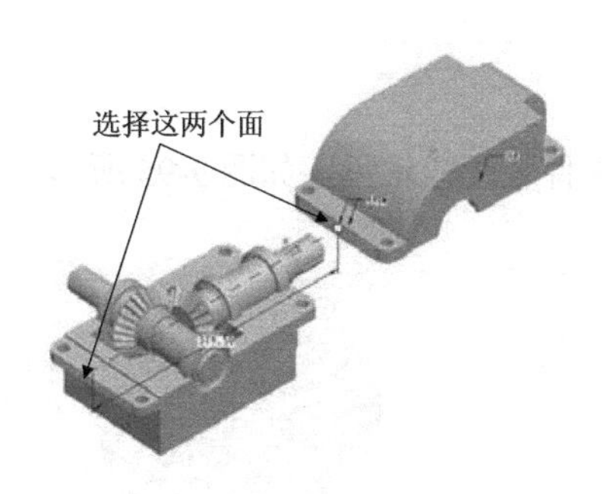

图 9-92 再次选择对齐约束的两个平面

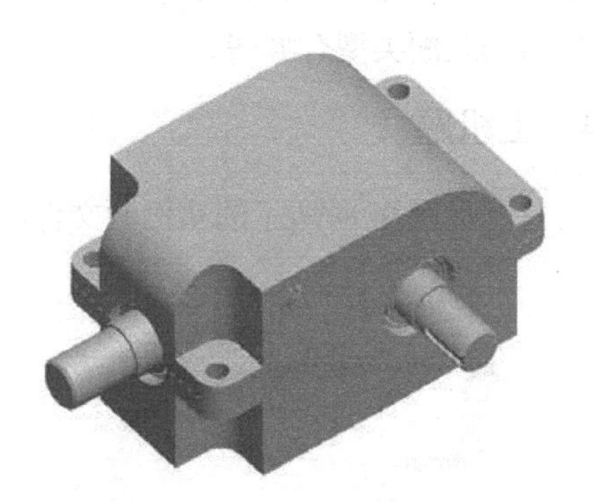

图 9-93 圆锥齿轮减速器装配体

至此，圆锥齿轮减速器装配体的装配过程完成，感兴趣的读者可以利用所学的知识继续装配螺栓和螺母。

8. 保存文件

单击保存按钮保存圆锥齿轮减速器装配体。

9.9 本 章 练 习

9.9.1 填空题

1. 偏移类型包括__________、__________、__________。

2. 模型中的元件有__________、__________、__________、__________4 种显示样式。

3. 爆炸图有__________和__________两种。

4. 生成手动爆炸图时，有__________、__________、__________、__________4 种移动方式。

9.9.2 选择题

1. 在 Pro/ENGINEERNGINEER Wildfire 5.0 中，保存的组件文件格式为(　　)。

   A. *.prt　　B. *.sec　　C. *.asm　　D. *.igs

2. 下列__________约束能同时约束 6 个自由度。

A. 对齐　B. 插入　C. 坐标系　D. 相切

3. 在组件模式下创建元件属于__________。

A. 装配　B. 创建　C. 绕性　D. 封装

4. 下列__________不是创建手动爆炸视图的零件移动参照。

A. 视图平面　B.平面法向　C. 选取平面　D. 3 点

9.9.3　简答题

1. 给组件添加元件有哪几种方法？
2. 常用装配类型有哪些？

9.9.4　上机题

1. 打开如图 9-94 所示的实例源文件，将各个零件装配成轴承，如图 9-95 所示。

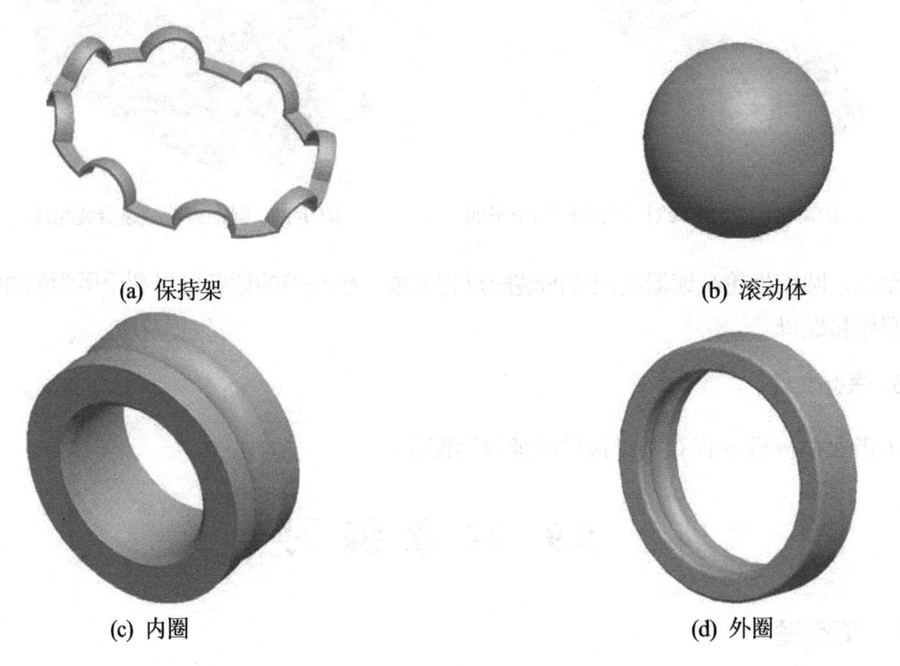

(a) 保持架　(b) 滚动体

(c) 内圈　(d) 外圈

图 9-94　零件图

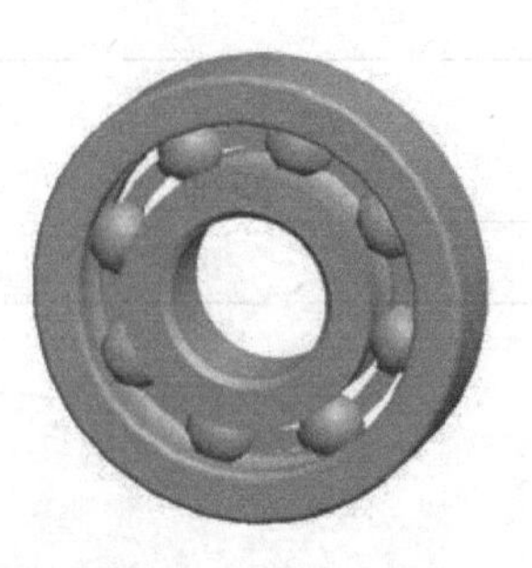

图 9-95　轴承装配图

2. 打开图 9-96 所示的基座组件装配体，生成图 9-97 所示的分解图。

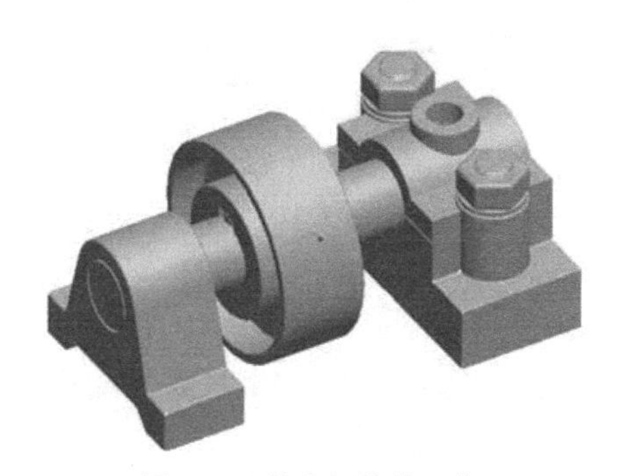
图 9-96 基座组件装配体

图 9-97 基座组件的分解视图

第10章　工程图设计

在工程生产中，工程图是表达设计意图的主要手段和进行加工制造的主要依据。在完成零部件的三维建模后，有时需要绘制零部件的工程图以便在传统的机床上完成加工和装配。与传统的手工绘制和使用二维 CAD 软件绘制工程图相比，Pro/ENGINEER 提供的工程图模块具有使用方法简单、绘制速度快和便于修改的优势。工程图中的各个视图都是相关联的，而且与零部件的三维模型也是相关联的，如果修改了工程图中的某个尺寸，工程图中的各个视图都将随之改变，而且零部件的实体模型也会随之改变；同样，对实体模型的修改也会反映在工程图中。本章主要讲解 Pro/ENGINEER 的工程图模块，并通过典型实例介绍工程图的创建和编辑方法。

本章重点内容如下：

- 工程图基础知识概述
- 工程图的创建和编辑
- 尺寸的自动标注和手动标注
- 公差、注释和表的创建

10.1　工程图基础

Pro/ENGINEER 提供了绘制工程图的专用模块，合理地利用该模块可以快速、准确地绘制工程图。绘制工程图的一般步骤如下：

(1) 创建所需视图，调整视图的位置和显示方式。

(2) 添加尺寸标注和尺寸公差。

(3) 添加表面粗糙度、几何公差和符号等。

(4) 添加注释和表格。

本节将对工程图模块的基础知识进行介绍。

10.1.1　工程图环境概述

工程图的绘制界面如图 10-1 所示，主要由标题栏、菜单栏、标准工具栏、绘制工具栏、状态栏以及工作区等组成。

- 标题栏：显示工程图和软件的名称。
- 菜单栏：包含了绘制工程图所需的所有命令。
- 标准工具栏：包含常用的命令按钮，单击按钮即可实现相应的操作，如文件的操作、视图角度的调整、模型的显示形式以及基准的显示控制等。

- 绘图工具栏：集成了绘制工程图所需的常用命令，如创建各种视图、尺寸标注和添加注释等。
- 状态栏：显示系统的提示，如要求输入参数、警告和状态提示等。
- 工作区：显示当前绘制的工程图。

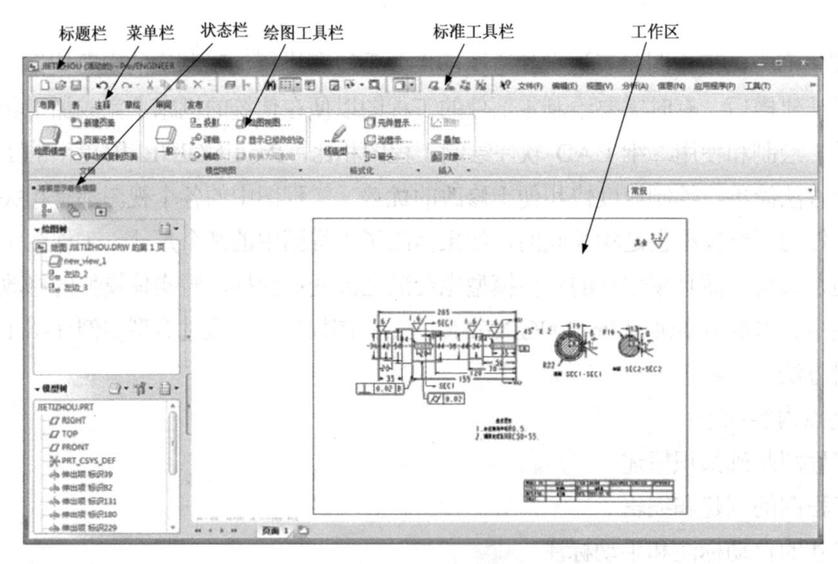

图 10-1　工程图绘制界面

10.1.2　设置工程图环境

虽然系统为用户提供了默认的工程图绘制环境，但用户仍可根据自己的操作习惯定制工程图绘制环境。

选择“文件”|“绘图选项”命令，打开如图 10-2 所示的“选项”对话框，对话框中的“说明”一栏对工程图的各个配置选项进行了说明。单击需要修改的选项，并在对话框的“值”文本框中输入修改值，单击“添加/更改”按钮，然后单击“确定”按钮，即可完成相应选项的修改。若要继续进行修改则单击“应用”按钮，直至完成修改，最后单击“确定”按钮即可。

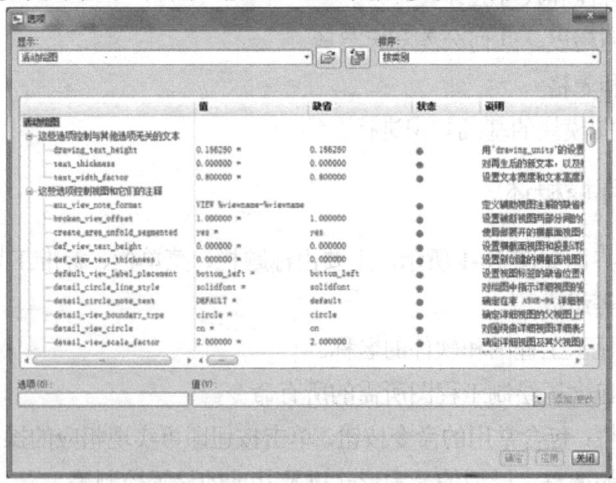

图 10-2　“选项”对话框

10.2 建 立 视 图

工程图是通过各种视图来表达零件的结构和部件的装配关系的，因此视图是绘制工程图的基础。工程图模块提供了多种类型的视图，如一般视图、投影视图、剖视图和局部视图等。

10.2.1 建立工程图文件

建立工程图文件的一般步骤如下。

(1) 单击“新建”按钮或选择“文件”|“新建”命令，打开如图 10-3 所示的“新建”对话框。

(2) 在“类型”选项区域中选择“绘图”单选按钮，在“名称”文本框中输入工程图的名称，并取消选择“使用缺省模板”复选框，单击“确定”按钮确定，打开“新建绘图”对话框，如图 10-4 所示。在“缺省模型”列表框中默认选择当前活动的模型，单击“浏览”按钮，可以打开其他模型。

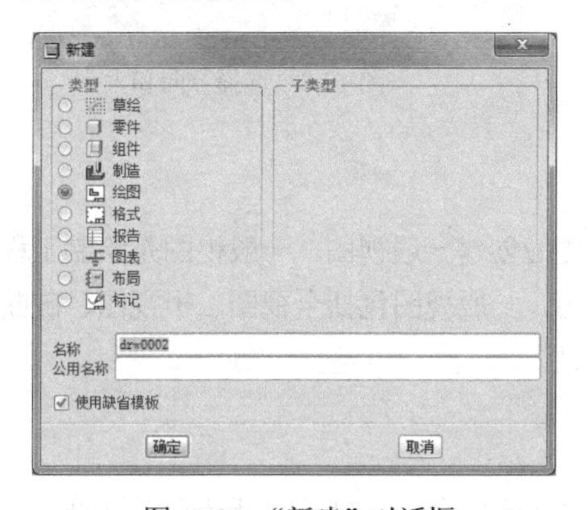

图 10-3 “新建”对话框

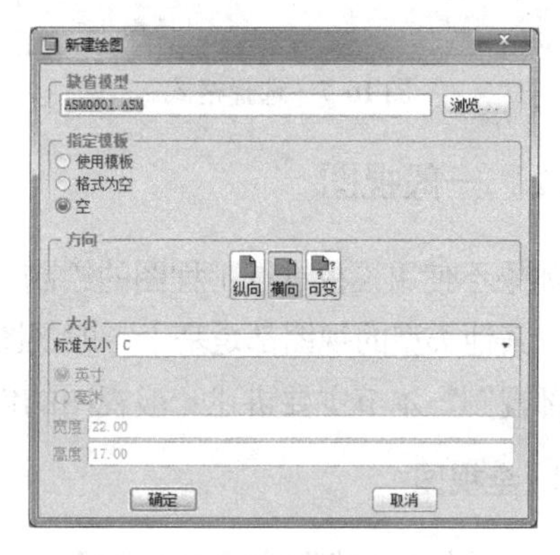

图 10-4 “新建绘图”对话框

(3) 在“指定模板”选项区域中包括“使用模板”“格式为空”和“空”3 个选项。

- 选择“使用模板”选项，“新建绘图”对话框将列出现有的绘制模板，单击“浏览”按钮，可以选择其他模板，如图 10-5 所示。单击“确定”按钮确定，即可依据所选模板创建模型的工程图，如图 10-6 所示。

图 10-5 选择模板

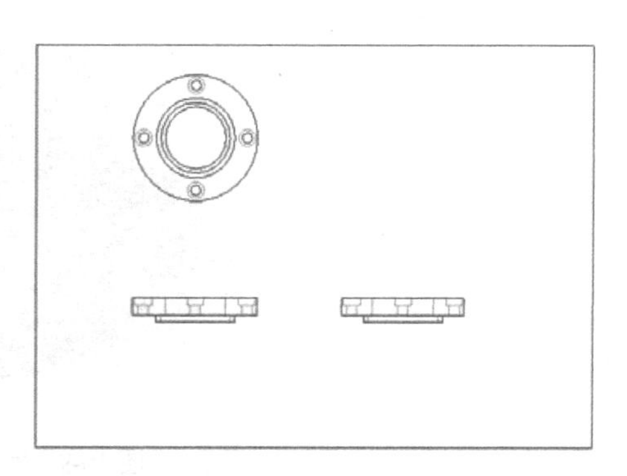

图 10-6 使用模板直接创建的模型的三视图

- 选择“格式为空”选项，在创建工程图时不使用模板，而使用某个图框。在“新建绘图”对话框的“格式”下拉列表框中选择一个图框格式，单击“确定”按钮即可，如图 10-7 所示。
- 选择“空”选项，在创建工程图时既不使用模板也不使用图框。在“新建绘图”对话框中选择图纸的方向和大小，单击“确定”按钮即可，如图 10-8 所示。

图 10-7　选择格式

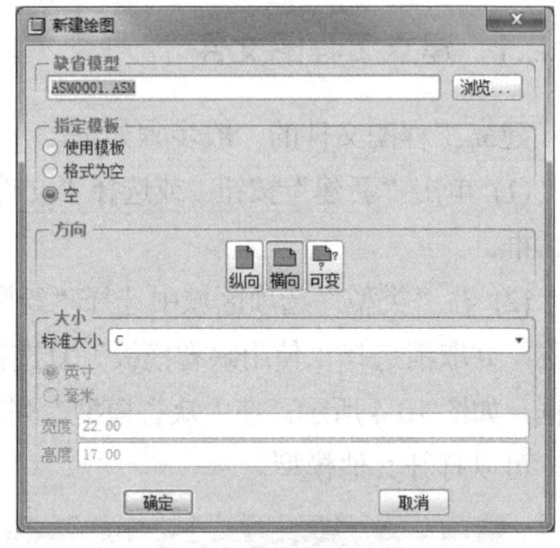

图 10-8　选择方向和大小

10.2.2　一般视图

如果不使用模板进行工程图的绘制，则首先应创建一般视图。一般视图是绘制工程图的基础，其他类型的视图都是基于一般视图创建的。一般视图包括全视图、半视图、破断视图和局部视图，本节主要讲述一般视图的创建方法。

1. 全视图

(1) 单击“新建”按钮或选择“文件”|“新建”命令，打开“新建”对话框。在“类型”选项区域中选择“绘图”单选按钮，在“名称”文本框中输入工程图的名称 PRT0001-1，并取消选择“使用缺省模板”复选框，单击“确定”按钮确定，打开“新建绘图”对话框。

(2) 在“缺省模型”列表框中选择 PRT0001.prt(如图 10-9 所示)，在“指定模板”选项区域中选择“空”单选按钮，设置图纸方向为“横向”，大小为 A4，单击“确定”按钮确定，进入工程图绘制模式。

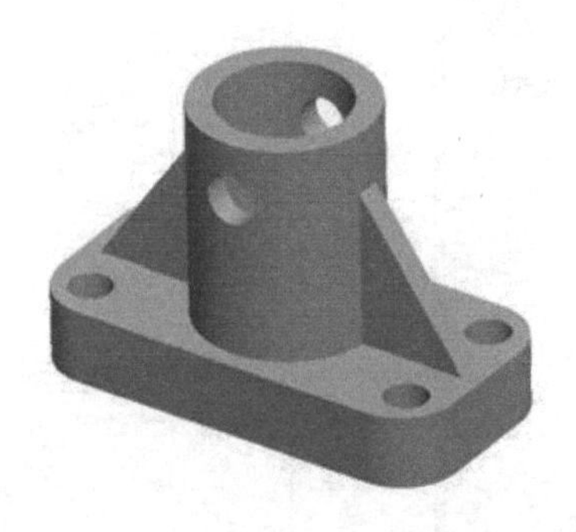

图 10-9　实体模型

(3) 在绘图工具栏中选择“布局”选项卡，单击“一般”按钮，系统提示要求选取绘制视图的中心点，在图框中合适位置单击确定视图的中心，系统弹出“绘图视图”对话框，如图 10-10 所示。

图 10-10　“绘图视图”对话框

(4) 对视图进行定向。对视图进行定向的方法主要包括使用几何参照定向和使用已保存的视图方位进行定向两种。

- 要使用几何参照定向，可在“绘图视图”对话框的“视图方向”选项区域中选择“几何参照”单选按钮，如图 10-11 所示。在“参照 1”下拉列表框中选择“前”选项，再选择如图 10-12 所示的表面 1；在“参照 2”下拉列表框中选择“左”选项，再选择如图 10-12 所示的表面 2，即可完成视图的定向(如图 10-13 所示)。

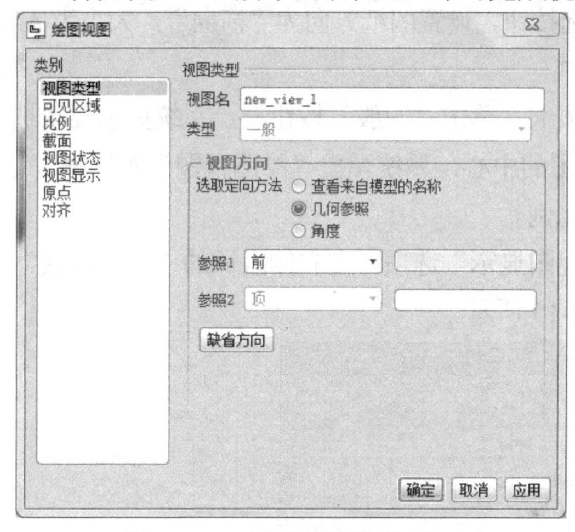

图 10-11　“几何参照”选项

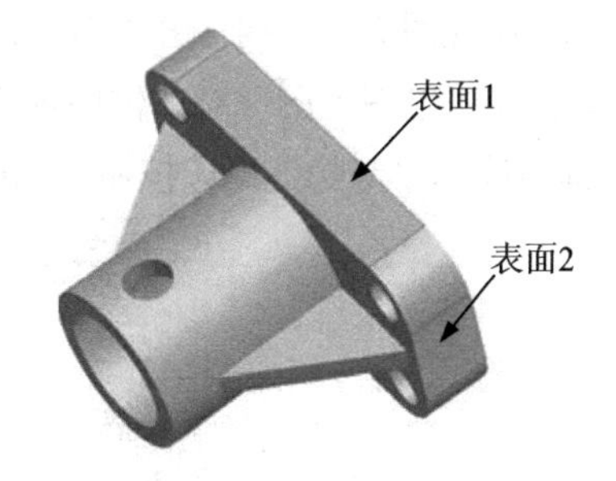

图 10-12　选择定向表面

- 如果先前已经创建了视图方位，则可以根据视图的方位进行定向。在“绘制视图”对话框中的“视图方向”选项区域中选择“查看来自模型的名称”单选按钮，在“模型视图名”选项区域中选择已保存的视图方位，单击“应用”按钮应用，即可完成视图的定向，如图 10-14 所示。

(5) 在“绘图视图”对话框的“类别”选项区域中选择“比例”选项，在右侧区域选择

“定制比例”单选按钮，并输入比例值。

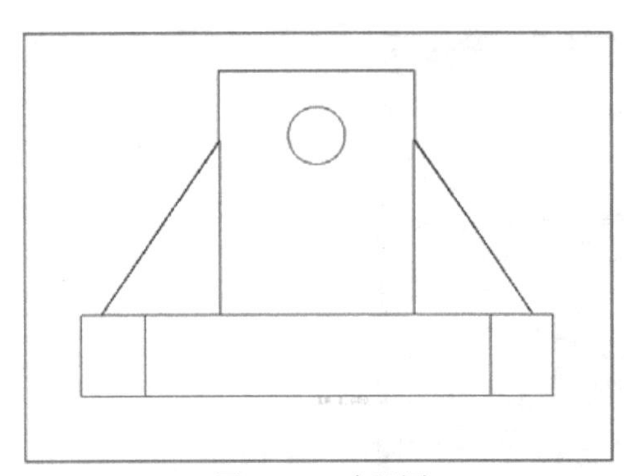

图 10-13　全视图

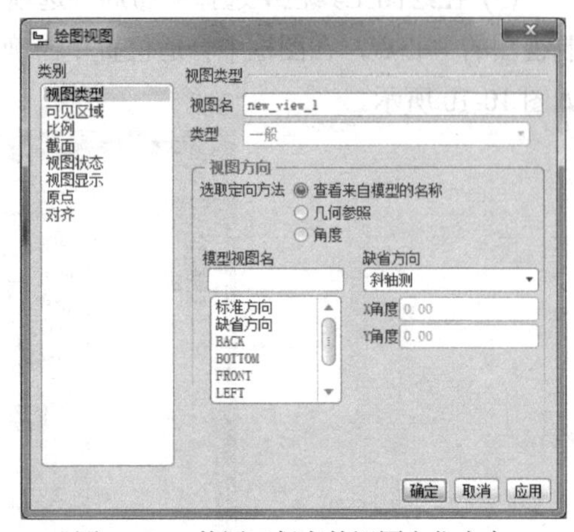

图 10-14　使用已保存的视图方位定向

(6) 在“绘图视图”对话框中选择“视图显示”选项，在右侧区域的“显示线形”下拉列表框中选择“无隐藏线”选项。

(7) 单击“确定”按钮确定，完成全视图的绘制，如图 10-13 所示。

(8) 单击“保存”按钮将绘制的图纸保存到指定的目录。

2. 半视图

(1) 新建工程图文件，将文件名命名为 PRT0001-2，取消选择“使用缺省模板”复选框，单击“确定”按钮确定，在“新建绘图”对话框的“缺省模型”列表框中选择 PRT0001.prt，在“指定模板”选项区域中选择“空”单选按钮，设置图纸方向为“横向”，大小为 A4，单击“确定”按钮确定，进入工程图绘制模式。

(2) 在绘图工具栏中选择“布局”选项卡，单击“一般”按钮，系统提示要求选取视图的中心，在图框中合适区域单击确定视图的中心，系统弹出“绘图视图”对话框。

(3) 对视图进行定向，并设置视图的比例。

(4) 在“绘图视图”对话框中选择“视图显示”选项，在右侧区域的“显示样式”下拉列表框中选择“消隐”单选按钮，如图 10-15 所示。

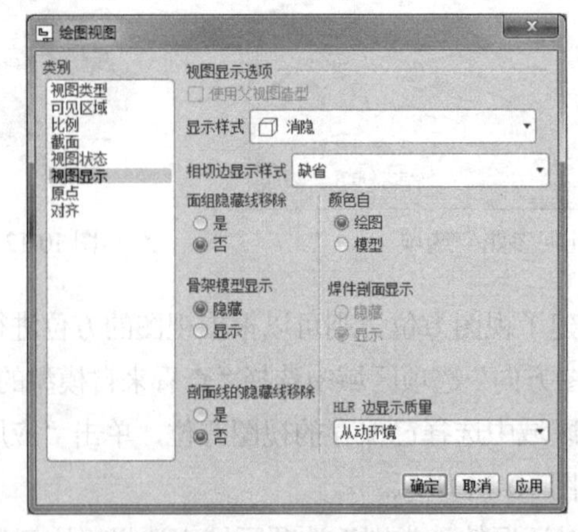

图 10-15　视图显示设置

(5) 选择“绘图视图”对话框中的“可见区域”选项，在“视图可见性”下拉列表框中选择“半视图”选项，并选择 RIGHT 平面为参照平面，选择要保留的部分和对称线的类型，如图 10-16 所示。

(6) 单击“确定”按钮确定，完成半视图的绘制，如图 10-17 所示。

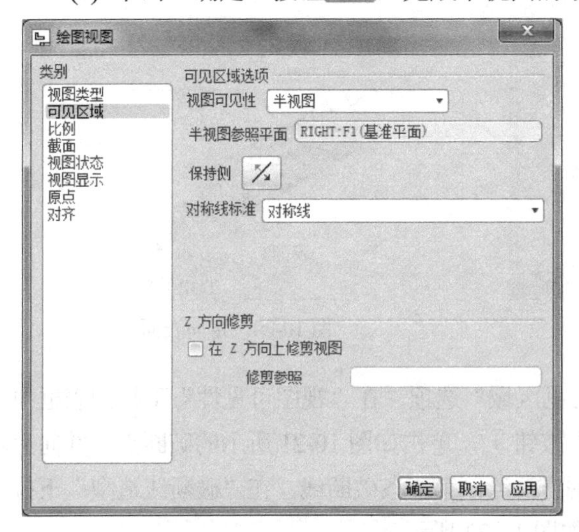

图 10-16　可见区域设置

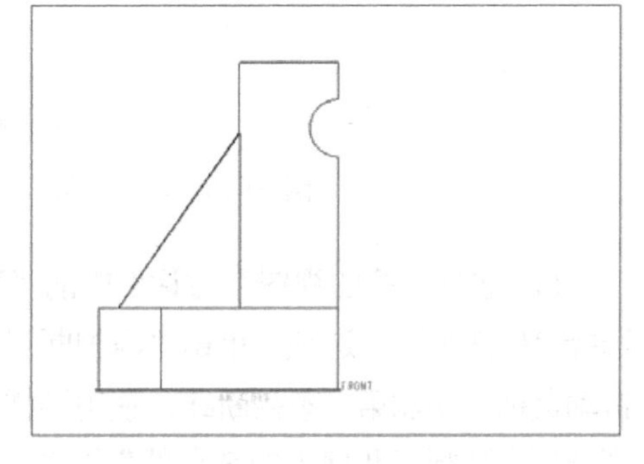

图 10-17　半视图

(7) 单击“保存”按钮将绘制的图纸保存到指定的目录。

3. 破断视图

对于细长类零件，有时很难以合适的比例将其放置在图纸中，因此可以以破断视图的形式表示。如图 10-18 所示，以细长轴模型为例介绍破断视图的创建方法。

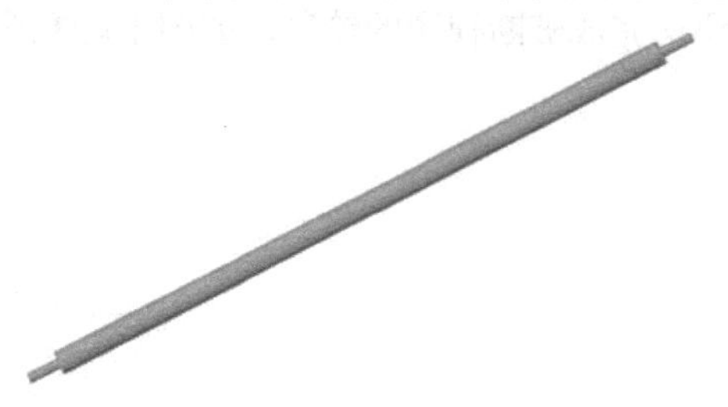

图 10-18　细长轴模型

(1) 新建工程图文件，将文件命名为 PRT0002，取消选择“使用缺省模板”复选框，单击“确定”按钮确定，在“新建绘图”对话框的“缺省模型”列表框中选择 PRT0002.prt，在“指定模板”选项区域中选择“空”单选按钮，设置图纸方向为“横向”，大小为 A4，单击“确定”按钮确定，进入工程图绘制模式。

(2) 在绘图工具栏中选择“布局”选项卡，单击“一般”按钮，系统提示要求选取视图的中心，在图框中合适区域单击确定视图的中心，系统弹出“绘图视图”对话框。

(3) 在“绘图视图”对话框的“视图方向”选项区域中选择“几何参照”单选按钮，如图 10-19 所示。在“参照 1”下拉列表框中选择“前”选项，再在模型上选择 TOP 面；在“参照 2”下拉列表中选择“左”选项，再选择如图 10-20 所示的表面 1。

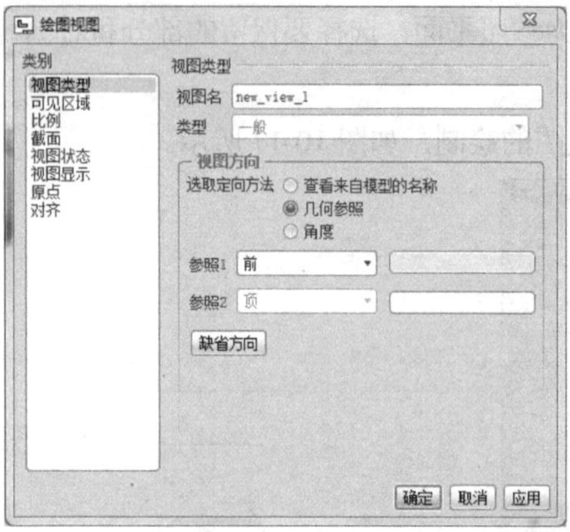

图 10-19　定向视图

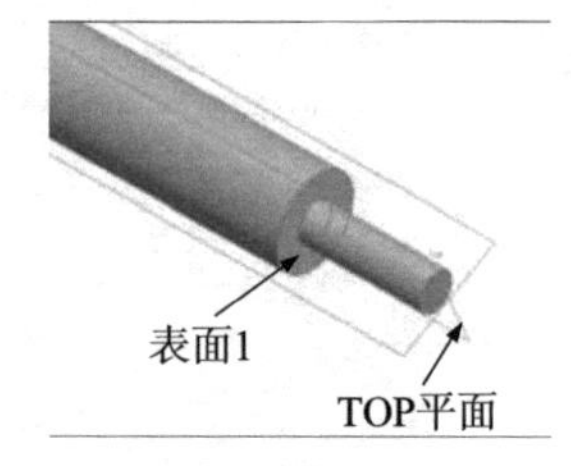

图 10-20　定向表面

(4) 选择“绘图视图”对话框中的“可见区域”选项，在“视图可见性”下拉列表框中选择“破断视图”选项；单击“添加断点”按钮，单击如图 10-21 所示的破断点，并向上拖动鼠标，绘制第一条破断线，使用同样的方法绘制第二条破断线，在“破断线造型”下拉列表框中选择“几何上的 S 曲线”选项，如图 10-22 所示。

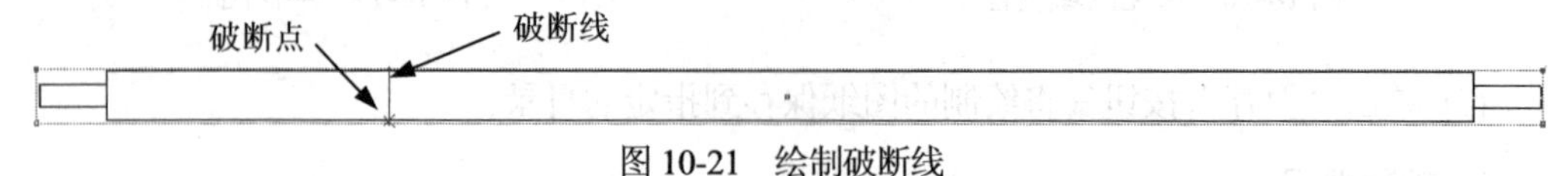

图 10-21　绘制破断线

(5) 在“绘图视图”对话框中选项“视图显示”选项，在右侧区域的“显示样式”下拉列表框中选择“消隐”选项。

(6) 单击“确定”按钮，完成破断视图的绘制，如图 10-23 所示。

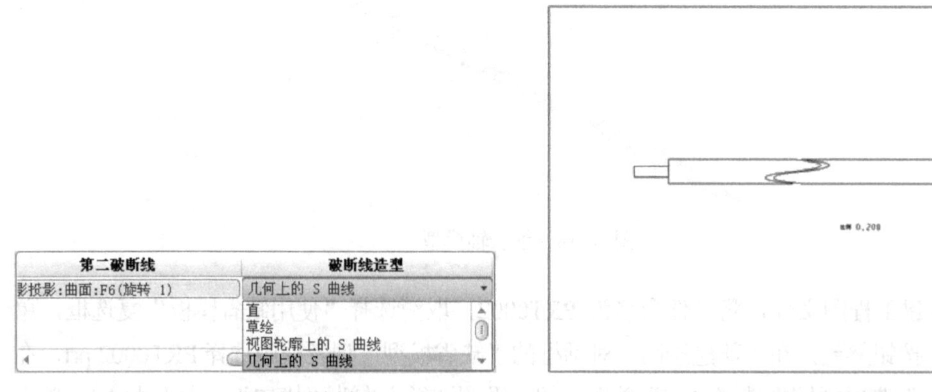

图 10-22　设置破断线样式　　图 10-23　破断视图

(7) 单击“保存”按钮将绘制的图纸保存到指定的目录。

4. 局部视图

局部视图的作用是表现零件上的某些细微的特征，这些特征在其他的视图上不能很好地被表述。下面以图 10-9 所示的模型为例介绍局部视图的创建方法。

(1) 新建工程图文件，将文件命名为 PRT0001-3，取消选择“使用缺省模板”复选框，单击“确定”按钮 确定 ，在“新建绘图”对话框的“缺省模型”列表框中选择 PRT0001.prt，在“指定模板”选项区域中选择“空”单选按钮，设置图纸方向为“横向”，大小为 A4，单击“确定”按钮 确定 ，进入工程图绘制模式。

(2) 在绘图工具栏中选择“布局”选项卡，单击“一般”按钮，系统提示选取视图的中心，在图框中单击确定视图的中心，系统弹出“绘图视图”对话框。

(3) 用前面所学的方法对视图进行定向，并在“绘图视图”对话框中选择的“视图显示”选项，设置“显示样式”为“消隐”；选择“比例”选项，设置“定制比例”为 3；单击“应用”按钮，形成的工程图如图 10-24 所示。

(4) 选择“绘图视图”对话框中的“可见区域”选项，在“视图可见性”下拉列表框中选择“局部视图”选项，在视图上单击一点作为局部视图的中心，再多次单击绘制一条封闭的样条曲线作为局部视图的轮廓，如图 10-25 所示。

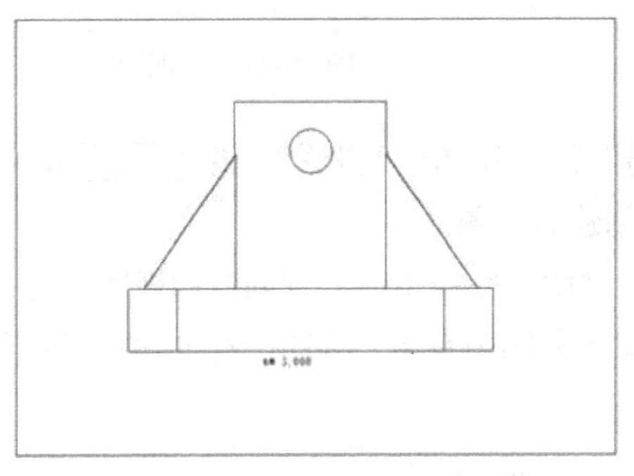

图 10-24　局部视图

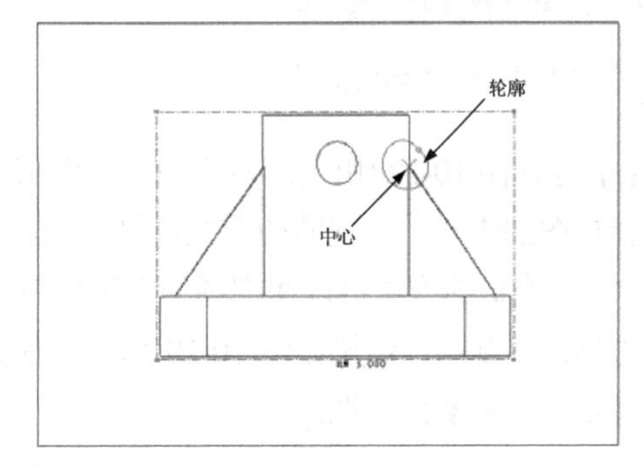

图 10-25　绘制中心和轮廓

(5) 设置比例为 30，单击“确定”按钮，完成局部视图的绘制，如图 10-26 所示。

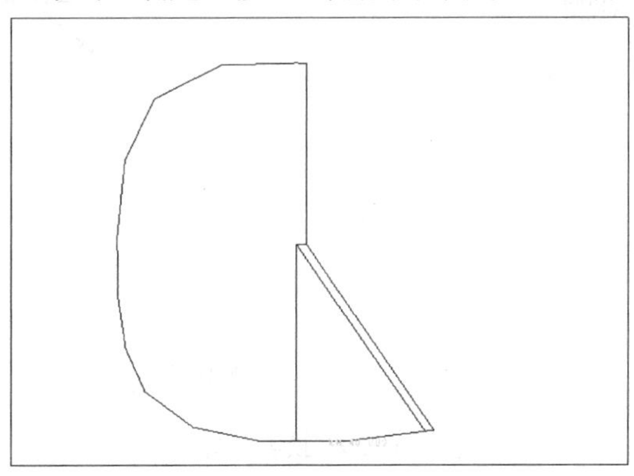

图 10-26　局部视图

(6) 单击“保存”按钮将绘制的图纸保存到指定的目录。

10.2.3　投影视图

投影视图是基于工程图中已创建的其他视图创建的，它与其父视图相关，因此投影视图是不能设定视图比例的。下面以图 10-27 所示的模型为例，介绍投影视图的创建方法。

(1) 新建工程图文件，将文件命名为 PRT0003，取消选择“使用缺省模板”复选框，单击“确定”按钮确定，在“新建绘图”对话框的“缺省模型”列表框中选择 PRT0003.prt，在“指定模板”选项区域中选择“空”单选按钮，设置图纸方向为“横向”，大小为 A4，单击“确定”按钮确定，进入工程图绘制模式。

(2) 用前面所学的方法创建如图 10-28 所示的全视图。

图 10-27　实体模型图

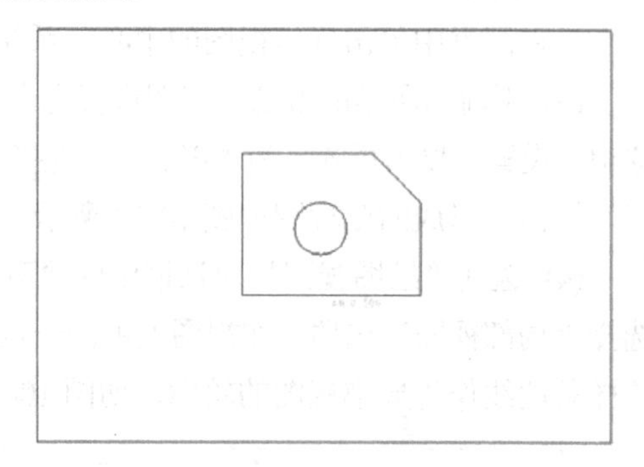

图 10-28　全视图

(3) 选择图 10-28 中的全视图，单击“布局”选项卡中的“投影”按钮投影...，系统提示选择视图的中心，在视图的左侧选择一点，创建右视图。

(4) 用类似的方法可以在视图的右侧创建左视图，在视图的上方创建仰视图以及在视图的下方创建俯视图，结果如图 10-29 所示。如果工程图中有多个视图，在创建投影视图时应先选择要进行投影的视图。

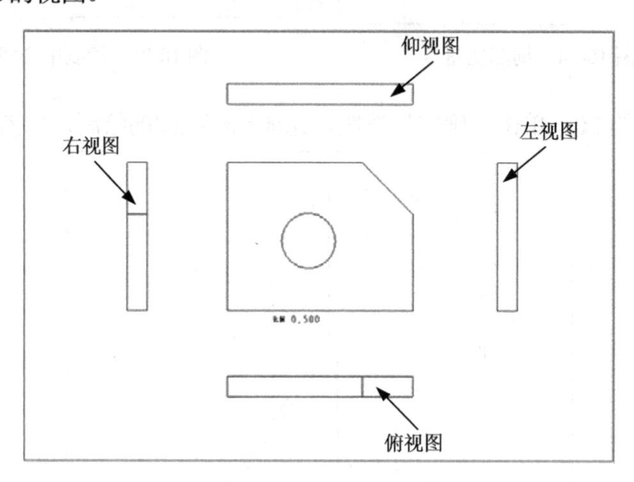

图 10-29　投影视图

(5) 单击“保存”按钮将绘制的图纸保存到指定的目录。

10.2.4　辅助视图

辅助视图是与所选的一条边正交或平行的投影视图。在绘制模型的工程图时，模型上的一些特征由于位置的原因在一般视图中不能被观察到，此时可以使用辅助视图来表现被遮挡的几何特征。下面以图 10-30 所示的零件为例介绍辅助视图的创建方法。

(1) 新建工程图文件，将文件命名为 PRT0004，取消选择“使用缺省模板”复选框，单击“确定”按钮，在“新建绘图”对话框的“缺省模型”列表框中选择 PRT0004.prt，在“指定模板”选项区域中选择“空”单选按钮，设置图纸方向为“横向”，大小为 A4，单击“确定”按钮，进入工程图绘制模式。

(2) 用前面所学的方法创建如图 10-31 所示的全视图。

图 10-30　实体模型

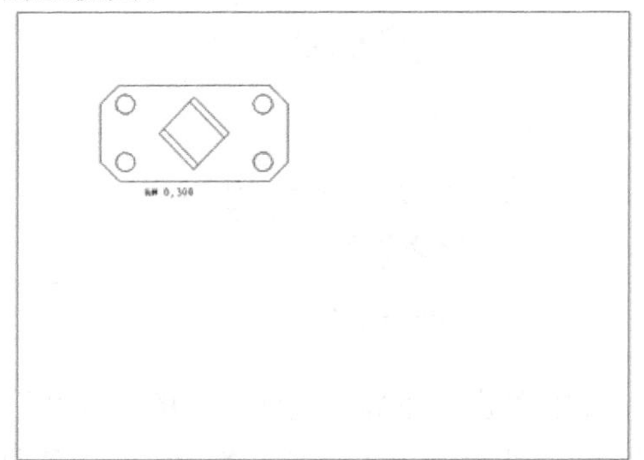

图 10-31　全视图

(3) 单击“布局”选项卡中的“辅助”按钮辅助...，系统提示选择一条边，选择如图 10-32 所示的边，系统提示选择视图中心，在图纸右下角单击一点；双击辅助视图，在“绘图视图”对话框中选择“视图显示”选项，设置“显示样式”为“消隐”，单击“确定”按钮完成辅助视图的绘制，如图 10-33 所示。

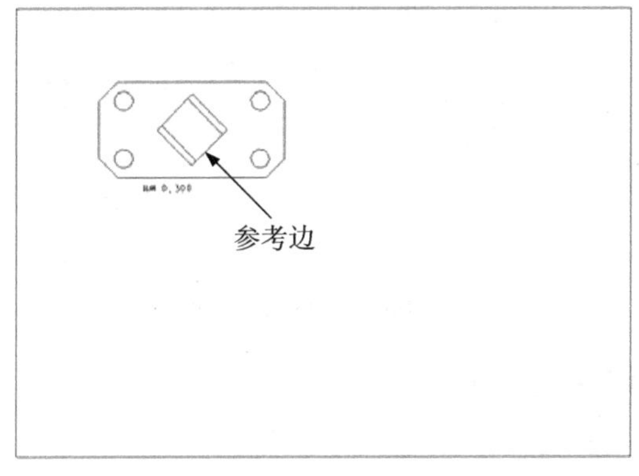

图 10-32　选择参考边

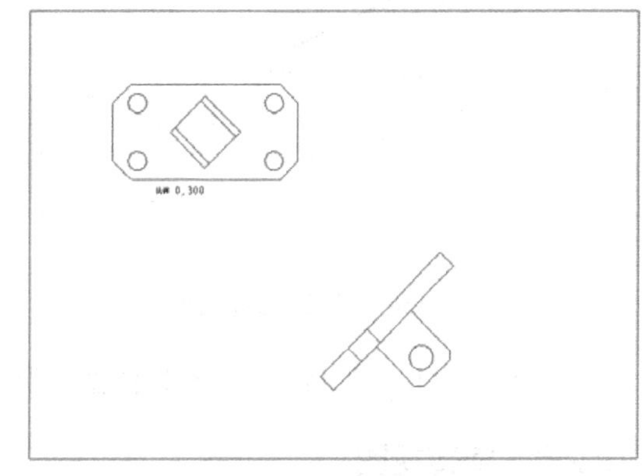

图 10-33　辅助视图

(4) 单击“保存”按钮将绘制的图纸保存到指定的目录。

10.2.5　详细视图

详细视图与局部视图的作用相似，都是用来表现零件上细小特征。下面以图 10-34 所示的零件为例介绍详细视图的创建方法。

(1) 新建工程图文件，将工程图命名为 PRT0005，取消选择“使用缺省模板”复选框，单击“确定”按钮。在“新建绘图”对话框的“缺省模型”列表框中选择 PRT0005.prt，在“指定模板”选项区域中选择“空”单选按钮，设置图纸方向为“横向”，大小为 A4。

(2) 用前面学过的方法创建如图 10-35 所示的全视图。

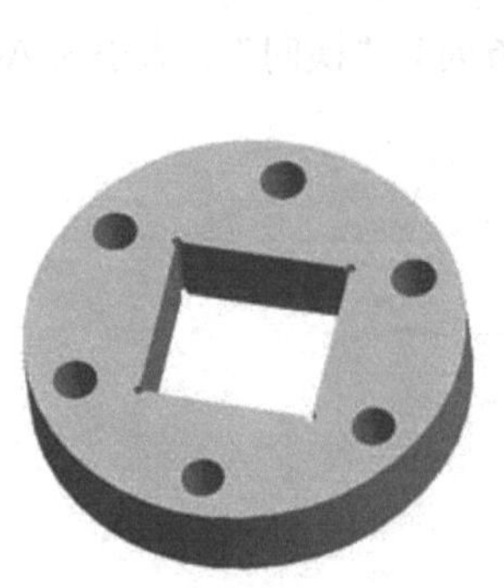

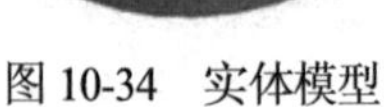

图 10-34　实体模型

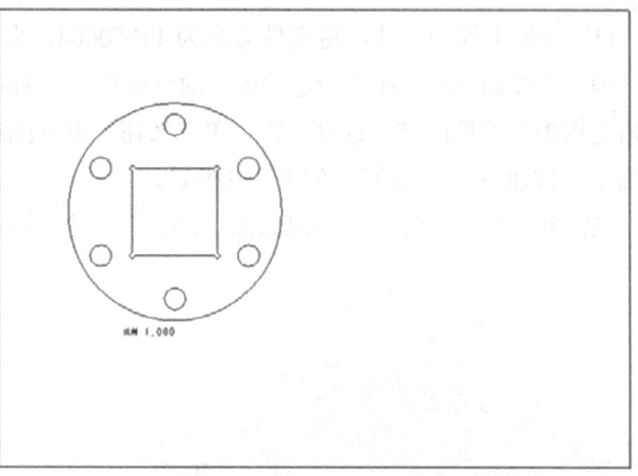

图 10-35　全视图

(3) 单击“布局”选项卡中的“详细”按钮，在视图上单击一点作为详细视图的中心，再多次单击绘制一条封闭的样条曲线作为详细视图的轮廓(单击鼠标中键确定)，如图 10-36 所示。在全视图右侧一点单击作为详细视图的中心，完成详细视图的绘制，如图 10-37 所示。

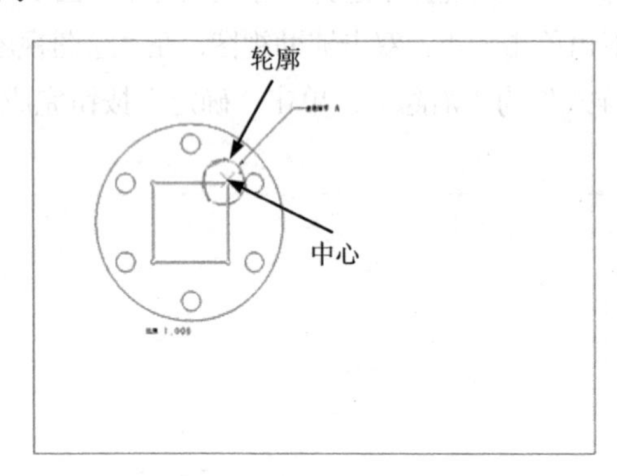

图 10-36　确定中心和轮廓

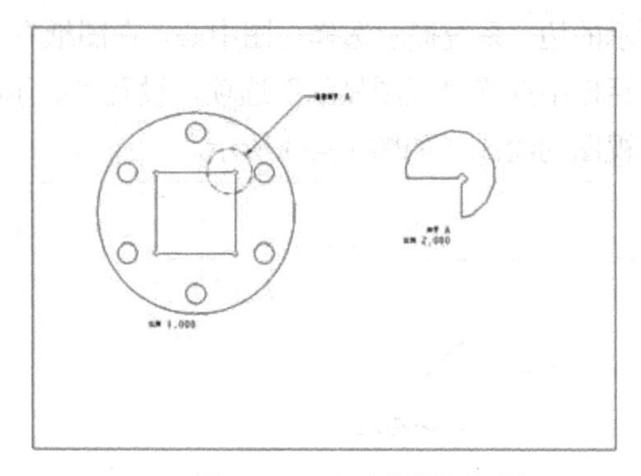

图 10-37　完成的详细视图

(4) 单击“保存”按钮将绘制的图纸保存到指定目录。

10.2.6　旋转视图

旋转视图是绕剖切平面旋转 90° 并沿其长度方向偏移所创建的视图，旋转视图显示被剖切截面的实体部分。下面以图 10-38 所示的零件为例介绍旋转视图的创建方法。

(1) 新建工程图文件，将工程图命名为 PRT0006，取消选择“使用缺省模板”复选框，单击“确定”按钮。在“新建绘图”对话框的“缺省模型”列表框中选择 PRT0006.prt，在“指定模板”选项区域中选择“空”单选按钮，设置图纸方向为“纵向”，大小为 A4。

(2) 创建如图 10-39 所示的全视图。

(3) 选择“布局”选项卡，单击“模型视图”右侧的下拉按钮，在弹出的级联按钮菜单中单击“旋转”按钮，选择如图 10-39 所示的全视图作为父视图。在父视图下方单击一点作为旋转视图的中心，这时弹出“绘图视图”对话框和“剖截面创建”菜单(如图 10-40 所示)，选择“平面”和“单一”命令，并选择“完成”命令，系统提示输入剖面名。输入剖面名“A-A”后单击“确定”按钮☑。选择 TOP 平面作为参照平面，在“绘图视图”对话框中单击“确定”按钮，完成旋转视图的绘制，如图 10-41 所示。

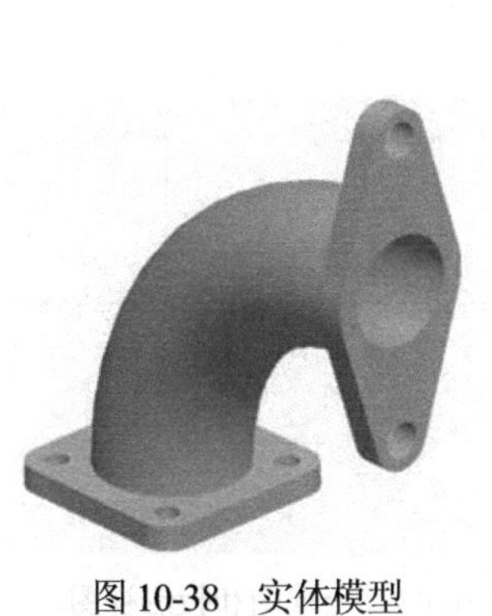
图 10-38　实体模型

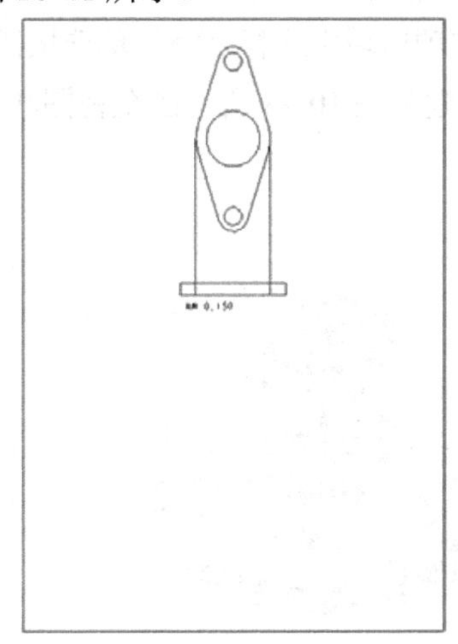
图 10-39　全视图

图 10-40　“剖截面创建”菜单

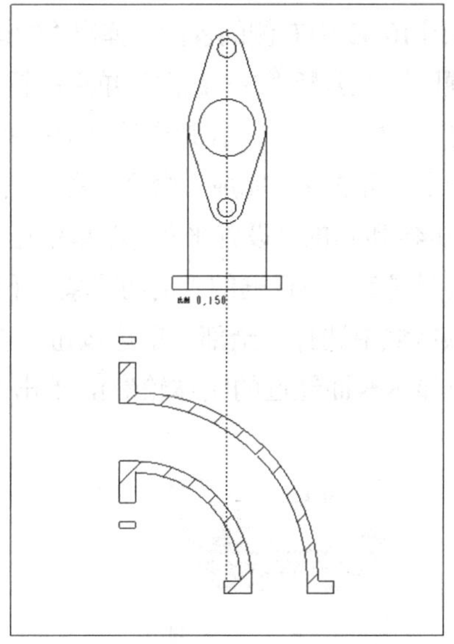
图 10-41　旋转视图

(4) 单击“保存”按钮将绘制的图纸保存到指定的目录。

10.2.7　剖面视图

在绘制工程图的过程中，如果想表达模型内部的特征，可以使用剖面视图功能。常用的剖面视图有全剖视图、半剖视图、局部剖视图、展开剖视图和对齐剖视图。本节将通过实例介绍各种剖面视图的创建方法。

1. 全剖视图

全剖视图用剖切平面将零件全部剖开，下面以图 10-42 所示的零件为例介绍全剖视图的创建方法。

(1) 新建工程图文件，将工程图命名为 PRT0008-1，取消选择“使用缺省模板”复选框，单击“确定”按钮。在“新建绘图”对话框的“缺省模型”列表框中选择 PRT0008.prt，在“指定模板”选项区域中选择“空”单选按钮，设置图纸方向为“横向”，大小为 A4。

(2) 创建如图 10-43 所示的全视图和投影视图。

图 10-42　实体模型

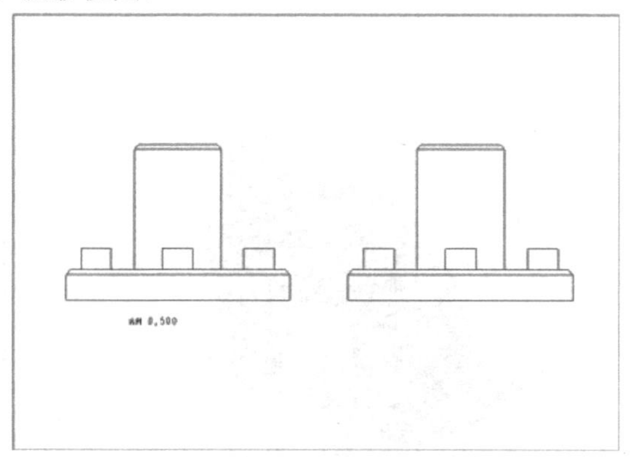

图 10-43　全视图和投影视图

(3) 双击图 10-43 中右侧的视图，弹出“绘图视图”对话框，选择“截面”类别，在“剖面选项”选项区域中选择“2D 截面”单选按钮，单击“添加截面”按钮，在弹出的下拉列表框中选择 创建新... ，在弹出的“剖截面创建”菜单中(如图 10-44 所示)选择“平面”和“单一”命令，再选择“完成”命令，在弹出的对话框中输入剖面名 A 后单击“确定”按钮，在图 10-45 所示的“设置平面”菜单中选择“平面”命令，选择 RIGHT 平面作为参照平面。在“绘图视图”对话框的“剖切区域”下拉列表框中选择“完全”选项，在“模型边可见性”选项区域中选择“全部”单选按钮，以显示视图的所有边界(如果选择“区域”单选按钮，则只显示截面经过的实体轮廓)，单击“确定”按钮，完成的全剖视图，如图 10-46 所示。

图 10-44　“剖截面创建”菜单

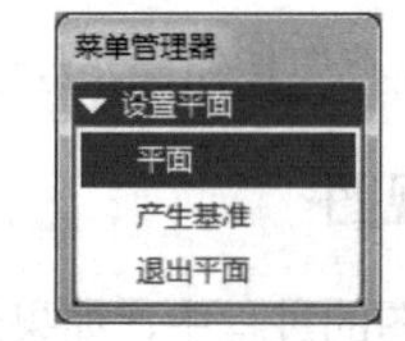

图 10-45　“设置平面”菜单

(4) 右击剖视图，按住右键不放，在弹出的快捷菜单中选择“添加箭头”命令，如图 10-47 所示，系统提示“给箭头选出一个截面在其处垂直的视图”，选择父视图，完成全剖视图的创建，如图 10-48 所示。

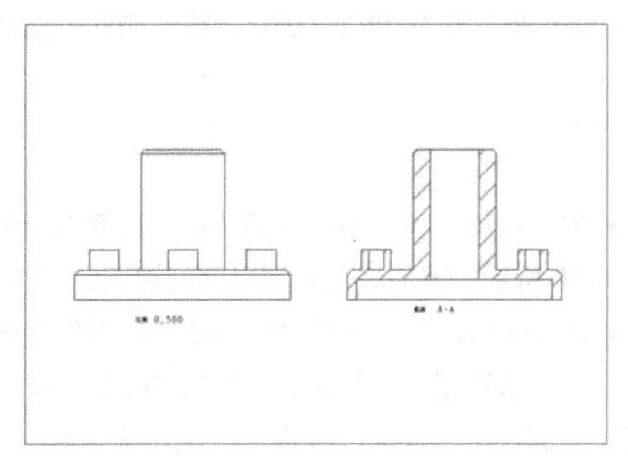

图 10-46　全剖视图

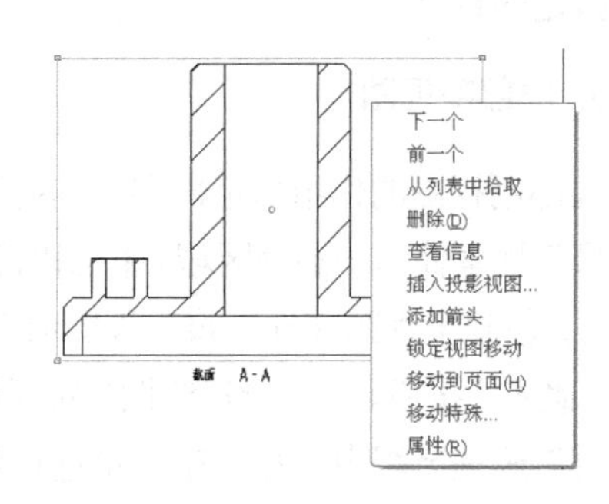

图 10-47　添加箭头

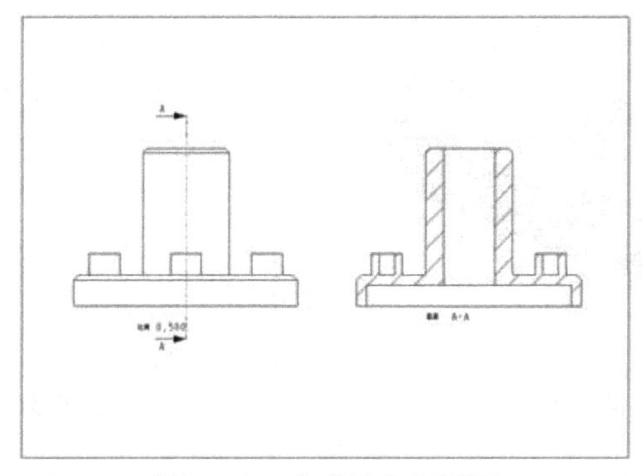

图 10-48　完成的全剖视图

(5) 单击“保存”按钮将绘制的图纸保存到指定的目录。

2. 半剖视图

半剖视图用剖切平面将零件半侧剖开，适用于关于平面对称的零件。

仍以图 10-42 中的零件为例介绍半剖视图的创建方法。由于该零件具有对称性，可以不用全剖视图就能将内部结构表达清楚。

(1) 双击图 10-48 中生成的全剖视图，弹出“绘图视图”对话框，选择“截面”类别，在“剖面选项”选项区域中选择“2D 截面”单选按钮，在“剖切区域”下拉列表框中选择“一半”选项，选择 TOP 基准面作为半剖参照，单击“确定”完成半剖视图，如图 10-49 所示。

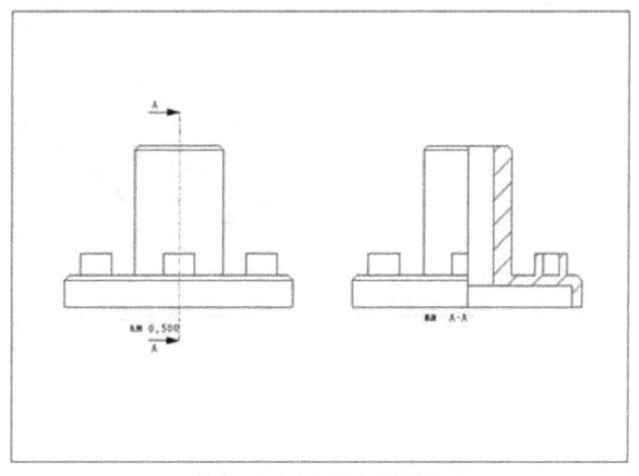

图 10-49　半剖视图

(2) 选择“文件”|“保存副件”命令，输入新名称为 PRT0008-2，将绘制的半剖视图保存到指定的目录。

3. 局部剖视图

局部剖视图的作用与全剖和半剖视图相似，均用于表达零件内部特征，局部剖视图的特点是只剖切零件的一部分区域。下面以图 10-50 所示的零件为例介绍局部剖视图的创建方法。

(1) 新建工程图文件，将工程图命名为 PRT0009，取消选择“使用缺省模板”复选框，单击“确定”按钮。在“新建绘图”对话框的“缺省模型”列表框中选择 PRT0009.prt，在“指定模板”选项区域中选择“空”单选按钮，设置图纸方向为“横向”，大小为 A4。

(2) 创建如图 10-51 所示的全视图。

图 10-50　实体模型

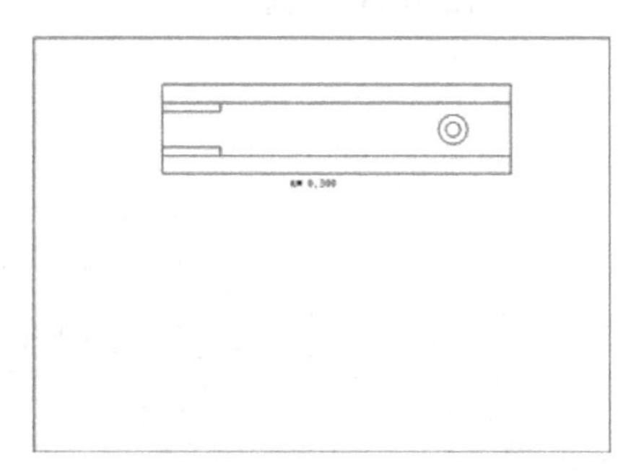

图 10-51　全视图

(3) 单击图 10-51 中的全视图，单击“布局”选项卡中的“投影”按钮[投影...]，系统提示选择视图的中心，在视图的下侧选择一点，创建俯视图。双击视图，在“绘图视图”对话框中选择“视图显示”选项，在“显示样式”下拉列表框中选择“消隐”选项，单击“应用”按钮[应用]。

(4) 在“绘图视图”对话框中选择“截面”选项，在“剖面选项”选项区域中选择“2D 截面”单选按钮，单击“添加截面”按钮[+]，在弹出的下拉列表框中选择[创建新...]，在弹出的“剖截面创建”菜单中选择“平面”和“单一”命令，再选择“完成”命令，在弹出的对话框中输入剖面名 A 后单击“确定”按钮[✓]，在“设置平面”菜单中选择“平面”命令，选择 TOP 平面作为参照平面。在“绘图视图”对话框的“剖切区域”下拉列表框中选择“局部”选项，系统提示选取截面间断的中心点，选择中心点，并绘制样条轮廓，如图 10-52 所示。

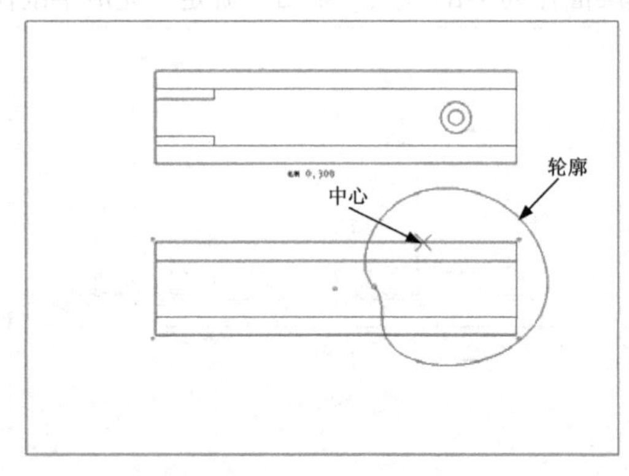

图 10-52　确定中心和轮廓

(5) 单击“绘图视图”对话框中的“确定”按钮完成局部剖视图的绘制，如图 10-53 所示。

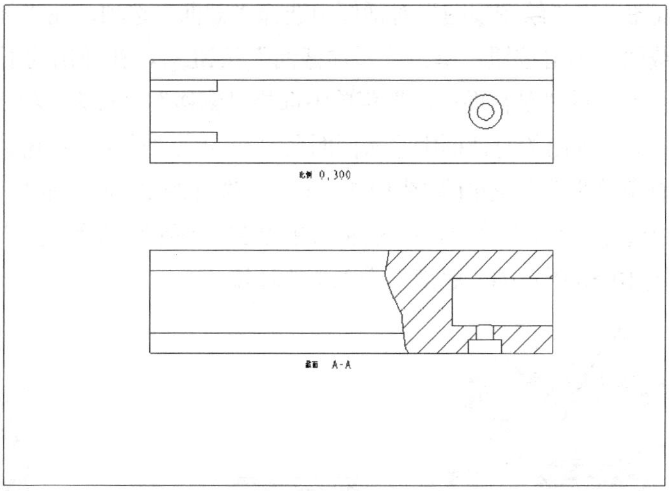

图 10-53　局部剖视图

(6) 单击“保存”按钮将绘制的图纸保存到指定的目录。

4. 展开剖视图

展开剖视图是使用几个平面对零件进行剖切，并投影在同一视图而创建的，使用展开剖视图可以在同一视图中显示多个截面上的零件特征，从而提高绘图效率和识图速度。下面以图 10-54 所示的零件为例介绍展开剖视图的创建方法。

(1) 新建工程图文件，将工程图命名为 PRT0010，取消选择“使用缺省模板”复选框，单击“确定”按钮。在“新建绘图”对话框的“缺省模型”列表框中选择 PRT0010.prt，在“指定模板”选项区域中选择“空”单选按钮，设置图纸方向为“横向”，大小为 A4。

(2) 创建如图 10-55 所示的全视图。

图 10-54　实体模型

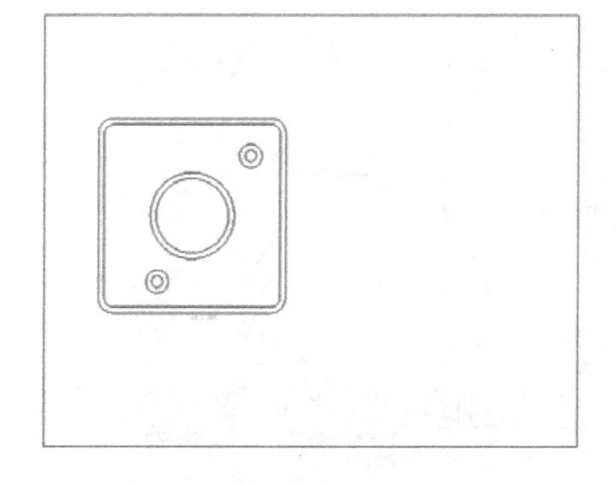

图 10-55　全视图

(3) 单击图 10-55 中的全视图，单击“布局”选项卡中的“投影”按钮投影...，系统提示选择视图的中心，在视图的右侧选择一点，创建左视图。双击视图，在“绘图视图”对话框中选择“视图显示”选项，在“显示样式”下拉列表框中选择“消隐”选项，单击“应用”

按钮应用。

(4) 双击左视图，在“绘图视图”对话框中选择“截面”选项，在“剖面选项”选项区域中选择“2D 截面”单击按钮，单击“添加截面”按钮+，在弹出的下拉列表框中选择创建新...，在弹出的“剖截面创建”菜单中选择“偏移”“双侧”和“单一”命令，再选择“完成”命令。在弹出的对话框中输入剖面名 B 后单击“确定”按钮，系统打开实体模型窗口和“设置草绘平面”菜单(如图 10-56 所示)。选择图 10-56 所示的平面为设置平面，在“方向”菜单中选择“确定”命令，系统弹出图 10-57 所示的“草绘视图”菜单，选择“底部”命令再单击图 10-56 所示的“底部”进入草绘环境。

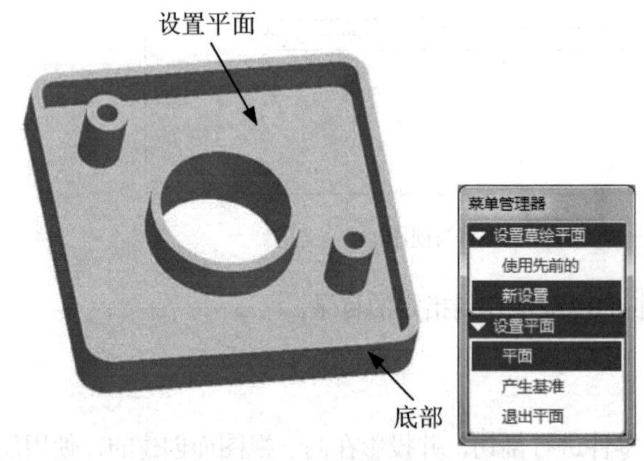

图 10-56　实体模型窗口和“设置草绘平面”菜单

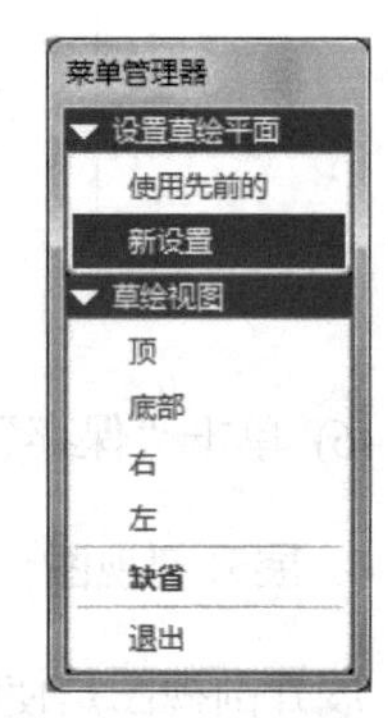

图 10-57　“草绘视图”菜单

(5) 选择“草绘”|“线”|“线”命令，在零件表面绘制如图 10-58 所示的直线，选择“草绘”|“完成”命令，在“剖切区域”选项区域中选择“完全”单选按钮，再单击“确定”按钮完成剖视图，如图 10-59 所示。

(6) 右击剖视图，并按住右键不放，在弹出的快捷菜单中选择“添加箭头”命令，选择父视图，完成展开剖视图的创建，如图 10-60 所示。

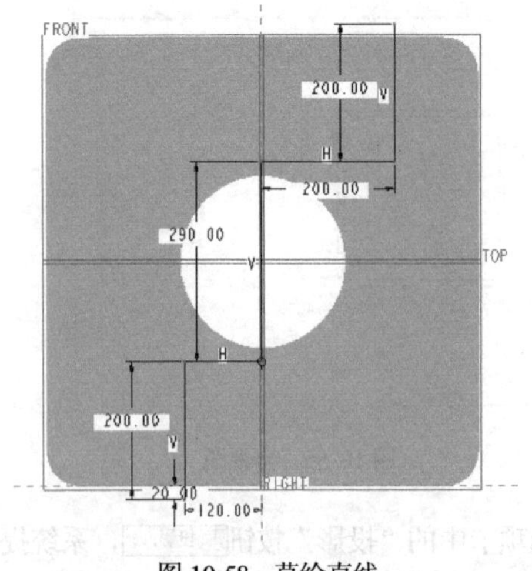

图 10-58　草绘直线

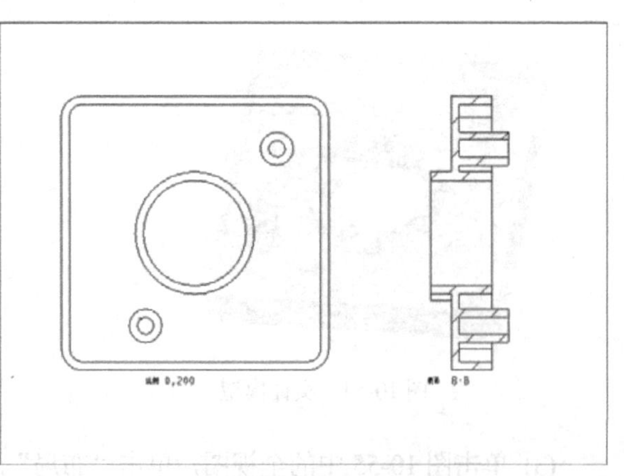

图 10-59　展开剖视图

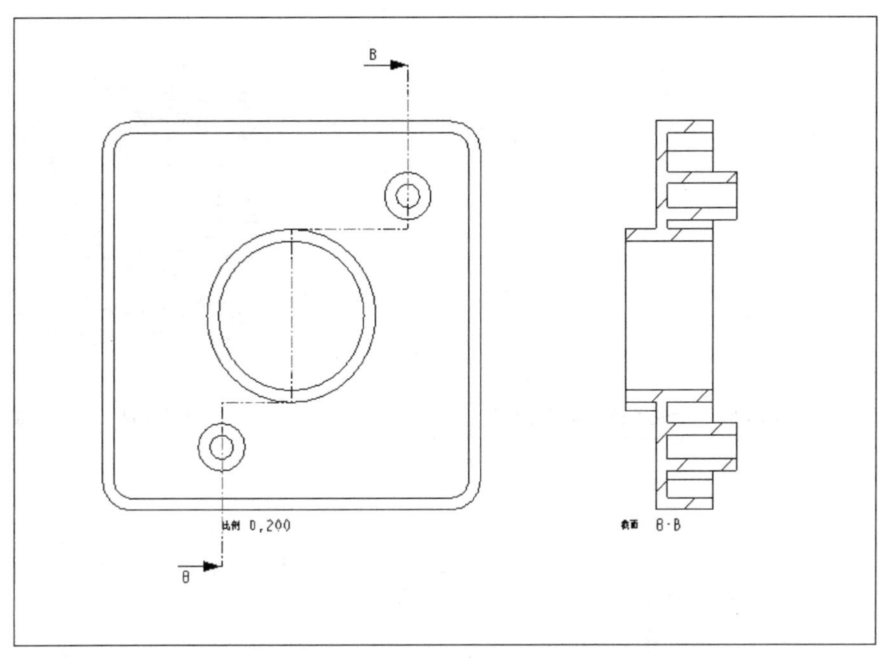

图 10-60 添加箭头

(7) 单击“保存”按钮将绘制的图纸保存到指定的目录。

5. 对齐剖视图

对齐剖视图是由一系列同轴的平面对零件进行剖切，并投影在同一视图而创建的。对齐剖视图的作用与展开剖视图类似，因此仍以图 10-54 所示的零件为例介绍对齐剖视图的创建方法。

(1) 新建工程图文件，将工程图命名为 PRT0010-1，取消选择“使用缺省模板”复选框，单击“确定”按钮。在“新建绘图”对话框的“缺省模型”列表框中选择 PRT0010.prt，在“指定模板”选项区域中选择“空”单选按钮，设置图纸方向为“横向”，大小为 A4。

(2) 创建如图 10-61 所示的全视图的投影左视图。

(3) 双击左视图，在“绘图视图”对话框中选择“截面”选项，在“剖面选项”选项区域中选择“2D 截面”单选按钮，单击“添加截面”按钮，在弹出的下拉列表框中选择 创建新...，在弹出的“剖截面创建”菜单中选择“偏移”“双侧”和“单一”命令，再选择“完成”命令。在弹出的对话框中输入剖面名 C 后单击“确定”按钮，系统打开实体模型窗口和“设置草绘平面”菜单(如图 10-56 所示)。选择图 10-56 所示的平面为设置平面，在“方向”菜单中选择“确定”命令，系统弹出图 10-57 所示的“草绘视图”菜单，选择“底部”命令再单击图 10-56 所示的底部进入草绘环境。

(4) 选择“草绘”|“线”|“线”命令，在零件表面绘制如图 10-62 所示的直线，选择“草绘”|“完成”命令，在“剖切区域”选项区域中选择“全部(对齐)”单选按钮，再在左视图上选择零件中心孔的轴线作为参照，最后单击“确定”按钮完成对齐剖视图，如图 10-63 所示。

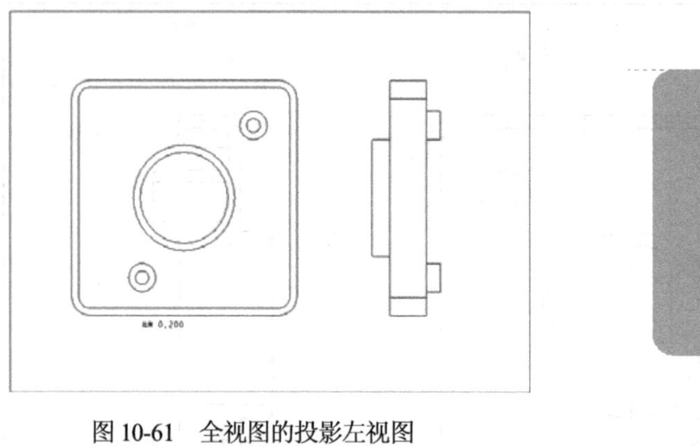

图 10-61　全视图的投影左视图

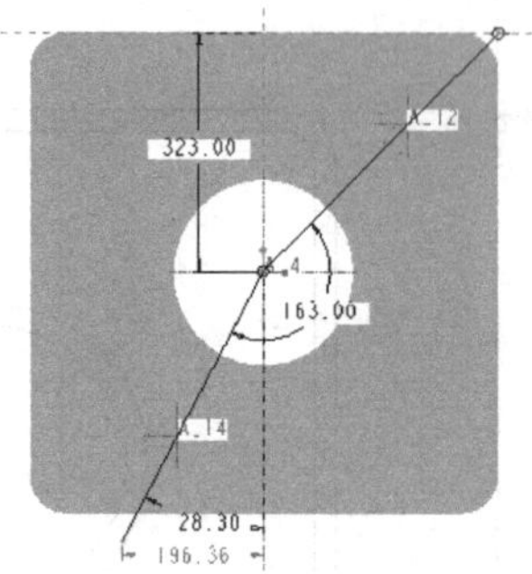

图 10-62　草绘直线

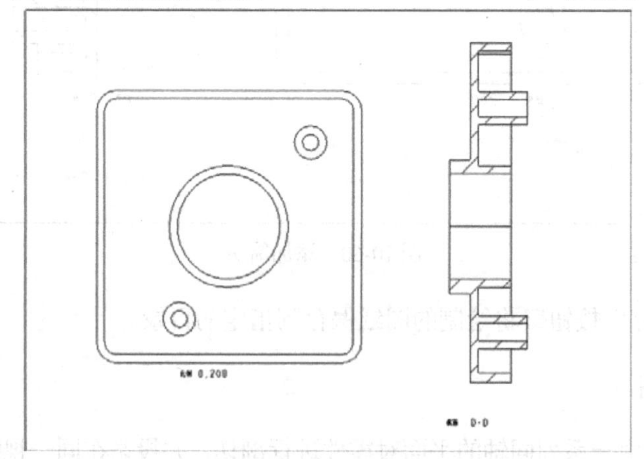

图 10-63　对齐剖视图

(5) 单击“保存”按钮将绘制的图纸保存到指定的目录。

10.3 编 辑 视 图

10.3.1　移动和对齐视图

1. 移动视图

移动视图的操作是比较简单的，首先选中所要移动的视图，然后拖动视图即可进行移动。如果视图不能移动，则可在视图上长按右键，在弹出的快捷菜单中取消选择“锁定视图移动”命令，如图 10-64 所示。

2. 对齐视图

对于放置不整齐的一般视图可以以其他视图作为基准对其进行定位，使其像投影视图一样随着其父视图进行移动。对齐视图的操作步骤如下。

(1) 双击要进行对齐操作的视图，激活“绘图视图”对话框，选择“对齐”选项，如图 10-65 所示。

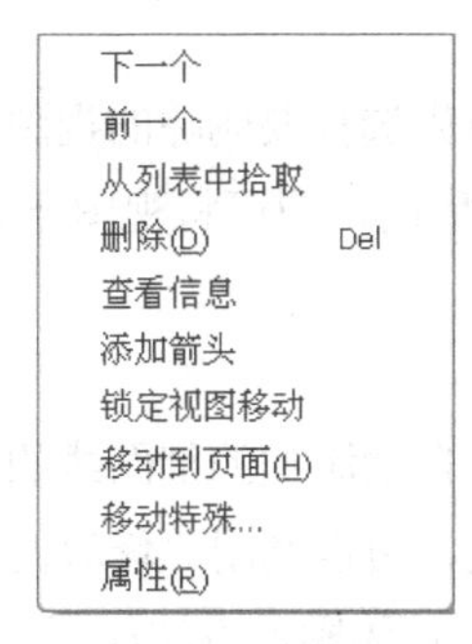

图 10-64　取消视图锁定

图 10-65　对齐视图

(2) 选择“将此视图与其他视图对齐”复选框，系统提示“选取要与之对齐的视图”，在工程图中选中基准视图。

(3) 定义视图的对齐方式。若选择“水平”单选按钮，则视图与基准视图位于同一水平线；若选择“垂直”单选按钮，则视图与基准视图位于同一竖直线。

(4) 定义对齐参照。若选择“在视图原点”单选按钮，则根据视图的原点进行对齐操作；若选择“定制”单选按钮，则可根据自定义的参照对视图进行视图操作。

(5) 单击“确定”按钮完成对齐操作。

(6) 单击“保存”按钮将绘制的视图保存到指定的目录。

10.3.2　拭除、恢复和删除视图

1. 拭除和恢复视图

拭除视图不是将视图永久删除，而是将视图暂时隐藏，被拭除的视图可以随时恢复。拭除功能可以简化工程图的绘制过程，提高视图再生的速度。拭除视图不会影响其他视图的显示，但是与其相关的草绘和非链接注释将被一起隐藏。拭除和恢复视图的操作步骤如下。

(1) 在“模型视图”选项卡中单击“拭除视图”按钮拭除视图，选择要拭除的视图，单击鼠标中键，即可完成视图的拭除，此时原视图所在位置显示一个矩形框和一个视图名称标识，如图 10-66 所示。

(2) 在“模型视图”选项卡中单击“恢复视图”按钮恢复视图，选择上一步被拭除的视图，单击鼠标中键，即可完成视图的恢复，如图 10-67 所示。

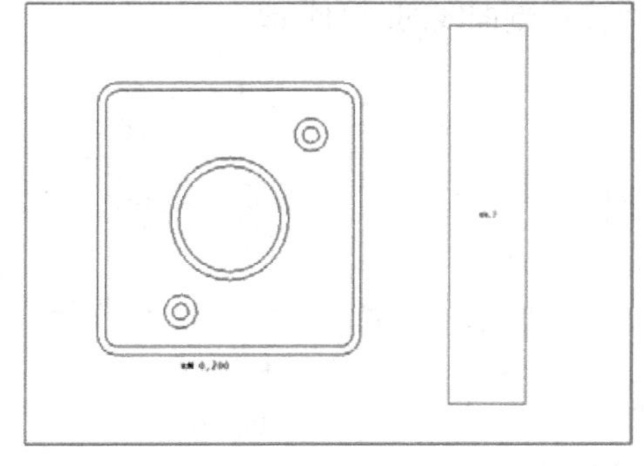
图 10-66　拭除视图

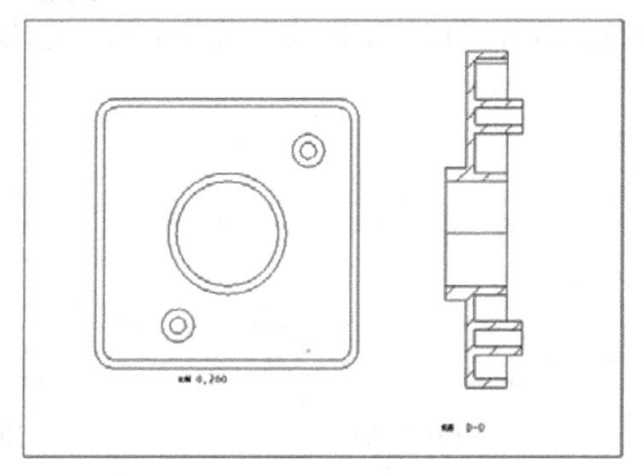
图 10-67　恢复视图

2. 删除视图

删除视图是将视图永久性地删除，是不可恢复的。首先选择要删除的视图，然后长按右键，在弹出的快捷菜单中选择“删除”命令(如图 10-64 所示)，即可将视图删除。

10.3.3 修改剖面线

建立剖面视图后，系统会自动为该视图添加剖面线，自动添加的剖面线的间距和角度等参数有时不太合理，需要修改。要修改系统默认的剖面线，可以利用“修改剖面线”菜单修改剖面线的间距、角度、偏距和线样式等。修改剖面线的具体操作方法如下。

(1) 单击“打开”按钮打开 10.2.7 节绘制的全剖视图文件 PRT0008-1.drw，其中的剖视图如图 10-68 所示。在其中的剖面线上双击，弹出图 6-69 所示的“修改剖面线”菜单。

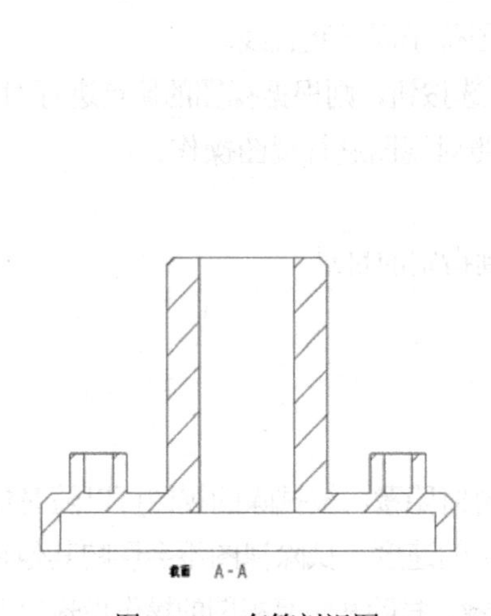

图 10-68　套筒剖视图

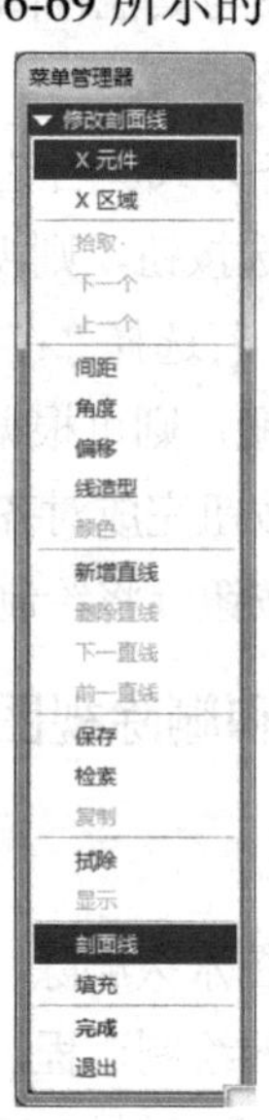

图 10-69　“修改剖面线”菜单

(2) 修改剖面线间距。选择“修改剖面线”菜单中的“间距”命令，在弹出的“修改模式”菜单中选择“单一”命令。如果选择“一半”选项，则生成如图 10-70(a)所示的剖面线；如果选择“加倍”选项，则生成如图 10-70(b)所示的剖面线；如果选择“值”选项，则系统提示用户输入间距，在消息区文本框中输入 2 并按 Enter 键，即可生成如图 10-70(c)所示的剖面线。选择“修改剖面线”菜单中的“完成”命令完成剖面线间距的修改。

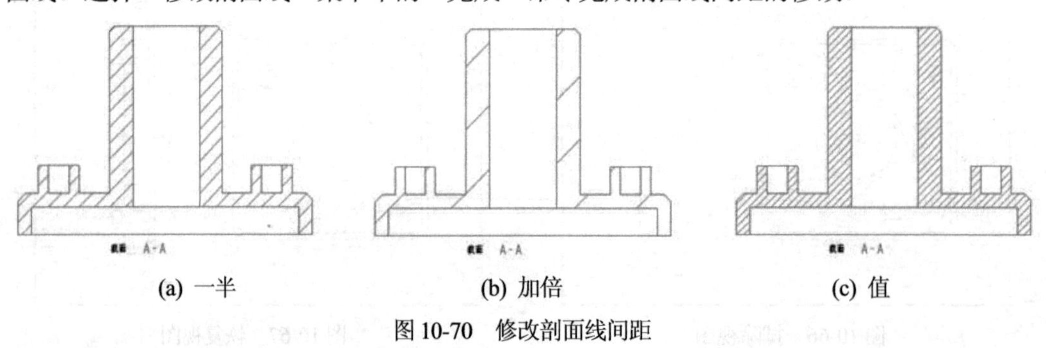

(a) 一半　(b) 加倍　(c) 值

图 10-70　修改剖面线间距

(3) 修改剖面线角度。在“修改剖面线”菜单中选择“角度”命令，在弹出的“修改模式”菜单中选择“单一”命令。如果选择 90 选项，生成的剖面线如图 10-71(a)所示；如果选择 135 选项，生成的剖面线如图 10-71(b)所示；如果选择“值”选项，则系统提示用户输入剖面线角度，在消息区文本框中输入 20 并按 Enter 键，将生成如图 10-71(c)所示的剖面线。最后单击“修改剖面线”菜单中的“完成”命令完成剖面线角度的修改。

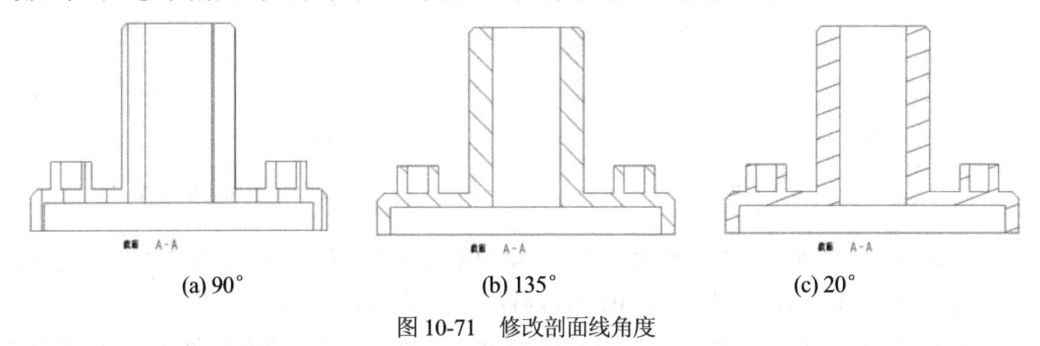

(a) 90°　　(b) 135°　　(c) 20°

图 10-71　修改剖面线角度

(4) 移动剖面线位置。在“修改剖面线”菜单中选择“偏移”命令，系统要求用户输入偏移量，在文本框中输入 5 并按 Enter 键，生成的剖面线如图 10-72 所示。选择“修改剖面线”菜单中的“完成”命令完成剖面线位置的移动。

(5) 修改剖面线造型。双击图 10-72 中的剖面线，在“修改剖面线”菜单中选择“线造型”命令，弹出如图 10-73 所示的“修改线造型”对话框，在“线型”下拉列表框中选择“短划线”选项，然后单击“应用”按钮和“关闭”按钮，生成的剖面线如图 10-74 所示。选择“修改剖面线”菜单中的“完成”命令完成剖面线样式的修改。

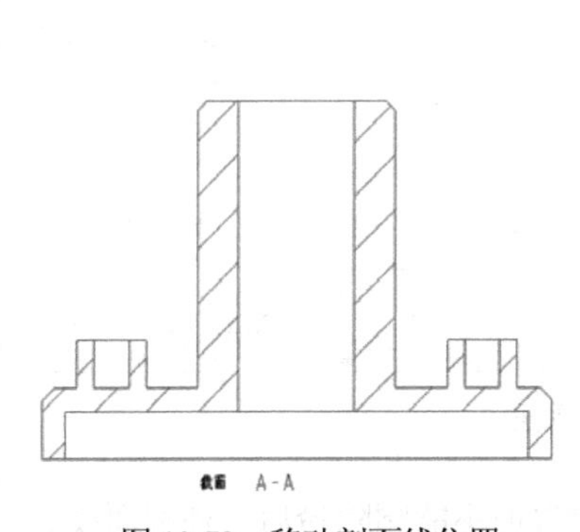

图 10-72　移动剖面线位置

图 10-73　“修改线造型”对话框

(6) 添加新剖面线。双击图 10-74 中的剖面线，在“修改剖面线”菜单中选择“新增直线”命令，在消息区文本框中输入剖面线的夹角 60 并按 Enter 键，再输入偏移值 0.2 并按 Enter 键，然后输入间距值 3 并按 Enter 键，此时系统弹出“修改线体”对话框，直接单击“应用”按钮和“关闭”按钮，即可生成如图 10-75 所示的剖面线。选择“修改剖面线”菜单中的“完成”命令完成新剖面线的添加。

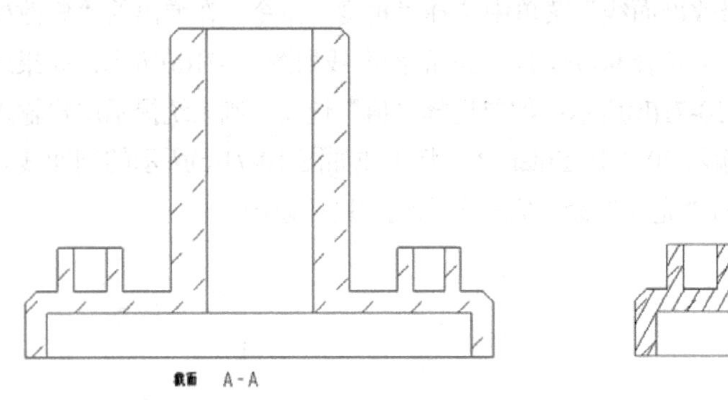

图 10-74　修改剖面线样式

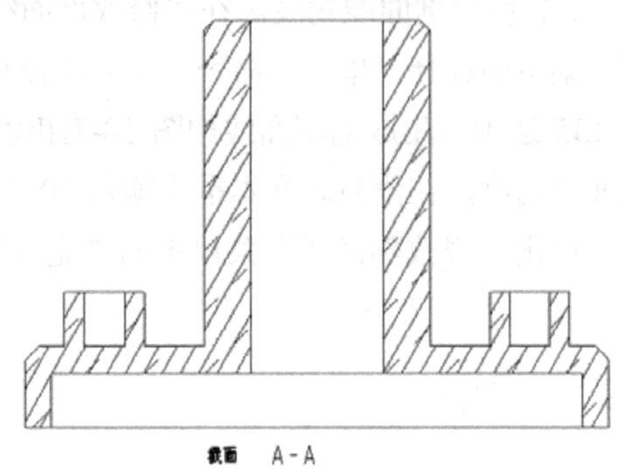

图 10-75　添加新剖面线

(7) 保存当前剖面线。在“修改剖面线”菜单中选择“保存”命令，输入剖面线的样式名 myline 并按 Enter 键，系统将选中的剖面线保存起来供以后调用。

(8) 打开已经保存的剖面线。在“修改剖面线”菜单中选择“检索”命令，系统弹出如图 10-76 所示的“打开”对话框，在对话框中选取刚才保存的名为 myline 的剖面线，单击“打开”按钮，即可打开该剖面线。

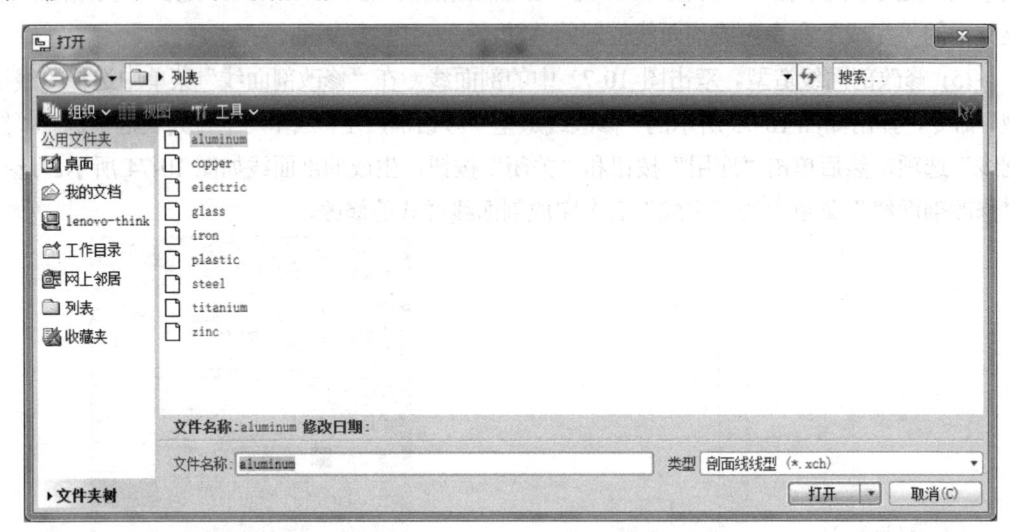

图 10-76　“打开”对话框

另外，“删除直线”用于删除目前所选取的剖面线(但不能删除最后一种剖面线)；“下一直线”用于选取下一种剖面线；“前一直线”用于选取前一种剖面线。

10.4　工程图标注

在完成工程图中所需视图的创建后，还需对工程图添加必要的标注，如尺寸、公差、注释以及明细表等。通过对工程图进行标注可以使工程图完整、准确地表达设计意图，便于零件的加工和部件的装配。本节将介绍工程图中各种标注信息的创建方法。

10.4.1　尺寸类型

根据工程图中的尺寸与零件实体模型间的关系，可以将尺寸分为驱动尺寸和从动尺寸两种。

1. 驱动尺寸

驱动尺寸来源于零件的实体模型，是零件本身携带的信息。在默认情况下，工程图中的这些尺寸是被隐藏的，它们与零件实体模型间的联系是双向的。也就是说，当这些尺寸在工程图中显示出来后，在工程图中修改这些尺寸，可以改变零件实体模型的尺寸，同样修改实体模型的尺寸时，工程图中的尺寸也将随之改变。

2. 从动尺寸

从动尺寸是在工程图中创建的尺寸。这些尺寸与零件实体模型间的联系是单向的，修改模型中的尺寸，工程图中的尺寸会随着改变，但是从动尺寸不能对实体模型的尺寸进行驱动。

10.4.2　自动标注尺寸

在默认设置下，来源于零件实体模型的驱动尺寸在工程图中是隐藏的。可以将这些尺寸显示出来，利用这些尺寸对工程图进行标注。下面以图 10-77 所示的工程图为例介绍驱动尺寸的创建方法，它的实体模型如图 10-78 所示。

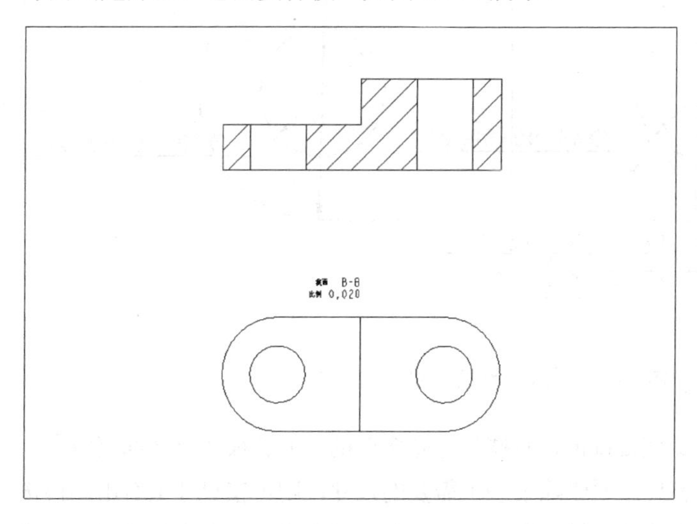

图 10-77　工程图

图 10-78　实体模型

选择图 10-77 中的俯视图作为标注对象，切换至“注释”选项卡，在“插入”选项板中单击“显示模型注释”按钮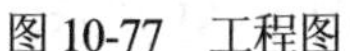，系统打开图 10-79 所示的“显示模型注释”对话框，其中列出了该视图的所有尺寸，要显示某个尺寸只需选中该尺寸选项；若要显示全部尺寸，可单击左下角的“全选”按钮，单击“确定”按钮，俯视图标注如图 10-80 所示。

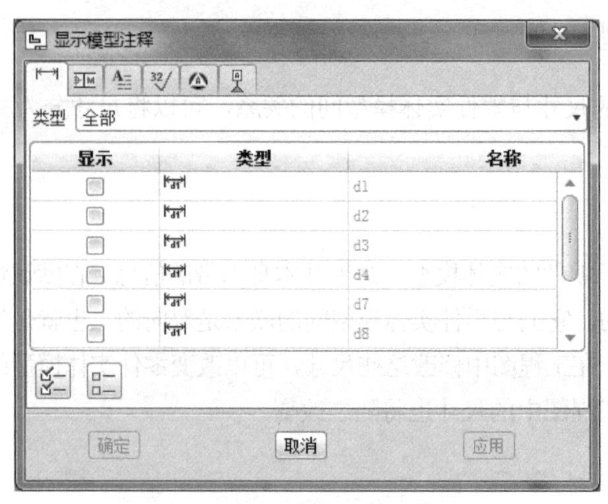

图 10-79　“显示模型注释”对话框

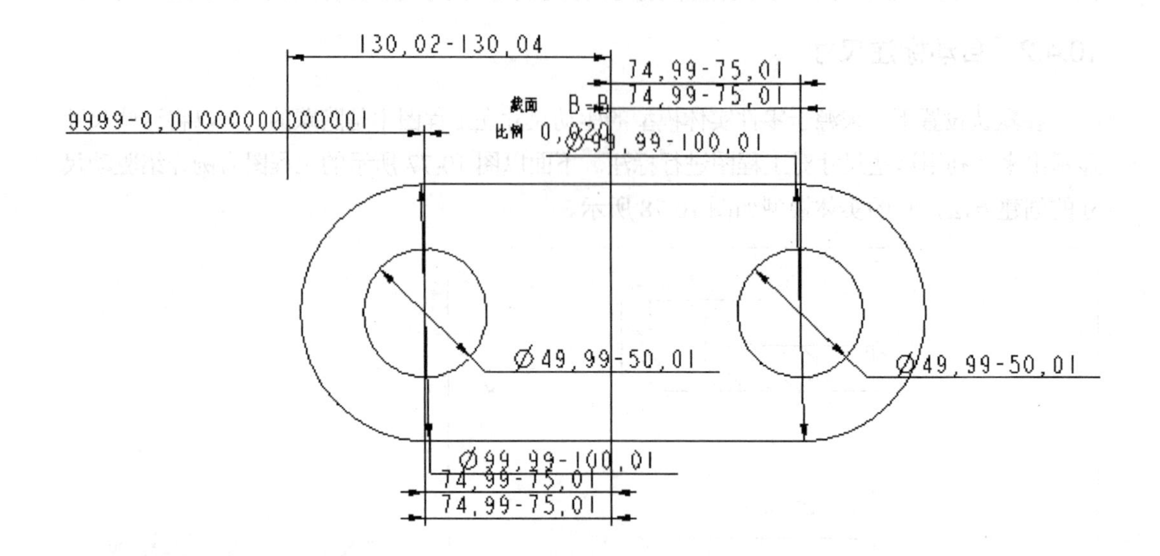

图 10-80　自动标注的尺寸

可见系统自动创建的尺寸是比较混乱的，有些尺寸是多余的，或者很多尺寸都集中在一个视图上，因此需要对尺寸进行整理。要删除某些不需要的尺寸，则可在尺寸上右击，再按住右键不放，在弹出的快捷菜单中选择“拭除”命令，如图 10-81 所示。要将尺寸移动到其他视图上，则可先选中目标尺寸，然后按住右键不放，在弹出的快捷菜单中选择“将项目移动到视图”命令，然后单击目标视图即可。要调整尺寸的位置，则可先选中目标尺寸，待光标变为✥形状后，拖动鼠标即可调整尺寸的位置。要修改尺寸属性，可选择图 10-81 中的“属性”命令，系统弹出图 10-82 所示的“尺寸属性”对话框，利用该对话框可以修改尺寸的公称值、公差、格式等属性。利用图 10-81 中的其他命令还可以对尺寸进行相应的修改。

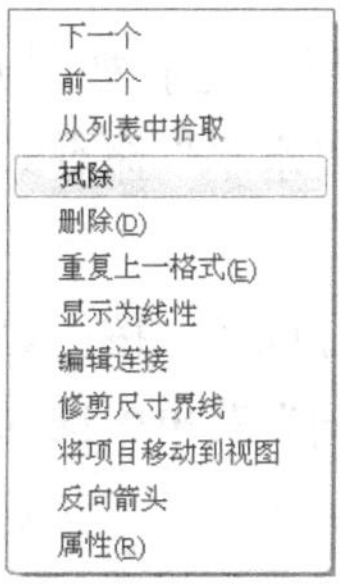

下一个
前一个
从列表中拾取
拭除
删除(D)
重复上一格式(E)
显示为线性
编辑连接
修剪尺寸界线
将项目移动到视图
反向箭头
属性(R)

图 10-81　拭除尺寸

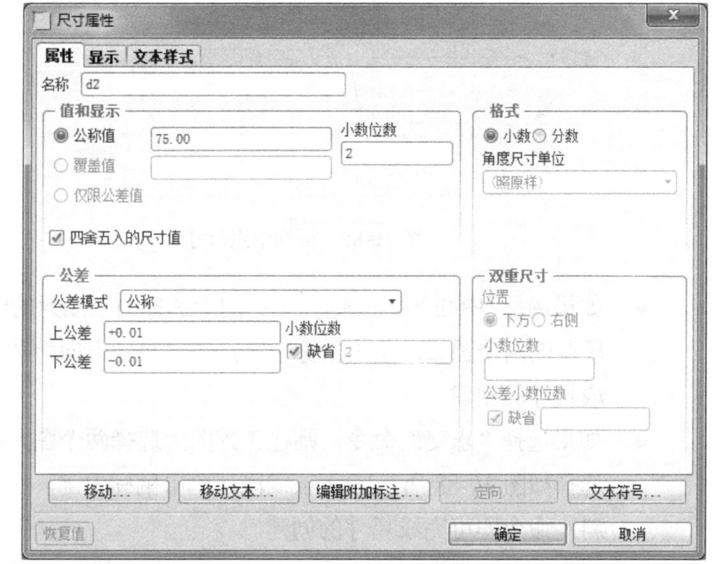

图 10-82　“尺寸属性”对话框

10.4.3　手动创建尺寸

虽然使用上节介绍的自动标注方法可以实现工程图的快速标注，但在系统自动标注的尺寸中，有很多是不符合制图标准的，因此仍需手动对工程图进行标注。

手动标注的尺寸主要包括线性尺寸、径向尺寸、角度尺寸和基准尺寸 4 种。下面以图 10-77 所示的工程图为例介绍各种尺寸的创建方法。

1. 线性尺寸

在“插入”选项板中单击“尺寸-新参照”按钮⟼，弹出如图 10-83 所示的“依附类型”菜单。

- 如果选择“图元上”命令，则在工程图上选择两个图元进行标注。选择如图 10-84 所示的两条线段，然后单击鼠标中键，即可完成尺寸的创建。

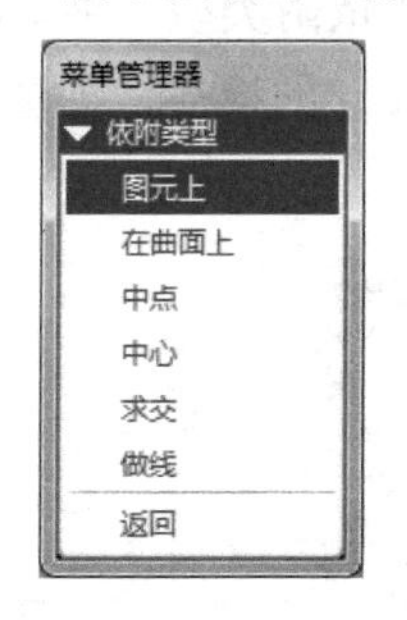

图 10-83　“依附类型”菜单

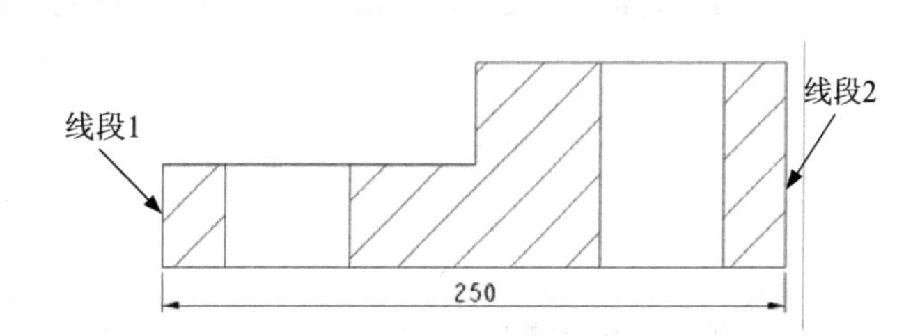

图 10-84　标注图元尺寸

- 如果选择“中点”命令，则在工程图上选择两个图元的中点进行标注。选择如图 10-85 所示的两条线段，单击鼠标中键，系统弹出如图 10-86 所示的“尺寸方向”菜单，选择“水平”命令即可完成尺寸的创建。

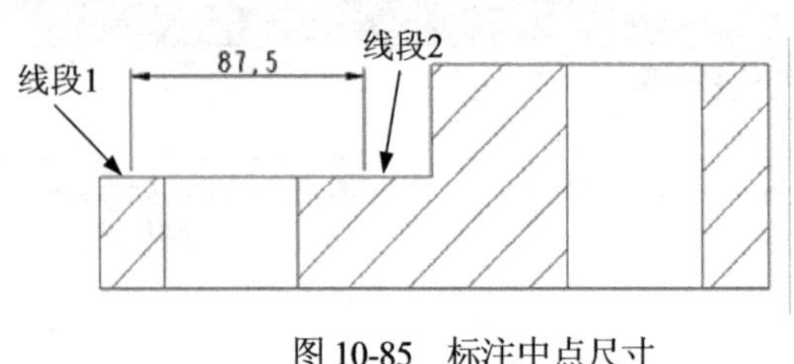

图 10-85　标注中点尺寸

图 10-86　“尺寸方向”菜单

- 如果选择“中心”命令，则在工程图上选择两个图元的中心进行标注。选择如图 10-87 所示的两个圆弧，单击鼠标中键，在“尺寸方向”菜单中选择“水平”命令即可完成尺寸的创建。
- 如果选择“求交”命令，则在工程图上选择两个图元的交点进行标注。按住 Ctrl 键选择如图 10-88 所示的 4 条线段，单击鼠标中键，在“尺寸方向”菜单中选择“倾斜”命令即可完成尺寸的创建。

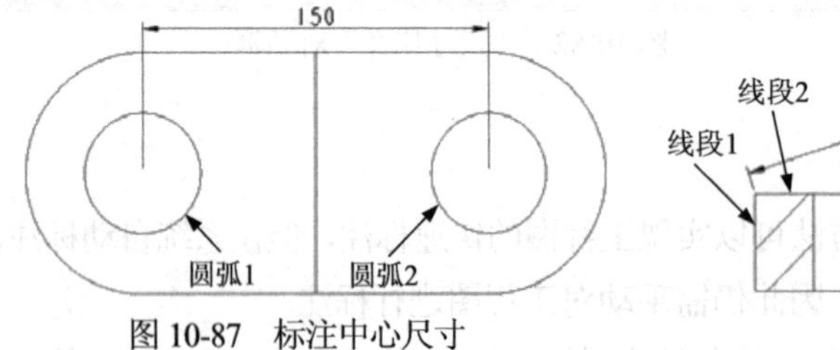

图 10-87　标注中心尺寸

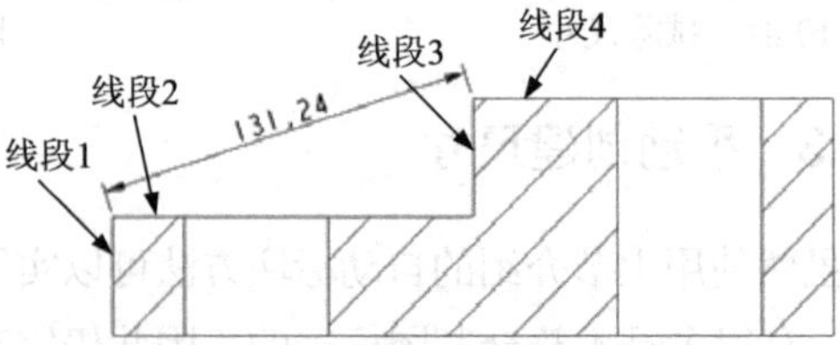

图 10-88　标注求交尺寸

2. 径向尺寸

在“插入”选项板中单击“尺寸-新参照”按钮，系统弹出“依附类型”菜单，选择“图元上”命令，选择目标圆弧或目标圆，单击鼠标中键，即可完成半径的标注。如果要标注直径尺寸，则应双击目标圆弧或目标圆，如图 10-89 所示。

3. 角度尺寸

在“插入”选项板中单击“尺寸-新参照”按钮，系统弹出“依附类型”菜单，选择“图元上”命令，选择两条线段，单击鼠标中键，即可完成角度尺寸的标注，如图 10-90 所示。

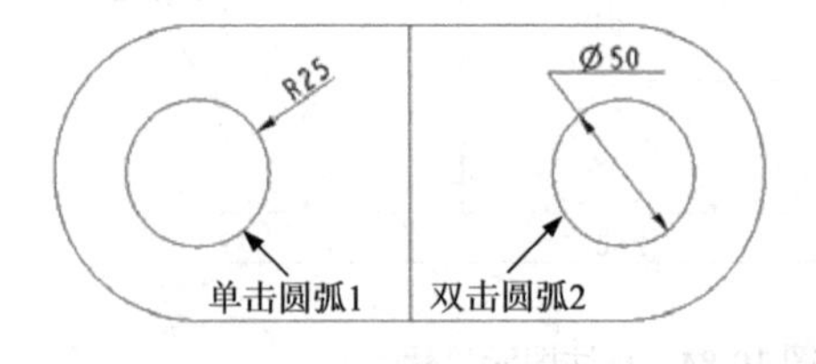

图 10-89　标注径向尺寸

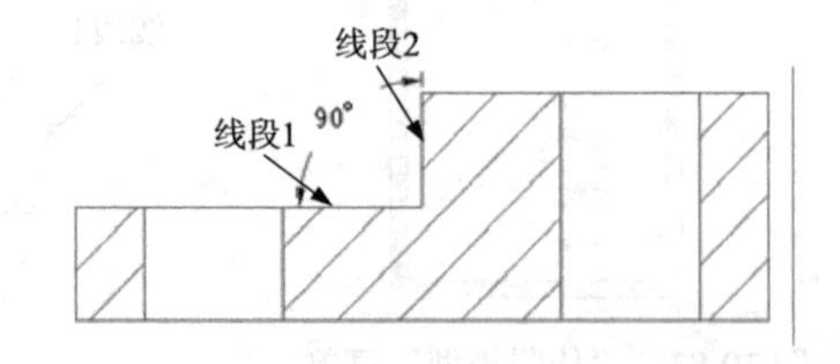

图 10-90　标注角度尺寸

4. 基准尺寸

在“插入”选项板中单击“尺寸-新参照”按钮右侧的下拉按钮，在级联按钮中单击“尺寸-公共参照”按钮，在“依附类型”菜单中选择“图元上”命令，选择线段 1 作为基准，再选择线段 2，单击鼠标中键放置尺寸 1；选择线段 3，单击鼠标中键放置尺寸 2；再单击鼠标中键，即可完成基准尺寸的标注，如图 10-91 所示。

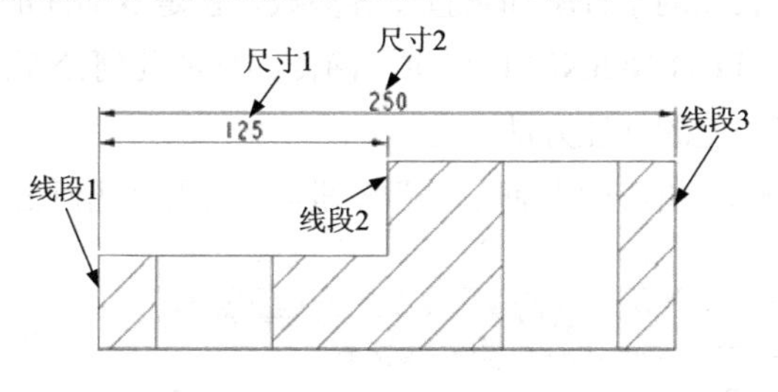

图 10-91　标注基准尺寸

10.4.4　标注公差

对于零部件上的某些重要尺寸和加工表面通常需要标注公差，公差主要包括尺寸公差和几何公差两种。下面结合实例介绍公差的标注方法。

1. 尺寸公差

默认设置下工程图中的尺寸公差是隐藏的，但是部分尺寸需要显示公差，可以通过下述方法显示尺寸公差。

(1) 选择目标尺寸，按住鼠标右键不放，在弹出的快捷菜单中选择“属性”命令，打开“尺寸属性”对话框，如图 10-92 所示。

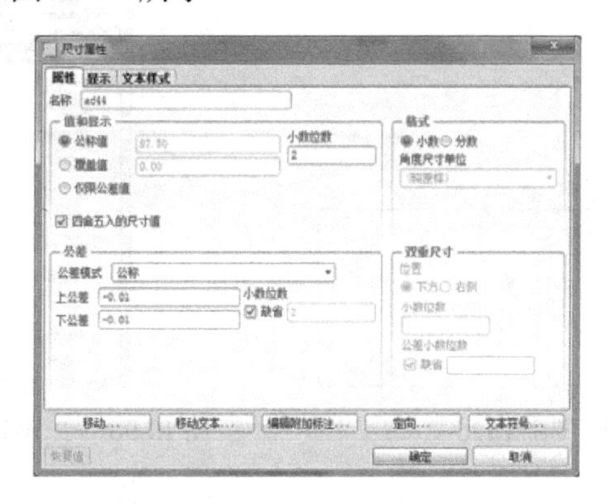

图 10-92　“尺寸属性”对话框

(2) 选择“属性”选项卡，在“公差模式”下拉列表框中选择需要的显示模式，并输入公差值，单击“确定”按钮，即可完成公差的修改，如图 10-93 所示。

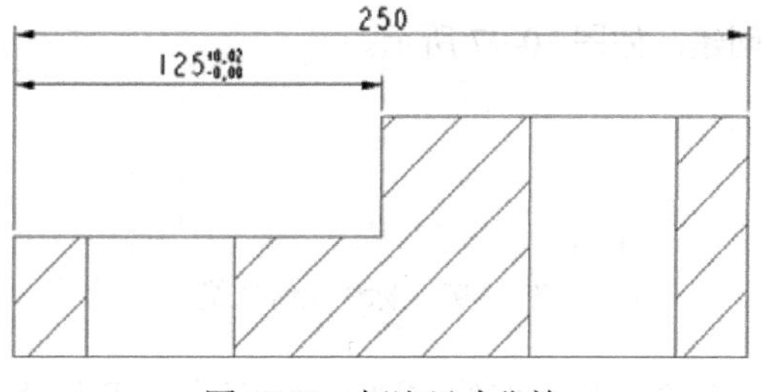

图 10-93　标注尺寸公差

2. 几何公差

几何公差是指零件表面的平行度和垂直度等参数，它是零部件加工制造的重要依据，在工程图中占有重要地位。Pro/ENGINEER 提供了简便的标注几何公差的方法，依然以图 10-77 所示的工程图介绍几何公差的标注方法。

(1) 在“插入”选项板中单击“几何公差”按钮，打开“几何公差”对话框，如图 10-94 所示。

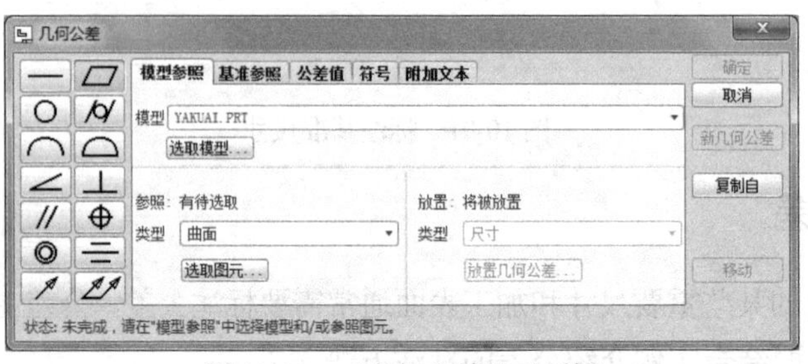

图 10-94　“几何公差”对话框

(2) 单击“几何公差”对话框左侧的“平行度”按钮，选择“模型参照”选项卡，在其中“参照类型”设置为“曲面”，单击“选取图元”按钮选取图元...，再选择如图 10-95 所示的线段，在“类型”下拉列表框中选择“法向引线”选项，打开如图 10-96 所示的“引线类型”菜单。

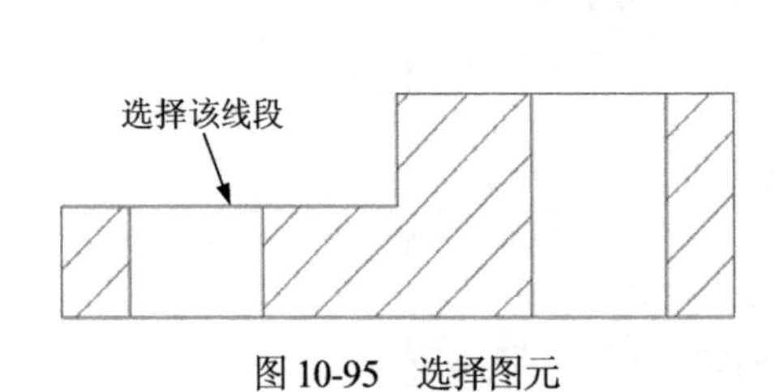

图 10-95　选择图元

菜单管理器
引线类型
箭头
点
实心点
没有箭头
斜杠
整数
方框
实心框
双箭头
目标
半箭头
三角形

图 10-96　“引线类型”菜单

(3) 在“引线类型”菜单中选择“箭头”命令，再选择图 10-95 所示的线段作为引线箭头位置，选择“完成”命令。

(4) 在图形窗口中选择放置文本的位置，并单击鼠标中键确定。

(5) 切换到“公差值”选项卡中输入公差值，单击“几何公差”对话框中的“确定”按钮，完成平行度公差的创建，如图 10-97 所示。

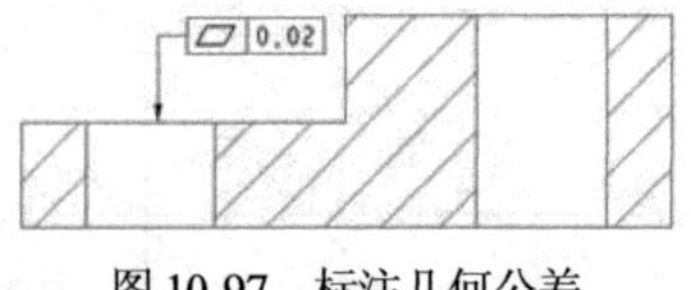

图 10-97　标注几何公差

基于“几何公差”对话框，用类似的方法可以标注其他几何公差。

10.4.5　标注表面光洁度

表面粗糙度是用来描述零件表面微观几何形状的，是选择加工工艺的基本依据。下面仍以图 10-77 所示的工程图为例介绍标注表面粗糙度的方法。

(1) 在“插入”选项板中单击“表面光洁度”按钮，系统弹出如图 10-98 所示的“得到符号”菜单，选择“检索”命令，打开如图 10-99 所示的“打开”对话框。双击 machined 文件夹后再双击 standard1.sym 文件，打开如图 10-100 所示的“实例依附”菜单。

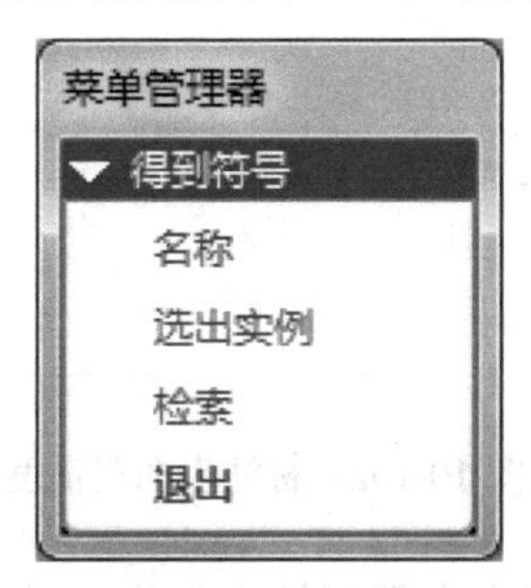

图 10-98　“得到符号”菜单

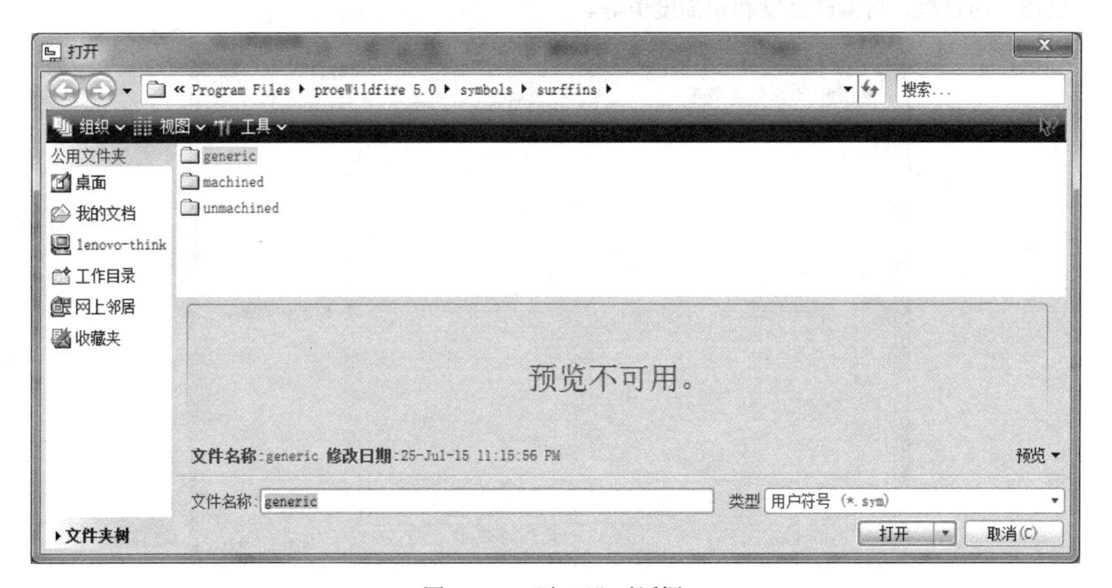

图 10-99　“打开”对话框

如果不是首次标注表面粗糙度，则不需要进行检索，可直接在“得到符号”菜单中选择“名称”命令，然后从“符号名称”菜单中选择表面粗糙的名称，打开“实例依附”菜单。

(2) 在“实例依附”菜单中选择表面粗糙度的放置方法。例如选择“法向”命令，系统提示“选取一个边，一个图元，一个尺寸，一曲线，曲面上的一点或一顶点”，选择如图 10-101 所示的线段，并在消息对话框中输入表面粗糙度的值，单击“确定”按钮完成表面粗糙度的创建，如图 10-102 所示。

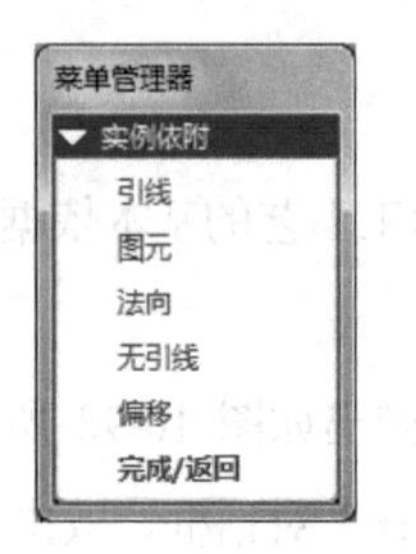

图 10-100　“实例依附”菜单

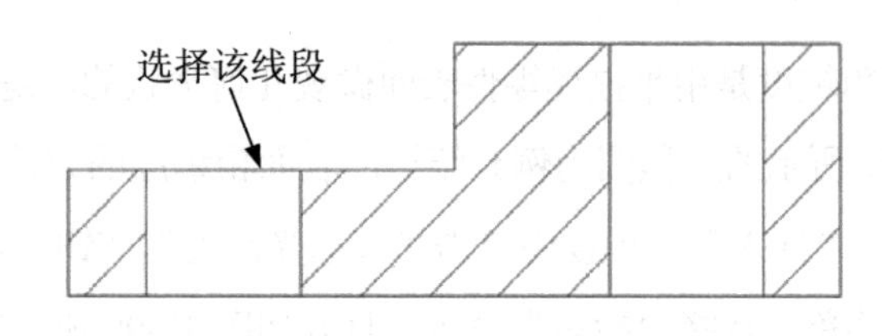

图 10-101　选择图元

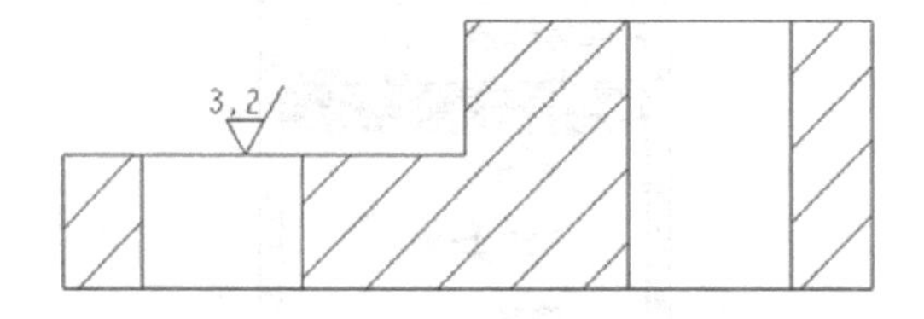

图 10-102　标注表面粗糙度

要修改表面粗糙度符号，可双击表面粗糙度符号，系统弹出如图 10-103 所示的“表面光洁度”对话框，可修改高度和粗糙度值等。

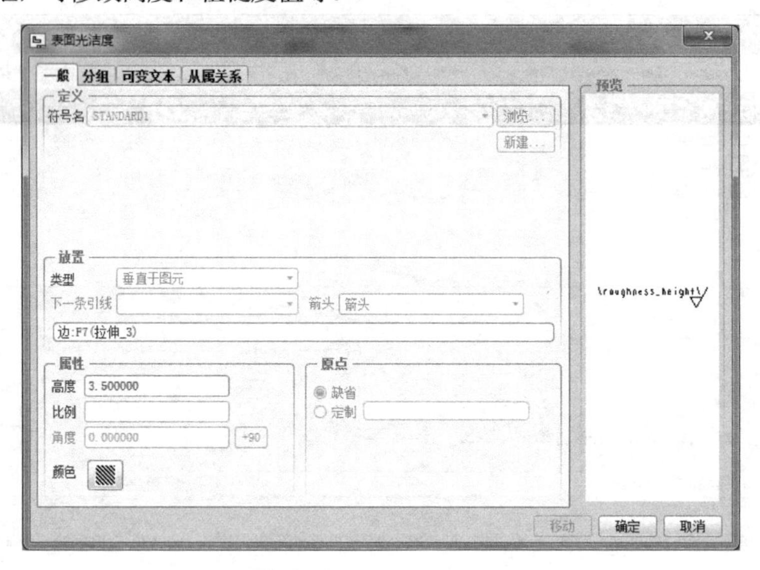

图 10-103　“表面光洁度”对话框

10.4.6　添加注解和表

1. 添加注解

在“插入”选项板中单击“注解”按钮，打开如图 10-104 所示的“注解类型”菜单。在“注释类型”菜单中设置注释的属性，例如选择“无引线”“输入”“水平”“标准”和“缺省”命令，然后选择“进行注解”命令，系统弹出如图 10-105 所示的“获得点”菜单。在“获得点”菜单中选择“选出点”命令，并在图形窗口右下部单击一点，弹出消息对话框和“文本符号”对话框(如图 10-106 所示，可利用其在消息对话框中输入符号)。在消息对话框中输入“技术要求”后，单击“确定”按钮，完成第一行注释的输入；然后输入“1. 表面黑色阳极化处理。”，两次单击“确定”按钮。选择“注解类型”菜单中的“完成/返回”命令，完成注释的输入，结果如图 10-107 所示。

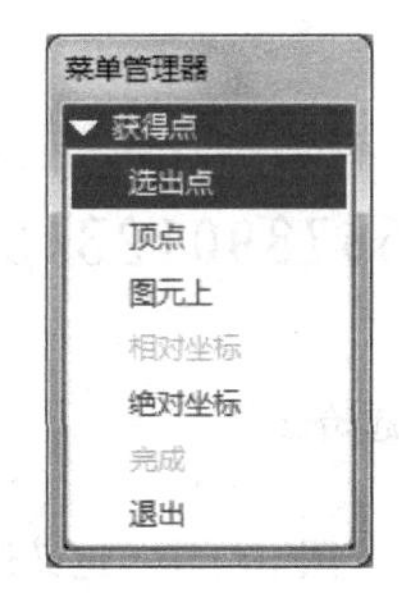

图 10-104　“注释类型”菜单　图 10-105　“获得点”菜单　图 10-106　“文本符号”对话框

如需对注释进行修改，可右击目标注释，再按住右键不放，在快捷菜单中选择“属性”命令，打开如图 10-108 所示的“注解属性”对话框，在“文本”选项卡中可修改注释文本，在“文本样式”选项卡中可修改注释的尺寸和颜色等。

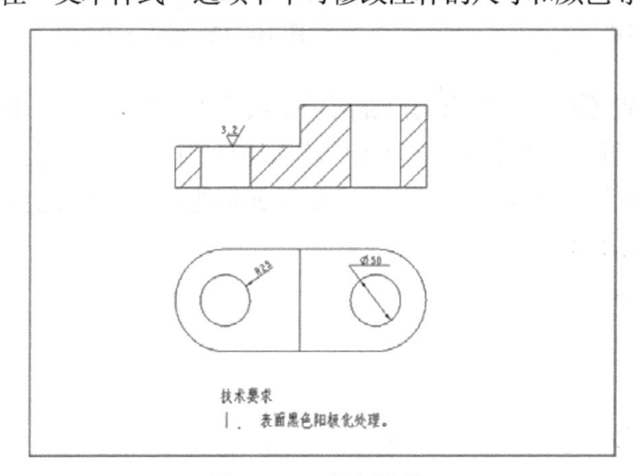

图 10-107　添加注释

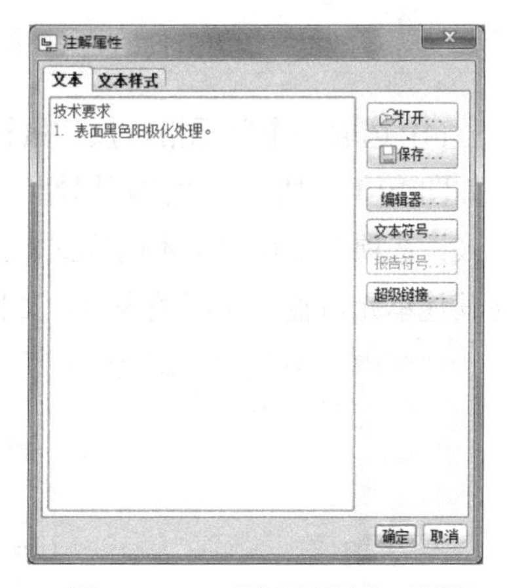

图 10-108　“注解属性”对话框

2. 添加表

工程图中的表主要包括标题栏、明细表和参数表 3 种。

- 标题栏：描述图纸的基本信息，如编号、名称、材料和数量等。
- 明细表：描述装配体中零件的基本信息，如编号、名称和数量等。
- 参数表：描述零件的基本参数，如齿轮的模数、齿数和压力角等。

表的创建方法如下。

(1) 切换至“表”选项卡，单击“表”按钮，打开如图 10-109 所示的“创建表”菜单。

(2) 在“创建表”菜单中设置表的属性，例如选择“降序”“右对齐”“按字符数”和“选出点”命令，在图形窗口中单击选择插入点的位置，出现如图 10-110 所示的一串数字，单击某个数字确定列的数目和宽度，如图 10-111 所示，单击鼠标中键完成。

菜单管理器
创建表
降序
升序
右对齐
左对齐
按字符数
按长度
完成
退出
获得点
选出点
顶点
图元上
相对坐标
绝对坐标
完成
退出

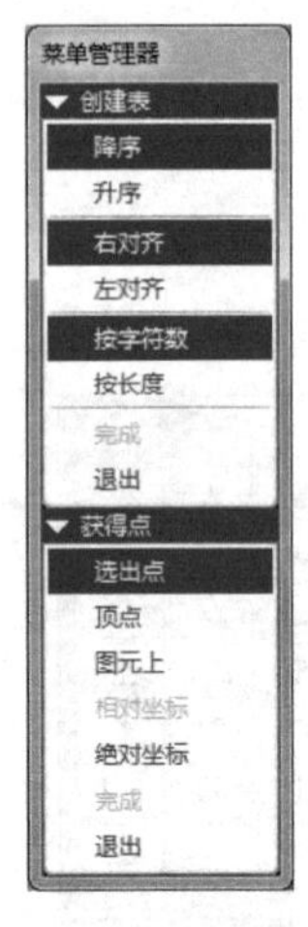

图 10-109　“创建表”菜单

123456789012345678901234567890
起始点

图 10-110　定义列数和列宽的数字

(3) 用同样的方法定义行高和行数，单击鼠标中键完成表的绘制，如图 10-112 所示。

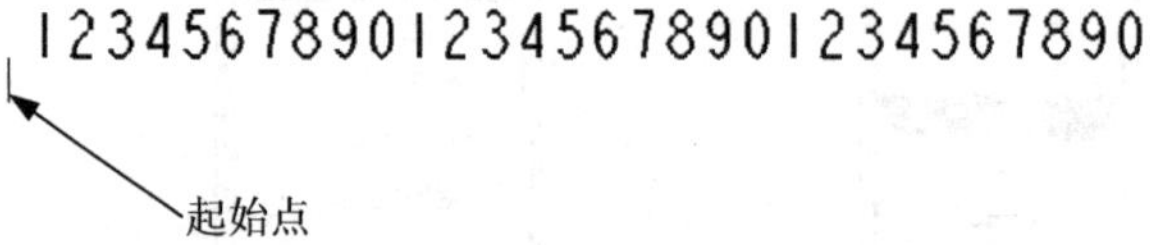

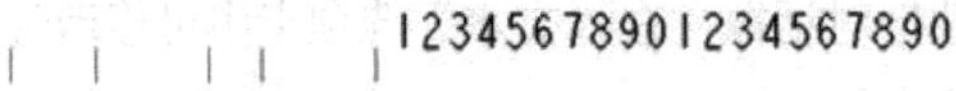

12345678901234567890

图 10-111　定义列数和列宽

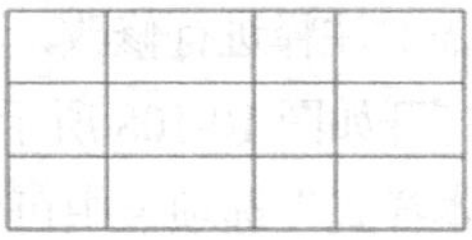

图 10-112　绘制表格

(4) 选取一个单元格，按住鼠标右键不放，在弹出的快捷菜单中选择“属性”命令，打开如图 10-113 所示的“注解属性”对话框，在“文本”选项卡中输入注释的内容，在“文本样式”选项卡中设置文本的样式，单击“确定”按钮，即可完成单元格的输入。类似的可向其他单元格输入注释的内容，如图 10-114 所示。

注解属性
文本
文本样式
打开...
保存...
编辑器...
文本符号...
报告符号...
超级链接...
确定
取消

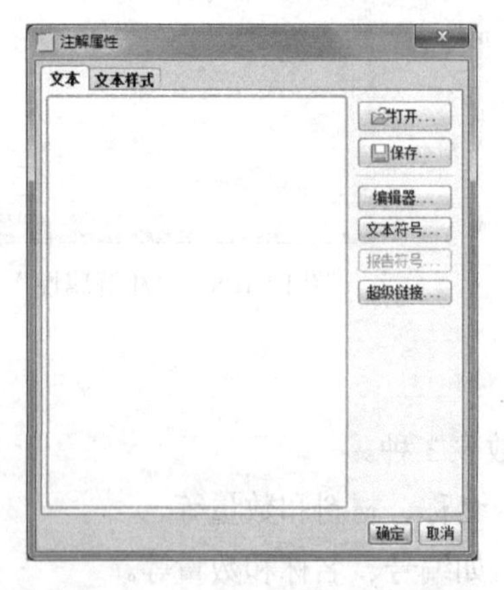

图 10-113　“注解属性”对话框

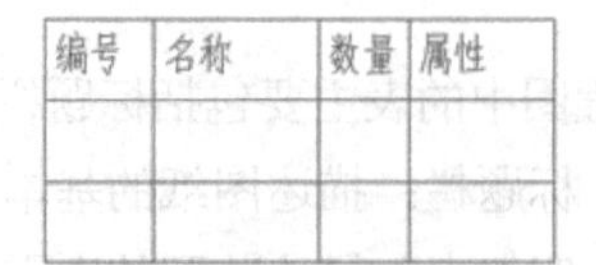

编号
名称
数量
属性

图 10-114　表格

创建完表格后，有时需要对其进行编辑和修改，例如，合并单元格和插入行或列等。要合并单元格，单击“合并单元格”按钮，打开如图 10-115 所示的“表合并”菜单，然后在“表合并”菜单中选择合并的方式。

- 选择“行”方式，合并上、下两个单元格，如图 10-116 所示。

图 10-115　“表合并”菜单

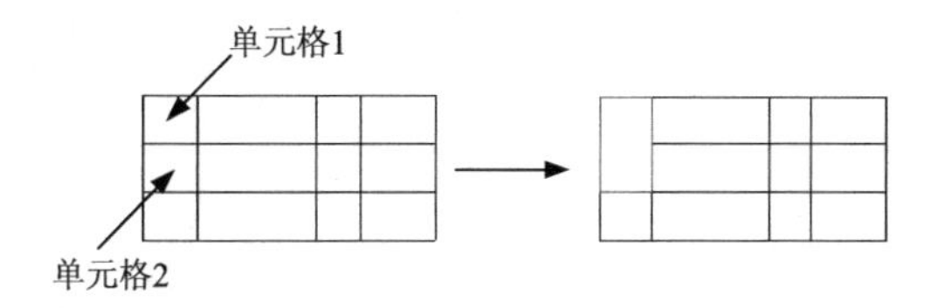

图 10-116　合并行

- 选择“列”方式，合并左、右两个单元格，如图 10-117 所示。
- 选择“行&列”方式，合并相邻的 a×b 个单元格，如图 10-118 所示。

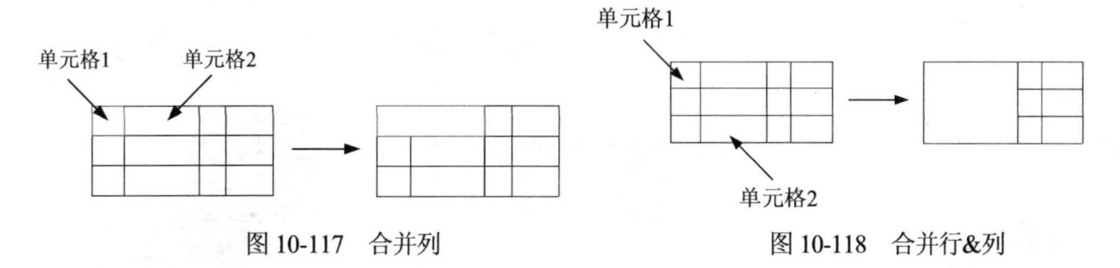

图 10-117　合并列　　　　图 10-118　合并行&列

要想取消合并，单击“取消合并单元格”按钮，选择合并过的单元格，然后选择相邻的单元格将其分割。如果是列合并，则应选择左、右侧的单元格；如果是行合并，则应选择上、下两侧的单元格；如果是行&列合并，则选取任何单元格均可。

要插入列或行，单击“添加列”按钮(或“添加行”按钮)，然后单击单元格的边界线即可，如图 10-119 所示。

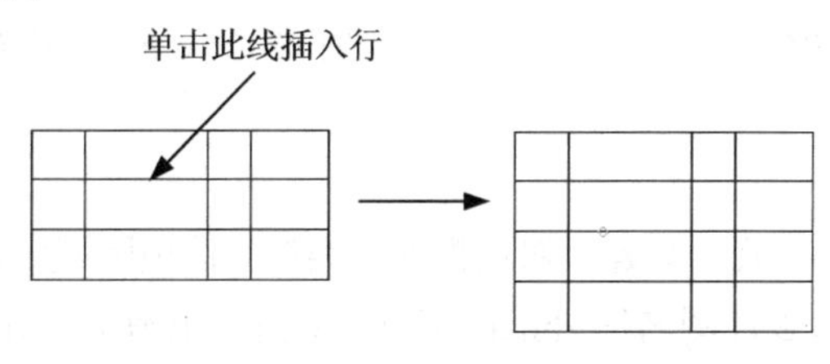

图 10-119　插入行

10.5　本 章 实 例

下面以绘制如图 10-120 所示的支架模型工程图为例继续学习本章内容，最终绘制的支架零件图如图 10-121 所示。

图 10-120　支架三维模型图

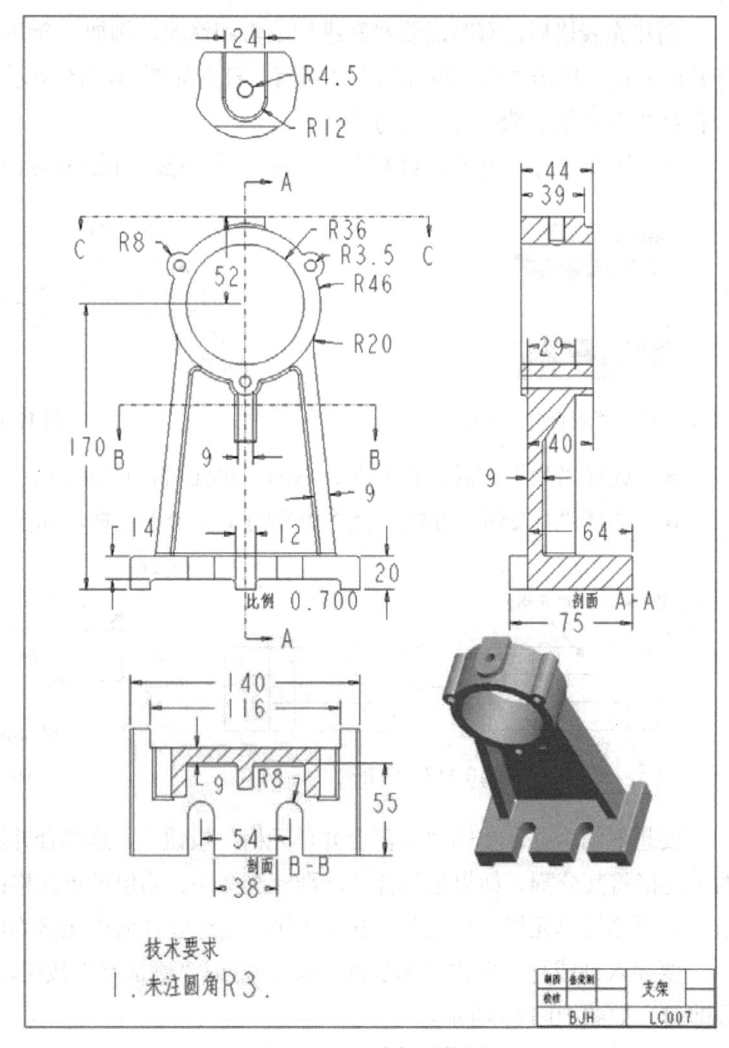

图 10-121　支架零件图

1. 新建工程图文件

单击“新建”按钮，在“新建”对话框的“类型”选项区域中选择“绘图”单选按钮，在“名称”文本框中输入零件图名称 zhijia，单击“确定”按钮，弹出“新制图”对话框，单击“缺省模型”下的浏览...按钮，弹出“打开”对话框，选取素材文件夹中的 CH10\ zhijia.prt 支架作为默认模型，单击“打开”按钮返回“新制图”对话框。在“指定模板”选项区域中选择“空”单选按钮，选择方向为“纵向”，再选择“标准大小”为 A3。单击“新制图”对话框中的“确定”按钮进入工程图模式。

2. 创建主视图

单击“一般”按钮，在图纸上单击选取视图的放置中心后，系统弹出“绘图视图”对话框。选定“视图方向”为“几何参照”选项，然后分别单击 FRONT 基准面和 TOP 基准面作为参照 1 和参照 2，再选择“类别”选项区域中的“比例”选项，选择“定制比例”单选按钮后将比例设置为 0.7。再选择“类别”选项区域中的“视图显示”选项，设置“显示样式”

为“消隐”。单击“确定”按钮生成支架的第一个视图，结果如图 10-122 所示。

3. 创建第 1 个投影视图

单击刚生成的第 1 个视图，单击投影...按钮，这时绘图区出现随鼠标一起移动的方框，在第 1 个视图左侧单击插入投影视图。双击投影视图后，在“绘图视图”对话框中选择“类别”选项区域中的“视图显示”选项，设置“显示样式”为“消隐”，单击“应用”按钮，结果如图 10-123 所示。

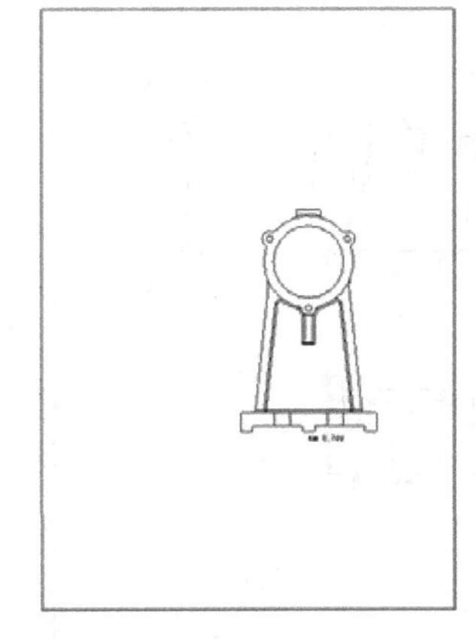

图 10-122　生成支架的第 1 个视图

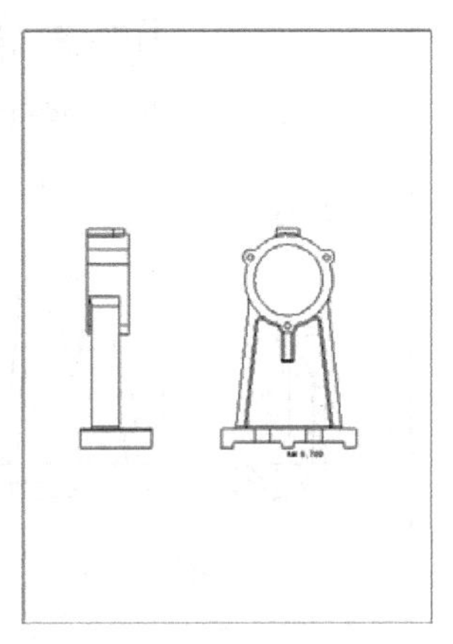

图 10-123　生成支架的第 1 个投影视图

4. 创建剖视图

在“绘图视图”对话框的“类别”选项区域中选择“截面”选项，再在“剖面选项”选项区域中选择“2D 截面”单选按钮，然后单击 + 按钮，在“名称”下拉列表框中选择 A 选项。单击“箭头显示”下的矩形框后，再在第 1 个视图上单击，然后单击“绘图视图”对话框中的“确定”按钮生成如图 10-124 所示的剖视图。双击剖视图中的剖面线，弹出“修改剖面线”菜单，选择其中的“间距”命令，在弹出的“修改模式”菜单中选择“一半”命令，最后选择“完成”命令确认剖面线的修改，结果如图 10-125 所示。

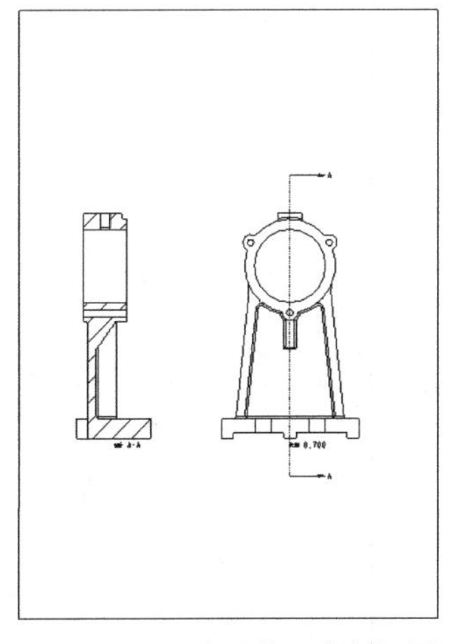

图 10-124　生成第 1 个剖视图

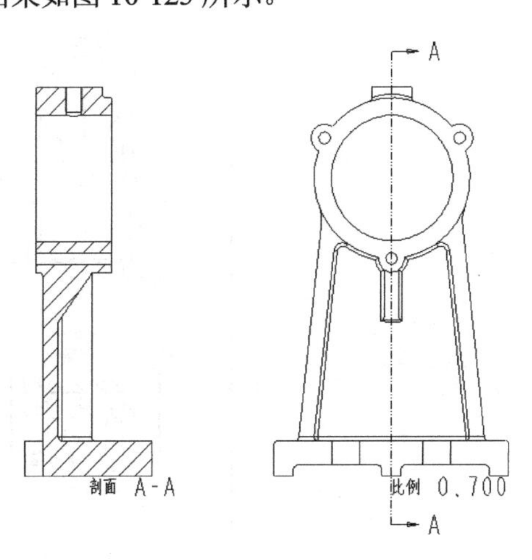

图 10-125　修改剖面线间距

5. 创建第 2 个投影视图

(1) 仍然单击生成的第 1 个视图，单击 投影... 按钮，用上一步相同的方法生成第 2 个剖视图，结果如图 10-126 所示。

(2) 用鼠标拖动生成的 3 个视图来调整其位置，以使其符合国内工程图标准，结果如图 10-127 所示。

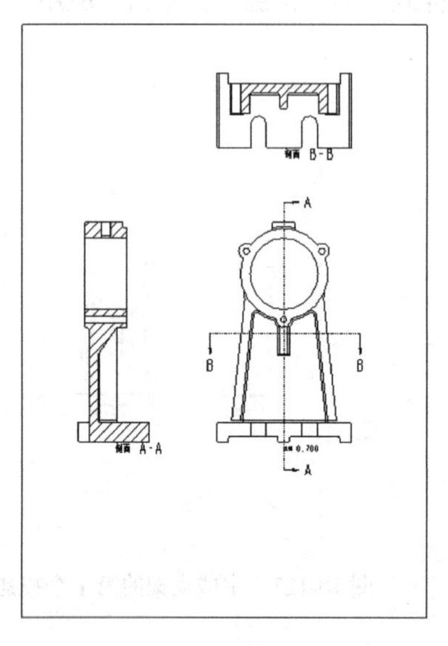

图 10-126　生成第 2 个剖视图

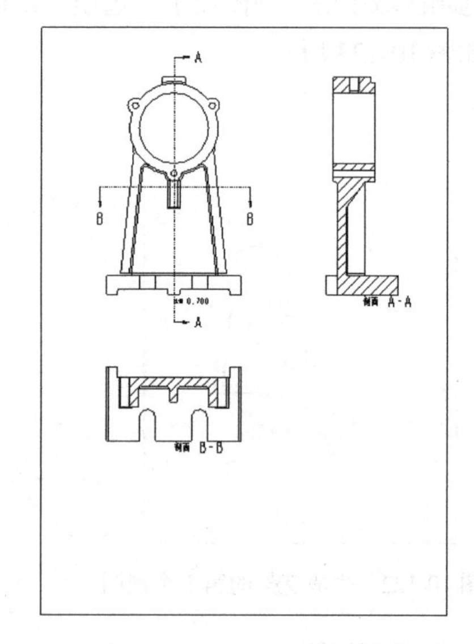

图 10-127　调整视图位置

6. 创建辅助视图

(1) 单击 辅助... 按钮，在主视图上单击 TOP 基准面，同时出现一个代表投影的矩形框，在主视图上方适当位置单击鼠标放置辅助视图，结果如图 10-128 所示。

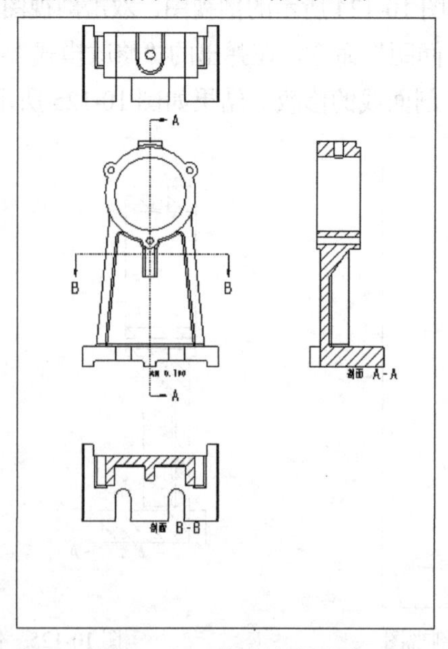

图 10-128　生成辅助视图

(2) 双击新创建的辅助视图打开“绘图视图”对话框，在“类别”选项区域中选择“视图类型”选项，修改视图名为 C，并在“投影箭头”下选择“双”选项。然后在“类别”选项区域中选择“可见区域”选项，在“视图可见性”下拉列表框中选择“局部视图”选项，如图 10-129 所示。单击“几何上的参照点”后面的收集器，然后在辅助视图上选取新的参照点，这时在当前位置出现一个“×”号，如图 10-130 所示。然后多次单击以参照点为中心绘制一个包含局部显示区域的样条曲线，单击鼠标中键结束，如图 10-131 所示。单击“绘图视图”对话框中的“确定”按钮，则辅助视图已经变为局部显示状态，如图 10-132 所示。

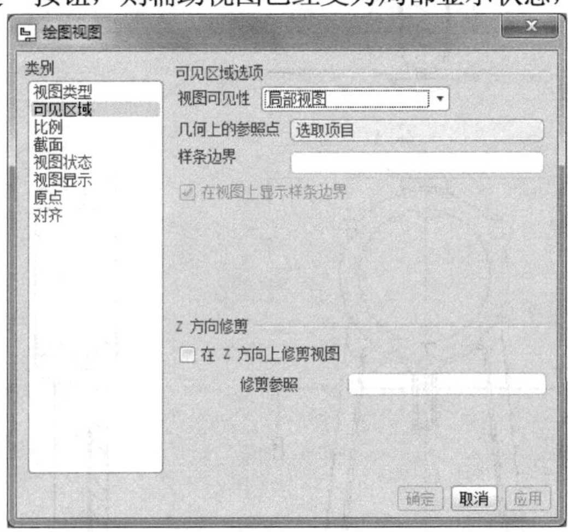

图 10-129　选择局部视图

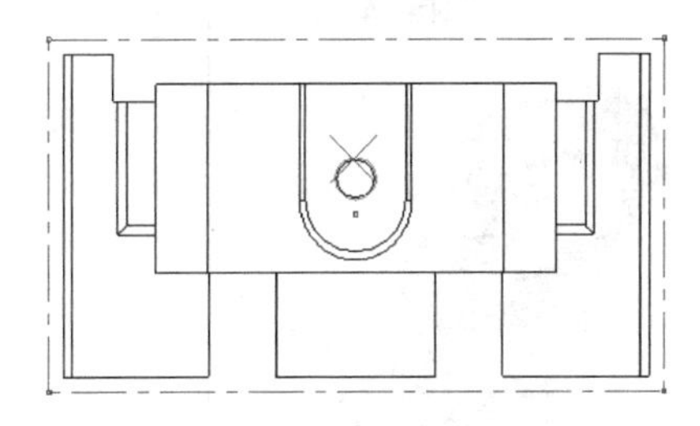

图 10-130　选取参照点

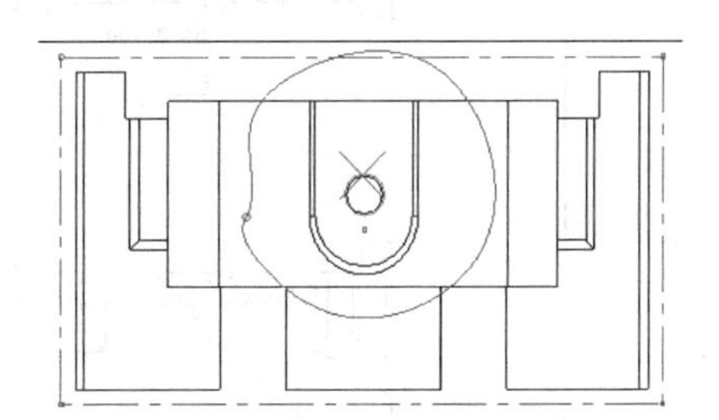

图 10-131　绘制样条曲线

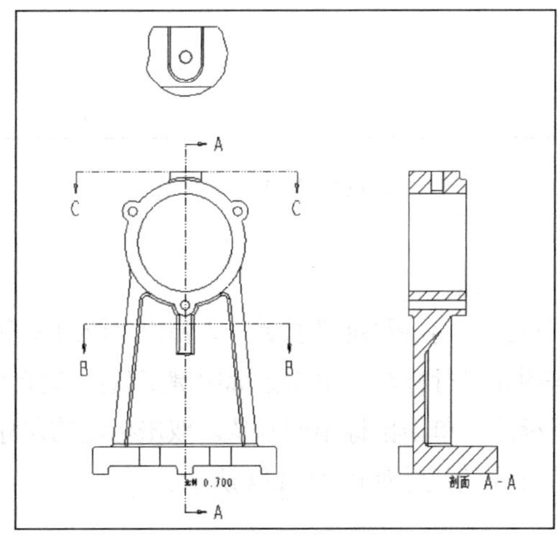

图 10-132　生成局部视图

7. 创建斜轴测视图

为了更方便、快速地读懂工程图，往往会在二维图中创建一个轴测图。

单击“一般”按钮，在图纸上单击选取视图的放置中心后，系统弹出“绘图视图”对话框，在“缺省方向”下拉列表框中选择“斜轴测”作为模型视图方向，单击“确定”按钮生成如图 10-133 所示的斜轴测视图。

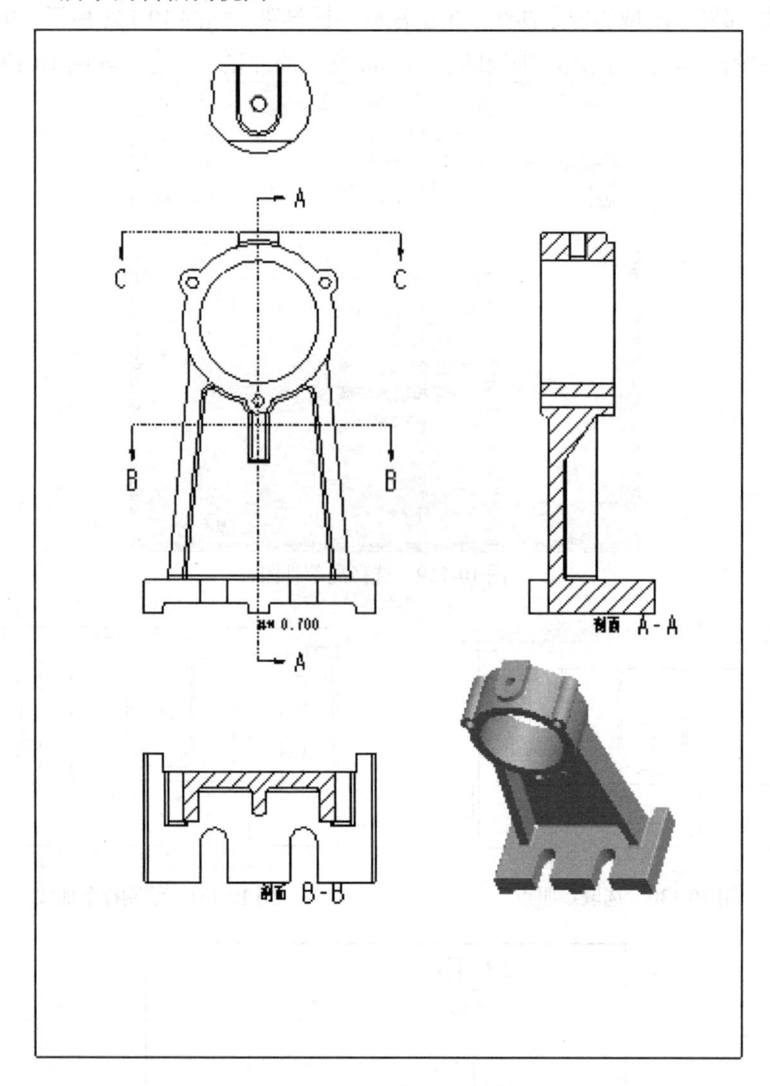

图 10-133　生成斜轴测视图

8. 标注尺寸

在“插入”选项板中单击“尺寸-新参照”按钮，弹出“依附类型”菜单，选择“图元上”命令，可以对线段或圆等图元进行标注，单击鼠标中键确认；选择“中心”命令，可以对线段和圆等图元的间距进行标注，单击鼠标中键确认。双击标注的尺寸弹出“尺寸属性”对话框，可以对其进行编辑。标注的尺寸如图 10-134 所示。

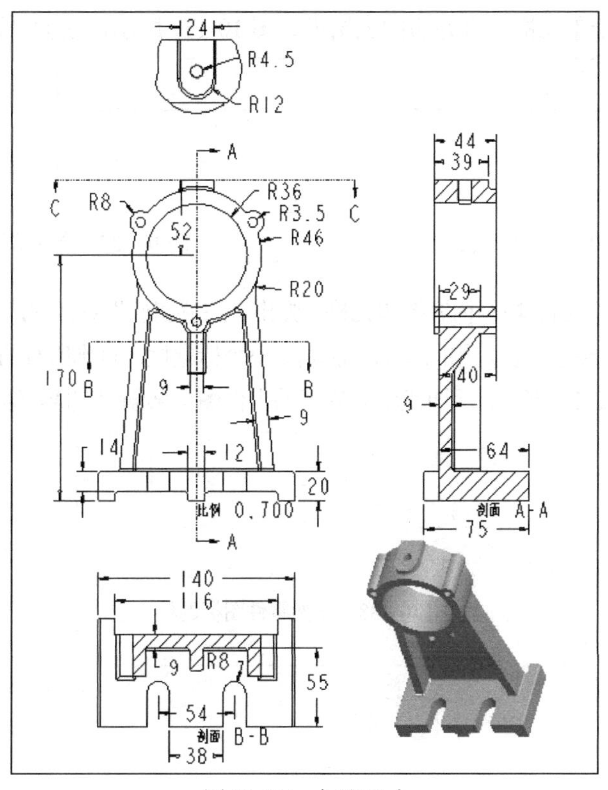

图 10-134　标注尺寸

9. 添加注解

在“插入”选项板中单击“注解”按钮，系统弹出“注释类型”菜单，选择“无引线”“输入”“水平”“标准”和“缺省”命令，并选择“进行注解”命令，在“获得点”菜单中选择“选出点”命令，并在图形合适位置单击一点，弹出消息对话框和“文本符号”对话框。在消息对话框中输入“技术要求”后，单击“确定”按钮，完成第一行注释的输入；然后输入“1. 未注圆角 R3。”，两次单击“确定”按钮。再选择“注解类型”菜单中的“完成/返回”命令，完成注释的输入，结果如图 10-135 所示。

技术要求

1. 未注圆角R3.

图 10-135　添加注释

10. 创建标题栏

(1) 切换至“表”选项卡，单击“表”按钮，打开“创建表”菜单，选择“降序”“右对齐”“按字符数”和“选出点”命令，在图形窗口中单击选择插入点的位置，按数字选取宽度为 4 的 6 列，在“创建表”菜单中选择“完成”命令；然后按数字选择高度为 2 的 3 行，在“创建表”菜单中选择“完成”命令。生成的表如图 10-136 所示。

(2) 按住 Ctrl 键多项选取要合并的单元格，单击“合并单元格”按钮合并单元格，几个单元格就合并成一个单元格。合并后的表结果如图 10-137 所示，这就是该零件图的标题栏。

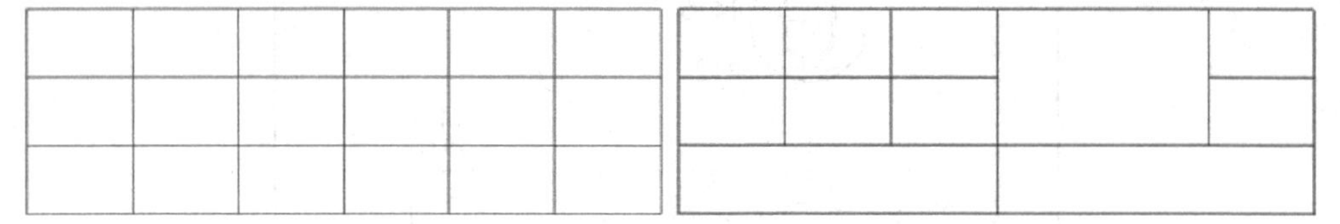

图 10-136　生成表　　　　图 10-137　合并单元格

(3) 在标题栏中双击要填写内容的单元格，弹出“注解属性”对话框，在其中输入要填写的内容，单击“确定”按钮确认。用同样的方法填写整个标题栏，直到所有的单元格都填写完毕。填写好的表格如图 10-138 所示。到此为止，支架的零件图全部创建完成，结果如图 10-139 所示。

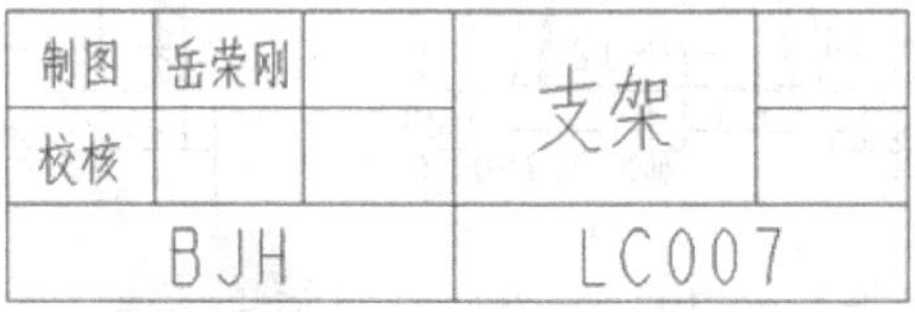

制图	岳荣刚		支架	
校核				
BJH			LC007	

图 10-138　支架零件图标题栏

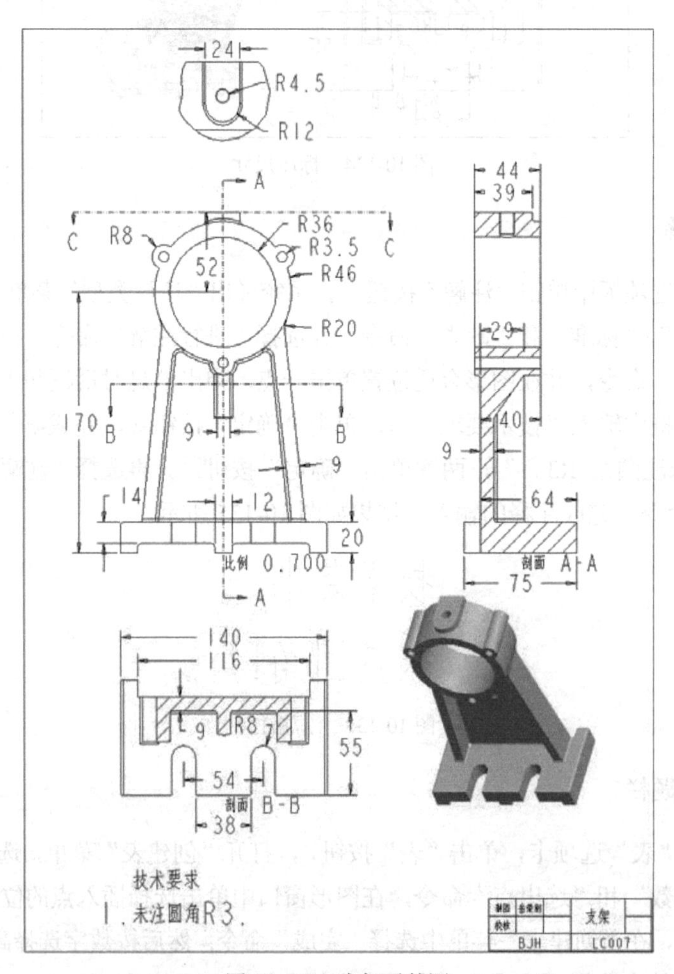

图 10-139　支架零件图

11. 保存工程图

单击“保存”按钮保存支架零件图。

10.6 本章练习

10.6.1 填空题

1. Pro/ENGINEER 添加到绘图的第一个视图是＿＿＿＿＿＿。
2. ＿＿＿＿＿＿是另一个视图的几何图形在水平或垂直方向上的正交投影。
3. ＿＿＿＿＿＿是另一个视图的几何图形以适当角度在选定曲面上或沿一个轴的投影。
4. ＿＿＿＿＿＿是从现有视图绕切割平面投影旋转 90 度，并沿其长度方向进行偏距的平面区域横截面。
5. 对于形状复杂的模型，可以利用建立＿＿＿＿＿＿的方式将模型的某区域局部放大，以便进行显示和标注等。

10.6.2 选择题

1. 下面＿＿＿＿＿＿不属于“修改视图”菜单中的选项。
   A. 修改比例　　B. 视图名称　　C. 边界　　D. 公差
2. 建立表格时，起始点的默认位置为＿＿＿＿＿＿。
   A. 左上角　　B. 右上角　　C. 左下角　　D. 右下角
3. 下面＿＿＿＿＿＿不属于设置横截面的相关选项。
   A. 截面　　B. 无剖面　　C. 曲面　　D. 全视图

10.6.3 简答题

1. 视图有哪几种类型？
2. 剖视图有什么作用？怎样生成？

10.6.4 上机题

1. 根据如图 10-140 所示的阶梯轴模型绘制如图 10-141 所示的零件图。

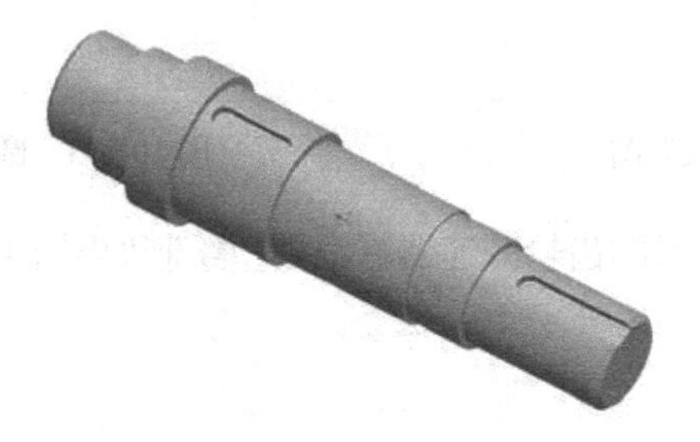

图 10-140　阶梯轴三维模型

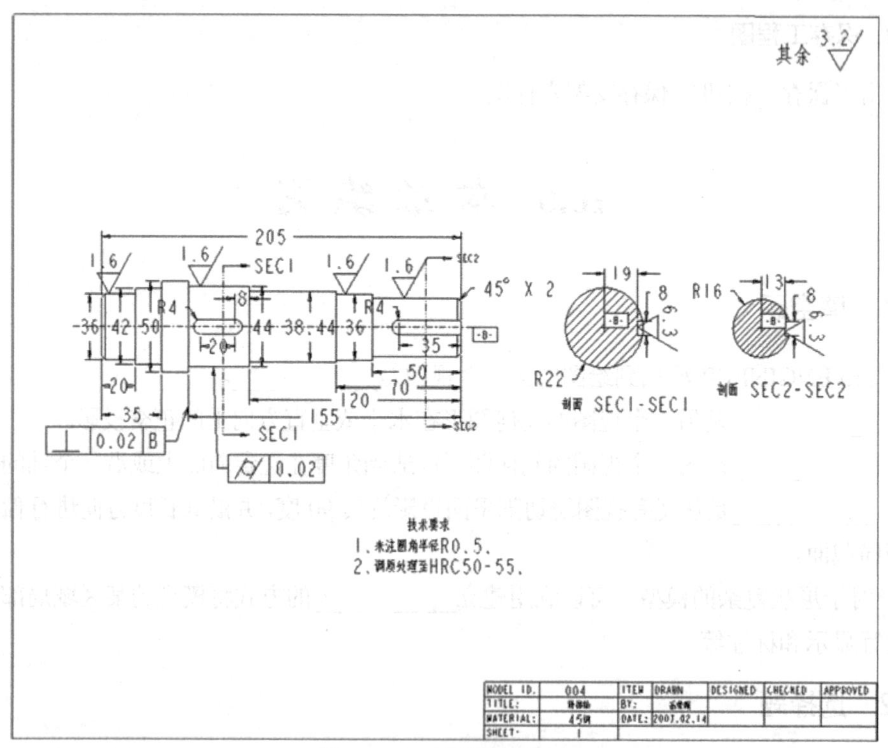

图 10-141　阶梯轴零件图

2. 根据如图 10-142 所示的圆柱直齿轮模型绘制如图 10-143 所示的零件图。

图 10-142　圆柱直齿轮三维模型图

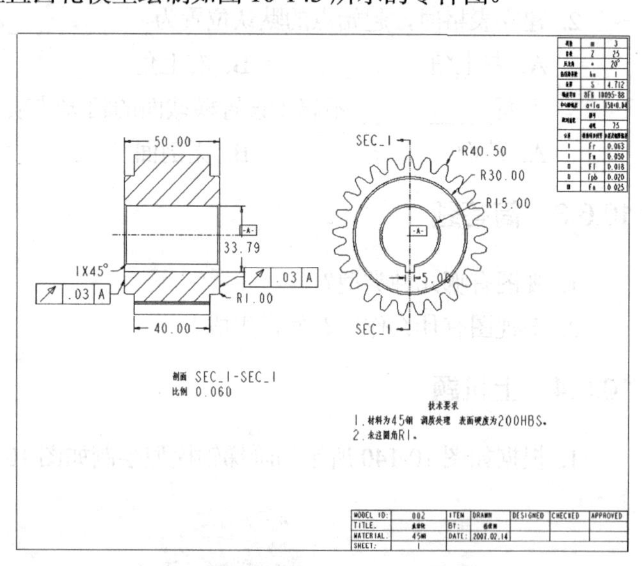

图 10-143　圆柱直齿轮零件图

3. 根据如图 10-144 所示的齿轮减速器三维模型绘制如图 10-145 所示的装配图。

图 10-144　齿轮减速器三维模型图

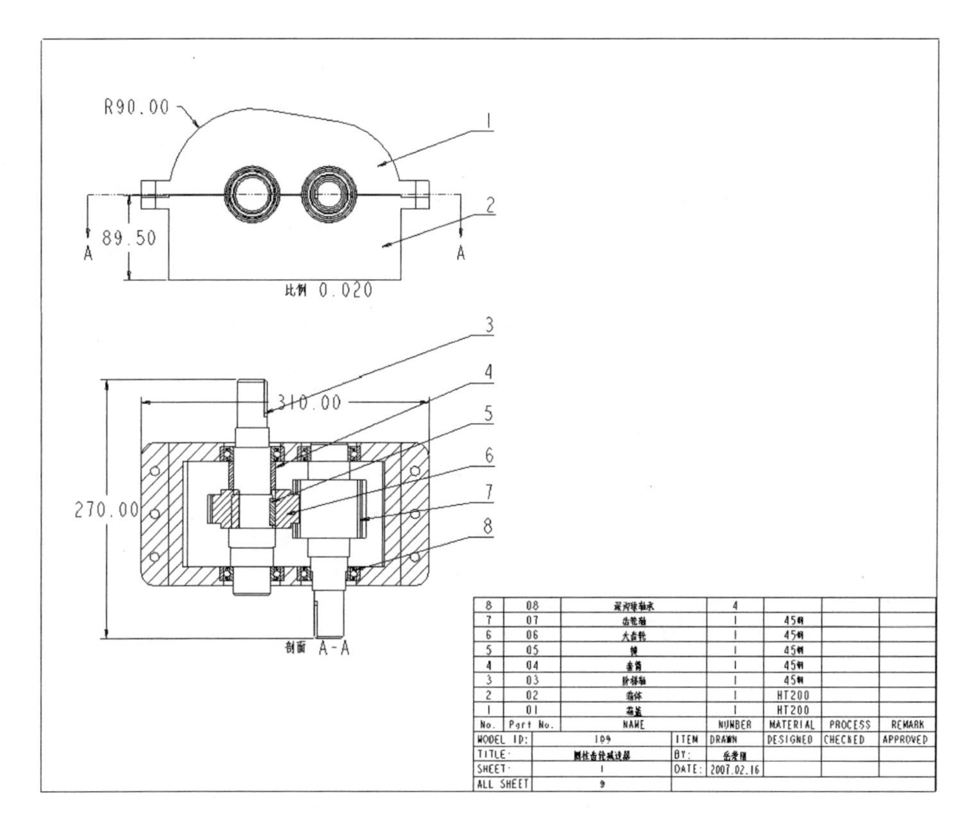

图 10-145　齿轮减速器装配图

第11章 模 具 设 计

在当今日益激烈的产品竞争中，只有使产品的成本进一步降低，才能保持价格优势，要实现这一目标，采用模具成型技术制造产品是重要途径之一。特别是需要进行大批量生产的产品，设计一套优秀的模具，不仅可以提高生产效率，保证产品质量，还可以节省材料，从而可以获得更高的经济效益，本章将介绍模具设计方法。

本章重点内容如下：

- 模具设计基础
- 创建浇铸系统
- 创建模具型腔

11.1 模具设计基础

模具设计的第一个环节是初始设置，它是指从产品调入模具环境到分型之前的设置过程，包括创建模具模型、插入参照模型、设置型腔布局、设置收缩率和创建成型工作等。

11.1.1 创建模具模型

创建模具模型是进行模具设计的前提，将参照模型复制到模具环境中，同时进行必要的初始设置，如设置型腔布局和模具坐标系等，然后系统会自动创建一个模具装配结构。

1. 新建模具模型

要新建一个模具文件，单击“新建”按钮，弹出“新建”对话框，在“类型”选项区域中选择“制造”单选按钮，在右侧的“子类型”选项区域中选择“模具型腔”单选按钮，在“名称”文本框中输入模具名称后，完成设置的“新建”对话框如图 11-1 所示。单击“确定”按钮确定，进入模具设计主界面。

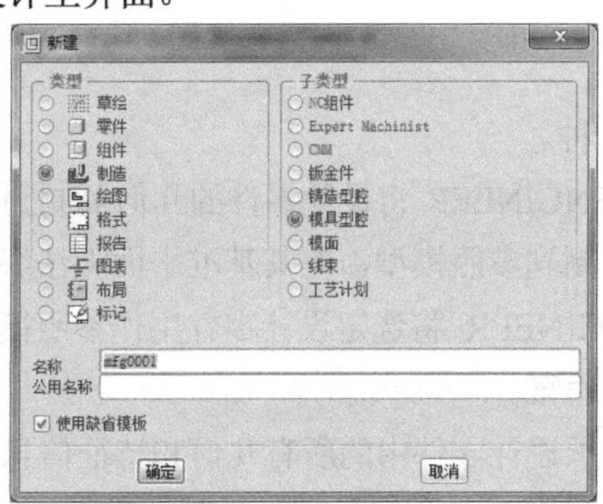

图 11-1 “新建”对话框

2. 创建参照模型

参照模型表示应成型的零件，但参照模型和设计零件常常是不相同的，设计零件并不总是包含成型技术要求的所有必需的设计元素，如设计零件未设置收缩率，且不包含所有必要的拔模和圆角。

在特征工具栏中单击“模具型腔布局”按钮，弹出“打开”对话框和“布局”对话框(如图 11-2 和图 11-3 所示)，在“打开”对话框中指定参照模型后单击“打开”按钮，弹出“创建参照模型”对话框(如图 11-4 所示)。

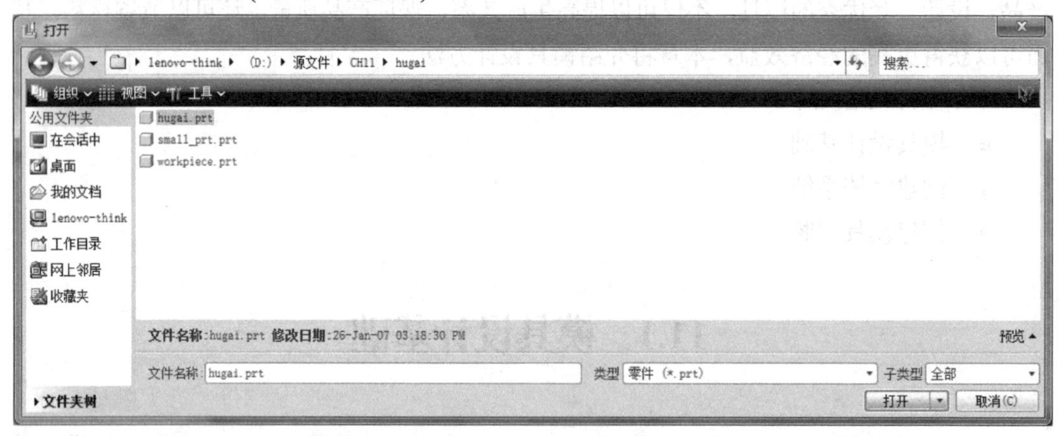

图 11-2　“打开”对话框

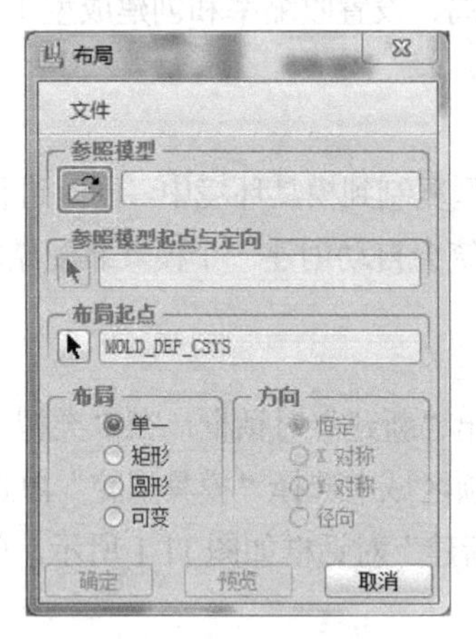

图 11-3　“布局”对话框

图 11-4　“创建参照模型”对话框

参照模型类型有以下 3 种。

- 按参照合并：Pro/ENGINEER 将设计零件的几何复制到参照模型中，也把基准平面信息从设计模型复制到参照模型，但其基准平面无法编辑。
- 同一模型：Pro/ENGINEER 将选定设计零件用作参照模型，参照模型的基准平面将放入层中，并将其隐藏。
- 继承：参照模型继承设计零件中的所有几何和特征信息，该选项在不更改设计零件的情况下为修改参照模型提供更大的自由度。

在“创建参照模型”对话框中完成设置后，单击“确定”按钮，返回“布局”对话框。

3. 设置模具坐标系

在模具工作环境中要定义模具开启的方向、进行浇铸和冷却等部件定位，首先要指定模具布局的起点和方向。开模设置是否正确，直接影响到后续模具设计的外观和质量。

在图 11-3 所示的“布局”对话框中单击“参照模型起点与定向”选项区域中的“设置参照模型起点”按钮，系统打开“获得坐标系类型”菜单和“参照模型”窗口，如图 11-5 所示。

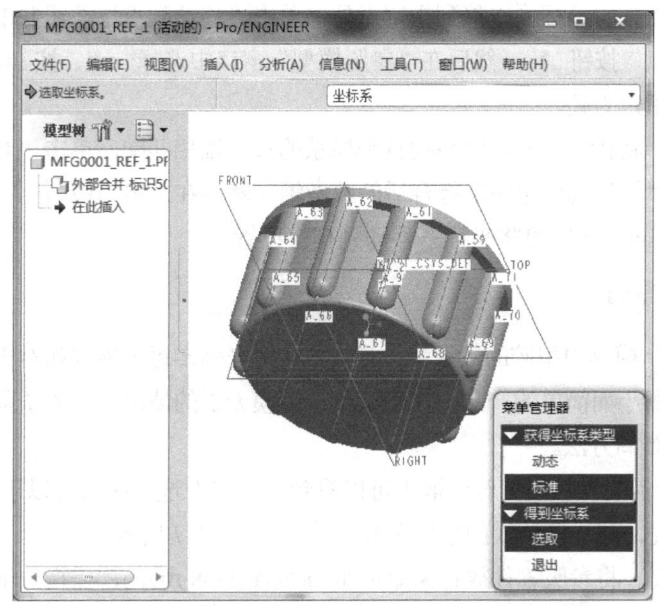

图 11-5　“获得坐标系类型”菜单和“参照模型”窗口

如果在“获得坐标系类型”菜单中选择“标准”命令，可以选取一个坐标系对开模方向进行设置。如果在“获得坐标系类型”菜单中选择“动态”命令，系统打开“参照模型方向”对话框(如图 11-6 所示)，其中“坐标系移动/定向”选项区域中各选项的含义如下。

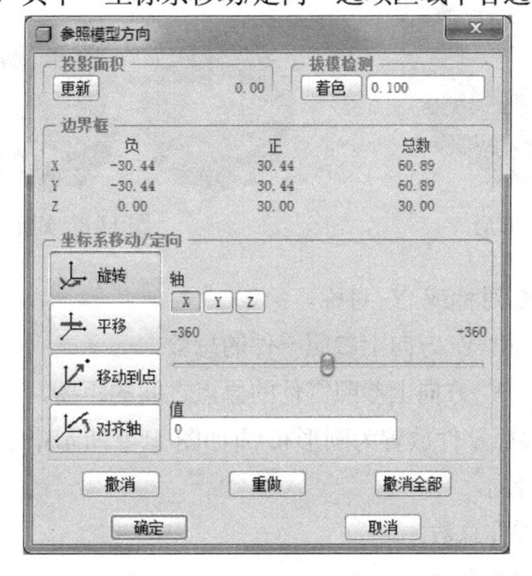

图 11-6　“参照模型方向”对话框

- 旋转：旋转坐标系到指定角度，单击“旋转”按钮并在右侧的“轴”选项组中选择合适的旋转参考轴，再在下面的“值”文本框中输入旋转角度，按 Enter 键即可将坐标系旋转到指定角度。
- 平移：平移坐标系到指定角度，单击“平移”按钮并在右侧的“轴”选项组中选择合适的平移参考轴，再在下面的“值”文本框中输入平移距离，按 Enter 键即可将坐标系平移到指定位置。
- 移动到点：将坐标系平移到指定点处，单击“移动到点”按钮并单击右侧的“从模型选取点”按钮，然后在“参照模型”窗口中选择一点，按 Enter 键即可将坐标系移到指定点处。
- 对齐轴：将指定的坐标轴与模具坐标系的对应轴相匹配，单击“对齐轴”按钮并在右侧的“轴”选项组中选择合适的参考轴，然后在“参照模型”窗口中选择指定的轴，按 Enter 键即可将坐标系移动到指定位置。

4. 设置型腔布局

型腔布局是指模具中型腔的数量和排列方式，用来确定每个零件相对于成型工件的定位方式。对那些体积小而简单的产品，在确认单一拆模无误的情况下，为了降低成本，可采用一模多穴的型腔布局方法。

在图 11-3 所示的“布局”对话框中可以看到“布局”选项区域有以下 4 个选项。

(1) 单一布局。即一模单穴的型腔布局方法，如图 11-7 所示。

(2) 矩形布局。将参照零件放置为矩形布局(如图 11-8 所示)，需指定下列信息。

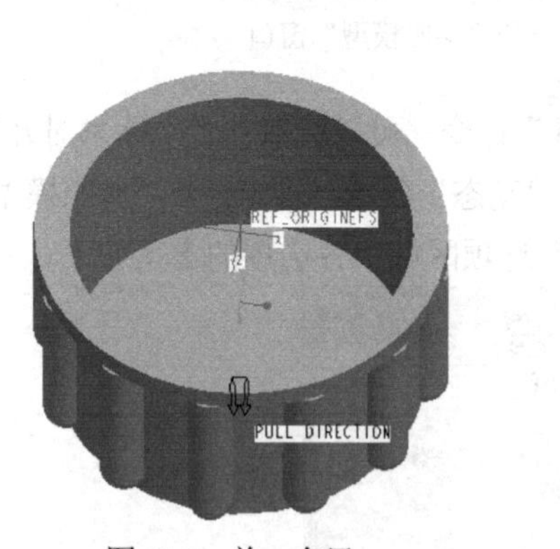

图 11-7　单一布局

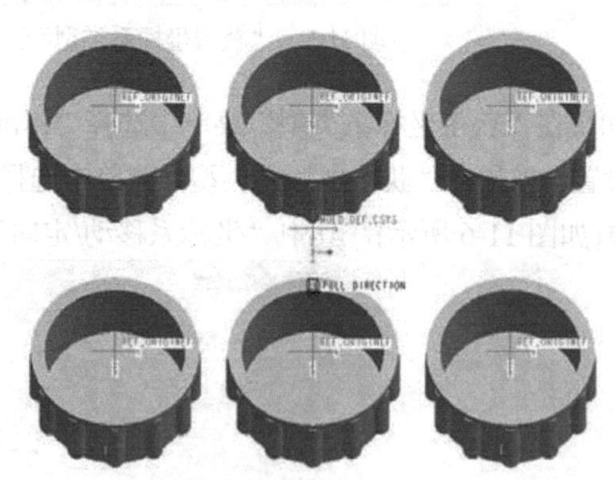

图 11-8　矩形布局

- 方向：恒定、X 对称或 Y 对称。
- 型腔数：在 X 和 Y 方向上参照零件的总数。
- 增量：在 X 和 Y 方向上参照零件的原点之间的距离。

(3) 圆形布局。将参照零件放置为圆形布局(如图 11-9 所示)，需指定下列信息。

- 定向：恒定或径向。
- 型腔数：参照零件总数。
- 半径：圆形布局的半径。
- 起始角度：第一个参照零件的角坐标。

- 增量：参照零件间的角度距离。

(4) 可变布局。根据用户定义的阵列表在 X 和 Y 方向放置参照零件，可直接从对话框修改每个参照零件的尺寸，添加、删除或替换任意单独的模型(阵列导引除外)，如图 11-10 所示。

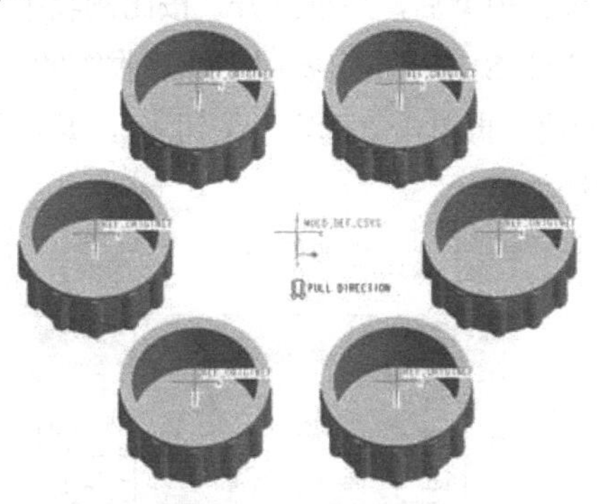
图 11-9 圆形布局

图 11-10 可变布局

- 使用“布局”对话框中的“文件”菜单，在磁盘上的文件中存储或检索可变填充规则。
- 可复制参照零件布局规则，以创建用户定义的填充规则库。

11.1.2 设置收缩率

有些产品尤其是塑料产品从热模具中取出来后，由于冷却或其他原因会引起制件体积收缩，这时需要考虑设置收缩率，以补偿产品冷却后的收缩变化。设置收缩率有两种方法，分别为按尺寸收缩和按比例收缩。

1. 按尺寸收缩

可以为所有模型尺寸设置一个系数，也可以为单个尺寸设置收缩系数，再将收缩应用到设计模型中。

单击特征工具栏中的“按尺寸收缩”按钮，系统打开“按尺寸收缩”对话框，如图 11-11 所示。在“公式”选项组中单击 1+S 或 1/(1−S)按钮指定要用于计算收缩的公式；在“收缩率”列表框的“比率”列中设置收缩率的值，再单击“确定”按钮，即可将收缩应用到零件中。如果不希望将收缩应用到设计零件中，可以取消选中“更改设计零件尺寸”复选框。“收缩率”列表框中的 3 个按钮的用法如下。

- ：将选定尺寸插入表中。在“比率”列中，为尺寸指定一个收缩率 S，或在“最后数值”列中，指定希望收缩尺寸所具有的值。
- ：将选定特征的所有尺寸插入表中。在“比率”列中，为尺寸指定一个收缩率 S，或在“最后数值”列中，指定希望收缩尺寸所具有的值。
- ：在尺寸值和名称间切换，切换尺寸显示的数字值和符号名称。

如果需要，可在“按尺寸收缩”对话框中单击“特征”选项卡中的“信息”按钮，获取有关已应用收缩的信息；或单击“特征”选项卡中的“参照”按钮，获取有关零件所用参照的信息。

2. 按比例收缩

相对于指定坐标系按比例收缩零件几何，可分别指定 X、Y 和 Z 坐标的不同收缩率。如果在“模具”(铸造)模式下设置收缩，则它仅用于参照模型而不影响设计模型。

单击特征工具栏中的“按比例收缩”按钮并选择模型后，系统打开“按比例收缩”对话框，如图 11-12 所示。在公式选项组中单击 1+S 或 1/(1−S)按钮指定要用于计算收缩的公式；在“收缩率”列表框下的“比率”列中设置收缩率的值，再单击“确定”按钮，即可将收缩应用到零件中。“类型”选项组中两个选项的用法如下。

图 11-11　“按尺寸收缩”对话框

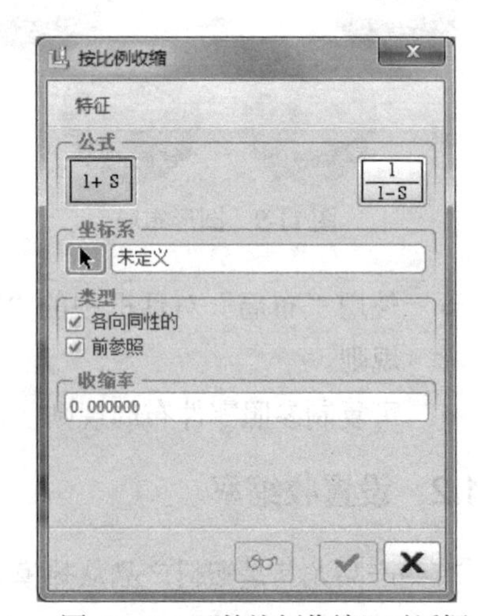

图 11-12　“按比例收缩”对话框

- 各向同性的：对 X、Y 和 Z 方向均设置相同的收缩率。取消选择“各向同性的”复选框，可对 X、Y 和 Z 方向指定不同的收缩率。
- 前参照：收缩不创建新几何但会更改现有几何，从而使全部现有参照继续保持为模型的一部分。如果取消选择“前参照”复选框，系统会为要应用收缩的零件创建新几何。

11.1.3　创建成型工件

工件是模具元件和铸件元件的总和，即通常所说的毛坯，成型工件的大小决定了型腔和型芯的大小。成型工件能够直接参与熔融材料成型，通过后续的分型工具加以分割后，即可获得模具的型芯和型腔。可以用自动和手动两种方法创建成型工件。

1. 自动创建工件

可根据参照模型的大小和位置自动创建工件，自动创建的工件样式有矩形工件、圆柱形工件和定制工件 3 种。

单击特征工具栏中的“自动工件”按钮，弹出如图 11-13 所示的“自动工件”对话框。在“模具原点”选项区域中，单击“选取组件级坐标系”按钮，可以选取坐标系并设置偏移值；在“形状”选项区域中，单击“创建矩形工件”按钮，可以创建矩形工件，如图 11-14

所示；单击“创建圆形工件”按钮，可以创建圆形工件，如图 11-15 所示；单击“创建定制工件”按钮，可以从“形状”下拉列表框中选取框类型。

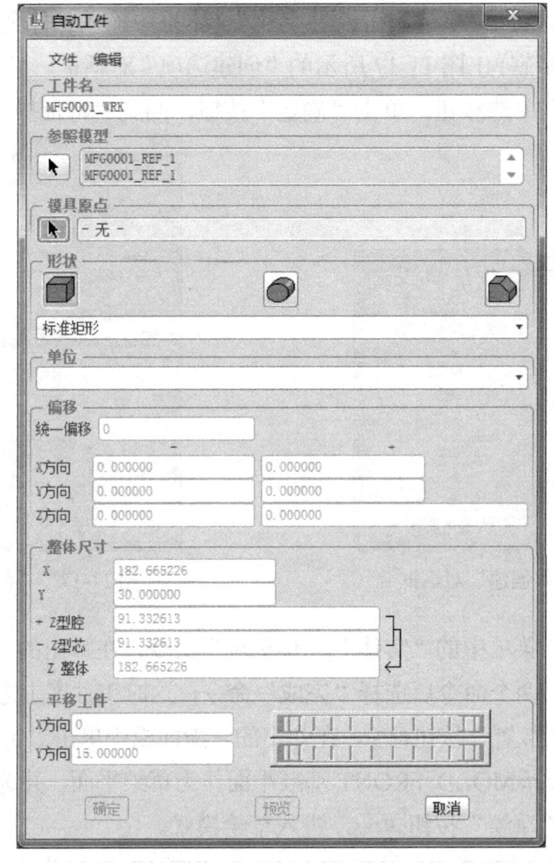

图 11-13　“自动工件”对话框

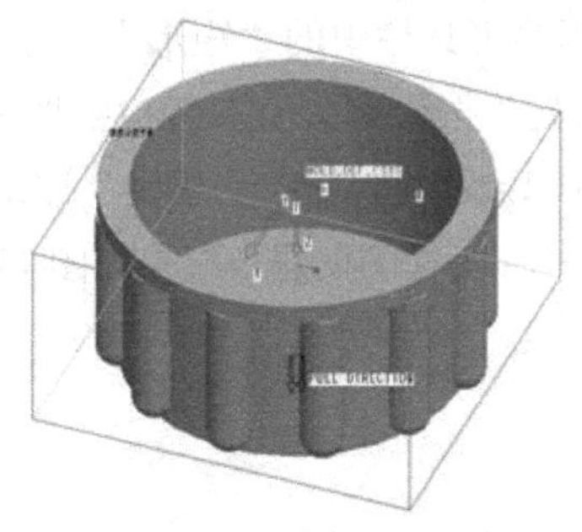

图 11-14　创建矩形工件

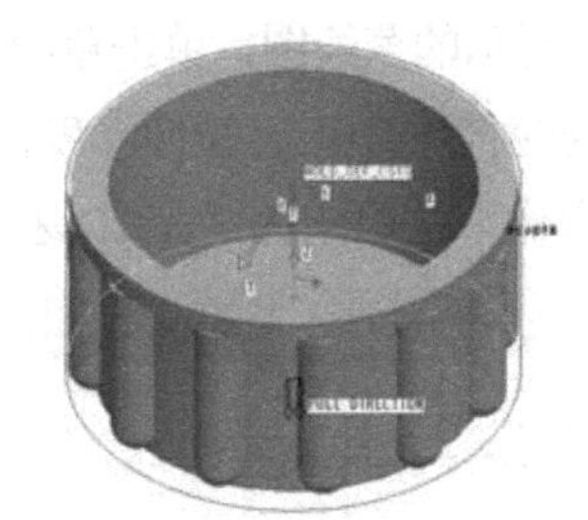

图 11-15　创建圆形工件

在“自动工件”对话框的“偏移”选项区域中，可以设置 X、Y 和 Z 方向的值来确定工件位置，其中只有 Z 值具有正负。用户还可以在“平移工件”选项区域中拖动滑块，来相对于模具组件坐标系移动工件坐标系。

2. 手动创建工件

手动创建工件是指用自定义成型工件的各个参数的方法来创建工件，所创建的工件会将参考模型完全包含在内。

在“模具”菜单中选择“模具模型”|“创建”|“工件”|“手动”命令，系统弹出如图 11-16 所示的“元件创建”对话框。在“类型”选项区域中选择“零件”单选按钮，在“子类型”选项区域中选择“实体”单选按钮，在“名称”文本框中输入工件名称(如 WORKPIECE)，单击“确定”按钮，系统弹出图 11-17 所示的“创建选项”对话框，可以指定工件创建方法。如果选择“创建特征”单选按钮，单击“确定”按钮，回到“特征操作”菜单。

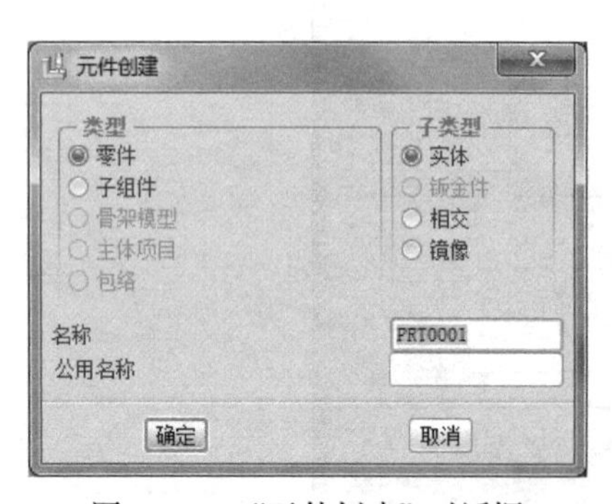

图 11-16　“元件创建”对话框

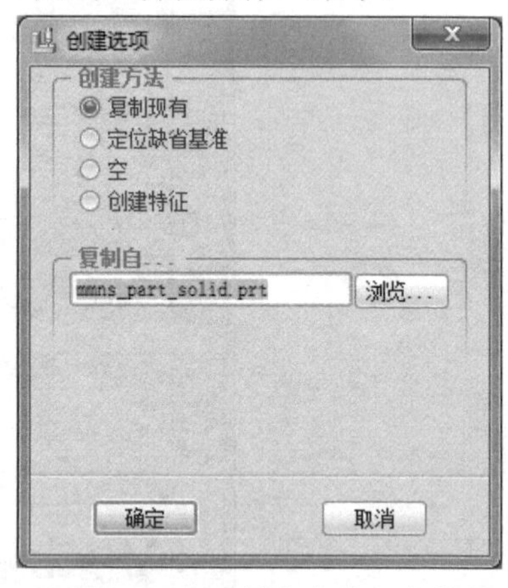

图 11-17　“创建选项”对话框

选择“特征操作”菜单中的“实体”|“伸出项”命令，在弹出的“实体选项”菜单中选择“拉伸”和“实体”两个命令后选择“完成”命令，这时工件区上方出现构造拉伸特征的操控板。单击其中的“放置”按钮放置，在弹出的下滑面板中单击“定义”按钮定义...，弹出“草绘”对话框，选择 MOLD_FRONT 基准平面作为草绘平面，并选择 MOLD_RIGHT 作为草绘参照面。单击“草绘”按钮草绘，进入草绘模式。

在工作区分别单击 MOLD_RIGHT 和 MAIN_PARTING_PLN 作为参照，如图 11-18 所示，单击“关闭”按钮关闭“参照”对话框。单击草绘工具栏中的“矩形”按钮，绘制如图 11-19 所示的草绘图，单击草绘工具栏中的“确定”按钮，在操控板中将拉伸方式设置为“双向拉伸”，将拉伸深度值设置为 350 并按 Enter 键，单击“确定”按钮，再选择“特征操作”菜单中的“完成/返回”命令，完成拉伸特征的创建，结果如图 11-20 所示。

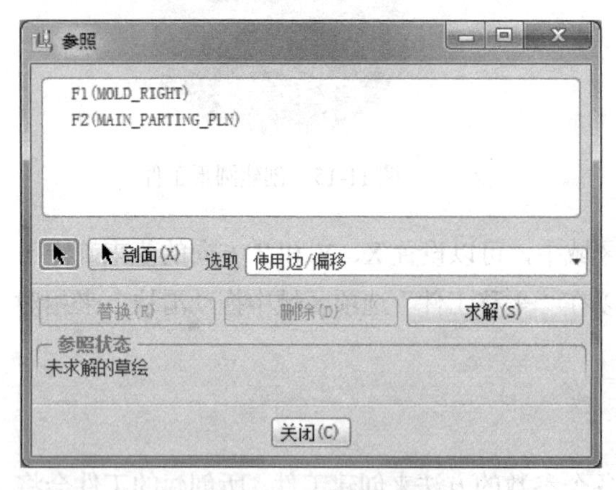

图 11-18　选择尺寸参照

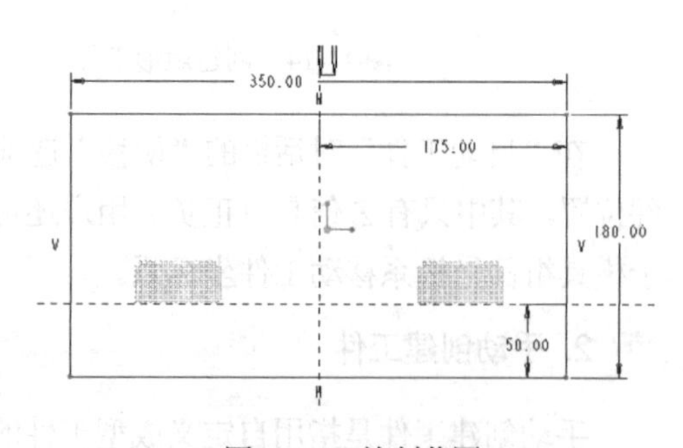

图 11-19　绘制草图

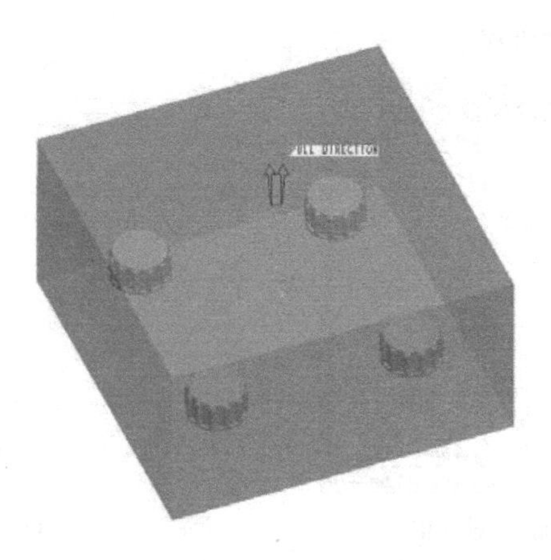

图 11-20　手动创建的工件

在创建参照模型的工件时，通常选择自动创建的方法，可以减少中间过程的选项设置，而手动创建工件主要用于创建外形复杂的工件。

11.2　创建浇铸系统

浇铸系统是指模具中从铸塑机喷嘴到型腔之间的进料通道，包括主流道、分流道、浇铸口和冷料穴等主要结构，其作用是输送浇铸流体和传递压力。冷却系统是指在模具型腔以外的工作之内创建水线，以冷却浇铸材料。

浇铸系统具有传递工质、压力和热量等功能，其设计合理与否直接决定了模具和工艺操作的难度。在设计浇铸系统时，要求充模过程快而有序，压力和热量损失小，且浇铸系统凝料与制品分离方便。

11.2.1　创建流道

流道用于分布浇铸材料以填充模具的组件级特征。流道分为主流道和分流道两种，Pro/ENGINEER 系统提供的流道截面主要有倒圆角、半倒圆角、六角形、梯形和倒圆角梯形 5 种。

1. 创建主流道

主流道是从铸塑机喷嘴出口到分流道入口的一段流道，它是熔融材料最先经过的通道，且与铸塑机处于同一轴线，其形状和尺寸对熔融材料的流动速度和充模时间有较大影响，因此必须尽量减少熔体的压力损耗和温度降低。

在模型树中右击上一节创建的 WORKPIECE.prt 元件，在弹出的快捷菜单中选择“遮蔽”命令将其隐藏。单击特征工具栏中的“基准轴”按钮，弹出“基准轴”对话框，在图形区选择 MAIN_PARTING_PLN 基准平面作为基准轴的法向平面。在“基准轴”对话框的“偏移参照”列表框中单击，按住 Ctrl 键在图形区中单击 MOLD_FRONT 和 MOLD_RIGHT 基准平面作为偏移参照，偏移值均设置为 0，设置结果如图 11-21 所示。单击“确定”按钮，创建如图 11-22 所示的 AA_1 基准轴。

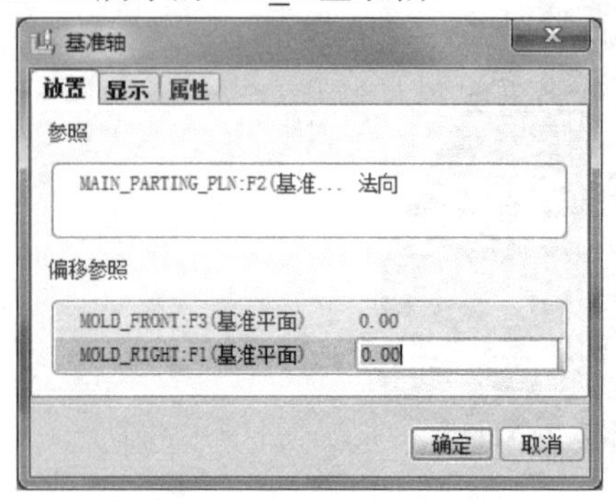

图 11-21 “基准轴”对话框

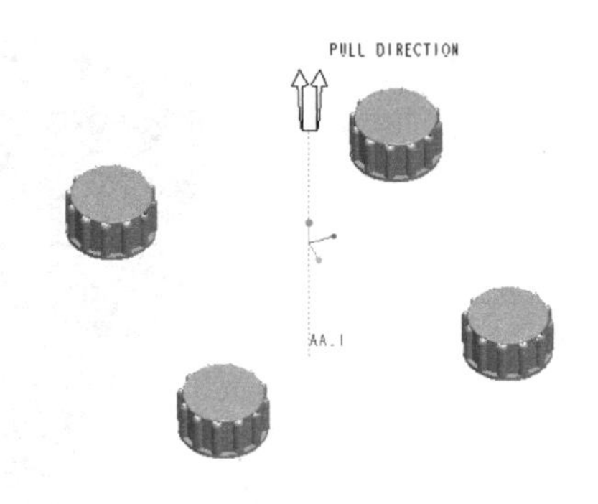

图 11-22 建立 AA_1 基准轴

在“模具”菜单中选择“特征”|“型腔组件”|“实体”|“切减材料”命令，在“实体选项”菜单中选择“旋转”和“实体”命令，再选择“完成”命令，工作区上方出现旋转特征操控板。单击操控板中的“放置”按钮放置，在弹出的下滑面板中单击“定义”按钮定义...，弹出“草绘”对话框。在绘图区中选择 MOLD_RIGHT 基准平面作为草绘平面，再单击对话框中的“草绘”按钮草绘，进入草绘工作环境。

单击草绘工具栏中的“中心线”按钮，沿纵轴绘制一条竖直中心线作为旋转轴，再利用“线”按钮和“圆弧”按钮绘制如图 11-23 所示的旋转截面。在草绘工具栏中单击“确定”按钮，退出草绘模式。在操控板中单击“确定”按钮，完成主流道特征的创建，最后选择菜单中的“完成”命令。在模型树中右击 WORKPIECE.PRT 元件，在弹出的快捷菜单中选择“撤销遮蔽”命令，创建的主流道特征如图 11-24 所示。

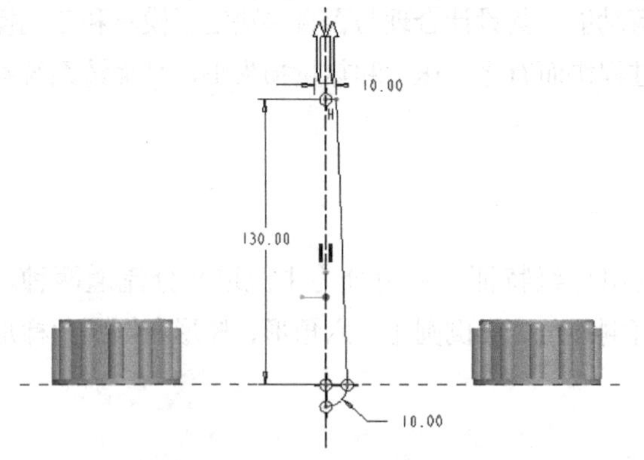

图 11-23 绘制旋转轴和旋转截面

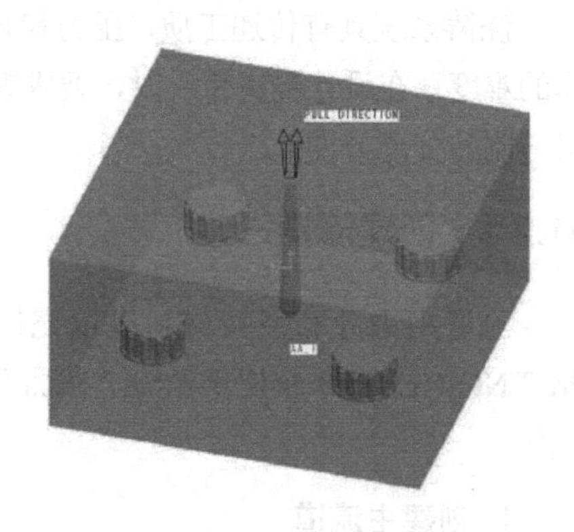

图 11-24 创建主流道特征

2. 创建分流道

分流道是从主流道末端到浇口的整个通道，其作用是改变熔融材料的流向，使其以均衡的流速流向各个型腔。设计分流道时，应使熔融材料较快地充满整个型腔，并且尽可能地降低熔融材料的温度。

单击特征工具栏中的“基准平面”按钮，弹出“基准平面”对话框。按住 Ctrl 键依此单击 MOLD_FRONT 基准面和 AA-1 基准轴，在“基准平面”对话框中设置“偏移”和“穿过”约束类型，并将旋转角度设置为 45°，结果如图 11-25 所示。单击“基准平面”对话框中的“确定”按钮，插入基准面 ADTM1，用同样的方法插入基准面 ADTM2，所不同的是将旋转角度设置为-45°，如图 11-26 所示。

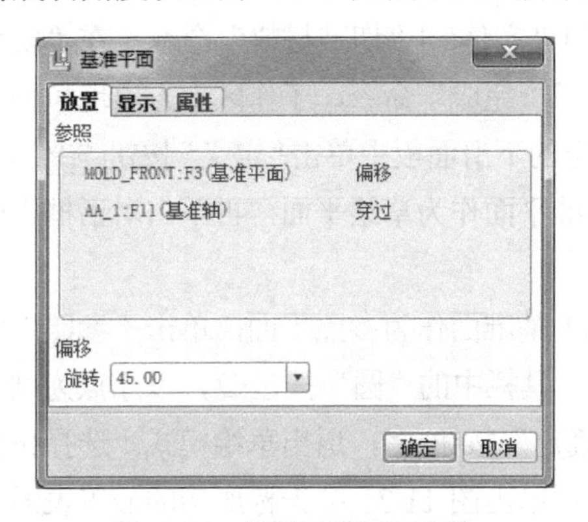

图 11-25　设置基准平面参数

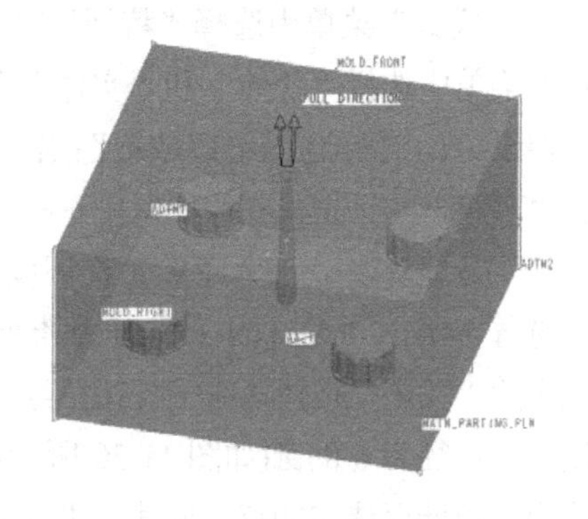

图 11-26　插入两个基准平面

在“模具”菜单中选择“特征”|“型腔组件”|“实体”|“切减材料”命令，在“实体选项”菜单中选择“拉伸”和“实体”命令，再选择“完成”命令，工作区上方出现拉伸特征操控板。单击操控板中的“放置”按钮放置，在弹出的下滑面板中单击“定义”按钮定义...，弹出“草绘”对话框。在绘图区中选择 ADTM1 基准平面作为草绘平面，再单击对话框中的“草绘”按钮草绘，进入草绘工作环境。

选择 MAIN_PARTING_PLN 基准面和 ADTM2 基准面作为参照平面，单击“参照”对话框中的“关闭”按钮关闭(C)开始草绘。单击草绘工具栏中的“圆”按钮○，以原点为圆心绘制一个直径为 10 的圆(如图 11-27 所示)，单击“确定”按钮✔，退出草绘模式。在操控板中将拉伸深度设置为 100，最后单击“确定”按钮✔，完成分流道特征的创建，结果如图 11-28 所示。

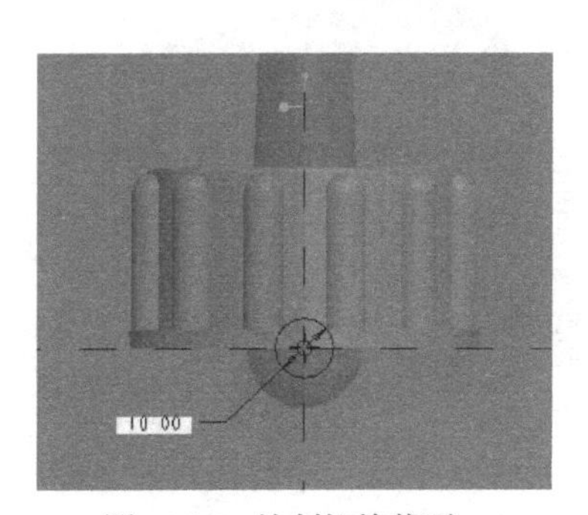

图 11-27　绘制拉伸截面

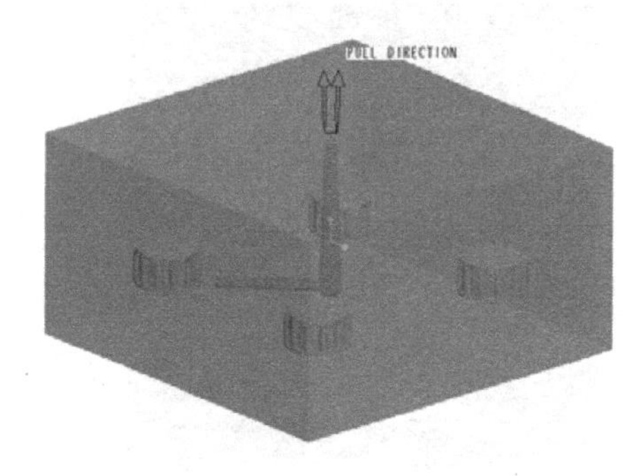

图 11-28　创建分流道特征

11.2.2 创建浇口

浇口又称为进料口，是连接分流道与型腔的通道，也是熔融材料进入型腔的阀门。浇口的类型、位置、尺寸和数量都会影响产品的质量和性能，因此在设计浇口位置时，应尽量将其安排在不重要的位置。

单击特征工具栏中的“基准平面”按钮▱，弹出“基准平面”对话框，单击 ADTM1 基准面作为参照平面，并将平移距离设置为 100(如果偏移方向与期望的方向相反，则将平移距离设置为-100)，单击“基准平面”对话框中的“确定”按钮✔，插入基准面 ADTM3，结果如图 11-29 所示。

在“模具”菜单中选择“特征”|“型腔组件”|“实体”|“切减材料”命令，在“实体选项”菜单中选择“拉伸”和“实体”命令，再选择“完成”命令，工作区上方出现拉伸特征操控板。单击操控板中的“放置”按钮放置，在弹出的下滑面板中单击“定义”按钮定义...，弹出“草绘”对话框。在绘图区中选择 ADTM3 基准平面作为草绘平面，再单击对话框中的“草绘”按钮草绘，进入草绘工作环境。

选择 MAIN_PARTING_PLN 基准面和 ADTM2 基准面作为参照平面，单击“参照”对话框中的“关闭”按钮关闭(C)开始草绘。单击草绘工具栏中的“圆”按钮○，以原点为圆心绘制一个直径为 6 的圆(如图 11-30 所示)，单击“确定”按钮✔，退出草绘模式。选择拉伸方式为“拉伸至选定的点、曲线、平面或曲面”，再单击图 11-31 中光标所指的壶盖表面。最后单击“确定”按钮✔，完成浇口特征的创建，结果如图 11-32 所示。

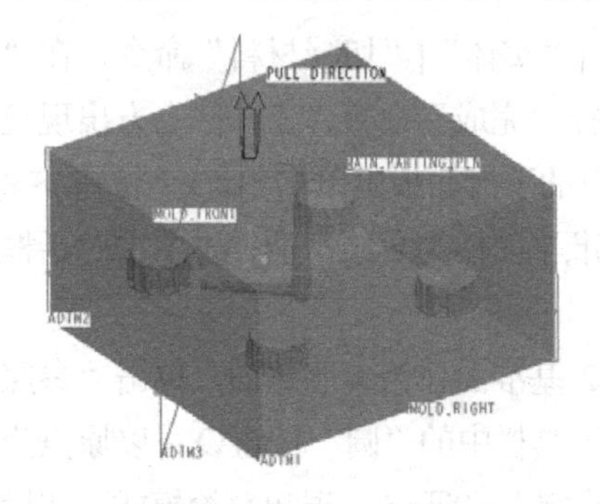

图 11-29　插入基准面 ADTM3

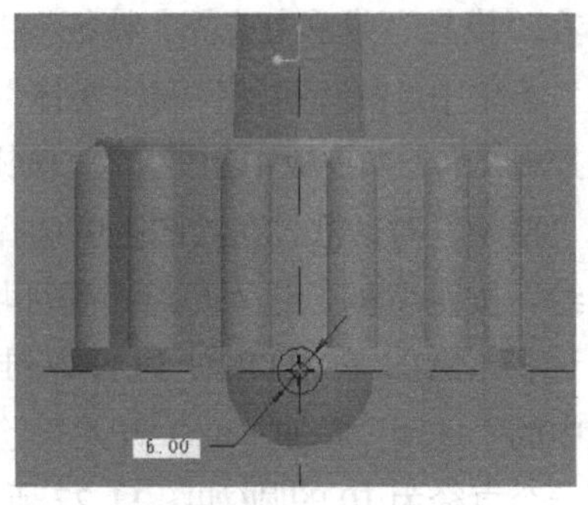

图 11-30　草绘浇口截面

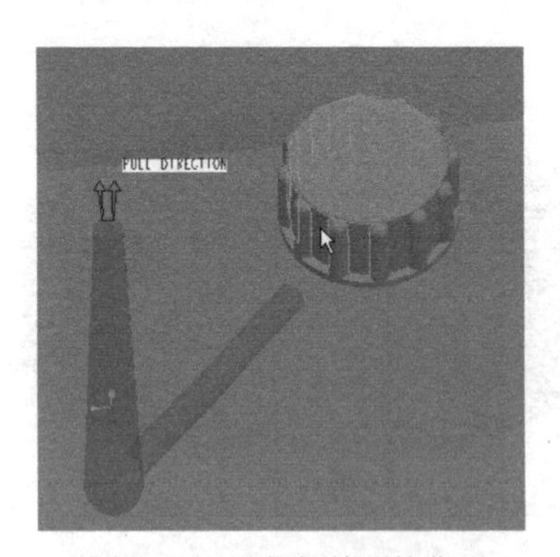

图 11-31　选择拉伸到的曲面

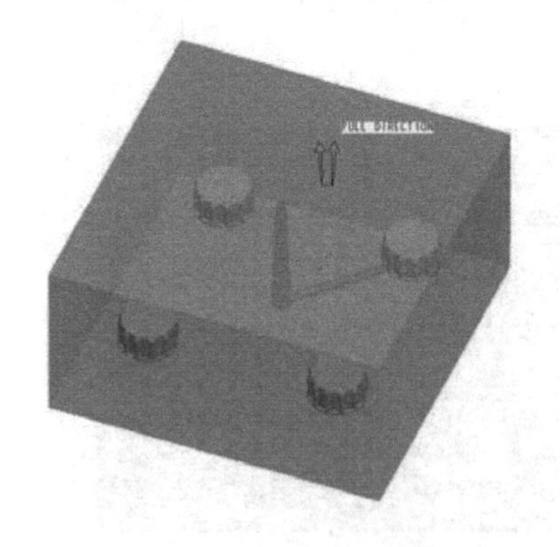

图 11-32　创建浇口特征

按住 Ctrl 键，在模型树中选择“拉伸 1”和“拉伸 2”特征，右击其中任一个特征，在弹出的快捷菜单中选择“组”命令，系统提示“是否组合所有其间的特征”，单击“是”按钮，可以看到模型树中创建了一个名为“组 LOCAL_GROUP”的新组。

右击上一步创建的新组，在弹出的快捷菜单中选择“阵列”命令，将 AA_1 轴定义为阵列基准轴，将阵列特征操控板设置为如图 11-33 所示，单击“确定”按钮✔，完成浇注系统的创建，结果如图 11-34 所示。

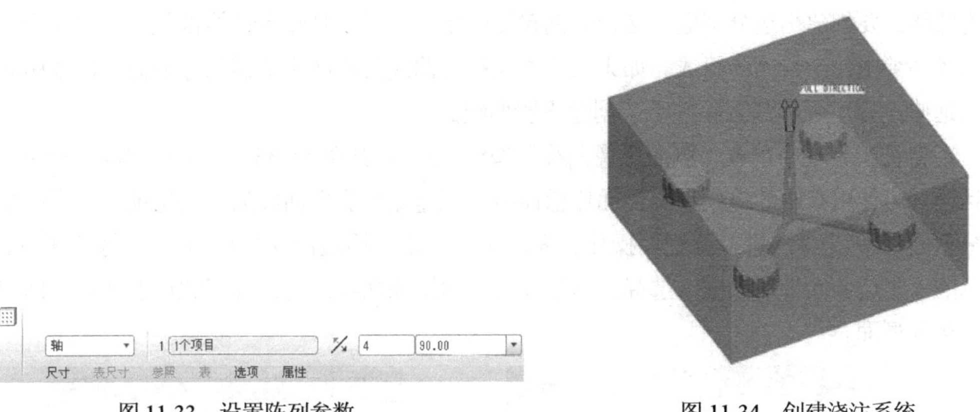

图 11-33　设置阵列参数　　　　图 11-34　创建浇注系统

11.3　创建模具型腔

11.3.1　创建分型面

分型面是一种连续封闭的曲面特征，它由分型线向模环四周按照一定方式扫描、延伸和扩展而形成，可用来分割工件、夹模器或已经存在的体积块，它的设计受产品形状、厚度、成型方法和后处理工序等的影响。

创建分型面有如下规则。

- 分型曲面必须与工件或模具体积块完全相交。
- 分型曲面不能自身相交。
- 任何曲面只要满足前两项标准，都可用作分型曲面。
- 分型曲面特征在组件级创建。

常用的创建分型面的方法有两大类：采用曲面构造工具设计分型面，如通过复制零件上的曲面、草绘剖面进行拉伸或旋转，以及采用其他高级曲面工具创建分型面；采用光投影方法创建分型面。如阴影分型面和裙边法创建分型面等。

1. 通过复制创建分型面

通过复制创建分型面方法以参照模型为基础，直接复制参照模型上的曲面来创建分型面。在特征工具栏中单击“分型面”按钮，进入分型面操作界面，再按住 Ctrl 键依此选取零件的对应曲面，并单击“复制”按钮，再单击“粘贴”按钮，即可将模型上的曲面复制为新的曲面。

选取复制的曲面，再选择“编辑”|“延伸”命令，然后选取一条边界，并在延伸特征操控板中单击“将曲面延伸至平面”按钮，选择工件的端面为延伸目标，再将其他边线延伸到相应的侧面，将工件遮蔽后即可看到创建的分型面。

2. 创建裙边分型面

裙边曲面是指沿着分型曲线，自动创建从参照模型延伸到工件的分型面，且自动填充任何内部环。要创建裙边分型面，必须先创建侧面影响曲线，且整个曲线都位于参照模型上，该曲线必须由几个封闭环组成。如果某些侧面影响曲线段不产生所需的分型面几何或引起分型面延伸重叠，可将其删除并手工创建投影曲线。

在特征工具栏中单击“侧面影像曲线”按钮，打开图 11-35 所示的“侧面影像曲线”对话框，可使用其中的选项定义侧面影像曲线。创建侧面影像曲线后，在特征工具栏中单击“分型面”按钮，进入分型面操作界面，然后单击“裙边曲面”按钮，打开图 11-36 所示的“裙边曲面”对话框，选择之前创建的侧面影像曲线，再选择“完成”选项，即可创建裙边分型面。

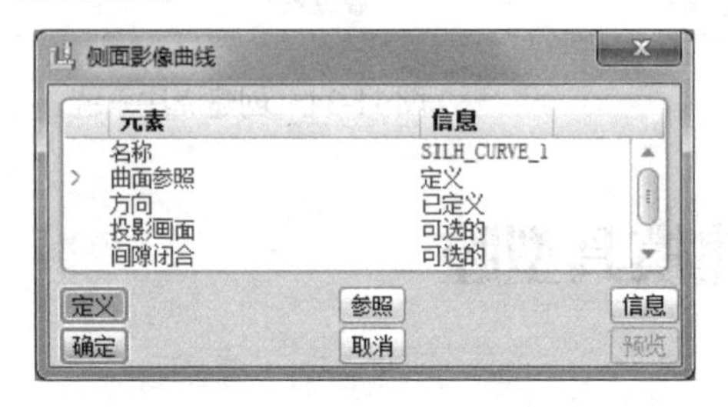

图 11-35　“侧面影像曲线”对话框

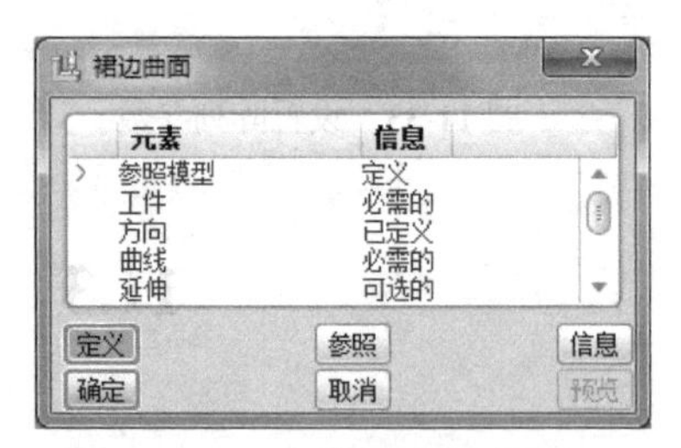

图 11-36　“裙边曲面”对话框

3. 创建阴影分型面

阴影曲面的原理是，当一个与开模方向相反的光源照射在模型上时，系统复制参考模型上受到光源照射到的曲面部分而创建一个阴影曲面主体，并将曲面上的孔填补，然后自动将其外部边界延伸到要分割工件的表面，进而创建一个覆盖型的阴影分型面。

确认成型工件的模型均处于显示状态后，在特征工具栏中单击“分型面”按钮，进入分型面操作界面。在“模具”菜单中分别选择“特征”|“型腔组件”|“曲面”|“新建”|“着色”|“完成”命令，系统打开图 11-37 所示的“阴影曲面”对话框，选择其中的“方向”选项，再单击“定义”按钮 定义... ，然后选取投影目标面，最后单击“确定”按钮，即可创建阴影分型面。

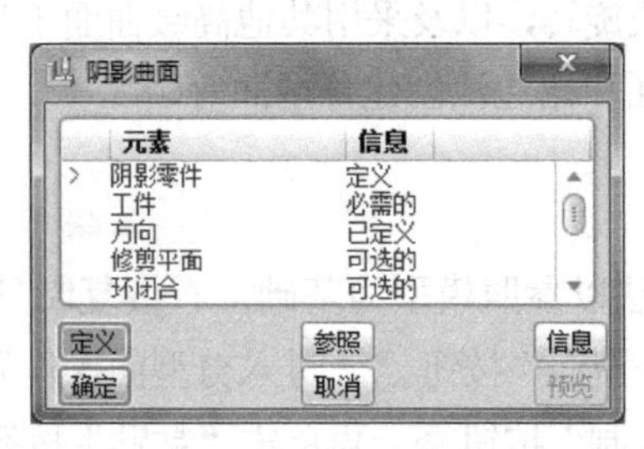

图 11-37　“阴影曲面”对话框

“阴影曲面”对话框中各选项的含义如下。

- 阴影零件：为阴影选取参照零件。
- 工件：选取工件以定义阴影边界。
- 方向：定义假想光源方向。
- 修剪平面：选取或创建修剪平面以定义阴影边界。
- 环闭合：关闭初步阴影曲面中的内环。

- 关闭扩展：定义关闭延伸。
- 拔模角度：定义关闭拔模角度。
- 关闭平面：选取或创建关闭平面。
- 阴影闸板：选取表示片的体积块。

仍然以上一节创建的模型为实例进行介绍。

单击特征工具栏中的“分型曲面”按钮，然后单击右下角的“拉伸”按钮，再单击操控板中的“放置”按钮放置，在弹出的下滑面板中单击“定义”按钮定义...，弹出“草绘”对话框。单击图11-34中长方体的任一个侧面作为草绘平面，再单击对话框中的“草绘”按钮草绘，进入草绘工作环境。选择MAIN_PARTING_PLN和MOLD_FRONT平面作为参照平面，单击“参照”对话框中的“关闭”按钮关闭(C)开始草绘。

单击草绘工具栏中的“线”按钮，绘制与横轴重合的水平线，如图11-38所示，单击草绘工具栏中的“确定”按钮✔。在操控板中将拉伸深度值设置为350并按Enter键，单击“更改拉伸方向”按钮，单击“确定”按钮后，再次单击“确定”按钮，完成分型面的创建，结果如图11-39所示。

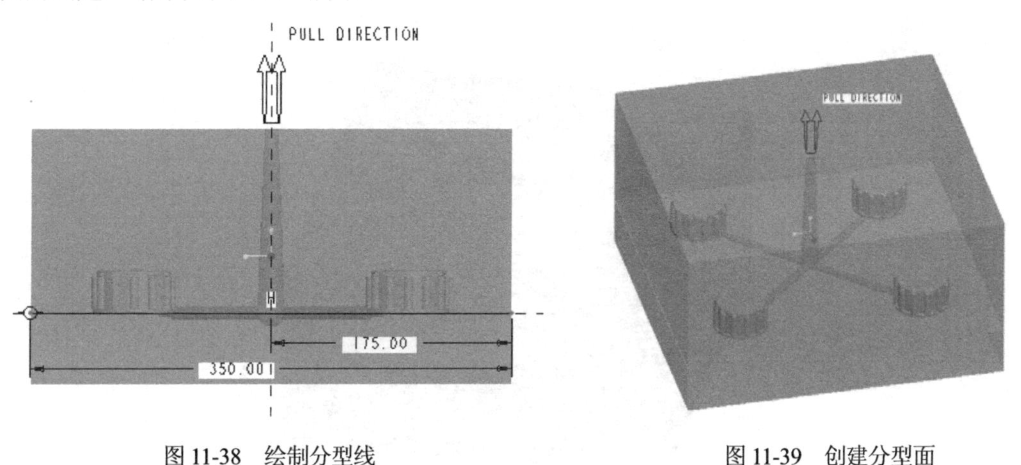

图11-38 绘制分型线 图11-39 创建分型面

11.3.2 分割模具体积块

分割模具体积块是以分型面为分割刀具，将工件分割为多个模具体积块。创建分型面后，系统会计算材料的体积，并将所有用于创建浇铸和冷却系统的材料体积从总体积中减去，然后以分型面为分割面将工件分割为分型面两侧的不同体积块。

单击特征工具栏中的“体积块分割”按钮，弹出图11-40所示的“分割体积块”菜单，选择其中的“两个体积块”和“所有工件”命令，选择“完成”命令，系统弹出图11-41所示的“分割”对话框和“选取”对话框，选择上一步创建的分型面，再分别单击“选取”对话框中的“确定”按钮和“分割”对话框中的“确定”按钮，在弹出的两个“属性”对话框中分别输入加亮体积块的名称为UP_PIECE和DOWN_PIECE，并单击“确定”按钮，如图11-42和图11-43所示。分割完成的模具体积块如图11-44所示。

图 11-40　“分割体积块”菜单

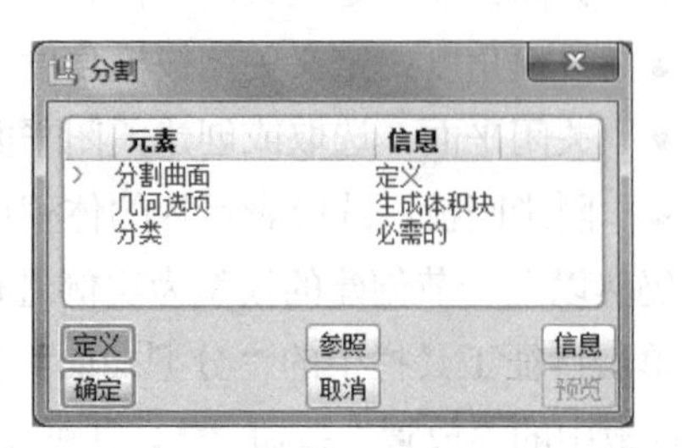

图 11-41　“分割”对话框

图 11-42　输入 UP_PIECE

图 11-43　输入 DOWN_PIECE

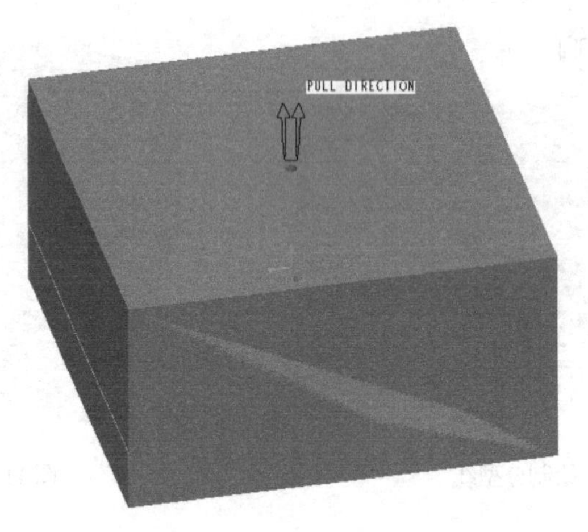

图 11-44　分割完成的模具体积块

11.3.3　创建模具元件

完成体积块的分割后，毛坯工件只是有体积无质量的三维模型，还不是实体零件，须将这些体积块转换为实体模型，这样才能使用实体材料将抽取后的空腔全部填充，从而获得产品的模具型腔。

在“模具”菜单中选择“模具元件”|“抽取”命令，系统弹出图 11-45 所示的“创建模具元件”对话框，单击其中的“选取全部体积块”按钮☰选中所有的体积块，单击“确定”按钮。这时完成型腔元件实体模型的建立，在模型树中显示了新建的两个型腔元件实体模型，如图 11-46 所示，最后在“模具”菜单中选择“完成/返回”命令。

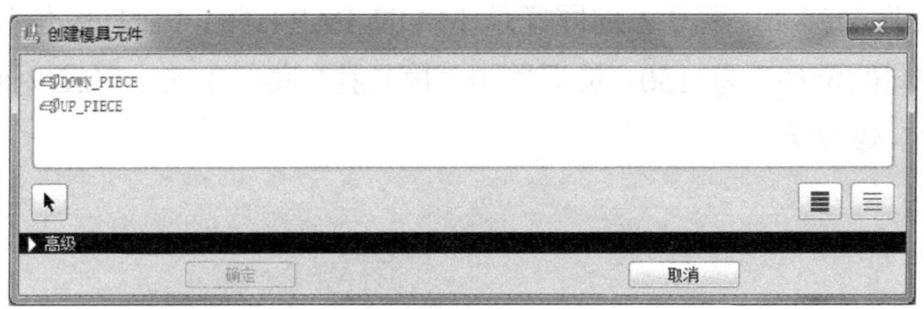

图 11-45 “创建模具元件”对话框

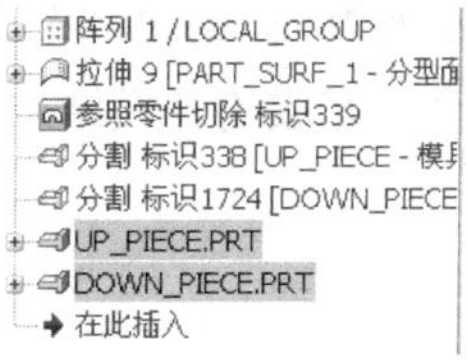

图 11-46 新建型腔元件实体模型

11.3.4 模具开模

为检验模具型腔、型芯等模具体积块，以及浇铸系统的设计效果，可分别执行创建铸件和开模检测等操作。

1. 创建铸件

铸件是指模拟熔融材料通过注入口、流道和浇口来直译模具型腔，从而创建出产品。

在“制模”菜单中选择“创建”命令，在信息区输入零件名称为 small_prt，单击“确定”按钮，再输入模具零件公用名称为 big_prt，单击“确定”按钮完成“铸模”模型，结果如图 11-47 所示。

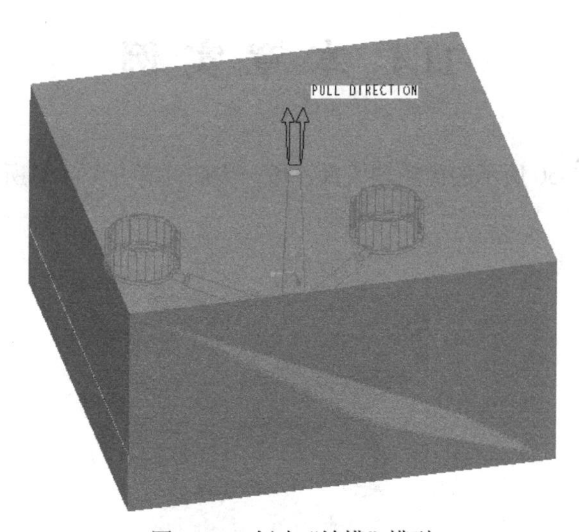

图 11-47 创建“铸模”模型

2. 开模

开模操作不仅可以模拟模具型腔和型芯等元件的打开操作，还可以检测模具体积块是否存在干涉等设计问题。

单击“模具开模”按钮，系统打开“模具开模”菜单，选择“定义间距”|“定义移动”命令，系统弹出“选取”对话框，在工作区中选中上模实体元件，单击“选取”对话框中的“确定”按钮，然后在图形区中选择 MAIN_PARTING_PLN 基准平面，将其法向作为上模移动的方向，在工作区上方输入“沿指定方向的位移”为 150，单击“确定”按钮，再次选择“定义间距”菜单中的“完成”命令，完成上模开模的移动，结果如图 11-48 所示。

用同样的方法定义下模元件的移动，移动方向同样是 MAIN_PARTING_PLN 基准平面的法向方向，输入“沿指定方向的位移”为-150。最后单击“模具孔”菜单中的“完成/返回”命令，完成的开模结果如图 11-49 所示。

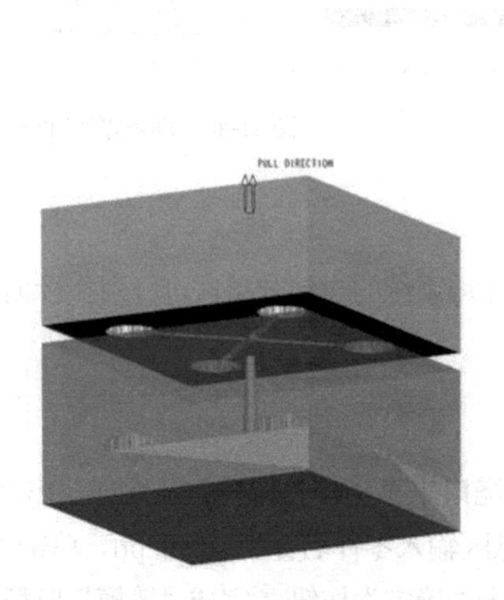

图 11-48　上模移动

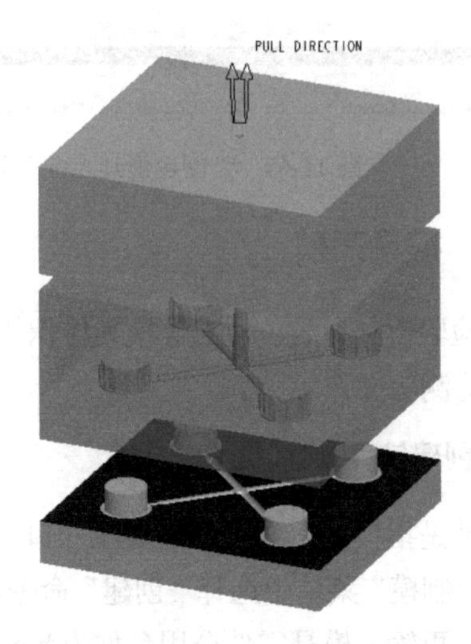

图 11-49　下模移动

11.4 本 章 实 例

通过创建如图 11-50 所示的齿轮轴模具，进一步向读者介绍本章所学的模具设计知识。

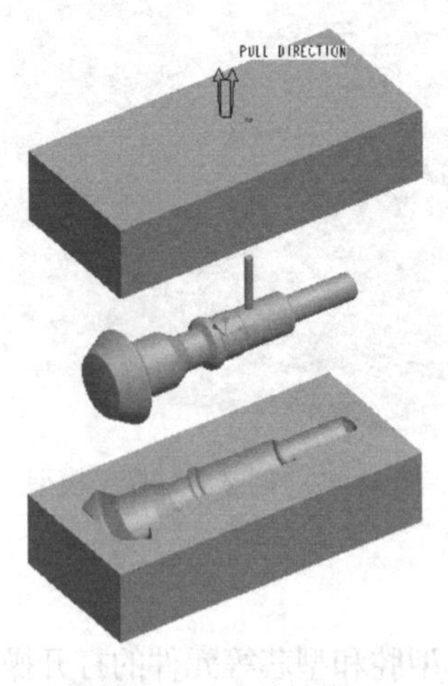

图 11-50　齿轮轴模具

1. 新建模具文件

(1) 新建一个名为 11-1 的文件夹，将本书素材文化夹中的 chilunzhou.prt 文件复制到该文件夹中。选择主菜单中的“文件”|“设置工作目录”选项，在弹出的“选择工作目录”对话框中，指定工作目录为 11-1 文件夹，单击“确定”按钮。

(2) 单击“新建”按钮，弹出“新建”对话框，在“类型”选项区域中选择“制造”选项，在右边的“子类型”选项区域中选择“模具型腔”选项，在“名称”文本框中输入模具名称 chilunzhou，完成设置的“新建”对话框如图 11-51 所示，单击“确定”按钮，进入模具设计主界面。图形区有 3 个基准平面 MOLD_FRONT、MOLD_RIGHT、MAIN_PARTING_PLN 以及基准坐标系 MOLD_DEF_CSYS，缺省开模方向由箭头标注的 PULL_DIRECTION 指定，如图 11-52 所示。

图 11-51　“新建”对话框

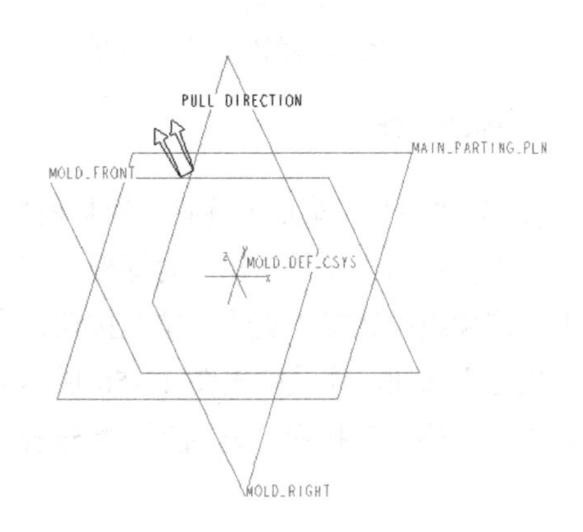

图 11-52　基准

2. 添加参照模型

(1) 在“模具”菜单中选择“模具模型”|“装配”|“参照模型”命令，在弹出的“打开”对话框中选择 chilunzhou.prt 模型，单击“打开”按钮，系统将齿轮轴模型显示在工作区，如图 11-53 所示。

(2) 在装配特征操控板中的“约束方式”下拉列表框中选择“坐标系”约束方式(如图 11-54 所示)，再分别单击零件的坐标系 PRT_CYCS_DEF 和模具模型的坐标系 MOLD_DEF_CSYS，在操控板中单击“确定”按钮，弹出图 11-55 所示的“创建参照模型”对话框，选择“按参照合并”选项，再单击“确定”按钮，添加的参照模型如图 11-56 所示。

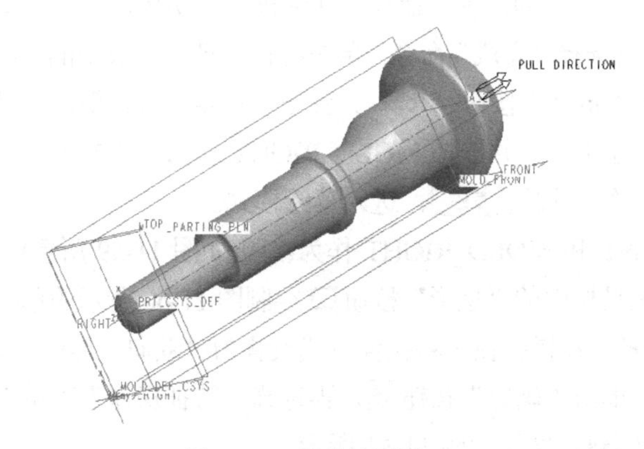

图 11-53　齿轮轴模型

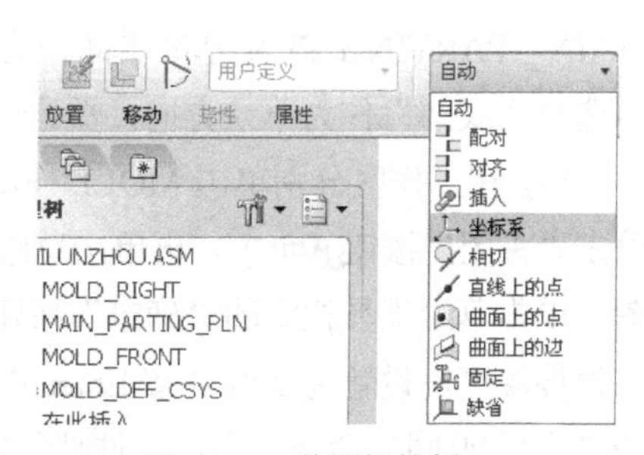

图 11-54　装配操控板

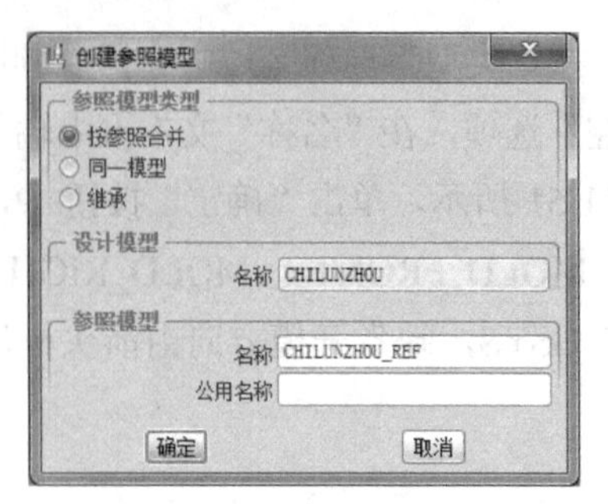

图 11-55　“创建参照模型”对话框

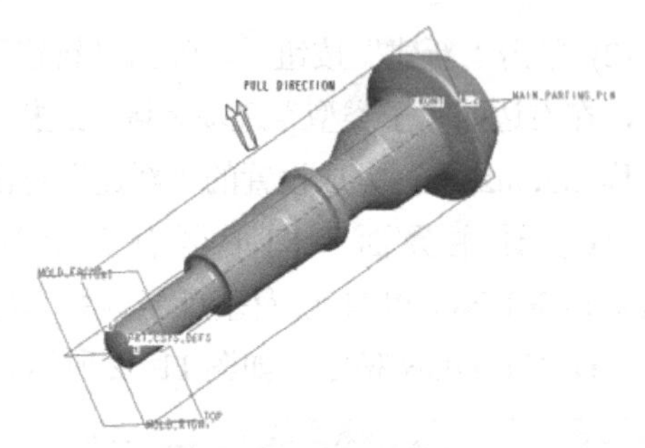

图 11-56　添加的参照模型

3. 创建工件

(1) 在“模具”菜单中选择“模具模型”|“创建”|“工件”|“手动”命令，系统弹出如图 11-57 所示的“元件创建”对话框，在“类型”选项组中选择“零件”单选按钮，在“子类型”选项组中选择“实体”单选按钮，在“名称”文本框中输入工件名称 workpiece1，单击“确定”按钮，系统弹出图 11-58 所示的“创建选项”对话框，选择“创建特征”单选按钮，单击“确定”按钮，返回到“特征操作”菜单。

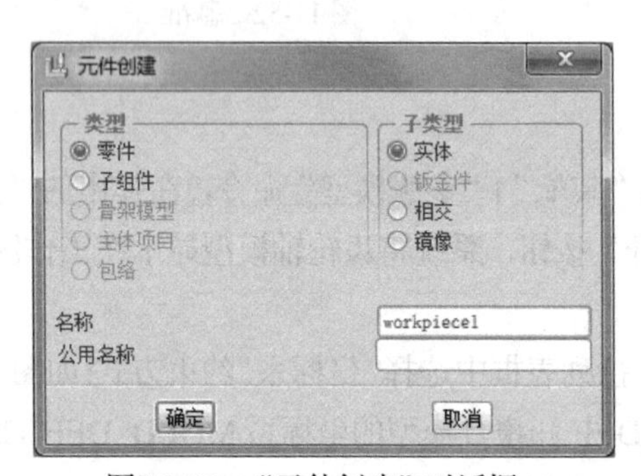

图 11-57　“元件创建”对话框

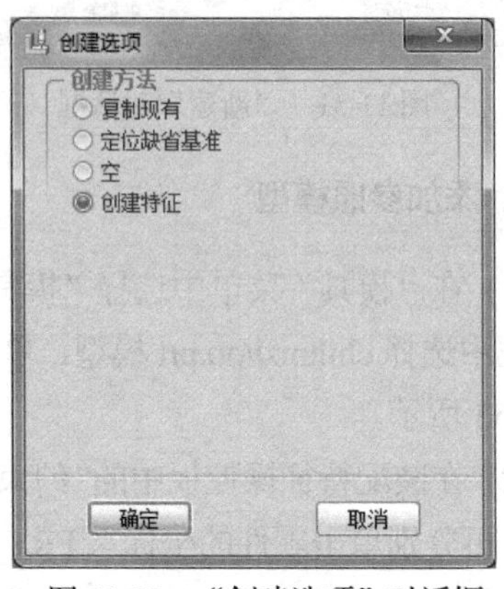

图 11-58　“创建选项”对话框

(2) 选择“特征操作”菜单中的“实体”|“伸出项”命令，在弹出的“实体选项”菜单中选择“拉伸”和“实体”两个命令后，再选择“完成”命令。单击拉伸特征操控板中的“放置”按钮放置，在弹出的下滑面板中单击“定义”按钮定义...，弹出“草绘”对话框，选择 MAIN_ PARTING_PLN 基准平面作为草绘平面，并选择 MOLD_RIGHT 作为草绘参照面，再选择“底部”作为草绘方向，单击“草绘”按钮草绘，进入草绘模式。

(3) 在工作区分别单击 MOLD_FRONT 和 MOLD_RIGHT 作为参照(如图 11-59 所示)，单击“关闭”按钮关闭(C)，再单击草绘工具栏中的“矩形”按钮□绘制图 11-60 所示的草绘图，单击草绘工具栏中的“确定”按钮✔。在操控板中将拉伸方式设置为“双向拉伸”，将拉伸深度值设置为 200 并按 Enter 键，单击“确定”按钮✔，再选择“特征操作”菜单中的“完成/返回”命令，完成拉伸特征的创建，结果如图 11-61 所示。

图 11-59　选择尺寸参照

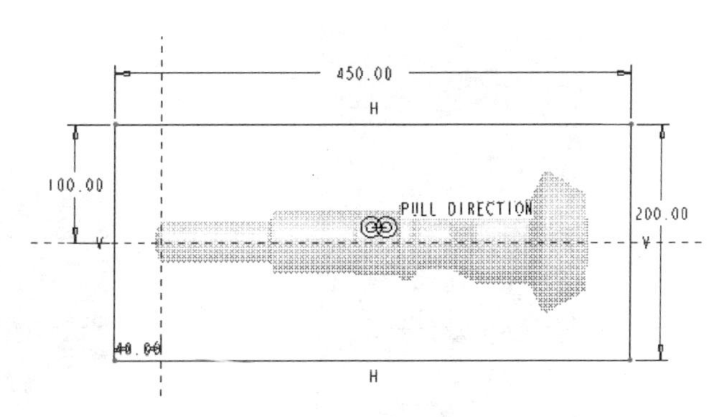

图 11-60　绘制草图

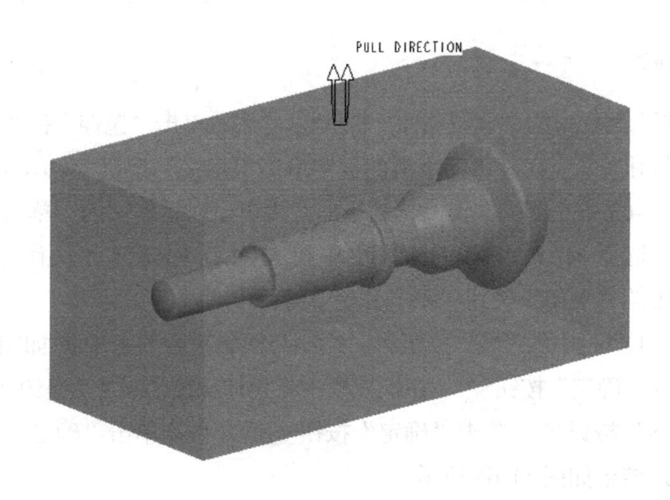

图 11-61　创建的工件

4. 创建流道

(1) 在“模具”菜单中选择“特征”|“型腔组件”命令，然后在特征工具栏中单击“草绘”按钮，弹出“草绘”对话框，选择图 11-61 中拉伸特征的上表面作为草绘基准面，再单击对话框中的“草绘”按钮草绘，进入草绘工作环境。选择MOLD_FRONT和MOLD_RIGHT平面作为参照平面，单击“参照”对话框中的“关闭”按钮关闭(C)开始草绘。

(2) 单击草绘工具栏中的“圆”按钮绘制一个直径为 10 的圆，如图 11-62 所示，单击“确定”按钮，退出草绘模式。在“模具”菜单中选择“切减材料”命令，弹出“实体选项”菜单，选择其中的“拉伸”和“实体”命令，再选择“完成”命令，在上方操控板中将拉伸深度设置为 80 并按 Enter 键，最后单击“确定”按钮，完成流道特征的创建，结果如图 11-63 所示。

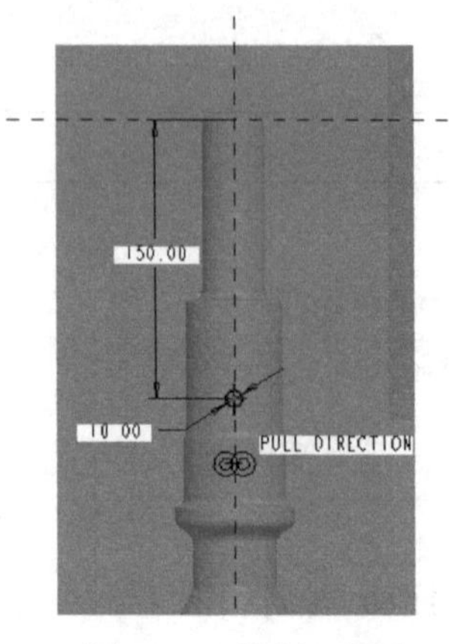

图 11-62　绘制一个圆

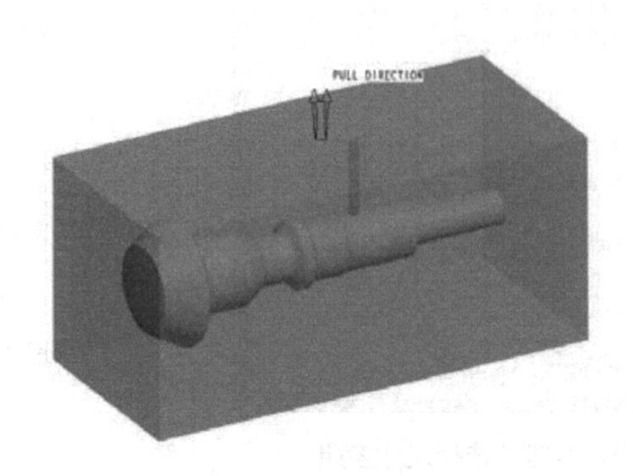

图 11-63　创建流道特征

5. 创建分型面

(1) 单击特征工具栏中的“分型曲面”按钮，然后单击“拉伸”按钮，再单击操控板中的“放置”按钮放置，在弹出的下滑面板中单击“定义”按钮定义...，弹出 “草绘”对话框。单击图 11-63 中左侧端面作为草绘平面，再单击对话框中的“草绘”按钮草绘，进入草绘工作环境。选择 MAIN_PARTING_PLN 和 MOLD_RIGHT 平面作为参照平面，单击“参照”对话框中的“关闭”按钮关闭(C)开始草绘。

(2) 单击草绘工具栏中的“线”按钮，绘制与横轴重合的水平线(如图 11-64 所示)，单击草绘工具栏中的“确定”按钮。在操控板中将拉伸深度值设置为 450 并按 Enter 键，单击“更改拉伸方向”按钮，单击“确定”按钮后，再次单击“确定”按钮，完成分型面特征的创建，结果如图 11-65 所示。

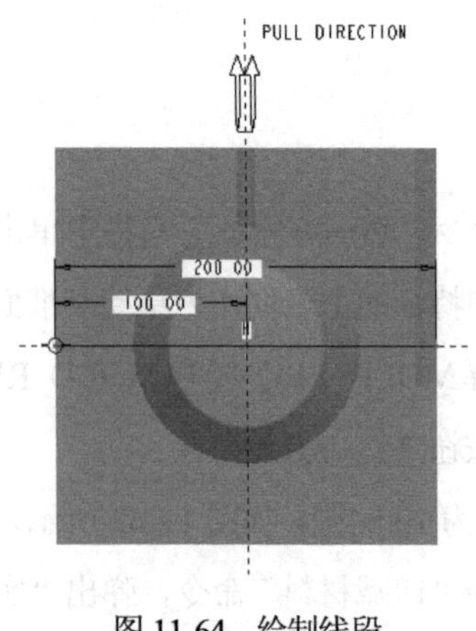

图 11-64　绘制线段

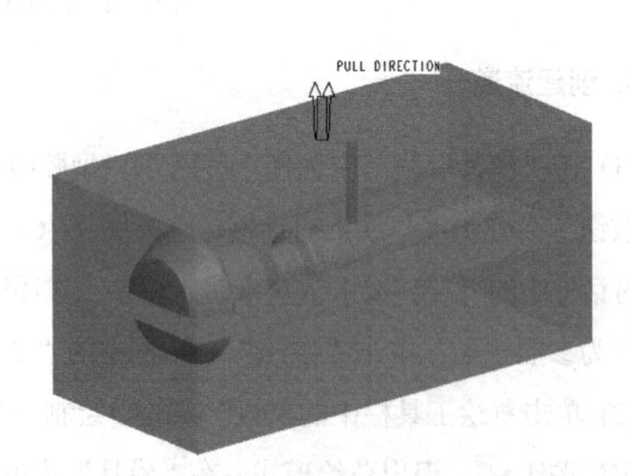

图 11-65　创建分型面特征

6. 分割模具体积块

单击特征工具栏中的“体积块分割”按钮，弹出“分割体积块”菜单，选择其中的“两个体积块”和“所有工件”命令，再选择“完成”命令，系统弹出“分割”对话框和“选取”对话框，选择上一步创建的分型面，再单击“选取”对话框中的“确定”按钮。单击“分割”

对话框中的“确定”按钮，完成分割。这时系统弹出图 11-66 所示的“属性”对话框，输入下模体积块的名称为 MOLD_VOL_DOWN，单击“确定”按钮，再输入上模体积块的名称为 MOLD_VOL_UP，单击“确定”按钮。分割完成的模具体积块如图 11-67 所示。

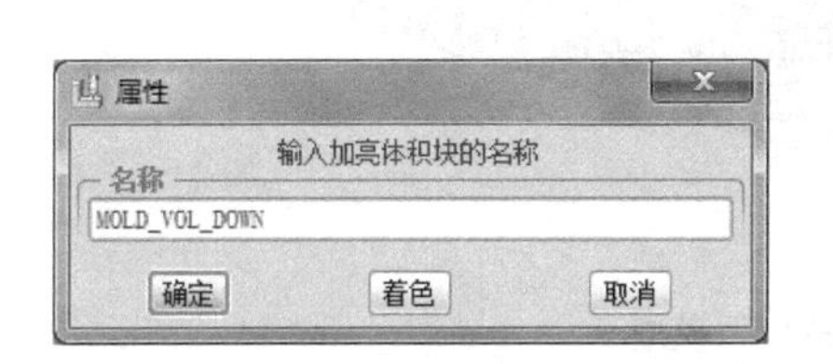

图 11-66　“属性”对话框

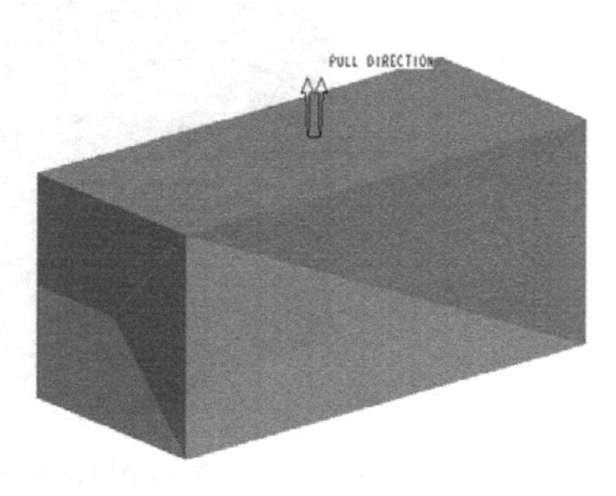

图 11-67　分割完成的模具体积块

7. 创建模具元件

在“模具”菜单中选择“模具元件”|“抽取”命令，系统弹出图 11-68 所示的“创建模具元件”对话框，单击其中的“选取全部体积块”按钮选中所有的体积块，单击“确定”按钮，完成型腔元件实体模型的建立，在模型树中显示了新建的两个型腔元件实体模型，如图 11-69 所示，最后在“模具”菜单中选择“完成/返回”命令。

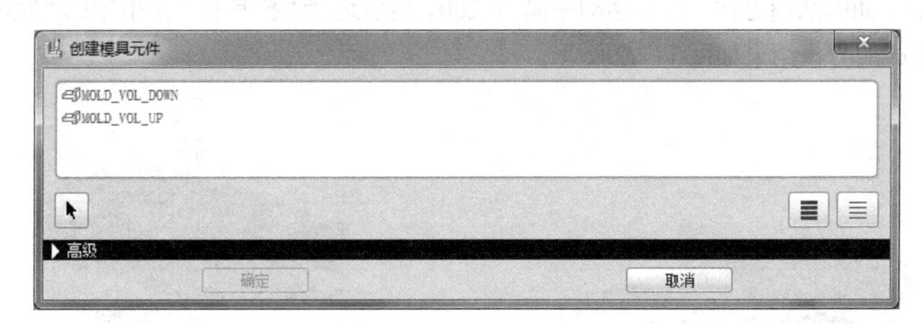

图 11-68　“创建模具元件”对话框

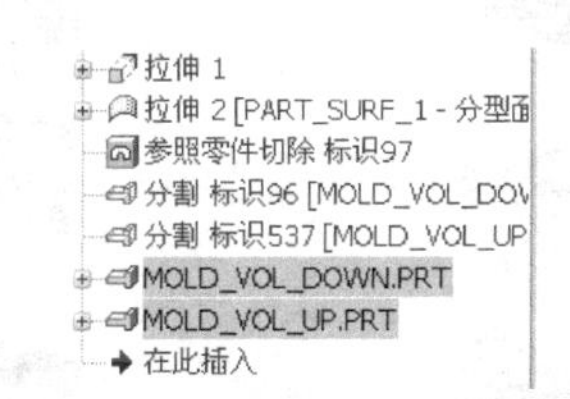

图 11-69　新建型腔元件实体模型

8. 模具开模

(1) 选择“模具”菜单中的“制模”|“创建”命令，按照提示输入零件名称 Prt0001 并单击右端的“确定”按钮，再次输入模具零件公用名称为 moju，单击“确定”按钮完成“制模”模型，结果如图 11-70 所示。

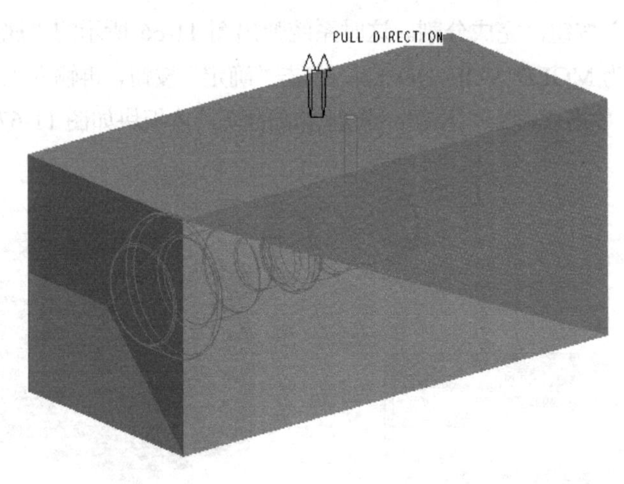

图 11-70　创建“铸模”模型

(2) 单击“模具开模”按钮，系统打开“模具开模”菜单，选择“定义间距”|“定义移动”命令，系统弹出“选取”对话框，在工作区中选中上模实体元件，单击对话框中的“确定”按钮，然后在图形区中选择 MAIN_PARTING_PLN 基准平面，将其法向作为上模移动的方向，在工作区上方输入“沿指定方向的位移”为 200，单击“确定”按钮，再选择“定义间距”菜单中的“完成”命令，完成上模开模的移动，结果如图 11-71 所示。

(3) 使用与上一步同样的方法定义下模元件的移动，移动方向同样是 MAIN_PARTING_PLN 基准平面的法向方向，输入移动距离为-200。最后选择“模具孔”菜单中的“完成/返回”命令，完成的开模结果如图 11-72 所示。

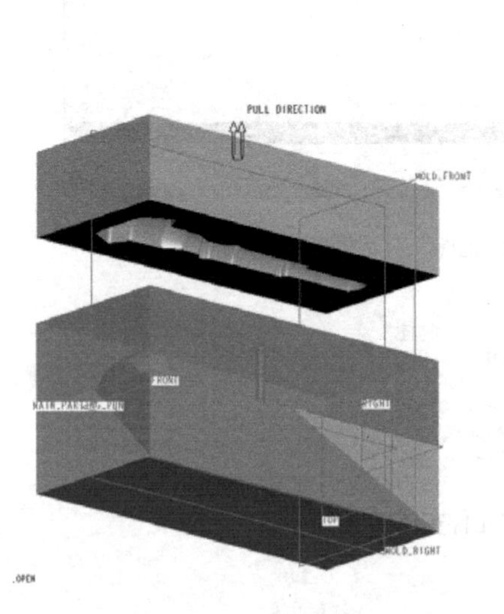

图 11-71　上模开模

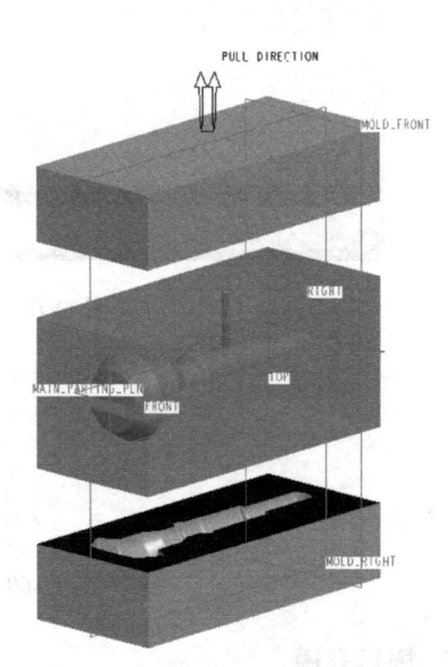

图 11-72　下模开模

(4) 在模型树中选中图 11-73 所示的两个特征并右击，在弹出的快捷菜单中选择“遮蔽”命令，这两个特征被隐藏，完成齿轮轴模具的创建，结果如图 11-74 所示。

图 11-73　选择需隐藏的特征

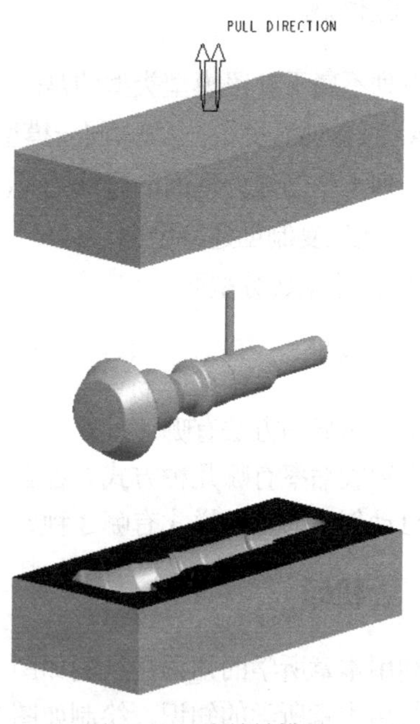

图 11-74　齿轮轴模具

(5) 选择主菜单中的“视图”|“分解”|“取消分解视图”命令，可以恢复到未开模的状态，如图 11-75 所示。选择“模具”菜单中的“模具开模”命令，可以查看分解状态的模具。

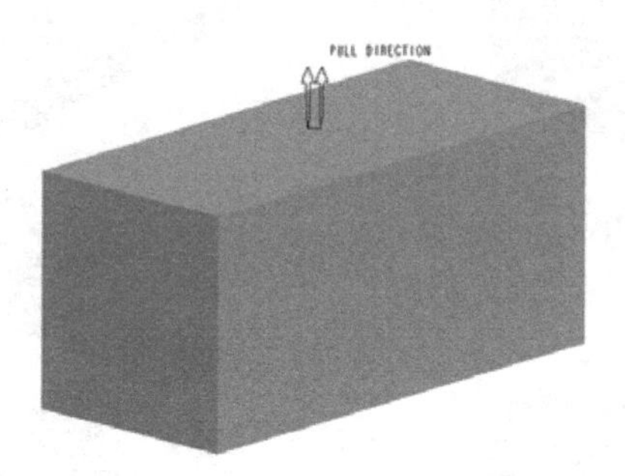

图 11-75　未开模状态

9. 保存文件

单击“保存”按钮保存齿轮轴模具模型。

11.5　本 章 练 习

11.5.1　填空题

1. 手动创建工件是指用自定义成型工件的___________方法来创建工件，所创建的工件会将参考模型完全包含在内。

2. 流道分为主流道和分流道两种，Pro/ENGINEER 系统提供的流道截面主要有___________、___________、___________、___________和___________5 种。

11.5.2　选择题

1. 下列不属于参照模型类型的是(　　)。

   A. 按参照合并　　B. 同一模型　　C. 缩放特征　　D. 继承

2. 下列不是创建分型面的方法的是(　　)。

   A. 通过复制创建分型面　　B. 通过陈列创建分型面

   C. 创建裙边分型面　　D. 创建阴影分型面

11.5.3　简答题

1. 型腔布局的方法有哪 4 种？
2. 设置收缩率有哪几种方式？各自的特点是什么？
3. 自动创建的工件样式有哪 3 种？

11.5.4　上机题

1. 利用本章所学的知识，绘制如图 11-76 所示的连杆模具。
2. 利用本章所学的知识，绘制如图 11-77 所示的机床平台模具。

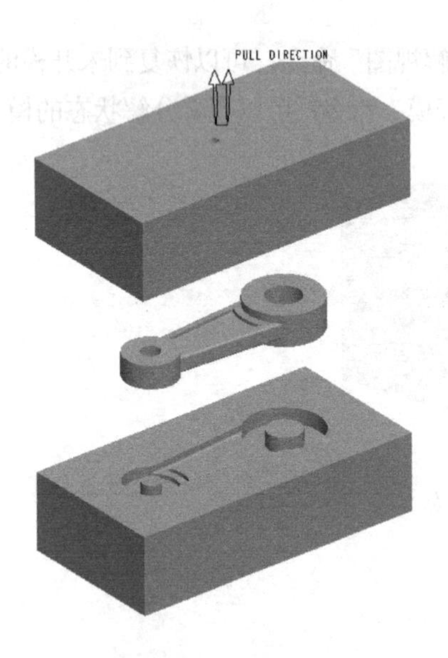

图 11-76　连杆模具

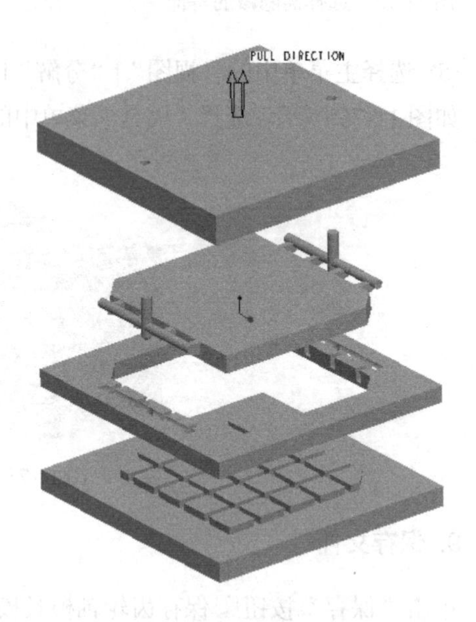

图 11-77　机床平台模具